国家科学技术学术著作出版基金资助出版

食品高压二氧化碳技术

廖小军　饶　雷　著

中国轻工业出版社

图书在版编目（CIP）数据

食品高压二氧化碳技术/廖小军，饶雷著. —北京：中国轻工业出版社，2021.4

国家科学技术学术著作出版基金资助出版

ISBN 978-7-5184-3215-8

Ⅰ.①食… Ⅱ.①廖… ②饶… Ⅲ.①二氧化碳—应用—食品科学 Ⅳ.①TS201

中国版本图书馆CIP数据核字（2020）第190784号

责任编辑：伊双双　　责任终审：张乃柬　　整体设计：锋尚设计

策划编辑：伊双双　　责任校对：吴大鹏　　责任监印：张　可

出版发行：中国轻工业出版社（北京东长安街6号，邮编：100740）

印　　刷：三河市万龙印装有限公司

经　　销：各地新华书店

版　　次：2021年4月第1版第1次印刷

开　　本：787×1092　1/16　印张：28.25

字　　数：550千字

书　　号：ISBN 978-7-5184-3215-8　定价：120.00元

邮购电话：010-65241695

发行电话：010-85119835　　传真：85113293

网　　址：http://www.chlip.com.cn

Email：club@chlip.com.cn

如发现图书残缺请与我社邮购联系调换

191504K1X101ZBW

前言

长期以来，热加工技术是食品加工的重要技术。传统热加工技术能够杀灭微生物，有效防止致病菌引起的食品安全问题和腐败菌导致的食品品质变化问题，但同时也会造成食品色泽、香气、口味、营养和质构等品质的劣变，过高的温度处理甚至会导致丙烯酰胺等有害物质的产生。近年来，随着社会经济的发展，人们生活水平不断提高和健康意识日益增强，消费者对食品品质的要求越来越高，安全、营养、美味的食品已经成为消费者的追求。因此，亟须研究开发新的食品加工技术以保障食品安全、提升食品品质，这已成为现阶段食品科学与工程研究领域的重要目标之一。基于此，食品非热加工技术应运而生。食品非热加工技术是指在相对较低温度下对食品进行加工，可达到减菌、除菌、杀菌、钝酶等效果，而又能较好保持食品品质的一类新型食品加工技术，主要包括超高压、高压二氧化碳、脉冲电场、超声波、辐照、等离子体、膜过滤等。

二氧化碳（CO_2）是酸性气体，广泛存在于自然界，储量非常丰富。目前，CO_2在食品工业中已广泛应用于碳酸饮料加工、农产品贮藏保鲜、食品冷冻冷藏、超临界流体提取等方面。作为一种天然抑菌剂，CO_2单独作用并不能杀死微生物，但与压力结合则能达到很好的杀菌效果。高压二氧化碳技术（high pressure carbon dioxide，HPCD）是利用二氧化碳作为高压介质的一种物理加工方法，通过高压、高酸、厌氧以及爆炸等多种效应实现杀菌和钝酶，从而可延长食品的保质期。作为一种新型食品非热加工技术，该技术近年来受到越来越多的关注。与热加工技术相比，HPCD技术具有温度低、节约能源、环境友好等特点，极具发展潜力。目前国内外已有大量关于HPCD技术的理论及应用研究报道，但有关HPCD技术的专著很少。因此，笔者认为非常有必要对HPCD技术的相关研究进行归纳总结，详细介绍有关HPCD技术的作用原理和研究进展。鉴于此，笔者撰写了本书，希望给广大食品科研工作者和食品加工从业者提供最新的、系统的、易懂的关于HPCD技术的研究及应用情况。

本书基于笔者近20年来对HPCD技术的深入研究，并参阅了国内外有关HPCD技术的研究报道，全面介绍了HPCD技术及其研究成果。全书共分为8章，重点阐述了HPCD技术对微生物、酶和食品品质的影响与作用机制。第一章介绍了二氧化碳资源、基本理化性质以及HPCD技术定义、工作原理等基础知识；第二章介绍了HPCD技术对细菌营养体、酵母与霉菌以及食品中自然菌群的杀菌效果、动力学以及影响因素，探讨了HPCD技术杀灭细菌营养体的机制；第三章重点介绍了HPCD技术杀灭细菌芽孢的效果和影响因素，分析了HPCD技术杀灭芽孢的可能机制；第四章介绍了HPCD技术诱导非芽孢细菌形成亚致死状态（VBNC）的研究进展，探讨了VBNC状态形成的可能机制；第五章介绍了HPCD技术导致细菌亚致死细胞形成的研究进展，探讨了亚致死细胞形成的可能机制；第六章介绍了HPCD技术对不同酶的钝化效果、动力学及影响因素，探讨了HPCD技术钝酶的可能机制；第七章介绍了HPCD技术对食品品质的影响，分析了其作用机制；第八章介绍了HPCD技术提取花色苷的效果及影响因素，探讨了其提取机制。

本书的撰写指导思想是力求内容科学、新颖，结构合理、完整，准确反映HPCD技术的最新研究成果，让读者能够系统而深入地了解HPCD技术在食品领域的研究与应用现状。希望本书的出版能够进一步推动国内外对HPCD技术的研究，并促进其在食品领域的产业应用。

本书内容涉及面较为广泛，限于作者的学识水平，疏漏和错误之处在所难免，恳请同行专家和读者批评指正。

2020年12月

目录

第一章

绪论

第一节　CO_2 概述 …… 2

一、CO_2 的来源与排放 …… 2

二、CO_2 的温室效应 …… 3

三、CO_2 资源化利用 …… 4

第二节　CO_2 的基本性质 …… 5

一、CO_2 的物理性质 …… 5

二、CO_2 的化学性质 …… 9

三、CO_2 的超临界性质 …… 10

四、CO_2 的抑菌性 …… 10

第三节　CO_2 在食品中的应用 …… 10

一、饮料的碳酸化…… 10

二、气调保藏…… 11

三、食品速冻与冷藏…… 11

四、食品靶向组分提取…… 12

第四节　高压二氧化碳（high pressure carbon dioxide，HPCD）技术 … 12

一、HPCD 技术的定义 …… 12

二、HPCD 技术的处理方式与设备 …… 13

三、HPCD 技术研究概述 …… 17

参考文献…… 18

第二章

HPCD 技术对微生物营养体的杀菌效果与机制

第一节　细菌营养体的基本结构 …… 22

第二节　HPCD 技术对微生物营养体杀菌概述 …… 23

第三节　影响 HPCD 技术杀菌效果的因素 …… 38

一、HPCD 技术处理条件对杀菌效果的影响 …… 38

二、微生物及其状态对杀菌效果的影响 …… 55

三、微生物所在体系对杀菌效果的影响 …… 60

第四节　HPCD 技术对微生物的杀菌动力学研究进展 …… 66

一、杀菌动力学曲线 …… 66

二、HPCD 技术杀菌动力学的预测模型分类 …… 72

三、HPCD 技术杀菌动力学模型评价及比较 …… 78

第五节　HPCD 技术的杀菌机制 …… 80

一、HPCD 处理对微生物细胞壁、细胞膜和细胞形态的影响 …… 83

二、HPCD 处理对微生物细胞质的影响 …… 93

三、HPCD 处理对微生物细胞中蛋白质和酶的影响 …… 96

四、HPCD 处理对微生物细胞核酸的影响 …… 102

五、HPCD 技术与 nisin 联合杀菌的机制解析 …… 104

六、HPCD 处理对微生物营养体的杀菌机制 …… 104

参考文献 …… 106

第三章

HPCD 诱导细菌形成 VBNC 状态的机制

第一节　微生物 VBNC 状态概述 …… 124

第二节 VBNC 状态微生物的种类及分布 …………………………………… 125

第三节 VBNC 状态微生物的特征 ………………………………………… 129
一、形态特征的变化…………………………………………………………… 129
二、生理特征的变化…………………………………………………………… 131
三、基因和蛋白质表达变化…………………………………………………… 132
四、VBNC 细胞的复苏 ……………………………………………………… 132

第四节 微生物 VBNC 状态的检测方法 ………………………………… 134
一、基于细胞膜完整性的检测………………………………………………… 135
二、基于细胞代谢活性的检测………………………………………………… 137
三、基于 mRNA 的 RT-PCR 检测 ………………………………………… 139
四、其他 VBNC 细胞检测方法 ……………………………………………… 140

第五节 微生物 VBNC 状态的形成 ……………………………………… 140
一、与 VBNC 状态形成有关的基因和蛋白质 ……………………………… 141
二、与 VBNC 状态形成有关的蛋白质组学和转录组学研究 ……………… 145

第六节 HPCD 诱导 *E. coli* O157 ：H7 VBNC 状态形成的机制 ……… 148
一、细胞层面分析……………………………………………………………… 150
二、组学及分子层面分析……………………………………………………… 152
三、HPCD 诱导 *E. coli* O157 ：H7 VBNC 状态形成的机制 …………… 171

参考文献……………………………………………………………………… 173

第四章

HPCD 诱导细菌形成亚致死细胞的机制

第一节 亚致死细胞的定义与检测………………………………………… 190

第二节 亚致死细胞的诱导因素…………………………………………… 191
一、低温………………………………………………………………………… 191
二、温和热处理………………………………………………………………… 191

三、酸处理…… 192
四、PEF 处理 …… 193
五、HHP 处理 …… 196
六、HPCD 处理 …… 198
七、辐照及其他处理…… 199

第三节　亚致死细胞的控制…… 200
一、亚致死细胞的复苏…… 200
二、亚致死细胞的控制…… 202

第四节　HPCD 诱导 *E. coli* 形成亚致死细胞 …… 202
一、*E. coli* 亚致死细胞的产生条件 …… 202
二、*E. coli* 亚致死细胞的环境敏感性 …… 206
三、*E. coli* 亚致死细胞复苏过程 …… 210
四、HPCD 诱导亚致死细胞形成的机制 …… 215

参考文献…… 228

第五章

HPCD 对细菌芽孢的杀灭效果与机制

第一节　芽孢的性质…… 242
一、芽孢的结构…… 242
二、芽孢的形成…… 245
三、芽孢的萌发…… 247

第二节　芽孢对食品的危害及其控制…… 249
一、芽孢导致的食品腐败和食源性疾病…… 249
二、食品中芽孢的控制…… 250
三、芽孢的杀灭方法与机制…… 251

第三节　HPCD 杀灭芽孢的研究现状 …… 253

第四节　影响 HPCD 对芽孢杀灭效果的因素 …… 256

一、压强…… 256
二、温度…… 257
三、时间…… 258
四、CO_2 状态 …… 259
五、处理介质…… 260
六、处理方式…… 261
七、微生物种类和聚集效应…… 262

第五节 HPCD 杀菌动力学 …… 265

第六节 HPCD 对细菌芽孢的杀灭机制 …… 267
一、HPCD 处理过程中芽孢的萌发 …… 268
二、HPCD 处理对芽孢结构的破坏 …… 269

参考文献…… 279

第六章

HPCD 钝酶效应与机制

第一节 HPCD 技术对酶活力的钝化及其影响因素 …… 299
一、压强对酶活力的影响…… 299
二、温度对酶活力的影响…… 300
三、时间对酶活力的影响…… 301
四、介质初始 pH 对酶活力的影响…… 301
五、CO_2 状态及密度对酶活力的影响 …… 301
六、食品组分及介质对酶活力的影响…… 303
七、HPCD 系统对酶活力的影响 …… 304
八、与其他技术结合对酶活力的影响…… 304
九、循环处理对酶活力的影响…… 305
十、HPCD 处理后贮藏时间对酶活力的影响 …… 306

第二节 HPCD 诱导的酶结构变化 …… 307
一、圆二色谱图变化…… 307
二、荧光光谱变化…… 311
三、形态变化…… 315
四、电泳行为变化…… 316

五、酶的粒度变化…………………………………………………………………………… 318

第三节 HPCD 钝化酶的动力学分析 ……………………………………………… 320
一、一段式动力学模型……………………………………………………………………… 324
二、二段式动力学模型……………………………………………………………………… 325
三、部分转化式模型………………………………………………………………………… 326
四、Weibull 模型 …………………………………………………………………………… 327

第四节 HPCD 技术钝化酶的可能机制 …………………………………………… 328
一、pH 降低效应 …………………………………………………………………………… 328
二、CO_2 的分子钝化效应 ……………………………………………………………… 330
三、卸压过程产生的效应…………………………………………………………………… 330

参考文献………………………………………………………………………………………… 332

第七章

HPCD 对食品品质的影响与机制

第一节 HPCD 对食品风味的影响与机制 …………………………………………… 344
一、HPCD 对食品滋味的影响 …………………………………………………………… 344
二、HPCD 对食品香气的影响 …………………………………………………………… 346

第二节 HPCD 对食品质构的影响与机制 …………………………………………… 353
一、HPCD 对液态食品质构的影响 ……………………………………………………… 353
二、HPCD 对半固体和固体食品质构特性的影响 ……………………………………… 360

第三节 HPCD 对食品颜色的影响与机制 …………………………………………… 367
一、HPCD 对果蔬汁颜色的影响 ………………………………………………………… 368
二、HPCD 对固体食品颜色的影响 ……………………………………………………… 373

第四节 HPCD 对食品营养的影响与机制 …………………………………………… 382
一、HPCD 对果蔬食品活性成分的影响 ………………………………………………… 382
二、HPCD 对果蔬食品抗氧化活性的影响 ……………………………………………… 385

参考文献………………………………………………………………………………………… 389

第八章

HPCD 对花色苷的提取效果与机制

第一节　花色苷概述 …… 400

第二节　花色苷的功能 …… 404
一、花色苷植物的生理功能 …… 404
二、花色苷的生理活性 …… 404
三、其他功能 …… 410

第三节　花色苷提取技术 …… 410
一、生物法提取法 …… 410
二、化学提取法 …… 411
三、物理提取法 …… 411

第四节　HPCD 辅助提取花色苷单因素研究 …… 414
一、酸的种类对花色苷得率的影响 …… 414
二、提取压强对花色苷得率的影响 …… 414
三、提取温度对花色苷得率的影响 …… 415
四、提取时间对花色苷得率的影响 …… 416
五、固液提取混合物与压力二氧化碳体积比 $R_{(S+L)/G}$ 对花色苷得率的影响 …… 417

第五节　HPCD 辅助提取花色苷动力学分析及机制探讨 …… 417
一、模型概述 …… 418
二、动力学拟合结果 …… 419
三、机制探讨 …… 422

第六节　HPCD 辅助提取花色苷粗提物品质比对研究 …… 423
一、提取得率比对研究 …… 423
二、花色苷提取物品质比较分析 …… 424
三、花色苷单体种类及含量解析 …… 425
四、多酚单体种类及含量解析 …… 426

参考文献 …… 429

第一章 绪论

第一节 CO_2概述
第二节 CO_2的基本性质
第三节 CO_2在食品中的应用
第四节 高压二氧化碳（high pressure carbon dioxide，HPCD）技术

第一节
CO_2 概述

一、CO_2 的来源与排放

地球大气层是地球最外部的气体圈层，其主要成分为氮（78.1%）、氧（20.9%）、氩（0.93%）、二氧化碳（0.04%）和占比不到0.04%的微量气体等，这些混合气体即称为空气。二氧化碳（CO_2）作为地球大气层的重要组成部分，对地球上生命活动和生态系统的稳定具有重要意义。

地球上的CO_2主要来源于化石燃料的燃烧排放，如图1-1所示。工业革命早期，CO_2的排放主要来源于固体化石燃料（煤矿）的燃烧；随着工业革命的推进，液体（石油）和气体（天然气）化石燃料的利用逐渐增加。截至2017年，全球固体、液体和气体化石燃料燃烧释放的CO_2比例相当，其总和达到344.2亿t，占人为CO_2释放总量的95.2%[1]。

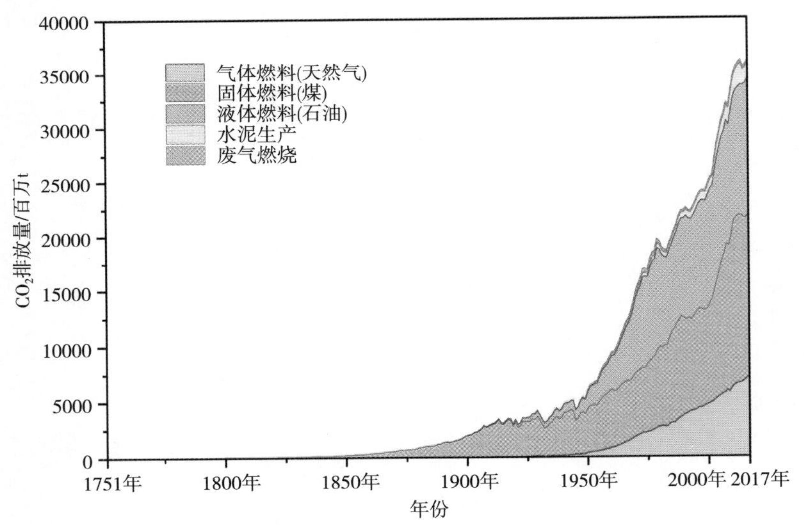

图1-1 全球CO_2排放来源[1]

2017年全球CO_2总排放量约361.5亿t，如图1-2所示。我国CO_2排放量较大，近100亿t，约占世界CO_2排放总量的30%，主要原因是我国人口达到14亿，占世界总人口19%，且能源消费结构以煤为主。评价一个国家CO_2的排放除了考虑其总排放量，还需综合考虑人均CO_2排放量、历史累计CO_2排放量和单位国内生产总值（GDP）的CO_2排放量[4]。根据国际能源署报道，我国人均CO_2排放量和历史累计排放量仍较低，单位GDP的CO_2排放量虽较高，但近年来下降速度很快，而且今后仍将呈现下降的趋势。

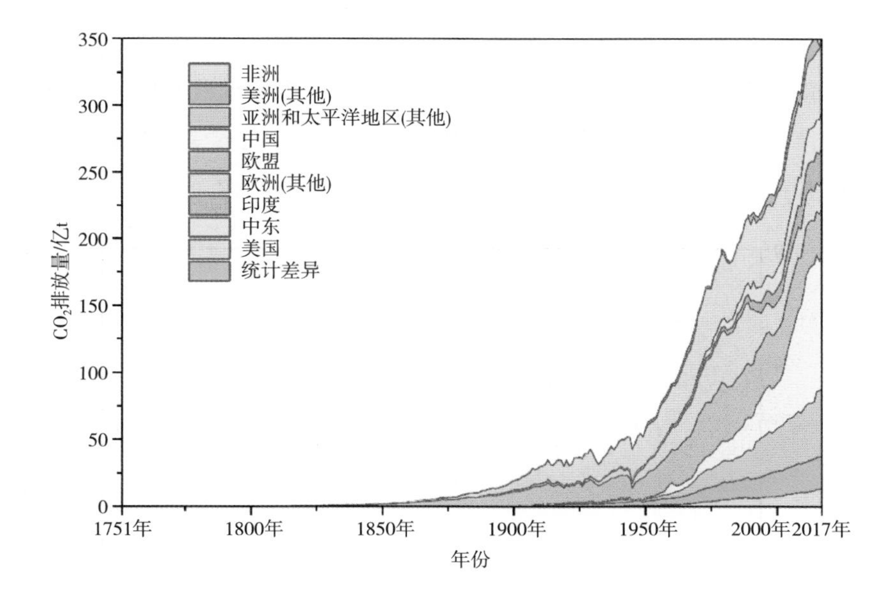

图1-2　全球不同国家CO_2排放情况[1]

二、CO_2 的温室效应

CO_2作为一种温室气体，和其他温室气体（如甲烷、一氧化氮、臭氧、水蒸气、各种氟氯烃等）共同吸收太阳短波辐射，同时降低逸出大气层的地表和大气长波辐射，从而保留更多热量，使地球处于一个类似于温室的环境中，这种现象称为温室效应。温室效应使地球表面平均温度保持在15℃左右，若温室效应消失，则地球表面温度将降至-18℃。因此，适度温室效应为地球生命创造了适宜的生存环境。温室气体中水蒸气和CO_2对温室效应的产生起到主要作用，其中水蒸气对温室效应的影响占60%~70%，CO_2占25%[1~3]。水蒸气在大气中含量相对稳定，不受人类活动影响，而以CO_2为主的人为排放的温室气体，随着人类工农业活动的发展，排放量逐渐增加，成为影响温室效应的主要气体[2，4]。各种温室效应气体排放量对温室效应的贡献如图1-3所示，CO_2对温室效应的贡献超过所有其他温室气体，成为对温室效应贡献最大的人为温室气体。

地球生态系统排入大气的CO_2通过光合作用以及海洋吸收等自然过程维持平衡，使大气中CO_2含量维持在约0.028%（体积分数）。然而人类活动破坏了这种平衡，如图1-4所示。随着工业革命的发展，大量化石燃料被利用，导致大气中CO_2含量急剧增加，到2016年CO_2含量达到0.04%（体积分数）。截至2018年4月，大气中二氧化碳月均浓度超过0.041%（体积分数）。温室效应的加剧必然导致全球变暖，进而对人类生存和社会发展造成重大影响。例如，引起极地及高山冰川融化，从而使海平面上升，直接导致大量沿海陆地被淹、排洪不畅以及海水倒灌等问题；气候带北移，引发生态圈消失、物种灭绝、病虫害加重等一系列生态问题；加快海洋和地表水的蒸发速度，导致缺水地区土地干旱严重，也会进一步加重沙漠化程度，同时导致多雨水地区降水量进一步增大，加剧洪涝灾害发生；加快流行性疾病的传播和扩散，同时使心血管和呼吸系统疾病的发病率上升，对人类健康造成威胁[2, 6]。

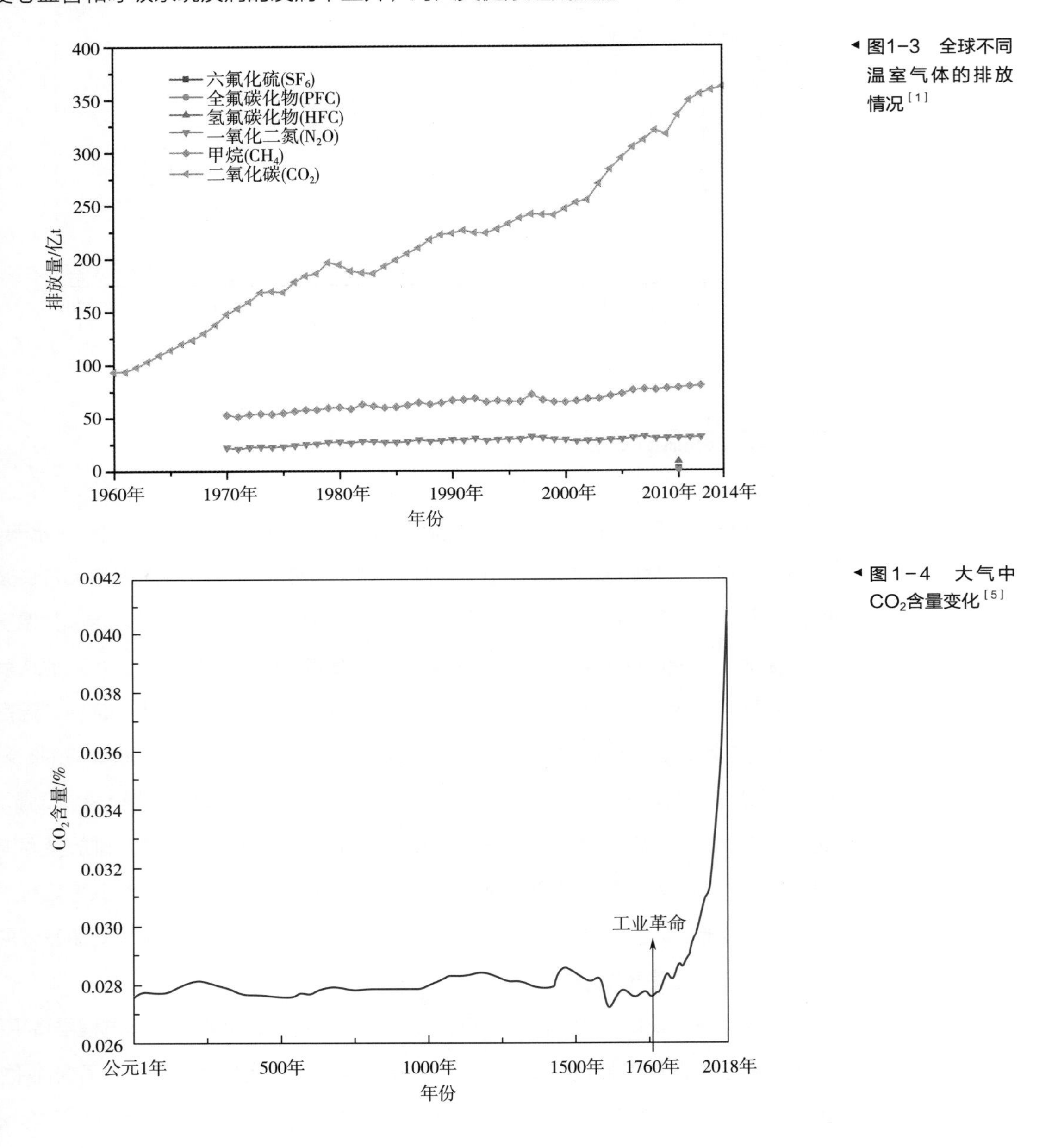

图1-3 全球不同温室气体的排放情况[1]

图1-4 大气中CO_2含量变化[5]

三、CO_2资源化利用

如上所述，地球上CO_2浓度越来越高，其对环境的不利影响日益突出，气候变暖已经成为世界各国面临的重大挑战。因此，利用CO_2就成为解决CO_2排放问题的重要途径之一，可分为CO_2物理利用、化学利用和生物利用。

CO_2物理利用是指不改变CO_2的化学性质，利用其作为工作介质。例如，利用固体CO_2升华过程中的吸热性质，用作工业制冷剂；利用CO_2形成低氧环境，抑制农产品采后呼吸，减弱其新陈代谢，用于食品贮藏保鲜；利用超临界CO_2良好的溶解性，作为工业应用的提取剂和清洗剂；利用CO_2的低电导率和不助燃特性，用于消防灭火和气体保护焊。

CO_2化学利用是指将CO_2作为碳源，通过化学反应转化为有用的化学物质，以达到固定的目的。例如，通过催化加氢、电化学法、人工光合成法等合成甲醇、甲烷、甲酸、碳氢化合物等；合成聚碳酸酯等高分子化合物；合成尿素及其衍生物等有机物质；分解CO_2产生碳等。

CO_2生物利用主要依靠植物光合作用和微生物的自养作用实现。自然界中，植物在光和叶绿素催化作用下，将CO_2和水反应生成糖等有机物，同时释放O_2，这一反应就是植物的光合作用。

$$6CO_2+6H_2O \longrightarrow C_6H_{12}O_6+6O_2$$

在动物呼吸循环过程中，发生上述反应的逆过程，从大气中吸收O_2，与体内的糖反应，产生CO_2和水，同时提供身体活动必需的能量。因此，光合作用为地球上生物生存提供了最基本需求，同时也对维持大气中CO_2和O_2浓度稳定起着重要作用。

固定CO_2的微生物包括光能自养型和化能自养型微生物。光能自养型微生物自身存在叶绿素，能以光为能源、CO_2为碳源合成菌体所需物质，主要包括藻类、蓝细菌和光合细菌等。化能自养型微生物以CO_2为碳源，H_2、H_2S、$S_2O_2^{2-}$、NH_4^+、NO_2^-、Fe^{2+}等为能源，合成自身所需物质，主要包括氢细菌、硝化细菌、硫化细菌、铁细菌、甲烷菌、醋酸菌等。

第二节

CO_2的基本性质

一、CO_2的物理性质

CO_2为无色、略带刺激性和酸性的无毒气体，其分子是由一个碳原子和两个氧原子以共价键结合形成的非极性化合物，其主要物理性质见表1-1。

表1-1　　CO_2的主要物理性质

物理性质	数值	物理性质	数值
分子直径/nm	0.35~0.51	表面张力（-25℃）/（mN/m^2）	9.13
摩尔体积（0℃，0.101MPa）/L	22.6	升华状态（0.101MPa）温度/℃	-78.5
临界状态		升华热/（kJ/kg）	573.6
温度/℃	31.06	固态密度/（kg/m^3）	1562
压强/MPa	7.382		
密度/（kg/m^3）	467	气态密度/（kg/m^3）	2.814
三相点		比热容（20℃，0.101MPa）/[kJ/（kg·K①）]	
温度/℃	-56.57	c_p	0.845
压强/MPa	0.518	c_v	0.651
汽化热/（kJ/kg）	347.86	热导率（0℃，0.101MPa）/[W/（m^2·K）]	52.75
熔化热/（kJ/kg）	195.82	气体黏度（0℃，0.101MPa）/（mPa·s）	0.0138
气体密度（0℃，0.101MPa）/（kg/m^3）	1.977	折射率（0℃，0.101MPa，λ=546.1nm）	1.0004506
汽化热（0℃）/（kJ/kg）	235	生成热（25℃）/（kJ/mol）	393.7

注：①T(K)=t(℃)+273.15。

（一）CO_2的相态分布

如图1-5所示，随着压强和温度的变化，CO_2呈现气态、液态、固态和超临界态四种不同状态。三相点时，压强和温度分别为0.5186MPa和216.58K（-56.57℃）；温度等于或高于三相点时，固体CO_2溶解；当温度低于三相点时，固体CO_2升华；临界点时压强和温度分别为7.38MPa和304.2K（31.1℃）。因此，常温下加压可以将CO_2液化，液态CO_2汽化时大量吸热，可将一部分CO_2冷凝成雪花状固体CO_2，即称为干冰。干冰是由CO_2分子组成的晶体，属立方晶系，晶胞中包含4个CO_2分子。晶体由直线型O—C—O分子通过范德华力相互结合而成。

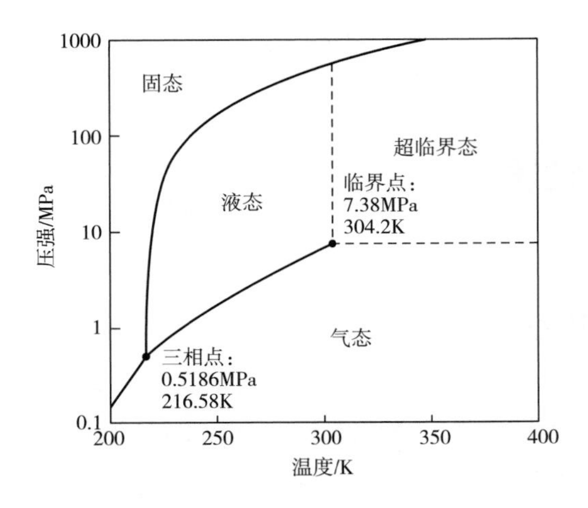

◂图1-5　CO_2的相态分布图

CO_2三相点和临界点之间蒸气压可由公式（1-1）计算：

$$\lg(P/P_c)=4.2397-4.4229(T_c/T)-5.3795\lg(T/T_c)+0.1832(P/P_c)(T_c/T)^2 \quad (1-1)$$

式中　p—平衡时蒸气压，MPa；

T—CO_2温度，K；

p_c—临界压强（7.38MPa）；

T_c—临界温度（304.2K）。

固态CO_2饱和蒸气压的数据如表1-2所示[6]。

表1-2　固态CO_2的蒸气压随温度的变化

温度/℃	压强/Pa	温度/℃	压强/Pa
−189	4.00×10^{-5}	−142	3.97×10
−184	4.00×10^{-4}	−128	4.17×10^{2}
−177	4.93×10^{-3}	−111	4.10×10^{3}
−170	4.93×10^{-2}	−89	4.09×10^{4}
−162	4.78×10^{-1}	−60	4.10×10^{5}
−153	4.19	−56.6	5.185×10^{5}

（二）CO_2 的密度

不同压强和温度状态下CO_2的密度可通过数据库查询（NIST Chemistry WebBook）。如图1-6所示，CO_2的密度随压强升高而升高、随温度升高而降低。气态CO_2在0℃、0.101MPa下密度为19.769kg/m³，在20℃、0.101MPa下密度为17.909kg/m³。气态二氧化碳密度范围为13.8~463.9kg/m³。对于密封容器中的液态CO_2，密度随温度的升高而降低，变化范围为463.9~1177.9kg/m³，其密度接近饱和时也可以通过公式（1-2）结算：

$$\rho=468+123.265(T_c-T)^{0.391377}-616.157\times(T_c-T)+7.030546\times10^{-3}\times(T_c-T)^2 \quad (1-2)$$

式中　T_c——CO_2临界温度304.2K；

T——CO_2温度，K。

固体CO_2的密度与其生产方法有关。固体CO_2的密度温度区间为：从−56℃时密度为1512kg/m³到−183℃时密度为1669kg/m³。固体CO_2的密度随着温度的升高略有下降。

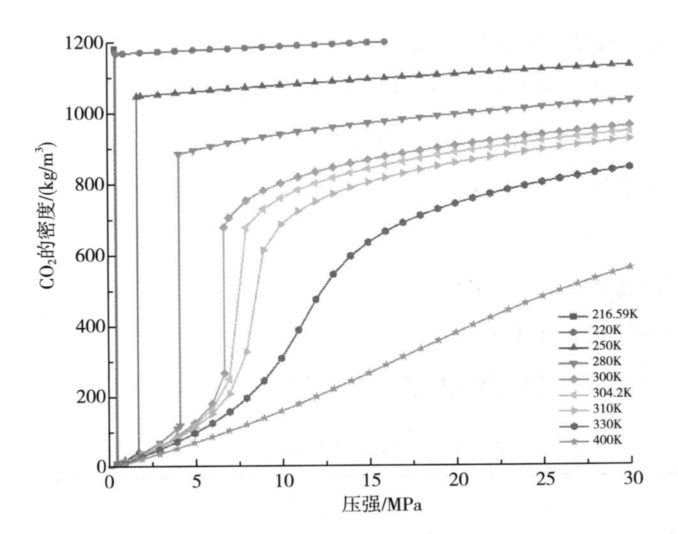

◄图1-6 CO_2的密度随压强和温度的变化规律（NIST Chemistry WebBook）

（三）CO_2 的溶解度

CO_2是非极性分子，但可溶于极性溶剂中，溶解度与温度、压强和溶剂的性质有关。表1-3中列出了常压下CO_2在不同溶剂中的溶解度。CO_2在水和水溶液中的溶解度除受温度和压强的影响外，溶液的性质、矿物质浓度、胶体溶液的分散度、溶液界面大小、与CO_2接触时间长短等也都会有影响。不同压强和温度下CO_2在水中的溶解度如图1-7所示，相同温度下溶解度随压强升高而增大，而相同压强下溶解度随温度升高而减少。常温常压下饱和水溶液中CO_2的气体体积与水体积比接近1，二氧化碳浓度为0.4mol/L，溶解于水中的CO_2大部分以结合较弱的水合物分子形式存在，只有一小部分形成碳酸，碳酸进一步解离产生H^+、HCO_3^-和CO_3^{2-}。常温常压下CO_2溶于水达到平衡过程如下：

$$CO_2\ (g) \rightleftharpoons CO_2\ (aq)$$

$$[CO_2]_{aq}=H \times P_{CO_2}$$

$$H=3.3\times10^{-7}\text{mol/(L·Pa)}\ (25℃)$$

$$CO_2\ (aq)+H_2O \rightleftharpoons H_2CO_3$$

$$[H_2CO_3]/[CO_2]_{aq}=1.7\times10^{-3}\ (25℃)$$

$$H_2CO_3 \rightleftharpoons H^+ + HCO_3^-$$

$$[HCO_3^-][H^+]/[H_2CO_3]=2.5\times10^{-4}\text{mol/L}\ (25℃)$$

$$HCO_3^- \rightleftharpoons H^+ + CO_3^{2-}$$

$$[CO_3^{2-}][H^+]/[HCO_3^-]=4.69\times10^{-11}\text{mol/L}\ (25℃)$$

高压状态下CO_2在水中的溶解度随压强升高逐渐增加[7~10]，H_2CO_3解离度会随之增加。高压下CO_2饱和溶液pH的变化主要受压强影响，随着压强升高体系pH

逐渐降低，当压强达到5MPa左右时，pH下降至3左右，随后随着压强升高维持稳定[8，11~13]。

表1-3　　常压下CO_2在不同溶剂中的溶解度

溶剂	溶解度/（mL/g）								
	−80℃	−60℃	−40℃	−20℃	0℃	10℃	20℃	30℃	40℃
甲醇	220	66	24.5	11.4	6.3	5.0	4.1	3.6	3.2
乙醇	100	40.4	28	—	5.3	4.3	3.6	3.2	—
苯	—	—	—	—	—	2.9	2.71	2.59	—
甲苯	21	8.7	4.4	3.0	3.5	3.4	3.0	2.8	—
二甲苯	—	7.8	4.9	2.6	1.9	—	2.31	—	—
乙醚	300	90	36	17.5	9.6	7.8	6.3	—	—
醋酸甲酯	350	101	41	20.5	11.5	9.2	7.4	6.0	—
丙酮	460	127	50	24	13	10.5	8.2	6.0	5.4

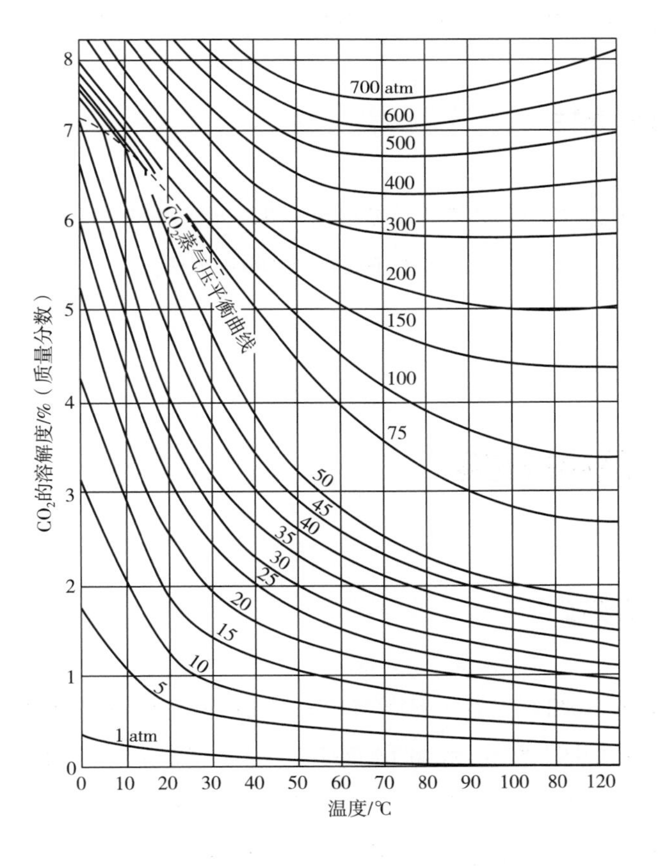

图1-7　不同温度和压强下CO_2在水中的溶解度[14]（1atm=1.01325×10^5Pa）

二、CO_2的化学性质

通常条件下CO_2是化学性质稳定的化合物，无毒性、不助燃。但如上文所述，在水溶液中CO_2能与H_2O反应形成碳酸，碳酸解离产生的H^+能与碱发生中和反应，产生的CO_3^{2-}能进一步与金属离子如Ca^{2+}、Mg^{2+}等反应产生沉淀。除此之外，在高温或催化剂存在条件下，CO_2也可以参与某些化学反应。

三、CO_2 的超临界性质

根据CO_2相图（图1-5）所示，当温度高于31.1℃、压强高于7.38MPa时，CO_2处于超临界状态。超临界状态CO_2仍呈气态，并不会液化，只是密度增大，具有类似液态的性质，同时还保留着气体的性能。比如，超临界CO_2密度接近于液体，为气体的几百倍；黏度接近于气体，比液体小两个数量级；扩散系数介于气体和液体之间，约为气体的1/100，为液体的几百倍，具有较强的溶解能力。临界点附近压强和温度的微小变化都会引起CO_2性质的剧烈变化。CO_2的超临界性质使其具有良好的溶解性和传质性，可以作为一种良好的萃取剂。

四、CO_2 的抑菌性

CO_2也是天然的微生物抑菌剂。CO_2可溶解于水，降低介质pH，同时CO_2能创造低氧或无氧环境。因此，CO_2有利于抑制微生物的生长。

第三节 CO_2 在食品中的应用

一、饮料的碳酸化

饮料碳酸化是指在一定条件下将CO_2气体充入饮料而生产碳酸饮料的过程。碳酸饮料由于其刺激性的清爽特异性口感而深受广大消费者尤其是年轻消费者的喜爱。1772年英国人Priestley发明了制造碳酸饱和水的设备，推动了碳酸饮料的工业生产，他不仅研究了水的碳酸化，还研究了葡萄酒和啤酒的碳酸化。1807年美国推出果汁碳酸水，在碳酸水中添加果汁用以调味。随着人工香精的合成、液态二氧化碳的制成、帽形软木塞和皇冠盖的发明、机械化汽水生产线的出现，使碳酸饮料在欧美国家和地区工业化生产，并很快发展到全世界。

二、气调保藏

农产品或食品的变质主要是由于自身呼吸作用、微生物生长、营养成分破坏等作用，而这些作用与贮藏环境的气体如O_2、CO_2、N_2等有密切的关系。气调保藏是指用阻气性材料将农产品或食品贮藏于密闭的容器或包装中，通过调整贮藏环境中的气体成分组成（降低O_2浓度、提高CO_2或N_2的浓度），降低农产品呼吸强度、抑制食品微生物生长繁殖、防止农产品存在的虫害以及延缓食品组分的氧化反应等，从而达到贮藏保鲜的目的，或延长农产品或食品贮藏期。气调保藏适合谷物、果蔬、鲜肉、鸡蛋、肉类、鱼产品的贮藏保鲜。

根据气体调节原理可将气调贮藏分为控制气调贮藏（controlled atmosphere，CA）和自发气调贮藏（modified atmosphere，MA）。前者指在贮藏期间CO_2等气体的浓度一直控制在某一恒定的值或范围内，这种方法贮藏效果更好、贮藏期更长，如气调库、气调车等；后者指用改良的气体建立气调系统，贮藏期间CO_2等气体浓度不再调整。

三、食品速冻与冷藏

与常规NH_3或氟利昂制冷工艺相比，二氧化碳具有制冷速度快、操作性能好、不浸湿、不污染食品、降低食品保鲜成本等优点，因此，广泛应用于食品的冷冻、冷藏，发展相当迅速。

液态CO_2速冻机装有深冷气体急冻系统，冻结室温度为-70~-60℃，利用液态CO_2经喷嘴喷出注入急冻槽，急剧膨胀后产生的雪花状干冰直接接触物料，使物料迅速冻结，物料中心温度达到-40~-18℃，通过冰晶带时间仅几分钟，整个冻结过程在5~20min完成。干冰升华时可产生-78℃的低温，可直接从食品物料吸收热量而升华为冷气体，冷气体又继续和物料接触，直到冷量被完全吸收后排出槽外。在这个过程中，干冰升华的潜热约占总制冷量的84%，而CO_2气体升温所吸收的潜热只占16%。与传统鼓风式隧道冻结机或平板式冻结机相比，CO_2速冻技术具有冻结时间短、速冻效率高、食品质量好、脱水损耗少等优点。

食品行业越来越多地采用干冰来保持食品的低温状态，实现食品冷藏保鲜。干冰的制冷量较大，1kg干冰变为CO_2气体（25℃）时能吸收653kJ的热量，具有良好的制冷效果。例如，在盛装食品或蔬菜、水果的特制塑料袋里放入一些干冰，密封后可较长时间保存，既方便又卫生；汉堡牛排、腊肠等肉制品的加工过程中将干冰直接添加到剁肉机和搅拌机中，利用固体CO_2升华吸热来降低肉制品的温度、抑制细菌的繁殖、保持肉制品新鲜等。

四、食品靶向组分提取

超临界CO_2流体萃取技术（supercritical CO_2 fluid extraction，SC-CO_2 FE）是一种新型提取与分离技术，与传统的萃取方法相比，使用CO_2作为溶剂进行萃取具有许多优势[15]：超临界CO_2具有较高的扩散性、传质阻力小，对多孔疏松的固态物质和油脂材料中的化合物萃取特别有利，萃取能力强、提取率高；萃取温度低、低氧或无氧环境，有效保护目标成分不被破坏，适用于热敏性强、易被氧化的特征风味物质和生理活性物质的提取；超临界CO_2具有良好的溶解性能，提取时间短、生产效率高；超临界CO_2对压强和温度敏感，萃取参数易控，操作方便；不使用有机溶剂，无溶剂残留、无毒、环境友好。目前，该技术已在食品加工领域得到了广泛应用，用于咖啡豆和茶叶脱咖啡因、啤酒花软树脂与α-酸的提取、鱼油二十碳五烯酸（EPA）和二十二碳六烯酸（DHA）的精制等。

第四节

高压二氧化碳（high pressure carbon dioxide，HPCD）技术

一、HPCD 技术的定义

作为一种无毒、廉价和天然的抗微生物剂，CO_2单独作用能抑制好氧性微生物生长，但不能杀死微生物，而与压力结合则能达到有效的杀菌效果。因此，高压CO_2技术日益引起研究人员的高度重视，其原理是将食品置于密封的处理釜中，利用二氧化碳作为高压介质进行压力处理（压强不大于50MPa），通过高压、高酸、厌氧和爆炸效应起到杀死微生物和钝化酶的效果，使食品得以长期贮藏。如图1-8所示，通常HPCD处理压强范围为5~50MPa，温度范围为0~60℃，在该压强与温度范围内，CO_2形态包括气态、液态和超临界态。

图1-8 HPCD处理温度和压强范围

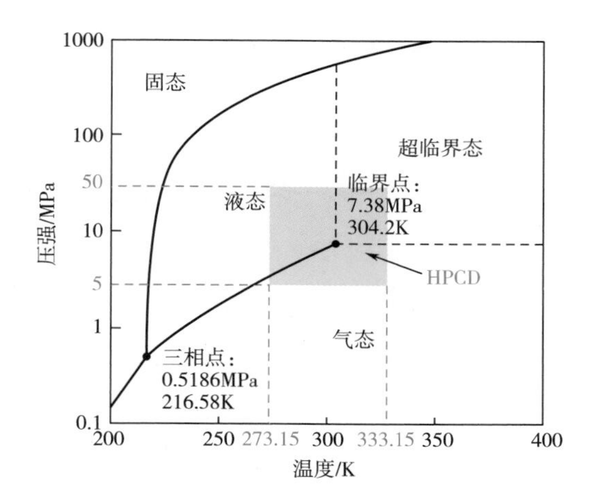

HPCD技术是食品领域中的新型非热加工技术，具有显著的优点：①与热技术相比，食品在CO_2和低温条件下进行处理，食品中的营养成分、风味物质等不易被氧化破坏，可有效保持食品原有的品质；②与超高压（100~1000MPa）技术相比，具有压强低、成本低、节约能源、安全性高、无噪声等特点；③是一项绿色洁净、环保友好的技术，利用自然界CO_2资源，不会破坏自然环境。近年来，美国、法国、韩国、日本等国家在广泛开展HPCD 技术的基础和应用研究。我国在食品HPCD技术相关方面的研究虽然起步较晚，但发展迅速，关于HPCD对食品杀菌和品质影响的研究已经取得了一定的成果。

二、HPCD 技术的处理方式与设备

HPCD 技术设备或装置主要包括CO_2供给系统、升降压系统、高压釜、输送系统四个部分。已报道的HPCD 处理方式分为间歇式、半连续式和连续式三种类型。

（一）间歇式 HPCD 设备

HPCD间歇式处理过程中食品和二氧化碳均处于静止状态，早期的研究多采用间歇式。典型的间歇式HPCD设备包括CO_2气瓶、增压泵、调压阀、卸压阀、高压釜和水浴装置等（图1-9）。将食品置于高压釜中，达到设定的温度后通入CO_2进行增压，维持恒定压强和温度，经过一定处理时间后卸压，取出食品。为了提高处理效果，有些设备高压釜中会装有搅拌器来增强处理效果。图1-9（1）所示为Hong等（1999）开发的立式间歇式HPCD设备[17]，虽然能实现样品的HPCD处理，但存在CO_2污染、升压慢、处理压强较低以及处理后样品易污染等问题。对此，廖小军等（2006）开发了新型立式［图1-9（3）］和卧式［图1-9（2）］间歇式HPCD设备[18]，增加了净化过滤器、制冷系统、液压泵、预热器无菌箱等装

置，显著提高了HPCD处理效率，增强了杀菌效果，同时避免了CO_2污染以及样品处理后污染等问题。

▼ 图1-9 典型的间歇式HPCD设备

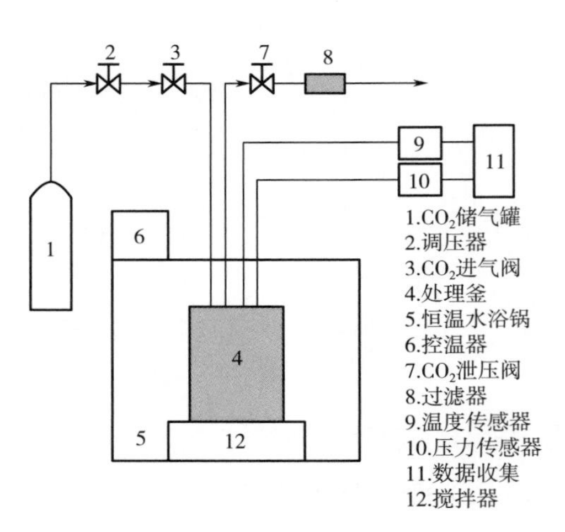

（1）立式间歇式HPCD设备[17]

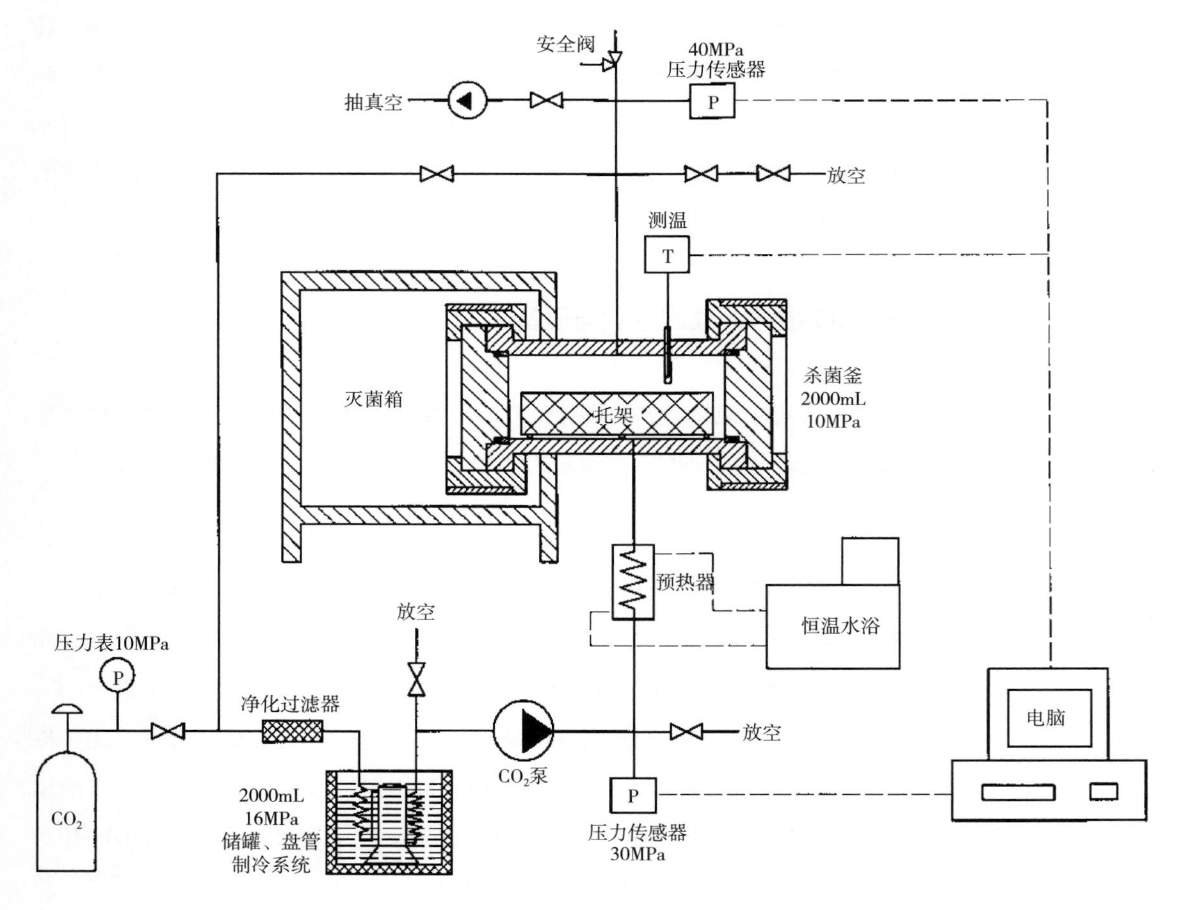

（2）卧式HPCD设备[18]

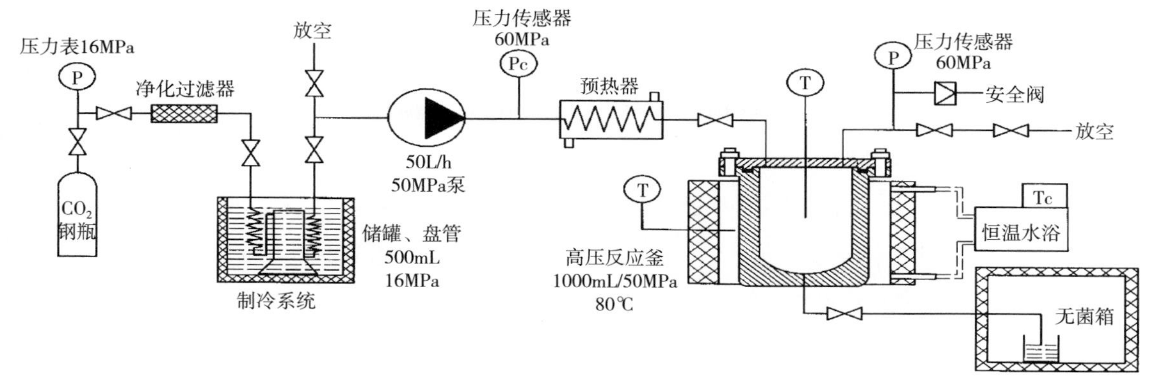

（3）新型立式HPCD设备

（二）半连续式 HPCD 设备

HPCD半连续式处理是指二氧化碳流动经过高压釜，食品处于静止状态，维持恒定压强和一定时间处理。图1-10所示为Shimoda等（2001）设计的半连续式HPCD设备[19]。在该设备中，利用泵将二氧化碳液体和生理盐水压入到密封舱内，通过蒸发器将二氧化碳变为气体，同时利用孔径为10 μm的不锈钢滤网过滤，将其压缩到生理盐水中。二氧化碳在向上流动的过程中继续与生理盐水融合，然后通过加热器加热到处理温度，再将待处理的菌的悬浊液泵入处理盘管中与其混合，维持恒定温度和压强受到处理。实验结果表明，半连续式HPCD处理装置灭菌的效果提高了3倍。

图1-10　半连续式HPCD设备[19]

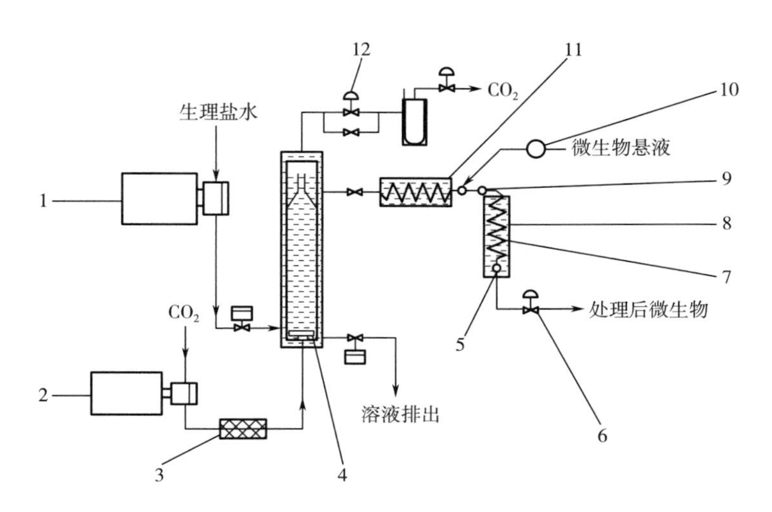

1，2，10—压力泵　3—蒸发器　4—微孔过滤器　5，9—温度计　6—控制阀（2）　7—电阻线圈　8—电热器（2）　11—加热器（1）　12—控制阀（1）

（三）连续式 HPCD 装置

HPCD连续式处理是指处理过程中液体食品和二氧化碳均流动通过高压釜，进行恒定压强和一定时间处理。图1-11（1）所示为Sims 等（2001）开发的连续膜接触式HPCD 设备[20]。这套膜接触处理装置由4 个柱状聚丙烯模块组成处理系统，其中每个柱状模块中又含有15个表面积为83cm^{2}的平行细管，二氧化碳加压后泵入处理系统，利用高效液相色谱泵将液态食品泵入柱状膜管内的平行细管中，由于大大增加了接触面积，二氧化碳在瞬间就能在液体样品中溶解并达到饱和状态，从而显著提高杀菌钝酶效果。

图1-11（2）所示为美国Praxair公司于1999年设计的连续流动式HPCD处理装置[20]。二氧化碳和样品泵入系统并混合，然后通过高压泵将混合物升到设定压强后流过处于设定温度的盘管，通过调节流速来控制处理时间。处理后可利用真空泵对食品中的二氧化碳进行脱气。实验证明，连续流动式DPCD处理装置在短时间内处理致病菌和腐败菌，杀灭效果十分显著。

图1-11（3）所示是连续流动式HPCD设备，由廖小军等（2006）开发[21]。二氧化碳和果汁分别由高压泵泵入系统进行混合，然后混合物恒压流过设定温度的盘管，并通过调节流速来控制处理时间；处理结束后，利用真空泵脱除果汁中的二氧化碳进行回收。

▼ 图1-11　连续式HPCD装置[20, 21]

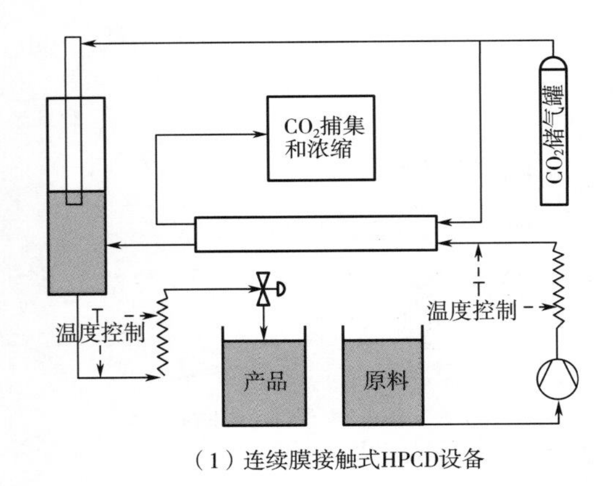

（1）连续膜接触式HPCD设备

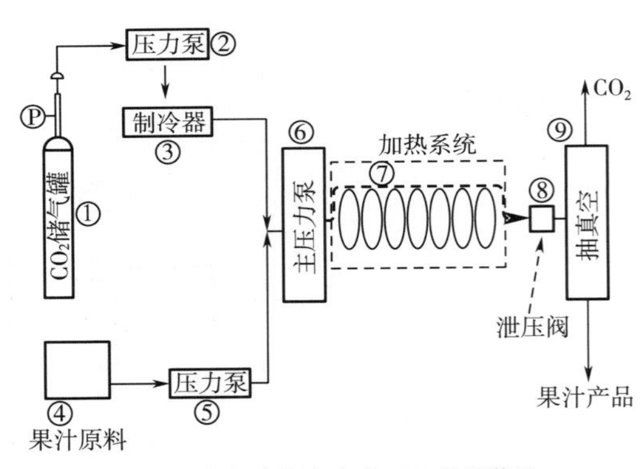

（2）连续流动式HPCD处理装置

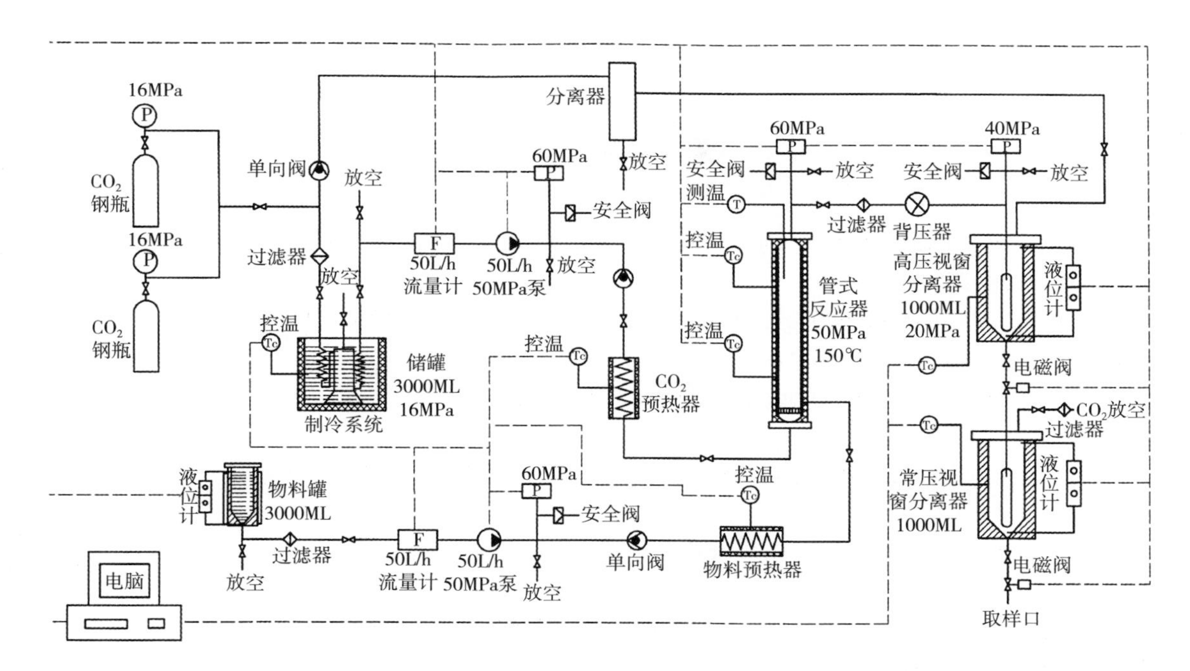

（3）连续流动式HPCD设备

三、HPCD 技术研究概述

1951年，Fraser首次报道HPCD技术能有效杀灭大肠杆菌[22]。随后大量研究表明，HPCD技术能对细菌、酵母、霉菌及芽孢等起到一定杀灭作用[23, 24]。同时，发现HPCD技术降低脂肪氧化酶、过氧化物酶、脂肪酶、酸性蛋白酶、碱性蛋白酶、果胶甲基酯酶、葡萄糖氧化酶等活性，并对酶的活性与结构产生破坏作用[25]。除关于HPCD 技术的杀菌钝酶研究外，其对食品品质的影响研究报道逐渐增多，由于HPCD技术的处理温度相对较低，能较好地保存食品原有的营养、风味等品质[26]。

近年来，HPCD 技术设备的开发以及HPCD 技术的商业化应用研究已经成为关注的焦点。美国Praxair公司和Air liquid公司已经开发了可商业化的HPCD设备，其中Praxair公司开发出的HPCD杀菌机，商标名为“Better Than Fresh”（BTF）。2003年在美国佛罗里达州的Sun Orchard公司成功安装了国际上第一条用于液态食品杀菌的HPCD 杀菌机，用于鲜榨橙汁的杀菌，处理能力为150L/min，产品质量达到了美国食品与药物管理局（FDA）关于强制执行的果汁危害分析与关键控制点（HACCP）规定的要求，能够使致病菌数量减少5个对数值。

参考文献

[1] Ritchie H，Roser M. CO_2 and greenhouse gas emissions [J]. Our World in Data，2020.

[2] 骆仲泱，方梦祥，李明远，等. 二氧化碳捕集、封存和利用技术 [M]. 北京：中国电力出版社，2012.

[3] Schmidt G. Water vapour：feedback or forcing? [J]. Real Climate，2005.

[4] 肖钢，常乐. 二氧化碳：可持续发展的双刃剑 [M]. 武汉：武汉大学出版社，2012.

[5] Ritchie H，Roser M. CO_2 and other greenhouse gas emissions [J]. Our World in Data，2017.

[6] 师春元，黄黎明，陈赓良. 机遇与挑战：二氧化碳资源开发与利用 [M]. 北京：石油工业出版社，2006.

[7] Duan Z，Sun R. An improved model calculating CO_2 solubility in pure water and aqueous NaCl solutions from 273 to 533 K and from 0 to 2000 bar [J]. Chemical Geology，2003，193 (3-4)：257-271.

[8] Bortoluzzi D，Cinquemani C，Torresani E，et al. Pressure-induced pH changes in aqueous solutions - on-line measurement and semi-empirical modelling approach [J]. The Journal of Supercritical Fluids，2011，56 (1)：6-13.

[9] Lucile F，Cezac P，Contamine F，et al. Solubility of carbon dioxide in water and aqueous solution containing sodium hydroxide at temperatures from 293.15 K to 393.15 K and pressure up to 5MPa：experimental measurements [J]. Journal of Chemical and Engineering Data，2012，57 (3)：784-789.

[10] Campos C，Villardi H，Pessoa F，et al. Solubility of carbon dioxide in water and hexadecane：experimental measurement and thermodynamic modeling [J]. Journal of Chemical and Engineering Data，2009，54 (10)：2881-2886.

[11] Meyssami B，Balaban M O，Teixeira A A. Prediction of pH in model systems pressurized with carbon-dioxide [J]. Biotechnology Progress，1992，8 (2)：149-154.

[12] Spilimbergo S，Bertucco A，Basso G，et al. Determination of extracellular and intracellular pH of *Bacillus subtilis* suspension under CO_2 treatment [J]. Biotechnology and Bioengineering，2005，92 (4)：447-451.

[13] 皮亚利，彭勃，赵永鸿，等. 高压下二氧化碳-盐水体系pH值变化规律研究 [J]. 应用化工，2009 (4)：469-473.

[14] Dodds W S，Stutzman L F，Sollami B J. Carbon dioxide solubility in water [J]. Industrial & Engineering Chemistry Chemical & Engineering Data

Series，1956，1（1）：92-95.

［15］廖传华，黄振仁. 超临界 CO_2 流体萃取技术——工艺开发及其应用［M］. 北京：化学工业出版社，2004：334-339.

［16］郭蕴涵. 高压二氧化碳浸渍速冻胡萝卜片工艺优化和产品品质研究［D］. 北京：中国农业大学，2012.

［17］Hong S I，Pyun Y R. Inactivation kinetics of *Lactobacillus plantarum* by high pressure carbon dioxide［J］. Journal of Food Science，1999，64（4）：728-733.

［18］桂芬琦. 高密度二氧化碳技术对酶活性和苹果浊汁颜色影响分析［D］. 北京：中国农业大学，2006.

［19］Shimoda M，Cocunubo-Castellanos J，Kago H，et al. The influence of dissolved CO_2 concentration on the death kinetics of *Saccharomyces cerevisiae*［J］. Journal of Applied Microbiology，2001，91（2）：306-311.

［20］Damar S，Balaban M O. Review of dense phase CO_2 technology：microbial and enzyme inactivation，and effects on food quality［J］. Journal of Food Science，2006，71（1）：R1-R11.

［21］徐增慧. 连续式高压二氧化碳对苹果浊汁杀菌、钝酶以及品质的影响［D］. 北京：中国农业大学，2010.

［22］Fraser D. Bursting bacteria by release of gas pressure［J］. Nature，1951，167（4236）：33-34.

［23］Garcia-Gonzalez L，Geeraerd A H，Spilimbergo S，et al. High pressure carbon dioxide inactivation of microorganisms in foods：the past，the present and the future［J］. International Journal of Food Microbiology，2007，117（1）：1-28.

［24］Rao L，Bi X，Zhao F，et al. Effect of high-pressure CO_2 processing on bacterial spores［J］. Critical Reviews in Food Science and Nutrition，2016，56（11）：1808-1825.

［25］Hu W，Zhou L，Xu Z，et al. Enzyme inactivation in food processing using high pressure carbon dioxide technology［J］. Critical Reviews in Food Science and Nutrition，2013，53（2）：145-161.

［26］Zhou L，Bi X，Xu Z，et al. Effects of high-pressure CO_2 processing on flavor，texture and color of foods［J］. Critical Reviews in Food Science and Nutrition，2015，55（6）：750-768.

第二章

HPCD 技术对微生物营养体的杀菌效果与机制

第一节 细菌营养体的基本结构
第二节 HPCD技术对微生物营养体杀菌概述
第三节 影响HPCD技术杀菌效果的因素
第四节 HPCD技术对微生物的杀菌动力学研究进展
第五节 HPCD技术的杀菌机制

第一节

细菌营养体的基本结构

细菌是指一类细胞细短（直径约0.5μm，长度0.5~5μm）、结构简单、胞壁坚韧、多以二分裂方式繁殖且水生性较强的原核生物。细菌营养体细胞的模式构造可见图2-1（1）。其结构一般包括细胞壁、细胞膜、细胞质和核区等[1]。

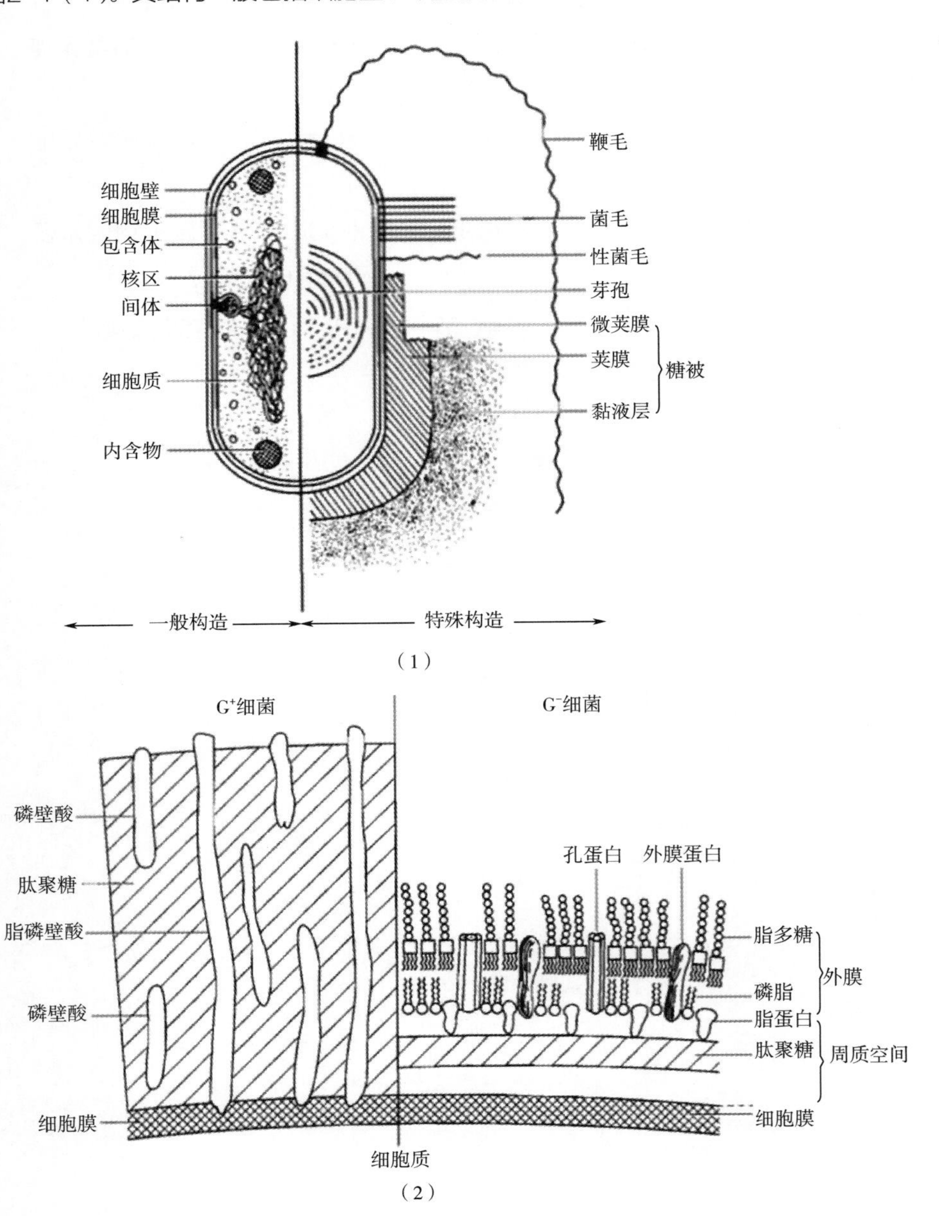

◂图2-1 细菌细胞的模式构造（1），革兰阳性（G⁺）和革兰阴性（G⁻）细菌细胞壁的结构比较（2）

细胞壁（cell wall）是位于细胞表面、内侧紧贴细胞膜的一层较为坚韧、略具弹性的细胞结构。在细菌生长过程中，细胞壁起到维持细胞形状和完整性、抵抗内部膨胀压的作用。革兰阳性（G^+）细菌细胞壁较厚但结构比较简单，由数十层交叠的肽聚糖（peptidoglycan）构成，肽聚糖层占比可高达细胞壁的95%，而在革兰阴性（G^-）细菌中则仅占细胞壁的5%~10%。由于G^+细菌细胞壁肽聚糖中含有能增强细胞壁韧性的磷壁酸，因此G^+细菌相比于G^-细菌具有更强的压力抗性。G^-细菌的外膜结构由脂蛋白（lipoprotein）、磷脂（phospholipid）和脂多糖（lipopolysaccharide，LPS）组成，其中脂多糖的存在使得细胞膜具有独特的低渗透性，可有效帮助细菌细胞应对外界有害刺激，使细胞膜免受某些化学物质的攻击，从而保护G^-细菌结构的完整性。此外，脂多糖可增加细胞膜的负电荷，有助于稳定整个细胞膜的结构[1, 2]。

细胞质膜（cytoplasmic membrane）又称质膜（plasma membrane）、细胞膜（cell membrane）或内膜（inner membrane），是紧贴在细胞壁内侧、包围着细胞质的一层柔软、脆弱、富有弹性的半透性薄膜，厚5~10nm。细胞质膜主要由磷脂（20%~30%）和蛋白质（50%~70%）组成，是一个重要的代谢活动中心。

细胞质（cytoplasm）是细胞质膜包围的除核区外的一切半透明、胶状、颗粒状物质的总称，主要成分是蛋白质、核酸、脂类、多糖、水分和少量无机盐类。在细胞质基质中，存在着核糖体和质粒。核糖体由核糖核酸（RNA,60%）和蛋白质（40%）构成，是细菌合成蛋白质的场所。质粒为一种小型环状脱氧核糖核酸（DNA），能够携带部分遗传信息[1, 2]。

仅在部分细菌中才有的或在特殊环境条件下才形成的构造称为特殊构造，主要包括荚膜（capsule）、鞭毛（flagellum）、菌毛（fimbria）、性菌毛（pilus）和芽孢（endospore）等。此外，细菌还有膜内折形成的间体结构。与真核细胞不同，细菌一般来说没有核膜包被的细胞核，也没有复杂的内膜系统，其唯一的细胞器为核糖体。细菌细胞既微小又透明，一般先经过染色才能通过显微镜观察到。染色方法较多，其中以革兰染色法最为重要。细菌经革兰染色法染色后，可区分为革兰阳性菌（G^+）与革兰阴性菌（G^-），二者的结构差异如图2-1（2）所示。

第二节
HPCD 技术对微生物营养体杀菌概述

农产品原料及食品营养丰富，适宜条件下微生物容易大量繁殖，引起食品腐败变质，严重时由于致病菌存在、繁殖和产生毒素而导致食物中毒。因此，控制和杀灭食品及原料中腐败菌和致病菌非常重要。为保证食品安全、延长食品贮藏期而进行的杀菌工序是食品加工过程的一个重要单元操作。HPCD技术作为一项新型非热杀菌技术，可避免传统热杀菌技术对食品的不良影响，保留食品原有的营养、风味和新鲜感官品质。早在1951年，Fraser报道了高压CO_2气体（1.7~6.2MPa）处理能使大肠杆菌（*Escherichia coli*）活菌数降低95%~99%[3]。自此以后，关于HPCD技术在杀菌领域的应用研究逐渐增多。据检索Web of science、Elsevier ScienceDirect、Wiley Online Library、SpringerLink、中国知网CNKI等数据库，统计出自1951年至2019年累计发表271篇相关论文，2001年以后平均每年发表论文数超过10篇；此外，有关HPCD杀菌的专利也在不断增加（图2-2）。

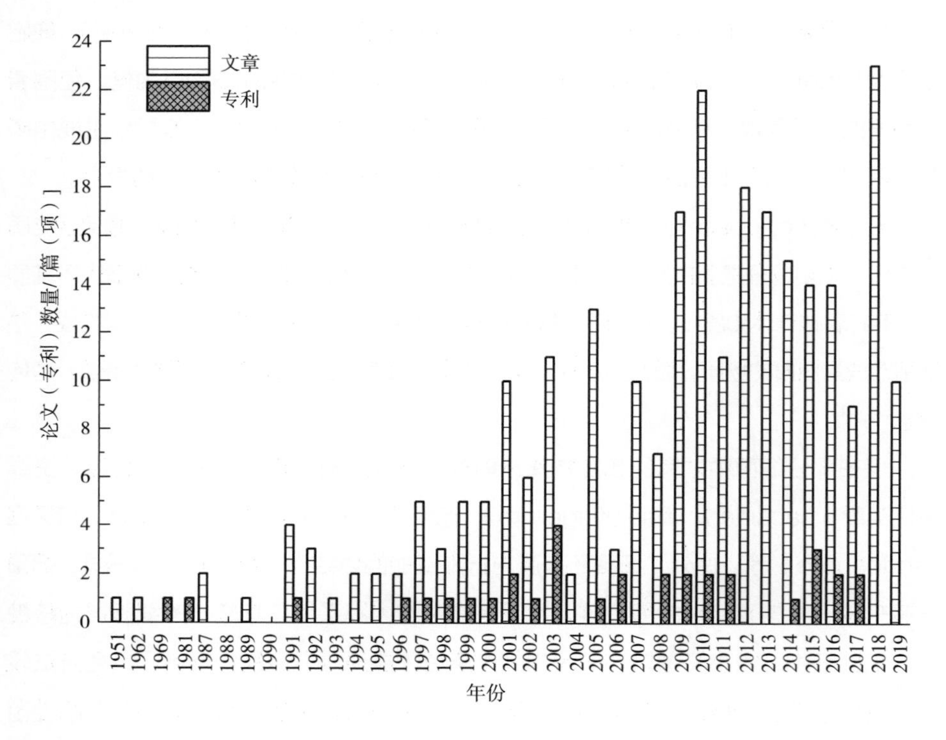

◀图2-2 HPCD技术杀菌研究相关文章发表及专利受理情况（截至2019年12月30日）

根据文献统计，HPCD技术杀菌的目标微生物主要有细菌、真菌（含酵母和霉菌）及自然菌群，主要包括植物乳杆菌（*Lactobacillus plantarum*）、单核细胞增生李斯特菌（*Listeria monocytogenes*）和金黄色葡萄球菌（*Staphylococcus aureus*）等革兰阳性细菌（G^+）25种，*E. coli*、鼠伤寒沙门菌（*Salmonella typhimurium*）等革兰阴性细菌（G^-）16种，酿酒酵母（*Saccharomyces cerevisiae*）和产朊假丝酵母（*Candida utilis*）等酵母10种，以及细菌总数、霉菌和酵母总数、大肠菌群和乳酸菌等4个自然微生物群[图2-3（1）]。从研究分布来看，关于细菌营养体杀菌的研究占63%[图2-3（2）]，其中涉及易引发食品腐败或食源性疾病的致病菌如*S. typhimurium*、*L. monocytogenes*、*E. coli*和*S. aureus*等较多。此外，因*S. cerevisiae*容易引发果汁和果酒腐败变质，相关研究也较多。

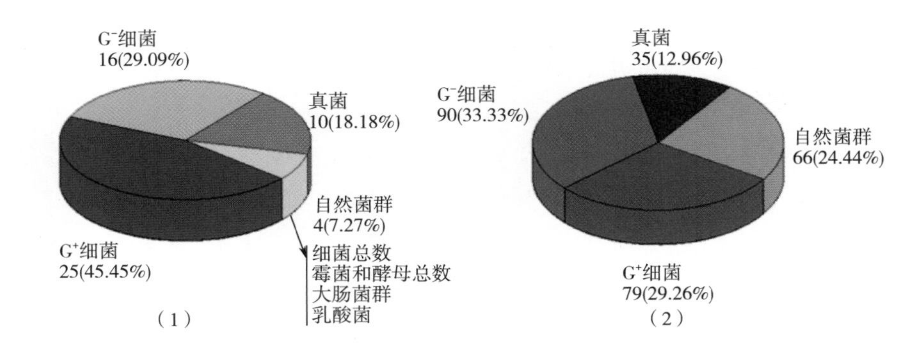

图2-3　HPCD研究中涉及的微生物种类（1）及研究分布（2）情况

HPCD杀菌技术主要涉及食品、药品、医疗和航天等领域。从食品领域来看，HPCD处理的液态食品或基质主要包括果蔬汁（苹果汁、橙汁、葡萄汁、椰汁、梨汁、西瓜汁和胡萝卜汁等）、乳（全脂牛乳、脱脂牛乳和人乳）、啤酒、苹果酒以及常用培养基、缓冲液和生理盐水。该技术也被应用于固态或半固态食品，如肉、牛肉末、韩国泡菜、新鲜菠菜叶、土耳其羊乳酪、可可粉、紫花苜蓿种子和人参粉等。

对于细菌营养体，HPCD技术处理条件比较温和，压强在60MPa以内（一般为5~20MPa）、低于80℃（多为25~35℃），处理时间则长短不一。从杀菌效果看，对于多数细菌营养体可以降低4~6个对数值，最高可降低9个对数值（表2-1~表2-4）。关于HPCD技术杀菌的研究报道中，以G^+和G^-细菌为目标菌的研究分别占29.26%和33.33%（图2-3）。G^+细菌肽聚糖层较厚，其细胞壁机械强度大且饱满；而G^-细菌细胞壁更为复杂，但肽聚糖层薄，较为脆弱，因而G^-细菌比G^+细菌对HPCD杀菌技术更为敏感。但也存在个别特殊情况。例如，Dillow等（1999）报道，经过HPCD（20.5MPa、34℃、36min）循环6次（6min/循环）处理后，G^-细菌中索尔福特沙门菌（*Salmonella salfor*）较G^+细菌中无害李斯特菌（*Listeria innocua*）和*S. aureus*更难被杀灭，前者只降低了3个对数值，而后两者分别降低了9个和7个对数值[4]。尽管两类细菌对HPCD处理的敏感度不同，但大部分细菌营养体经过HPCD处理后都能达到平板计数法的检测限。到目前为止，涉及的41种细菌中只有山夫顿堡沙门菌（*Salmonella senftenberg*）、热杀索丝菌（*Brochothrix thermosphacta*）、酸土环脂芽孢杆菌（*Alicyclobacillus acidoterrestris*）和腐生葡萄球菌（*Staphylococcus saprophyticus*）共4种菌未达到平板计数法的检测限[5~8]，其处理条件为6.2~11MPa、10~40℃，但提高处理强度后能达到平板计数法的检测限。

表2-1 HPCD对革兰阳性菌（G^+）的杀菌效果

微生物	处理介质	处理系统	压强/MPa	温度/℃	时间/min	降低对数值（lgN/N_0）或灭菌效果	参考文献
枯草芽孢杆菌（*Bacillus subtilis*）	磷酸盐缓冲液	半连续式	7.4	38	2.5	>7	[39]
	生理盐水	连续式	11.0	36	40	6.7	[164]
	葡萄原汁	半连续式	8.6	40	60	6.9	[7]
	哈密瓜汁	间歇式	460	60	19	6.21	[165]
粪肠球菌（*Enterococcus faecalis*）	生理盐水	间歇式	6.05	35	18	8	[86]
	果汁-牛乳	间歇式	6.05	45	180~360	5	[86]
乳酸菌（*Lactic acid bacteria*）	MRS培养基	间歇式	6.9	30	200	5	[38]
	新鲜番茄酱	间歇式	11.0	40	1440	0.35	[166]
	脑心灌注培养基（BHIB）	间歇式	10.5	35	20	4.0	[41]
	鲜切胡萝卜	间歇式	12	22~45	5~30	1~2.1	[52]
	椰子汁	间歇式	12	40	30	5	[97]
植物乳杆菌（*Lactobacillus plantarum*）	MRS培养基/磷酸盐缓冲液	间歇式（搅拌）	13.8	30	30	6	[50]
	缓冲液	间歇式（搅拌）	7.0	30	120	8	[49]
	MRS培养基	间歇式	7	30	10	>8	[111]
	橙汁	连续式膜	7.5	35	<10	>8	[47]
短乳杆菌（*Lactobacillus brevis*）	生理盐水	微泡间歇式	25	35	30	6	[14]
	培养基	微泡连续式	6.0	35	15	9	[17]
干酪乳杆菌（*Lactobacillus casei*）	营养肉汤	间歇式	5.52	45	1080	完全灭菌	[5]
单核细胞增生李斯特菌（*Listeria monocytogenes*）	蒸馏水	间歇式	6.18	35	120	9	[60]
	MRS培养基	间歇式（搅拌）	21.09	35	14	9	[36]
	牛乳	间歇式（搅拌）	6.9	45	60	3	[36]
	含有1%BHIB的生理盐水	间歇式	6.0	45	60	6	[87]
	脱脂及全脂乳	间歇式	6.0	45	960~1440	6	[107]
	BHIB、生理盐水	间歇式	6.05	25	280	6.89	[108]
	橙汁	连续式	38	25	10	6	[44]
	生理盐水	间歇式	8~15	40	20	>8	[80]
			10	35~45	0~30	>8	[80]
			10	35	30	>8	[80]
			10	45	15	>8	[80]
	磷酸盐缓冲液	间歇式	10	35	60	>8	[80]
			10	45	25	>8	[80]

续表

微生物	处理介质	处理系统	压强/MPa	温度/℃	时间/min	降低对数值($\lg N/N_0$)或灭菌效果	参考文献
	酱油腌泡汁	间歇式	14	45	40	3.14	[109]
	辣椒酱腌料	间歇式	14	45	40	2.64	[109]
	酱油腌制猪肉	间歇式	14	45	40	2.49	[109]
	辣椒酱腌制猪肉	间歇式	14	45	40	1.92	[109]
	紫花苜蓿发芽种子	间歇式	10	45	5	2.65	[167]
	BHIB	间歇式	10.5	35	20	4.5	[27]
	LB培养基	间歇式	10.5	35	60	3.2	[29]
			21.0	45	60	4.5	[29]
	磷酸盐缓冲液(pH 7.0)	多批次	6.8	25	20	3	[168]
	LB培养基	间歇式	20	41	120(7次循环)	5.96	[169]
	干腌火腿	多批次	8	35	60	3.5	[170]
			12	35	60	3.5	[170]
			8	50	45	7.0	[170]
			12	50	15	7.7	[170]
			12	45	30	7.5	[170]
	干制火腿	间歇式	6	35	30	3.4	[74]
			8	35	30	4.2	[74]
			12	35	30	7.0	[74]
无害李斯特菌(*Listeria innocua*)	培养基	间歇式	20.5	34	36	9	[4]
	碎干酪	间歇式	9.9	35	30	4.6	[77]
金黄色葡萄球菌(*Staphylococcus aureus*)	含有0.1%吐温80的蒸馏水(细胞含水量70%~90%)	间歇式	20	35	120	5	[9]
	含有0.1%吐温80的蒸馏水(细胞含水量2%~10%)	间歇式	20	35	120	1.4	[9]
	营养肉汤	间歇式	6.21	室温	120	4	[5]
	BHIB	间歇式	8.0	25	60	7	[65]
	全/脱脂乳	间歇式	9.0~14.6	25	120~300	7	[65]
	缓冲液	间歇式	31.05	42.5	15	7	[150]
	碎牛肉	间歇式	31.05	42.5	120~180	4	[150]
	培养基	间歇式	20.5	40	240	9	[4]
	营养肉汤	间歇式	0.38+500MPa HHP	5	20	>8	[71]
	生理盐水	间歇式	10	35	1	6	[171]

续表

微生物	处理介质	处理系统	压强/MPa	温度/℃	时间/min	降低对数值($\lg N/N_0$)或灭菌效果	参考文献
	培养基	间歇式	10.5	35	20	3.0	[27]
	胰酪胨大豆肉汤(TSB)培养基	间歇式	12.5~17.5	40~50	1~1.5	3.622~6.486	[172]
	生理盐水	间歇式	10	32	15	2.13	[84]
明串珠菌(*Leuconostoc dextranicum*)	营养培养基	间歇式	20.7	35	15	9	[37]
肠膜状明串珠菌(*Leuconostoc mesenteroids*)	橙汁	连续膜式	15	25	<10	>6	[47]
腐生葡萄球菌(*Staphylococcus saprophyticus*)	营养肉汤	间歇式	5.52	22	120	3.87	[5]
蜡样芽孢杆菌(*Bacillus cereus*)	培养基	连续式	0.3	30	60	完全灭菌	[173]
	TBS	间歇式	20.5	60	240	8	[4]
	BHIB	间歇式	10.5	35	20	2.7	[27]
乳脂链球菌(*Streptococcus cremoris*)	培养基	连续式	>1.1	30	60	完全灭菌	[173]
酸土脂环芽孢杆菌(*Alicyclobacillus acidoterrestris*)	BHIB	间歇式	10.5	35	20	0.1	[27]
梭状芽孢杆菌(*Clostridium*)	红椒	间歇式	10	80	30min	5.6	[174]
屎肠球菌(*Enterococcus faecium*)	BHIB	间歇式	10.5	35	20min	0.3	[27]
热杀索丝菌(*Brochothrix thermosphacta*)	生理盐水	间歇式	6.05	35	100min	5.5	[116]
	去皮肉	间歇式	6.05	45	150min	5	[116]
	培养基	间歇式	10.5	35	20	4.5	[27]
	香肠	间歇式	350	室温	10	> 5	[163]

表2-2　　HPCD对革兰阴性菌(G^-)的杀菌效果

微生物	处理介质	处理系统	压强/MPa	温度/℃	时间/min	降低对数值($\lg N/N_0$)或灭菌效果	参考文献
大肠杆菌(*Escherichia coli*)	培养基	间歇式	3.5	37~38	3	完全灭菌	[3]
	含有0.1%吐温80的蒸馏水(细胞含水量70%~90%)	萃取器	20	35	120	6.8	[9]
	含有0.1%吐温80的蒸馏水(细胞含水量2%~10%)		20	35	120	1.3	[9]

续表

微生物	处理介质	处理系统	压强/MPa	温度/℃	时间/min	降低对数值（lgN/N_0）或灭菌效果	参考文献
	营养肉汤	间歇式	6.21	室温	120	4	[5]
	生理盐水	间歇式	5.0	35	20	6	[117]
	培养基	连续式微泡系统	6.0	35	15	9	[17]
	缓冲液	萃取器	31.03	42.5	15	7	[150]
	碎牛肉	萃取器	31.03	42.5	120~180	1	[150]
	培养基	间歇式	20.5	34	30	8	[4]
	营养肉汤	间歇式	10.0	35	50	6	[113]
	全乳	间歇式	10.0	35	360	6.42	[113]
	脱脂乳	间歇式	10.0	35	360	7.24	[113]
	营养肉汤	间歇式	10	20~40	50	7.5	[114]
	紫花苜蓿种子	间歇式	27.6	50	60	1.14	[45]
	无菌水	连续膜式	7.5	24	5.2	8.7	[47]
	橙汁	连续膜式	15	24	4.9	>6	[47]
		连续式	107	25	10	5	[44]
	苹果汁	连续式	20.6	25	12	5.7	[44]
	稀释苹果酒	中试连续式	6.9~48.3	25~45	—	6	[124]
	生理盐水/磷酸盐缓冲液	连续式	10	45	10~25	9	[40]
	苹果汁	间歇式	10~30	32~42	75	5.5~7.6	[42，121]
	缓冲蛋白胨液	中试连续式	7.58（1L/min、8.2% CO_2浓度）	42	40	5.8	[175]
	新鲜菠菜叶	间歇式	5	40	40	5	[57]
			7.5、10	40	40	5	[57]
	酱油腌泡汁	间歇式	14	45	40	2.52	[109]
	辣椒酱腌料	间歇式	14	45	40	2.12	[109]
	酱油腌制猪肉	间歇式	14	45	40	2.14	[109]
	辣椒酱腌制猪肉	间歇式	14	45	40	0.13	[109]
	生理盐水	间歇式	10	35	1	6	[171]
	培养基	间歇式	10.5	35	20	4.2	[27]
	紫花苜蓿发芽的种子	间歇式	15	35	10	3.51	[167]
	Tris-HCl缓冲液（pH7）	间歇式	10	37	30	1.55	[160]
			50	37	30	1.77	[160]
	哈密瓜汁	间歇式	500	35	20	4.18	[165]
			500	45	20	5.95	[165]
			500	55	20	7.11	[165]
	鸡蛋全蛋液	间歇式	15	15~40	15	1.3~4.5	[176]
			5~20	35	15	2~4	[176]

续表

微生物	处理介质	处理系统	压强/MPa	温度/℃	时间/min	降低对数值 ($\lg N/N_0$) 或灭菌效果	参考文献
	培养基	萃取器	10~30	40	60	3~6.9（正常 *E. coli*）	[158]
			10~30	25~50	20~100	4.1~7.6（低活性F-ATPase型 *E.coli*）	[158]
			10~30	25~50	20~100	4.0~7.8（低活性P-ATPase型 *E.coli*）	[158]
	LB培养基	间歇式	10.5~21.0	35~45	60	3.0~4.0	[29]
	全蛋液	间歇式	15	35	15	3.07	[176]
	蛋清液	间歇式	15	45	60	5.57	[115]
	LB培养基	间歇式	0.7	37	25	5	[177]
	鲜切胡萝卜	间歇式	12	22	15	3.5	[104]
	LB培养基	间歇式	8~28（1~5循环）	36	80~240	5.0~8.0	[63]
	鲜切胡萝卜	间歇式	6~8	22	30	8	[178]
			10~12	35	10	8	[178]
	蛋白液	间歇式	50	37	30	8.3	[179]
	鲜切胡萝卜	间歇式	12	26	10	7	[180]
			12	35	7	完全灭菌	[180]
	生理盐水	间歇式	5	37	25	7.35	[83]
	磷酸盐缓冲液（pH5.6~7.0）	间歇式	5	25~37	25~65	7.35	[83]
	胡萝卜汁	间歇式	5~8	37~45	20~60	7.35	[83]
	鲜切胡萝卜	间歇式	12	22	30	5.8	[52]
	椰子汁	间歇式	12	40	30	7	[97]
	生理盐水	两段式微泡	2	35~50	3~10	~5.0	[101]
	牛乳	两段式微泡	2	35~50	5~10	4.8	[101]
	生理盐水	间歇式	10	32	15	2.4	[84]
	干燥的干酪粉	间歇式	9.9	35	30	>7	[77]
	牛乳	连续式	8	70	1	0.09	[181]
	苹果罐头	间歇式	8~12	35~55	15	完全灭菌	[92]
	生母乳	半连续式	20	33	120	>5.0	[69]
军团杆菌（*Legionella*）	培养基	间歇式	20.5	40	90	4	[4]
普通变形杆菌（*Proteus vulgaris*）			20.5	34	36	8	[4]

续表

微生物	处理介质	处理系统	压强/MPa	温度/℃	时间/min	降低对数值（$\lg N/N_0$）或灭菌效果	参考文献
绿脓杆菌（*Pseudomonas aeruginosa*）	培养基	间歇式	20.5	40	240	8	[4]
	磷酸盐缓冲液	半连续式	7.4	38	2.5	7	[39]
	3.3%水+0.1%H_2O_2	连续式/间歇式	8	50	30	5.17	[82]
贝式不动杆菌（*Acinetobacter baylyi*）	3.3%水+0.1%H_2O_2	连续式/间歇式	8	50	30	4.72	[82]
索尔福德沙门菌（*Salmonella salford*）	培养基	间歇式	20.5	40	240	9	[4]
山夫登堡沙门菌（*Salmonella senftenberg*）	营养肉汤	间歇式	6.21	室温	120	3.70	[5]
沙门菌（*salmonella*）	全蛋液	间歇式	15	15~45	15	0.8~2.7	[176]
			5~20	35	15	2~4.1	[176]
	蛋清液	间歇式	15	45	60	4.46	[115]
鼠伤寒沙门菌（*Salmonella typhimurium*）	尖刺鸡肉	间歇式	13.7	35	120	1.30	[60]
	蛋黄	间歇式	13.7	35	120	7.0	[60]
	生理盐水	间歇式	6	45	13	8	[53]
			6.0	35	15	7	[54]
	生理盐水+BHIB	间歇式	6.0	25	140	7	[54]
	橙汁	连续式	38	25	10	6	[44]
	生理盐水	连续式	10	45	10	8.2	[119]
	磷酸盐缓冲液	连续式	10	45	25	9	[119]
	无菌生理盐水	连续式	8~25	35	20	2~5.8	[146]
			10	35~55	20	3.9~9.8	[146]
	培养基	间歇式	10.5	35	20	3.0	[27]
	紫花苜蓿发芽种子	间歇式	10	45	5	2.48	[167]
	酱油腌泡汁	间歇式	14	45	40	3.47	[109]
	辣椒酱腌料	间歇式	14	45	40	2.72	[109]
	酱油腌制猪肉	间歇式	14	45	40	0.21	[109]
	辣椒酱腌制猪肉	间歇式	14	45	40	0.17	[109]
	胡萝卜汁	间歇式	10~30	32~42	90	3.81~5.2	[120]
	生理盐水	间歇式	10	35	1	6	[171]
	香肠	间歇式	350	室温	10	2	[163]
肠炎沙门菌（*Salmonella enteritidis*）	生理盐水	间歇式	10	35	1	6	[171]
	3.3%水+0.1%H_2O_2	连续式/间歇式	8	50	30	6.19	[82]
黏质沙雷菌（*Serratia marcescens*）	磷酸盐缓冲液	半连续式	7.4	38	0	7.3	[21]

续表

微生物	处理介质	处理系统	压强/MPa	温度/℃	时间/min	降低对数值（$\lg N/N_0$）或灭菌效果	参考文献
小肠结肠炎耶尔森菌（*Yersinia enterocolitica*）	生理盐水	间歇式	10	35	1	6	[171]
	培养基	间歇式	10.5	35	20	4.0	[27]
肺炎克雷伯菌（*Klebsiella Pneumoniae*）	3.3%水+0.1%H_2O_2	连续式/间歇式	8	50	30	5.30	[82]
荧光假单胞菌（*Pseudomonas fluorescens*）	牛乳	连续式	20.7	30	10	2.9~5.0	[99]
	培养基	间歇式	10.5	35	20	4.0	[27]
	蔗糖	间歇式	10.5	35	20	1.5	[27]
	明胶	间歇式	10.5	35	20	2.2~3.5	[27]
假单胞菌（*Pseudomonas* spp.）	全蛋液	间歇式	8.5~21.0 [400min^{-1}，50%(工作体积比，WVR）]	35~45	20	2.7~3.2	[41]
嗜水气单胞菌（*Aeromonas hydrophila*）	培养基	间歇式	10.5	35	20	5.4	[27]
空肠弯曲杆菌（*Campylobacter jejuni*）	香肠	间歇式	350	室温	10	>2	[163]

表2-3　HPCD对酵母和霉菌的杀菌效果

微生物名称	处理介质	处理系统	压强/MPa	温度/℃	时间/min	降低对数值（$\lg N/N_0$）或灭菌效果	参考文献
酿酒酵母（*Saccharomyces cerevisiae*）	生理盐水（细胞含水量70%~90%）	萃取器	20	35	120	7.5	[9]
	生理盐水（细胞含水量2%~10%）	萃取器	20	35	120	0.3	[9]
	培养基	间歇式（带磁力搅拌器）	6.9~20.7	35	7~15	7	[67]
		间歇式	6.9	35	15	7	[11]
	无菌蒸馏水	间歇式	4	40	180	8	[12]
	生理盐水	间歇式	10.0	33	5	6	[13]
		微泡	25	35	30	6	[14]
	无菌水	间歇式	4.0	40	240	8	[15]
			15	40	60	8	[16]
	培养基	连续微泡式	6.0	35	15	9	[17]
	生理盐水	连续式	4~10	30~38	1	9	[19]
	橙汁	连续膜式	15	25	<10	12	[47]
	马铃薯葡萄糖琼脂（PDA）培养基	间歇式	10	40	60	6.5	[20]

续表

微生物名称	处理介质	处理系统	压强/MPa	温度/℃	时间/min	降低对数值 (lgN/N_0) 或灭菌效果	参考文献
	磷酸盐缓冲液（pH7.4）	半连续式	8.0	38	7.5	5.7	[21]
	马铃薯葡萄糖肉汤（PDB）培养基	间歇式	10	50	30	6.7	[22]
	葡萄汁	连续式	6.9~48.3	25−35	5	3.3~5.3	[23]
	培养基	间歇式	30	36	25	6	[24]
	沙氏琼脂（SAB）培养基	间歇式	9	38	15~18	7	[7]
	梨汁	间歇式	9、7.5	32、38	24	6.5	[7]
	苹果汁	间歇式	9	32	24	6.5	[7]
		间歇式	10	36	50	4.7	[25]
	蛋白胨水	间歇式	10（500 r/min）	36	30	2.5	[26]
	培养基	间歇式	10.5	35	20	1.0	[27]
	McIlvaine缓冲液	间歇式	8.0	35	5	3.13	[28]
	McIlvaine缓冲液（0.3 mS/cm）	间歇式	8.0~11	25	5~10	2.45~3.64	[28]
	McIlvaine缓冲液（2m S/cm）	间歇式	8~11	25	5~10	2.33~3.17	[28]
	SAB培养基	间歇式	10.5	35	60	3.5	[29]
			21.0	45	60	7.0	[29]
	蒸馏水	间歇式	7.5~13	35~50	0~100	5.0~7.8	[30]
	0.1 mol/L磷酸钠一元碱液	间歇式	7.5~13	35~50	0~140	1.5~7.6	[30]
	0.2mol/L磷酸钠一元碱液	间歇式	7.5~13	35~50	0~140	1.8~8	[30]
	0.4mol/L磷酸钠一元碱液	间歇式	7.5~13	35~50	0~140	0.9~6.2	[30]
	鲜切梨	间歇式（CO_2流速3~4g/min）	10	55	10	5.0	[31]
			25	25	10	0.9	[31]
			30	45	10	2.6	[31]
			30	55	10	5.2	[31]
	培养基	间歇式	10（500 r/min）	36	10~20	0.18~2.3	[32]
			5（1000 r/min）	36	20	0.1	[32]
	去离子水（400 r/min）	间歇式	8~12	35	10~60	0.2~3.5	[33]
			8	25~40	10~60	0.2~2.1	[33]
面包酵母Y8.3	培养基	连续式	7.0	33	30	0.19	[182]
鲁氏接合酵母（*Zygosaccharomyces rouxii*）	生理盐水	连续式	6	35	15	5	[17]

续表

微生物名称	处理介质	处理系统	压强/MPa	温度/℃	时间/min	降低对数值（$\lg N/N_0$）或灭菌效果	参考文献
柠檬形克勒克酵母（*Kloeckera apiculata*）	葡萄汁	间歇式	6.9	35	5	4	[23]
			27.6	25	5	4.9	[23]
			48.3	25	5	5.2	[23]
			27.6	35	5	5.2	[23]
			48.3	35	5	5.2	[23]
星形假丝酵母（*Candida stellata*）	葡萄汁	间歇式	6.9	35	5	6.5	[23]
			27.6	25	5	2.8	[23]
			48.3	25	5	6.5	[23]
			27.6	35	5	6	[23]
			48.3	35	5	6.5	[23]
歪曲毕赤酵母（*Pichia awry*）	SAB培养基	间歇式	9	38	15~18	6.5	[166]
	新鲜葡萄汁	间歇式	11	40	60	6	[166]
朗比可假丝酵母（Candida lambica）	培养基	间歇式	10.5	35	20	2.0	[27]
拜耳结合酵母（*Zygosaccharomyces bailii*）	培养基	间歇式	10.5	35	20	0.3	[27]
巴斯德酵母（*Saccharomyces pastorianus*）	McIlvaine缓冲液(pH3.0~4.0)	两段式微泡	0~1.0	35~45	0~3min	5.50~6	[156]

表2-4　HPCD对自然菌群（细菌总数、霉菌和酵母）的杀菌效果

微生物	处理介质	处理系统	压强/MPa	温度/℃	时间/min	降低对数值（$\lg N/N_0$）或灭菌效果	参考文献
菌落总数	猪血浆粉	萃取器	20	35	120	0	[79]
	细香葱、百里香、牛至、欧芹、薄荷	间歇式	5.52	45	120	5~8	[5]
	苹果汁	间歇式	5.52	45	30	>3	[5]
	橙汁	间歇式	5.52	55	30	4	[5]
			33	35	60	2	[48]
	全脂乳	间歇式	14.6	25	300	>8	[65]
	胡萝卜汁	间歇式	4.9	5	10	4	[70]
	西瓜汁	连续流动式	34.4	40	5	6.5	[94]
	椰子汁	连续流动式	34.5	25	6	>5	[94]
	葡萄汁	连续流动式	40	30	6.25	7	[183]
	新鲜番茄酱	间歇式	11.0	40	1400	0.6	[166]
	葡萄汁、番茄酱	间歇式	12	30	50	1.2	[164]

续表

微生物	处理介质	处理系统	压强/MPa	温度/℃	时间/min	降低对数值($\lg N/N_0$)或灭菌效果	参考文献
菌落总数	苹果汁	间歇式	7~16	35	140	2.4	[184]
				50	80	4.5	[184]
				60	40	5.2	[184]
	棕榈果纤维		20.7	50	60	完全灭菌	[184]
	人参粉	间歇式	10~19	25~60	15~900	0.01~2.7	[75]
	椰子饮料	连续式	13.8~34.5	20~40	6	4.47~6.18	[57]
	苹果汁	间歇式	10	36	>10	2.70	[61]
			16	60	40	5.0	[91]
	牛初乳	间歇式	20	37	75	2.3	[160]
	哈密瓜汁	间歇式	35	65	5~60	完全灭菌	[185]
			8~35	55	60	1.64~4.83	[185]
	新鲜荔枝汁	间歇式	8	36	0	4.5	[186]
	37℃自然培养12h荔枝汁	间歇式	8	36	0	4.8	[186]
	37℃自然培养24h荔枝汁	间歇式	8	36	0	5.9	[186]
	苹果汁	连续式	20	≥52	30	完全灭菌	[51]
	荔枝汁	间歇式	8	36	2	5	[93]
	木槿饮料	连续式	13.8~34.5	40	5~8	0.88~1.04	[187]
	鲜切胡萝卜	间歇式	5	20	20	1.86	[103]
	鲜榨西瓜汁	间歇式	30	20	60	3.5	[188]
	荔枝汁	间歇式	10	32~52	15	4.9	[78]
	虾	间歇式	15	55	26	3.5	[34]
	梨汁	间歇式	30	40	60	2.66	[189]
	牛乳	间歇式	25	50	70	4.96	[100]
	椰子水	间歇式	12	40	5	5	[73]
	草莓汁	间歇式	60	45	30	1.7	[190]
	牛乳	两段式微泡	4	45	1	3	[101]
总嗜温需氧菌（TAM）	全蛋液	间歇式	13.0	35~45	20	2~3.6	[41]
			8.5~21.0	35	20	2~2.8	[41]
			13.0	35	10~30	2.1	[41]
总嗜温厌氧菌（TAnM）	全蛋液	间歇式	13.0	35~45	20	1.8~3.5	[41]
			8.5~21.0	35	20	3~3.5	[41]
			13.0	35	10~30	2.0	[41]
总嗜冷需氧菌（TAP）	全蛋液	间歇式	13.0	35~45	20	2~2.5	[41]
			8.5~21.0	35	20	1.9~2.5	[41]
			13.0	35	10~30	2~2.4	[41]
总嗜冷厌氧菌（TAnP）	全蛋液	间歇式	13.0	35~45	20	1.6~3.4	[41]
			8.5~21.0	35	20	2.1~2.4	[41]
			13.0	35	10~30	2.2	[41]

续表

微生物	处理介质	处理系统	压强/MPa	温度/℃	时间/min	降低对数值 ($\lg N/N_0$) 或灭菌效果	参考文献
嗜中温微生物	鲜切胡萝卜	多批次	12	40	15	3.5	[104]
嗜中温需氧细菌	熟火腿	间歇式	12	50	5	3.0	[170]
嗜冷（细）菌	熟火腿	间歇式	12	50	5	1.6	[170]
自带的耐冷菌（native psychrotrophs）	牛乳	连续式	20.7	30	10	3.8	[99]
				35	10	5.4	[99]
霉菌和酵母	玫瑰香葡萄汁	连续流动式	40	30	6.25	7	[183]
	全蛋液	间歇式	8.5~21.0	35	20	2.1~2.8	[41]
	番石榴原浆	间歇式	34.5	35	6.9	5	[191]
	新鲜荔枝汁	间歇式	8	36	0	5.49（完全灭菌）	[186]
	37℃自然培养12h荔枝汁	间歇式	8	36	0	5.3（完全灭菌）	[186]
	37℃自然培养24h荔枝汁	间歇式	8	36	0	5.3（完全灭菌）	[186]
	苹果汁	连续式	20	≥42	30	完全灭菌	[51]
	木槿饮料	连续式	13.8~34.5	40	5~8	5.2~6.26	[187]
	鲜切胡萝卜	间歇式	5	20	20	1.25	[103]
	鲜榨西瓜汁	间歇式	30		60	>4.0	[192]
	荔枝汁	间歇式	10	32~52	5	3.57	[78]
	鲜切胡萝卜	多批次	8~12	22	10	5.0	[104]
	牛乳	间歇式	25	40	50	3	[100]
	草莓汁	间歇式	60	45	30	完全灭菌	[193]
	熟火腿	间歇式	12	50	5	完全灭菌	[170]
33%细菌，66%酵母，2%霉菌	红葡萄汁	间歇式	9	38	40	5.5	[166]
33%细菌，34%酵母，33%霉菌	红橘汁	间歇式	8	36	50	6.5	[166]
99.9%细菌，0.1%霉菌	番茄酱	间歇式	11	40	30	0.75	[166]
酵母	新鲜葡萄	间歇式	8	30	50	2.5	[166]
大肠菌群	全蛋液	间歇式	13.0	35~45	20	3.5	[41]
			8.5~21.0	35	20	3~3.8	[41]
			13.0	35	10~30	4.3	[41]
	鲜切胡萝卜	多批次	8~12	22	5~10	5.7	[104]
	牛乳	间歇式	25	40	50	2	[100]
	熟火腿	间歇式	12	50	5	完全灭菌	[170]
芽孢杆菌属（*Bacillus*）	棕榈果纤维	间歇式	20.7	50	60	完全灭菌	[184]

续表

微生物	处理介质	处理系统	压强/MPa	温度/℃	时间/min	降低对数值（lgN/N_0）或灭菌效果	参考文献
乳酸菌（LAB）	全蛋液	间歇式	13.0	35~45	20	2~3.4	[41]
			8.5~21.0	35	20	1.4~2	[41]
	鲜切胡萝卜	多批次	12	40	15	1.9	[104]
	熟火腿	间歇式	12	50	5	2.5	[170]
			12[超声波（HPU）10W、15min]	40	15	3.04	[194]
			12（HPU10~20W、15min）	45	15	4.34	[194]
	韩国泡菜	间歇式（带搅拌）	7.0	10	120	0.4	[105]

对于酵母，主要有*S.cerevisiae*、*C.utilis*、脆壁克鲁维酵母（*Kluyveromyces fragilis*）、鲁氏接合酵母（*Zygosaccharomyces rouxii*）、培养基中易变圆酵母（*Torulopsis versatilis*）、柠檬形克勒克酵母（*Kloeckera apiculata*）和星形假丝酵母（*Candida stellata*），HPCD技术处理条件一般为压强1~48.3MPa、温度25~55℃，处理时间随不同HPCD处理系统介于1~240min，以生理盐水、无菌水、去离子水、培养基、蛋白胨水、葡萄汁、梨汁、苹果汁和鲜切梨片[7，9~33]等为介质。由于研究处理条件和介质不同，HPCD技术对酵母的杀菌效果也不相同，最高可降低12个对数值（表2-3）。例如，Isenschmid等（1995）采用间歇式系统在10MPa、33℃条件下处理生理盐水中的*S. cerevisiae*、*C. utilis*和*K. fragilis*，仅5min后均能达到降低6个对数值[13]。Shimoda等（1998）采用连续式微泡HPCD系统在6MPa、35℃条件下处理15min能够使培养基中*S. cerevisiae*、生理盐水中*Z.rouxii*和*T. versatilis*分别降低9个、5个和9个对数值[17]。Gunes等（2005）对葡萄汁中*K. apiculata*、*C.stellata*和*S. cerevisiae*在35℃下采用HPCD处理5min能降低4~6.5个对数值[23]。这些研究表明HPCD技术用于杀灭食品中酵母具有较好的效果。

对于食品中的自然菌群，已有报道HPCD技术对细菌总数、总嗜温需氧菌、总嗜温厌氧菌、总嗜冷需氧菌、总嗜冷厌氧菌、耐冷菌、厌氧菌、霉菌和酵母总数、大肠菌群和乳酸菌等的杀菌研究，处理的食品包括果蔬汁（橘汁、红葡萄汁、草莓汁、鲜榨西瓜汁、荔枝汁、苹果汁、梨汁、哈密瓜汁、番石榴原浆、椰子水、椰子汁、胡萝卜汁、椰子饮料、番茄酱）、果蔬（鲜切胡萝卜、韭菜、百里香、牛至、欧芹、薄荷、葡萄）、乳（牛乳、牛初乳）、液蛋、肉及肉制品（熟火腿）、水产品（虾）和人参粉（表2-4）。一般来说，HPCD应用在果蔬汁中时其处理强度较低，而在乳、肉及其制品中则需要提高处理强度以获得预期杀菌效果。例如，Ji等（2012）对于凡纳滨对虾采用间歇式HPCD处理（15MPa、55℃、26min），能使其中细菌总数降低3.5个对数值[34]，且经过HPCD处理虾呈现为煮熟后的外观，更适应国内消费者食用习惯。基于同时满足杀菌和保持品质的目的，也可将HPCD技术与其他加工技术相结合。例如，Ferrentino等（2016）研究了HPCD对于熟火腿中乳酸菌的影响，发现12MPa、50℃处理5min结合20W超声波处理能使熟火腿中嗜中温需氧细菌、嗜冷细菌和乳酸菌分别降低3.0、1.6和2.5个对数值，而霉菌和酵母、大肠菌群未检出[35]。

下面将重点阐述影响HPCD技术对各类微生物营养体杀菌效果的重要因素、其杀菌动力学和杀菌机制。

第三节 影响 HPCD 技术杀菌效果的因素

HPCD技术对微生物营养体的杀菌效果受多方面因素的影响。这些因素可分为三类：①加工因素，如压强、温度、时间、CO_2物理状态和浓度、加压和卸压速率、循环加压、是否搅拌及与其他杀菌技术联合等；②微生物因素，包括微生物类型、起始微生物数量、微生物培养条件和生长阶段等；③介质或产品因素，如食品体系、水分含量、水分活度、pH、油脂和酸度等。

一、HPCD 技术处理条件对杀菌效果的影响

（一）压强

一般来说，随着HPCD压强增大，其杀菌效果提高[36~41]。在单一成分液态体系中，增加压强可提高HPCD对细菌和酵母的杀菌效果或杀菌效率。例如，Lin等（1994）报道，在6.89MPa、35℃条件下肉汤中*L. monocytogenes*需要处理30min才能达到完全灭菌（降低9个对数值），而压强为20.68MPa时仅需15min[36]。Shimoda等（2001）发现，当压强由4MPa升高到10MPa，生理盐水中*S. cerevisiae*的D值（decimal reduction time，指微生物降低1个对数值所需要的时间）由4.1min降至0.2min[19]。

在食品体系中（包括固态食品），压强对杀菌效果的影响与单一成分体系类似。采用HPCD技术对接种于苹果浊汁中的*E. coli*（CGMCC1.90）进行杀菌研究（图2-4），发现在32~52℃范围内处理30min，随着压强增大（20~45MPa）杀菌效果显著增强。例如，在32℃处理30min时，压强为20MPa和45MPa的条件下*E. coli*分别降低2.5个和4.5个对数值。针对温度或压强的微生物存活曲线，通过线性方程对其进行拟合，可获得温度失活率（k_T）和压强失活率（k_P），其表示微生物对温度或压强的敏感性，较高的k_T或k_P表示*E. coli*对温度或压强的敏感性较高。此外，k_T与压强具有良好的线性相关性（R^2=1.00）[42]。

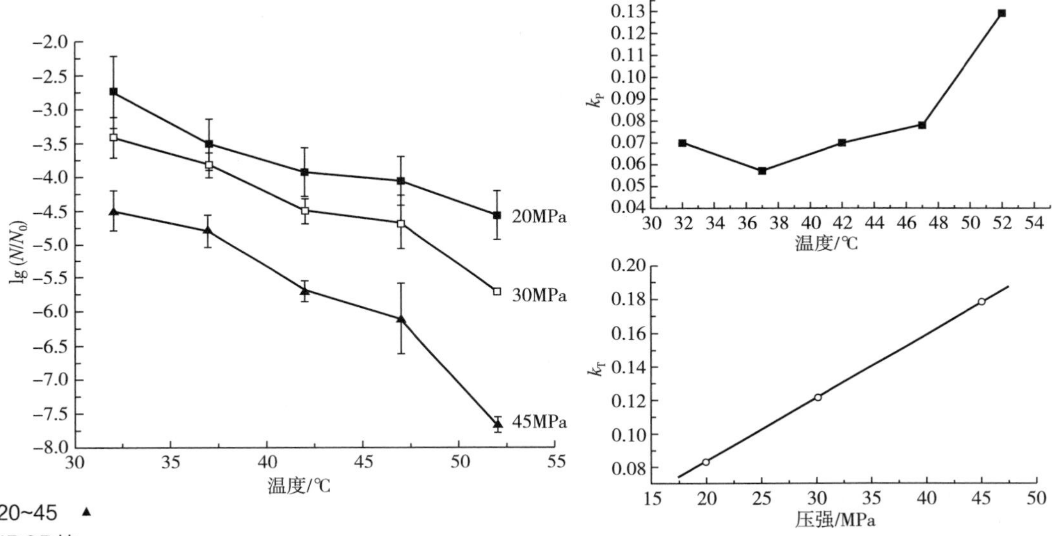

图2-4　20~45MPa下HPCD技术对苹果浊汁中*E. coli*的杀菌效果[43]

此外，Kincal等（2005）研究了连续式处理系统中压强、时间和CO_2 /果汁比率对HPCD技术杀菌效果的影响，发现压强是影响杀菌效果的主要因素，时间次之，而CO_2/果汁比率对微生物数量没有影响[44]。在107MPa、25℃处理橙汁10min可使*E. coli*O157：H7降低5个对数值，杀菌后的橙汁在22℃贮藏14d后没有检测到*E. coli*O157：H7活细胞。Mazzoni等（2001）比较了50℃条件下，不同HPCD压强对紫花苜蓿种子中*E. coli* K12的杀菌效果，在13.79、20.68和27.58MPa处理15min后*E. coli* K12数量分别降低0.13、0.50和0.73个对数，且处理后紫花苜蓿种子发芽率与未处理相比没有显著差异，均超过90%[45]。这为提高苜蓿种子芽菜的安全生产提供了一种新思路。

压强对HPCD技术杀菌效果的影响可能与两个方面相关。一方面，压强既影响CO_2的溶解速率，也影响CO_2在处理介质中的溶解度。随着压强增加CO_2溶解度增加，CO_2溶解度提高的同时促进处理介质的酸化，也会加强CO_2与微生物细胞接触，促进CO_2渗透到细胞内；另一方面，高压作用可提高对微生物细胞的物理损伤，因而提高杀菌效果。Calix等（2008）分析了HPCD处理后CO_2在纯水、橙汁、苹果汁、模拟橙汁和苹果汁中的溶解度，当压强由7.58MPa升高到15.85MPa时，CO_2在纯水、橙汁和苹果汁中的溶解度分别由4.71g/100g升高到6.47g/100g、由4.0g/100g升高到4.65g/100g及由3.95g/100g升高到5.01g/100g，在两种果汁的模拟体系中也有类似效应[46]，结果表明CO_2在溶液中的溶解度在一定程度上随着压强升高而增加；但是当压强由13.1MPa升高到15.86MPa时，CO_2在纯水、果汁和果汁模拟体系中的溶解度均没有显著增加[46]，可能是由于当压强达到13.1MPa左右时，CO_2的溶解度接近饱和。因此，CO_2的溶解度不会随压强持续增加，会受到介质中溶解饱和的限制[47]。在此基础上，继续增压而导致HPCD技术对微生物的杀菌效果提高主要是由于高压对细胞的物理破坏作用及由此带来的系列生化反应。

（二）温度

HPCD杀菌过程中温度对其杀灭微生物营养体的效果至关重要，而且比较复杂。一般来说，杀菌效果和速率随着温度升高而提高。研究发现，HPCD技术处理苹果汁中*E. coli*和胡萝卜汁中*S.typhimurium*时，均发现较高温度有利于提高杀菌效果[43]。例如，在45MPa下处理30min，当温度由32℃升高到52℃时，苹果汁中*E. coli*分别降低4.5个和7.5个对数值（图2-4）。Arreola等（1991）采用间歇式HPCD装置对鲜榨橙汁和速冻单倍橙汁进行杀菌，在35℃、45℃和60℃下分别处理60min、45min和15min才达到使橙汁中细菌总数降低2个对数值的效果[48]。较高的温度有利于促进CO_2扩散，且增加微生物细胞膜的流动性，从而使渗透更容易[37，38，49]，以提高杀菌效果。然而，Hong & Pyun（1999）发现，在7MPa下当温度由40℃降到30℃时，HPCD对*L. plantarum*的杀菌效果反而增加了1个对数值，这是由于温度升高降低了CO_2溶解度，而且30℃下CO_2的密度（0.27g/mL）要高于40℃时（0.20g/mL）[49]。因此，随着温度升高会降低CO_2溶解性，不利于CO_2与微生物接触，可能降低杀菌效果。

（三）处理时间

时间是影响HPCD 杀菌效果的一个关键因素。一般说来，处理时间越长杀菌效果越好，这主要是基于累积效应。在已经报道的文献中，HPCD处理时间不尽相同，从数分钟（如2.5min）到近百小时（如100h）。时间对杀菌效果的影响与微生物种类（细菌、酵母、霉菌）、微生物状态（营养体、芽孢或孢子）、处理系统和处理条件等紧密相关。

研究发现，随着时间延长，HPCD对苹果浊汁中*E. coli*的杀菌效果逐渐提高，在20MPa、37℃和30MPa、42℃两个条件下不同时间的杀菌效果差异显著（图2-5）[43]。

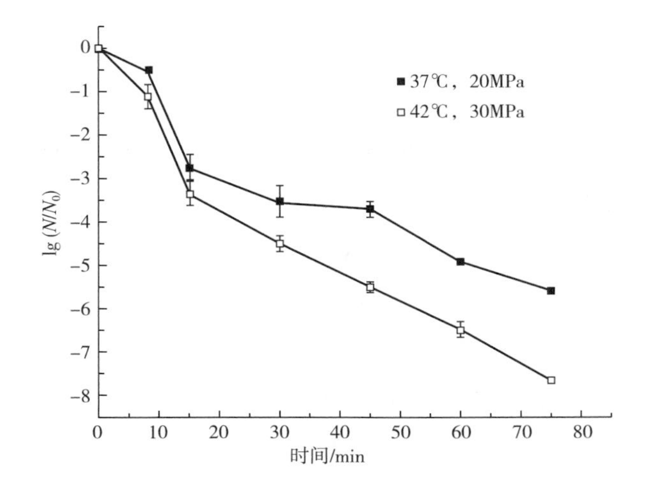

图2-5 37℃、20MPa和42℃、30MPa下HPCD对苹果浊汁中*E. coli*的杀菌效果[43]

类似结果在液态体系或食品以及固态食品中也有很多报道[14, 50~52]。Erkmen等（2000）发现，经过HPCD（3.0MPa、25℃）处理20min、40min和60min后，生理盐水中的*S.typhimurium*数量分别降低0.5、3.5和7.5个对数值[53]，说明处理时间赋予累积杀菌效应并非遵循线性规律。随处理时间延长，HPCD技术对于脑心灌注培养基（BHIB）[54]、生理盐水[54]和橙汁[44]中*S. typhimurium*的杀菌效果更好。Ferrentino & Spilimbergo（2015）报道，在12MPa、22~40℃条件下处理鲜切胡萝卜5~30min，天然微生物菌群（嗜温微生物、乳酸菌、大肠菌群、酵母和霉菌）随处理时间延长而降低，最高可降低6~8个对数值[52]。

延长时间能增加HPCD处理对微生物营养体的杀菌效果，主要是因为延长了CO_2与营养体的接触时间。需注意，处理时间过长不利于HPCD加工过程的连续进行，因此在保证杀菌效果的基础上应尽量缩短处理时间。基于处理时间与杀菌效果之间的关系，可得到杀菌曲线，它可用于解析HPCD杀菌动力学并进行微生物学预测，这将在本章第四节“HPCD技术对微生物的杀菌动力学研究”中详细阐述。

（四）CO_2 状态

根据所处压强和温度，CO_2存在气态、液态和超临界流体三种状态。CO_2临界压强和温度分别为7.38MPa和31.1℃，低于临界点的状态称为亚临界，而临界点及以上称为超临界状态。HPCD可在亚临界（液态或气态）和超临界状态下进行处理。尽管已有大量文献在研究中使用了不同状态CO_2，但只有少量研究系统地比较了三种状态CO_2的杀菌效果[9, 14, 37]，结果表明超临界CO_2比气态和液态CO_2的杀菌效果更好（表2-5）。例如，Ishikawa等（1995）和Kamihira等（1987）发现在相同密度下超临界状态比其他两种状态均具有更好的杀菌效果[9, 14]。在25℃下液态CO_2密度为0.9g/mL，对短乳杆菌（*Lactobacillus brevis*）只降低0~2.7个对数值；而在35℃下超临界CO_2在相同密度条件能使其降低6个对数值[14]。Isenschmid等

(1995)采用HPCD技术处理生理盐水中*S. cerevisiae*时，也得到超临界状态CO_2的杀菌效果优于气态和液态[13]。Oulé等(2006)研究了气态、液态和超临界CO_2三种不同物理状态下HPCD技术(2.5~25MPa、8~40℃)对*E. coli*杀菌效果的影响[55]，发现气态CO_2产生抑菌效果(bacteriostatic effect)，而液态或超临界CO_2具有杀菌作用(bactericidal effect)，这与Ballestra等(1996)的研究结果一致。Hata等(1996)发现在临界压强附近的杀菌速率常数(*k*)急剧增大[56]。对于真实食品体系中的微生物，CO_2状态的影响也类似。例如，Zhong等(2008)采用间歇式装置研究了HPCD技术对新鲜菠菜叶上*E. coli* K-12的杀菌效果[57]。在亚临界条件(5MPa、40℃)和超临界条件(7.5和10MPa、40℃)下以50g CO_2/min的流速处理40min，亚临界状态下杀菌效果有限，而超临界条件下处理10min可将*E. coli* K-12降低约5个对数值。

表2-5　CO_2的物理状态对HPCD杀菌效果的影响

目标微生物	处理介质	CO_2物理状态	处理条件	降低对数值($\lg N/N_0$)	参考文献
大肠杆菌(*Escherichia coli*)	生理盐水或蒸馏水	气态	4MPa、20~35℃、120min	3.9~4.0	[9]
		液态	10~20MPa、20℃、120min	4.4~4.5	[9]
		超临界态	10~20MPa、35℃、120min	4.2~5.1	[9]
	营养肉汤	气态	2.5MPa、25℃、60min	0	[55]
		液态	2.5MPa、25℃、60min	2	[55]
		超临界态	2.5MPa、40℃、30min	5.5	[55]
酿酒酵母(*Saccharomyce cerevisiae*)	生理盐水或蒸馏水	气态	4MPa、20~35℃、120min	0.1	[9]
		液态	10~20MPa、20℃、120min	0.3~0.9	[9]
		超临界态	10~20MPa、35℃、120min	3.9~6.3	[9]
	培养基	气态	6.9MPa、35℃、15min	7	[11]
		液态	6.9~13.8MPa、25℃、35~45min	4	[11]
		超临界态	13.8~20.7MPa、25~35℃、7~60min	7	[11]
		亚临界态	6.89~20.67MPa、25℃、30~40min	4	[67]
		超临界态	6.89~20.67MPa、25℃、>60min	7	[67]
	生理盐水	气态	5MPa、35℃、15min	3	[14]
		液态	7MPa、25℃、15min	2.5	[14]
		超临界态	25MPa、35℃、15min	5	[14]
	葡萄汁	气态	6.9MPa、35℃、5min	3.3	[23]
		液态	27.6~48.3MPa、25℃、5min	5.3	[23]
		超临界态	27.6~48.3MPa、35℃、5min	5.3	[23]
明串珠菌(*Leuconostoc dextranicum*)	培养基	气态	6.9MPa、35℃、20min	9	[37]
		液态	6.9~20.7MPa、25℃、35~40min	9	[37]
		超临界态	20.7MPa、35℃C、15min	9	[37]

续表

目标微生物	处理介质	CO_2物理状态	处理条件	降低对数值（$\lg N/N_0$）	参考文献
短乳杆菌（*Lactobacillus brevis*）	生理盐水	气态	5MPa、35℃、15min	2	[14]
		液态	7MPa、25℃、15min	2	[14]
		超临界态	25MPa、35℃、15min	6	[14]
柠檬形克勒克酵母（*Kloeckera apiculata*）	葡萄汁	气态	6.9MPa、35℃、5min	4	[23]
		液态	27.6~48.3MPa、25℃、5min	4.9~5.2	[23]
		超临界态	27.6~48.3MPa、35℃、5min	5.2	[23]
念珠菌睡莲（*Candida stellata*）	葡萄汁	气态	6.9MPa、35℃、5min	6.5	[23]
		液态	27.6~48.3MPa、35℃、5min	2.8~6.5	[23]
		超临界态	27.6~48.3MPa、35℃、5min	6~6.5	[23]
自带的耐冷菌	牛乳	液态	20.7MPa、30℃、10min	3.8	[99]
		超临界态	20.7MPa、35℃、10min	5.4	[99]
荧光假单胞菌（*Pseudomonas fluorescens*）	牛乳	液态	20.7MPa、30℃、10min	2.9	[99]
		超临界态	20.7MPa、35℃、10min	5.0	[99]

超临界CO_2的杀菌作用可能主要归于其独特的理化性质，超临界流体具有气态的扩散性（如黏度、扩散率）和液态的高密度。气态的扩散性有利于CO_2快速通过复杂体系，而液态的高密度性质赋予超临界CO_2较高的萃取效果[58]。另外，超临界CO_2极低的表面张力使得其渗透进入微生物细胞中更为容易[59]。因此，超临界CO_2比气态或液态CO_2具有更好的杀菌效果。Oulé 等（2006）提出液态CO_2杀菌涉及两个阶段[55]：由CO_2渗透进入细胞内诱发细胞壁塌陷和胞内物质沉淀导致细胞进入受损状态，然后超临界CO_2提取胞内物质和细胞膜穿孔导致胞内成分泄漏而致细胞死亡；而在超临界CO_2条件下，细胞失活过程只有一个阶段，即CO_2迅速进入胞内导致细胞死亡。

（五）CO_2 纯度及其他气体组分

CO_2的纯度或其他气体的存在也会影响HPCD技术的杀菌效果。CO_2的纯度越高其杀菌效果越好。当CO_2纯度由99.5%提高到99.9%时，HPCD处理对苹果浊汁中*E. coli*的杀菌效果显著提高（表2-6）。

表2-6 不同CO_2纯度下HPCD处理对苹果浊汁中*E. coli*杀菌效果的影响

CO_2纯度/%	温度/℃	lg（N/N_0）				
		20MPa	25MPa	30MPa	40MPa	45MPa
99.5	32	-2.75^b	ND	-3.42^b	-4.20^b	-4.49^b
	42	-3.94^B	-4.11^B	-4.52^B	ND	-5.69^A
99.9	32	-4.40^a	ND	-4.50^a	-4.81^a	-4.98^a
	42	-4.19^A	-5.02^A	-5.14^A	ND	-5.62^A

注：同一列中标有不同字母的处理之间杀菌效果有显著差异（$p<0.05$），但标有相同字母的大小写处理之间无显著差异（$p>0.05$）；ND：未检测。

此外，一些研究也探讨了其他气体如N_2、N_2O、Ar、空气、C_2H_4和四氟乙烷（CH_2FCF_3，TFE）在高压杀菌中的作用，其中N_2O有部分杀菌效果，其他气体几乎没有杀菌效果（表2-7）[3, 15]。1951年Fraser采用CO_2、N_2、N_2O和Ar在37~38℃、1.7~6.2MPa下处理*E. coli*，结果表明CO_2（降低1.6个对数值）比其他三种气体（0.4~0.7个对数值）的杀菌作用要好[3]。Wei等（1991）比较了CO_2和N_2对于蒸馏水、鸡肉、虾和橙汁中*L. monocytogenes*以及鸡肉中*S.typhimurium*的杀菌效果。在6.18MPa、35℃条件下CO_2处理2h能够将蒸馏水中*L. monocytogenes*完全杀灭，而在相同条件下N_2对*L. monocytogenes*没有影响；在13.7MPa、35℃条件下CO_2处理虾、橙汁和蛋黄2h后可使*L. monocytogenes*降低2个对数值以上，使鸡肉和蛋黄中的*S.typhimurium*分别降低1.3个以上和7个对数值，而同等条件下N_2则对这些食品中的两种致病菌几乎没有杀菌效果[60]。Dillow等（1999）比较了CO_2临界点附近条件与高压N_2的杀菌效果，发现高压N_2远低于高压CO_2，由于该实验条件偏离了N_2的临界点（T_c=-147℃、P_c= 3.39MPa），N_2没有超临界流体特殊性质，提出接近流体临界点对杀菌的重要性[4]。但是，当将TFE与CO_2进行比较时（二者临界点接近，TFE的T_c=55℃、P_c=4.06MPa），在相同温度和压强条件下高压CO_2（11MPa、38℃、45min）具有显著杀菌效果（降低8.6个对数值），然而高压TFE无杀菌作用（降低0个对数值）[4]。应用于杀菌的气体性质参数如表2-8所示。

由于不同食品体系复杂难以比较，也有不同的结果。例如，Splimbergo等（2007）在间歇式（multi-bacth）系统中处理*S. cerevisiae*，当在10MPa、36℃处理0~30min，N_2O的杀菌效果较CO_2好或者持平；而当压强增加为20MPa时，前15min内N_2O的杀菌效果优于CO_2，但15~30min时二者基本持平。通过统计计算表明，当CO_2压强由10MPa升高到20MPa时，$t_{4\text{-}D}$（降低4个对数值所需时间）由41min下降到32min，而N_2O的$t_{4\text{-}D}$随压强升高基本不变（10MPa下为22min，20MPa下为25min）[25]。因此，压强升高对高压N_2O的杀菌效果提高没有显著影响。Gasperi等（2009）采用间歇式系统处理新鲜苹果汁中自然菌群，发现高压CO_2和N_2O（10MPa、36℃、10min）均能使菌落降低2.7个对数值[61]。另外，Castor & Hong（1992）在专利申报文件中提出从细菌营养体和酵母中提取核酸方面，超临界N_2O比N_2更有效[62]，可能是由于N_2O的高密度和低极性对细胞壁和细胞质膜中脂质和疏水成分的高溶解性。另外，N_2O具有与CO_2类似的临界点特性（T_c=36.5℃、P_c=7.24MPa）。而且，N_2O的偶极矩较小而CO_2的偶极矩几乎为零，二者具有相当的水溶解性。尽管N_2O的水溶解性与CO_2相似，但N_2O不能酸化水，也不会降低介质pH。

表2-7 气体对杀菌效果的影响

微生物	介质	处理系统	气体	处理条件	降低对数值（$\lg N/N_0$）或灭菌效果	参考文献
Escherichia coli	培养基	间歇式	CO_2	3.5MPa、37~38℃、3min	1.6	[3]
			N_2	6.2MPa、37~38℃、3min	0.7	[3]
			N_2O	3.5MPa、37~38℃、3min	0.4	[3]
			Ar	3.5MPa、37~38℃、3min	0.4	[3]
	营养肉汤	间歇式	CO_2	6.2MPa、120min	6.3	[5]
			N_2	6.9MPa、120min	0	[5]
	培养基	间歇式	CO_2	20.5MPa、42℃，20min	9	[4]
			N_2	20.5MPa、42℃，20min	0	[4]
			CO_2	11MPa、38℃、45min	8.6	[4]
			四氟乙烷	11MPa、38℃、45min	0	[4]
单核细胞增生李斯特菌（*Listeria monocytogenes*）	蒸馏水	间歇式	CO_2	6.18MPa、35℃、120min	8.9	[60]
			N_2	6.10MPa、35℃、120min	0.3	[60]
	鸡肉	间歇式	CO_2	13.7MPa、35℃、120min	0.7	[60]
			N_2	13.7MPa、35℃、120min	0	[60]
	虾	间歇式	CO_2	13.7MPa、35℃、120min	2.5	[60]
			N_2	13.7MPa、35℃、120min	0	[60]
	橙汁	间歇式	CO_2	13.7MPa、35℃、120min	2.3	[60]
			N_2	13.7MPa、35℃、120min	0.09	[60]
Saccharomyces cerevisiae	培养基	间歇式	CO_2	6.9MPa、25℃、45min	4	[11]
			N_2	6.9MPa、25℃、40min	0.05	[11]
	蒸馏水	间歇式	CO_2	4MPa、40℃、180min	8	[12]
			N_2	4MPa、40℃、240min（含水80%）	0.04	[12]
			CO_2	4MPa、40℃、240min	0.03	[15]
			N_2O	4MPa、40℃、240min	6.8	[15]
				4MPa、40℃、240min	4.7	[15]
			Ar	4MPa、40℃、240min	0.01	[15]
	苹果汁	间歇式	CO_2	10MPa、36℃、5min	0.04	[25]
			N_2O	10MPa、36℃、5min	3.12	[25]
				10MPa、36℃、10min	1.71	[25]
			N_2O	10MPa、36℃C、10min	3.26	[25]
				10MPa、36℃、30min	3.93	[25]
			N_2O	10MPa、36℃、30min	4.74	[25]
				20MPa、36℃、5min	2.94	[25]
			N_2O	20MPa、36℃、5min	3.23	[25]
				20MPa、36℃、10min	3.09	[25]

续表

微生物	介质	处理系统	气体	处理条件	降低对数值($\lg N/N_0$)或灭菌效果	参考文献
	苹果汁	间歇式	N_2O	20MPa、36℃C、10min	3.31	[25]
			CO_2	20MPa、36℃、30min	4.52	[25]
			N_2O	20MPa、36℃、30min	4.51	[25]
Salmonella typhimurium	鸡肉	间歇式	CO_2	13.7MPa、35℃、120min	1.5	[60]
			N_2	13.7MPa、35℃、120min	0	[60]
明串珠菌(*Leuconostoc dextranicum*)	培养基	间歇式	CO_2	6.9MPa、35℃、20min	9	[37]
			N_2	6.9~13.8MPa、35℃	0	[37]
Enterococcus faecalis	亲水滤纸	间歇式	CO_2	5MPa、室温、200min	1	[18]
			80% N_2+20% O_2	8.5MPa、室温、240min	0	[18]
植物乳杆菌(*Lactobacillus plantarum*)	0.1mol/L醋酸盐缓冲液	间歇式(带搅拌)	CO_2	6.9MPa、30℃、60min、pH 4.5	8.7	[49]
			N_2	6.9MPa、30℃、pH 3.5	0	[49]
黏质沙雷菌(*Serratia marcescens*)	培养基	连续式	N_2	11.99MPa、室温、75min	0.16~0.39	[66]
流产布鲁菌(*Brucella abortus*)	培养基	连续式	N_2	11.99MPa、室温、75min	0.05~0.12	[66]
金黄色葡萄球菌(*Staphylococcus aureus*)	培养基	连续式	N_2	11.99MPa、室温、75min	0.05~0.12	[66]
微生物总数	新鲜苹果汁	间歇式	CO_2	10MPa、36℃、10min	2.70	[61]
			N_2O	10MPa、36℃、10min	2.70	[61]
酵母	新鲜苹果汁	间歇式	CO_2	10MPa、36℃、≥1min	完全灭菌	[25]
			N_2O	10MPa、36℃、≥5min	完全灭菌	[25]

表2-8　　应用于杀菌的气体性质参数

名称	T_c/K	P_c/MPa	偶极矩(D)	δ(25℃)/$MPa^{1/2}$	在水中的溶解度(25℃，0.1MPa)/(mol/L)
CO_2	304.13	7.375	0	12.3②	6.15×10^{-4}①
Ar	150.87	4.898	0	10.9②	2.519×10^{-5}①
N_2	126.21	3.39	0	5.3②	1.183×10^{-5}①
NO	309.57	7.255	0.16	NA	4.376×10^{-4}①
四氟乙烷(CH_2FCF_3，TFE)	328③	4.065	1.80	13.6③	2.646×10^{-4}④

①CRC *Handbook of chemistry and physica*（84th ed）。
②CRC *Handbook of solubility parameters and other cohesion parameters*（2nd ed）。
③Dillow et al.1999[4]。
④1，1，2-四氟乙烷化学品安全技术说明书（MSDS）。

（六）HPCD系统

目前已知应用的设备有间歇式、半连续式以及连续式系统（详见第一章第四节）。间歇式系统中CO_2和样品处于静态，半连续系统中CO_2流体连续经过管道，连续式系统中CO_2和液态食品连续经过系统。1998年Shimoda等设计并由三菱化工有限公司制备了第一台连续式HPCD杀菌设备，处理腔容量为5.8L，每小时处理量为20kg[17]。此后，各国研究团队陆续开发了多达50套间歇式、半连续式和连续式HPCD设备，处理量从2mL到20L不等。通过在半连续式或连续式设备中增加过滤、膜接触系统或微泡发生装置，或在间歇式设备中增加搅拌装置等，以提高HPCD设备的杀菌效果。

HPCD系统会影响其杀菌效果，杀菌效果一般为连续式系统＞半连续式系统＞间歇式系统。间歇式系统杀死大部分细菌需要40~60min，而半连续式系统只需要不到10min。Sims & Estigarribia（2002）采用连续式系统处理橙汁中*S. cerevisiae*，在15MPa和常温下不到10min降低12个对数值[47]。Ishikawa等（1995）报道在半连续微泡式（micro-bubble）HPCD系统中于25MPa、35℃处理30min，可使生理盐水中的*S. cerevisiae*降低6个对数值[14]。Lin等（1992a）采用间歇式系统处理培养基中的*S. cerevisiae*，在6.9MPa、35℃需要15min降低7个对数值[11]。Spilimbergo等（2002）认为CO_2溶解在溶液中需要一定的接触时间，在半连续式系统中该接触时间至少比间歇式系统中少1个数量级，因而半连续式系统比间歇式系统杀菌效果更好、所需时间更短[39]。总之，能使CO_2与食品更好接触的系统具有更好的杀菌效果。

（七）循环处理

循环处理是指在HPCD处理过程中多次重复升压和降压过程，循环处理有利于提高杀菌效果，尤其是在间歇式处理系统中。例如，Fraser（1951）通过两次循环处理使细胞破坏率达到90%，比单次循环处理提高15%以上。Lin等（1993，1994）提出循环处理可显著提高杀菌效果，但没有给出相关具体数据[36, 37]。Dillow等（1999）发现，在20.5MPa、34℃条件下处理时间总共为36min，循环3次和6次对*L.innocua*的杀菌效果从降低3个对数值提高到9个对数值；在20.5MPa、60℃条件下4h内循环6次对*B.cereus*的杀菌效果达到降低8个对数值（表2-9）[4]。Silva等（2013）研究了HPCD技术在8~28MPa以1~11MPa/min减压速率和1~5次循环对*E. coli*的杀菌效果，发现循环次数对杀菌效果有显著影响，增加循环次数可提高杀菌效果和杀菌速率[63]。

表2-9　　HPCD循环处理（20.5MPa）对不同微生物的杀菌效果[4]

微生物	温度/℃	时间/h	循环数	初始菌数	降低对数值($\lg N/N_0$)
B. cereus	34	0.6	3	5.1×10^7	2
	34	2	6	5.7×10^7	1
	60	2	6	5.2×10^7	5
	60	4	6	1.8×10^8	8
L. innocua	34	0.6	3	5.8×10^9	3
	34	0.6	6	2.1×10^9	9
S. aueus	34	0.6	3	2.5×10^9	3
	34	0.6	6	1.2×10^9	7
	40	2	6	6.7×10^8	6
	40	4	6	1.9×10^9	9
S. salford	34	0.6	3	1.5×10^9	3
	34	0.6	6	1.0×10^9	3
	40	2	6	6.0×10^8	6
	40	4	6	2.2×10^9	9
P. aeruginosa	34	0.6	3	7.4×10^8	6
	40	1.5	6	2.9×10^8	6
	40	4	6	2.4×10^8	8
E. coli	34	0.5	3	6.4×10^8	8
P. vulgaris	34	0.6	3	9.1×10^8	8
L. dummifii	40	1.5	6	6.7×10^4	4

但是也有相反的研究结果报道。Hong等（1997）报道，在4.90MPa、30℃下循环处理未提高对MRS培养基中一种乳酸杆菌（*Lactobacillus* sp.）的杀菌效果，如图2-6（1）所示[38]。Enomoto等（1997）发现，在4.05MPa、40℃下经过循环处理降低了杀菌效果，连续处理2h对*S.cerevisiae*可降低3个对数值，而以0.5h/次循环处理4个循环仅使其降低不到1个对数值，如图2-6（2）所示[15]。这些研究中压强较低，对微生物细胞难以造成损伤，且CO_2处于亚临界状态，不利于CO_2渗透进入胞内；另外，目标微生物为细胞壁较厚的酵母和G^+细菌，其特征结构可能在某种程度上保护了循环处理对细胞的机械损伤。另外，Calvo等（2007）报道，在30MPa、80℃下处理可可籽粉末，即使处理循环12次对其中自然菌群也没有杀菌效果[64]，主要因为可可籽粉末含水量太低而影响了HPCD技术的杀菌效果。

HPCD循环处理能提高对*E. coli*的杀菌效果，如图2-7（1）所示[43]。先升压至预设压强并保压15min，然后立即卸压作为一个循环，总保压时间为15、30、45、60、75min，分别为1~5次循环。在10MPa、32℃条件下循环处理2~3次后杀菌效果没有显著变化，但是循环处理4次以上杀菌效果显著提高；在20MPa、37℃

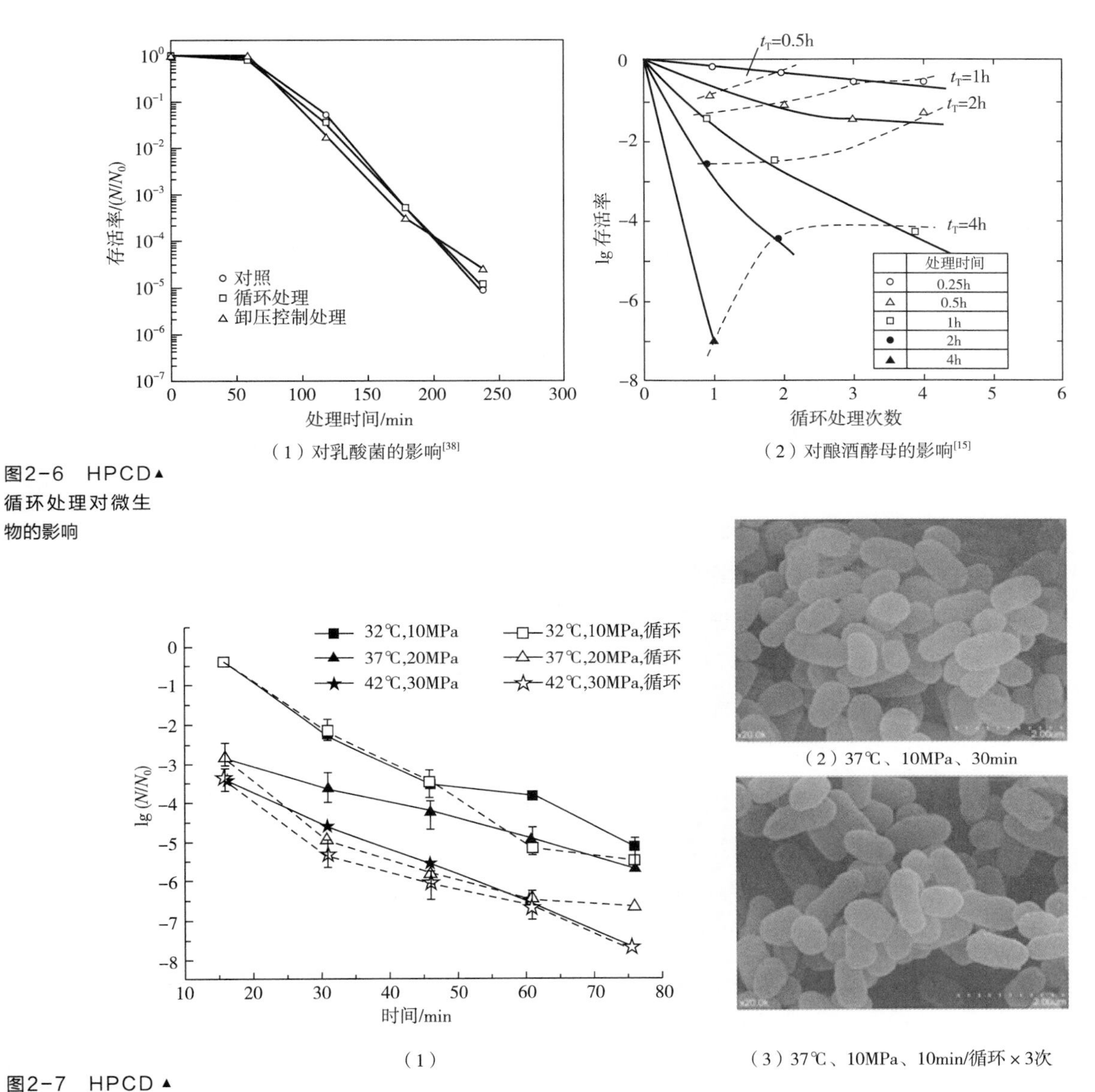

（1）对乳酸菌的影响[38]　（2）对酿酒酵母的影响[15]

图2-6　HPCD▲循环处理对微生物的影响

（1）　（2）37℃、10MPa、30min　（3）37℃、10MPa、10min/循环×3次

图2-7　HPCD▲循环处理对*E. coli*的杀菌效果（1）及对细胞形态的影响［（2）SEM图］[43]

条件下循环处理后杀菌效果显著提高，循环处理2次杀菌效果提高1.4个对数值；在30MPa、42℃条件下，随着处理时间延长，循环处理与非循环处理之间的杀菌效果差异越来越小，75min时都达到完全灭菌。随着压强和温度升高、时间延长，循环处理与非循环处理之间的杀菌效果差异呈现先增加后逐渐降低的趋势，这与影响HPCD技术杀菌效果的多个因素有关。在处理强度较低时，循环处理能够体现其杀菌优势；但随着杀菌强度逐渐提高，其他因素如压强、温度等成为杀菌的主导因素。循环处理提高杀菌效果是由于CO_2与微生物细胞接触时间延长，且多次升压、降压对微生物细胞造成的“爆破”效应提高了CO_2渗透细胞的能力[4, 49, 50, 65]；同时，循环处理也增加了对细胞的物理损伤[3]。但是，廖红梅（2010）通过扫描电镜

（SEM）观察10MPa、37℃条件下处理30min后的*E. coli*细胞，发现3次循环处理对*E. coli*细胞结构、完整性没有造成显而易见的影响，如图2-7（2）所示。

（八）卸压速率

部分学者认为提高卸压速率有助于杀菌，也有学者认为卸压速率的影响不大。早期研究中，学者认为HPCD杀菌处理中微生物细胞在快速卸压过程中被爆破[3]。爆破过程包括促使CO_2渗透进入微生物细胞的升压与保压和突然释放CO_2的卸压两个阶段，增压过程导致细胞膨胀，快速卸压过程导致细胞破裂。Fraser（1951）最早就是利用HPCD技术收集微生物胞内物质，从而发现快速卸压导致细菌细胞破裂的过程。之后，Foster 等设计了一个可突然卸压以破坏细菌细胞的降压装置，并证明该装置中高压N_2（12.0MPa）卸压后，31%~59%黏质沙雷菌（*Serratia marcescens*）细胞破损，并提出CO_2等其他气体也可用于爆破细菌[66]。其他一些研究者也主张快速卸压可增加细菌细胞破坏程度[10, 12, 37, 62, 67]。刘秀凤等（2005）得出在7.5MPa、30℃条件下处理30或90min，对*S. cerevisiae*的杀菌效果受CO_2卸压速率的显著影响[68]。Berenhauser等（2018）研究了HPCD技术对接种于母乳的好氧嗜温细菌和*E. coli* ATCC25922的杀菌效果[69]，发现20MPa、母乳质量：CO_2=1：1、10MPa/min卸压速率和1个加压/减压循环处理可使两类菌分别降低6.0个对数值和5.0个对数值以上，其中卸压速率是重要变量。

但是，Enomoto等（1997）报道，在4.0MPa、40℃处理240min后采取快速卸压并未提高对*S. cerevisiae*的杀菌效果，提出微生物细胞破裂并非主要由快速卸压所致，如图2-6（2）所示[15]。廖红梅（2010）在前期研究中通过卸压时间来表征卸压速率（图2-8），在20MPa、32℃条件下处理30min，卸压时间分别为3、6、9、12、15min时，HPCD技术对苹果浊汁中*E. coli*杀菌效果有所波动，但无显著差

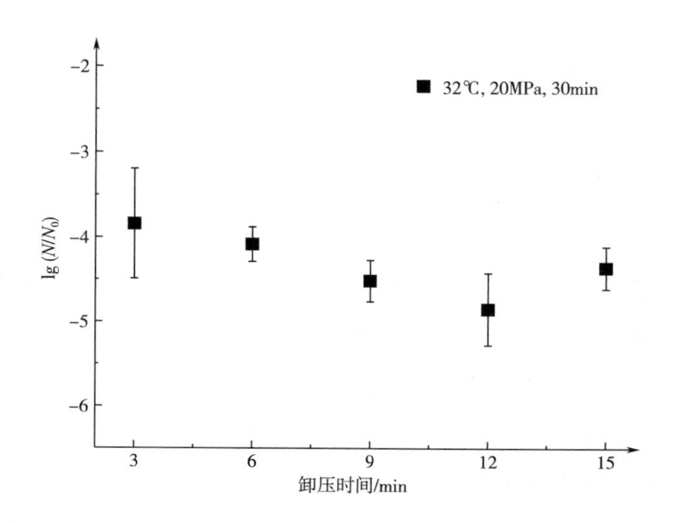

图2-8 HPCD的卸压速率对苹果浊汁中*E. coli*杀菌效果的影响[43]

异，间接证明卸压速率并非影响杀菌效果的关键因素。因此，推测大部分细胞被杀灭主要在保压阶段，而非快速卸压阶段。随后其他研究也证明卸压速率（包括突然快速卸压）对微生物的杀菌效果无显著作用[16，18，38，48]。

总之，造成上述不同研究结果的原因是非常复杂的，可能与HPCD系统、微生物、处理条件不同有关。

（九）联合处理

将HPCD技术与超高压（high hydrostatic pressure，HHP）、高压脉冲电场（pulsed electric field，PEF）和超声波（high power ultrasound，HPU）等其他技术相结合，能产生协同或增效效应，并能降低杀菌处理强度。

Park等（2002）采用HPCD技术（4.90MPa、5℃、5min）和HHP技术（300MPa、25℃、5min）联合处理胡萝卜汁，发现在短时间和低温条件下可将细菌总数降低到检测限以下[70]。该课题组在2003年报道了HPCD技术（0.17~0.38MPa、5℃、20min）和HHP技术（500MPa、25℃、15min）联合处理0.1%蛋白胨水中的*Bacillus subtilis*、*S. aureus*、尖孢镰刀菌（*Fusarium oxysporum*）和拟分支孢镰刀菌（*Fusarium sporotrichioides*）等，发现*B. subtilis*降低5.5~6个对数值，其余三种微生物均降低到检测限以下[71]。Spilimbergo等（2014）将脉冲电场（PEF）作为预处理联合HPCD处理LB培养基中*S.typhimurium*，PEF（1次脉冲、1~4ms、30kV/cm）和HPCD（12MPa、22~35℃、0~30min）可使其降低6个对数值以上，达到全部失活[72]。Ferrentino等（2016）研究HPCD与HPU联合处理去离子水中的*S. cerevisiae*，发现HPCD与HPU联合（8MPa、35℃、10W、10~30min）会增加CO_2溶解，提高对*S. cerevisiae*的处理效果0.15~0.3 个对数值[33]。Cappelletti 等（2014）采用HPCD联合HPU处理（10W）椰子水，发现二者具有协同杀菌效果[73]，在12MPa、40℃条件下联合HPU处理仅需要15min，可使细菌总数降低5个对数值，而单独HPCD处理需要30min。冷藏4周发现，HPCD处理的样品在贮藏过程中细菌有恢复生长现象，而HPCD 联合HPU处理样品中细菌数量维持在检测限以下（图2-9）。

Spilimbergo等（2014）研究了HPCD联合HPU处理对干腌火腿表面*L. monocytogenes*的杀菌[74]，发现单独HPU处理对其无杀菌效果；但联合处理的杀菌效果与处理条件有关：当温度从22℃提高到35℃二者存在协同杀菌效果，但温度提高到45℃时并未体现协同效果。HPCD（12MPa、35℃）联合HPU（10W）处理5min，可使*L. monocytogenes*低于平板计数检测限以下（初始浓度为约10^9CFU/g，降低9个对数值）。对于火腿中自然菌群（嗜中温微生物和乳酸菌），

HPCD（12MPa、40~45℃、0~15min）联合HPU（每2min间歇一次，10W或20W）处理可使它们降低2.5~4.3个对数值，且在4℃下可确保4周贮藏期内微生物安全和品质可接受[74]。

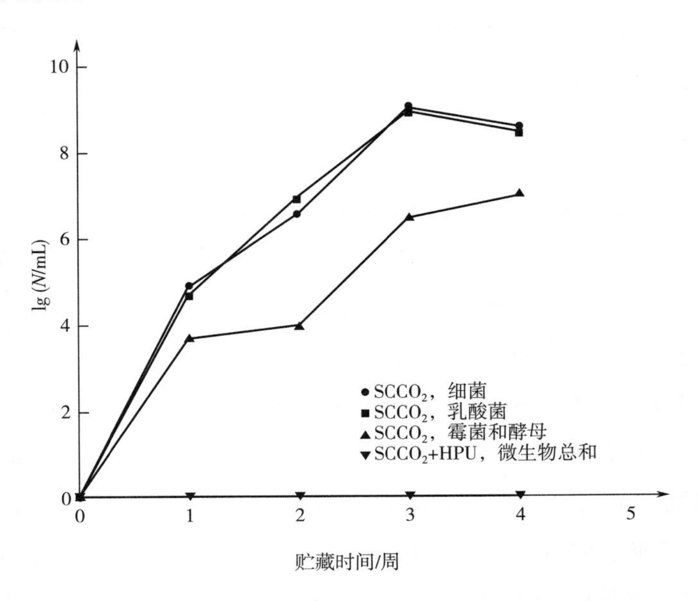

图2-9 HPCD及HPCD+HPU处理后椰子水在4周贮藏期间自然菌群的稳定性[94]

但是，Ferrentino等（2015）发现，HPCD联合HPU处理并不比HPCD单独处理的杀菌效果更好。例如，在12MPa、40℃条件下联合HPU（10W）处理鲜切胡萝卜15min后，仍然有嗜中温微生物残存，可能是与10W超声波对于自然菌群无杀菌效果有关[52]。对于单一菌*E. coli*，二者联合处理能够提高杀菌速率，在10MPa、35℃条件下联合HPU处理3min可降低8个对数值，而单独HPCD处理需要10min才能达到相同效果（图2-10）。

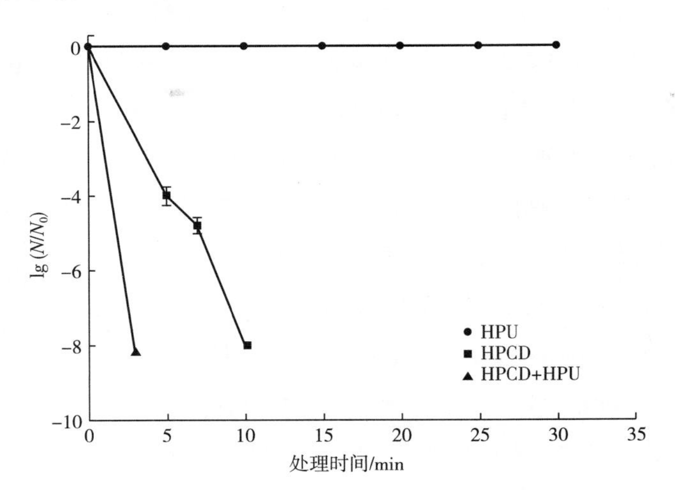

图2-10 35℃条件下HPCD联合HPU（10W）对胡萝卜中大肠杆菌的杀菌效果[52]

HPCD技术与其他技术联合杀菌符合“栅栏技术”基本理念，累加并增强单一技术的杀菌效果，在一定程度上可降低整体的处理强度，有望提高加工后产品品质。

（十）添加剂/夹带剂

HPCD技术对于液态或流态食品体系的杀菌效果比固态体系更为理想，在固态食品包括人参粉[75]、大米[76]和干燥干酪粉[77]中有使用添加剂/夹带剂的报道，而液态食品中仅荔枝汁有应用[78]。目前已知在微生物营养体杀菌中采用的添加剂/夹带剂包括过氧乙酸、乙醇、醋酸、油酸、蔗糖单月桂酸酯、过氧化氢、β-葡萄糖苷酸酶、甲苯、SO_2、DMSO、对羟基苯甲酸丙酯、乙酸酐、丙醇、三氯生（triclosan）和乳酸链球菌素（nisin）[5, 10, 75, 76, 78~81]（表2-10）。

表2-10　添加剂（夹带剂）对HPCD杀菌效果的影响

微生物	处理介质或食品	处理系统	添加剂	处理条件	降低对数值（$\lg N/N_0$）或灭菌效果	参考文献
好氧微生物/需氧菌/菌落总数	人参粉	间歇式	水：乙醇：双氧水=1：0：0	10MPa、60℃、60min	0.07	[75]
			水：乙醇：双氧水=0：1：0	10MPa、60℃、60min	0.13	[75]
			水：乙醇：双氧水=0：0：1	10MPa、60℃、60min	0.44	[75]
			水：乙醇：双氧水=1：1：0	10MPa、60℃、60min	0.87	[75]
			水：乙醇：双氧水=0：1：1	10MPa、60℃、60min	1.02	[75]
			水：乙醇：双氧水=1：0：1	10MPa、60℃、60min	1.19	[75]
			水：乙醇：双氧水=1：1：1	10MPa、60℃、60min	1.75	[75]
			水：乙醇：双氧水=0.5：0.5：0.5	15MPa、60℃、60min	0.8~4.2	[75]
			水：乙醇：双氧水=0.25：0.25：0.25	10MPa、60℃、60min	2.1	[75]
			水：乙醇：双氧水=0.05：0.05：0.05	10MPa、60℃、60min	2.0	[75]
				10MPa、60℃、60min	1.8	[75]
	荔枝汁	间歇式	nisin	10MPa、32℃、15min	2.1	[78]
				10MPa、42℃、15min	2.8	[78]
				10MPa、52℃、15min	4.9	[78]
	干酪碎	间歇式	50%过氧乙酸	9.9MPa、35℃、30min	4.2	[77]
			100%过氧乙酸	9.9MPa、35℃、30min	6.2	[77]
霉菌和酵母总数	荔枝汁	间歇式	nisin	10MPa、32℃、5min	0.7	[78]
				10MPa、42℃、5min	0.7	[78]
				10MPa、52℃、5min	3.57	[78]
	干酪碎	间歇式	50%过氧乙酸	9.9MPa、35℃、30min	1.1	[77]
			100%过氧乙酸	9.9MPa、35℃、30min	7.7	[77]
Listeria monocytogenes	生理盐水	间歇式	油酸（0.45%~44.5%）	10MPa、35℃、15min	2~2.5	[80]
			0.01~1g/L蔗糖单月桂酸酯	10MPa、35℃、15min	4.5~8.5	[80]
无害李斯特菌（*Listeria innocua*）	干酪碎	间歇式	50%过氧乙酸	9.9MPa、35℃、30min	2.9	[77]
			100%过氧乙酸	9.9MPa、35℃、30min	4.6	[77]
Staphylococcu saureus	营养肉汤	间歇式	—	1.4MPa、室温、120min	0	[5]
			0.3%对羟基苯甲酸丙酯	1.4MPa、室温、120min	7.5	[5]
	生理盐水	间歇式	nisin	10MPa、32℃、15min	5.65	[84]

续表

微生物	处理介质或食品	处理系统	添加剂	处理条件	降低对数值($\lg N/N_0$)或灭菌效果	参考文献
Bacillus cereus	大米	间歇式	乙醇30%、30min	10MPa、36℃、10min	4.76	[76]
			乙醇30%、60min	20MPa、44℃、30min	5.01	[76]
Bacillus subtilis	大米	间歇式	乙醇30%、30min	10MPa、36℃、10min	4.66	[76]
			乙醇30%、60min	20MPa、44℃、30min	4.8	[76]
Escherichia coli	营养肉汤	间歇式	—	1.4MPa、室温、120min	1.0	[5]
			0.3%对羟基苯甲酸丙酯	1.4MPa、室温、120min	6.7	[5]
	无菌0.85% NaCl溶液	间歇式	nisin	10MPa、32℃、15min	2.7	[84]

Sikin等（2016）研究了HPCD（9.9MPa、35℃、30min）和过氧乙酸联合处理马苏里拉干酪碎，发现二者对于无害李斯特菌（*L. innocua*）、细菌总数、霉菌和酵母总数都具有显著的协同杀菌效果；对于细菌总数、霉菌和酵母总数的控制依赖过氧乙酸的浓度，其中HPCD+100%过氧乙酸和HPCD+50%过氧乙酸处理细菌总数最少降低6.6和4.2个对数值、霉菌和酵母总数分别最少降低7.7和1.1个对数值[77]。Calvo等（2007）发现，30MPa、40℃条件下，在可可粉中添加0.59%~12%乙醇对细菌总数、好氧菌、嗜温菌和嗜热菌等没有影响，相同条件下添加30%双氧水处理2h对各种微生物也没有影响，但在可可粉中添加5%~10%的水即可大大提高杀菌效果[64]。Checinska等（2011）采用HPCD技术联合含有3.3%水和0.1%双氧水（体积分数）处理30min可以使微生物营养体降低4~8个对数值[82]。

Bi 等（2014）研究了HPCD技术（压强5MPa和8MPa、温度25~45℃和时间5~65min）与nisin（200IU/mL）联合对生理盐水（pH 5.6）、磷酸缓冲液（PBS，pH 5.60或7.00）和胡萝卜汁（pH 6.80）中*E. coli* O157：H7的杀菌效果[83]。在nisin存在下完全杀灭*E. coli*所需最长时间显著缩短；HPCD技术增强了*E. coli*对nisin的敏感性，联合处理比单独HPCD使PBS和胡萝卜汁中*E. coli*完全杀灭的时间缩短了2.5~5min。Li 等（2016）研究了HPCD技术和nisin对*E. coli*的协同杀菌作用[84]。单独使用nisin（0.02%）处理时*E. coli*只减少0.16个对数值，单独使用HPCD技术（10MPa、32℃、15min）时*E. coli*减少2.24个对数值，nisin和HPCD技术联合处理时*E. coli*减少2.7个对数值。

Kim等（2008）发现，HPCD处理（10MPa、35℃、15min）生理盐水中*L. monocytogenes*时添加一些助剂会影响杀菌效果。其中油酸（4.5~445g/L）会削

弱其效果，而0.01~1g/L蔗糖单月桂酸酯会增强其杀菌效果，且随着浓度增加而增强，1g/L时可使*L. monocytogenes*降低8个对数值以上（图2-11）[80]。

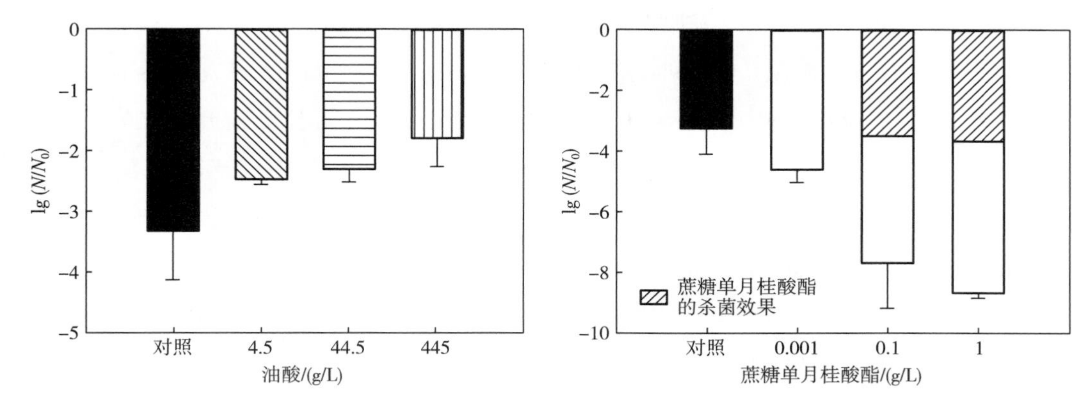

图2-11　油酸▲和蔗糖单月桂酸酯对HPCD处理（10MPa、35℃、15min）单增李斯特菌的影响[80]

（十一）搅拌

搅拌主要用于提高HPCD间歇式处理系统的杀菌效果，已有报道HPCD处理中搅拌非常重要[11, 36, 37]。Lin等（1992）提出搅拌会显著提高对酵母的杀菌效果，但未提供相关数据[11]。Hong 等（1997）发现无搅拌的情况下对微生物的杀菌效果与样品量有关，当降低工作容积比率（如样品体积和反应器容积比率）时可提高对泡菜中分离的一种乳酸杆菌（*Lactobacillus* sp.）的杀菌效率[38]。Tsuji等（2005）发现提高旋搅拌度可提高杀菌速率[85]。Ishikawa等（1995）发现在系统中运用微泡过滤式装置来处理*L. brevis*或*S. cerevisiae*能分别提高3~4倍杀菌效果[14]。Ferrentino等（2016）研究发现，搅拌方式对杀菌效果也有影响，其中电磁搅拌效果较好。例如，在12MPa、35℃下机械搅拌（400r/min）处理60min可使*S. cerevisiae*降低1.6个对数值，而相同条件下使用电磁搅拌（400r/min）仅需30min即可降低3.5个对数值[33]。

搅拌会提高CO_2的溶解性及其与微生物细胞的接触，使CO_2更容易渗透进入细胞。是否需要搅拌很大程度上取决于HPCD系统。一般来说，在间歇式系统中增加搅拌其杀菌效果会明显增强，但由于CO_2和微生物在半连续式和连续式设备中接触机会大大提高，因而不需要搅拌。

二、微生物及其状态对杀菌效果的影响

（一）微生物的种属

不同微生物对HPCD处理的敏感性表现各异。一般来说，微生物营养体对HPCD处理的敏感度顺序为G^->G^+>酵母>霉菌。例如，Sims & Estigarribia等

（2002）发现，*L. plantarum*（G^+）比*E. coli*、*S. cerevisiea*和肠膜状明串珠菌（*Leuconostoc mesenteroids*，G^-）对相同HPCD处理条件耐受性更强[47]。此外，Debs-Louka等（1999）发现，在相同HPCD处理条件下，*E. coli*（G^-）较*E. faecalis*（G^+）更敏感[18]。Dillow等（1999）发现，*S. salford*、*Proteus vulgaris*、*Legionella dunnifii*、*P. aeruginosa*和*E. coli*（均为G^-）比*S. aureus*和*L. innocua*（均为G^+）对HPCD处理（20.5MPa、34℃、36min，3个升压降压循环）表现出更弱或同等敏感程度[4]。Garcia-Gonzalez等（2009）比较在相同处理条件下HPCD技术对15种食源性病原菌和腐败菌的杀菌效果，发现其杀菌效果$G^- \approx G^+$ > 酵母（图2-12）。一般认为主要是由于G^+细菌的细胞壁更厚，不容易被“爆破”，也不利于CO_2扩散并溶解在细胞内部。此外，微生物对HPCD处理的耐受程度可能与其酸耐受性有关，因为HPCD杀菌的一个关键因素是CO_2溶解使微生物细胞内外的酸度降低（详见本章第五节）。

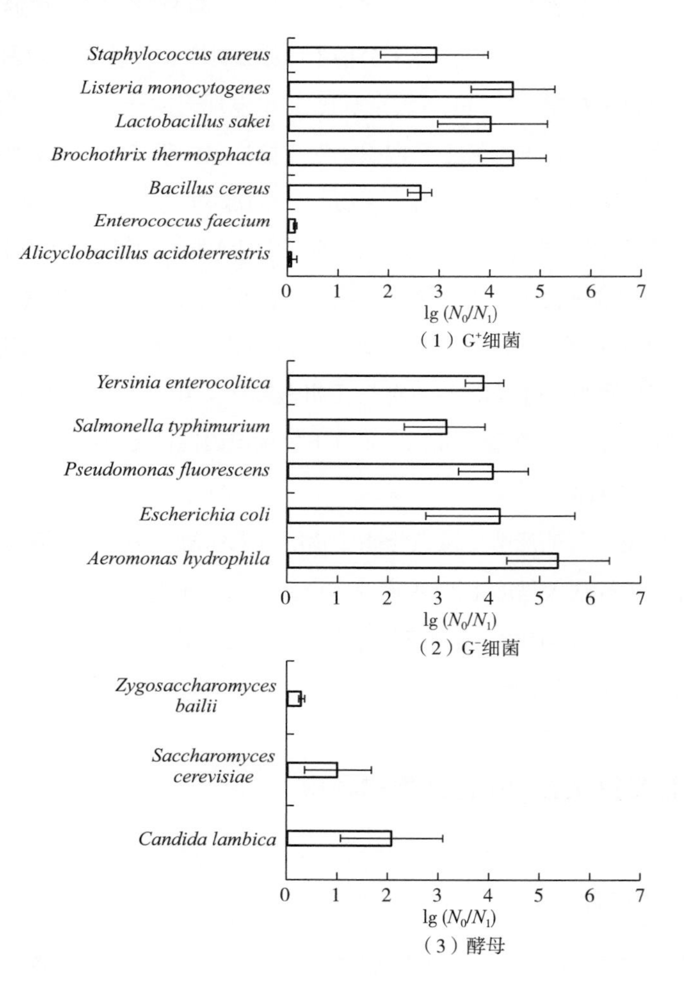

图2-12　微生物种类对HPCD处理（10.5MPa、35℃、20min）杀菌效果的影响[18]

（二）菌液初始浓度

体系中初始菌浓度影响HPCD技术的杀菌效果。已有多篇文献报道，达到相同杀菌效果所需处理时间随初始菌液浓度增加而延长[53, 86, 87]。例如，在10MPa、32℃条件下处理30min，苹果浊汁中*E. coli*随其初始菌液浓度增加其降低的对数显著减少，在20MPa、37℃条件下处理其杀菌效果随初始菌液浓度降低而增加（表2-11）。一般认为，初始菌液浓度较高的悬浮液中细胞可能发生团聚而使内部细胞与CO_2接触更少，从而被保护；而初始菌液浓度较低的情况下细胞相对分散，处理过程中CO_2可与更多细胞接触而达到更好的杀菌效果[88]。

表2-11　　初始菌浓度对HPCD处理苹果浊汁中*E. coli*杀菌效果的影响

HPCD处理条件	lg (N/N_0)		
	10^8	10^7	10^5
32℃、10MPa、30min	-2.91 ± 0.2533^a	-3.19 ± 0.0700^a	-3.56 ± 0.1795^b
37℃、20MPa、30min	-3.76 ± 0.0566^A	-3.95 ± 0.0849^A	-4.09 ± 0.3818^A

注：同一行中标有不同字母的处理之间有显著差异（$P<0.05$），相同字母的处理之间无显著差异（$P>0.05$）。

（三）微生物生长状态和培养环境

稳定期细胞比对数生长期细胞具有更好的耐热性和耐压性[89, 90]。Hong & Pyun（1999）发现，6.9MPa、30℃条件处理对*L. plantarum*对数生长期细胞比稳定期细胞具有更高的杀菌效果，可能稳定期细胞有能力合成蛋白质来抵制不利环境[49]。另外，该研究也报道，在低于最适生长温度培养的*L. plantarum*比在最适生长温度培养的耐受性更强[49]。但是Lin等（1993）在研究 *L. dextranicum*时报道了相反的结果[37]。可见二者均为G^+细菌，但他们对HPCD处理的耐受性不同。

（四）食品中的自然菌群

自然菌群指食品原辅料中存在或加工过程中带入的细菌、酵母、霉菌等微生物的总和。食品体系对自然菌群的杀菌效果影响较大，因为食品体系中的蛋白质和脂肪等对微生物有保护作用。与单一菌株相比，对食品中自然菌群的杀菌更难。

HPCD技术对于果蔬汁中自然菌群的杀菌效果较好。Ferrentino等（2009）报道，采用间歇式HPCD系统处理（16MPa、60℃、40min）苹果汁能使细菌总数降低5.0个对数值，而采用传统85℃热处理需要60min才能达到相似效果[91]。该团队也研究了HPCD技术替代传统热巴氏杀菌对苹果酱灭菌的适用性[92]，采用不同压强（8、10和12MPa）和温度（35、45和55℃）处理15min，对自然菌群（嗜温微生物、大肠菌群、酵母和霉菌）的最佳杀菌条件为12MPa、55℃条件下处理15min。在25℃下贮藏60d后，苹果酱中的嗜温微生物、大肠菌群、酵母和霉菌在检测限以下。郭鸣鸣等（2011）报道，对于新鲜荔枝汁或者在37℃下自然增菌使自然菌群达到较高水平后再采用间歇式HPCD处理，在8MPa、36℃升压后立即降压能使细菌总数降低4.5~5.9个对数值，使霉菌和酵母总数降低5.3个对数值[93]。采用20MPa、52~62℃条件处理苹果浊汁30min，然后分别在2℃和28℃下贮藏，发现该条件可将苹果浊汁中菌落总数控制在10CFU/mL以下，霉菌和酵母总数低于平板计数法检测限；且6周贮藏期间均能使两组自然菌群保持在10CFU/mL以下[51]（图2-13）。

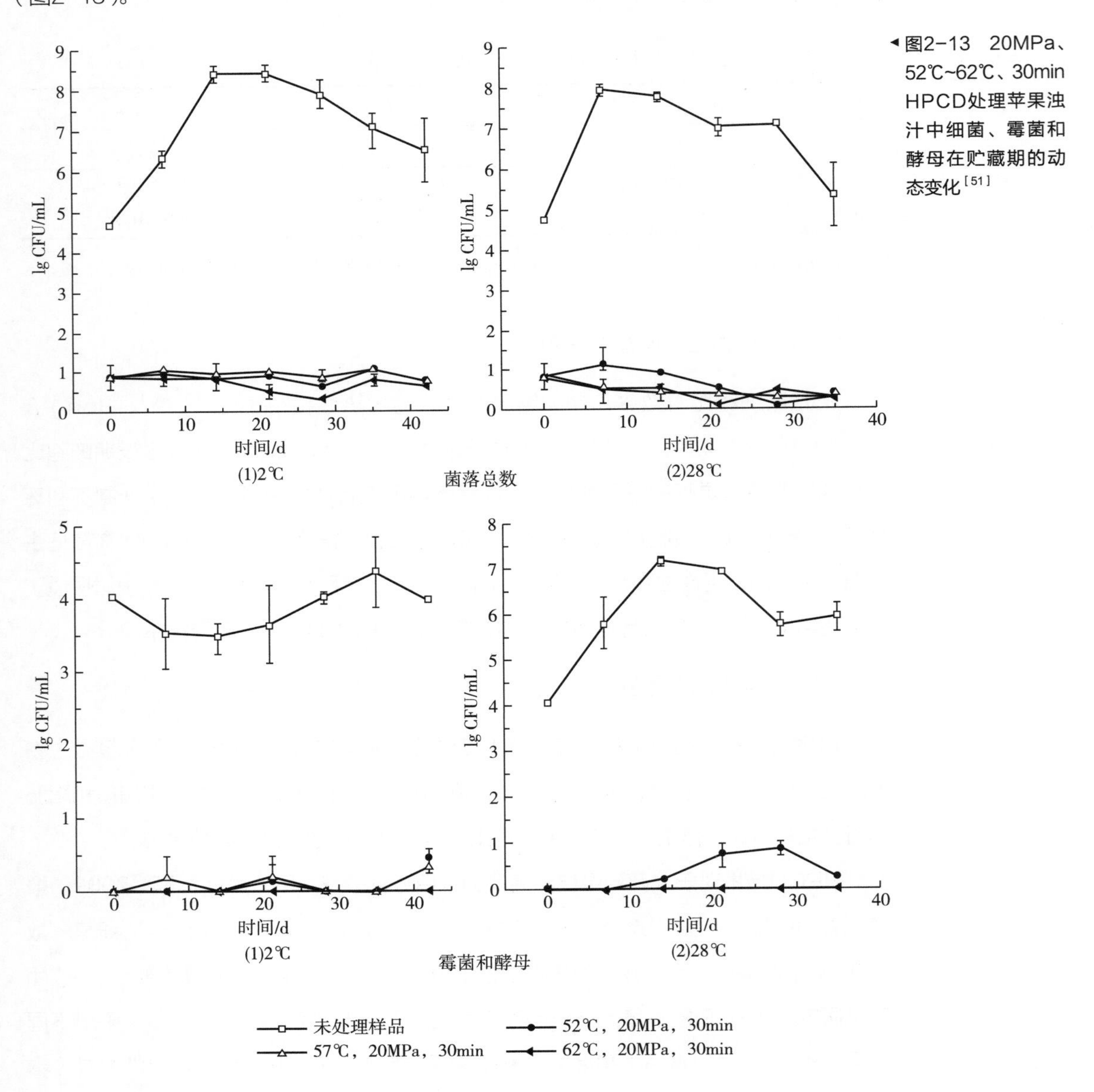

图2-13 20MPa、52℃~62℃、30min HPCD处理苹果浊汁中细菌、霉菌和酵母在贮藏期的动态变化[51]

Lecky（2005）采用连续式HPCD处理（34.4MPa、40℃、5min）可使西瓜汁中细菌总数降低6.5个对数值[94]。刘野等采用间歇式HPCD处理（30MPa、25℃、60min）也可使西瓜汁中细菌总数降低约3.5个对数值，且霉菌和酵母数量降低至9CFU/mL[95]。

对椰子水、椰子汁和椰子饮料采用连续式或间歇式HPCD处理能使细菌总数降低5~6.18个对数值[73, 96]。Cappelletti 等（2015）研究了HPCD处理对椰子汁中微生物及其营养成分和感官品质的影响[97]，发现12MPa、40℃、30min是最佳杀菌条件，其中嗜温微生物、乳酸菌、酵母和霉菌减少5个对数值，大肠菌群减少7个对数值。

Garcia-Gonzalez等（2009）采用间歇式HPCD技术在13.0MPa、45℃条件下处理液态全蛋10min，并辅以400r/min搅拌解决黏度较大的问题，能使总嗜温需氧菌、总嗜温厌氧菌、总嗜冷需氧菌和总嗜冷厌氧菌得到有效控制。该HPCD处理条件能够使全蛋液在4℃下保质期延长至5周，与巴氏杀菌（69℃、3min）保质期相同[41]。

HPCD技术对牛乳的杀菌效果不如酸性果蔬汁。廖红梅等（2009）研究表明，在20MPa、37℃条件下处理30min以上能较好地控制牛初乳中的细菌，处理75min能使其降低2.3个对数值[98]。Werner & Hotchkiss（2006）采用Praxair公司的连续式HPCD系统在20.7MPa、30~35℃条件下处理10min，能使牛乳中耐冷菌降低3.8~5.4个对数值[99]。Liao 等（2014）采用间歇式HPCD处理牛乳，在25MPa、50℃处理70min能使菌落总数降低4.96个对数值，而霉菌和酵母则在更低温度和更短时间内就能达到平板计数检测限以下；牛乳经过25MPa、40℃、50min处理，在4℃贮藏15d后菌落总数、霉菌和酵母总数、大肠菌群都能得到有效控制，如图2-14（1）所示[100]。Kobayashi 等（2016）采用两段式微泡HPCD系统

图2-14 （1）HPCD处理（25MPa、40℃、50min）及4℃贮藏条件下牛乳中自然菌群的变化[100]；（2）两段式微泡HPCD处理（4MPa、45℃、1min）对牛乳中菌落总数的影响[101]

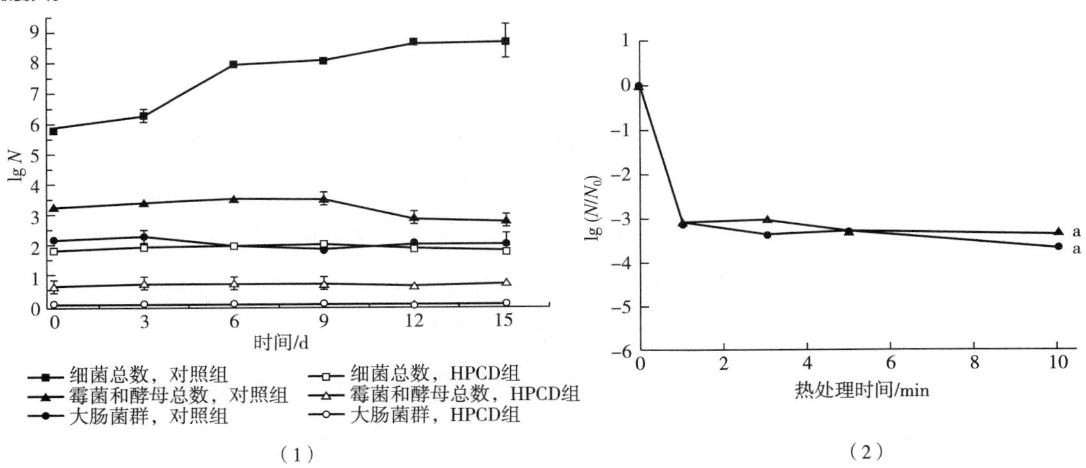

（two-stage microbubbled CO_2）处理牛乳，在4MPa、45℃条件下处理1min能使菌落总数降低3个对数值，但继续延长处理时间到10min并未提高杀菌效果，如图2-14（2）所示。牛乳中脂肪含量较高会影响杀菌效果，另外生牛乳中含有类芽孢杆菌（*Paenibacillus*）和芽孢杆菌（*Bacillus*），能形成抗性较强的芽孢，难以被杀灭[101]。

Haas等（1989）首次将HPCD技术应用于固体食品。间歇式HPCD（5.52MPa、45℃）处理新鲜草莓、洋葱、细香葱、百里香、牛至、欧芹和薄荷等120min，能使其细菌总数降低2~8个对数值[5]。Kuhne & Knorr（1990）采用HPCD处理（62.8MPa、40℃、30min）新鲜芹菜及叶柄，能使细菌总数降低10^4CFU/g[102]。Bi等（2011）和Spilimbergo等（2013）分别采用间歇式（5MPa、20℃、20min）和多批次（8~12MPa、20~40℃、10~15min）处理鲜切胡萝卜片，细菌总数分别降低了1.86和3.5个对数值，霉菌和酵母总数分别降低了3.5和5.0个对数值[103, 104]。另外，Hong & Park（1999）采用间歇式HPCD在6.86MPa、10℃条件下处理泡菜（pH4.45）120min，仅使乳酸杆菌降低0.4个对数值[105]。该课题组在泡菜发酵后期将乳酸杆菌分离出来后重悬在培养液中，再采用HPCD处理（6.86MPa、30℃、200min）可使乳酸杆菌降低5个对数值[38]。这种巨大的差异归因于CO_2在结构致密的泡菜中的低扩散率和有限传质效率，并且在泡菜中缺乏容易渗透的介质，如泡菜汁。

三、微生物所在体系对杀菌效果的影响

（一）含水量和水分活度（A_w）

处理介质的水分含量和A_w对HPCD技术的杀菌效果具有重要的影响。一般来说，含水量越高或A_w越高则杀菌效果越好。Kamihira等（1987）比较了HPCD处理（20MPa、35℃、2h）含水量分别为70%~90%和2%~10%样品中的*S. cerevisiae*、*E. coli*和*S. aureus*，发现高含水量样品比低含水量样品多降低5~7个对数值（表2-12）[9]。Kumagai等（1997）报道，在20MPa、35℃条件下处理2h时，可分别使水分含量为70%~90%和2%~10%的酵母降低5.1和1.3个对数值[16]。Dillow等（1999）比较了HPCD技术（14MPa、34℃）对无水或有水的细胞培养液中*E. coli*的杀菌效果，发现即使极少量的水都可以显著提高其杀菌效果[4]。Kim等（2008）研究发现，HPCD处理（10MPa、35℃、15min）对水中*L. monocytogenes*的杀菌效果随水分含量增加而增强，当水分含量由2%~10%增加到80%~100%时，其

杀菌效果由*L. monocytogenes*降低1个对数值增加到降低8个对数值（图2-15）。此外，Chen 等（2017）发现超临界CO_2和液态CO_2在35~65℃均对干燥*E. coli*无杀菌效果[106]。在HPCD处理中水可使细胞膨胀，提高细胞壁和细胞膜的透过性，并增加CO_2溶解[4, 37]。

表2-12　　水分含量对HPCD处理（20MPa、35℃、2h）杀菌效果的影响[9]

微生物	存活率	
	高含水样品	干燥样品
面包酵母	5.4×10^{-7}	0.5
E. coli	7.2×10^{-6}	0.047
S. aureus	1.5×10^{-5}	0.037
A. niger（分生孢子）	1.2×10^{-5}	0.88
B. subtilis（芽孢）	0.47	0.99
B. sterothermophilus（芽孢）	1.07	0.80

注：水分含量：高含水样品，70%~90%；干燥样品，2%~10%。

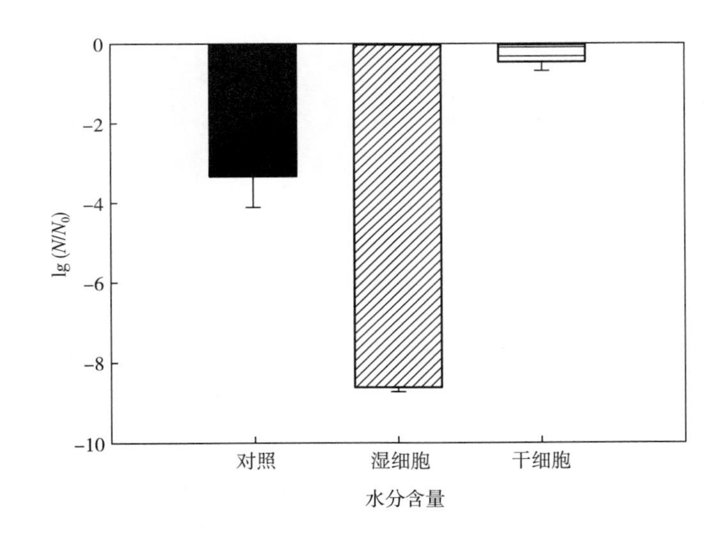

图2-15　水分含量对HPCD处理（10MPa、35℃、15min）单增李斯特菌杀菌效果的影响，湿细胞和干细胞的含水量分别为80%~100%和2%~10%[80]

不同微生物都有其最适宜的A_W，它可用于衡量水结合力的大小或者自由水和结合水的组成情况。在食品体系中水和非水组分共存，微生物生长或存活依赖于自由水。Haas等（1989）通过控制水和甘油比例调整体系A_W为0.61和0.91，发现随A_W增加，HPCD技术对*E. coli*和*S. aureus*的杀菌效果可由降低0.6个对数值升高到降低3.4~4.0个对数值；当A_W由0.94升高到0.98，经5.5MPa、22℃处理120min后对腐生葡萄球菌（*Staphylococcus saprophyticus*）由无杀菌效果提高到降低2.0个对数值[5]。

表2-13　　水分含量和水分活度对HPCD杀菌效果的影响

微生物	处理介质	处理系统	水分含量或A_w	处理条件	降低对数值($\lg N/N_0$)或灭菌效果	参考文献
大肠杆菌(*Escherichia coli*)	生理盐水/蒸馏水	萃取器	2%~10%	20MPa、35℃、120min	1.3	[9]
			70%~90%	20MPa、35℃、120min	5.1	[9]
	水：甘油=1：3	间歇式	A_w0.61	6.2MPa、室温、120min	0.12	[5]
	水：甘油=3：1		A_w0.91	6.2MPa、室温、120min	3.4	[5]
	培养基	间歇式	干燥	14MPa、34℃、60min	8	[4]
			含水	14MPa、34℃、30min	8	[4]
	亲水滤纸	间歇式	6%	5MPa、室温、300min	0.09	[18]
			37%	5MPa、室温、300min	4.8	[18]
	棉织物	间歇式	干燥	7MPa、20℃、15min	0	[195]
			用水浸渍	7MPa、20℃、15min	完全灭菌	[195]
金黄色葡萄球菌(*Staphylococcus aureus*)	生理盐水/蒸馏水	萃取器	2%~10%	20MPa、35℃、120min	1.4	[106]
			70%~90%	20MPa、35℃、120min	4.8	[106]
	水：甘油=1：3	间歇式	A_w0.61	6.2MPa、室温、120min	0.12	[5]
	水：甘油=3：1		A_w0.91	6.2MPa、室温、120min	4.0	[5]
自然菌群(*natural aerobic flora*)	猪血浆粉	萃取器	6.8%	20MPa、35℃、120min	0	[79]
			16.5%	20MPa、35℃、120min	1.3	[79]
			30.7%	20MPa、35℃、120min	2.3	[79]
腐生葡萄球菌(*Staphylococcus saprophyticus*)	培养基	萃取器	A_w0.94	5.5MPa、22℃、120min	0	[5]
			A_w0.98	5.5MPa、22℃、120min	2	[5]
细菌	小麦粉	萃取器	12%	6.2MPa、23℃、120min	0	[5]
			28%	6.2MPa、23℃、120min	2.4	[5]
霉菌	小麦粉	萃取器	12%	6.2MPa、23℃、120min	0	[5]
			28%	6.2MPa、23℃、120min	2.7	[5]
酿酒酵母(*Saccharomyces cerevisiae*)	生理盐水/蒸馏水	萃取器	2%~10%	20MPa、35℃、120min	0.3	[9]
			70%~90%	20MPa、35℃、120min	6.3	[9]
	蒸馏水	间歇式	<40%	4MPa、40℃、300min	<0.5	[12]
			>60%	4MPa、40℃、300min	8	[12]
	水	间歇式	0.358(g/g干物质)	6MPa、40℃、300min	1	[16]
			2.286(g/g 干物质)	15MPa、40℃、240min	4	[16]
				6MPa、40℃、240min	8	[16]
			2.286(g/g 干物质)	15MPa、40℃、60min	8	[16]
	亲水滤纸	间歇式	6%	5MPa、室温、300min	0.6	[18]
			37%	5MPa、室温、300min	2.3	[18]
单核细胞增生李斯特菌(*Listeria monocytogenes*)	水	间歇式	800%~4000%	10MPa、35℃、15min	3	[80]
			80%~100%	10MPa、35℃、15min	8	[80]
			2%~10%	10MPa、35℃、15min	1	[80]
细菌总数/(CFU/g)	可可粉	半连续式	—	30MPa、65~80℃、20~40min	0	[64]
			5%	30MPa、80℃、30~40min	4.3	[64]
				30MPa、65℃、22~35min	0	[64]
			10%	30MPa、65~80℃、20~40min	4.3	[64]

然而，Garcia-Gonzalez等（2009）认为，A_W并非影响杀菌效果的决定性因素（图2-16）。当A_W由0.997下降到0.975时，氯化钠、蔗糖和甘油三种溶质中荧光假单胞菌（*Pseudomonas fluorescens*）经HPCD处理（10.5MPa、35℃、20min）后杀菌效果无显著变化；当A_W下降到0.950时，*P. fluorescens*仅在氯化钠体系中显著降低，在其他两个体系中则无显著变化；当A_W继续降低至0.830~0.924时，*P. fluorescens*在氯化钠体系中继续降低，而在蔗糖和甘油中则受到了保护；且52.3%蔗糖和32.8%甘油也对*S. aureus*和*P. fluorescens*具有保护作用[27]。该研究认为，A_W对HPCD杀菌效果具有影响，但溶质的影响也不能忽视。

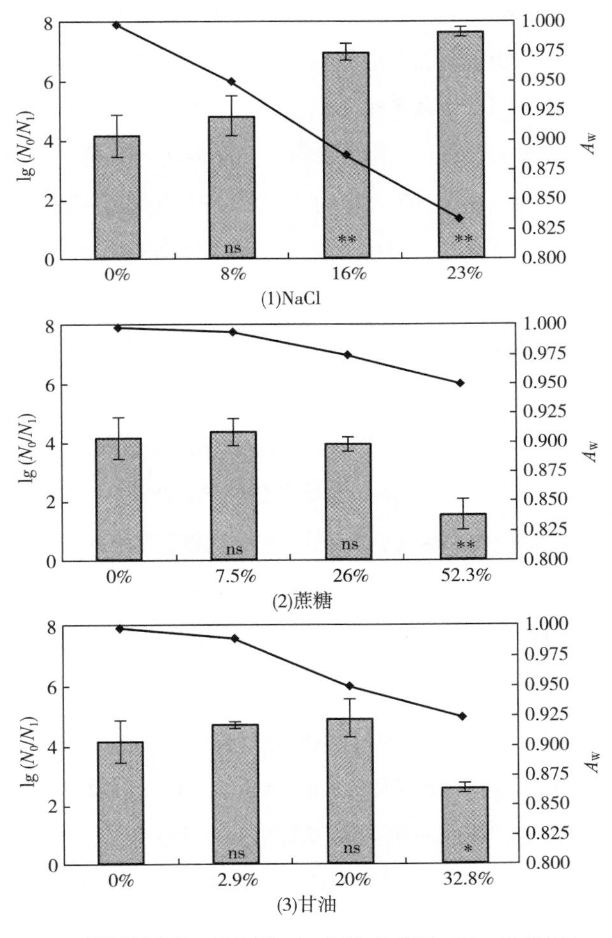

图2-16　由氯化钠、蔗糖和甘油构建的不同A_W对HPCD处理荧光假单胞菌杀菌效果的影响[27]

（二）处理介质组成成分

在HPCD技术杀菌的文献中大多数采用液态介质体系或液态食品，如无菌水、生理盐水、磷酸缓冲液、各种液体培养基、果蔬汁、牛乳和啤酒等，有关固态介质体系或固体食品（如肉、蛋和鲜切果蔬）等研究较少。一般来说，与单一成分介质体系相比，成分复杂的食品体系对微生物具有较强的保护作用。在相同条件下HPCD处理对于某微生物的杀菌效果在不同处理介质中的顺序为：水（生理盐水、无菌水）>培养液>果汁>缓冲液>脱脂牛乳>全脂牛乳>肉类。

Erkmen等（1997）发现，*S. aureus*在牛乳中比在脑心浸液肉汤（BHIB）培养基中更难被HPCD杀灭。当*S. aureus*初始菌浓度约为10^7CFU/mL时，在BHIB肉汤培养基中经过7MPa、25℃处理100min或8MPa、25℃处理60min可使*S. aureus*达到平板计数检测限以下；但在全脂和脱脂牛乳中则需要14.6MPa、25℃处理5h或9MPa、25℃处理2h才可达到相同杀菌效果[65]。Sirisee等（1998）发现，*S. aureus*在碎牛肉中比在磷酸缓冲液中更难被杀死，在31.03MPa、42.5℃下分别处理120~180min和15min可使*S. aureus*分别降低4和7个对数值，在碎牛肉中处理时间延长10倍其杀菌效果也差。Erkmen等（2000a；2000b；2001）比较了HPCD技术对全脂乳、脱脂乳、胡萝卜汁、橙汁、桃汁及苹果汁中*L. monocytogenes*（初始菌浓度约为10^6CFU/mL）的杀菌效果，发现在6.08MPa、45℃条件分别需24、16、12、8、4、8h处理可达到平板计数检测限以下[87，107，108]。据报道，在6.0MPa、35℃条件下，使BHIB和磷酸盐缓冲液+BHIB体系中*S.typhimurium*降低7个对数值所需时间分别为15min和140min，表明磷酸盐缓冲液体系保护了*S.typhimurium*[44，54]。类似结果在HPCD技术对磷酸缓冲液和生理盐水中*E. coli* O157：H7和*E. coli*的杀菌研究中被报道[40]。

有关介质对酵母杀菌效果的影响研究比较少。Parton等（2007）发现，9MPa、38℃处理12min使梨汁中*S. cerevisiae*降低6.5个对数值；经9MPa、32℃处理24min可使苹果汁中*S. cerevisiae*降低5.8个对数值[7]。该研究表明，*S. cerevisiae*所处体系对杀菌效果有一定影响，但由于温度不一致，很难对杀菌效果进行比较。

比较复杂的食品体系对HPCD技术杀菌效果影响的研究较多。Wei等（1991）报道，蛋黄、蛋清、鸡肉及全蛋液中的*S. typhimurium*经过HPCD技术（13.7MPa、35℃、2h）处理后分别降低8.5、8.5、1及0.06个对数值，表明HPCD技术对鸡肉和全蛋液的杀菌效果较差[60]。Choi等（2009）发现，HPCD技术（14MPa、45℃、40min）对酱油腌泡汁、辣椒酱腌泡汁中的*E. coli*、*E. coli* O157：H7、*L. monocytogenes*和*S.typhimurium*的杀菌效果优于对腌制猪肉的杀菌效果。例如，该条件下酱油腌泡汁、辣椒酱腌泡汁中*L. monocytogenes*分别降低2.52~3.47和2.12~2.72个对数值，而两种腌泡汁腌制猪肉中*L. monocytogenes*分别降低2.49和1.92个对数值；该条件下可使酱油腌泡汁、辣椒酱腌泡汁中*S. typhimurium*分别降低3.47和2.72个对数值；而对两种腌泡汁腌制猪肉中的*S. typhimurium*仅降低了0.21和0.17个对数值，约为腌泡汁中的1/10[109]。因此，食品体系越复杂、体系越趋于固态，HPCD技术的杀菌效果越差。

综上所述，HPCD技术对于液态体系或液态食品中微生物的杀菌效果优于固态体系或固态食品，对于单一组分介质体系的杀菌效果优于复杂成分体系，主要原因可归纳为：其一，复杂成分中的某些组分如牛乳脂质[36]、油酸[80]、甘油[27]等能够保护微生物，但一些成分如有机酸、乳化剂[27]等可提高杀菌效果。Garcia-Gonzalez等（2009）研究发现，HPCD处理中52.3%蔗糖和32.8%甘油对*S. aureus*和*P. fluorescens*具有保护作用，适量乳化剂（如吐温80、蔗糖硬脂酸酯）能提高杀菌效果，而乳清蛋白和可溶性淀粉则对杀菌效果无影响（图2-17）[27]。其二，CO_2在不同介质中的溶解度不同。Calix等（2008）检测到CO_2在纯水中的溶解度高于在果汁和模拟果汁体系中的溶解度[46]。其三，不同介质的pH缓冲能力不同。HPCD处理中CO_2溶解会影响微生物胞内外pH，如果介质的pH缓冲能力较强则受到影响较小，进而影响杀菌效果。

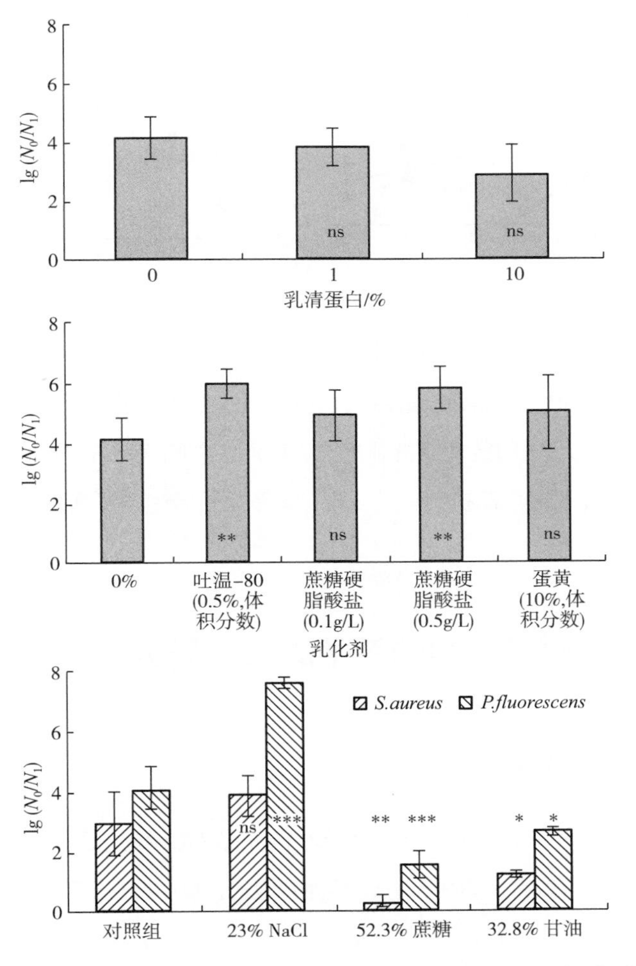

图2-17　处理介质中乳清蛋白、乳化剂、NaCl、蔗糖和甘油等对HPCD处理（10.5MPa、35℃、20min）*S.aureus*和*P.fluorescens*杀菌效果的影响[27]

（三）初始 pH

介质的初始pH对HPCD杀菌效果具有较大影响，较低的pH环境能提高杀菌效果[5, 27, 49]。如图2-18（1）所示，Hong & Pyun（1999）研究结果表明，在6.8MPa、30℃条件下处理，乙酸缓冲液（pH4.5）处理25min、无菌水（pH6.0）处理35min、磷酸缓冲液（pH7.0）处理60min均可使*L. plantarum*降低5个对数值[49]。廖红梅（2010）研究中采用0.1mol/L NaOH或HCl调节苹果浊汁的pH为3~8，发现随pH增加（由酸性到碱性），HPCD技术对*E. coli*的杀菌效果逐渐降低。在10MPa、32℃条件下处理30min，当pH由3.08升高到8.18时，*E. coli*分别降低了4.69和0.62个对数，如图2-18（2）所示[43]。

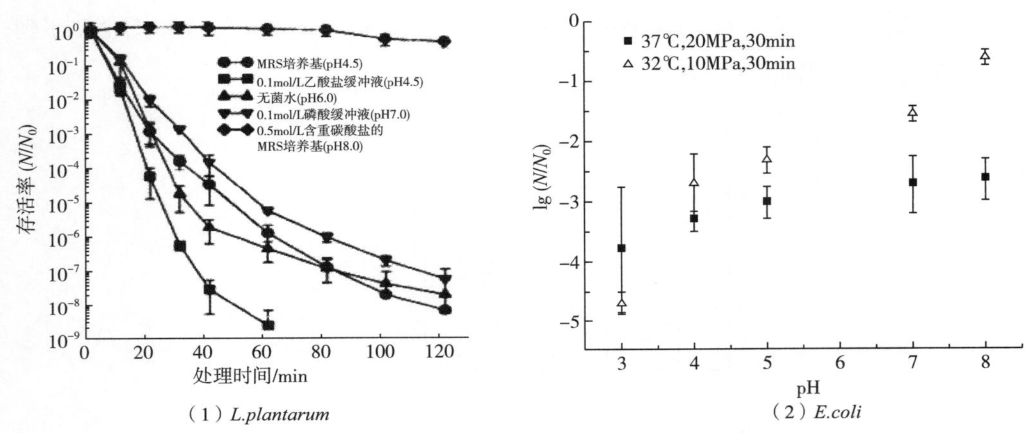

▲图2-18 初始pH对HPCD处理*E.coli*（6.8MPa，30℃）（1）[49]和*L.plantarum*（2）[43]杀菌效果的影响

介质初始pH对HPCD技术杀菌效果影响的原因可能有两方面：一方面，低pH环境干扰细胞营养物质的运输和能量合成，且影响生物大分子如蛋白质的结构和功能；另一方面，与HPCD杀菌技术的机制相关，它通过影响细胞内外pH及质子梯度改变杀菌效果，这与HPCD杀菌机制有关，将在本章第五节中详细阐述。

第四节

HPCD 技术对微生物的杀菌动力学研究进展

一、杀菌动力学曲线

微生物的杀菌研究文献中常见的杀菌动力学曲线有6种（图2-19）。曲线A为线性，可用一级动力学模型拟合；曲线B、C、D为两段式，其中曲线B带“平肩”（should），曲线C和D带“拖尾”（tailing）；曲线E和F为三段式，为“S”型曲线[110]。对微生物杀菌动力学的理解不能仅仅依靠视觉判断，需要建立合适的模型进行拟合分析。在杀菌动力学分析中常用到的模型主要有线性模型和非线性模型。根据Xiong等（1999）介绍，线性模型为一级动力学模型（first order kinetic model），非线性模型包括Cerf模型、Kama模型、Whiting-Buchanan模型、Buchanan模型、Gompertz模型、Membre模型和Logistic模型[110]。虽然这些模型都被成功地应用在食品预测微生物学中，但是除Whiting-Buchanan模型外其他模型并不能拟合所有类型的杀菌曲线。例如，一级动力学模型只能拟合线性杀菌曲线，Buchanan模型仅能拟合带“平肩”的两段式杀菌曲线。

图2-19　不同类型的杀菌动力学曲线[110]

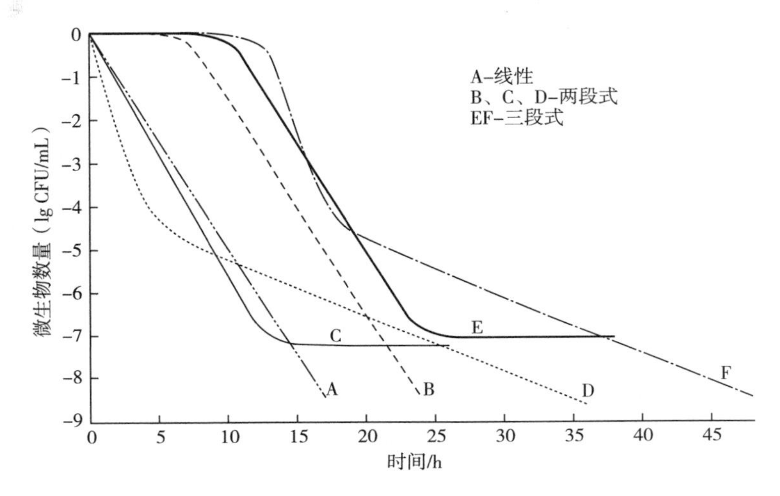

HPCD作为一种新型非热杀菌技术，其杀菌预测模型的相关研究还不成熟，采用预测微生物学理论与方法将有助于深入研究HPCD杀菌效果和构建相关预测模型。

至今有关HPCD杀菌预测模型的研究报道较少，目前主要有中国农业大学廖小军、美国Balaban、意大利Spilimbergo、土耳其Erkmen以及韩国Kim等教授的团队在开展相关研究工作。目前已经报道的HPCD杀菌动力学曲线主要有线性、两段式和三段式非线性曲线（表2-14），出现不同杀菌曲线的主要原因：①杀菌曲线的形状和实验数据点多少有关。当实验数据点足够多的时候，残存曲线表现出凹状；当曲线的实验数据较少时，其形状呈现两段式或线性。②杀菌曲线的形状与杀菌时间及时间间隔有关。Hong & Pyun（2001）在不同压强条件下采用HPCD处理*L. plantarum*时观测到两种截然不同的杀菌曲线：在5MPa、30℃下杀菌曲线为线性，最高降低了4个对数值；当压强为7MPa时，曲线为凹状，处理120min后可达到降低8个对数值[111]。说明在5MPa下想要获得较精确的杀菌曲线必须增加数据点以及延长杀菌时间。在某些情况下由于时间不够长会导致观察不到两段式的第二段。如果杀菌曲线中第一个时间点选择较长，那么有可能观测不到滞后期的“平肩”阶段。因此，须通过合理设置实验参数获取比较全面的杀菌曲线，以利于客观、真实反映其杀菌动力学，为预测微生物学提供基础数据，从而更准确预测杀菌效果、提供精准杀菌条件参数。

表2-14　HPCD杀菌动力学模型分析

序号	模型名称	公式	杀菌曲线	微生物	杀菌曲线示例	参考文献
1	一级动力学模型	$\ln(N/N_0) = -kt$	两段式	*Escherichia coli*		[117]
				Brochothrix thermosphacta		[116]
				Enterococcus faecalis		[86]
			线性	*Escherichia coli*		[114]
						[118]
		$\lg \frac{N(t)}{N_0} = -\frac{t}{D}$	两段式	*Salmonella typhimurium*		[54]
				Escherichia coli		[42]

续表

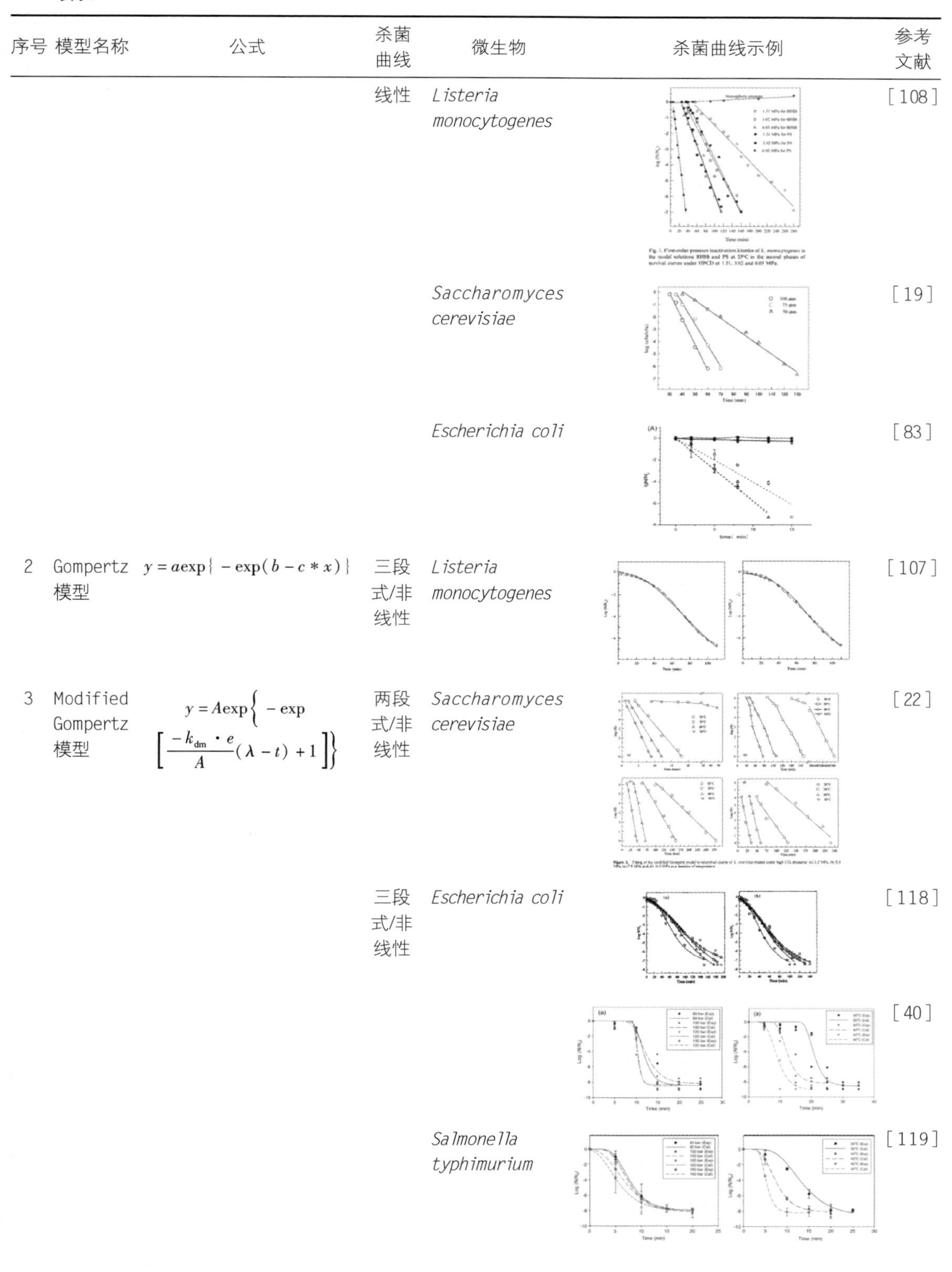

序号	模型名称	公式	杀菌曲线	微生物	杀菌曲线示例	参考文献
			线性	*Listeria monocytogenes*		[108]
				Saccharomyces cerevisiae		[19]
				Escherichia coli		[83]
2	Gompertz模型	$y=a\exp\{-\exp(b-c*x)\}$	三段式/非线性	*Listeria monocytogenes*		[107]
3	Modified Gompertz模型	$y=A\exp\left\{-\exp\left[\frac{-k_{dm}\cdot e}{A}(\lambda-t)+1\right]\right\}$	两段式/非线性	*Saccharomyces cerevisiae*		[22]
			三段式/非线性	*Escherichia coli*		[118]
						[40]
				Salmonella typhimurium		[119]

续表

序号	模型名称	公式	杀菌曲线	微生物	杀菌曲线示例	参考文献
					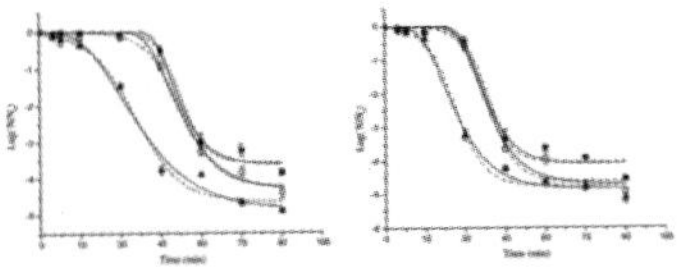	[120]
		$\lg(N/N_0)=Ce(-eBM)-Ce(-e(-B(t-M)))$	两段式/非线性	*E. coli*	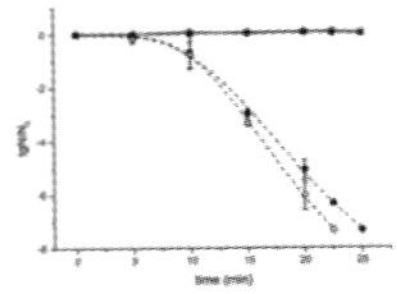	[83]
4	Weibull模型	$N(t)=(N_0-N_{RES})10^{[-(\frac{t}{\delta})^p]}+N_{RES}$	两段式/非线性	酵母	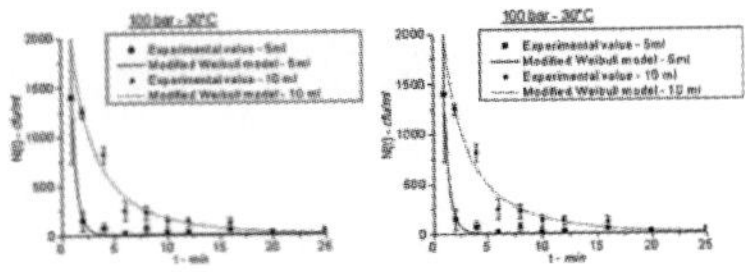	[196]
		$\lg S(t)=-b(P,T)\cdot t^{n(P,T)}$	两段式/非线性	自然菌群(natural microflora)(苹果汁); *Saccharomyces cerevisiae*(去离子水)	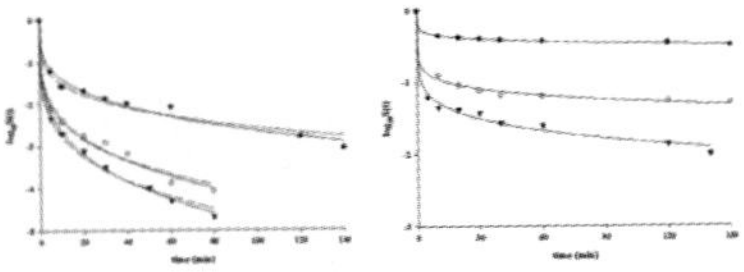	[197]
		$\lg(N)=\lg(N\vert_{t=0})-\left(\frac{t}{\delta}\right)^n$	两段式/非线性	*E. coli*	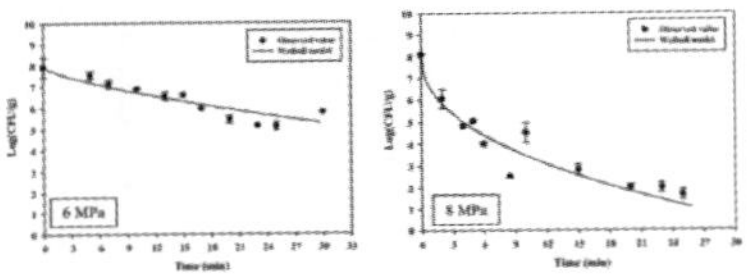	[180]
5	逻辑模型	$y=\frac{a}{[1+\exp(b-c*x)]}$	三段式/非线性	*Listeria monocytogenes*	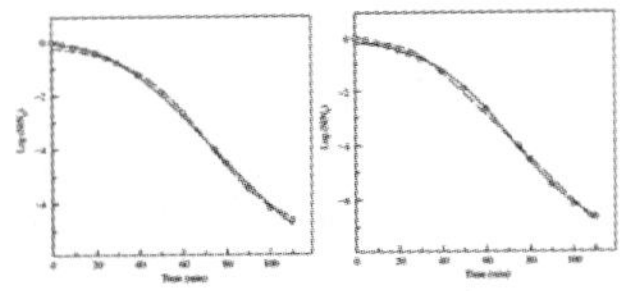	[107]
6	Whiting & Buchanan模型	$y=\lg\left[\frac{a(1+\exp(-k_1t_1))}{(1+\exp(k_1(t-t_1)))}\right]$	三段式/非线性	*Listeria monocytogenes*	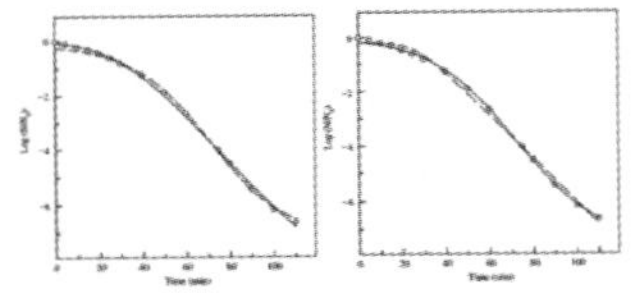	[107]
7	Modified Whiting & Buchanan模型	$y=\lg\left[\frac{a(1+\exp(-k_1t_1))}{(1+\exp(k_1(t-t_1)))}+\frac{(1-a)(1+\exp(-k_2t_1))}{(1+\exp(k_2(t-t_1)))}\right]$	三段式/非线性	*Listeria monocytogenes*	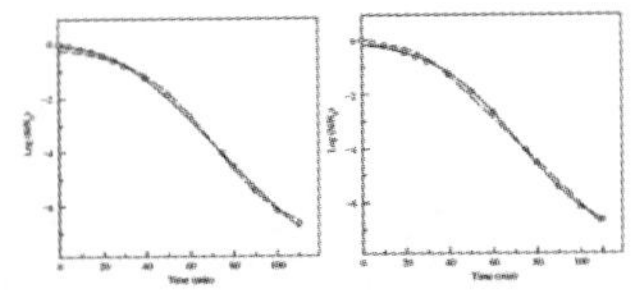	[107]

续表

序号	模型名称	公式	杀菌曲线	微生物	杀菌曲线示例	参考文献
8	Richards 模型	$y = a\{1 + b * \exp[c(d - x)]\}^{(-1/b)}$	三段式/非线性	*Listeria monocytogenes*	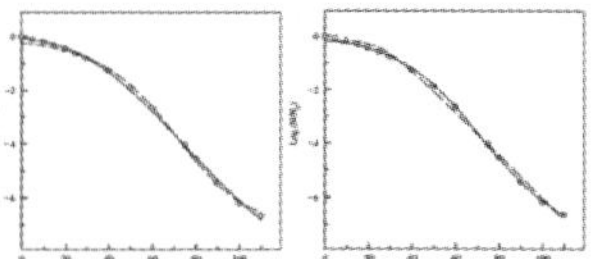	[107]
9	Stannard 模型	$y = a\left\{1 + \exp\left[-\frac{b + c * x)}{d}\right]\right\}^{(-d)}$	三段式/非线性	*Listeria monocytogenes*	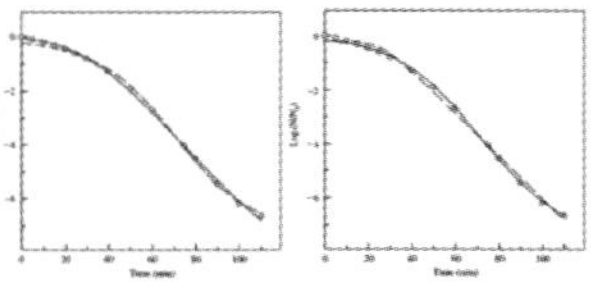	[107]
10	Schnute 模型	$y = \left\{y_1^a + (y_2^a - y_1^a)\frac{1 - \exp[-b(x - c)]}{1 - \exp[-b(d - c)]}\right\}^{(1/a)}$	三段式/非线性	*Listeria monocytogenes*	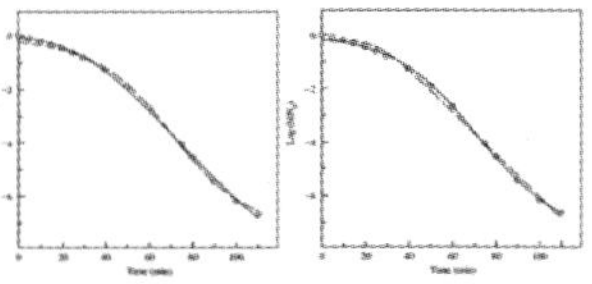	[107]
11	Peleg模型	$\log S(t) = -b(P)t^{n(p)}$ $d\log S(t)/dt = -b(t) \cdot n(t) \cdot \{-\log S(t)/b(t)\}^{[n(t)-1]/n(t)}$	非线性/半对数	*Escherichia coli*	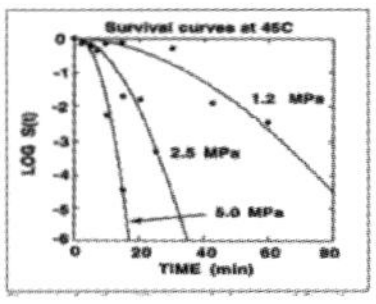	[198]
		$\lg S = -bt^n$	非线性/半对数	*Saccharomyces cerevisiae*	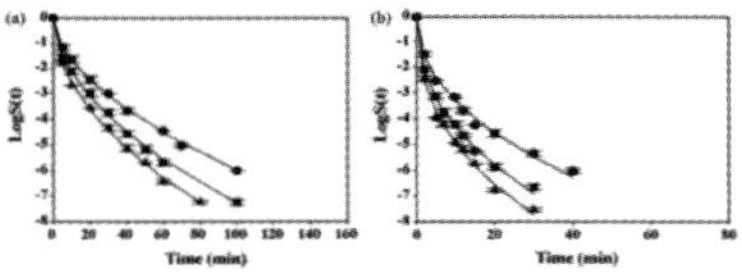	[30]
12	Modified Peleg 模型	$\lg\left[-\lg\left(\frac{N}{N_0}\right)\right] = n \times \lg(t) + \lg(b)$	非线性/半对数两段式	natural microflora	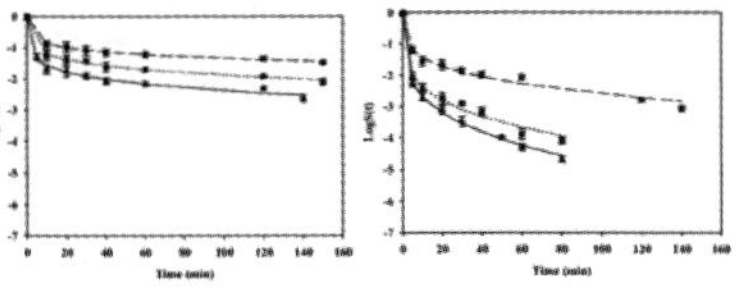	[122]
13	Modified multihit 模型	$\lg\left(\frac{N_m(t)}{N_0}\right) = \lg\{(1 - f)[1 - (1 - e^{-k_1t})^{r_1}] + f[1 - (1 - e^{-k_2t})^{r_2}]\}$	三段式/非线性	*Saccharomyces cerevisiae*	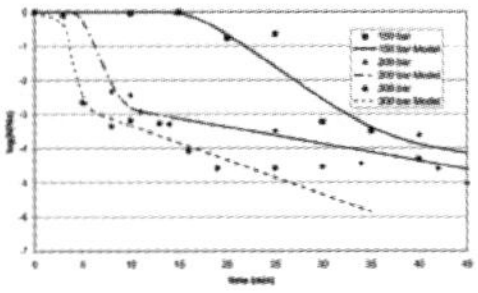	[24]
					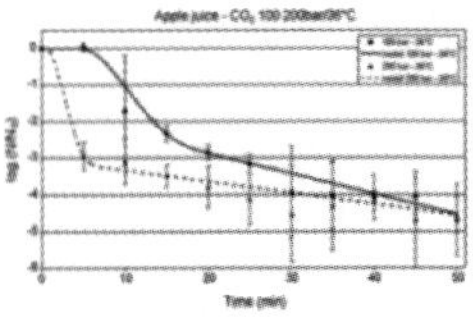	[25]

续表

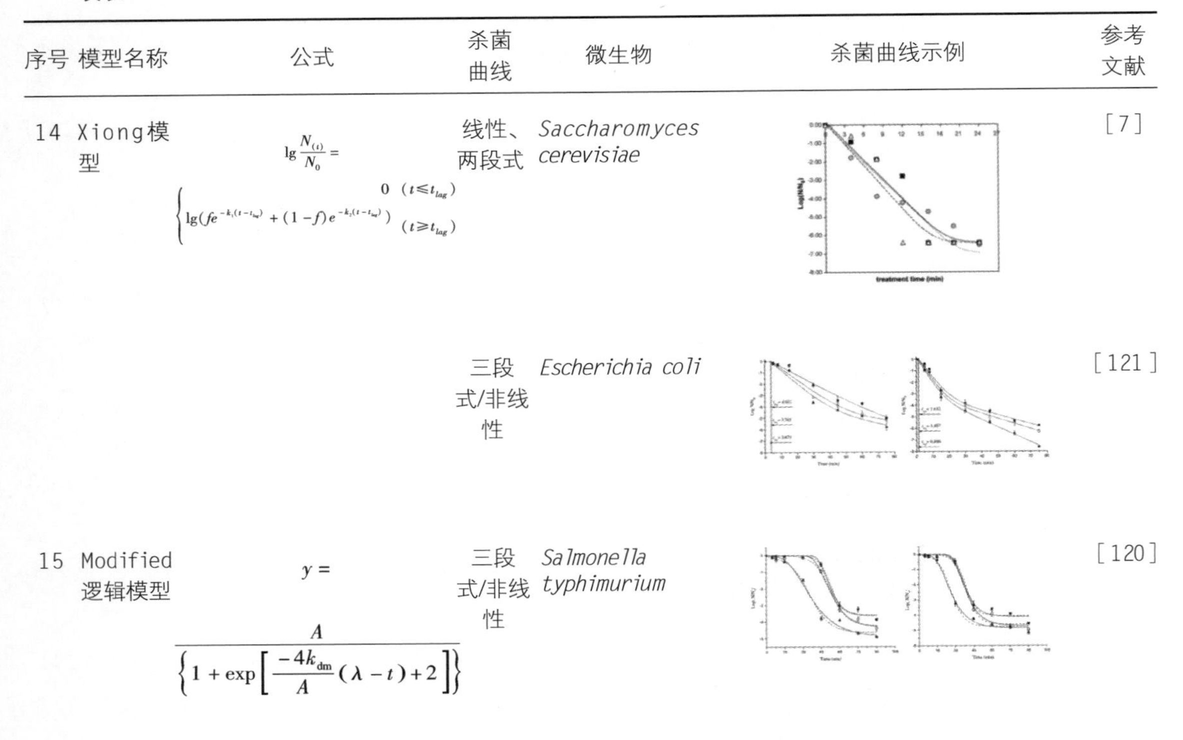

序号	模型名称	公式	杀菌曲线	微生物	杀菌曲线示例	参考文献
14	Xiong模型	$\lg \frac{N_{(t)}}{N_0} = \begin{cases} 0 & (t \leq t_{lag}) \\ \lg(fe^{-k_1(t-t_{lag})} + (1-f)e^{-k_2(t-t_{lag})}) & (t \geq t_{lag}) \end{cases}$	线性、两段式	*Saccharomyces cerevisiae*		[7]
			三段式/非线性	*Escherichia coli*		[121]
15	Modified逻辑模型	$y = \frac{A}{\left\{1 + \exp\left[\frac{-4k_{dm}}{A}(\lambda - t) + 2\right]\right\}}$	三段式/非线性	*Salmonella typhimurium*		[120]

注：其中$y=\lg(N/N_0)$；x或t为处理时间；a为（$-\lg N_{max}$）的下渐近线；b、c、d、t_1为达到某一过程的时间；y_1为初始菌数，y_2为时间为t时的菌数；$N(t)$（或N）与N_0分别在时间t（min）和t= 0min的微生物数量；t为处理时间（min），$t_{1/2}$为微生物活菌数量一半时的处理时间（min）；D为一定条件下微生物降低90%所需要的时间；t_{lag}（λ）为“平肩”的时间；A（$\lg N_\infty/N_0$）为低渐近线值；k为杀菌速率（min^{-1}），k_{dm}为最大杀菌速率（min^{-1}），k_1和k_2（$k_1 \geq 0$，$k_2 \geq 0$）代表不同阶段的杀菌速率（min^{-1}）；f和（$1-f$）分别为两类亚菌群占总菌数的比例；e为exp（1）；$S(t)$为存活率，b和n分别为速度和形状因子。

二、HPCD技术杀菌动力学的预测模型分类

（一）初级模型

初级模型（primary model）描述在一个特定环境或条件下，微生物数量与时间的函数关系。根据杀菌过程中微生物数量与时间是否呈线性相关，可以将微生物杀菌模型分为线性模型和非线性模型。

1. 线性模型

线性模型是最简单的模型，是为广大学者所熟知的模型，最早由Chick在1908年提出并应用于模拟化学反应[112]。在HPCD杀菌动力学早期研究中，线性模型中的一级动力学模型应用比较广泛。Kumugai等（1997）[16]和Shimoda等（2001）[19]在处理*S. cerevisiae*、Debs-Louka等（1999）[18]在处理粪肠球菌（*Enterococcus* *faecalis*）以及Erkmen（2001）[113]和Karaman & Erkmen（2001）[114]在处理*E. coli*时均发现杀菌曲线为线性，采用一级动力学模型拟合了杀菌曲线。王洪芳等（2011）探讨了HPCD技术对蛋清液中*E. coli*的杀菌效果，发现其杀菌动力学曲线符合线性模型[115]。Li等（2012）对HPCD技术与nisin联合处理荔枝汁中细菌、霉菌和酵母的杀菌动力学进行了分析（图2-20），发现单独HPCD技术、HPCD与nisin联合处理的杀菌曲线均符合线性一级动力学（拟合回归系数$R^2>0.97$）[78]。在线性拟合过程中，通常用指数递减时间（D，min）来表示微生物对杀菌处理的耐受程度，具体可定义为在设定条件下杀灭90%微生物所需要的时间[20, 42, 54, 86, 108, 113, 116]。一般来说，HPCD杀菌过程中D随着压强、温度升高而减小。

此外，一些学者发现HPCD技术对微生物的杀菌动力学曲线呈“先快后慢”或“先慢后快”的两段式[20, 42, 54, 86, 108, 116, 117]，他们将曲线上的两个阶段分别采用一级动力学模型进行拟合。虽然一级动力学线性模型对两段式的快速阶段拟合度较高，但由于其并不能拟合完整的杀菌曲线，存在明显的缺陷，因此需要采用非线性模型拟合。

图2-20　10MPa▼条件下HPCD处理、HPCD技术联合nisin处理荔枝汁中自然菌群的效果[78]

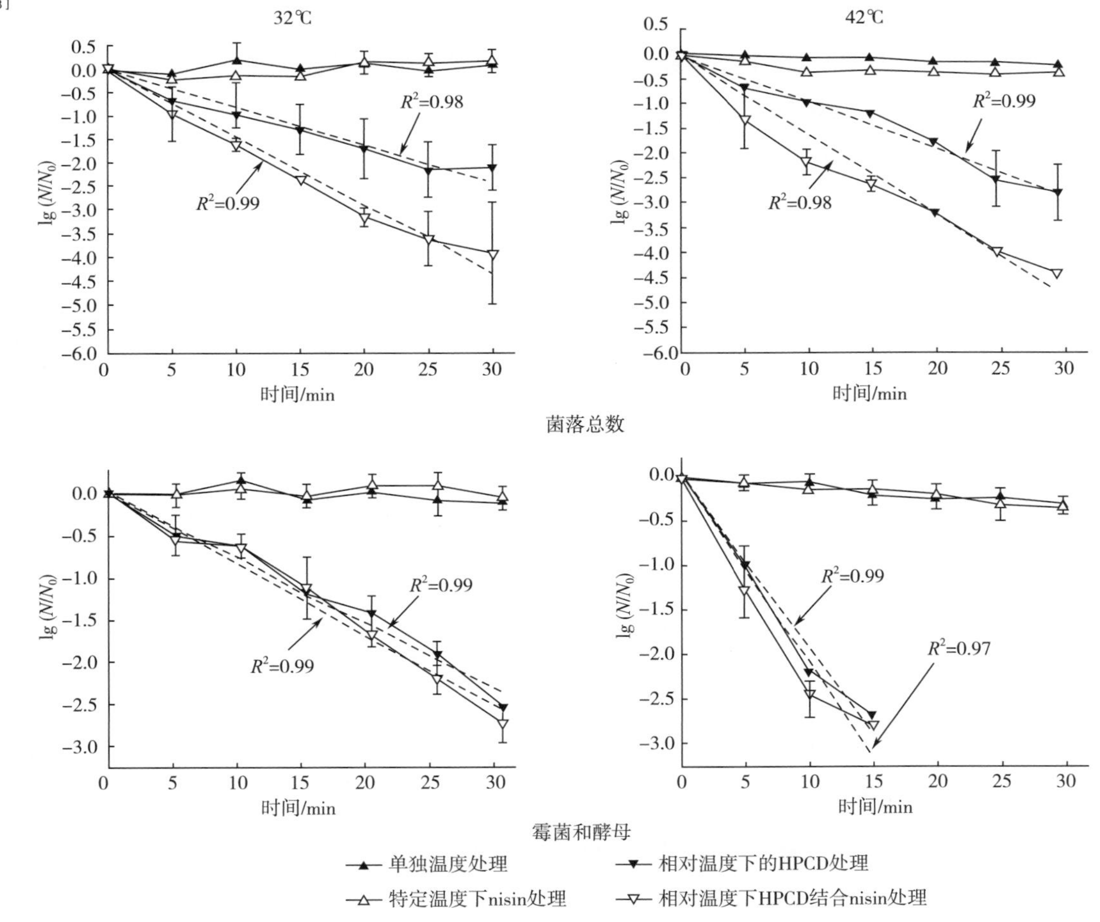

2. 非线性模型

当杀菌曲线呈现两段式或三段式曲线时，需要采用非线性模型对杀菌曲线进行拟合，以更好地理解其杀菌动力学过程。

在非线性模型中，Gompertz模型以及修正Gompertz模型应用较多[22, 40, 107, 118~120]。Erkmen（2001）采用HPCD处理培养基中*E. coli*得到非线性杀菌曲线，采用Gompertz模型进行了相关拟合[118]。2007年，Kim等（2007a；2007b）采用HPCD处理*E. coli*和*S. typhimurium*时发现杀菌动力学曲线为不对称"S"型，采用Gompertz模型可很好地拟合其杀菌动力学[40, 119]。Spilimbergo等（2005；2007）处理*S. cerevisiae*时得到不对称"S"型杀菌曲线，他们采用非线性修正Multihit模型对该杀菌动力学过程进行拟合[24, 25]。

Xiong模型是由Xiong等在1999年建立的一个能够拟合各种杀菌曲线的数学模型，该模型在HPCD杀菌动力学研究中也得到了应用[7, 121]。Parton等（2007）应用其来拟合HPCD技术对*S. cerevisiae*的两段式杀菌曲线[7]。廖红梅（2010）发现，HPCD技术对苹果浊汁中*E. coli*的杀菌曲线呈不对称"S"型，并存在"平肩"和"拖尾"现象（图2-21）[43]。该曲线为三段式：第一段为慢速杀菌阶段，"平肩"段；第二段为快速杀菌阶段，指数阶段；第三段为"拖尾"阶段。随着温度和压强升高，"平肩"变得越来越不明显，甚至逐渐消失，32℃时的"平肩"为42℃时的5倍，说明杀灭*E. coli*的过程中达到指数杀菌阶段的时间越来越短，但是"拖尾"阶段逐渐延长。因此，HPCD技术不同处理条件下*E. coli*杀菌三个阶段的变化，可能与*E. coli*菌群中存在HPCD敏感型和耐受型两种类型菌株有关，在初始菌数一定的情况下敏感型比例一定，达到一定的杀菌效果后剩余的残存菌为HPCD耐受型。采用Xiong模型分析了HPCD处理苹果浊汁中*E. coli*的杀菌动力学曲线[121]，相关系数R_f^2均大于0.9715，具有良好的拟合效果。

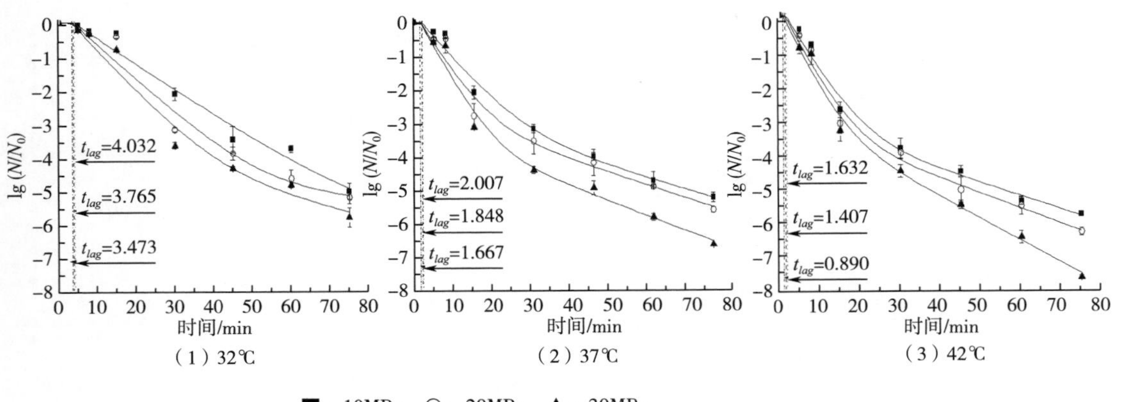

▼图2-21 HPCD技术对*E. coli*的杀菌效果及Xiong模型的拟合曲线

Ferrentino等（2008）采用非线性修正Peleg模型拟合苹果汁中自然菌群经过HPCD处理后的杀菌曲线，该模型综合考虑了压强和温度对微生物残存的影响[122]。

在HPCD杀菌动力学研究中，可以通过不同的非线性模型拟合对杀菌曲线进行比较，得到优化的杀菌模型。Liao等（2010）采用修正Gompertz模型和修正Logistic模型拟合HPCD处理胡萝卜汁*S. typhimurium*的杀菌动力学，两个模型的R^2均大于0.98，说明这两个模型均具有良好的拟合度（图2-22）[120]。Erkmen（2000）采用Gompertz模型等七个经典“S”型模型比较拟合HPCD处理BHIB中*L. monocytogenes*的杀菌曲线，模型R^2均大于0.98，说明这些“S”型模型能够较好地拟合杀菌曲线[107]。

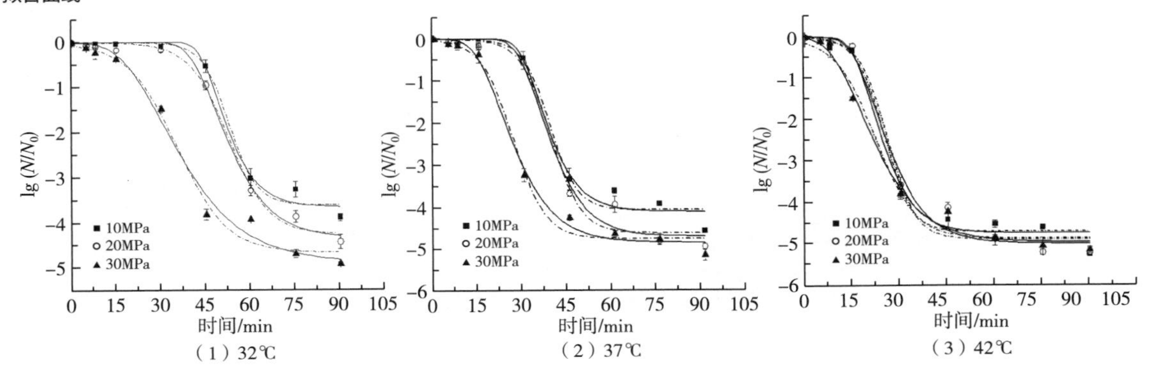

图2-22　32~42℃下HPCD处理中压强和时间对*S.typhimurium*杀菌效果的影响及模型拟合曲线，实线和虚线分别为修正的Gompertz模型和Logistic模型拟合曲线

Li等（2012）采用压强为10~30MPa、温度为25~35℃的HPCD条件对豆芽汁中*S. cerevisiae*进行处理研究，并选取修正的Gompertz模型来对HPCD钝化*S. cerevisiae*的曲线进行拟合，用实验数据来计算模型动力学参数A、k_{dm}和λ。结果发现，所有的杀菌曲线拟合后所得的回归系数（R^2）均不低于0.97，说明该模型与本研究所得的实验数据有非常高的拟合度（图2-23）。

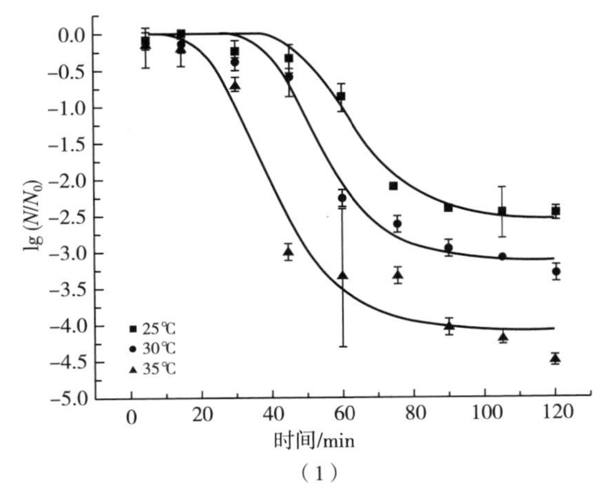

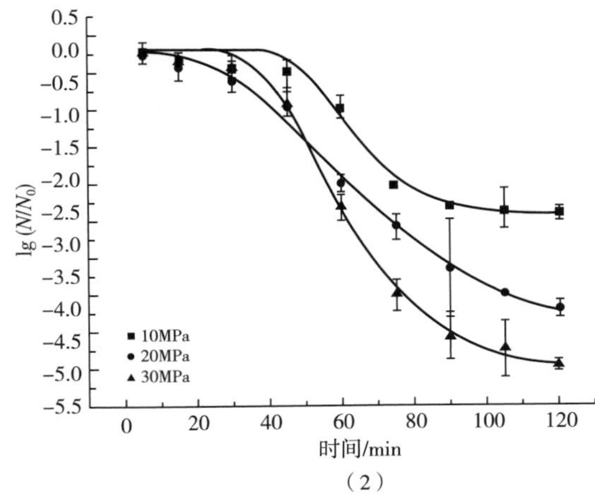

图2-23　10~30MPa时不同温度、25℃时不同压强下HPCD对*S. cerevisiae*的杀菌效果，实线为修正的Gompertz模型拟合的曲线[123]

3. 其他模型

在HPCD杀菌动力学研究中，除线性模型和非线性模型外，还有学者应用到多项式[124]。多项式拟合是通过确定多个相关参数的值来使曲线或响应面更好地贴近数值。例如，Debs-Louka等（1999）采用响应面模型来分析HPCD压强（1.5~5.5MPa）、时间（0~7h）对*E. coli*或*S. cerevisiae*的影响（图 2-24），得到对*E. coli*的杀菌多项式为$\lg(N/N_0)=10.66-3.84P-0.023t+0.28P^2+0.00005t^2-0.001Pt$，$R^2=0.91$；对*S. cerevisiae*的杀菌多项式为$\lg(N/N_0)=-6.66+3.96P+0.016t-0.6P^2-0.00001t^2-0.0046Pt$，$R^2=0.98$[18]。表明HPCD处理中压强和时间与杀菌效果近似线性相关，较高的回归系数（R^2）说明拟合的准确程度高。

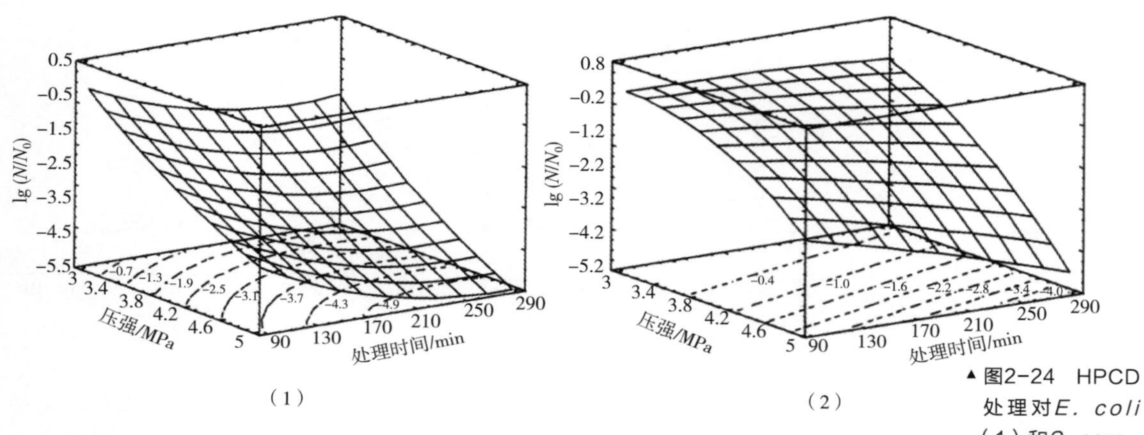

▲图2-24 HPCD处理对*E. coli*（1）和*S. cerevisiae*（2）的杀菌效果响应面分析[18]

此外，Gunes 等（2006）考察了HPCD技术对苹果酒中*E. coli*的杀菌效果，基于CO_2/苹果酒比例（CO_2）、温度（T）和压强（P）三个主要参数建立多项式：$\lg(N/N_0)=1.83-0.088T-0.1395CO_2-0.012P+0.0009T^2+0.0007CO_2^2-0.0002P^2+0.0004TP$，该多项式的回归系数（$R^2$）为0.996，表明其拟合效果较好；并认为$CO_2$/苹果酒比例是影响杀菌效果最重要的因素[124]。Ferrentino等（2008）采用一个非线性经验式模型拟合HPCD处理中压强和温度（7~16MPa、35~50℃）对苹果汁中自然菌群杀菌效果的影响（图2-25），发现实验数据与拟合曲线契合度高，其杀菌曲线呈半对数两段式（semi-logarithmic survival curves），第一段为快速杀菌阶段，第二段杀菌速率缓慢；提高HPCD处理压强和温度均有利于提高其杀菌速率；该模型对于实验数据拟合效果较好，其$R^2>0.945$[122]。需要注意的是，非专业人士可能难以理解多项式模型拟合及相关参数的含义。

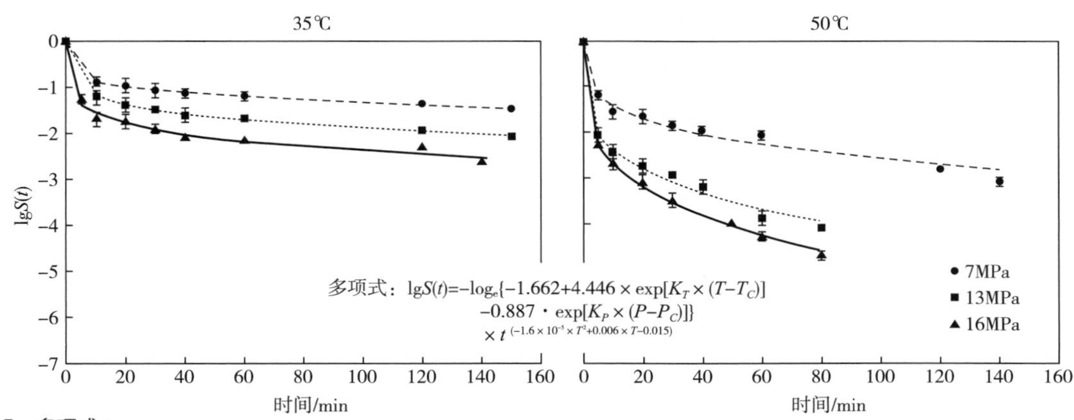

图2-25　多项式拟合HPCD处理对苹果汁中自然菌群的杀菌动力学[122]

（二）次级模型

次级模型（secondary model）描述初级模型的参数与环境变量（如温度、pH、盐度等）之间的函数关系[125]。在HPCD杀菌研究中，研究较多的是杀菌速率与温度、压强的关系。其中温度与杀菌速率之间关系的公式主要有如下三种：

Arrhenius模型：

$$\ln \mu = \ln A + (-E_\mu/R)(1/T) \qquad (2-1)$$

Linear模型：

$$\mu = \mu_0 + dT \qquad (2-2)$$

Square-root模型：

$$\sqrt{\mu} = g(T' - T_0') \qquad (2-3)$$

式中　μ——杀菌速率（lg N/t，t为杀菌时间），min^{-1}；

μ_0——最低温度时杀菌速率（lg N/t），min^{-1}；

A——指前因子（lg N/t），min^{-1}；

E_μ——活化能，kJ/mol，表征微生物对温度的敏感度，其值越小表明越敏感；

R——气体常数［8.314J/（K·mol）］；

T——绝对温度，K；

d——斜率［lg（N/N_0）/t］，min^{-1}；

T'——处理绝对温度，K；

T_0'——概念绝对温度，K。

Erkmen用上述三个公式分析了HPCD处理温度对*E. coli*杀菌速率的影响，发现Arrhenius公式拟合度最好，相关系数为0.722~0.950[118]。在CO_2压强较低时，其他两个公式得到的温度与杀菌速率之间的相关系数较低，说明不能较好地拟合温度对杀菌效果的影响。对于*S. cerevisiae*而言，Erkmen（2003）发现线性模型拟合得到温度和杀菌速率之间的相关系数最高，达到0.94~0.99，其他两个模型的拟合度则较低[22]；当压强由2.5MPa升高到10.0MPa，E_μ由56.49kJ/mol降低到52.20kJ/mol[22]，说明在较高压强条件下，*S. cerevisiae*对HPCD处理温度更加敏感。值得一提的是，所有涉及Arrhenius模型分析HPCD处理中微生物（包括*E. coli*、*E. coli* O157、*S. cerevisiae*、*S.typhimurium*）对温度敏感度的研究中[22, 40, 118-120]，其E_μ远远低于热杀菌的E_μ（例如，在121℃杀菌时，*E. coli*的E_μ=532kJ/mol[126]），表明HPCD杀菌比热杀菌更不依赖温度。

借鉴Arrhenius模型的概念，通过式（2-4）来研究HPCD杀菌中微生物对压强的敏感度[114, 120]：

$$\ln\mu = \ln A + (-V_a/R) \times P \tag{2-4}$$

式中 μ ——杀菌速率（lg*N*/*t*，*t*为杀菌时间），min^{-1}；

A——指前因子（lg*N*/*t*），min^{-1}；

V_a——活化体积，cm^3/mol，表征微生物对压强的敏感程度，其值越大表示对压强越敏感；

R——气体常数［8.314cm^3MPa /（mol·K）］。

Liao等（2010）在HPCD处理*S.typhimurium*过程中，发现37℃和42℃时的V_a<32℃时，说明在较高温度下*S.typhimurium*对压强敏感度降低[120]。

三、HPCD 技术杀菌动力学模型评价及比较

判断一个模型是否适合拟合所得数据，最直观的方法就是观察拟合得到的线条与数据之间是否贴近，另外也可以采用数理统计的方法来进行模型评价。相关系数（R^2）是最常用于评价模型拟合度的一个参数，一般用于线性拟合；它对于非线性曲线并不适用，但是在非线性拟合中很容易被计算出来，称作回归系数（regression coefficient）。R^2值越接近1.00，表示拟合度越好。在*E. coli*、*L. monocytogenes*、*S.typhimurium*和*S. cerevisiae* HPCD杀菌动力学曲线的线性拟合中，R^2>0.96[20, 54, 108, 114]，表明一级动力学模型能够很好地拟合HPCD技术杀菌动力学。在HPCD杀菌动力学非线性拟合中，R^2作为回归系数来评价非线性模型的拟合度。例如，Ferrentino等（2008）采用修正的Peleg模型来拟合HPCD技术对苹果汁中自然菌群的杀菌动力学，得到R^2 > 0.945，认为该模型可较好地拟合杀菌曲线[122]。对于HPCD杀菌动力学非线性拟合，R^2通常与其他参数共同来判定模型拟合度，如*RSS*（residual sum of squares，残差平方和）[22, 40, 107, 118-120]、*NSSAR*（normalized sum of square around regression，归一化残差平方和）[25]、*RMSE*（root-mean-square error，根

均方误差）[24, 121]、*Af*（accuracy factor，精确因子）和*Bf*（bias factor，偏差因子）[121]，它们的计算公式如下：

$$R^2 = \frac{SS_R}{SS_T} = \frac{\sum_i (\text{预测值} - \text{平均值})^2}{\sum_i (\text{实测值} - \text{平均值})^2} \tag{2-5}$$

$$RSS = \sum_{i=1}^{n} (\text{实测值} - \text{预测值})^2 \tag{2-6}$$

$$NSSAR = \sum_1 \frac{1}{\sigma_i^2} \{\text{实测值} - \text{预测值}\} \tag{2-7}$$

$$Af = 10^{\Sigma \frac{\lg|(\text{预测值}/\text{实测值})|}{n}} \tag{2-8}$$

$$Bf = 10^{\Sigma \frac{\lg(\text{预测值}/\text{实测值})}{n}} \tag{2-9}$$

$$RMSE = \sqrt{\frac{\sum (\text{实测值} - \text{预测值})^2}{n - 1}} \tag{2-10}$$

式中　*n*——实测值个数；实测值和预测值分别是试验实际测定和模型拟合得到微生物残存率；

σ_i^2——时间为*i*时的残差平方；

RSS——模型的精确度，*RSS*越小，模型精确度越高，拟合度越好[127]；

*Af*和*Bf*——模型的性能，二者值越接近1，模型拟合度越高[128, 129]；

RMSE——模型的可靠度，其值越小，模型拟合度越高[128]。

当采用多个模型拟合同一组数据时，不仅需要考察模型的拟合度，也需要进一步比较模型以得到拟合度最好的模型。一般来说，模型参数多则*RSS*偏小，表明拟合曲线比较接近数据。但是模型参数过多会带来不必要的复杂性，且模型中多个参数的生物学意义难以解释，因而可以采用*F*检验，判断模型拟合过程中增加模型参数来降低*RSS*是否有价值[130]。在*F*检验中，如果各个模型的参数一致，则比较起来相对简单，公式如式（2-11）所示：

$$F = \frac{RSS_1}{RSS_2} \tag{2-11}$$

如果各个模型的参数不一致，那么*F*检验的公式如式（2-12）所示：

$$F = \frac{(RSS_1 - RSS_2)/(\mathrm{d}f_1 - \mathrm{d}f_2)}{RSS_2/\mathrm{d}f_2} \tag{2-12}$$

其中RSS_1和$\mathrm{d}f_1$分别为所选参照模型的*RSS*和自由度，RSS_2和$\mathrm{d}f_2$为要检验的模型的*RSS*和自由度。比较*f*和$F_{DF_1}^{DF_2-DF_1}$（查表得*f*），若$f < F_{DF_1}^{DF_2-DF_1}$，两模型的方差齐，则否定以增加参数来降低*RSS*，即可用参数少的模型来拟合杀菌动力学曲线；反之，若$f > F_{DF_1}^{DF_2-DF_1}$，两模型的方差不齐，则可以肯定以增加模型的参数来降低*RSS*，可用参数较多的模型来拟合杀菌动力学曲线。Erkmen（2000）在研究HPCD技术对BHIB中*L. monocytogenes*的杀菌动力学时，采用七个非线性模型对杀菌曲线进行拟合比较，通过*F*检验得到，Gompertz模型和Logistic模型等三参数模型对于*L. monocytogenes*的杀菌曲线拟合度很好[107]。Liao等（2010）通过*F*检验比较了修正Gompertz模型和修正Logistic模型拟合HPCD技术对胡萝卜汁中*S.typhimurium*的杀菌动力学，虽然两个模型*F*检验结果表明差异不显著，但是由于修正Gompertz模型RSS较小，因而认为修正Gompertz模型比修正Logistic模型更适合拟合*S.typhimurium*的HPCD杀菌曲线[120]。

综上所述，尽管HPCD技术杀菌动力学研究取得了显著进展，但仍然存在以下问题。

（1）HPCD杀菌设备存在局限性。首先，处理容量小，如Erkmen（2001）采用的间歇式HPCD设备样品处理量只有2~10mL，置于塑料管[113]；Spilimbergo等（2005—2007）采用的多反应器间歇式HPCD设备，每个反应器只有5mL[24, 25]；Kim等（2007）采用的间歇式HPCD设备样品处理量只有2mL，置于5mL塑料管[31]。其次，多数HPCD杀菌设备外均缺乏无菌系统，HPCD处理后的处理液从反应釜中取出时容易二次污染，可能影响实验结果。其三，多数间歇式HPCD设备无搅拌装置，当处理样品较多时反应釜中、下部的样品可能难以与高压CO_2有效接触，影响杀菌效果。

（2）目前的研究多采用一个或两个模型对杀菌动力学曲线进行拟合，缺乏对杀菌模型进行优化、验证、评价及应用，研究结论的可信度与模型的适用性可能较差。因此，为了进一步完善HPCD杀菌模型研究的可信度与适用性，需要在更大的处理量和在无菌系统的基础上开展杀菌动力学研究，这是HPCD杀菌研究中亟待解决的难题。

（3）现有的HPCD杀菌动力学研究中主要是应用一些经验模型对杀菌曲线进行拟合，而对于影响杀菌效果的各个因素缺乏综合考虑。为开发相关的三级模型，有必要收集或获取大量的实验数据。

第五节

HPCD 技术的杀菌机制

1927年，Valley & Rettger发现在常压下高浓度CO_2（95%~97%，体积分数）对于冰激凌和牛乳中微生物的杀菌效果甚微，但CO_2可以使体系碳酸化，通过提高体系酸度从而实现抑菌效果[131]。这是文献报道中最早提出的CO_2抑菌机制。之后，1951年Fraser报道四种气体（1.7~6.2MPa的Ar、N_2、N_2O和CO_2）在37℃突然卸压，只有CO_2使*E. coli*细胞破裂，从而证明高压CO_2可以杀菌。目前提出的HPCD技术杀死微生物的机制假说主要如图2-26所示。

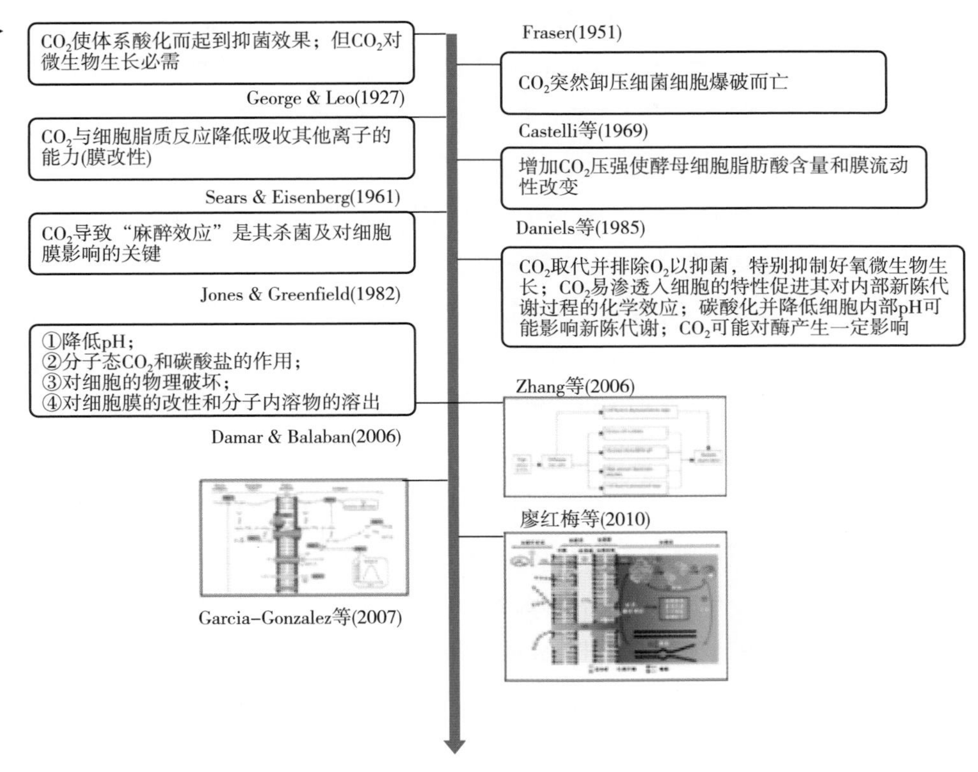

图2-26　HPCD技术杀菌机制研究进展

Sears & Eisenberg（1961）提出CO_2与细胞膜脂质反应进而降低细胞吸收其他离子的能力，细胞膜特性改变是CO_2抑菌的主要原因[132]。Castelli（1969）提出增加CO_2压强会导致脂肪酸含量及酵母细胞膜流动性改变[133]。Jones & Greenfield（1982）认为，提高CO_2压强会导致“麻醉效应”（即逐步在细胞膜上累积的CO_2扰乱其脂肪链结构，因而提高细胞膜流动性），从而增加了细胞膜透过性[134]。Daniels等（1985）系统总结了CO_2抑菌机制[135]：CO_2取代O_2可抑制好氧微生物生长；CO_2易渗透进入细胞的特性促进其对内部新陈代谢过程的化学效应；CO_2碳酸化降低细胞内部pH，可能影响新陈代谢；CO_2可能对胞内酶产生一定影响。

上述关于CO_2抑菌或杀菌机制的多方面观点，多被用来解释HPCD技术的杀菌过程，其中有两个研究小组比较系统地概括了HPCD技术的杀菌机制，主要如下。

Damar & Balaban（2006）较系统地总结了HPCD的杀菌机制，主要包括[6]：①pH降低。CO_2溶解于介质并形成碳酸，碳酸进一步解离为碳HCO_3^-、CO_3^{2-}、H^+，从而降低了微生物细胞外部pH；同时，CO_2渗入微生物细胞，降低细胞内部pH，钝化一些与细胞新陈代谢相关的关键酶；②分子态CO_2和碳酸盐的作用。包括过量CO_2通过调节胞内pH而抑制蛋白酶、脂肪酶和葡糖淀粉酶等影响微生物细胞的新陈代谢；在胞内形成碳酸钙、碳酸镁沉淀，使得一些对钙、镁敏感的蛋白质变性沉淀，从而导致微生物死亡；③细胞物理损伤。HPCD处理过程中加压和突然卸压引发的“爆炸效应”会导致细胞膜的破裂以及随后细胞死亡。④细胞膜改性和内溶物溶出。由于CO_2的亲水性和溶解性，CO_2聚集在细胞膜上提高膜流动性进而扰乱膜脂肪链的结构（“麻醉效应”），导致膜渗透性提高，CO_2溶解细胞内溶物，卸压过程中将其带出细胞。

在此基础上，Garcia-Gonzalez等（2007）进一步完善了HPCD技术的杀菌机制（图2-27），他们将杀菌机制假说分为7个步骤，但认为这些步骤不是连续发生，而是在一个非常复杂而又相互关联的过程中同时发生[8]。①CO_2溶解于细胞外部的液态环境。高压下CO_2溶于水后形成H_2CO_3，解离后生成HCO_3^-、CO_3^{2-}、H^+，降低了胞外pH，抑制微生物生长。②细胞膜改性。CO_2是非极性溶剂，与微生物细胞接触时会集聚在亲脂性磷脂内层，累积一定量时会导致脂质流失而破坏细胞膜结构和功能，增加细胞膜的流动性和渗透性；HCO_3^-作用于极性磷脂的头部基团和细胞膜表面的蛋白质，改变细胞膜的表面电荷密度，从而破坏细胞膜功能。③胞内pH（pH_{in}）降低。由于细胞膜通透性的增加，高压下CO_2很容易渗透进入细胞内，当细胞质累积到一定量，产生大量H^+，如细胞不能及时排出 H^+，则pH_{in}就会降低。细胞内 pH 的剧烈变化，使其难以维持酸碱平衡和质子梯度，导致细胞活力严重受损。④关键酶被钝化或者由于pH_{in}降低导致细胞内新陈代谢受抑制；⑤CO_2和HCO_3^-对新陈代谢的直接抑制作用。HCO_3^-浓度是调节胞内酶活性的重要因子。CO_2和HCO_3^-都是细胞内羧基化反应的底物，CO_2还是脱羧反应的产物。羧基化反应对糖异生、氨基酸和核酸的生物合成都非常重要。溶解的CO_2可以抑制脱羧反应。⑥细胞内部电解平衡被打破。CO_2进入细胞内，溶解于水并解离成HCO_3^-和CO_3^{2-}离子，

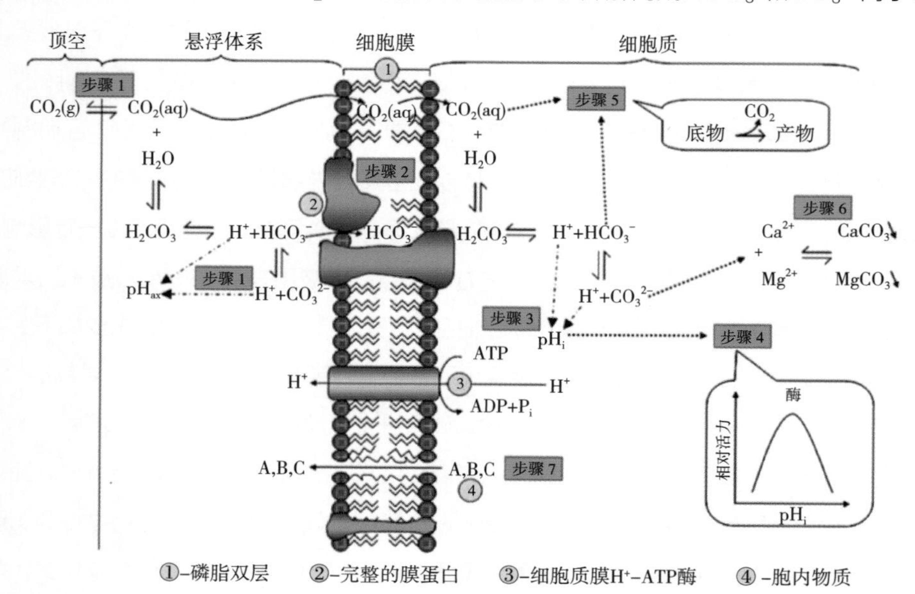

图2-27 HPCD技术对微生物可能的杀菌机制示意图[8]

可能与细胞和细胞膜上的无机离子（如 Ca^{2+}、Mg^{2+}等）结合而沉淀，而这些离子对于维持细胞与周围环境的渗透压差是非常重要的，从而对细胞体积产生重要影响。⑦细胞或细胞膜的重要组分流失。CO_2作为一种非极性溶剂，能够萃取细胞膜和细胞内脂溶性成分，改变生物膜结构和扰乱其功能。

总之，HPCD对微生物的作用包括细胞膜破坏、细胞膜透性增加、细胞膜流动性降低、细胞形态变化、pH_{in}降低、胞内物质流失、细胞内部蛋白质变性、胞内酶钝化等诸多方面，以下将从不同层面进行阐述。

一、HPCD 处理对微生物细胞壁、细胞膜和细胞形态的影响

细胞膜是细胞与胞外环境之间的界面，是细胞抵御外界环境胁迫的一道屏障，在维持胞内代谢、酸碱等平衡时起着重要作用。当遇到环境胁迫时，它的变化直接影响着细胞的生存和生长。由于CO_2的亲水性和溶解性，其首先溶解于微生物细胞悬浮介质中，再接近微生物细胞，进而进入细胞后聚集在磷脂内膜上，并溶解于细胞质中。该过程会改变细胞膜流动性、打乱膜脂肪链的规则性（也称为“麻醉效应”）、提高细胞膜渗透性，借此改变细胞膜功能和细胞形态。细胞膜由磷脂（占20%~30%）和蛋白质（占50%~70%）组成。选择渗透性是细胞膜的一项重要生理功能，能够选择性控制胞内外营养物质和代谢产物的运送。如果细胞膜受损，这种选择渗透性功能丧失会导致细胞死亡。

对细胞形态和结构的研究，前期主要通过扫描电镜（SEM）和透射电镜（TEM）观察细胞壁、细胞膜以及细胞形态的改变（图2-28）。通过SEM观测细胞膜完整性和细胞形态的结果不尽一致。对于G^+细菌（如乳酸杆菌、*L. monocytogenes*和*S. aureus*），HPCD对其细胞壁、细胞膜没有明显影响。对于G^-细菌，情况却比较复杂。HPCD对*E. coli*的细胞壁、细胞膜会产生一定影响，例如出现细胞表面粗糙、褶皱、破洞或细胞形态改变[117，119，136]；对于*S.typhimurium*，有研究报道HPCD使其细胞壁表面出现裂纹或破洞[119]，但也有研究报道HPCD对其细胞壁和细胞膜无影响[137]。对于*S. cerevisiae*，HPCD使其细胞完全破裂或导致细胞表面产生裂纹和破洞[17，138]。造成这种差异的主要原因：一方面与细胞壁的结构不同有关，如G^+细菌因含有较厚且致密的肽聚糖层而不易被HPCD破坏；另一方面，电镜仅能反映细胞形态或结构上发生的较大变化，如细胞破裂、皱折、缩小等，无法观测到细胞结构更微观的变化。通过TEM观测到的HPCD对细胞内部结构的影响基本一致。研究发现，HPCD对*L. plantarum*、*E. coli*和*S.typhimurium*等细胞内部结构和胞内物质分布均产生影响，出现原生质分布不均、质壁分离，以及胞内物质流失，形成

“ghost”细胞[49，119，136]。

研究发现，虽然HPCD导致细胞破裂是细胞死亡的因素，但并不是唯一原因。例如，Balleatra等（1996）发现，*E. coli*经过5MPa、35℃条件处理后，25%细胞保持细胞膜完整，但仅有1%细胞有活性[117]；Hong & Pyun（1999）发现，*L. plantarum*经过6.8MPa、30℃条件处理60min后完全失活，但是SEM观察细胞都是完整的[49]。廖红梅（2010）发现，*E. coli*经过HPCD处理后，再用SEM与TEM检测发现：处理30min后大部分*E. coli*细胞形态变化不大，但其内部结构却发生了显著变化，表明*E. coli*细胞发生严重形态变化前细胞内部结构已被破坏[43]。因此，细胞内部结构的变化和重要物质的破坏（包括蛋白质、核酸、细胞器如核糖体等）很可能是HPCD导致*E. coli*细胞死亡的主要原因。

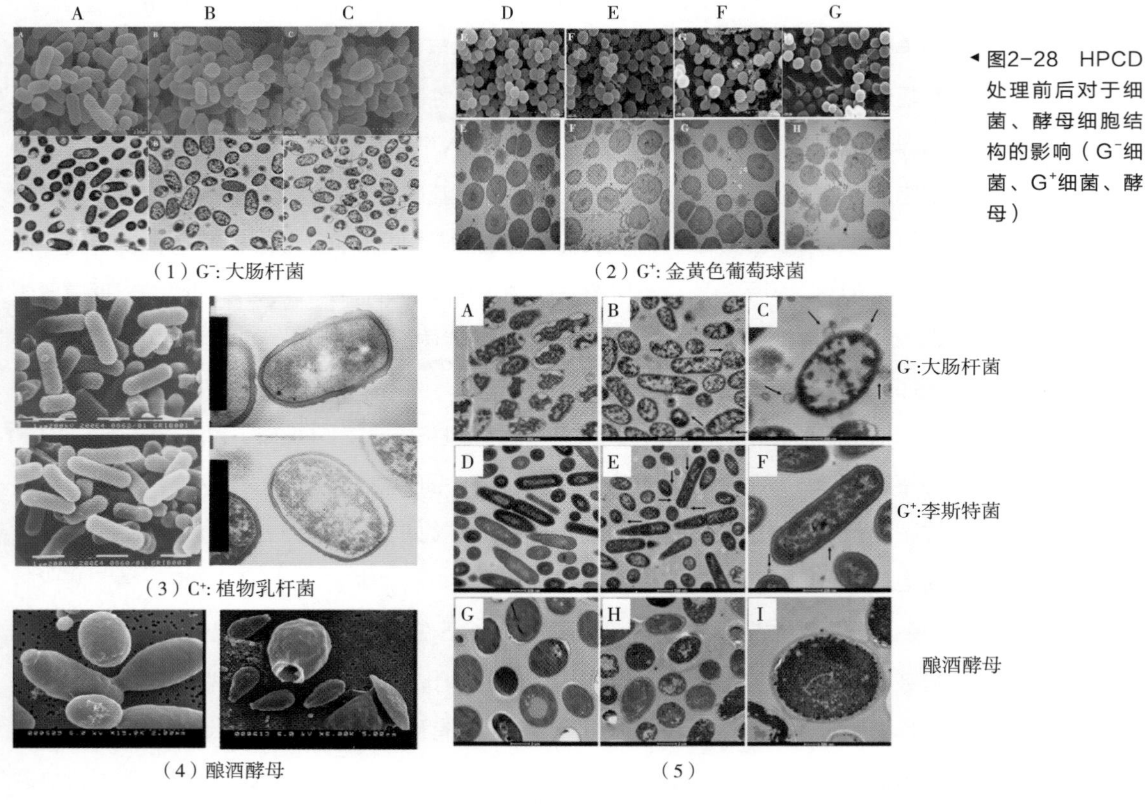

图2-28 HPCD处理前后对于细菌、酵母细胞结构的影响（G^-细菌、G^+细菌、酵母）

（1）（G^-）HPCD处理前后大肠杆菌的SEM图（20000×）和TEM图（15000×）。A—对照组（未处理），B—37℃、10MPa、30min，C—37℃、10MPa、75min[186]。（2）（G^+）金黄色葡萄球菌（E~H）的SEM和TEM图像。E—未处理，F—nisin（0.02%）处理，G—HPCD处理，H—HPCD（10MPa、32℃、15min）+ nisin（0.02%）处理[84]。（3）（G^+）经HPCD（6.86MPa、30℃处理1h）后*L. plantarum*的SEM和TEM图[49]。（4）（酿酒酵母）未处理（左）和HPCD处理（右）后酿酒酵母SEM图谱[138]。（5）*E. coli*（A~C）、单增李斯特菌（D~F）和酿酒酵母（G~I）经HPCD处理（21.0MPa、45℃、60min）后TEM检测结果[29]。箭头处表示细胞质通过细胞壁上小孔膨胀挤压而漏出细胞。

细胞膜的流动性是细胞膜表现其正常功能的必要条件，包括膜脂运动和膜蛋白运动。廖红梅（2010）发现，HPCD处理（0.1~30MPa、37~57℃、0~75min）后*E. coli*细胞膜流动性较未处理样品显著降低，但其不随时间延长、压强增加和温度升高而持续降低，如图2-29（1）~（3）所示[43]。然而，在采用HPCD处理（10MPa、35℃、0~120min）*S. cerevisiae*中发现，处理后其细胞膜流动性显著降低，且随着时间的延长持续降低，如图2-29（4）所示。经HPCD处理后细胞膜流动性降低，可能是由于处理中超临界态CO_2对细胞膜双分子层中的脂质具有很强的溶解作用，从而改变脂质的物理状态乃至降低膜流动性。由于*S. cerevisiae*和*E. coli*细胞结构存在差异，CO_2可迅速进入*E. coli*细胞内并在短时间内快速改变其细胞膜的流动性，而在*S. cerevisiae*中则需要更长的时间来改变膜的流动性。这与前述HPCD处理对G^-细菌较酵母更容易或需要更短的时间相符合。

图2-29 HPCD处理对1,6-二苯基-1,3,5-己三烯(DPH)标记的*E. coli*（1~3）[43]和*S.cere-visiae*（4）[123]细胞膜荧光偏振度的影响，其中荧光偏振度越大，细胞膜流动性越小

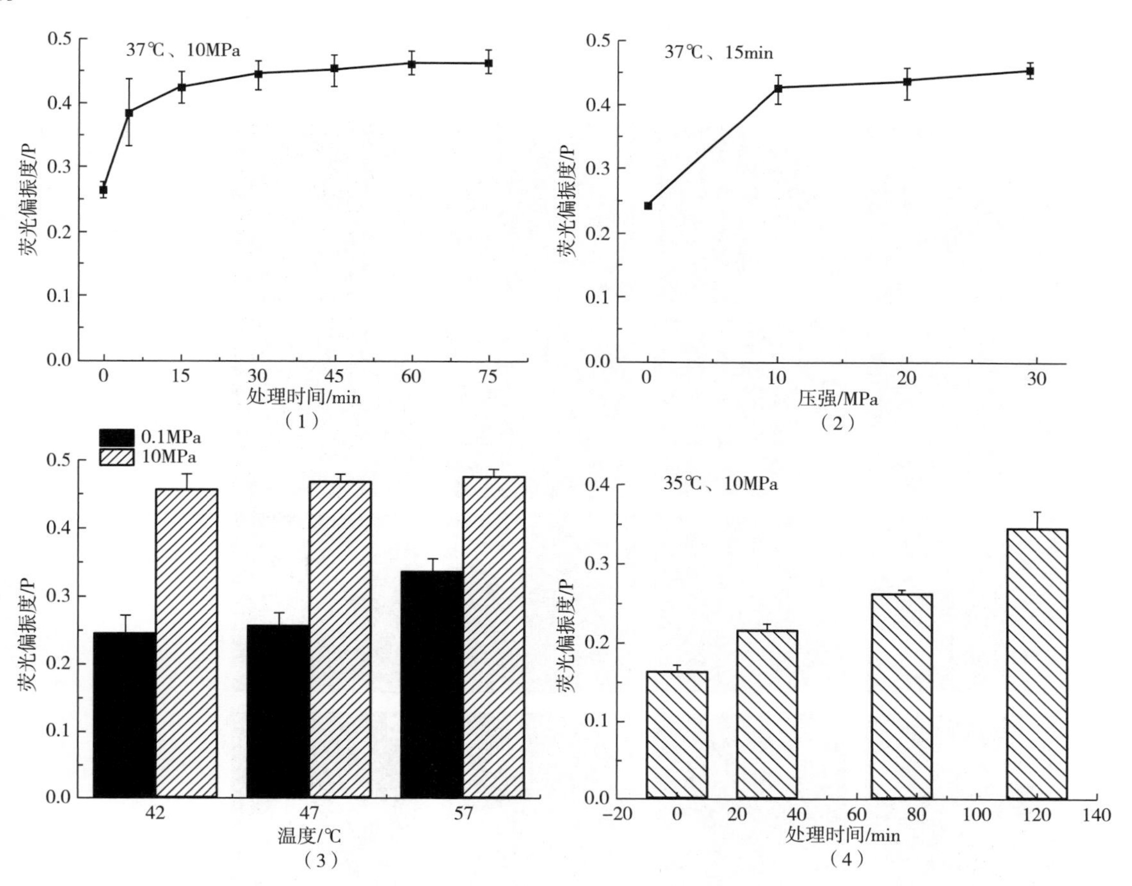

值得注意的是，细胞膜流动性降低或升高均可能影响微生物的活性。在HPCD处理中，细胞膜流动性的改变是其杀菌机制之一；除上述HPCD处理导致细胞膜流动性降低而达到杀菌效果之外，亦有研究表明细胞膜流动性升高影响其杀菌效果。

例如，Hong等（1997）发现，采用HPCD（4.9MPa、240min）处理泡菜中分离的一种乳酸杆菌（*Lactobacillus* sp.）时，当温度由20℃升高至30~50℃其杀菌效果提高；并提出可能是由于升高温度促进了气态CO_2扩散，增加了细胞膜的流动性，从而使得CO_2渗入细胞更容易而增强了杀菌效果[38]。Chen等（2017）在研究HPCD处理（5.7~40MPa、25~65℃、15min）对*E. coli* AW 1.7的杀菌机制时，将编码环丙烷脂肪酸合成酶的基因*cfa*敲除后得到突变株（*E. coli* AW 1.7Δ*cfa*），发现突变株较*E. coli* AW 1.7对于超临界态CO_2处理敏感性显著提高，即超临界态CO_2处理可显著提高对于不能合成环丙烷脂肪酸的*E. coli* AW 1.7突变株的杀菌效果[106]。通过加入$C_{16:1}$和$C_{18:1}$不饱和脂肪酸可补偿缺乏的环丙烷脂肪酸，但该替代过程会增加细胞膜的流动性[139]；超临界态CO_2和高温均可提高膜流动性[140]。细胞膜流动性的改变会影响其组成和透过性，故推测HPCD杀菌机制与改变膜的流动性和透过性相关联[106]。以上两个研究案例中并未检测微生物细胞膜的流动性，而是基于其他研究的相关结果。

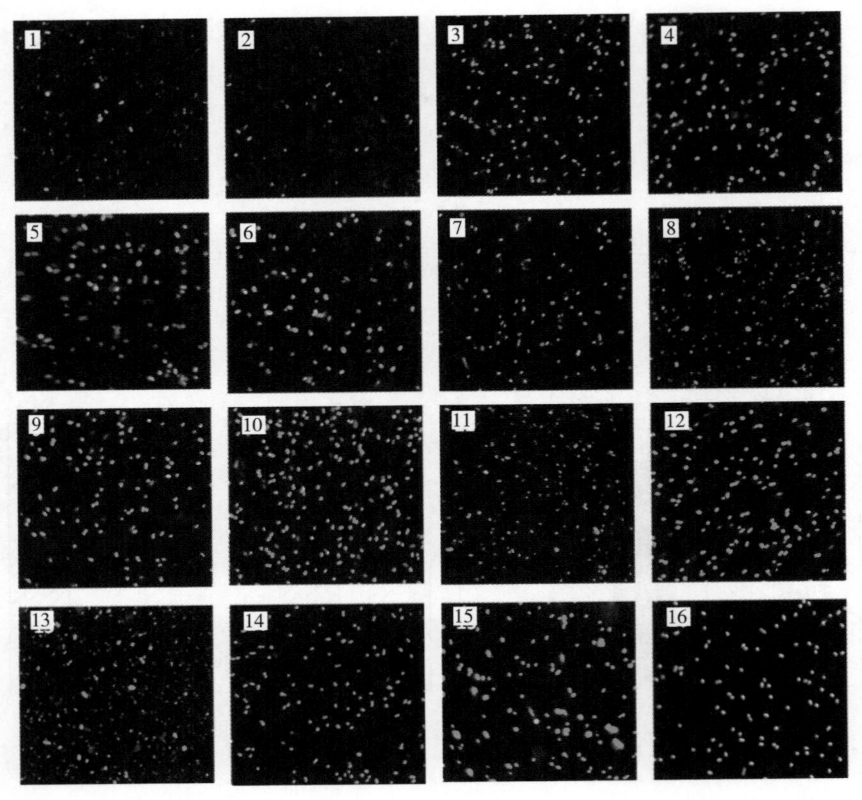

1—对照组（未处理） 2~7—5~75min（37℃、10MPa） 8~10—0.1，20，30MPa（37℃、15min） 11，12—0.1、10MPa（42℃、15min） 13，14—0.1、10MPa（47℃、15min） 15，16—0.1、10MPa（57℃、15min）

图2-30 HPCD处理后经SYTO 9与PI双标记的*E. coli*细胞图片[43]

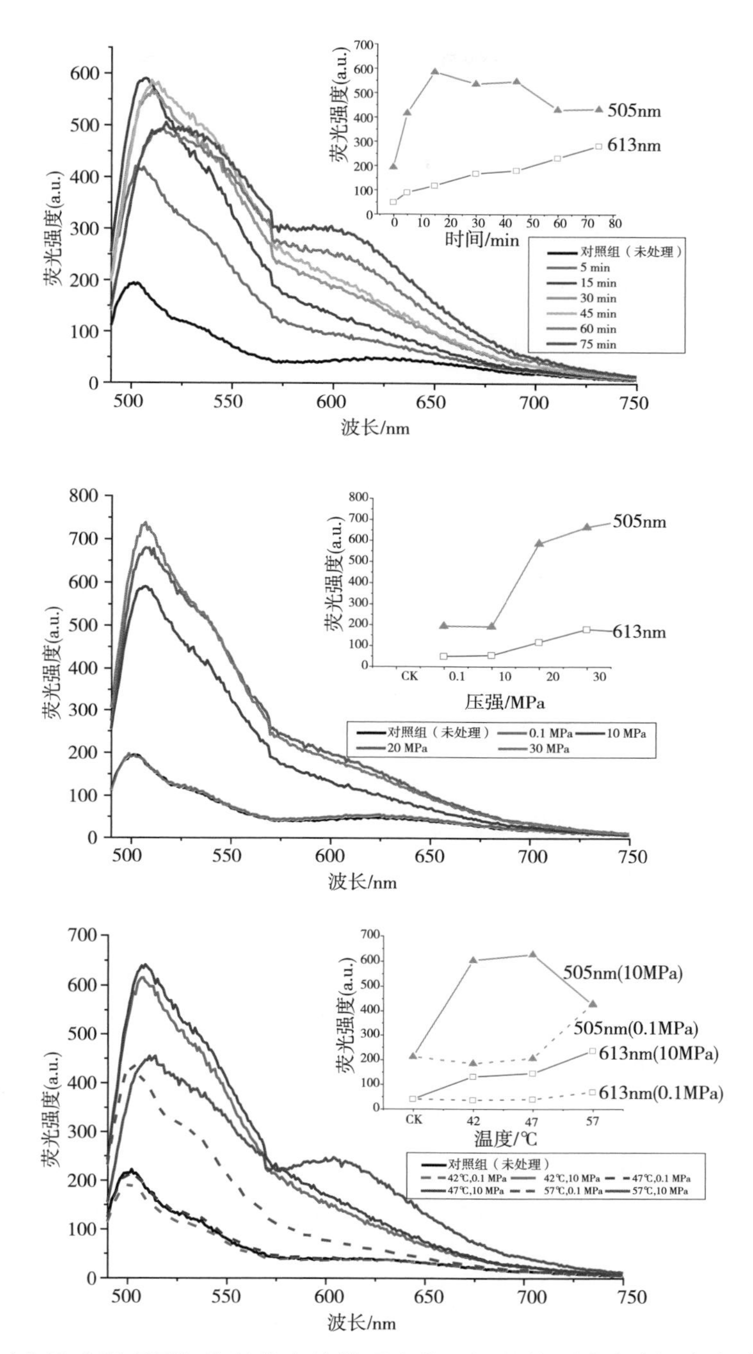

图2-31　HPCD处理前后*E. coli*细胞SYTO 9与PI双标记荧光光谱图[43]

通过电镜难以观测细胞结构上的微观变化，但可以通过流式细胞术（FCM）、荧光光度计、激光共聚焦电镜等与荧光探针相结合的检测技术来表征细胞膜受损情况。这些技术大力支持了HPCD处理对*E. coli*、*S.typhimurium*和*S. cerevisiae*等细胞膜通透性的影响的研究[32，136，141]。Liao 等（2010b）采用SYTO 9/PI双标记HPCD处理前后的*E. coli*细胞，其荧光光谱表现为绿色荧光先增强后减弱、红色荧光逐渐增强。染色过程可以分为三步：细胞排斥SYTO 9及PI，SYTO 9进入细胞但

PI不能进入，PI进入细胞并与SYTO 9竞争结合位点（图2-30、图2-31）[43]。该过程受压强、时间和温度的影响显著；HPCD处理强度低时SYTO 9较难进入细胞。研究表明，G$^-$细菌的外膜在一定程度上是SYTO 9与细胞结合的屏障，在*E. coli*、*S.typhimurium*和弗氏志贺氏菌（*Shigella flexneri*）等细菌中存在这种情况[142]。外膜主要由蛋白质和磷脂组成，在肽聚糖层外面还含有特殊的LPS，LPS主要由脂质A、中心多糖和O抗原组成[143]。LPS对细菌特别重要，其帮助细胞对疏水性物质形成渗透屏障。在HPCD处理过程中，不论CO_2溶解到介质中还是渗透到细胞中，CO_2始终处于疏水状态；但一旦CO_2溶解在胞内外介质中形成碳酸，转为亲水性，则外膜的渗透屏障将被削弱或者消失。因此可推测，随着HPCD处理强度增强，越来越多细胞的外膜受损，SYTO 9进入细胞并被激发而发射绿色荧光。表明HPCD处理对*E. coli*细胞细胞膜的损坏主要分为两步：首先破坏细胞外膜，然后进一步破坏细胞质膜。随着HPCD处理强度增加，*E. coli*细胞膜完整性逐渐被破坏，SYTO 9与PI先后进入细胞，在胞内竞争结合位点，由于PI对核酸的亲和力较SYTO 9强，即PI会淬灭（部分淬灭）或取代SYTO 9的结合位点，因而红色荧光逐渐增强。

为了进一步分析细胞膜破损与细胞死亡率（杀菌效果）之间的关系，将平板计数法得到的细胞死亡率与两种染色方法FCM分析结果中PI染色阳性（PI$^+$）细胞百分率进行比较（图2-32）。随着压强、温度升高或者时间延长，*E. coli*细胞死亡率增加，两种染色方法中PI$^+$细胞也增加，说明细胞膜受损或细胞膜完整性破坏与细胞死亡存在相关性。细胞死亡率高于两种染色方法中PI$^+$细胞百分率（图2-33），表明HPCD处理过程中有部分*E. coli*细胞没有培养活力（细胞已死亡），但是没有与PI结合。因此，在本研究中PI可以作为检验细胞膜受损的指示剂，但不适合用于判断微生物细胞活性；这一观点也得到其他研究的支持[144, 145]。Kim等（2009）采用SYTO 9/PI双染经过HPCD处理（35~55℃、8~25MPa、20min）的*S.typhimurium*，也发现膜受损的细胞比例小于细胞死亡率，并认为一旦细胞膜完整性完全被破坏则细胞死亡[146]。Bertoloni等（2006）研究了HPCD对*E. coli*杀菌率与细胞膜损伤率之间的关系，发现8.5MPa、40℃条件下HPCD处理*E. coli* 2min后细胞膜开始出现损伤，但此时细胞的存活率仍旧为100%，说明初始的细胞膜损伤并没有导致细胞死亡[147]。

此外，在研究HPCD处理酵母中也得到类似结果。在10MPa、35℃条件下，经HPCD处理30min、75min和120min后对*S. cerevisiae*的杀菌率分别为80%、99.95%和99.99%，而该组样品的PI$^+$细胞百分率分别为95.97%、99.71%和99.50%（图2-34），说明经HPCD处理30min后，*S. cerevisiae*细胞膜受损率高于杀菌率，部分膜受损的细胞依然有活性[123]。当处理时间延长至75min以后，细胞膜受损率与杀菌率相吻合，说明膜受损细胞最终被杀灭。该结果与Spilimbergo等

图2-32 HPCD处理前后*E. coli*经PI单染直方图和SYTO 9/PI双染点图分布[43]

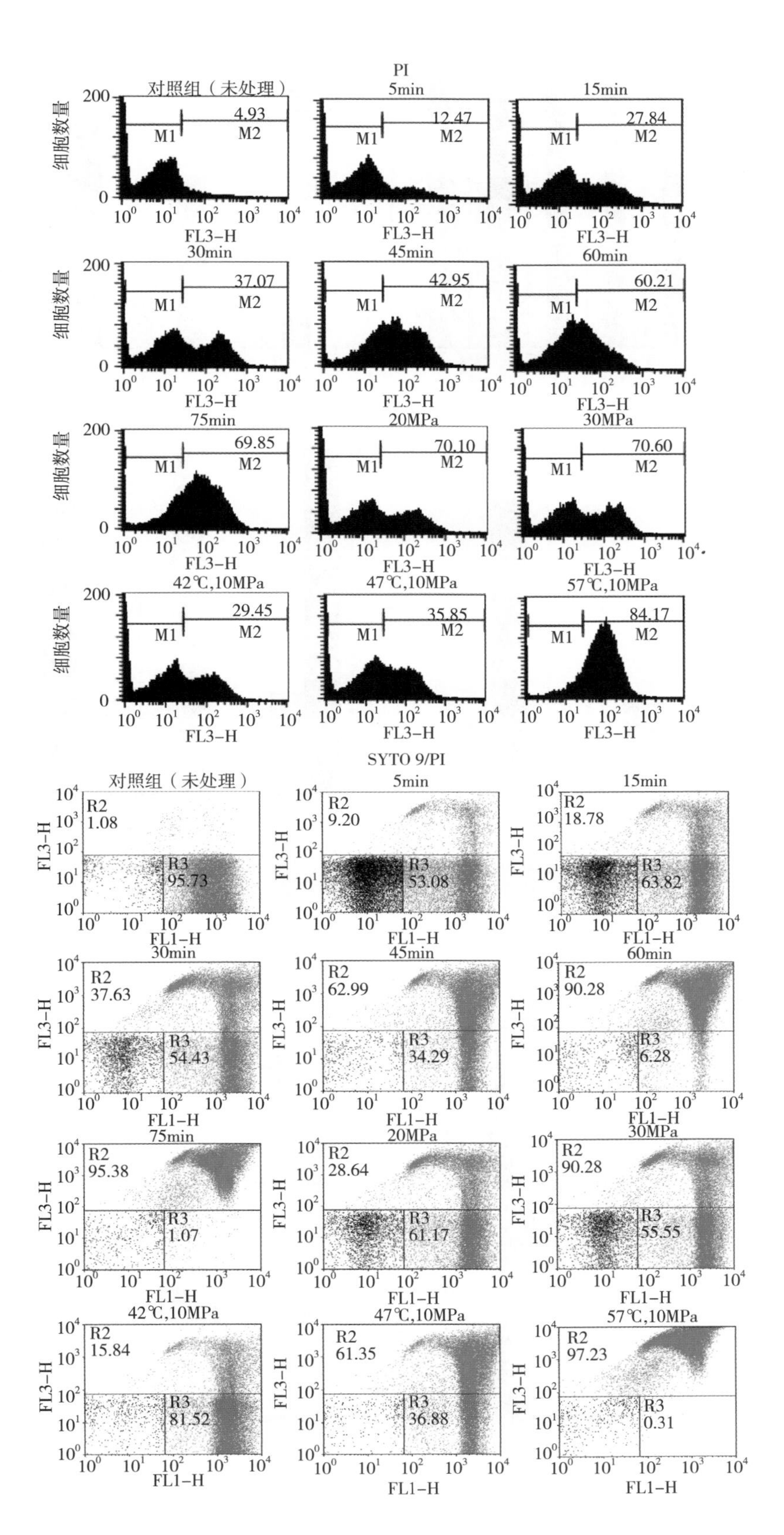

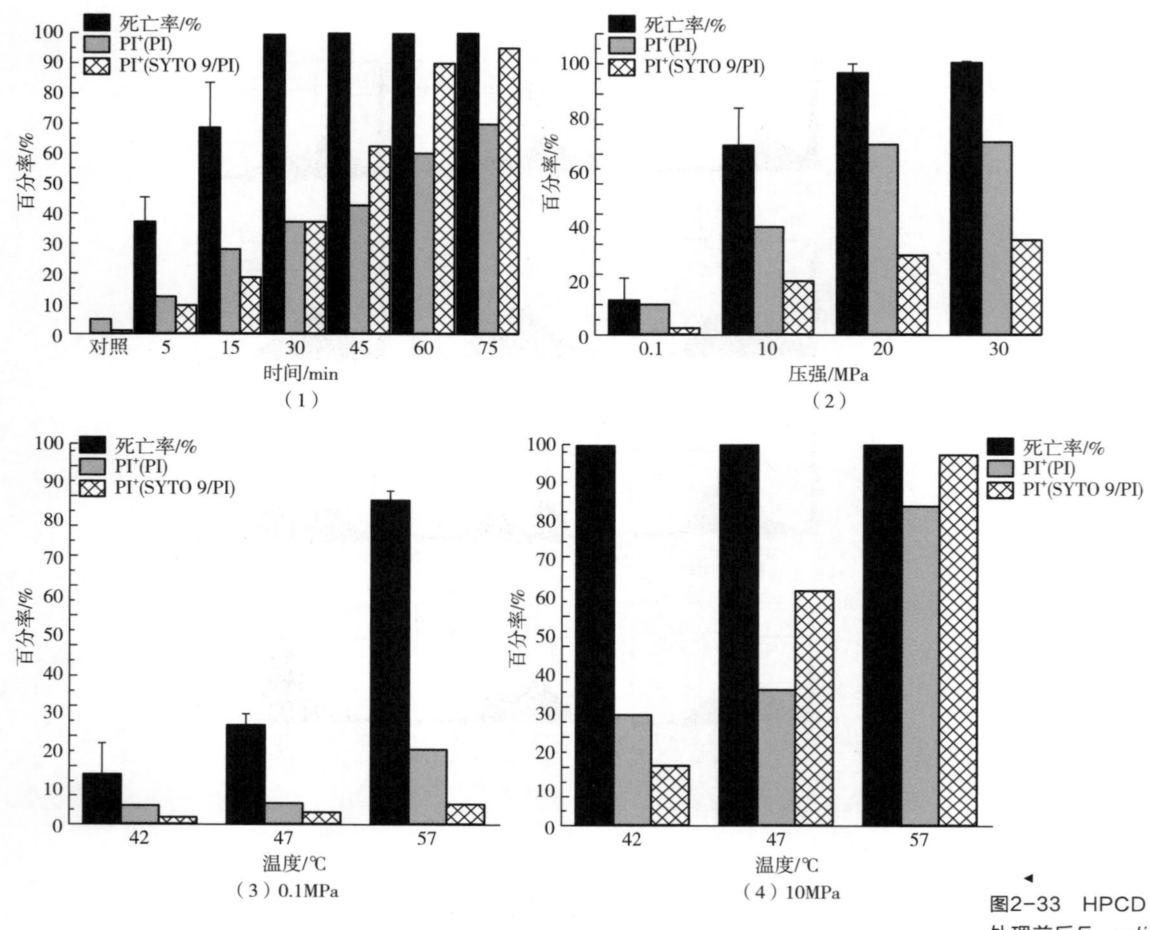

图2-33 HPCD处理前后*E. coli*细胞死亡率（平板计数法）与PI+细胞百分率的关系[43]

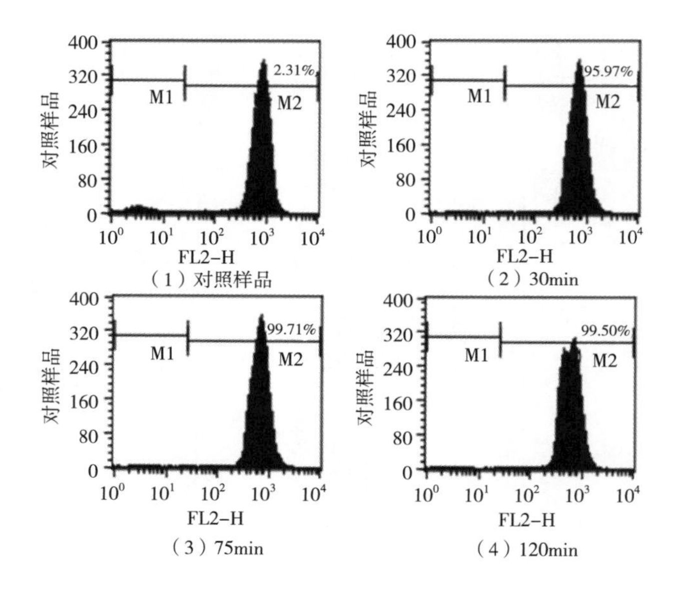

图2-34 HPCD处理（10MPa、35℃）前后酿酒酵母 PI单染直方图[123]

（2009）的研究结果类似[26]，HPCD处理（10MPa、36℃）*S. cerevisiae* 4min后细胞膜就出现损伤，但此时杀菌曲线仍处于延滞期；当处理时间延长至10min后细胞才开始死亡[26]。此外，Spilimbergo等采用平板计数和FCM结合PI/SYBR Green Ⅰ双染两种方法研究HPCD处理（36℃、10MPa、10~20min、500r/min）后*S. cerevisiae*的死亡情况，发现平板计数测得可培养细胞数较FCM检测到的完整细胞数少，即存在一部分细胞膜完整但不能培养的细胞。他们推测这部分细胞还具有新陈代谢活性。在该研究中将搅拌速率提高到10000r/min，两种检测方法的结果差异显著减小，认为是HPCD处理中搅拌对细胞膜造成不可逆机械应力所致[32]。

综上所述，有三种可能情况导致膜破损率与细胞死亡率不一致的现象：①形成活的非可培养（viable but nonculturable，VBNC）状态，即有些微生物在逆境中为了保持存活状态可进入的一种特殊休眠状态；在研究中发现经适当HPCD处理后用平板计数法未检测到微生物，但经过一定条件和时间贮藏后在样品中检测到霉菌和酵母[51]；②细胞膜发生暂时性或可逆性损伤，即亚致死状态，这部分细胞在处理结束后细胞膜可得到修复[29]，但通过平板计数法暂时无法培养；③细胞死亡并不仅仅是由于细胞膜受损，其他因素如酶失活、蛋白质或DNA变性等诸多因素也会造成细胞死亡。

当HPCD技术与nisin联合使用时，发现对G^-细菌和G^+细菌的细胞膜均产生影响（图2-35）。HPCD和HPCD+nisin处理显著增加了对*E. coli*的杀菌率，其PI^+细胞比例也随之增加；类似地，对于*S. aureus*细胞来说，HPCD+nisin处理可极为有效地杀菌，此时的PI^+比例也为三者中最高，这说明两种细菌的细胞膜受损与细胞杀菌率之间存在一定的相关性[84]。类似地，Garcia-Gonzalez等（2010）研

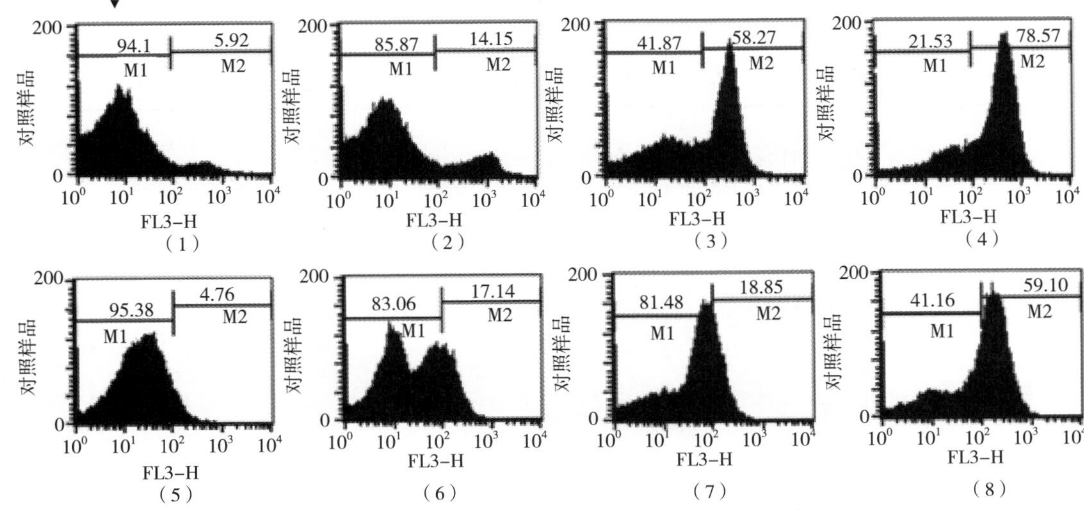

图2-35　HPCD（10MPa、32℃）和nisin联合处理15min前后大肠杆菌（1~4）和金黄色葡萄球菌（5~8）细胞PI单通道（FL3）直方图

A、E—未处理　BF—nisin（0.02%）处理　C、G—HPCD处理　D、H—HPCD（10MPa、32℃、15min）+ nisin（0.02%）处理[84]

究了HPCD处理后*E. coli*、*L. monocytogenes*和*S. cerevisiae*的杀菌率和PI$^+$比例之间的关系，也同样发现三种菌的细胞杀菌率与细胞膜受损率存在很好的相关性[29]。对比本研究中细胞杀菌率和PI$^+$比例可以发现，每组样品中的细胞杀菌率均大于FCM检测到的PI$^+$比例，这说明所有经处理的样品中均有一部分细菌细胞虽然已经死亡，但并没有与PI结合，也就是说这部分已经死亡的细胞其膜通透性仍保持完整。分析其原因，很可能是因为HPCD处理过程中，细胞膜发生暂时性或可逆性损伤，这部分细胞在处理结束后细胞膜虽然迅速得到修复，但是细胞内结构和功能已经在HPCD处理过程中因细胞膜短暂损伤而遭到破坏，如酶失活、蛋白质或DNA变性等，因此无法进行正常培养。这是因为有些微生物在逆境中可能会存在VBNC状态。经FCM技术分析得到对照、nisin、HPCD和HPCD+nisin四个处理中*E. coli*（G$^-$）的PI$^+$比例依次为5.92%、14.15%、58.27%和78.57%（表2-15），HPCD和nisin联合处理对细胞膜损伤存在协同作用。nisin对G$^-$细菌没有影响，是因为其细胞外膜上的LPS阻碍了nisin对细胞质膜的作用[148]；但是，如果使用nisin的同时加入乙二胺四乙酸（EDTA）等生物螯合剂，这些螯合剂可限制LPS上的二价镁离子和钙离子，从而对细胞壁形成干扰，这样nisin就可以顺利穿过细胞壁而在细胞膜形成孔洞，最终引起氢质子动力的丧失和细胞内溶物流失[148，149]。因此，推测HPCD处理干扰*E. coli*细胞外膜上的LPS，使得nisin可顺利地达到细胞膜并对其造成损伤。HPCD+nisin联合处理可有效地破坏*S. aureus*（G$^+$）细胞膜的通透性，破坏细胞膜完整性。另外，HPCD+nisin处理对*S. aureus*细胞膜透性的破坏作用高于二者单独作用之和，表明HPCD和nisin对*S. aureus*细胞膜损伤存在协同作用。

表2-15　HPCD和nisin处理前后*E.coli*和*S.aureus*细胞死亡率与PI$^+$细胞百分率的关系[84]

细菌	项目	对照	nisin	HPCD	HPCD+nisin
E. coli	PI$^+$细胞/%	5.92	14.15	58.27	78.57
	细胞死亡率/%	0.00	31.61	99.42	99.80
S. aureus	PI$^+$细胞/%	4.76	17.14	18.85	59.10
	细胞死亡率/%	0.00	95.10	99.26	100.00

二、HPCD 处理对微生物细胞质的影响

HPCD处理对于微生物细胞质的影响主要包括pH_{in}降低和细胞质携带紫外吸收物质等流失胞外，以及这些变化对胞内成分的影响。

CO_2通过溶解、渗透进入食品的含水部分并形成碳酸，进而分解成HCO_3^-、CO_3^{2-}、H^+，并降低了细胞外部pH。该过程与CO_2分压、溶质、溶剂、温度等均有关。含酸、盐溶液碳酸化程度低，而温度越低、压强越大越有利于碳酸化过程。研究表明，磷酸缓冲液在35℃条件下经超临界CO_2处理1h，在不同压强下其pH从6.6~6.8 降低到3.7~3.9，并能够在6h内保持不变[150]。

碳酸化过程导致胞外pH（pH_{ex}）降低，一方面可抑制微生物生长[131，135，152]，另一方面也能削弱微生物对HPCD处理的耐受性[49，152]。CO_2溶解及后续分解导致pH_{ex}降低带来的抑菌作用较直接采用酸（如盐酸或磷酸）处理要好[5，37，60]，这主要是由于直接酸处理不如CO_2容易渗入微生物细胞内[5，18]，而pH_{ex}降低有利于提高细胞膜渗透性，进而促进更多CO_2渗透入微生物细胞内[36，37]。CO_2分子本身与细胞膜接触并对其作用从而导致细胞膜渗透性、流动性和结构的改变可能影响更大。

CO_2溶解后通过选择性细胞膜，进入胞内形成H_2CO_3改变细胞pH_{in}。pH_{in}对微生物细胞中ATP合成、RNA和蛋白质合成、DNA复制和细胞生长具有重要的调节作用[153]。Spilimbergo等（2005）采用荧光探针cFSE与FCM相结合的方法检测到经过HPCD处理（30.15℃、8MPa）后*B. subtilis*细胞pH_{in}降低到3.3，pH_{ex}（通过SAFT公式计算出来理论值）降低到3.2，即细胞内外pH平衡被打破；在该条件下*B. subtilis*降低了5个对数值，故认为这可能是HPCD技术杀菌的一个重要机制[154]。另一方面，细胞内部一些重要物质如蛋白质、核酸等对pH比较敏感，pH变化可能会引起这些物质的生物活性丧失[155]。Kobayashi & Odake（2018）认为经过两段式微泡HPCD（液态CO_2微气泡在较低温度和压强下注入后再施压）处理，细胞内部酸化是由于细胞外部H^+的渗入以及温度升高，而杀菌效果是由于温度升高、外部和内部酸度降低、CO_2高溶解性共同造成（图2-36）[156]。细胞pH_{in}降低一方面可能打破细胞内外质子动态平衡：一般来说，细胞通过将H^+泵出细胞而使胞内外具有pH梯度。当pH_{in}降低时，该过程会受到限制，从而抑制细胞新陈代谢及活性[117，135]。另一方面，随着pH_{in}降低，一些与新陈代谢相关的酶会被选择性钝化，这也将影响其代谢活性及相关新陈代谢过程。当pH_{in}降到3以下时，一些重要的生理代谢过程如糖酵解会受到抑制[37]。

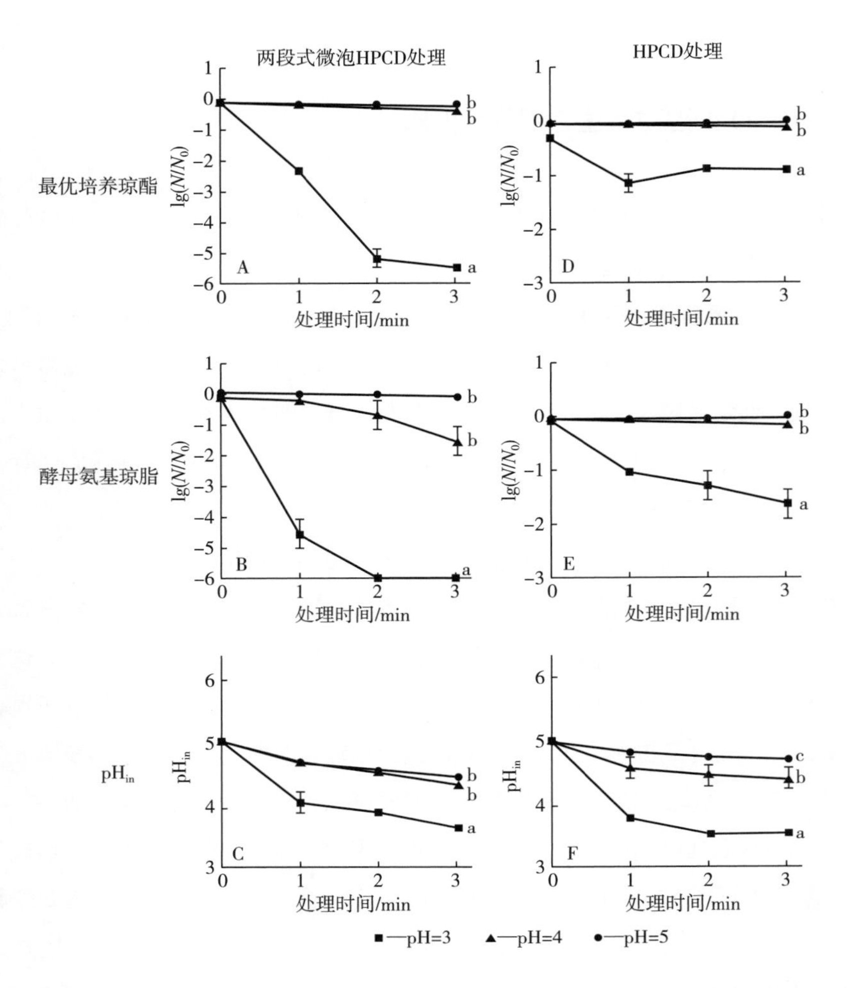

图2-36 两段式微泡HPCD及HPCD处理对McIlvaine溶液中*Saccharomyces pastorianus*的杀菌效果及pH_{in}的影响（45℃、2.0MPa）[156]

如前所述，HPCD处理导致微生物细胞壁、细胞膜受到损伤，会导致细胞质及胞内物质泄漏，但损伤和泄漏与处理参数条件、微生物的种类及其细胞壁、细胞膜的结构有关。Hong & Pyun（2001）发现，*L. plantarum*经过30℃、7MPa处理后细胞悬浮液中紫外吸收物质（A_{260}与A_{280}）增加，表明细胞膜受损导致胞内物质的泄漏，且随着时间延长A_{260}与A_{280}均显著增加[111]。Liao等（2010）发现，HPCD处理后*E. coli*上清液中紫外吸收物质增加，随着时间延长、压强或温度提高A_{260}与A_{280}均显著增加，表明膜受损或通透性增加（图2-37）[157]。但是Lin等（1993）认为细胞死亡并不是由于细胞膜损伤导致的胞内物质流失，而是由于胞内生态平衡的打破[37]。

周先汉等（2010）通过试验观察到了 HPCD 萃取了微生物细胞膜上的脂类成分，从而改变了细胞膜的渗透性（图2-38），这一结果与Tamburini等（2014）保持一致[158，159]。

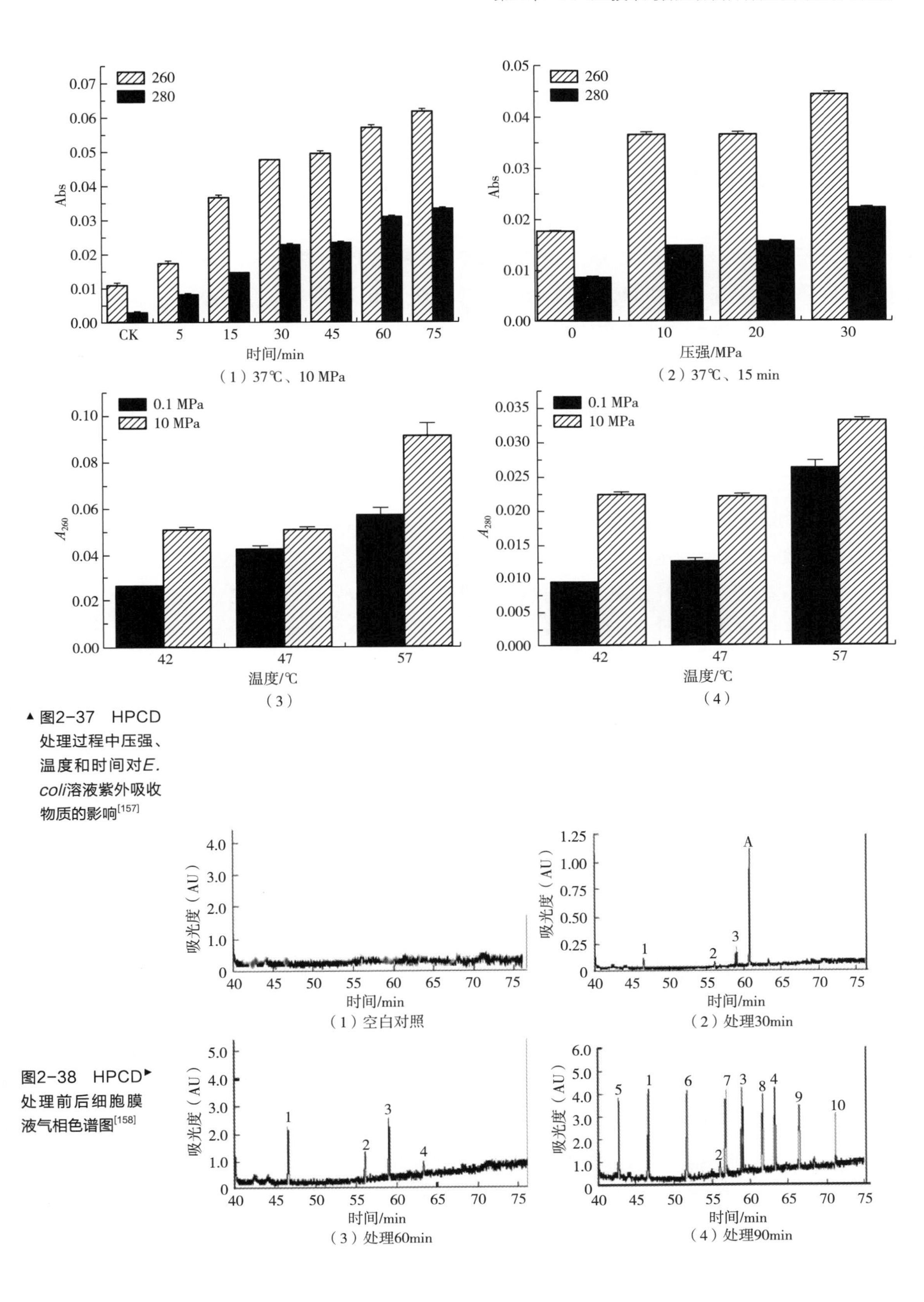

▲图2-37　HPCD处理过程中压强、温度和时间对*E. coli*溶液紫外吸收物质的影响[157]

图2-38　HPCD▸处理前后细胞膜液气相色谱图[158]

三、HPCD处理对微生物细胞中蛋白质和酶的影响

如前所述，经过HPCD处理后胞内紫外吸收物质泄漏到胞外，其中包括蛋白质。Lin等（1991；1992）采用Lowry方法证明HPCD处理（25~35℃、6.8~34MPa、0~18h）后*S. cerevisiae*细胞的部分蛋白质流失到胞外[10, 67]。类似地，Enomoto等（1997）发现，*S. cerevisiae*（10^8CFU/mL）经过4.0MPa、40℃处理4h后蛋白质泄漏，蛋白质流失量约为对照样品的3倍[15]。Liao等（2010）发现，*E. coli*细胞经过HPCD处理后细胞内蛋白质降低、介质中蛋白质增加，且处理时间和温度对蛋白质含量变化影响较大，但压强对其含量影响不大[157]。这些结果说明经HPCD处理后微生物细胞膜受损，使细胞内蛋白质流失到胞外。

HPCD处理对微生物蛋白质结构的影响也有报道。部分认为HPCD对微生物蛋白质结构没有影响[137]，但也有截然相反的观点[119, 141, 157]。White等（2006）采用SDS-PAGE电泳分析HPCD（9.52MPa、35℃、1h）对沙门氏菌蛋白质的影响，发现HPCD处理前后SDS-PAGE图谱基本一致，进而通过双向电泳证明HPCD处理并未降解蛋白质[137]。饶伟丽等（2009）也通过SDS-PAGE电泳发现HPCD处理对*E. coli*总蛋白质含量和种类没有影响[160]。但是，Kim等（2007）通过SDS-PAGE证明*S.typhimurium*经过HPCD处理（10.0MPa、35℃、10min）后其可溶性蛋白质急剧减少，不可溶性蛋白质大大增加，认为蛋白质溶解性的转变是由于HPCD导致了蛋白质变性[119]。Kim等（2009）进一步采用双向电泳检测了HPCD（10MPa、40℃、30min）对*S.typhimurium*蛋白质的影响，发现HPCD处理使部分蛋白质差异表达以及等电点（pI）迁移到7~9区域[141]。廖红梅（2010）采用SDS-PAGE电泳分析发现，*E. coli*在HPCD处理前后其胞内蛋白质未发生蛋白质条带缺失，但是随着处理强度增加蛋白质条带变浅，这与蛋白质流失到胞外有关（图2-39）；而采用Native-PAGE电泳分析发现，HPCD处理后大部分蛋白质条带随处理强度增加而缺失，但对某些分子质量（如分子质量为398.4ku）的蛋白质没有影响（图2-40）[43]，表明经HPCD处理后一些蛋白质发生了变性；进一步通过二维电泳和质谱分析，发现一些参与能量代谢、细胞生存与增殖、细胞组成、DNA复制、膜修复以及作为全局胁迫调节子适应胁迫条件的蛋白质发生了显著差异表达（图2-41、图2-42、表2-16）[157]。这些结果说明HPCD对细胞内部分蛋白质结构有影响。

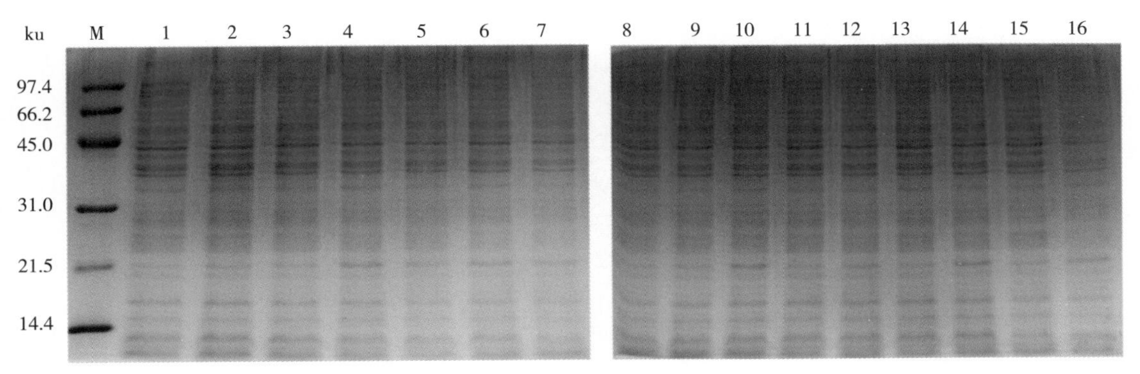

M—标准蛋白Marker　1—对照组（未处理）2~7—5~75min（37℃、10MPa）8~10—0.1，20，30MPa（37℃、15min）11，12—0.1，10MPa（42℃、15min）13，14—0.1，10MPa（47℃、15min）15，16—0.1，10MPa（57℃、15min）

▲图2-39　HPCD处理前后*E. coli*胞内蛋白质的SDS-PAGE电泳图[157]

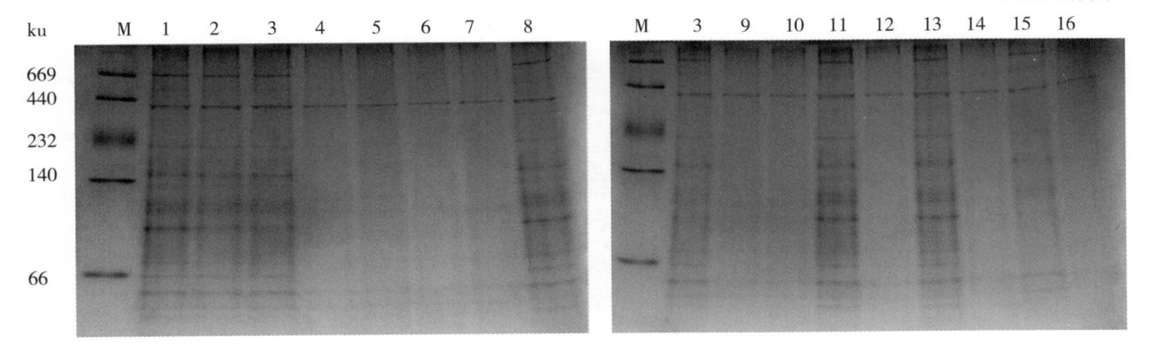

M—标准蛋白Marker　1—对照组（未处理）2~7—5~75min（37℃、10MPa）8~10—0.1，20，30MPa（37℃、15min）11，12—0.1，10MPa（42℃、15min）13，14—0.1，10MPa（47℃、15min）15，16—0.1，10MPa（57℃、15min）

▲图2-40　HPCD处理前后*E. coli*细胞内蛋白质的Native-PAGE电泳图[157]

图2-41　HPCD处理前后*E. coli*全蛋白二维凝胶电泳图谱[157]▸

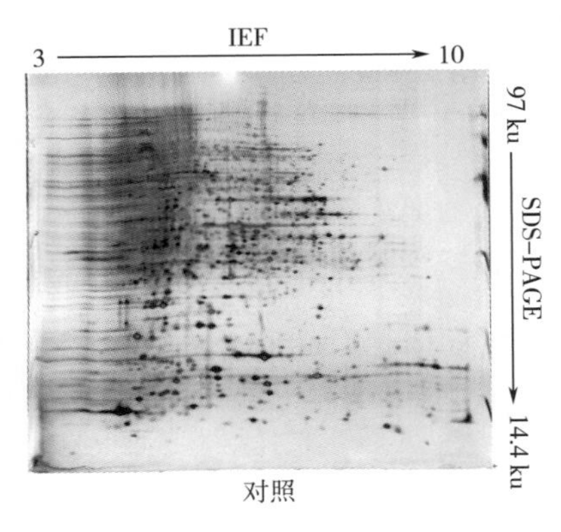

对照

37℃,0.1MPa，15min

37℃，10MPa，15min

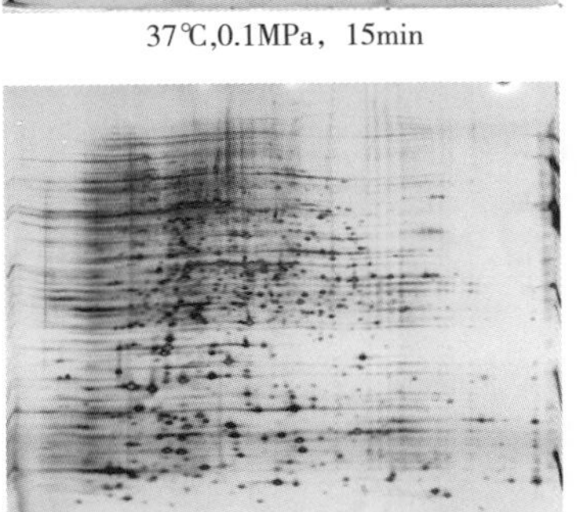

37℃，10MPa，30min

37℃，30MPa，15min

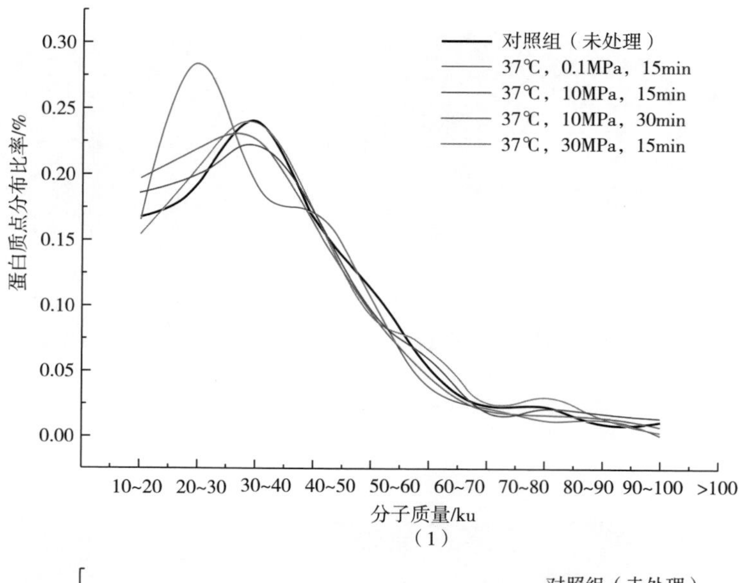

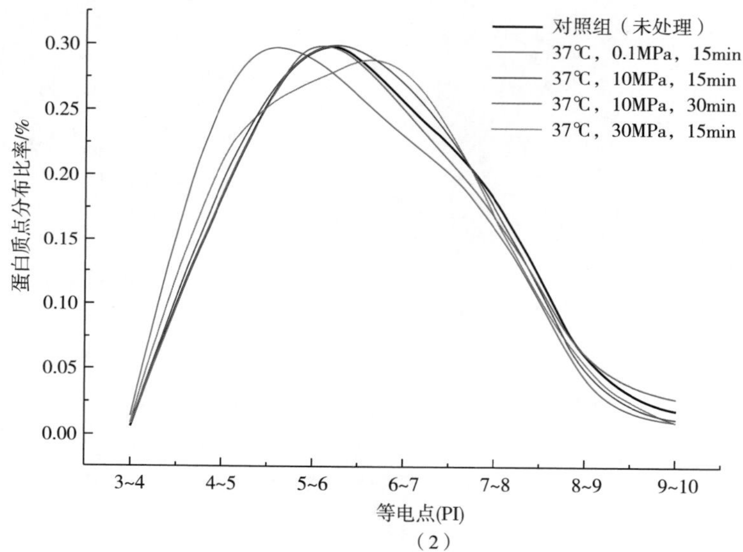

图2-42 HPCD处理前后*E. coli*蛋白质分子质量和等电点分布比率[157]

表2-16 HPCD处理前后*E. coli*差异蛋白点质谱鉴定结果

编号	登录号	相对分子质量（Mr）	pI	鉴定的蛋白质名称	来源	覆盖率	匹配肽段
Spot 1	gi|223967	8265	8.68	突变脂蛋白（lipoprotein mutant）	*E. coli*	33%	2
Spot 2	gi|15803106	14283	5.09	自发的甘氨酰基激进因子GrcA（autonomous glycyl radical cofactor GrcA）	*E.coli* 0157：H7 EDL933	74%	13
Spot 3	gi|26251130	19719	5.03	无机焦磷酸酶（inorganic pyrophosphatase）	*E. coli* CFT073	54%	12
Spot 4	gi|88192831	21661	6.15	外膜蛋白Ompw亚基A（Chain A, Outer Membrane Protein Ompw）	*E. coli*	49%	10
Spot 5	gi|15804575	17700	9.04	50S核糖体蛋白L10（50S ribosomal protein L10）	*E.coli* 0157：H7 EDL933	58%	16

续表

编号	登录号	相对分子质量（Mr）	pI	鉴定的蛋白质名称	来源	覆盖率	匹配肽段
Spot 6	gi|15800369	33328	8.61	谷氨酸和天冬氨酸转运亚基（glutamate and aspartate transporter subunit）	*E. coli* O157：H7 EDL933	63%	28
Spot 7	gi|15800369	33328	8.61	谷氨酸和天冬氨酸转运亚基（glutamate and aspartate transporter subunit）	*E.coli* O157：H7 EDL933	14%	3
Spot 8	gi|3660175	18700	5.72	Dps结晶结构亚基A，与铁蛋白同源结合并保护DNA（chain a, the crystal structure of Dps, a ferritin homolog that binds and protects DNA）	*E. coli*	79%	16
Spot 9	gi|15800816	37178	5.99	外膜蛋白A（outer membrane protein A）	*E.coli* O157：H7 EDL933	56%	30
Spot 10	gi|26247961	20412	4.81	假定的谷胱甘肽过氧化物酶（putative glutathione peroxidase）	*E. coli* CFT073	60%	11
Spot 11	gi|194436225	28439	5.30	组氨酸ABC转移酶，组氨酸周质结合蛋白（histidine ABC transporter, periplasmic histidine-binding protein）	*E. coli* 101-1	35%	8
Spot12	gi|1311063	116278	5.28	β-D-半乳糖苷酶（chain I, Beta-galactosidase）	*E. coli*	3%	2
Spot 13	gi|1311063	116278	5.28	β-D-半乳糖苷酶（chain I, Beta-galactosidase）	*E. coli*	2%	1
Spot 14	gi|15803639	11045	9.05	假想蛋白（hypothetical protein Z4452）	*E.coli* O157：H7	37%	9
Spot 15	gi|15800380	29719	6.83	葡萄糖-6-磷酸脱氨酶（glucosamine-6-phosphate deaminase）	*E.coli* O157：H7 EDL933	45%	9
Spot 16	gi|15800369	33328	8.61	谷氨酸和天冬氨酸转运亚基（glutamate and aspartate transporter subunit）	*E.coli* O157：H7 EDL933	71%	43
Spot 17	gi|191166211	56449	8.23	谷胱甘肽ABC转移酶，谷胱甘肽周质结合蛋白GsiB（glutathione ABC transporter, periplasmic glutathione-binding protein GsiB）	*E. coli* B7A	48%	15
Spot 18	gi|15800369	33328	8.61	谷氨酸和天冬氨酸转运亚基（glutamate and aspartate transporter subunit）	*E.coli* O157：H7 EDL933	16%	5
Spot 19	gi|15800369	33328	8.61	谷氨酸和天冬氨酸转运亚基（glutamate and aspartate transporter subunit）	*E.coli* O157：H7 EDL933	14%	3
Spot 20	gi|15803570	11525	5.79	假想蛋白（hypothetical protein Z4380）	*E.coli* O157：H7 EDL933	32%	7
Spot 21	gi|15803003	17623	5.03	硫氧还蛋白相关的硫醇过氧化物酶（thioredoxin-dependent thiol peroxidase）	*E.coli* O157：H7 EDL933	64%	18
Spot 22	gi|384221	18697	6.21	饥饿诱导的DNA结合蛋白（starvation-inducible DNA-binding protein）	*E. coli*	25%	3
Spot 23	gi|223967	8265	8.68	突变脂蛋白（lipoprotein mutant）	*E. coli*	33%	2
Spot 24	gi|15804792	15759	6.17	50S核糖体蛋白L9（50S ribosomal protein L9）	*E.coli* O157：H7 EDL933	32%	4

续表

编号	登录号	相对分子质量（Mr）	pI	鉴定的蛋白质名称	来源	覆盖率	匹配肽段
Spot 25	gi|12513500	29789	7.63	二硫键交换蛋白质（disulfide interchange protein）	*E.coli* 0157：H7 EDL933	23%	4
Spot 26	gi|15800058	9924	5.36	假想蛋白（hypothetical protein Z0425）	*E.coli* 0157：H7 EDL933	52%	5
Spot 27	gi|15804638	8320	5.44	假定压力应激蛋白质（putative stress-response protein）	*E.coli* 0157：H7 EDL933	59%	4
Spot 28	gi|253774005	14708	6.73	辅酶A结合域蛋白（CoA-binding domain protein）	*E. coli* BL21（DE3）	16%	2
Spot 29	gi|253774005	14708	6.73	辅酶A结合域蛋白（CoA-binding domain protein）	*E.coli* 0157：H7 EDL933	85%	10
Spot 30	gi|26251121	20604	9.18	假想蛋白（hypothetical protein c5314）	*E. coli* CFT073	61%	13

饶伟丽等（2009）[160]从蛋白质组角度发现HPCD可显著降低*E. coli*菌体碱溶性蛋白质（pH8.0）的溶解性，使其蛋白质分子质量发生显著变化；*E. coli*菌体蛋白质经10~50MPa、37℃处理30min后，二级结构中α-螺旋和转角组成逐渐向β-折叠转化。王莹莹等（2011）[161]采用双向电泳分析了HPCD处理对*E. coli*菌体蛋白质的影响，发现46个差异蛋白，经鉴定认为3个蛋白质参与形成细胞骨架、9个蛋白质参与细胞新陈代谢、4个蛋白质与 DNA 密切相关；HPCD 处理使*E. coli*细胞内20~31ku蛋白质的α-螺旋含量显著降低，而且α-螺旋有向β-折叠和无规则卷曲转变的趋势；31~43ku的蛋白质β-折叠含量显著增加。说明HPCD 诱导了细胞内一些关键蛋白质和酶发生了变性失活，导致细胞死亡。杨扬等（2016）[162]采用转录组学与蛋白质组学技术，结合生物信息学筛选到了*E. coli*细胞在HPCD处理过程中发挥关键作用的蛋白质，其中3个蛋白质可能与*E. coli*对HPCD耐受性提高有关，还有7个蛋白质在保护细胞抵御HPCD处理中发挥了重要作用，这些蛋白质主要与细胞结构、细胞代谢、DNA 损伤修复、热应激等密切相关；另外，通过全基因组测序确定*E. coli*突变菌株中有4个基因可能与其 HPCD抗性相关。总体分析来看，HPCD处理能诱导微生物细胞内部分蛋白质发生变性。至于 HPCD处理能诱导哪些蛋白质变性，与 HPCD 处理强度和微生物种类有关。

酶是一类具有特殊活性的蛋白质，HPCD对微生物胞内酶的影响也有报道[40, 80, 111, 117, 119, 147]，其结果与前述对蛋白质影响的结果类似。研究发现，经过HPCD（5MPa、35℃、15min）处理后，*E. coli*中碱性磷酸酶、酯酶、亮氨酸芳基酰胺酶、α-半乳糖苷酶、β-半乳糖苷酶和α-葡萄糖苷酶等具有酸性等电点的酶完全被钝化，而具有中性等电点的酶如萘酚-AS-BI-磷酸水解酶和酸性磷脂酶活基本不受影响[117]，并推测可能是由于HPCD处理过程中导致细胞pH_{in}降低造成。因为pH_{in}降低会导致具有酸性等电点的酶变性沉淀，而对具有碱性等电点的酶则没有影响。此外，Hong & Pyun（2001）研究表明，来自*L. plantarum*的13种酶中胱氨酸芳基酶、α-半乳糖苷酶、α-葡聚糖酶和β-葡聚糖酶等失活，而脂肪酶、亮氨酸芳香酶、酸性和碱性磷酸酶的活性不受影响，在该条件下（7MPa、30℃、10min）*L. plantarum*活性降低了90%[111]。但细胞膜上的H^+-ATP酶仍保持最初活性，因此认为与膜结合的H^+-ATP酶不是HPCD杀菌的关键点[116]。廖红梅（2010）发现，HPCD处理（0.1~30MPa、37~57℃、5~75min）后*E. coli*细胞内10种酶活性有不同程度降低，其中碱性磷酸酶、亮氨酸芳基酰胺酶、β-半乳糖苷酶活性下降较多，酸性磷脂酶和萘酚-AS-BI-磷酸水解酶活性下降较少，而对其他一些酶没有影响（图2-43）[43]。

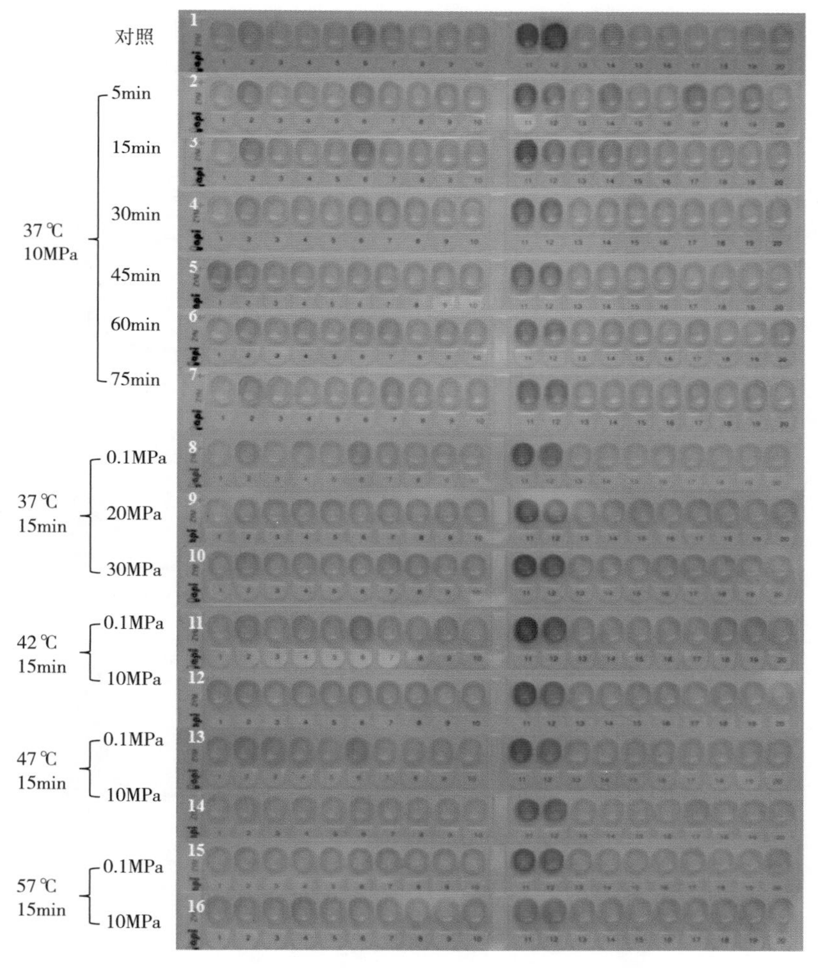

图2-43　HPCD处理前后*E. coli*胞内酶在API ZYM试剂盒上的显色反应图[157]

虽然细胞结构和功能的很多方面受pH_{in}影响，但是酶的催化活力对其更敏感。在细胞液中合成大多数蛋白质的酶在最适pH环境下具有最大活力，当pH改变其活力则急剧下降。因此，降低pH_{in}可能会引起抑制/钝化一些对新陈代谢和调节过程特别重要的关键酶，包括糖酵解、氨基酸和多肽转移等代谢过程[152]。因此，细胞对pH_{in}失去调节能力对中间代谢和细胞功能各方面均有不利影响。

四、HPCD 处理对微生物细胞核酸的影响

核酸不仅是生命的基本遗传物质，而且在蛋白质的生物合成中也占有重要位置。由于HPCD处理后微生物细胞悬浮液紫外吸收物质A_{260}增加，表明部分核酸泄漏到胞外[43, 111]。Liao等（2010）通过FCM技术结合荧光标记的方法发现HPCD处理后*E. coli*细胞内DNA含量降低，且随着处理强度增加而显著降低（图2-44）[157]；此外，经HPCD处理后*E. coli*细胞内DNA发生变性，双链部分解旋（图2-45）；通过DNA琼脂糖凝胶电泳图谱和单细胞凝胶电泳图谱分析，发现HPCD处理后*E. coli*细胞内的DNA链没有发生降解，其一级结构没有破坏（图2-46）。

图2-44 HPCD▼处理对*E. coli*细胞内DNA含量的影响[157]

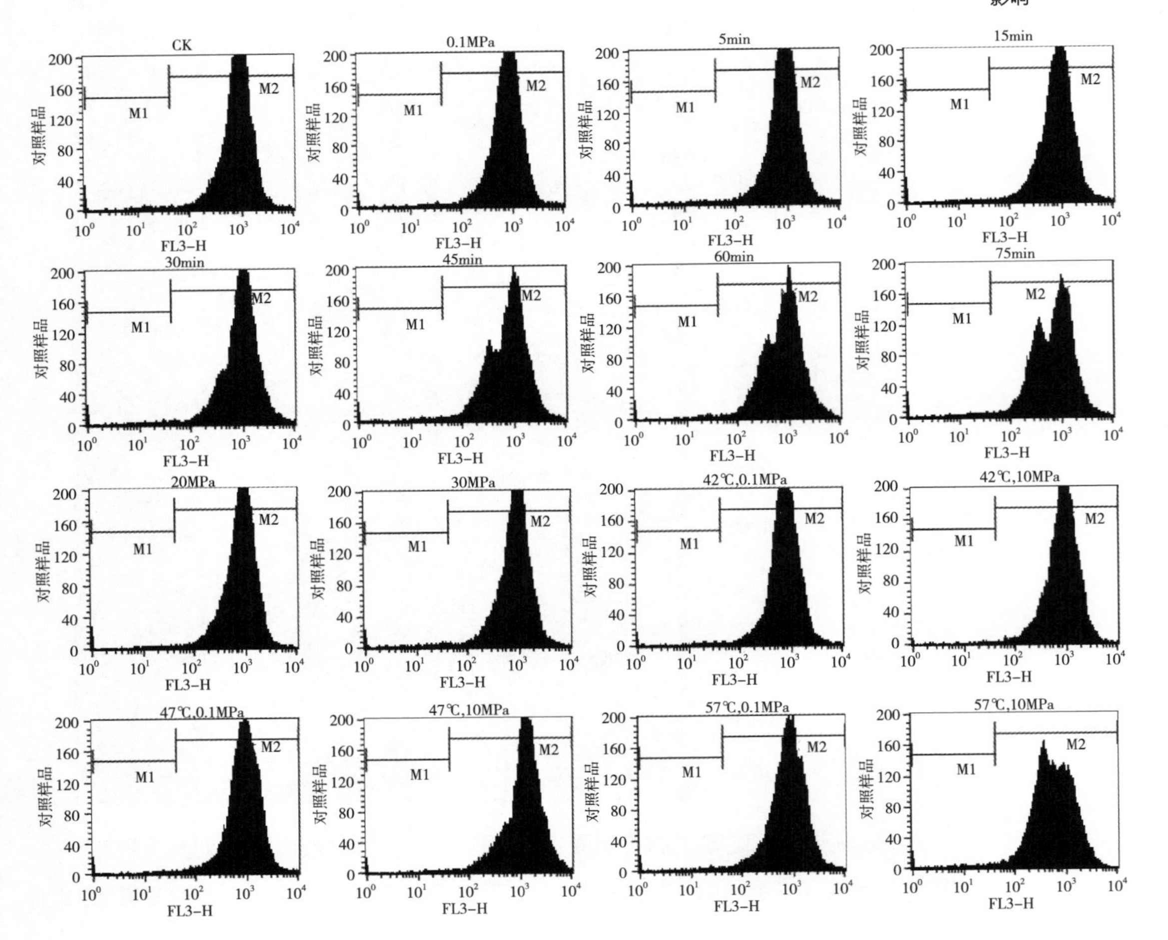

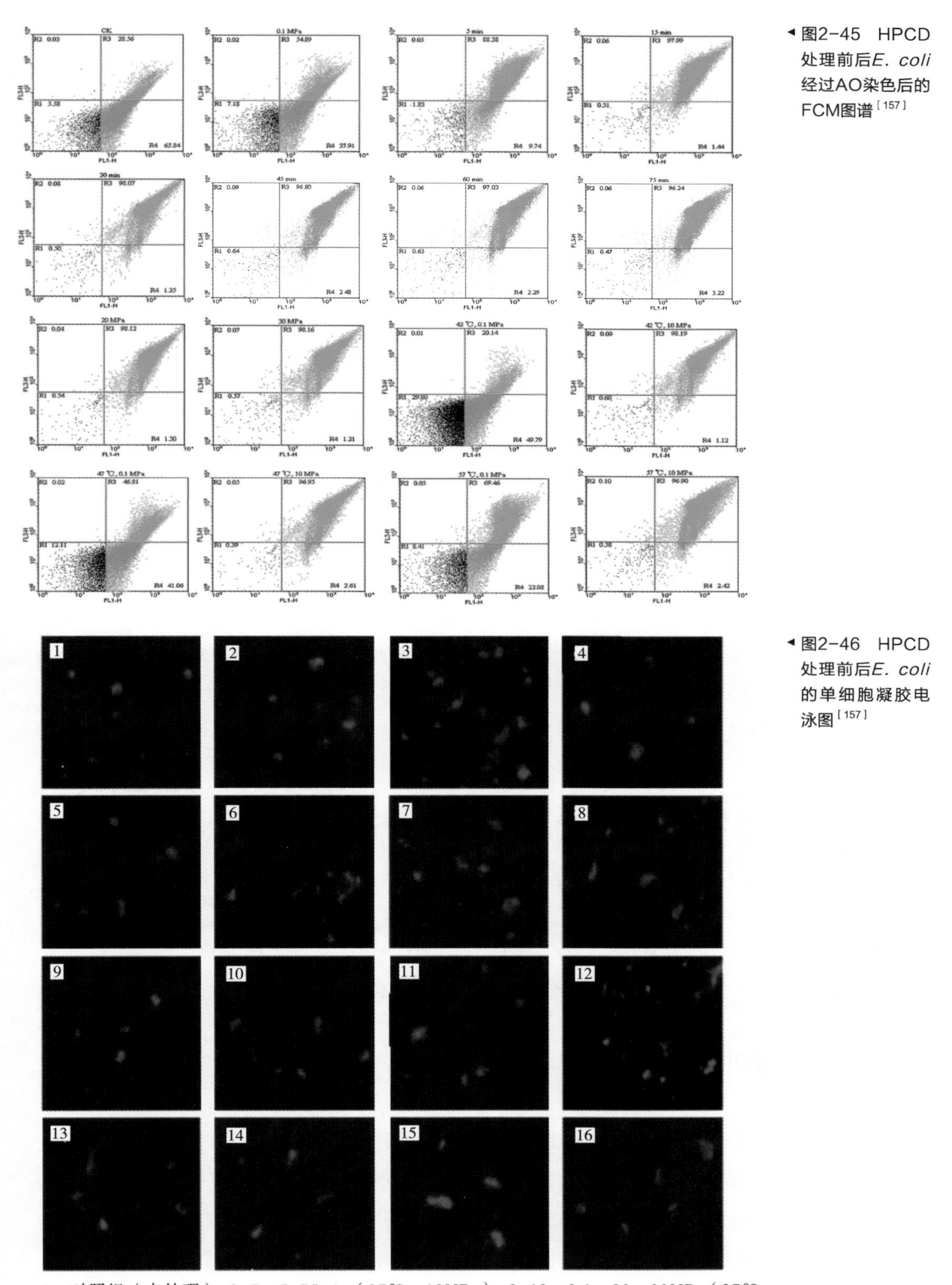

图2-45　HPCD处理前后*E. coli*经过AO染色后的FCM图谱[157]

图2-46　HPCD处理前后*E. coli*的单细胞凝胶电泳图[157]

1—对照组（未处理） 2~7—5-75min（37℃、10MPa） 8~10—0.1，20，30MPa（37℃、15min） 11，12—0.1，10MPa（42℃、15min） 13，14—0.1，10MPa（47℃、15min） 15，16—0.1，10MPa（57℃、15min）

五、HPCD 技术与 nisin 联合杀菌的机制解析

为提高杀菌效果，可将HPCD技术与其他技术或者抑菌剂联合，比如将HPCD技术与超高压技术联合，可对肉色明串珠菌（*Leuconostoc carnosum*）、*B. thermosphacta*、空肠弯曲杆菌（*Campylobacter jejuni*）、*L. innocua*等产生协同效果[163]。但对HPCD技术与其他方法联合的协同杀菌机制研究不多。Li 等（2016）研究了HPCD技术和nisin联合对*E. coli*和*S. aureus*的协同作用，并阐述了两者协同对G^+和G^-细菌的作用机制（图2-47），提出HPCD技术和nisin联合处理对*E. coli*和*S. aureus*的协同作用机制不同。对于*E. coli*，HPCD处理首先破坏细胞外膜的结构与功能，使nisin顺利作用于细胞膜并对细胞膜造成损伤，从而导致细胞质的泄漏以及内部结构破坏和功能丧失，最终导致细胞死亡，如图2-47（1）所示。对于*S. aureus*，因其没有外膜结构，HPCD和nisin分别作用于细胞膜，产生叠加作用强化了对细胞膜的损伤，并引起一系列细胞损伤，最终导致细胞死亡，如图2-48（2）所示。由于G^-细菌存在外膜，它具备保护其活性的作用；在HPCD处理*E. coli*（G^-）中可能并未完全破坏外膜，nisin受阻难以进入细胞内发挥作用，故HPCD处理和nisin联合作用的协同效果相对较弱。而*S. aureus*（G^+）不存在外膜的干扰，它对两者联合处理的协同杀菌效果较为敏感。

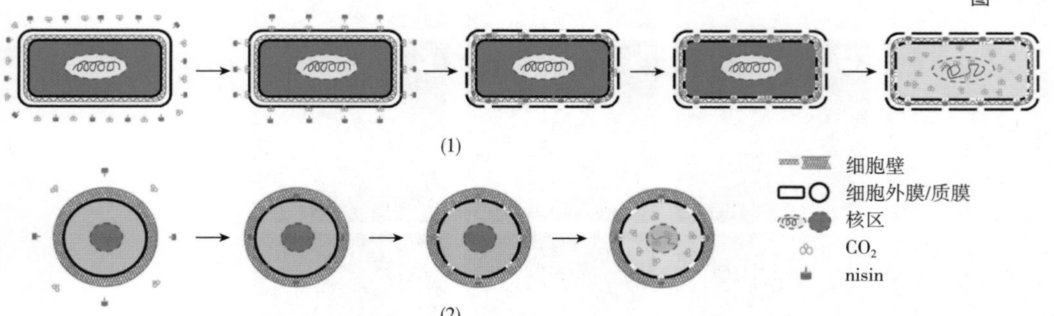

图2-47 HPCD▼技术和nisin联合处理对*E.coli*（1）和*S.aureus*（2）协同杀菌机制示意图[84]

六、HPCD 处理对微生物营养体的杀菌机制

综上所述，HPCD技术的杀菌机制比较复杂，是多种原因和途径共同作用的结果，根据现有研究进展将其概括如图2-48所示。HPCD处理中高压CO_2溶解于微生物细胞外环境中，导致外部环境pH_{ex}下降；随着CO_2渗透进入微生物细胞内或累积在细胞膜上，造成细胞膜流动性降低、渗透性增大而影响细胞膜结构及功能，其中对于革兰阴性菌的细胞膜损伤是从外膜逐步向内进展至细胞质膜；当对细胞膜的损伤增

大到一定程度，微生物细胞的形态和内部结构均可能发生改变，且细胞内物质由于膜透过性增大而流失到胞外，这将严重影响微生物细胞的存活和生长能力；此外，当细胞膜受损后，高压CO_2更容易进入细胞内，进入细胞内的CO_2与细胞内物质接触，并溶解于细胞质导致细胞内pH_{in}降低，进而导致蛋白质变性，关键酶被钝化，从而影响蛋白质合成等过程；DNA在该逆境下解链变性，影响其功能，一些参与新陈代谢的关键基因表达情况受影响，其中参与细胞组成、能量代谢、生长增殖以及作为协调因子的蛋白质的表达情况被异常调控，如突变脂蛋白、外膜蛋白Omp A和Omp W均表达下调（导致膜受损），50S核糖体蛋白L9高表达（保证核糖体的功能及蛋白质的合成效率），饥饿诱导的DNA结合蛋白（一种DNA解链酶）高表达（导致DNA变性）；压力应激蛋白高表达以保护DNA不断裂；一些与DNA有关的酶在HPCD处理过程中变化也可能影响DNA的合成和复制。这些过程可能同时发生，也可能循序渐进地进行。

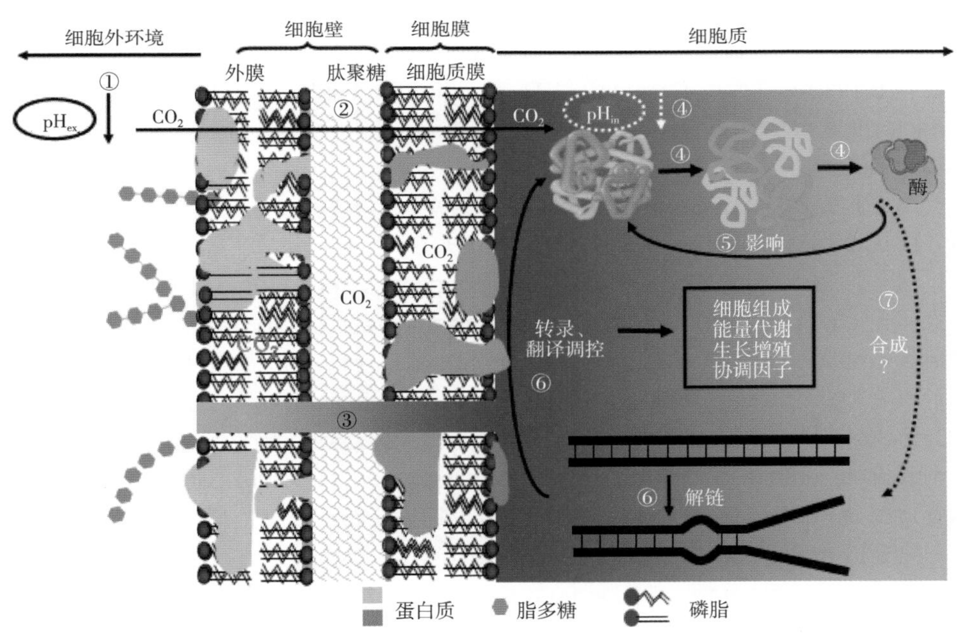

图2-48　HPCD处理对微生物营养体的杀菌机制

①CO_2溶解于微生物胞外环境中，导致外部环境pHex下降；②CO_2渗透进入微生物胞内或累积在细胞膜上，造成细胞膜流动性降低、渗透性增大而影响细胞膜结构及功能；③细胞膜的损伤增大到一定程度，胞内物质由于膜透过性增大而流失到胞外，严重影响微生物细胞的存活和生长能力；④细胞膜受损后，CO_2更容易进入胞内，并溶解于细胞质导致胞内pH_{in}降低；⑤胞内pH_{in}降低导致蛋白质变性，关键酶被钝化，从而影响蛋白质合成等过程；⑥DNA在该逆境下解链变性，影响其功能，导致一些参与新陈代谢的关键基因被异常调控；⑦在该逆境下一些与DNA有关的酶发生变化也可能影响DNA的合成和复制。

目前，尽管对HPCD杀菌以及杀菌机制已有较为广泛的研究，但是还存在争议和不清楚的地方。例如，HPCD处理过程中细胞膜受损与细胞形态改变是HPCD技术杀菌的关键点还是一种继发现象？在细胞新陈代谢过程中是哪个关键环节还是一系列环节影响了微生物细胞的活性变化？这些问题有待进一步研究，将有助于正确理解HPCD技术杀菌机制，为合理应用HPCD技术提供重要的理论基础。

参考文献

[1] 周德庆. 微生物学教程[M]. 北京：高等教育出版社，2011.

[2] Doyle M P，Buchanan R L. Food Microbiology：fundamentals and Frontiers[M]. Herndon：ASM Press；2012.

[3] Fraser D. Bursting bacteria by release of gas pressure[J]. Nature，1951，167：33-34.

[4] Dillow A K，Dehghani F，Hrkach J S，Bacterial inactivation by using near- and supercritical carbon dioxide[J]. Proceeding of The National Academy of Sciences of The USA，1999，96：10344-10348.

[5] Haas G J，Prescott J R，DudleyE，DikR，HintlianC，KeaneL. Inactivation of microorganisms by carbon dioxide under pressure[J]. Journal of Food Safety，1989，9(4)：253-265.

[6] Damar S，Balaban M O. Review of dense phase CO_2 technology[J]. Journal of Food Science，2006，71(1)：R1-R11.

[7] Parton T，Elvassore N，Bertucco A，Bertoloni G. High pressure CO_2 inactivation of food：a multi-batch reactor system for inactivation kinetic determination[J]. The Journal of Supercritical Fluids，2007，40(3)：490-496.

[8] Garcia-Gonzalez L，Geeraerd AH，Spilimbergo S，Elst K，Van Ginneken L，Debevere J，et al. High pressure carbon dioxide inactivation of microorganisms in foods：the past，the present and the future[J]. International Journal of Food Microbiology，2007，117(1)：1-28.

[9] Kamihira M，Taniguchi M，Kobayashi T. Sterilization of microorganisms with supercritical carbon dioxide[J]. Agricultural Biology and Chemistry，1987，51(2)：407-412.

[10] Lin HM，Chan C E，Chen C S，Chen L F. Disintegration of yeast cells by pressurized carbon dioxide[J]. Biotechnology Progress，1991，7(3)：201-214.

[11] Lin H M，Yang Z Y，Chen L F. Inactivation of *Saccharomyces cerevisiae* by supercritical and subcritical carbon dioxide[J]. Biotechnology Progress，1992，8：458-461.

[12] Nakamura K，Enomoto A，Fukushima H，Nagai K，Hakoda M. Disruption of microbial cells by the flash discharge of high-pressure carbon

dioxide [J]. Journal of the Agricultural Chemical Society of Japan, 1994, 58 (7): 1297-1301.

[13] Isenschmid A, Marison I W, Von S U. The influence of pressure and temperature of compressed CO_2 on the survival of yeast cells [J] . Journal of Biotechnology, 1995, 39 (3): 229-237.

[14] Ishikawa H, Shimoda M, Shiratsuchi H, Osajima Y. Sterilization of microorganisms by the supercritical carbon dioxide micro-bubble method [J] . Journal of the Agricultural Chemical Society of Japan, 1995, 59 (10): 1949-1950.

[15] Enomoto A, Nakamura K, Nagai K, Hashimoto T, Hakoda M. Inactivation of food microorganisms by high-pressure carbon dioxide treatment with or without explosive decompression [J] . Bioscience, Biotechnology and Biochemistry, 1997, 61 (7): 1133-1137.

[16] Kumagai H, Hata C, Nakamura K. CO_2 sorption by microbial cells and sterilization by high-pressure CO_2 [J] . Journal of the Agricultural Chemical Society of Japan, 1997, 61 (6): 931-935.

[17] Shimoda M, Yamamoto Y, Cocunubo-Castellanos J, Tonoike H, Kawano T, Ishikawa H, Osajima Y. Antimicrobial effect of pressured carbon dioxide in a continuous flow system [J]. Journal of Food Science, 1998, 63 (4): 709-712.

[18] Debs-louka E, Louka N, Abraham G, Chabot V, Allaf K. Effect of compressed carbon dioxide on microbial cell viability [J] . Applied and Environmental Microbiology, 1999, 65 (2): 626-631.

[19] Shimoda M, Cocunubo-Castellanos J, Kago H, et al. The influence of dissolved CO_2 concentration on the death kinetics of *Saccharomyces cerevisiae* [J] . Journal of Applied Microbiology, 2001, 91 (2): 306-311.

[20] Erkmen O. Kinetic analysis of *Saccharomyces cerevisiae* inactivation by high pressure carbon dioxide [J] . Italian Journal of Food Science, 2002, 14 (4): 431-438.

[21] Spilimbergo S, ElvassoreN, Bertucco A. Inactivation of microorganism by supercritical carbon dioxide in semi-continuous process [J] . Italian Journal of Food Science, 2003, 15 (1): 115-124.

[22] Erkmen O. Mathematical modeling of *Saccharomyces cerevisiae* inactivation under high-pressure carbon dioxide [J] . Nahrung-Food, 2003, 47 (3): 176-180.

[23] Gunes G, Blum L K, Hotchkiss J H. Inactivation of yeasts in grape juice using a continuous dense phase carbon dioxide processing system [J] . Journal of the Science of Food and Agriculture, 2005, 85 (14): 2362-2368.

[24] Spilimbergo S, Mantoan, D. Stochastic modeling of *S. cerevisiae* inactivation by supercritical CO_2 [J] . Biotechnology Progress, 2005, 21 (5): 1461-1465.

[25] Spilimbergo S, Mantoan D, Dalser A. Supercritical gases pasteurization of apple juice [J]. The Journal of Supercritical Fluids, 2007, 40 (3): 485-489.

[26] Spilimbergo S, Mantoan D, Quaranta A, Mea G D. Real-time monitoring of cell membrane modification during supercritical CO_2 pasteurization [J]. The Journal of Supercritical Fluids, 2009, 48 (1): 93-97.

[27] Garcia-Gonzalez L, Geeraerd A H, Elst K, Van Ginneken L, Van Impe J F, Devlieghere F. Influence of type of microorganism, food ingredients and food properties on high-pressure carbon dioxide inactivation of microorganisms [J]. International Journal of Food Microbiology, 2009, 129 (3): 253-263.

[28] Pataro G, Ferrentino G, Ricciardi C, Ferrari G. Pulsed electric fields assisted microbial inactivation of *S. cerevisiae* cells by high pressure carbon dioxide [J]. The Journal of Supercritical Fluids, 2010, 54 (1): 120-128.

[29] Garcia-Gonzalez L, Geeraerd A H, Mast J, Briers Y, Elst K, Van Ginneken L, et al. Membrane permeabilization and cellular death of *Escherichia coli*, *Listeria monocytogenes* and *Saccharomyces cerevisiae* as induced by high pressure carbon dioxide treatment [J]. Food Microbiology, 2010, 27 (4): 541-549.

[30] Ferrentino G, Balaban M O, Ferrari G, Poletto M. Food treatment with high pressure carbon dioxide: *Saccharomyces cerevisiae* inactivation kinetics expressed as a function of CO_2 solubility [J]. The Journal of Supercritical Fluids, 2010, 52 (1): 151-160.

[31] Valverde M T, Mar í n-Iniesta F, Calvo L. Inactivation of *Saccharomyces cerevisiae* in conference pear with high pressure carbon dioxide and effects on pear quality [J]. Journal of Food Engineering, 2010, 98 (4): 421-428.

[32] Spilimbergo S, Foladori P, Mantoan D, Ziglio G, Della Mea G. High-pressure CO_2 inactivation and induced damage on *Saccharomyces cerevisiae* evaluated by flow cytometry [J]. Process Biochemistry, 2010, 45 (5): 647-654.

[33] Ferrentino G, Schuster J, Braeuer A, Spilimbergo S. In situ Raman quantification of the dissolution kinetics of carbon dioxide in liquid solutions during a dense phase and ultrasound treatment for the inactivation of *Saccharomyces cerevisiae* [J]. The Journal of Supercritical Fluids, 2016, 111: 104-111.

[34] Ji H, Zhang L, Liu S, Qu X, Zhang C, Gao J. Optimization of microbial inactivation of shrimp by dense phase carbon dioxide [J]. International Journal of Food Microbiology, 2012, 156 (1): 44-49.

[35] Ferrentino G, Balzan S, Spilimbergo S. Optimization of supercritical carbon dioxide treatment for the inactivation of the natural microbial flora in cubed cooked ham [J]. International Journal of Food Microbiology, 2013, 161 (3): 189-196.

[36] Lin H M, Cao N, Chen L F. Antimicrobial effect of pressurized carbon dioxide on *Listeria monocytogenes* [J]. Journal of Food Science, 1994, 59 (3): 657-659.

[37] Lin H M, Yang Z Y, Chen L F. Inactivation of *Leuconostoc dextranicum* with carbon dioxide under pressure [J] . The Chemical Engineering Journal, 1993, 52: B29-B34.

[38] Hong S I, Park W S, Pyun Y R. Inactivation of *Lactobacillus* sp. from kimchi by high-pressure carbon dioxide [J] . Lebensmittel-Wissenschaft und-Technologie, 1997, 30 (7): 681-685.

[39] Spilimbergo S, Elvassore N, BertuccoA. Microbial inactivation by high-pressure [J] . Journal of Supercritical Fluids, 2002, 22 (1): 55-63.

[40] Kim S R, Rhee M S, Kim B C, Kim K H. Modeling the inactivation of *Escherichia coli* O157: H7 and generic *Escherichia coli* by supercritical carbon dioxide [J] . International Journal of Food Microbiology, 2007, 118 (1): 52-61.

[41] Garcia-Gonzalez L, Geeraerd A H, Elst K, Van Ginneken L, Van Impe J F, Devlieghere F. Inactivation of naturally occurring microorganisms in liquid whole egg using high pressure carbon dioxide processing as an alternative to heat pasteurization [J] . The Journal of Supercritical Fluids, 2009, 51 (1): 74-82.

[42] Liao H M, Hu X S, Liao X J, Chen F, Wu J H. Inactivation of *Escherichia coli* inoculated into cloudy apple juice exposed to dense phase carbon dioxide [J] . International Journal of Food Microbiology, 2007, 118 (2): 126-131.

[43] 廖红梅. 高压二氧化碳对苹果汁中微生物的杀菌效果及对大肠杆菌结构、蛋白质和DNA的影响 [D] . 北京：中国农业大学，2010.

[44] Kincal D, Hill W S, Balaban M O, Portier K M, Wei C I, Marshall M R. Continuous high pressure carbon dioxide system for microbial reduction in orange juice [J] . Journal of Food Science, 2005, 70 (5): M249-M54.

[45] Mazzoni A M, Sharma R R, Demirci A, Ziegler G R. Supercritical carbon dioxide treatment to inactivate aerobic microorganisms on alfalfa seeds [J] . Journal of Food Safety, 2001, 21 (4): 215-223.

[46] Calix T F, Ferrentino G, Balaban M O. Measurement of high-pressure carbon dioxide solubility in orange juice, apple juice, and model liquid foods [J] . Journal of Food Science, 2008, 73 (9): E439-E45.

[47] Sims M, Estigarribia, E. Continuous sterilization of aqueous pumpable food using high pressure CO_2 [C] . Proceedings of 4th International Symposium on High Pressure Process Technology and Chemical Engineering Transactions. 2002: 2921 - 2926.

[48] Arreola A G, Balaban M O, Wei C I, Peplow A, Marshall M, Cornell J.Effect of supercritical carbon dioxide on microbial populations in single strength orange juice [J] . Journal of Food Quality, 1991, 14 (4): 275-284.

[49] Hong S I，Pyun Y R. Inactivation kinetics of *Lactobacillus plantarum* by high pressure carbon dioxide [J] . Journal of Food Science，1999，64 (4): 728-733.

[50] Hong S I，Park W S，Pyun Y R. Non-thermal inactivation of *Lactobacillus plantarum* as influenced by pressure and temperature of pressurized carbon dioxide [J] .International Journal of Food Science & Technology，1999，34 (2): 125-130.

[51] Liao H M，Zhang L Y，Hu XS，Liao X J. Effect of high pressure CO_2 and mild heat processing on natural microorganisms in apple juice [J] . International Journal of Food Microbiology，2010，137 (1): 81-87.

[52] Ferrentino G，Spilimbergo S. High pressure carbon dioxide combined with high power ultrasound pasteurization of fresh cut carrot [J] . The Journal of Supercritical Fluids，2015，105: 170-178.

[53] Erkmen O. Inactivation of *Salmonella typhimurium* by high pressure carbon dioxide [J] . Food Microbiology，2000，17: 225-232.

[54] Erkmen O，Karaman H. Kinetic studies on the high pressure carbon dioxide inactivation of *Salmonella typhimurium* [J] . Journal of Food Engineering，2001，50: 25-8.

[55] Oulé M K，Tano K，Bernier A M，Arul J. *Escherichia coli* inactivation mechanism by pressurized CO_2 [J] . Canadian Journal of Microbiology，2006，52 (12): 1208-1217.

[56] Hata C，Kumagai H，Nakamura K. Rate analysis of the sterilization of microbial cells in high pressure carbon dioxide [J] . Food Science and Technology International，1996，2 (4): 229-233.

[57] Zhong Q X，Black D G，Davidson P M，Golden D A. Nonthermal inactivation of *Escherichia coli* K-12 on spinach leaves，using dense phase carbon dioxide [J] . Journal of Food Protection，2008，71 (5): 1015-1017.

[58] McHugh M，Krukonis V. Supercritical fluid extraction: principles and practice [M] . Amsterdam，Holland: Elsevier，2013.

[59] Lucien F P，Foster N R.Chemical Synthesis Using Supercritical Fluids [M] . Weinheim，Germany，: Wiley-VCH，1999: 37-53.

[60] Wei C I，Balaban M O，Fernando S Y. Bacterial effect of high pressure CO_2 treatment on foods spiked with *Listeria* or *Salmonella* [J] . Journal of Food Protection，1991，54 (3): 189-193.

[61] Gasperi F，Aprea E，Biasioli F，Carlin S，Endrizzi I，Pirretti G，et al. Effects of supercritical CO_2 and N_2O pasteurisation on the quality of fresh apple juice [J] . Food Chemistry，2009，115 (1): 129-136.

[62] Castor T P，Hong G T. Supercritical fluid disruption of and extraction from microbial cells: US Patent 5380826 [P] . 1995-1-10.

[63] Melo Silva J，Rigo A A，Dalmolin I A，Debien I，Cansian R L，Oliveira J V，et al. Effect of pressure，depressurization rate and pressure

cycling on the inactivation of *Escherichia coli* by supercritical carbon dioxide [J] . Food Control，2013，29 (1): 76-81.

[64] Calvo L，Muguerza B，Cienfuegos-Jovellanos E. Microbial inactivation and butter extraction in a cocoa derivative using high pressure CO_2 [J] . The Journal of Supercritical Fluids，2007，42 (1): 80-87.

[65] Erkmen O. Antimicrobial effect of pressurized carbon dioxide on *Staphylococcus aureus* in broth and milk [J] . LWT - Food Science and Technology，1997，30 (8): 826-829.

[66] Foster J W，Cowan R M，Maag T A. Rupture of bacteria by explosive decompression [J] . Journal of Bacteriology，1961，83 (2): 330-334.

[67] Lin H M，Yang Z Y，Chen L F. An improved method for disruption of microbial cells with pressurized carbon dioxide [J] . Biotechnology Progress，1992，8: 165-166.

[68] 刘秀凤，张宝泉，李天铎. Effects of CO_2 compression and decompression rates on the physiology of microorganisms [J] . Chinese Journal of Chemical Engineering，2005，13 (1): 140-143.

[69] Berenhauser A C，Soares D，Komora N，De Dea Lindner J，Schwinden Prudêncio E，Oliveira JV，et al. Effect of high-pressure carbon dioxide processing on the inactivation of aerobic mesophilic bacteria and *Escherichia coli* in human milk [J] . CyTA - Journal of Food，2018，16 (1): 122-126.

[70] Park S J，Lee J I，Park J. Effects of a combined process of high-pressure carbon dioxide and high hydrostatic pressure on the quality of carrot Juice [J] . Journal of Food Science，2002，67 (5): 1826-1834.

[71] Park S J，Park H W，Park J. Inactivation kinetics of food poisoning microorganisms by carbon dioxide and high hydrostatic pressure [J] . Journal of Food Science，2003，68 (3): 976-981.

[72] Spilimbergo S，Cappelletti M，Tamburini S，Ferrentino G，Foladori P. Partial permeabilisation and depolarization of *Salmonella enterica typhimurium* cells after treatment with pulsed electric fields and high pressure carbon dioxide [J] . Process Biochemistry，2014，49 (12): 2055-2062.

[73] Cappelletti M，Ferrentino G，Spilimbergo S. Supercritical carbon dioxide combined with high power ultrasound: an effective method for the pasteurization of coconut water [J] . The Journal of Supercritical Fluids，2014，92: 257-263.

[74] Spilimbergo S，Cappelletti M，Ferrentino G.High pressure carbon dioxide combined with high power ultrasound processing of dry cured ham spiked with *Listeria monocytogenes* [J] . Food Research International，2014，66: 264-273.

[75] Dehghani F，Annabi N，Titus M，Valtchev P，Tumilar A. Sterilization of ginseng using a high pressure CO_2 at moderate temperatures [J] .

Biotechnology and Bioengineering，2009，102（2）：569-576.

［76］Kim S A，Lee M K，Park T H，Rhee M S. A combined intervention using fermented ethanol and supercritical carbon dioxide to control *Bacillus cereus* and *Bacillus subtilis* in rice［J］. Food Control，2013，32（1）：93-98.

［77］Sikin A M，Walkling-Ribeiro M，Rizvi S S H. Synergistic effect of supercritical carbon dioxide and peracetic acid on microbial inactivation in shredded Mozzarella-type cheese and its storage stability at ambient temperature［J］. Food Control，2016，70：174-182.

［78］Li H，Zhao L，Wu J，Zhang Y，Liao X J. Inactivation of natural microorganisms in litchi juice by high-pressure carbon dioxide combined with mild heat and nisin［J］. Food Microbiology，2012，30（1）：139-145.

［79］Taniguchi M，Suzuki H，Sato M，Kobayashi T. Sterilization of plasma powder by treatment with supercritical carbon dioxide［J］. Agricultural and Biological Chemistry，1987，51（12）：3425-3246.

［80］Kim S R，Park H J，Yim D S，Kim H T，Choi I-G，Kim K H. Analysis of survival rates and cellular fatty acid profiles of *Listeria monocytogenes* treated with supercritical carbon dioxide under the influence of cosolvents［J］. Journal of Microbiological Methods，2008，75（1）：47-54.

［81］Anne Bernhardt M W，Birgit P，Thomas H，Matthias S，Kathleen S，Michael G. Improved sterilization of sensitive biomaterials with supercritical carbon dioxide at low temperature［J］. PLOS ONE，2015：1-19.

［82］Checinska A，Fruth I A，Green T L，Crawford R L，Paszczynski A J. Sterilization of biological pathogens using supercritical fluid carbon dioxide containing water and hydrogen peroxide［J］. Journal of Microbiological Methods，2011，87（1）：70-75.

［83］Bi XF，Wang Y T，Zhao F，Zhang Y，Rao L，Liao X J，et al. Inactivation of *Escherichia coli* O157：H7 by high pressure carbon dioxide combined with nisin in physiological saline，phosphate-buffered saline and carrot juice［J］. Food Control，2014，41：139-46.

［84］Li H，Xu Z Z，Zhao F，Wang Y T，Liao X J. Synergetic effects of high-pressure carbon dioxide and nisin on the inactivation of *Escherichia coli* and *Staphylococcus aureus*［J］. Innovative Food Science & Emerging Technologies，2016，33：180-6.

［85］Tsuji M，SatoY，Komiyama，Y. Inactivation of microorganisms and enzymes in juices by supercritical carbon dioxide method with continous flow system［J］. Nippon Shokuhin Kagaku Kogaku Kaishi，2005，52：528-531.

［86］Erkmen O. Antimicrobial effect of pressurised carbon dioxide on *Enterococcus faecalis* in physiological saline and foods［J］. Journal of the Science of Food and Agriculture，2000，80：465-470.

［87］Erkmen O. Effect of carbon dioxide pressure on *Listeria monocytogenes* in physiological saline and foods［J］. Food Microbiology，2000，

17 (6): 589-596.

[88] Tahiri I, Makhlouf J, Paquin P, Fliss I. Inactivation of food spoilage bacteria and *Escherichia coli* O157 : H7 in phosphate buffer and orange juice using dynamic high pressure [J] . Food Research International, 2006, 39 (1): 98-105.

[89] Adams M R, Moss M O. Food Microbiology [M] . Cambridge: Cambridge University Press1995.

[90] Mackey B M, Forestière K, Isaacs N. Factors affecting the resistance of *Listeria monocytogenes*to high hydrostatic pressure [J] . Food Biotechnology, 1995, 9 (1-2): 1-11.

[91] Ferrentino G, Bruno M, Ferrari G, Poletto M, Balaban M O. Microbial inactivation and shelf life of apple juice treated with high pressure carbon dioxide [J] . Journal of Biological Engineering, 2009, 3 (1): 3.

[92] Ferrentino G, Spilimbergo S. Non-thermal pasteurization of apples in syrup with dense phase carbon dioxide [J] . Journal of Food Engineering, 2017, 207: 18-23.

[93] Guo M M, Wu J J, Xu Y J, Xiao G N, Zhang M W, Chen Y L. Effects on microbial inactivation and quality attributes in frozen lychee juice treated by supercritical carbon dioxide [J] . European Food Research and Technology, 2011, 232 (5): 803-811.

[94] Lecky M, Balaban M O.Shelf life evaluation of watermelon juice after processing with a continuous high pressure CO_2 system [C] // IFT annual meeting book of abstracts.2005: 15 - 20.

[95] Liu Y, Hu X S, Zhao X Y, Song H L. Combined effect of high pressure carbon dioxide and mild heat treatment on overall quality parameters of watermelon juice [J] . Innovative Food Science & Emerging Technologies, 2012, 13: 112-119.

[96] Damar S, Balaban M O, Sims C A. Continuous dense-phase CO_2 processing of a coconut water beverage [J] . International Journal of Food Science & Technology, 2009, 44 (4): 666-673.

[97] Cappelletti M, Ferrentino G, Endrizzi I, Aprea E, Betta E, Corollaro M L, et al. High pressure carbon dioxide pasteurization of coconut water: A sport drink with high nutritional and sensory quality [J] . Journal of Food Engineering, 2015, 145: 73-81.

[98] 廖红梅，周林燕，廖小军，张燕，胡小松. 高密度二氧化碳对牛初乳的杀菌效果及对理化性质影响 [J] . 农业工程学报，2009，25 (4): 260-264.

[99] Werner B G, Hotchkiss J H. Continuous flow nonthermal CO_2 processing: The lethal effects of subcritical and supercritical CO_2 on total microbial populations and bacterial spores in raw milk [J] . Journal of Dairy Science, 2006, 89 (3): 872-881.

[100] Liao H M, Zhong K, Liao X J, Hu X S. Inactivation of microorganisms

naturally present in raw bovine milk by high-pressure carbon dioxide [J] . International Journal of Food Science & Technology, 2014, 49 (3): 696-702.

[101] Kobayashi F, Odake S, Miura T, Akuzawa R. Pasteurization and changes of casein and free amino acid contents of bovine milk by low-pressure CO_2 microbubbles [J] . LWT - Food Science and Technology, 2016, 71: 221-226.

[102] Kuhne K, Knorr D. Effects of high pressure carbon dioxide on the reduction of microorganisms in fresh celery [J] . Internationale Zeitschrift fur Lebensmittel-Technik, Marketing, Verpackung and Analytik, 1990, 41: 55-57.

[103] Bi X F, Wu J H, Zhang Y, Xu Z Z, Liao X J. High pressure carbon dioxide treatment for fresh-cut carrot slices [J] . Innovative Food Science & Emerging Technologies, 2011, 12 (3): 298-304.

[104] Spilimbergo S, Komes D, Vojvodic A, Levaj B, Ferrentino G. High pressure carbon dioxide pasteurization of fresh-cut carrot [J] . The Journal of Supercritical Fluids, 2013, 79: 92-100.

[105] Hong S I, Park W S. High-pressure carbon dioxide effect on kimchi fermentation [J] . Bioscience, Biotechnology, and Biochemistry, 1999, 63 (6): 1119-1121.

[106] Chen Y Y, Temelli F, Gänzle M G, Björkroth J. Mechanisms of inactivation of dry *Escherichia coli* by high-pressure carbon dioxide [J] . Applied and Environmental Microbiology, 2017, 83 (10): e00062-17.

[107] Erkmen O. Predictive modelling of *Listeria monocytogenes* inactivation under high pressure carbon dioxide [J] . LWT - Food Science and Technology, 2000, 33 (7): 514-519.

[108] Erkmen O. Kinetic analysis of *Listeria monocytogenes* inactivation by high pressure carbon dioxide [J] . Journal of Food Engineering, 2001, 47: 7-10.

[109] Choi Y M, Bae Y Y, Kim K H, Kim B C, Rhee M S. Effects of supercritical carbon dioxide treatment against generic *Escherichia coli*, *Listeria monocytogenes*, *Salmonella typhimurium*, and *E.coli O*157 : H7 in marinades and marinated pork [J] . Meat Science, 2009, 82 (4): 419-424.

[110] Xiong R, Xie G, Edmondson A E, Sheard M A. A mathematical model for bacterial inactivation [J] . International Journal of Food Microbiology, 1999, 46: 45-55.

[111] Hong S I, Pyun Y R. Membrane damage and enzyme inactivation of *Lactobacillus plantarum* by high pressure CO_2 treatment [J] . International Journal of Food Microbiology, 2001, 63 (1): 19-28.

[112] Chick H. An investigation of the laws of disinfection [J] . Journal of Hygiene, 1908, 8: 92-158.

[113] Erkmen O. Effects of high-pressure carbon dioxide on *Escherichia coli* in nutrient broth and milk [J] . International Journal of Food Microbiology,

2001，65（1-2）：131-135.

[114] Karaman H，Erkmen O. High carbon dioxide pressure inactivation kinetics of *Escherichia coli* in broth [J]. Food Microbiology，2001，18（1）：11-16.

[115] 王洪芳，刘毅，姚中峰，戴瑞彤，李兴民，阎文杰. 高密度二氧化碳对蛋清液中沙门氏菌和大肠杆菌杀菌效果和杀菌动力学的研究 [J]. 农产品加工（学刊），2011（07）：36-40+53.

[116] Erkmen O. Antimicrobial effects of pressurised carbon dioxide on *Brochotrix thermosphacta* in broth and foods [J]. Journal of the Science of Food and Agriculture，2000，80：1365-1370.

[117] Ballestra P，Da S A，Cuq J L. Inactivation of *Escherichia coli* by carbon dioxide under pressure [J]. Journal of Food Science，1996，61（4）：829-831.

[118] Erkmen O. Mathematical modeling of *Escherichia coli* inactivation under high-pressure carbon dioxide [J]. Journal of Bioscience & Bioengineering，2001，92（1）：39-43.

[119] Kim S R，Rhee M S，Kim B C，Lee H，Kim K H. Modeling of the inactivation of *Salmonella typhimurium* by supercritical carbon dioxide in physiological saline and phosphate-buffered saline [J]. Journal of Microbiological Methods，2007，70（1）：132-141.

[120] Liao H M，Kong X Z，Zhang Z Y，Liao X J，Hu X S. Modeling the inactivation of *Salmonella typhimurium* by dense phase carbon dioxide in carrot juice [J]. Food Microbiology，2010，27（1）：94-100.

[121] Liao H M，Zhang Y，Hu X S，Liao X J，Wu J H. Behavior of inactivation kinetics of *Escherichia coli* by dense phase carbon dioxide [J]. International Journal of Food Microbiology，2008，126（1-2）：93-97.

[122] Ferrentino G，Ferrari G，Poletto M，Balaban M O. Microbial inactivation kinetics during high-pressure carbon dioxide treatment：nonlinear model for the combined effect of temperature and pressure in apple juice [J]. Journal of Food Science，2008，73（8）：E389-E95.

[123] Li H，Deng L，Chen Y，Zhang Y，Liao X. Inactivation，morphology，interior structure and enzymatic activity of high pressure CO_2-treated *Saccharomyces cerevisiae* [J]. Innovative Food Science and Emerging Technologies，2012（14）：99-106.

[124] Gunes G，Blum L K，Hotchkiss J H. Inactivation of *Escherichia coli*（ATCC 4157）in diluted apple cider by dense-phase carbon dioxide [J]. Journal of Food Protection，2006，69（1）：12-16.

[125] Whiting R C，Buchanan R L. Microbial modeling. A scientific status summary by the institute of food technologists's expert panel on food safety and nutrition [J]. Food Technology，1994，48（6）：113-120.

[126] Kargi F，Shuler M L. Bioprocess engineering：basic concepts [M].

Upper Saddle River，New Jersey：Prentic Hall，2002.

[127] McClure P J，Baranyi J，Boogard E，et al. A predictive model for the combined effect of pH，sodium chloride and storage temperature on the growth of *Brocothrix thermosphacta* [J] . International Journal of Food Microbiology，1993，19：161-178.

[128] A lvarez I，Virto R，Raso J，et al. Comparing predicting models for the *Escherichia coli* inactivation by pulsed electric fields [J] .Innovative Food Science & Emerging Technologies，2003，4 (2)：195-202.

[129] Ross T. Indices for performance evaluation of predictive models in food microbiology [J] . Journal of Applied Bacteriology，1996，81：501-508.

[130] Motulsky H J，Ransnas L. Fitting curves to data using nonlinear regression：a practical and nonmathematical review [J] . The Journal of the Federation of American Societies for Experimental Biology，1978，1：365-374.

[131] Valley G，Rettger L F. The influnce of carbon dioxide on bacteria [J] . Journal of Bacteriology，1927，14 (2)：101-137.

[132] Sears D F，Eisenberg R M. A model representing a physiological role of CO_2 at the cell membrane [J] . The Journal of General Physiology，1961，44：869-887.

[133] Castelli A，Littaru G P，Barbesi G. Effect of pH and CO_2 concentration changes on lipids and fatty acids of *Saccharomyces cerevisiae* [J] . Archivf ü r Mikrobiologie，1969，66：34-39.

[134] Jones R P，Greenfield P F. Effect of carbon dioxide on yeast and fermentation [J] . Enzyme and Microbal Technology，1982，4：210-223.

[135] Daniels D A，Krishnamurthi R，Rizvi S S. A review of effects of carbon dioxide on microbial growth and food quality [J] . Journal of Food Protection，1985，48：532-537.

[136] Liao H M，Zhang F S，Liao X J，Hu X S，Chen Y，Deng L. Analysis of *Escherichia coli* cell damage induced by HPCD using microscopies and fluorescent staining [J] . International Journal of Food Microbiology，2010，144 (1)：169-176.

[137] White A，Burns D，Christensen T W. Effective terminal sterilization using supercritical carbon dioxide [J] . Journal of Biotechnology，2006，123 (4)：504-515.

[138] Dagan G F，Balaban M O. Pasteurization of beer by a continuous dense-phase CO_2 system [J] . Journal of Food Science，2006，71 (3)：164-169.

[139] Poger D，Mark A E. A ring to rule them all：the effect of cyclopropane fatty acids on the fluidity of lipid bilayers [J]. The Journal of Physical Chemistry B，2015，119 (17)：5487-5495.

[140] Chen Y Y，Ganzle M G. Influence of cyclopropane fatty acids on heat，high pressure，acid and oxidative resistance in *Escherichia coli* [J] .

International Journal of Food Microbiology，2016，222：16-22.

[141] Kim S R，Kim H T，Park H J，Kim S，Choi H J，Hwang G S，et al. Fatty acid profiling and proteomic analysis of *Salmonella enterica* serotype *typhimurium* inactivated with supercritical carbon dioxide [J] . International Journal of Food Microbiology，2009，134 (3)：190-195.

[142] Berney M，Hammes F，Bosshard F，et al. Assessment and interpretation of bacterial viability by using the LIVE/DEAD BacLight kit in combination with flow cytometry [J] . Applied and Environmental Microbiology，2007，73：3283-3290.

[143] Nikaido H，Vaara M. Molecular basis of bacterial outer membrane permeability [J] . Microbiology Reviews，1985，49：1-32.

[144] Joux F，Lebaron P. Use of fluorescent probes to assess physiological functions of bacteria at single-cell level [J] . Microbes and Infection，2000，2：1523-1535.

[145] Novo D J，Perlmutter N G，Hunt R H，et al. Multiparameter flow cytometric analysis of antibiotic effects on membrane potential，membrane permeability，and bacterial counts of *Staphylococcus aureus* and *Micrococcus luteus* [J] . Antimicrobial Agents and Chemotherapy，2000，44：827-834.

[146] Kim H T，Choi H J，Kim K H. Flow cytometric analysis of *Salmonella enterica serotype typhimurium* inactivated with supercritical carbon dioxide [J] . Journal of Microbiological Methods，2009，78 (2)：155-160.

[147] Bertoloni G，Bertucco A，De Cian V，Parton T. A study on the inactivation of microorganisms and enzymes by high pressure CO_2 [J] . Biotechnology and Bioengineering，2006，95 (1)：155-160.

[148] de Arauz L J，Jozala A F，Mazzola P G，Vessoni Penna T C. nisin biotechnological production and application：a review [J] . Trends in Food Science & Technology，2009，20 (3-4)：146-154.

[149] Millette M，Smoragiewicz W，Lacroix M. Antimicrobial potential of immobilized *Lactococcus lactis* subsp. lactis ATCC 11454 against selected bacteria [J] . Journal of Food Protection，2004，67 (6)：1184-1189.

[150] Sirisee U，Hsieh F，Huff H E. Microbial safety of supercritical carbon dioxide processes [J] . Journal of Food Processing and Preservation，1998，22：378-403.

[151] Xu H S，Roberts N，Singleton F L，Attwell R W，Grimes D J，Colwell R R. Survival and viability of nonculturable *Escherichia coli* and *Vibrio cholerae* in the estuarine and marine environment [J] . Microbial Ecology，1982，8 (4)：313-323.

[152] Hutkins R W，Nannen N L. pH homeostasis in lactic-acid bacteria [J]. Journal of Dairy Science，1993，76：2354-2365.

[153] Molina-Gutierrez A，Stippl V，Delgado A，Ganzle M G，Vogel R F. In situ determination of the intracellular pH of *Lactococcus lactis* and *Lactobacillus*

plantarum during pressure treatment [J] . Applied and Environmental Microbiology，2002，68 (9): 4399-4406.

[154] Spilimbergo S，Bertucco A，Basso G，Bertoloni G. Determination of extracellular and intracellular pH of *Bacillus subtilis* suspension under CO_2 treatment [J] . Biotechnology and Bioengineering，2005，92 (4): 447-451.

[155] Leyer G J，Johnson E A. Acid adaptation induces cross-protection against environmental stresses in *S. typhimurium* [J]. Applied and environmental microbiology，1993，59: 1842-1847.

[156] Kobayashi F，Odake S. The relationship between intracellular acidification and inactivation of *Saccharomyces pastorianus* by a two-stage system with pressurized carbon dioxide microbubbles [J] . Biochemical Engineering Journal，2018，134: 88-93.

[157] Liao H M，Zhang F S，Hu X S，Liao X J. Effects of high-pressure carbon dioxide on proteins and DNA in *Escherichia coli* [J] . Microbiology，2010，157 (3): 709-720.

[158] 周先汉，程丽梅，曾庆梅，张安，宋俊骅，周典飞. 超临界CO_2杀菌过程中萃取机制研究 [J] . 食品科学，2010，31 (17): 14-17.

[159] Tamburini S，Anesi A，Ferrentino G，Spilimbergo S，Guella G，Jousson O. Supercritical CO_2 induces marked changes in membrane phospholipids composition in *Escherichia coli* K12 [J] . The Journal of Membrane Biology，2014，247 (6): 469-477.

[160] 饶伟丽. 高密度CO_2对大肠杆菌菌体蛋白影响的研究 [D] . 北京: 中国农业科学院，2009.

[161] 王莹莹. 高密度CO_2对大肠杆菌膜渗透性及蛋白质的影响 [D] . 北京: 中国农业科学院，2011.

[162] 杨扬，李欣，饶伟丽，何凡，陈丽，张德权. 高密度二氧化碳诱变的大肠杆菌突变菌株脂肪酸及蛋白质组分析 [J] . 中国食品学报，2016，16 (05): 188-195.

[163] Al-Nehlawi A，Guri S，Guamis B，Saldo J. Synergistic effect of carbon dioxide atmospheres and high hydrostatic pressure to reduce spoilage bacteria on poultry sausages [J] . LWT - Food Science and Technology，2014，58 (2): 404-411.

[164] Parton T，Bertucco A，Elvassore N，Grimolizzi L. A continuous plant for food preservation by high pressure CO_2 [J] . Journal of Food Engineering，2007，79 (4): 1410-1417.

[165] 姜海荣. 超高压及超临界CO_2技术对哈密瓜汁中两种菌杀灭效果的研究 [D] . 石河子: 石河子大学，2010.

[166] Parton T，BertuccoA，Bertoloni G. Pasteurisation of grape must and tomato paste by dense-phase CO_2 [J] . Italian Journal of Food Science，2007，19 (4): 425-437.

[167] Jung W Y，Choi Y M，Rhee M S. Potential use of supercritical carbon dioxide to decontaminate *Escherichia coli* O157 : H7，*Listeria monocytogenes*，

and *Salmonella typhimurium* in alfalfa sprouted seeds [J] . International Journal of Food Microbiology，2009，136 (1): 66-70.

[168] Spilimbergo S，Quaranta A，Garcia-Gonzalez L，Contrini C，Cinquemani C，Van Ginneken L. Intracellular pH measurement during high-pressure CO_2 pasteurization evaluated by cell fluorescent staining [J] . The Journal of Supercritical Fluids，2010，53 (1-3): 185-191.

[169] Soares D，Lerin L A，Cansian R L，Oliveira J V，Mazutti M A. Inactivation of *Listeria monocytogenes* using supercritical carbon dioxide in a high-pressure variable-volume reactor [J] . Food Control，2013，31 (2): 514-518.

[170] Ferrentino G，Balzan S，Spilimbergo S. Supercritical carbon dioxide processing of dry cured ham spiked with *Listeria monocytogenes*: inactivation kinetics，color，and sensory evaluations [J] . Food and Bioprocess Technology，2013，6 (5): 1164-1174.

[171] Furukawa S，Watanabe T，Koyama T，Hirata J，Narisawa N，Ogihara H，et al. Inactivation of food poisoning bacteria and *Geobacillus stearothermophilus* spores by high pressure carbon dioxide treatment [J] . Food Control，2009，20 (1): 53-58.

[172] Zhang S K，Hu H J，Zou Y M，Chen J Y，Liao X J，Han B Z. Effect of high pressure carbon dioxide on *Staphylococcus aureus* biofilm [J] . African Journal of Microbiology Research，2013，7 (9): 736-744.

[173] Enfors S O. Effect of high concentrations of carbon dioxide on growth rate of *Pseudomonas fragi*，*Bacillus cereus* and *Streptococcus cremoris* [J] . Journal of Applied Bacteriology，1980，48: 409-416.

[174] Casas J，Tello J，Gatto F，Calvo L. Microbial inactivation of paprika using oregano essential oil combined with high-pressure CO_2 [J] . The Journal of Supercritical Fluids，2016，116: 57-61.

[175] Yuk H G，Geveke D J，Zhang H Q. Non-thermal inactivation of *Escherichia coli* K12 in buffered peptone water using a pilot-plant scale supercritical carbon dioxide system with a gas - liquid porous metal contactor [J]. Food Control，2009，20 (9): 847-851.

[176] 郑海涛，李建丽，李兴民.高密度二氧化碳对鸡蛋全蛋液杀菌效果研究 [J] . 中国食物与营养，2010，12: 48-50.

[177] Vo HT，Imai T，Yamamoto H，et al.Disinfection using pressurized carbon dioxide microbubbles to inactivate *Escherichia coli*，bacteriophage MS2 and T4 [J] . Journal of Water and Environment Technology，2013，11 (6): 497-505.

[178] Tamburini S，Foladori P，Ferrentino G，Spilimbergo S，Jousson O. Accurate flow cytometric monitoring of *Escherichia coli* subpopulations on solid food treated with high pressure carbon dioxide [J] . Journal of Applied Microbiology，2014，117 (2): 440-450.

［179］杨扬，李欣，饶伟丽，陈丽，张德权. 高压二氧化碳杀灭大肠杆菌过程中的蛋白质变化研究［J］. 现代食品科技，2014，30（05）：118-124.

［180］Ferrentino G，Calliari N，Bertucco A，Spilimbergo S. Validation of a mathematical model for predicting high pressure carbon dioxide inactivation kinetics of *Escherichia coli* spiked on fresh cut carrot［J］. The Journal of Supercritical Fluids，2014，85：17-23.

［181］Ceni G，Fernandes Silva M，Valério Jr C，Cansian R L，Oliveira J V，Dalla Rosa C，et al. Continuous inactivation of alkaline phosphatase and *Escherichia coli* in milk using compressed carbon dioxide as inactivating agent［J］. Journal of CO_2 Utilization，2016，13：24-28.

［182］贾士儒，孙爱友，张保泉，刘宏军. 超临界CO_2对面包酵母活性影响的研究［J］. 中国生物工程杂志，2003，23（7）：94-97.

［183］Del Pozo-Insfran D，Balaban M O，Talcott S T. Microbial stability，phytochemical retention，and organoleptic attributes of dense phase CO_2 processed muscadine grape juice［J］. Journal of Agricultural and Food Chemistry，2006，54（15）：5468-5473.

［184］Nik Norulaini N A，Ahmad A，Omar F M，Banana AAS，Md. Zaidul I S，Ab. Kadir M O. Sterilization and extraction of palm oil from screw pressed palm fruit fiber using supercritical carbon dioxide［J］. Separation and Purification Technology，2008，60（3）：272-277.

［185］Chen J L，Zhang J，Song L J，Jiang Y，Wu J H，Hu X S. Changes in microorganism，enzyme，aroma of hami melon（*Cucumis melo L.*）juice treated with dense phase carbon dioxide and stored at 4℃［J］. Innovative Food Science & Emerging Technologies，2010，11（4）：623-629.

［186］郭鸣鸣，吴继军，徐玉娟，肖更生，张名位，刘亮，et al. 荔枝汁高密度二氧化碳杀菌研究［J］. 食品工业科技，2010，31（07）：321-323.

［187］RamÍRez-Rodrigues M M，Plaza M L，Ferrentino G，Balaban M O，Reyes-De Corcuera J I，Marshall M R. Effect of dense phase carbon dioxide processing on microbial stability and physicochemical attributes of hibiscus sabdariffa beverage［J］. Journal of Food Process Engineering，2011，36（1）：125-133.

［188］郑海涛，李建丽，李兴民. 高密度二氧化碳对鸡蛋全蛋液杀菌效果研究［J］. 中国食物与营养，2010，12：48-50.

［189］廖红梅，丁占生，钟葵，龙飞翊，廖小军. 高压二氧化碳对鲜榨梨汁杀菌效果及动力学研究［J］. 食品工业科技，2013，34（24）：84-87.

［190］Kobayashi F，Odake S，Kobayashi K，Sakurai H. Effect of pressure on the inactivation of enzymes and hiochi bacteria in unpasteurized sake by low-pressure carbon dioxide microbubbles［J］. Journal of Food Engineering，2016，171：52-56.

［191］Plaza M L. Quality of guava puree by dense phase carbon dioxide treatment［D］.Gainesville：University of Florida，2010.

[192] 刘野，赵晓燕，邹磊，胡小松，宋焕禄. 高压二氧化碳对鲜榨西瓜汁杀菌效果和风味的影响 [J] . 食品科学，2012，33 (3): 82-88.

[193] Marszałek K，Skąpska S，Woźniak Ł，Sokołowska B. Application of supercritical carbon dioxide for the preservation of strawberry juice: microbial and physicochemical quality，enzymatic activity and the degradation kinetics of anthocyanins during storage [J] . Innovative Food Science & Emerging Technologies，2015，32: 101-109.

[194] Ferrentino G，Spilimbergo S. A combined high pressure carbon dioxide and high power ultrasound treatment for the microbial stabilization of cooked ham [J] . Journal of Food Engineering，2016，174: 47-55.

[195] Schmidt A，Beermann K，Bach E，Schollmeyer E. Disinfection of textile materials contaminated with *E. coli* in liquid carbon dioxide [J] . Journal of Cleaner Production，2005，13 (9): 881-885.

[196] Mantoan D，Spilimbergo S. Mathematical modeling of yeast Inactivation of freshly squeezed apple juice under high-pressure carbon dioxide [J] . Critical Reviews in Food Science and Nutrition，2011，51 (1): 91-97.

[197] Buzrul S. Modeling and predicting the high pressure carbon dioxide inactivation of microorganisms in foods [J] . International Journal of Food Engineering，2012，8 (1): 1-16.

[198] Peleg M. Simulation of *E. coli* inactivation by carbon dioxide under pressure [J] . Journal of Food Science，2002，67 (3): 896-901.

第三章

HPCD 诱导细菌形成 VBNC 状态的机制

第一节 微生物VBNC状态概述

第二节 VBNC状态微生物的种类及分布

第三节 VBNC状态微生物的特征

第四节 微生物VBNC状态的检测方法

第五节 微生物VBNC状态的形成

第六节 HPCD诱导*E. coli* O157：H7 VBNC状态形成的机制

第一节
微生物 VBNC 状态概述

细菌的生命周期如图3-1所示。在适宜生长环境下细菌处于生长阶段，通过二分裂方式进行繁殖；而当遇到逆境时细菌会转向存活阶段，芽孢菌会通过产生芽孢而使自身在逆境下存活并度过逆境，非芽孢菌会通过形成活的非可培养状态而使它在逆境下维持活性[1]。本章重点介绍HPCD诱导微生物进入VBNC状态的研究进展。

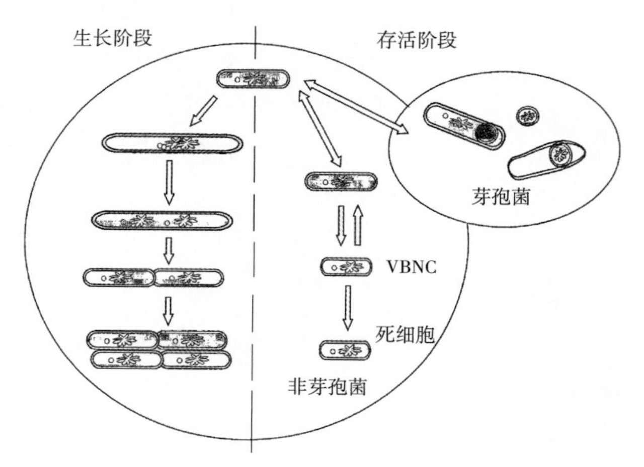

图3-1 细菌的生命周期[1]

Xu等首先发现海水中的*E. coli*和霍乱弧菌（*Vibrio cholerae*）在常用培养基上不能培养，但能检测到其代谢活性，表明这两种不能培养的细菌仍然“活着”[2]。之后，他们提出VBNC状态的概念来解释这一现象[3]。VBNC细菌主要特征表现为具有代谢活性，但在该菌常用的非选择性培养基上不能生长或形成菌落，而且一些VBNC细菌在环境适宜时还可复苏为可培养状态[4]。因此，VBNC状态被认为是细菌在恶劣环境下所采取的一种存活策略[5]。到目前为止，VBNC状态并不限于细菌，研究发现一些真菌也能进入该状态，所以严格意义上来说应该是“微生物的VBNC状态”。由于常规微生物检测方法如平板计数法、MPN计数法等检测不到VBNC状态微生物的存在，这样就可能低估检测样品中微生物的数量而出现假阴性，给食品安全和人类健康带来隐患。1998年，日本爆发了由于腌制鲑鱼籽引起的食物中毒事件，此次事件的元凶就是*E. coli* O157：H7。Asai等在流行病学调查中采用MPN检测方法发现，在腌制的鲑鱼籽中仅0.75~1.5个*E. coli* O157：H7

活细胞就可以引起感染，但理论上该数量水平的*E. coli* O157：H7是不足以引起感染的[6]。为了解释这一现象，Makino等重新测定了腌制鲑鱼籽样品中*E. coli* O157：H7的数量，通过对*E. coli* O157：H7细胞膜完整性、细胞伸长能力及其对老鼠的致病性三方面的测定，发现腌制鲑鱼籽样品中大部分*E. coli* O157：H7细胞进入了VBNC状态[7]。因此，可能是VBNC状态的*E. coli* O157：H7引起了这场食物中毒事件的暴发[7]。

鉴于微生物VBNC状态重要的生物学意义及其对公共安全的影响，国内外一直在开展有关微生物VBNC状态方面的研究工作。图3-2所示为1982—2016年有关VBNC状态的文章发表情况。

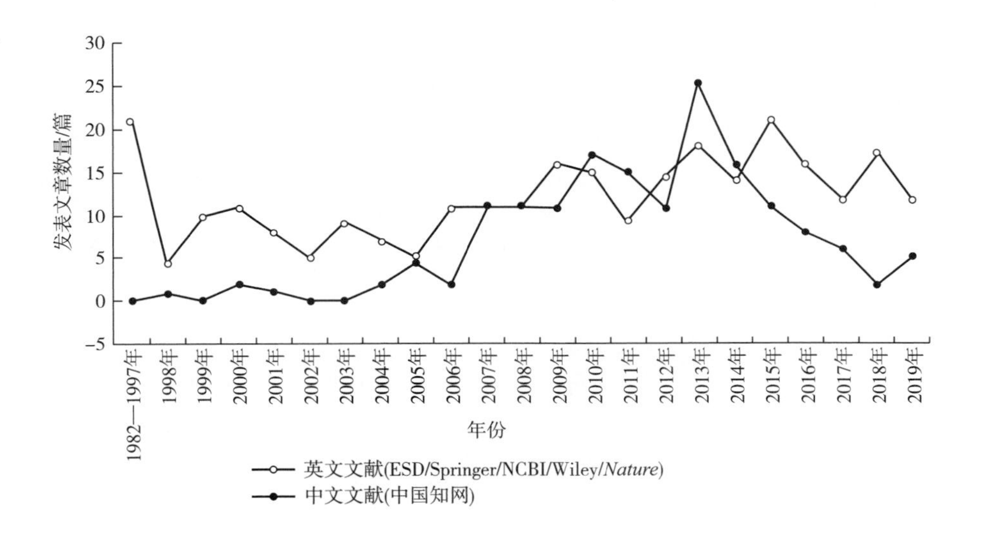

图3-2 有关VBNC状态的文章发表情况（1982—2016年）

第二节

VBNC 状态微生物的种类及分布

目前，研究发现已有100多种微生物可进入VBNC状态，包括细菌和真菌[8]。这些微生物来自不同的生存环境，主要包括食品体系、自然环境及农业生产环境等方面。许多不利于微生物生存的逆境，如饥饿、过高或过低温度、紫外线照射、金属离子、氧化等逆境均能诱导微生物进入VBNC状态。表3-1所示为目前已报道的可进入VBNC状态的微生物。

表3-1 可进入VBNC状态的微生物[8]

菌种	VBNC诱导条件	VBNC复苏条件	致病型/微生物生存环境
食源性致病菌			
Aeromonas hydrophila	饥饿、低温	升温	人肠胃炎，鱼出血性败血症
温和气单胞菌（*Aeromonas sobria*）	4℃湖水	—	—
布氏弓形杆菌（*Arcobacter butzleri*）	饥饿、4℃低温、室温	升温、添加营养物质	肠道
Bacillus cereus	脉冲电场	—	肠胃炎
Burkholderia pseudomallei	低pH、高温、高渗透压	—	类鼻疽
Campylobacter coli, *Campylobacter jejuni*, *Campylobacter lari*	MH琼脂培养基中添加甲酸并在42℃中培养、人工海水（ASW）/PBS中于4℃培养、Bolton肉汤中于4℃培养	接种于鸡蛋卵黄囊/1周龄小鸡中、与Caco-2人类上皮细胞共培养、小鼠肠道中体内培养	弯曲杆菌病、肠炎
Escherichia coli	河水/去离子水/PBS、低温避光培养、铜离子、高压二氧化碳、氯、高渗透压、过氧化氢、紫外线、表面流光放电、TiO_2-介导的光解、光氧化、次氯酸钠	与真核细胞共培养、EDTA添加以螯合铜离子、升温、培养基中添加过氧化氢酶或丙酮酸钠	腹泻，溶血性尿毒综合征
Enterobacter aerogenes	饮用水	—	机会致病菌
Enterobacter cloacae	风干土	风干土的再润湿	—
Enterococcus faecalis, *Enterococcus faecium*, *Enterococcus hirae*	光及高盐、4℃湖水培养、过滤及高压蒸汽处理的湖水、无菌蒸馏水、pH9及pH11的钠缓冲液	培养基中添加酵母提取物并在室温/37℃下培养、添加了丙酮酸钠或过氧化氢酶的TSA培养基中培养	心内膜炎、败血症、尿路感染、慢性胃炎、消化性溃疡等
Francisella tularensis	缺乏碳源的冷水	将VBNC细胞从腹腔注射到小鼠体内	兔热病
Helicobacter pylori	臭氧及氯消毒、纯净水/海水、Ham's F12培养基添加10%小牛血清并于4℃培养、Brucella肉汤中添加2%胎牛血清	接种于小鼠胃中	慢性胃炎、消化性溃疡等
Klebsiella pneumoniae	饮用水	—	肺炎
Legionella pneumophila	饥饿、二氧化氯、次氯酸钠、热激、一氯胺处理	与卡氏棘阿米巴/与多噬棘阿米巴共培养	军团病
Listeria monocytogenes	饥饿、低pH、低盐、氯、与乳酸菌共培养	添加营养物质、秀丽隐杆线虫摄食	李氏杆菌病
Mycobacterium tuberculosis, *Mycobacterium smegmatis*, *Mycobacterium bovis*	苏通培养基改性、缺氧条件下饥饿处理、从pH8.5到pH4.7逐渐酸化、改性的Hartman's-de Bont培养基、缺氧	添加Rpf、Rpf水解后的肽聚糖片段、添加*M. tuberculosis*培养上清液的培养基、与*M. luteusor*共培养	肺结核 牛结核病
Pasteurellapiscicida	饥饿	添加营养物质	出血性败血病

续表

菌种	VBNC诱导条件	VBNC复苏条件	致病型/微生物生存环境
Pseudomonas aeruginosa, *Pseudomonas fluorescen*, *Pseudomonas putida*	紫外消毒、低温、低电势及氧气缺乏、河水、TiO_2纳米颗粒	升温 — —	— — —
Salmonella bovismorbifican, *Salmonella enterica*, *Salmonella oranienburg*, *Salmonella typhi*, *Salmonella typhimurium*	饥饿、乳酸、过乙酸、氯、低湿度、与乳酸细菌共培养、次氯酸钠、高渗透压、pH 4.0、低温（4℃/20℃）、4℃下饥饿处理、过氧化氢、鱿鱼的干燥过程、-20℃低温、硫酸铜、热超声	添加营养物质、秀丽隐杆线虫摄食、添加Rpf/过氧化氢酶/超氧化物歧化酶/丙酮酸钠/肠道菌自诱导物、升温、添加铁链霉素E的蛋白胨水、麻醉后的小鼠体内注射	— 肠炎 肠胃炎 伤寒症 伤寒症
Serratia marcescens	雾化	—	—
Shigella dysenteriae, *Shigella flexner*, *Shigella sonnei*	饥饿、4℃ PBS中培养、低pH及低碳水化合物	与真核细胞共培养、营养丰富的培养基	志贺氏菌病
Staphylococcus aureus, *Streptococcus faecalis*	超声、抗生素处理及营养物质的缺乏、饥饿、4℃低温、饮用水	包含抗氧化因子的营养培养基、升温	化脓、炎症感染
Vibrio cholerae, *Vibrio cincinnatiensis*, *Vibrio mimicus*, *Vibrio parahaemolyticus*, *Vibrio vulnificus*	4℃低温、碱性pH、4℃下的灭菌海水/人工海水、碳源缺乏	热激、接种于小鼠体内/人类肠道/兔子回肠、与真核细胞共培养、升温、添加过氧化氢酶或丙酮酸钠的琼脂培养基中培养、自诱导物（AI-2）	腹泻、肠胃炎
Yersinia enterocolitica	中性电解水	—	—
Yersinia pestis	低温自来水	添加营养物质	黑死病
食品腐败菌或食品中的功能微生物			
Acetobacter aceti, *Acetobacter pasteurianus*, *Brettanomyces bruxellensis*, *Dekkera bruxellensis*, *Lactobacillus brevis*, *Lactobacillus lindneri*, *Lactobacillus paracollinoides*, *Rhodotorula mucilaginosa*, *Zygosaccharomyces bailii*	氧气缺乏、二氧化硫/分子二氧化硫、热处理、低温储藏环境	添加氧气、乙醛或过氧化氢酶	红酒腐败菌 啤酒腐败菌
Bifidobacterium lactis, *Bifidobacterium longum*, *Bifidobacterium animalis*,	发酵食品储藏环境	—	发酵食品
Candida stellata	二氧化硫	添加乙醛	酿酒
Oenococcus oeni	氧气缺乏	添加氧气	—
Saccharomyces cerevisiae	二氧化硫	—	—
Bacillus coagulans	140℃处理5min	—	益生菌

续表

菌种	VBNC诱导条件	VBNC复苏条件	致病型/微生物生存环境
环境微生物			
Acinetobacter calcoaceticus	溪水	—	溪流环境中
Alcaligenes eutrophus	空气中干燥的土壤	土壤的重新湿润	土壤
Arthrobacter albidus	—	添加Rpf	火山岩
Burkholderia cepacia	溪水	—	溪流环境
Citrobacter freundii	饥饿	添加营养物质	动物肠道
Cytophaga allerginae	雾化	—	空气
Cyanobacteria, *Staphylococcus* sp., *Microbacterium* sp.	低温、去离子水	—	蓝藻藻华的湖水
Klebsiella planticola	雾化		空气
Methane oxidizing bacteria, *Methylomonas methanica*, *Methylosarcina fibrate* , *Methylomicrobium alcaliphilum*, *Methylocaldum gracile*, *Methylococcus capsulatus*, *Methylosinus sporium*, *Methylosinus trichosporium*, *Methylocystis hirsute*, *Methylocystis parvus*, *Methylocella tundrae*	冻干及深低温保存（液氮）	使用TT保存培养基	—
Micrococcus flavus	饮用水	—	水环境中
Micrococcus luteus	饥饿	添加Rpf	—
Rhodococcus sp. TG13 and TN3	低温及寡营养环境	青霉素处理、添加Rpf	环境生物修复
Rhodococcus biphenylivorans	低温及寡营养环境	青霉素处理、30℃培养	—
Vibrio alginolyticus	人工海水于4℃培养	—	海水
Vibrio harveyi *Vibrio hollisae*	灭菌的人工海水于4℃培养	升温、酵母提取物中添加吐温20或B族维生素、培养基中添加YeaZ蛋白	海水
Vibrio shiloi	人工海水于4℃培养	—	海水
Vibrio splendidus	人工海水于4℃或20℃培养	添加营养物质	海水
Vibrio tasmaniensis	灭菌的纯净水	—	—
Vibrio anguillarum	—	—	珊瑚疾病
Vibrio campbellii, *Vibrio natriegens*, *Vibrio proteolytica*, *Vibrio fischeri*	—	—	自然环境中

续表

菌种	VBNC诱导条件	VBNC复苏条件	致病型/微生物生存环境
农业病害微生物			
Agrobacterium tumefaciens	铜离子、饥饿	—	冠瘿肿瘤
Agrobacterium tumefaciens	饮用水	—	水环境中
Erwinia amylovora	铜离子	铜离子螯合剂	火疫病
Clavibacter michiganensis	铜离子、低pH	—	马铃薯环腐病、番茄溃疡病
Pseudomonas syringae	乙酰丁香酮	—	茎疫病
Ralstonia solanacearum	人工土壤、低温、铜离子	过氧化物酶处理、植物根部周围土壤培养、升温、添加丙酮酸钠的培养基	植物青枯病
Rhizobium leguminosarum	铜离子、饥饿	—	植物固氮
Sinorhizobium meliloti	干燥	—	
Xanthomonas axonopodis	铜离子	—	柑橘溃疡病
Xanthomonas campestris	含硫酸铜的无菌土壤	—	十字花科植物黑腐病

第三节 VBNC 状态微生物的特征

微生物进入VBNC状态会发生一系列形态和生理特征变化。其中，形态特征变化主要包括细胞大小、细胞壁与细胞膜成分以及强度和流动性的变化[9, 10]；而生理特征变化主要表现为代谢活性低，对营养物质的吸收减缓，但具有一定三磷酸腺苷（ATP）活性和潜在的致病性，能够进行基因表达和蛋白质翻译，细胞抗性提高等[5, 11~14]。

一、形态特征的变化

（一）细胞形态变化

许多细菌进入VBNC状态后都伴随着细胞形态改变。与可培养细胞相比，VBNC细胞会变小、细胞表面积与体积比增加，这些变化有助于VBNC细胞在逆境条件下吸收周围有限的营养物质，有利于细胞的存活[15, 16]。

除细胞变小外，VBNC细胞形态变化的另一个特征是细胞会变得更近似球形。细胞形态近似球形也是为了最大限度提高细胞的营养摄取面积，同时保持最小的细胞质量，有利于细胞应对外界不利的生存逆境，这些形态变化在VBNC细菌中比较普遍。徐怀恕等发现，*V.cholerae*细胞进入VBNC状态后由弧形变成了球形[17]；Gupte等通过扫描电镜（SEM）发现，鼠伤寒沙门氏菌细胞进入VBNC状态后形态由杆状变成球状[18]，副溶血性弧菌（*Vibrio parahaemolyticus*）进入VBNC状态后其形态也由杆状变成球形[15，19]。

但并不是所有微生物的VBNC状态都表现出相同的形态变化。革兰阳性菌粪肠球菌进入VBNC状态后，细胞形态变大，而且有一些伸长，同时伴有肽聚糖小囊分子结构的转变[20]。Ordax等发现，解淀粉欧文氏菌（*Erwinia amylovora*）进入VBNC状态后细胞比正常状态细胞稍大，而且外部细胞层的厚度出现了部分增加[21]。这表明VBNC细胞的形态变化并不是完全一致的。

（二）细胞壁的变化

细菌VBNC状态的细胞壁与正常细菌的细胞壁相比发生了改变，其中胞壁肽结构变化最显著。Signoretto等发现，*E.faecalis*进入VBNC状态后细胞壁肽聚糖中的胞壁肽化学组成发生改变，而且肽聚糖交联增加；另外，细胞壁中脂磷壁酸是对数生长期细胞的两倍[20]。随后他们又发现，*E.coli* VBNC细胞中肽聚糖DAP-DAP交联增加三倍以上，与脂蛋白共价连接的胞壁肽含量也有所提高，而且聚糖链的平均长度变短[22]。

研究证明，*E.faecalis* VBNC细胞肽聚糖胞壁酰残基的O-乙酰化发生改变，与对数生长期细胞相比，VBNC细胞O-乙酰化率增加44%~72%[23]。这种肽聚糖修饰以及磷壁酸增加抑制溶解性转糖基酶的活力，O-乙酰化的增加可能是细胞调节其对其他细胞产生的水解酶的敏感性（抗性机制）或调节其自身溶解性转糖基酶活力的机制[24]。VBNC细胞细胞壁的这些变化可能是VBNC细胞抵抗外部机械损伤能力提高的基础。

（三）细胞膜的变化

VBNC细胞的细胞膜具有独特的特征。与死细胞相比，VBNC细胞具有完整的细胞膜和未受损伤的遗传物质；与可培养细胞相比，VBNC细胞的细胞膜总蛋白质及脂肪均发生了变化[9，11]。Asakura等研究了暴露于氧化应激条件下*E.coli*的蛋白质组，发现VBNC细胞的外膜蛋白W（OmpW）表达上调，并且*ompW*基因的缺失导致细胞复苏能力提高，而其过表达使其复苏能力降低[25]。此外，有研究发现，金黄色葡萄球菌（*Staphylo coccus aureus*）VBNC细胞中膜蛋白明显减少[26]。

在创伤弧菌（*Vibrio vulnificus*）VBNC细胞中发现短链和长链脂肪酸的含量增加，而主要细胞膜脂类物质含量降低[27]。*Vibrio vulnificus*进入VBNC状态后细胞膜中不饱和脂肪酸和碳原子数小于16的脂肪酸的含量显著增加，并且在VBNC细胞中发现十六烷酸、十六碳烯酸和十八烷酸的含量显著变化[28]。这些结果表明，环境胁迫时脂肪酸变化在保护细胞膜流动性方面发挥了重要作用，这种变化对于进入VBNC状态细菌的活性维持是很必要的。

二、生理特征的变化

（一）ATP 活性

在死亡和濒临死亡的细胞中ATP含量迅速下降，而在VBNC细胞中ATP水平仍然很高，这说明VBNC细胞仍然具有一定的能量代谢[29]。Lindback发现，单核细胞增生李斯特菌进入VBNC状态一年后细胞仍存在高水平的ATP[30]。

（二）致病性

进入VBNC状态的致病菌是否仍具有毒力，是目前VBNC状态研究的焦点之一。多年来研究者们对VBNC细胞的毒力进行了大量研究，并对致病菌VBNC状态及其毒力进行了全面阐述。很多研究表明，VBNC状态致病菌不能引发疾病，但其复苏后仍然能够恢复并维持毒力，从而感染宿主导致疾病发生，如嗜水气单胞菌（*Aeromonas hydrophila*）VBNC细胞在复苏后具有致病性[31]。溶藻弧菌（*Vibrio alginolyticus*）和副溶血性弧菌VBNC细胞在小鼠体内复苏后丧失毒力，但其毒力在大鼠回肠中两次连续传代后可以恢复，这可能是由于在合适宿主中快速复苏为可培养细胞所致[32，33]。

微生物进入VBNC状态后其黏附能力也会发生改变，一定程度上影响其毒力。例如，空肠弯曲杆菌VBNC细胞仍保持其对不锈钢附着的能力[34]，而粪肠球菌VBNC细胞却不能附着于塑料表面及引发生物膜形成[35]，霍乱弧菌VBNC细胞对人的肠细胞黏附速率下降[36]。

虽然许多微生物进入VBNC状态后毒力有所降低，但仍对人类健康具有一定的威胁，甚至会引起致命性感染。大量证据表明，VBNC状态致病菌可能参与食源性疾病暴发。例如，日本报道了*E.coli* VBNC细胞污染的盐渍鲑鱼卵引起的严重食物中毒事件[11]。Asakura等提出肠炎沙门氏菌（*Salmonella enteritidis*）的奥拉宁堡血清型可能会在鱿鱼干燥加工过程中响应氯化钠胁迫而变成VBNC细胞，从而再一次引发日本的食源性疾病暴发，这一假设通过复苏实验得到证实[37]。

（三）细胞抗性

与可培养细胞相比，VBNC细胞的一个明显特征是对各种应激的耐受能力增强了。VBNC细胞具有更强的物理、化学和抗生素耐受性，可能是由于它们的肽聚糖交联增加、代谢活性降低和细胞壁强度增加所致[20]。

Nowakowska和Oliver利用创伤弧菌作为模式生物，研究发现VBNC细胞可以耐受高剂量抗生素、有毒重金属、高温、高盐度、乙醇和酸等各种逆境[38]。与此类似，*V.parahaemolyticus* VBNC细胞与*C.jejuni* VBNC细胞对低盐度和pH、乙醇、氯和抗生素具有更强的耐受性。此外，类似的研究表明，*V.parahaemolyticus* VBNC细胞对H_2O_2和低盐度具有一定耐受性，但对胆汁盐仍然敏感[19, 39]。就耐抗生素特性而言，还有研究表明*E. coli* O157：H7、*S.aureus*、*V.vulnificus*和*C.jejuni*等致病菌的VBNC细胞对氨苄青霉素和氯霉素表现出耐药性[14, 40]。

三、基因和蛋白质表达变化

与正常细胞相比，VBNC细胞有不同的基因表达谱和蛋白质表达谱。在霍乱弧菌VBNC细胞中，与调节功能、细胞生理过程、能量代谢以及转运和结合相关的58个基因上调表达超过5倍[41]。另外，霍乱弧菌VBNC细胞中负责蛋白质合成和应激反应的基因16S rRNA、*tuf*、*rpoS*和*relA*的转录水平发生变化[42]。此外，*ompW*基因的表达在大肠杆菌VBNC细胞中显著上调[25]。Yaron和Matthews在*E. coli* O157：H7 VBNC细胞中发现了许多高效表达的基因，包括*mobA*、*rfbE*、*stx1*、*stx2*和一些与16S rRNA合成有关的基因[43]。与对数生长期细胞相比，Heim等发现在VBNC细胞中伴侣蛋白GroEL、DnaK、烯醇化酶、三磷酸腺苷-合酶β链、EF-Tu和烯酰基-酰基载体蛋白六种蛋白质以较低水平存在，而伸长因子Ts（EF-Ts）、果糖-二磷酸醛缩酶和分解代谢物调节蛋白三种蛋白质的表达水平较高[44]。Lai等通过比较副溶血性弧菌VBNC细胞与对数生长期细胞的蛋白质谱，发现VBNC细胞中蛋白质数量有所增加[45]。

四、VBNC 细胞的复苏

（一）复苏的定义

研究发现，VBNC细菌可能再次变得可培养。“复苏”一词由Roszak等于1984年首先提出，它描述了肠炎沙门氏菌VBNC细胞的恢复情况[46]。Baffone等将复苏定义为表征VBNC细胞代谢和生理变化的逆转[47]。但并不是所有能够形成VBNC状态的细菌都能复苏，已知可以形成VBNC状态的人类病原菌中仅报道了26种能够发生复苏[9]。

事实上，复苏从另外一个角度证明了VBNC状态对细菌在逆境下生存的生物学意义，说明VBNC状态是细菌应对外界环境胁迫的一种主动应激反应。研究结果表明，很多时候并不能直接通过去除诱导因素来实现；而且不同细菌的VBNC状态以及同一种细菌不同诱导条件产生的VBNC状态，其对应的复苏条件也不同。因此，细菌VBNC状态的复苏是复杂的过程，只有在适宜的条件下VBNC细胞才能实现复苏。

（二）复苏条件

饥饿和低温是使细菌进入VBNC状态最常用的胁迫条件。外界压力的去除对于VBNC细胞的复苏至关重要，添加营养丰富的培养基或提高培养温度可以诱导VBNC细胞复苏。例如，对于饥饿诱导的藤黄微球菌（*Micrococcus luteus*）VBNC细胞，可通过添加酵母提取物使其实现复苏；由低温诱导的*V.parahaemolyticus* VBNC细胞可在22℃复苏[48]。

近年来关于VBNC细胞复苏的报道越来越多，已有的研究表明高等生物可能是VBNC微生物复苏的生物介质。例如，饥饿和次氯酸盐诱导的嗜肺军团菌（*Legionella pneumophila*）VBNC细胞可以在原生动物阿米巴中复苏[49]。此外，发现VBNC细菌能够在动物细胞、蛤、含胚鸡卵、小鼠和兔等中复苏[47，50，51]。这些细胞或动物通常是VBNC细胞复苏的天然宿主。含胚鸡卵可以复苏大多数VBNC细胞，如大肠杆菌、空肠弯曲杆菌、迟钝爱德华菌（*Edwardsiella tarda*）和粪肠球菌[33，50，52，53]，可能是因为卵黄囊营养含量高和/或孵化过程中温暖的温度所致。

（三）复苏机制

研究表明，特殊的化合物常常作为一种信号分子参与到VBNC细胞的复苏过程，能够诱导VBNC细胞复苏的化合物包括氨基酸、复苏促进因子（Rpfs）和自诱导因子[54~56]。

Pinto等提出，VBNC细胞的复苏与某些特定氨基酸可触发休眠孢子的萌发类似，他们发现亮氨酸、谷氨酰胺、甲硫氨酸和苏氨酸的组合可以引发VBNC状态大肠杆菌细胞的复苏[55]。这些氨基酸可能与细胞表面的受体结合或被运送到细胞中以启动复苏[10]。

近年来研究证明，被称为“复苏促进因子”（Rpfs）的一组细菌胞外蛋白可诱导结核分枝杆菌（*Mycobacterium tuberculosis*）和耻垢分枝杆菌（*M.smegmatis*）VBNC细胞的复苏[54，57]。目前，已有三种模型解释Rpfs介导复苏的机制[10]。第一个模型表明，Rpfs是由活跃生长的细胞分泌的细胞信号分子，其可以结合VBNC细胞上的细胞表面受体来启动复苏。这个模型最初由Mukamolova等提出，因为Rpfs与其他细胞信号分子类似，可以刺激细胞生长并可能参与细胞复制的调控。第二个模型认为，Rpfs不是直接与受体结合，而是降解或重塑VBNC细胞的细胞壁肽聚糖，从而触发复苏。研究发现，所有Rpfs都含有一个与溶菌酶和转糖基酶高度同源的保守结构域，它们都能降解肽聚糖组成的细胞壁[58]。最近，研究证明Rpfs降解肽聚糖可能是造成耻垢分枝杆菌VBNC细胞复苏的原因[59, 60]。因此，细胞壁肽聚糖的改变对于VBNC细胞的复苏可能是至关重要的。第三种模型认为，Rpfs切割VBNC细胞的肽聚糖层并释放小肽聚糖片段，这些片段与细胞表面受体结合，从而引发复苏。该模型是基于Rpfs能够与细胞壁结合的研究而提出的[54, 61]。随后的研究发现，由Rpfs消化或超声波处理产生的肽聚糖片段可刺激微球菌VBNC细胞的复苏[62]。

Rpfs仅在微球菌和分枝杆菌属中被发现，而自诱导因子广泛存在于革兰阴性菌和革兰阳性菌中。这些自诱导因子具有热稳定性、可透析、酸碱稳定以及抗蛋白酶等特性[63]。研究发现，大肠杆菌可产生至少两种自诱导因子AI-2和AI-3，这些自诱导因子是通过TonB依赖性受体进入靶细胞的[64]。在创伤弧菌VBNC细胞中添加LuxR抑制剂可延缓AI-2介导的复苏，表明这种自诱导因子由群体感应调节因子SmcR（LuxR同系物）感知[65]。也有研究发现，自诱导因子能够通过缩短细菌的延滞期刺激细菌的生长[66]。此外，自诱导因子可以从细菌培养物的上清液中提取，并启动其他细菌的VBNC细胞复苏，说明这些自诱导因子具有跨物种活性。研究发现，来自大肠杆菌的自诱导因子可以复苏自己的VBNC细胞[55]，而来自肠道的鲁氏耶尔森氏菌（*Yersinia ruckeri*）自诱导因子可以复苏弗氏柠檬酸杆菌（*Citrobacter freundii*）、*E.coli*、成团肠杆菌（*E.bunches*）和*S.typhimurium*四种VBNC细胞[56]。

第四节
微生物 VBNC 状态的检测方法

VBNC状态的检测方法是判断微生物是否进入VBNC状态的前提。图3-3所示是细菌进入VBNC状态的典型测定曲线。

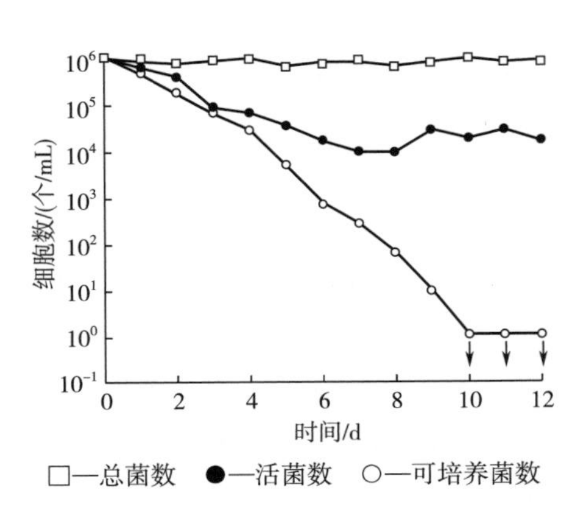

◂图3-3 细菌进入VBNC状态的典型测定曲线[5]

在外界逆境作用下，可培养菌数通常呈现下降的趋势，而总菌数一般仍保持不变，所以活菌数的确定就成为判断不可培养细菌是死亡还是进入VBNC状态的关键。目前对于可培养菌数和总菌数的测定已经有公认的方法，其中可培养菌数的测定通常采用平板计数法，而总菌数的测定通常采用4',6-联脒-α'-苯基吲哚（DAPI）或吖啶橙染色法。由于对“活菌”的判定仍没有统一的标准，因此到目前为止仍没有一个通用的检测“活菌”数量的方法，已被采用的“活菌”判断标准包括细胞结构（如细胞膜）完整、仍具有代谢活性（如呼吸作用、底物吸收能力）或者仍含有mRNA活细胞信号分子，主要检测方法的原理如图3-4所示。

图3-4　VBNC状态微生物主要检测方法的原理[8]

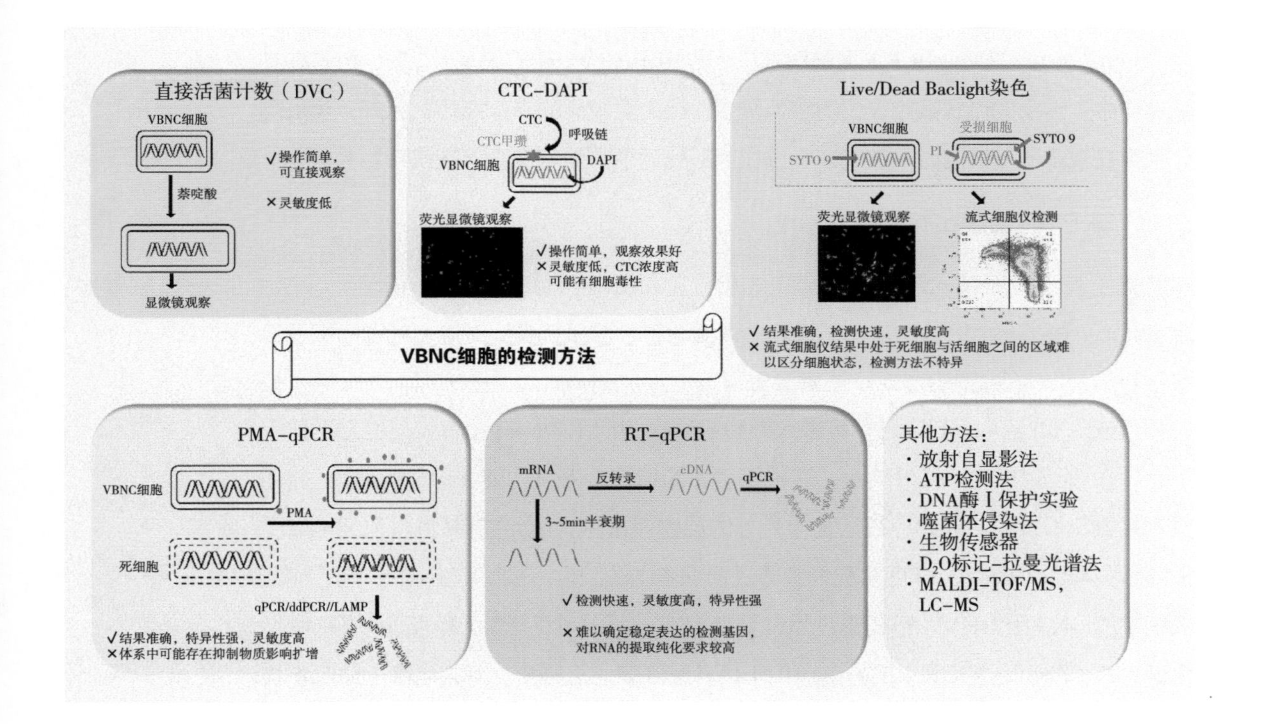

一、基于细胞膜完整性的检测

（一）荧光染料法结合荧光显微镜或流式细胞仪法

一些研究者认为，细胞膜完整性可以作为判断“活菌”的标准，因为通常认为细胞膜受损的细菌一定会走向死亡，因此就建立了基于细胞膜完整性的“活菌”检测方法。这种方法依靠荧光染料来区分死活菌，主要是利用一些荧光染料对细胞膜的透性不同这一特征。有些荧光染料能透过完整的及受损的细胞膜，如SYTO 9、SYBR-Green Ⅰ等，而有些荧光染料只能通过受损的细胞膜，如PI、EB等。这样，将不同细胞膜透性的染料相结合就可以区分出死菌与活菌，再结合荧光显微镜或流式细胞仪（flow cytometry，FCM）就能检测出活菌数量。其中，Live/Dead *Baclight* Kit是应用较为广泛的一种试剂盒，该试剂盒由两种核酸染料SYTO 9和PI组成。SYTO 9是一种能透过完整及受损细胞膜的小分子，被激发后呈绿色荧光；而PI是一种仅能透过受损细胞膜的大分子，被激发后呈红色荧光，并且PI对核酸的亲和力更强。因此，当PI和SYTO 9共同存在时，PI与SYTO 9竞争核酸上的结合位点而削弱了SYTO 9的荧光，使细胞主要呈现PI的荧光。因此在使用Live/Dead *Baclight*试剂盒对细菌进行染色时，细胞膜完整的细菌呈绿色荧光，而细胞膜受损的细菌呈红色或橙色荧光，对呈绿色的细菌进行计数就能得到活菌数量。

Live/Dead *Baclight* Kit 目前已被广泛应用于评价VBNC细菌[67~71]，但是在实际操作中，涉及的流式细胞仪仪器较为贵重，且需要较高的操作技巧。另外，当检测体系存在较多的受损菌时，流式细胞仪在判断死活菌方面可能会存在误判。

（二）PMA 结合 qPCR 法

鉴于基于实时荧光定量聚合酶链式反应（quantitative polymerase chain reaction，qPCR）的检测技术无法区分死活菌，一些研究者针对这一问题采取了核酸染料结合DNA检测的方式。叠氮溴化丙锭（propidium monoazide，PMA）是一种可嵌入双链DNA的染料，可进入细胞膜受损的细菌中。在强可见光的激活作用下，PMA能够与DNA共价结合，这种不可逆的结合会阻止DNA的PCR反应，作用机制如图3-5所示。因此，在活菌与死菌的混合体系中，PMA能够进入死细胞或受损细胞中与DNA结合，从而使死细胞或受损细胞中的DNA不能通过PCR扩增，而活细胞中的DNA因为PMA不能透过而未受其影响，所以可正常扩增。因此，PMA结合qPCR（PMA-qPCR）的方法可用于区分死活菌。近些年，越来越多的研究者将PMA-qPCR法应用到VBNC细菌的检测[72~75]。

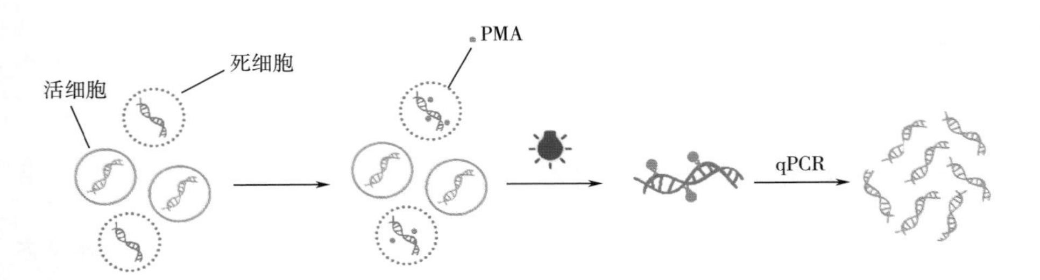

◀ 图3-5 PMA-qPCR检测活菌的作用机制

（三）PMA 结合 ddPCR 法

虽然PMA常与qPCR结合对VBNC细菌进行定量检测，但qPCR仍存在一些缺陷。比如检测中PCR扩增过程依赖引物的扩增效率，对细菌的定量需建立标准曲线，实际样品（如粪便、水样、食品等）中可能存在PCR抑制物从而影响DNA扩增效率。这些缺陷在一定程度上影响了该方法的准确度与精确度。

近年来，随着第三代数字PCR技术的发展，极大程度上改善了这些不足。其中，微滴式数字PCR（droplet digital PCR，ddPCR）是应用最为广泛的一类数字PCR。ddPCR基于微流体技术，将稀释到一定浓度的DNA分子分布在20000个以上的油包水微滴中，使每一个微滴中的DNA分子为1或0。PCR扩增后，只有含DNA分子的微滴会有荧光信号的积累，微滴被逐个读取确定阳性微滴数目后，最后根据泊松分布计算出样本中的DNA分子数[76]。图3-6显示了PMA-ddPCR检测活菌的作用机制。与传统的qPCR技术相比，ddPCR的终点判别过程（阳性微滴视为1，阴性微滴为0）无须考虑引物的扩增效率，且对复杂样品中抑制因子的耐受性更高，因此具有更高的准确性和灵敏度。目前，已有将ddPCR应用于*L. monocytogenes*、*E. coli*、*Salmonella* spp.、*C. jejuni*等食源性致病菌的检测[77, 78]。Pan等将PMA染料与ddPCR结合，用于HPCD诱导的*E. coli* O157：H7 VBNC细胞检测，得到了良好的检测准确度与灵敏度；同时该方法也可检测样品中*E. coli* O157：H7活菌[79]。

图3-6　PMA-ddPCR检测活菌的作用机制[79]

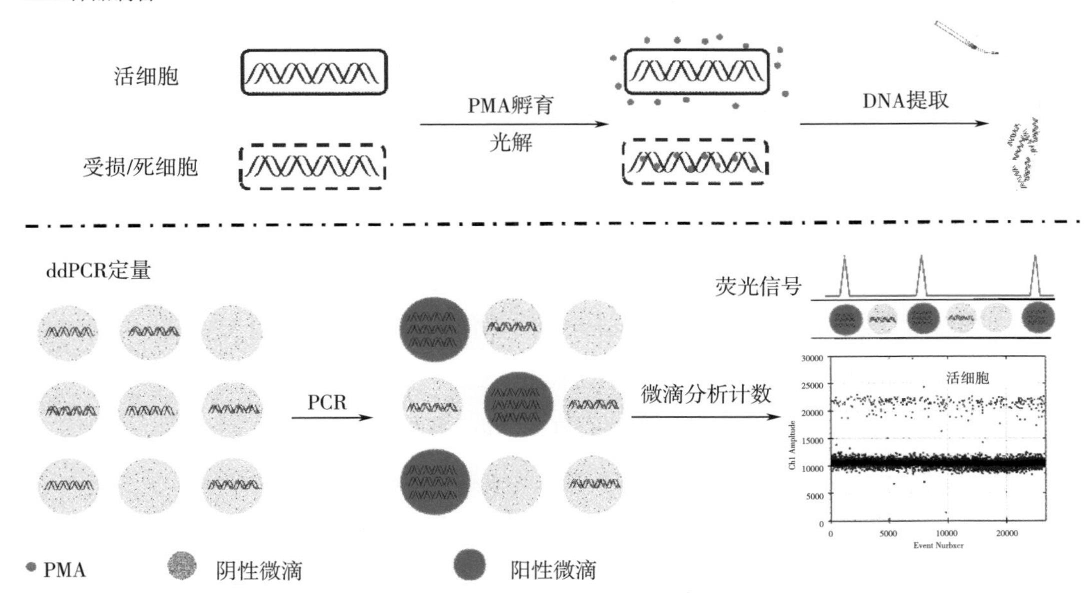

二、基于细胞代谢活性的检测

一些研究者认为具有代谢活性这一特征是“活菌”的判定标准，因此建立了基于细胞代谢活性的多种“活菌”检测方法，包括基于底物吸收能力的活菌直接计数法

（direct viable counts，DVC）、基于氧化还原能力的呼吸检测法（CTC/INT-DAPI染色法），以及基于活细胞体系中仍有ATP活性的ATP检测法。

（一）活菌直接计数法

活菌直接计数法由Kogure等发明并被首次应用于海洋微生物的活菌计数[80]。该方法的一般操作步骤是向待测细菌样品中加入微量的酵母提取物和萘啶酮酸，并避光培养一段时间，然后用吖啶橙等DNA结合染料染色，并在荧光显微镜下进行计数，那些伸长并被染成橘红色的细菌被认为是活菌。该方法曾被应用于VBNC的早期研究中，其中使用的萘啶酮酸是一种DNA合成抑制剂，能够抑制细菌的分裂，但并不影响细菌的其他代谢功能，因此在添加少量营养物后活菌会吸收营养而生长，但由于不能分裂而只能变大变长，而死菌的形态却不会发生变化，这样在镜检时即可将死菌和活菌区分开。但由于革兰阳性菌对萘啶酮酸的抵抗能力较强，使DVC方法不适用于革兰阳性菌的活菌数量测定，限制了DVC方法的应用。后来一些研究者在VBNC的研究中采用其他具有DNA合成抑制功能的试剂如环丙沙星等[81]取代萘啶酮酸，或通过利用荧光二抗特异性标记的方法[82]，从而扩大了DVC的使用范围。

该方法在VBNC研究早期被使用，然而在实际镜检中存在较大的误差，且存在一定程度的菌种特异性，如Ravel等在*V. cholerae* VBNC状态研究中发现采用DVC时VBNC细胞只表现出轻微膨胀并且没有明显的延长，易导致低估实际的活菌数量[83]。因此，近年来DVC已逐渐被淘汰。

（二）CTC/INT-DAPI 染色法

CTC/INT-DAPI染色法是基于氧化还原能力的呼吸检测法。5-rng氰基-2，3-二甲苯氯化四氮唑（5-cyano-2，3-ditolyltetrazoliumchloride，CTC）或对碘硝基四唑紫（*p*-iodonitrotetrazolium，INT）是一种电子受体，细菌的呼吸作用会发生活跃的电子传递，使其发生氧化还原反应而生成CTC/INT甲瓒。随后经DNA结合染料（4′，6-二脒基-2-苯基吲哚（DAPI），蓝色荧光）复染后，甲瓒与DAPI结合形成红色荧光。相比之下，死菌不发生呼吸作用，只能被染上DAPI的蓝色荧光。因此，在荧光显微镜下死菌与活菌可被清晰分辨。

CTC/INT-DAPI染色法是目前较常用的活菌计数方法，也被用于细菌VBNC状态的研究[84]。

（三）ATP 检测法

ATP检测法是基于活细胞体系中仍有ATP活性，通过对存在的ATP定量结果来确定体系中活细胞数来进行测定的。该方法较多的是使用BacTiter-Glo™微生物细胞活性检测试剂盒，其原理为试剂盒中混合溶液体系可从细胞中提取ATP，然后通过溶液体系中一种热稳定荧光素酶的催化，荧光素发生氧化形成荧光。由于细菌细胞数与荧光信号呈线性相关关系，因此用荧光发光计或CCD相机记录数据后即可得到活细胞数。

目前已有相关研究者将ATP检测法应用于VBNC检测[30, 85]，该方法步骤较为简单，且灵敏度较高，可从少至10个细胞中检测到ATP，但是该方法产生的荧光存在半衰期的问题。

三、基于 mRNA 的 RT-PCR 检测

细菌mRNA的半衰期很短，通常仅有3~5min[86]，因此mRNA的存在被认为是细菌具有活性的最有力的判断标准。反转录PCR（reverse transcription PCR，RT-PCR）是以mRNA为扩增对象的一种PCR技术，将mRNA反转录成cDNA后，选择菌种特异性的基因，结合定量PCR可对mRNA进行定量，因此可以作为检测活菌特异性及灵敏度很高的方法。

目前基于mRNA的RT-PCR技术已被用于微生物VBNC状态的研究及检测。使用RT-PCR技术，del Mar Lleò等发现粪肠球菌（*Enterococcus faecalis*）VBNC细胞在寡营养条件下经过3个月仍有青霉素结合蛋白PBP5的表达[23]。Heim等在采用RT-PCR技术验证*E. faecalis* VBNC细胞的蛋白质组结果时也采用了PBP5作为VBNC细胞的阳性对照[44]。以溶血素基因*vvhA*为目标，Fischer-Le Saux等采用RT-PCR技术对VBNC状态*V. vulnificus*进行检测，发现4.5个月后VBNC细胞仍有致病基因*vvhA*的表达[87]。Coutard等通过RT-PCR技术分析VBNC状态*V. parahaemolyticus*看家基因（16S~23S rDNA和*rpoS*）和毒力基因（*tdh1*和*tdh2*）的表达情况，发现看家基因在VBNC细胞中仍有表达，而两种毒力基因在VBNC细胞中不表达，因此可以将看家基因作为检测活细胞（可培养的和VBNC细胞）的指标[88]。

虽然基于mRNA的RT-PCR检测方法灵敏度高、特异性强，但是mRNA的半衰期很短，在实验操作中对操作者的要求较高。另外，在微生物进入VBNC状态后有些基因表达情况会发生显著变化，因此对于RT-PCR检测基因的选择也需慎重考虑。

四、其他 VBNC 细胞检测方法

近年来基于噬菌体吸附的病原菌生物检测技术得到了快速发展。由于噬菌体具有良好的生物识别性，对细菌的高度亲和性以及较高的稳定性等一系列特性，加之其对人体无害、使用成本低，美国食品与药物管理局（FDA）已批准将噬菌体用于结核分枝杆菌、鼠疫杆菌（*Yersinia pestis*）、炭疽杆菌（*Bacillus anthracis*）、金黄色葡萄球菌等致病菌的诊断检测[89]。也有研究者将噬菌体吸附法用于VBNC细菌的检测，利用噬菌体对VBNC细菌侵染后在琼脂平板上形成的噬菌斑（plaque forming unit，PFU）进行VBNC细菌的定量[89, 90]。

近年来，越来越多的研究者致力于利用生物传感器（biosensor）来检测VBNC细菌。如Cheng等在氧化铝纳米多空膜改造的电极上连接了可特异性识别*E. coli*膜蛋白的抗体，以此来捕获存在活性的VBNC细胞，其检测限可达到每毫升样品中22个VBNC细胞[91]；Labib等通过高度特异的核酸适配体，特异性检测包括鼠伤寒沙门菌在内的多种细菌，检测限达到每30mL 样品中18个活菌[92]。生物传感器的应用为VBNC细菌的检测提供了全新的思路，但该方法某种程度上为多学科交叉的产物，对研究者的专业背景知识要求较高。

第五节
微生物 VBNC 状态的形成

到目前为止，关于微生物VBNC状态的形成机制主要有两个假说。一种是“细胞衰退理论”（Cell decay theory）[93]，认为外界逆境会导致细胞氧化损伤，进一步抑制微生物生长，最终形成VBNC状态。该假说解释了VBNC状态形成的原因，但暗示VBNC状态是细胞死亡的标志，这与VBNC状态的概念相矛盾。另一种假说被称为“基因调控理论”（Gene regulation theory）[94, 95]，强调微生物细胞形成VBNC状态是基因调控的结果，是非芽孢菌的一种生存策略[96]，其形成机制与芽孢形成机制相似，同样是受基因调控的[46]。参与VBNC状态形成的基因和蛋白质及其调控途径已被广泛研究[10]，本节将从两个方面阐述VBNC状态的形成机制，包括参与VBNC状态形成的单个基因和蛋白质，以及基于组学研究的参与VBNC状态形成的基因和蛋白质调控网络。

一、与 VBNC 状态形成有关的基因和蛋白质

Ravel等对低温海水诱导形成的VBNC状态霍乱弧菌进行大规模基因筛选，获得了2500个转座子突变体，其中编号为JR09HI的突变株能够轻松进入VBNC状态，因此推测VBNC状态的形成可能是由基因控制的[94]。Romanova等也通过基因克隆和序列分析发现鼠伤寒沙门氏菌VBNC状态的形成也是由基因调控的[95]。

已有研究发现蛋白质在VBNC状态形成中发挥重要作用，其中包括RNA聚合酶σ^S（RpoS）、LysR-类型的转录调控因子（OxyR）、烷基氢过氧化物还原酶亚基C（AhpC）、谷胱甘肽S-转移酶（GST）、过氧化氢酶KatA和KatG、超氧化物歧化酶（SOD）、组氨酸激酶效应因子（EnvZ）、外膜蛋白（OmpF、OmpC和OmpW）、多磷酸盐激酶1（PPK1）、毒素-抗毒素（toxin-antitoxin，TA）系统、蛋白酶ClpX、毒素转录激活剂（ToxR）、环腺苷酸单磷酸受体蛋白（cAMP-CRP）、D-丙氨酰丙氨酸羧肽酶（DacB）、蛋白质聚集体等。它们对VBNC状态形成的调控情况如图3-7所示。下面将分别说明这些基因和蛋白质对VBNC状态形成的影响。

图3-7　参与微生物VBNC状态形成的蛋白质及其通路[8]

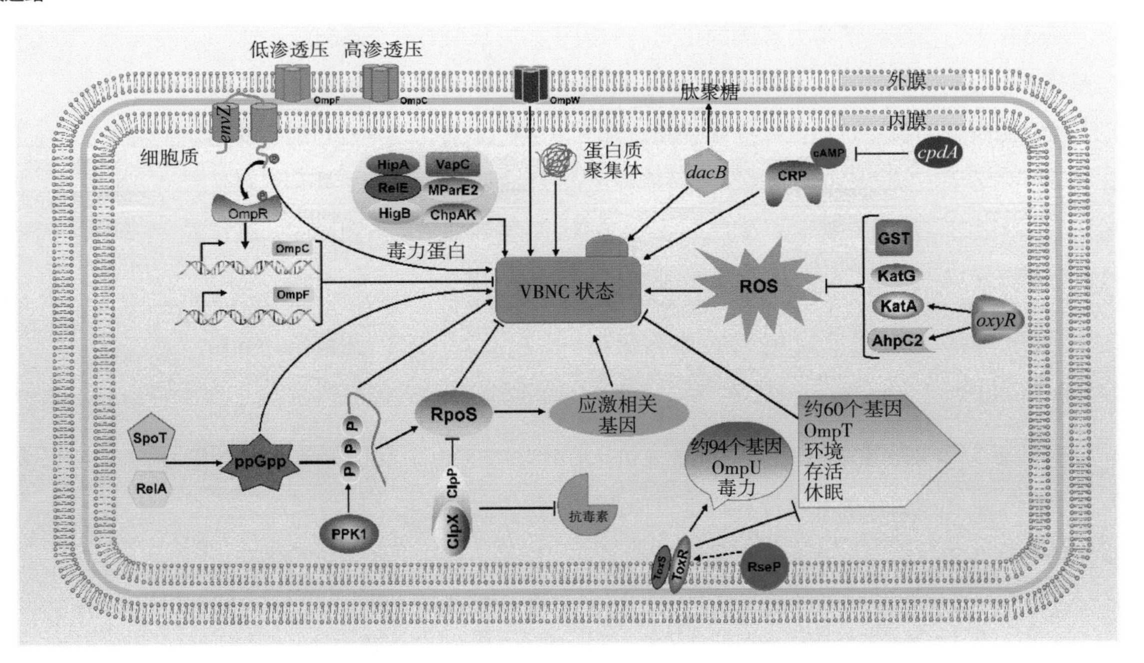

（一）与转录调节相关的效应蛋白——RpoS、(p)ppGpp、ToxR

RpoS是一种转录调节因子，能够使细菌在酸性、高渗透压、氧化和饥饿等各种逆境下生存[97]。有研究发现，RpoS参与大肠杆菌、创伤弧菌、肠道沙门氏菌（*S. enterica*）和阪崎肠杆菌（*E. sakazaki*）VBNC状态的形成[98~101]。研究发现，

大肠杆菌的*rpoS*突变株更容易失去可培养性，而*rpoS*的超表达会阻碍VBNC状态的形成，这说明RpoS对大肠杆菌细胞的长期生存至关重要[98]。此外，RpoS在肠道沙门氏菌VBNC细胞中的表达也下调了，同样说明RpoS的表达会阻碍VBNC状态的形成[100]。最新研究表明，RpoS的合成在阪崎肠杆菌VBNC状态形成过程中有所增加，但最终随着细菌培养能力的丧失而下降[99]。这些研究表明RpoS在VBNC状态形成中起着重要作用。如果RpoS停止表达，细菌可能会在逆境中加速死亡；而RpoS超表达可增强细菌对逆境的抗性，使细菌在进入VBNC状态之前保持较长时间的活性。

(p)ppGpp是调节RpoS水平的信号分子，(p)ppGpp含量的提高会导致RpoS的积累[74]。有研究表明，由RelA和SpoT蛋白质调控的(p)ppGpp可在不利环境中诱导霍乱弧菌形成VBNC状态，而没有(p)ppGpp的细胞很难进入VBNC状态[102]。同时，在霍乱弧菌VBNC细胞中*relA*基因上调表达，表明(p)ppGpp可能在VBNC状态形成过程中积累[103]。此外，在大肠杆菌中(p)ppGpp含量高的细胞比含量低的细胞更容易进入VBNC状态[98]。因此，(p)ppGpp可能通过提高RpoS的积累促进VBNC状态形成。这与之前的研究观点相反，可能是因为在不同的诱导条件下RpoS在VBNC状态形成过程中发挥的功能不同。

ToxR作为霍乱弧菌毒力基因的正向调节因子，影响150多个基因的表达，这些基因参与多种细胞功能，包括能量代谢、细胞运输、铁吸收、存活和休眠以及运动[104]。由于ToxR是跨膜蛋白，外界温度、氧气浓度和pH等环境信号可能会使其产生响应。当环境中营养物质缺乏或外界环境碱化，霍乱弧菌细胞通过一系列级联反应降解ToxR蛋白，从而改变ToxR调控的基因的表达，导致细胞进入VBNC状态，进而利于其在逆境中存活[105]。

（二）与氧化应激反应相关的效应蛋白——AhpC、GST、KatA、KatG、SodA、OxyR

活性氧（ROS）和抗氧化因子均参与VBNC状态的形成[106，107]。活性氧清除剂如丙酮酸钠和过氧化氢酶可提高嗜水气单胞菌、创伤性弧菌和大肠杆菌等VBNC状态的可培养性[108~111]；相反，当用H_2O_2处理时，细菌更容易进入VBNC状态[93]。Kong等证明过氧化氢酶活性的降低与创伤弧菌可培养性的丧失有关[112]。这些结果都表明ROS与VBNC状态的形成有关。此外，一些与活性氧相关的蛋白质，如AhpC、GST、SodA、KatA/KatG及其调节因子OxyR，也在VBNC状态形成过程中发挥作用。

AhpC（*ahpC*1和*ahpC*2）可与副溶血性弧菌中的H_2O_2和有机过氧化物反应而降低它们的氧化能力，因此具有抗氧化活性。在寡营养培养基中，*ahpC*2突变体能更快进入VBNC状态，表明*ahpC2*能在一定程度上抑制VBNC状态的形成；但研究者发现，*ahpC2*却是VBNC细胞生存所必需的，因为它的缺失会导致VBNC细胞更快死亡[113]。另一项研究也证实，*E. coli* O157 VBNC细胞中的AhpC蛋白水平较低，表明AhpC可能抑制VBNC状态的形成[41]。

GST参与氧化应激反应，GST过表达会抑制创伤弧菌进入VBNC状态，表明VBNC状态的形成与氧化应激直接相关[114]。

KatA和KatG是细菌中常见的两种过氧化氢酶[115]，研究发现它们对创伤性弧菌VBNC状态的形成有影响[13, 116, 117]。KatA和KatG表达下调或活性抑制有助于创伤弧菌进入VBNC状态；而当细胞复苏时，这些基因的表达得以恢复[13]。同样，突变*katA*的金黄色葡萄球菌在4℃海水作用下更快进入VBNC状态[116]。此外，KatA和KatG可使*E. amylovora*进入VBNC状态的时间延缓，因为二者能够参与饥饿诱导的细胞内氧化应激的解毒过程，有助于维持细胞可培养性[117]。最新研究表明，在次氯酸处理下大肠杆菌VBNC细胞的*katG*基因被诱导表达，表明*katG*可能有助于VBNC状态的形成[118]。此外，胞质超氧化物歧化酶（SodA）参与细胞内超氧化物的清除，*sodA*的突变或失活会促进金黄色葡萄球菌进入VBNC状态，表明SodA对VBNC状态的形成起负调节作用[116]。

OxyR是一种转录调控因子，能够调控与氧化应激相关的基因[119]。外源添加过氧化氢酶可以使突变了*oxyR*的创伤弧菌VBNC细胞恢复可培养性[112]。在H_2O_2胁迫下，突变*oxyR*的创伤弧菌中过氧化氢酶的活性和*katG*的表达都非常低，表明OxyR可能通过调节*katG*来应对ROS胁迫[120]。此外，OxyR也可调控*ahpC*、*katA*和*katB*等ROS相关基因的表达[121, 122]。因此，OxyR通过调控抗氧化基因的表达影响VBNC状态的形成，未来的研究可以对ROS合成和降解相关基因在VBNC状态形成过程中的机制进行更深入的探索。

（三）与外膜蛋白相关的效应因子——Omp、EnvZ

外膜是革兰阴性菌细胞壁的重要结构，其中外膜蛋白OmpF、OmpW、OmpC、OmpR和渗透性传感器蛋白（EnvZ）是物质交换和应激反应的必要蛋白质[123]。有研究发现，外膜蛋白参与大肠杆菌VBNC状态的形成，因此它们的表达变化对细菌在不利条件下的生存有重要影响[124~126]。OmpW和OmpF蛋白在VBNC状态*E. coli* O157：H7中表达上调[25, 69]；其中OmpW的过表达有利于氧化应激下VBNC状态的形成，而其缺失促进了大肠杆菌VBNC状态的复苏，表明OmpW的过表达使细菌对应激更敏感[25, 41]。此外，鼠伤寒沙门氏菌中*ompF*和*ompC*的共突变导致细菌在氧化应激下丧失可培养性[127]。与野生型和单基因突变株相比，大肠杆菌的*ompC/*

ompF 双突变株进入VBNC状态的细胞数量最多，表明OmpF和OmpC对VBNC状态的形成均起到负调控作用[124]。

OmpF和OmpC的表达受到EnvZ/OmpR系统的调控[124]。研究表明，压力渗透传感蛋白EnvZ参与了由渗透压力、碱性pH和饥饿逆境诱导的大肠杆菌VBNC状态的形成[124]；而*envZ*突变株在这些逆境条件下存活时间更长，但细胞最终走向死亡，而不是被诱导形成VBNC状态，这可能是由于细胞无法感知外界压力所致[9, 124]。

（四）与 Poly-P 代谢相关的效应蛋白——PPK1

无机多磷酸盐，如Poly-P（一种正磷酸盐残基的线性聚合物），是细胞反应所需ATP的来源和外界胁迫下细菌细胞存活的调节因子[128]。因此，介导Poly-P合成的相关调控酶，如PPK1，参与细胞存活、应激反应、宿主定殖和毒力等多种细胞功能[129, 130]。研究证明，PPK1可通过增加Poly-P的积累促进*C. jejuni*进入VBNC状态[131]。在*ppk*1突变体中，随着Poly-P积累的减少，细胞形成VBNC状态的能力明显下降，表明Poly-P对VBNC状态的形成起到正向调控作用[132]。然而，有研究者认为，尽管PPK1广泛参与细胞内各种反应，但这些反应是否影响VBNC状态的形成仍不清楚[10]。

（五）与毒素 - 抗毒素（TA）系统相关的效应蛋白

毒素-抗毒素（toxin-antitoxin，TA）系统对细菌存活有重要影响，其作用机制为Ⅱ型TA位点编码毒素蛋白，通过抑制DNA复制和mRNA翻译来抑制细胞生长[133]；而毒素蛋白可以被抗毒素蛋白结合和中和，从而保护细胞的正常生长[134]。大量证据表明，TA系统可以调节持留细胞（persister cells）的形成[135]。近年来，越来越多的研究人员提出TA系统可能也参与微生物VBNC状态的形成。超表达HipA、RelE、ChpAK等毒素的大肠杆菌以及HipB抗毒素突变体都更容易进入VBNC状态[13, 93, 136]。此外，HigB和VapC的异位表达分别导致霍乱弧菌和耻垢分枝杆菌形成VBNC状态[137, 138]。另外，TA系统参与VBNC状态的形成可以部分解释VBNC细胞与持留细胞之间的密切关系[139]。

（六）与蛋白酶有关的效应蛋白

ClpX是一种六聚体环状ATP酶，可与ClpP结合形成ClpXP蛋白酶复合物，降解底物蛋白[140]。研究表明，蛋白酶ClpX参与VBNC状态的形成。在鼠伤寒沙门氏菌中，ClpX蛋白的突变延缓了VBNC状态的形成[141]。研究者认为，*clpX*基因的突变减少了ClpXP复合物的形成，从而降低了对底物蛋白RpoS的降解，最终导致VBNC状态形成的延缓[141]。总之，ClpX对VBNC状态的形成起正向调节作用。

（七）与 VBNC 状态形成相关的其他效应因子

1. 细胞分裂活性相关因子——cAMP-CRP

不可培养性是VBNC细胞的主要特征之一。超表达对菌落形成有重要作用的基因可以维持细菌细胞培养性，从而抑制细胞进入VBNC状态[142]。cAMP和与其受体蛋白（CRP）形成的复合物可以在应激条件下抑制大肠杆菌的菌落形成活性，而cAMP磷酸二酯酶能够通过减少细胞内cAMP来维持菌落形成能力，因此cAMP-CRP具有促进VBNC状态形成的作用[142]。

2. 细胞形态相关因子——DacB

虽然VBNC细胞发生了一系列形态变化，但很少有研究探讨这些形态变化的机制[11，16]。研究发现，副溶血性弧菌进入VBNC状态后细胞由杆状变为球形及其他异常形状，在此过程中有15种与细胞壁合成相关的基因表达发生变化，其中编码D-丙酰胺-D-丙氨酸羧肽酶的*dacB*的表达增加最显著[15]。与野生型相比，*dacB*突变株在进入VBNC状态后的异常细胞比例明显减少[143]，表明与形态相关的基因*dacB*参与异常形态VBNC细胞的形成。

3. 蛋白聚集体——DnaK-ClpB双组分系统

最近，Pu等提出了一个模型来阐明大肠杆菌中蛋白质聚集体调控VBNC状态形成的机制[144]。在营养缺乏的情况下，大量对细胞功能至关重要的必需蛋白质随着ATP逐渐减少而聚集并形成聚集体，使细胞无法维持正常的新陈代谢，从而进入VBNC状态；随着营养物质的添加，ATP得到补充，DnaK-ClpB双组分系统被募集到聚集体中，促进蛋白质的分解，在蛋白质聚集体被分解后VBNC细胞实现复苏和再生[144]。

二、与 VBNC 状态形成有关的蛋白质组学和转录组学研究

单个基因或蛋白质仅反映了VBNC状态形成的有限通路，对VBNC状态的形成缺乏全面、系统的分析。近年来，随着高通量测序技术和生物信息学的发展，许多研究团队采用多种组学技术来研究VBNC状态的形成机制。转录组测序（transcriptome sequencing，RNA-seq）是目前应用最广泛的基于高通量测序的基因表达定量研究方法，具有准确性、重复性、可靠性和检测范围广等优点。蛋白质组（proteomics）分析用于大规模研究细胞内蛋白质特性，包括蛋白质表达水平、翻译后修饰和相互作用蛋白等。早期，双向凝胶电泳（two-dimensional gel electrophoresis technology，2DE）是蛋白质组学研究的常用方法，它通过蛋白质等电点和分子

质量的差异来分离蛋白质，并定量分析细胞内变化显著的蛋白质。随后，一种基于质谱的高灵敏度、高通量的体外定量蛋白质组学标记技术（isobaric tags for relative and absolute quantitation，iTRAQ）应运而生。

目前，对VBNC状态的组学研究仅限于一些常见的细菌种类，如霍乱弧菌、大肠杆菌、哈氏弧菌（*Vibrio harveyi*）、副溶血性弧菌、粪肠杆菌、丁香假单胞菌（*Pseudomonas syringae*）和红球菌属（*Rhodococcus*），以及一种真菌——新型隐球菌（*Cryptococcus neoformans*）。本节将从组学角度阐述不同微生物VBNC状态的形成机制。

（一）霍乱弧菌

霍乱弧菌是腹泻性疾病霍乱的致病菌，可在4℃人工海水中形成VBNC状态[42，138，145]。利用RNA-seq和芯片对霍乱弧菌VBNC细胞进行转录组研究，发现有1420个基因的表达发生显著变化，其中与甲壳素利用、生物膜形成和逆境响应相关的基因表达上调，而与细胞形态、核糖体功能及细胞分裂相关的基因下调表达。这些基因的变化表明霍乱弧菌通过最大限度地利用外界碳源、停止细胞分裂及降低代谢活性来增强对外界不利环境的抵抗力[146]。

Brenzinger等使用质谱和非标记的蛋白质组定量方法对霍乱弧菌VBNC细胞的蛋白质组进行分析，发现VBNC细胞中与细菌趋化、核糖体蛋白、ABC转运载体、精氨酸生物合成、鞭毛组装等有关的蛋白质表达上调，而致病性因子的表达下调，表明VBNC细胞的致病性降低；同时，参与碳代谢、氨基酸代谢、核苷酸代谢和三羧酸循环（TCA）等多种代谢途径的酶也下调表达，表明VBNC细胞的整体代谢活性下降[147]。

此外，最近研究发现，霍乱弧菌的复苏细胞与VBNC细胞在蛋白质表达方面存在差异[148]，复苏后有19种蛋白质的表达水平明显高于VBNC细胞，这些蛋白质主要参与碳水化合物代谢、运输、翻译、应激反应和磷酸盐利用等[148]。其中，参与细胞利用外源核苷酸的PhoX、PstB和Xds等蛋白质在复苏过程中上调表达，它们的超表达可能有助于细胞的生长；参与渗透压调节的EctC和参与氧化应激的AhpC在复苏过程中同样上调表达，表明复苏过程中细胞存在渗透压适应和氧化应激反应[148]。

（二）大肠杆菌

大肠杆菌在低温、寡营养、紫外线、HPCD等多种逆境下均能进入VBNC状态[149]。最初的组学研究发现，海水诱导的大肠杆菌VBNC细胞中有320个基因表达下调、937个基因表达上调，其中参与细胞分裂和核苷酸生物合成的基因表达下调，而与小分子代谢、能量代谢、TCA循环、趋化和迁移、丙酮酸脱氢酶、表面结构、鞭毛蛋白生物合成和噬菌体功能相关的基因表达上调[150，151]。

（三）副溶血性弧菌

副溶血性弧菌是研究VBNC状态的模式微生物。Lai等发现，4℃低温诱导的副溶血性弧菌VBNC细胞中与转录、翻译、ATP合酶、葡萄糖异生相关代谢及抗氧化有关的基因上调表达[45]。随后，Meng等发现副溶血性弧菌VBNC细胞中有509个基因上调表达、309个基因下调表达，它们的差异表达量都超过4倍[152]。在VBNC细胞中参与氨基酸生物合成、DNA代谢以及细胞被膜合成的基因均下调表达，而上调表达的基因大部分为能量代谢相关基因[152]。Zhong等对食品防腐剂山梨酸钾诱导的副溶血性弧菌VBNC细胞进行蛋白质组学分析，发现VBNC细胞中有36个蛋白质显著下调表达，分别是Ⅲ型分泌系统、多药物流出泵组分MtrF、核糖体蛋白和极性鞭毛蛋白；另外，有15个蛋白质显著上调表达，主要为转运蛋白、外膜蛋白、铁蛋白和氨基酸合酶[153]。Tang等分析了低温胁迫下副溶血性弧菌的蛋白质组学，共鉴定出101个差异表达蛋白，其中69个蛋白质为上调表达、32个蛋白质为下调表达；通过聚类分析，将这些蛋白质分为21个功能类别，其中表达上调的蛋白质主要参与核苷酸转运与代谢、防御系统及转录等[154]。

（四）哈氏弧菌

通过蛋白质表达谱分析发现，哈氏弧菌VBNC细胞中分子伴侣蛋白、谷氨酰胺合成酶、ABC转运蛋白、蛋白质移位酶亚基SecA、延长因子Tu（EF-Tu）和磷酸腺苷蛋白明显下调表达，而在氨基酸和核苷酸代谢中发挥着重要作用的蛋白质上调表达[155]。外膜蛋白在细胞运输、细胞结构维持和能量代谢中起关键作用，Parada等研究了低温海水中哈氏弧菌VBNC细胞外膜蛋白质组的变化，发现EF-Tu和细菌铁蛋白在VBNC状态形成过程中表达量不断增加，说明这两个蛋白质参与VBNC状态的形成[156]。这些结果表明膜蛋白在维持VBNC状态和响应外界压力方面具有特殊作用。

（五）其他 VBNC 状态微生物的组学研究

1. 粪肠球菌

与对数生长期细胞和饥饿细胞相比，粪肠球菌VBNC细胞的蛋白质表达谱存在显著差异[44]。在VBNC细胞中，烯醇化酶、ATP合酶和延伸因子EF-Tu显著下调表达，这与代谢活性的降低一致；而分解代谢物调节蛋白、延伸因子EF-Ts和果糖二磷酸醛缩酶表达上调[44]。该研究从组学的角度证明VBNC状态是一种不同于饥饿状态的生理状态。

2. 丁香假单胞菌

通过对缩酮处理诱导的丁香假单胞菌VBNC细胞进行大规模转录组分析，Postnikova等发现与细菌趋化途径、细胞壁聚合物合成、多胺代谢和运输、季铵盐化合物代谢、碳水化合物代谢以及能量代谢相关的基因上调表达，而参与毒素合成、转运和Ⅲ型分泌系统的基因下调表达，表明致病相关基因对VBNC状态形成的影响较小[157]。

3. 红球菌属

Su等通过RNA-seq分析了红球菌属VBNC细胞的基因表达变化，其中与ATP积累、RNA聚合酶和蛋白质修饰有关的基因上调表达；下调表达的基因主要是一些抗氧化酶类，如NADH脱氢酶亚基、过氧化氢酶、氧化还原酶等，表明低温胁迫导致的抗氧化能力丧失可能与VBNC状态形成有关[158]。

4. 新型隐球菌

Hommel等发现致病性真菌新型隐球菌可以在逆境和宿主免疫系统胁迫下进入VBNC状态，并通过多组学分析对新型隐球菌VBNC状态的代谢特征进行研究[159]。对代谢组的分析发现，在VBNC状态下，新型隐球菌整体代谢活性下降，但含有三磷酸腺苷-2′，3′-环磷酸腺苷的代谢通路被激活了[159]。此外，VBNC状态新型隐球菌的线粒体质量增加，并伴有去极化现象，而且线粒体基因表达增强[159]。VBNC状态新型隐球菌的分泌组、蛋白质组和转录组也表现出不同程度的变化，其中分泌组和蛋白质组的差异表达组分主要参与翻译、碳水化合物代谢和糖酵解，而转录组的差异主要体现在信号转导途径和ATP合成-质子转运途径[159]。该研究首次阐明VBNC状态真菌的代谢组、转录组和蛋白质组特征。

第六节

HPCD 诱导 *E. coli* O157 ：H7 VBNC 状态形成的机制

选取5MPa为处理压强，温度分别为25℃、31℃、34℃和37℃，研究了HPCD诱导*E. coli* O157：H7（0.85% NaCl菌悬液）进入VBNC状态的情况。判定*E. coli* O157：H7进入VBNC状态的标准为可培养菌数 < 0.1CFU/mL、活菌数 > 1个/mL。如图3-8（1）所示，在5MPa、25℃处理条件下，随着时间延长，可培养菌数迅速下降：当时间为30min时，可培养菌数降低到1CFU/mL；当时间延长到40min时，可培养菌数已低于0.1CFU/mL。但此时总菌数仍为10^8个/mL，并且活菌数仍高于10^6个/mL，这表明此条件下HPCD诱导*E. coli* O157：H7进入了VBNC状态。同样，其他三个HPCD处理条件也呈现出类似的规律，均能使*E. coli* O157：H7全部进入VBNC状态，如图3-8（2）~（4）所示，而且提高诱导温度能够加速VBNC状态的形成。

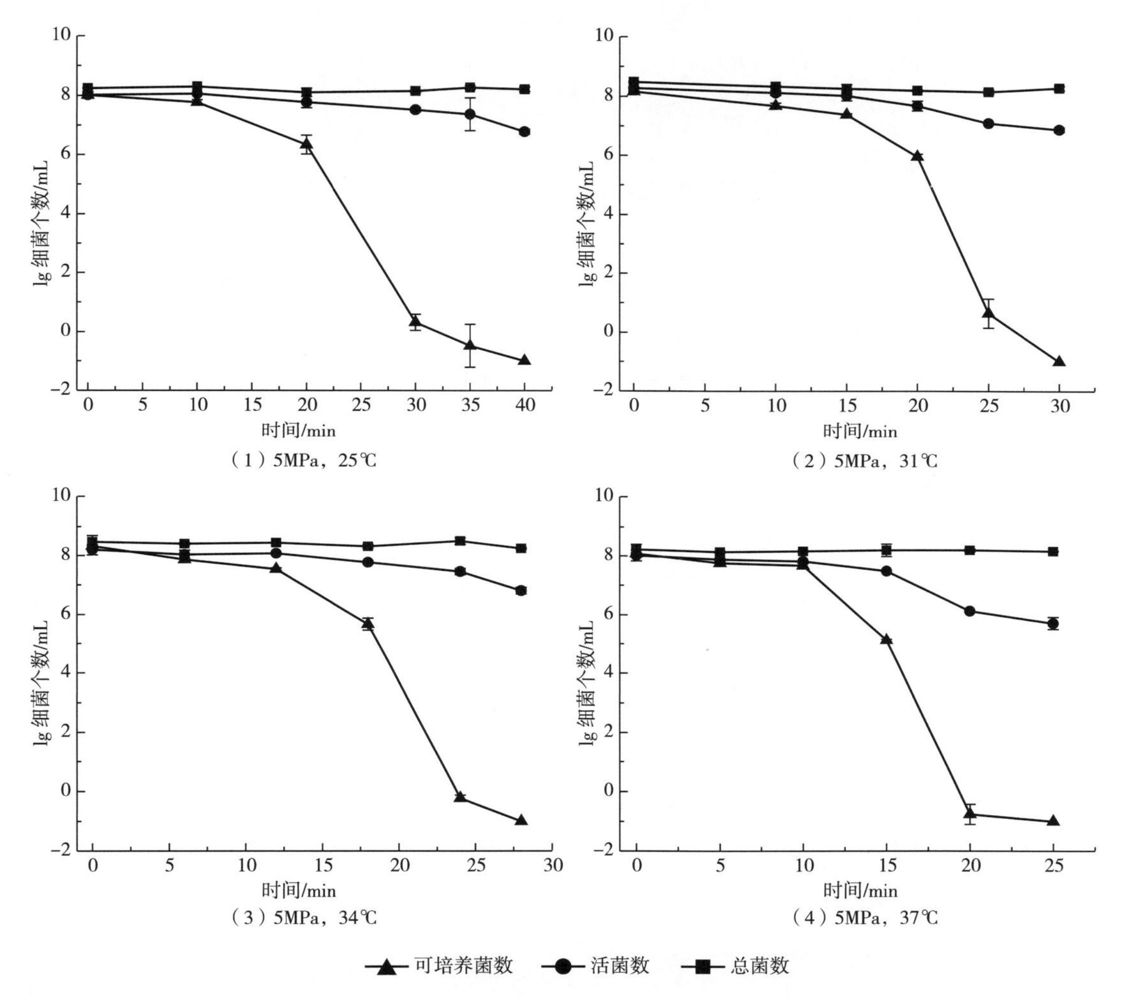

图3-8　HPCD▲诱导*E. coli* O157：H7进入VBNC状态的情况（*n*=3）

然后采用胰蛋白胨大豆肉汤（TSB）培养基在37℃下对这些VBNC细胞进行复苏试验，发现5MPa、37℃ HPCD条件诱导形成的VBNC细胞不能复苏，其他三个HPCD条件诱导形成的VBNC细胞均实现了复苏，但复苏能力随着HPCD诱导温度的提高而降低（图3-9）。

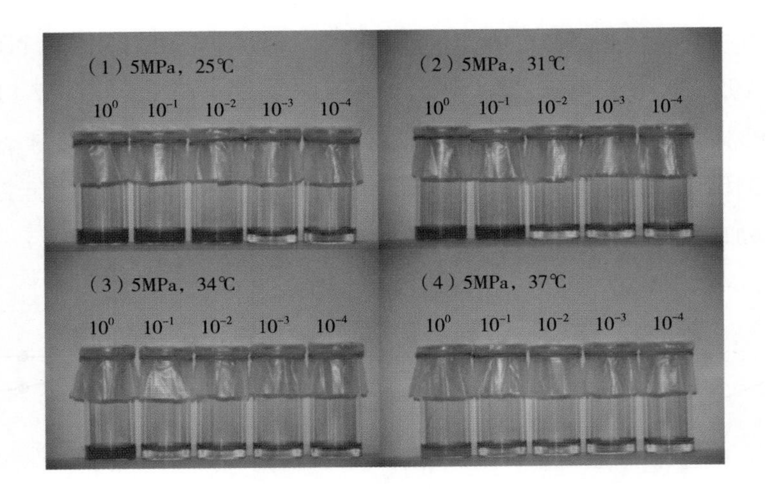

图3-9 HPCD诱导产生的VBNC状态*E. coli* O157：H7细胞的复苏情况（n=3）

基于上述结果，进一步选取5MPa、25℃、40min诱导形成的VBNC细胞为对象，从细胞与分子两个层面探讨HPCD诱导*E. coli* O157：H7 VBNC状态形成的可能机制，为制定HPCD技术杀菌参数奠定理论基础，以期保证HPCD技术加工的食品安全。

一、细胞层面分析

（一）*E. coli* O157 ： H7 VBNC 细胞的形态特征分析

采用扫描电镜（Scanning electron microscopy，SEM）对*E. coli* O157：H7的外部形态进行分析。如图3-10（1）所示，处于对数生长期的*E. coli* O157：H7细胞为杆状，表面光滑，细胞大小较均一，平均细胞长度为1.54μm；能观察到正在分裂的细胞，如图3-10（1）箭头所示。当进入VBNC状态后，*E. coli* O157：H7细胞变为弯曲的杆状，如图3-10（2）箭头所示，细胞表面变得粗糙，细胞长度为1.45 ± 0.11μm，如图3-10（2）所示。

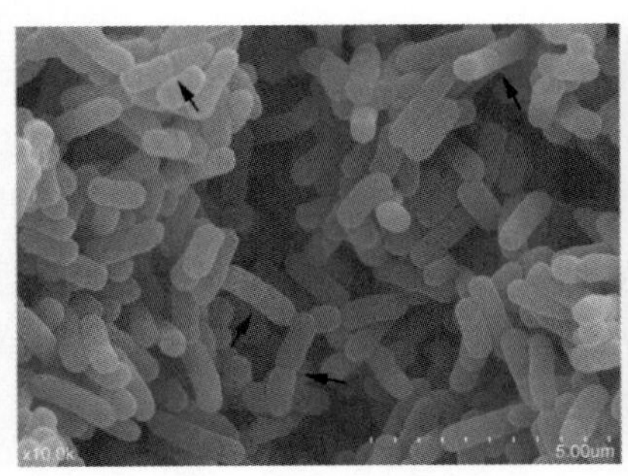

（1）对数生长期细胞

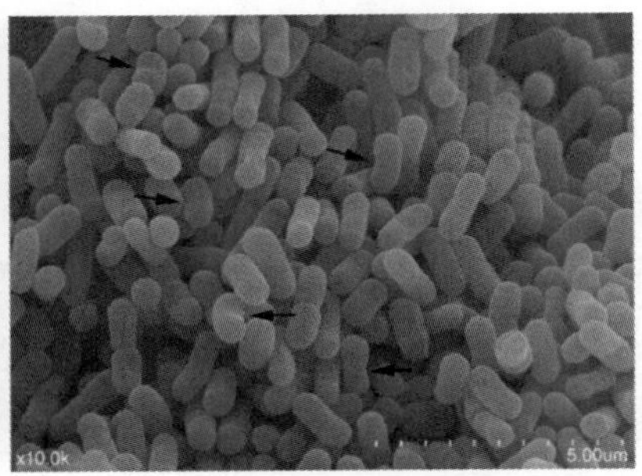

（2）5MPa、25℃、40minHPCD处理诱导产生的VBNC细胞

图3-10 *E. coli* O157：H7的外部形态（10000×）

采用透射电镜（transmission electron microscopy，TEM）对*E. coli*

O157：H7的内部结构进行观察。在对数生长期细胞中，核区（低电子密度区域）位于细胞的中央，充满核糖体的细胞质基质（高电子密度区域）位于核区的周围，如图3-11（1）所示；在核区有一些深色颗粒与核酸相结合，如图3-11（1）右图箭头所示，这可能会促进对数生长期细胞的生长和复制。如图3-11（2）所示，VBNC细胞的细胞质基质密度要低于对数生长期细胞，这可能是核糖体数量降低造成的；同时，VBNC细胞的核区密度也降低了，核酸结构松散，并且没有深色颗粒与核酸相结合；另外，VBNC细胞的外膜和内膜之间出现了空隙，如图3-11（2）箭头所示；而且一些细胞内部物质减少，认为这些细胞已经死亡，如图3-11（2）左图矩形所示。

图3-11 *E. coli* O157：H7的内部结构

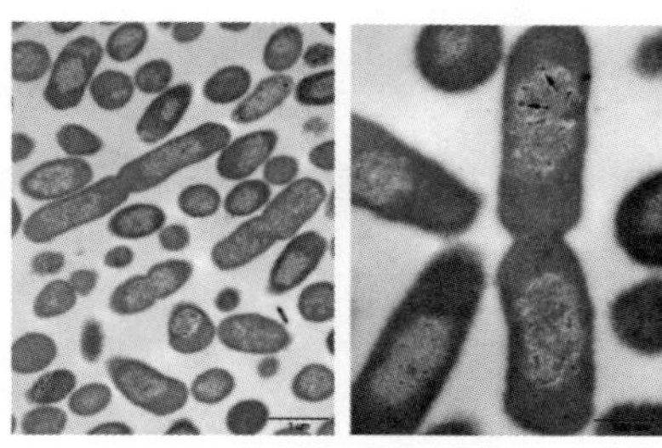

（1）对数生长期细胞

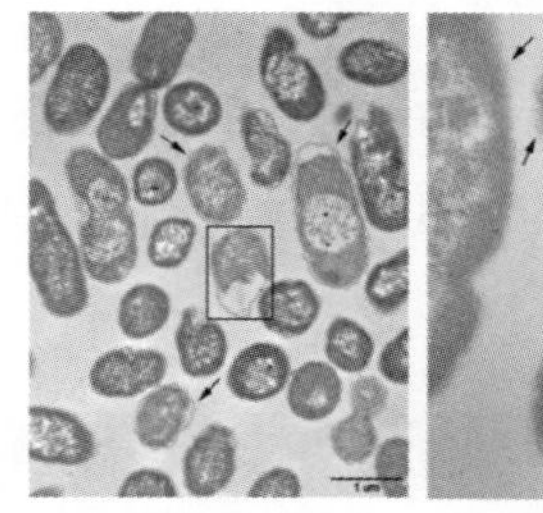

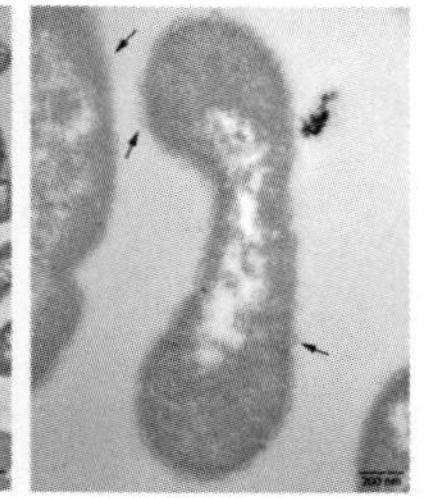

（2）5MPa、25℃、40minHPCD处理诱导产生的VBNC细胞

左图的放大倍数为25000×；右图（1）的放大倍数为60000×；右图（2）的放大倍数为80000×。

综上所述，从细胞层面看HPCD诱导形成的VBNC细胞外部形态和内部结构都发生了一系列明显变化，这些变化会使VBNC细胞降低自身对营养的需求及能量消耗，也是VBNC细胞的一种生存策略。

（二）VBNC 细胞的生理特性分析

采用荧光光度计检测1，6-二苯基-1，3，5-己三烯（DPH）标记的*E. coli* O157：H7细胞膜的荧光偏振度。如图3-12所示，VBNC细胞的荧光偏振度与对数生长期细胞的荧光偏振度相比没有显著差异，表明进入VBNC状态后细胞膜的流动性没有发生改变。膜流动性与膜完整性密切相关，因此该结果证实VBNC细胞的膜完整性没有受到显著影响。

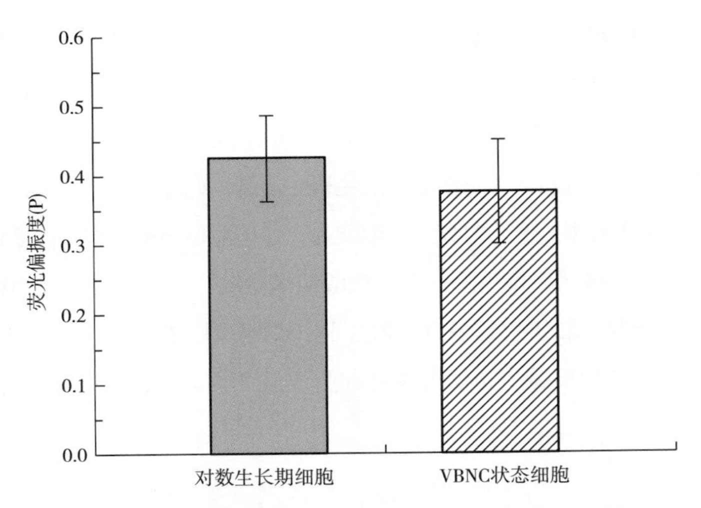

◂图3-12 HPCD（5MPa，25℃，40min）诱导产生的VBNC细胞的膜流动性

同时采用API ZYM试剂盒进行对数生长期细胞与VBNC细胞胞内酶活力的比较分析。如图3-13所示，在对数生长期细胞中检测到碱性磷酸酶（No. 2）、亮氨酸芳基酰胺酶（No. 6）、酸性磷酸酶（No. 11）、萘酚-AS-BI-磷酸水解酶（No. 12）和β-半乳糖苷酶（No. 14）5种内源酶，但在VBNC细胞中仅检测到碱性磷酸酶（No. 2）、酸性磷酸酶（No. 11）和萘酚-AS-BI-磷酸水解酶（No. 12）3种内源酶。根据酶所显示的颜色强度可以看出，VBNC细胞中胞内酶活力要明显低于对数生长期细胞，这表明VBNC细胞仍然具有代谢活性，但是要低于对数生长期细胞。酶活力的降低会使VBNC细胞处于较低的代谢水平，从而使细胞的能量需求降低，这可能是VBNC细胞的一种生存策略[160]。

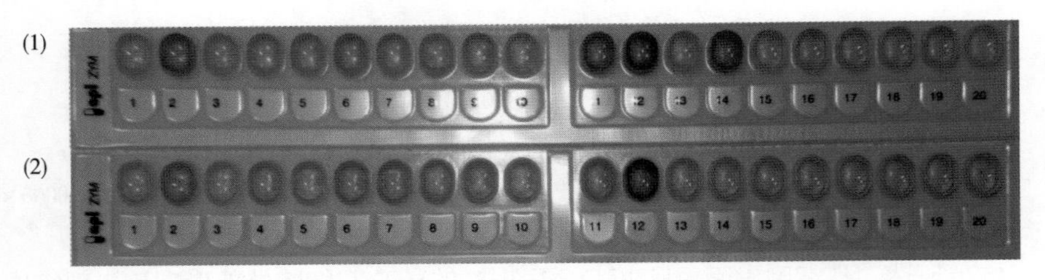

（1）对数生长期细胞 （2）5MPa、25℃、40min HPCD处理诱导产生的VBNC细胞

◂图3-13 API ZYM系统测定的*E. coli* O157：H7细胞内酶活力

二、组学及分子层面分析

利用第二代测序技术RNA-seq对VBNC细胞和对数生长期细胞的转录组进行测定，转录组数据存储在NCBI基因表达综合数据库（Gene Expression Omnibus，GEO）中，检索号为GSE62394（http://www.ncbi.nlm.nih.gov/geo/query/acc.cgi?acc=GSE62394）。图3-14所示为测序所产生读取（reads）的基因覆盖度统计结果，通过该图可以看出VBNC细胞中有约87%的转录本是由覆盖

度为90%~100%的唯一比对读取（unique mapping reads）来确定的，这保证了基因注释的准确度；在对数生长期细胞中，同样有约88%的转录本是由覆盖度为90%~100%的唯一比对读取来确定的。对转录组测序所鉴定出的每个转录本都进行了基因表达注释，VBNC细胞和对数生长期细胞均有4000多个基因被注释。

图3-14 *E. coli* O157：H7测序所产生读取的基因覆盖度统计

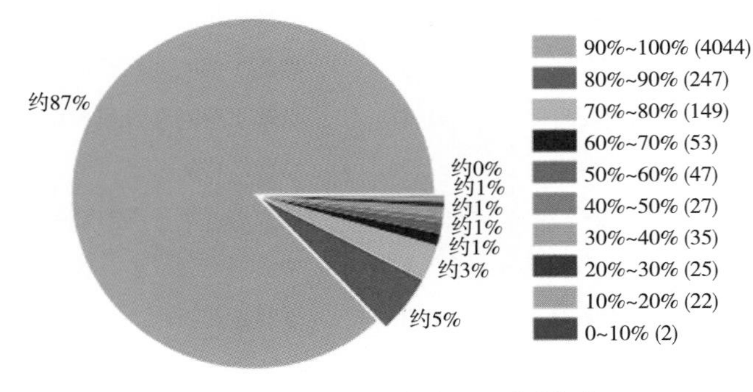

（1）VBNC状态细胞

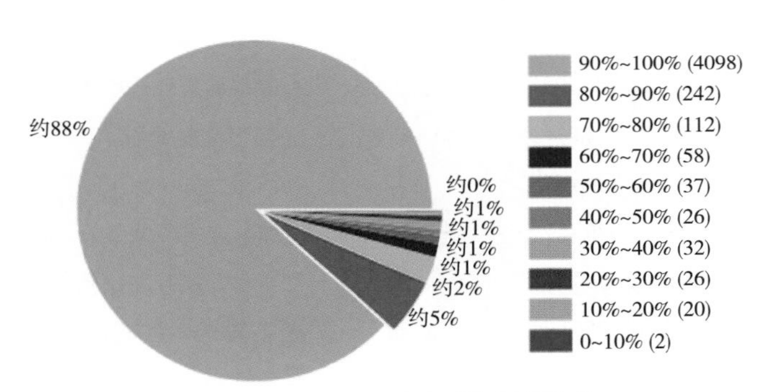

（2）对数生长期细胞

进一步通过比较VBNC细胞和对数生长期细胞的基因表达水平，得到所有表达差异基因，将满足错误发现率（false discovery rate，FDR）≤ 0.001且差异倍数在2倍以上（lg2 > 1或lg2 < −1）的基因定义为差异表达基因。经统计，共有97个差异表达基因，其中VBNC细胞中上调表达的基因有22个、下调表达的基因有75个。根据差异表达基因的GO功能分析和KEGG 通路分析，并结合每个差异表达基因在PubMed数据库中已报道的功能，将差异表达基因分为16类，分别是碳水化合物转运与代谢、氨基酸转运与代谢、核苷酸代谢、DNA重组、转录与翻译、细胞分裂、逆境响应、电子传递链、膜运输、致病性、矿质元素转运与代谢、RNA降解、蛋白质降解、细胞运动、预测功能和未知功能（表3-2）；其中编码膜蛋白的基因共有27个，有9个上调表达，18个下调表达。

表3-2　　VBNC状态 *E. coli* O157：H7细胞中差异表达基因

基因名称及功能分类	基因号	lg2比率（VBNC细胞/对数生长期细胞）	表达产物的名称
碳水化合物转运与代谢			
srlA_1	*Z4005*	−1.41	磷酸转移酶系统，葡萄糖醇/山梨醇特异的ⅡC组分
Z4200	*Z4200*	−1.81	糖基水解酶，15家族结构域蛋白
Z4201	*Z4201*	−1.91	糖基水解酶，15家族结构域蛋白
agaD	*Z4494*	−1.34	磷酸转移酶系统，半乳糖胺特异的ⅡD组分
malM	*Z5635*	−1.11	麦芽糖操纵子周质蛋白
ulaA	*Z5802*	−1.14	磷酸转移酶系统，抗坏血酸特异的ⅡC组分
*lam*B	*Z5634*	−1.25	麦芽糖孔蛋白
氨基酸转运与代谢			
*fix*A	*Z0047*	−1.62	电子转移黄素蛋白β亚基
fixX	*Z0050*	−2.26	铁氧还蛋白样蛋白
metN	*Z0211*	−1.21	D-甲硫氨酸转运系统ATP结合蛋白
artJ	*Z1090*	−1.29	精氨酸转运系统底物结合蛋白
Z4464	*Z4464*	1.20	L-丝氨酸脱氨酶
yhaR	*Z4465*	1.11	TdcF蛋白
metR	*Z5349*	−1.31	LysR家族转录调节子，*metE*和*metH*的转录调节子
metF	*Z5496*	−1.35	亚甲基四氢叶酸还原酶
argC	*Z5516*	−1.35	*N*-乙酰-γ-谷氨酰-磷酸还原酶
metA	*Z5599*	−1.23	高丝氨酸-O-琥珀酰基转移酶
argI	*Z5866*	−2.12	鸟氨酸-氨甲酰基转移酶
核苷酸代谢			
Z0404	*Z0404*	−1.27	LysR家族转录调节子，*allD*操纵子的转录激活子
gcl	*Z0661*	−1.70	羟丙二酸半醛合酶
gip	*Z0662*	−1.71	羟基丙酮酸异构酶
ybbQ	*Z0663*	−1.77	2-羟基-3-氧化丙酸还原酶
Z0665	*Z0665*	−1.50	尿囊素透性酶
Z0666	*Z0666*	−1.41	尿囊素酶
Z0667	*Z0667*	−1.34	尿囊素酶
DNA重组			
Z0953	*Z0953*	1.15	NinG蛋白
Z1866	*Z1866*	−1.77	原噬菌体CP-933X整合酶
Z2101	*Z2101*	−2.64	交叉连接脱氧核糖核酸内切酶RusA
Z2981	*Z2981*	−1.34	假定转座酶

续表

基因名称及功能分类	基因号	lg2比率（VBNC细胞/对数生长期细胞）	表达产物的名称
intU	*Z3130*	−1.10	原噬菌体CP-933U整合酶
intC	*Z3613*	−1.47	整合酶
Z5490	*Z5490*	−1.14	插入因子IS1蛋白InsB
转录与翻译			
ybcH	*Z0697*	−1.31	N^5-谷氨酰胺甲基转移酶
hyaD	*Z1392*	−1.04	氢化酶1成熟蛋白酶
Z3345	*Z3345*	−2.99	抗终止蛋白Q
Z3357	*Z3357*	−1.76	调节蛋白CⅡ
细胞分裂			
Z1876	*Z1876*	−1.43	溶菌酶
Z2046	*Z2046*	−4.33	DNA结合转录调节子DicC
Z2371	*Z2371*	−2.71	溶菌酶
逆境响应			
yedU	*Z3059*	−1.22	分子伴侣HchA（Hsp31）
Z3312	*Z3312*	−1.03	Cu/Zn超氧化物歧化酶
hdeA	*Z4922*	1.08	酸抗性蛋白HdeA
hdeB	*Z4921*	1.34	酸抗性蛋白HdeB
ecnB	*Z5754*	1.65	细菌裂解蛋白B
电子传递链			
Z2702	*Z2702*	1.07	铁氧还蛋白类似蛋白YdhY
yodB	*Z3067*	1.27	细胞色素*b561*
ccmD	*Z3455*	1.14	亚铁血红素外运蛋白D
膜运输			
ylcB	*Z0711*	1.58	Cu（Ⅰ）/Ag（Ⅰ）外排系统外膜蛋白CusC
ybdA	*Z0733*	−1.18	MFS载体，肠杆菌素（铁载体）外运载体
Z2185	*Z2185*	−1.64	蛋白YneE
Z2503	*Z2503*	−1.54	MFS载体，双环霉素/氯霉素抗性蛋白
Z4357	*Z4357*	1.87	生物聚合物运输蛋白ExbD
Z5415	*Z5415*	−1.23	亚硫酸盐外运载体TauE/SafE家族蛋白
致病性			
lomK	*Z0981*	−1.96	假定致病性相关蛋白PagC
Z3276	*Z3276*	−1.19	菌毛蛋白

续表

基因名称及功能分类	基因号	lg2比率（VBNC细胞/对数生长期细胞）	表达产物的名称
Z3596	*Z3596*	−1.30	菌毛蛋白
Z4190	*Z4190*	1.47	三型分泌蛋白SctQ
Z4194	*Z4194*	−1.76	三型分泌蛋白SctN的ATP合酶
Z4195	*Z4195*	1.09	三型分泌蛋白SctV
fimC	*Z5914*	−1.26	菌毛伴侣蛋白
矿质元素转运与代谢			
ssuC	*Z1282*	−2.31	磺酸盐转运系统透性酶蛋白
ycbN	*Z1283*	−1.21	链烷磺酸盐单氧酶
phnP	*Z5695*	−1.52	碳磷裂解酶复合物辅助蛋白
phnL	*Z5699*	−1.10	假定膦酸盐转运系统ATP结合蛋白
phnK	*Z5700*	−1.21	假定膦酸盐转运系统ATP结合蛋白
phnC	*Z5708*	−1.30	膦酸盐转运系统ATP结合蛋白
fhuF	*Z5968*	−1.71	三价铁还原酶蛋白FhuF
RNA降解			
Z0284	*Z0284*	−1.03	mRNA干预酶YafQ
Z1678	*Z1678*	−1.46	假定无特征蛋白YmdA
蛋白质降解			
Z3651	*Z3651*	1.52	氨肽酶
细胞运动			
fliG	*Z3029*	−1.16	鞭毛马达开关蛋白FliG
fliH	*Z3030*	1.61	鞭毛组装蛋白FliH
Z3672	*Z3672*	−1.39	FlxA−样家族蛋白
Z5895	*Z5895*	1.06	趋化蛋白MotB
预测功能			
Z0974	*Z0974*	−1.52	原噬菌体CP−933K尾部成分
ybjW	*Z1107*	−1.54	羟胺还原酶
Z1554	*Z1554*	−1.41	假定ABC转运系统透性酶蛋白
Z3313	*Z3313*	−1.19	原噬菌体CP−933V尾部成分
Z4084	*Z4084*	−1.52	烷基二羟丙酮磷酸合酶
yibD	*Z5042*	1.11	糖基转移酶
未知功能			
Z0965	*Z0965*	−1.09	假定蛋白

续表

基因名称及功能分类	基因号	lg2比率（VBNC细胞/对数生长期细胞）	表达产物的名称
Z1340	*Z1340*	−1.28	假定蛋白
Z2100	*Z2100*	−1.46	假定蛋白
Z2240	*Z2240*	3.31	富亮氨酸重复家族蛋白
Z2241	*Z2241*	2.34	富亮氨酸重复家族蛋白
Z2309	*Z2309*	−1.57	假定蛋白
Z2311	*Z2311*	−11.46	假定蛋白
Z2695	*Z2695*	−1.21	假定蛋白
Z2717	*Z2717*	−1.09	假定蛋白
Z2774	*Z2774*	−1.09	假定蛋白
Z3341	*Z3341*	1.06	假定蛋白
Z3400	*Z3400*	1.10	假定蛋白
ygbF	*Z4062*	−1.16	假定蛋白
yibG	*Z5018*	−2.29	假定蛋白
Z5161	*Z5161*	−2.26	假定蛋白
yjcB	*Z5659*	−1.11	假定蛋白
yjfL	*Z5791*	1.97	假定膜蛋白

同时，采用基于iTRAQ的蛋白质定量方法对*E. coli* O157：H7 VBNC细胞和对数生长期细胞进行蛋白质组测定。共检测到241021张二级谱图，匹配到特有肽段的谱图为22165张，经鉴定共有7215个肽段，通过对鉴定的肽段进行蛋白质组装、分组、数据库搜索等步骤，最终鉴定出1573个蛋白质。依据这些蛋白质的相对分子质量作质量分布图（图3-15）。如图3-15所示，多数蛋白质分布在10～60ku，位于10～20ku、20～30ku、30～40ku、40～50ku和50～60ku的蛋白质分别有223、300、283、257和187个，而位于其他分子质量范围的蛋白质都少于100个。

对鉴定到的所有蛋白质进行GO分析，结果如图3-16所示。按照参与的生物过程，鉴定到的蛋白质主要参与生物调控（4.12%）、细胞成分的组织或生物合成（3.44%）、细胞过程（31.18%）、定位的建立（6.68%）、定位（6.90%）、代谢过程（35.70%）、生物过程的调控（2.29%）、逆境响应（6.61%）等；按照所处的细胞位置，鉴定到的蛋白质主要分布于细胞（44.35%）、细胞部分（44.35%）及

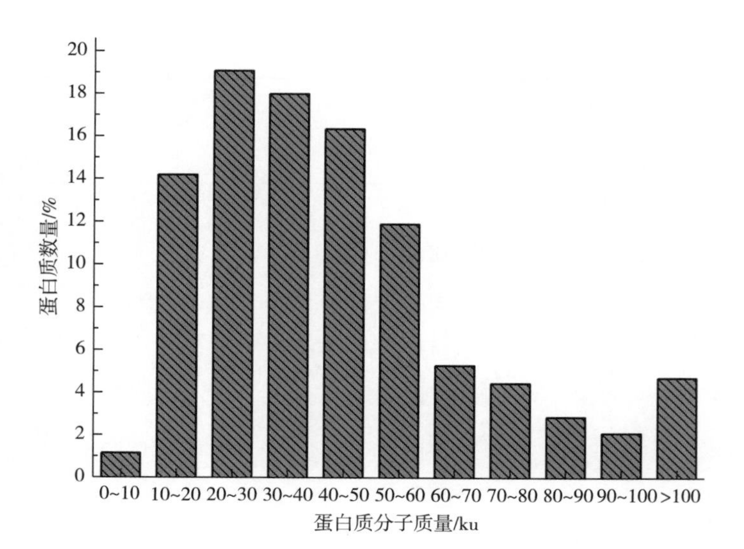

图3-15 *E. coli* O157：H7蛋白质组测序所得总蛋白质的分子质量分布图

大分子复合物（7.29%）上；按照分子功能，鉴定到的蛋白质主要具有结合能力（41.34%）、催化活性（44.49%）、分子转导活性（1.86%）、与核酸结合的转录因子活性（3.33%）、结构分子活性（2.29%）和载体活性（5.44%）等。

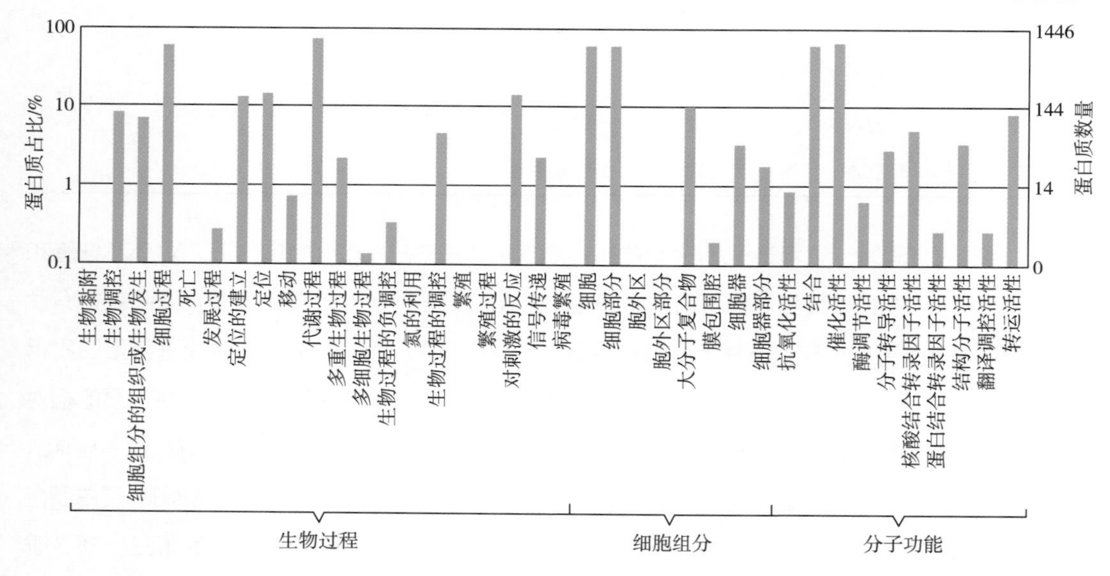

图3-16 *E. coli* O157：H7蛋白质组测序所得总蛋白质的GO分析

为了更全面地了解蛋白质的功能，将鉴定到的所有蛋白质和COG数据库进行比对，得到蛋白质功能分类图（图3-17）。如图3-17所示，鉴定到的蛋白质主要参与能量产生与转化（C，7.84%），氨基酸转运与代谢（E，9.46%），核苷酸转运与代谢（F，3.73%），碳水化合物转运与代谢（G，7.46%），辅酶转运与代谢（H，5.68%），翻译及核糖体结构与生物合成（J，8.32%），转录（K，7.14%），复制、重组及修复（L，4.92%），细胞壁/膜/外膜生物合成（M，7.14%），翻译后修饰、蛋白质更新及伴侣（O，4.59%），无机离子运输与代谢（P，4.05%），通用功能（R，10.43%），未知功能（S，5.51%）和信号转导机制（T，4.65%）。

图3-17 *E. coli* O157：H7蛋白质组测序所得总蛋白质的COG分析

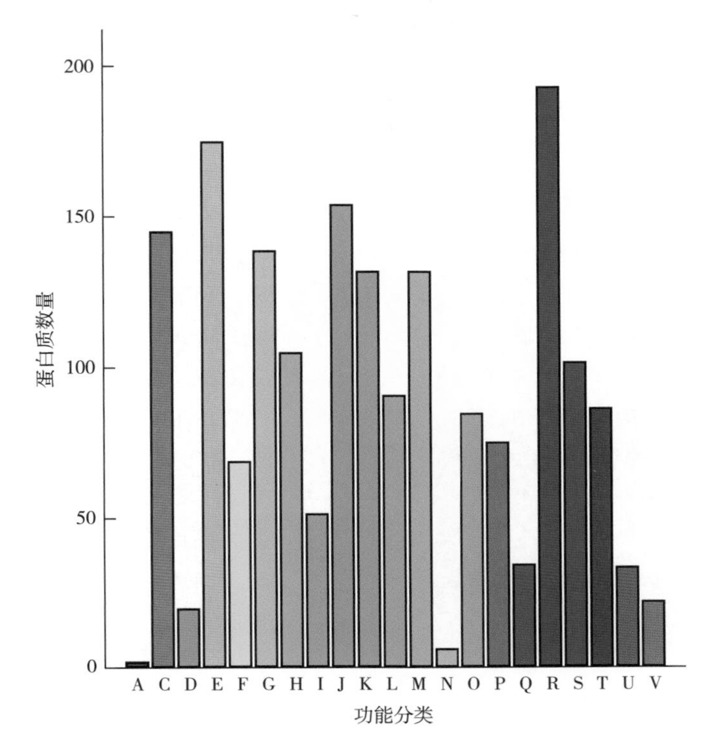

A—RNA的加工和修饰　C—能量产生和转换　D—细胞周期控制、细胞分裂、染色体分离　E—氨基酸转运与代谢　F—核苷酸转运和代谢　G—碳水化合物转运与代谢　H—辅酶转运与代谢　I—脂质转运与代谢　J—翻译、核糖体结构和生物发生　K—转录　L—复制、重组和修复　M—细胞壁/膜/被膜生物发生　N—细胞运动性　O—翻译后修饰、蛋白质周转、伴侣蛋白　P—无机离子转运与代谢　Q—次级代谢产物的生物合成、运输和分解代谢　R—仅通用功能预测　S—功能未知　T—信号转导机制　U—胞内的运输、分泌和囊泡运输　V—防御机制

进一步对鉴定到的所有蛋白质进行表达量计算，得到VBNC细胞与对数生长期细胞之间的所有表达差异蛋白，将差异倍数在1.2倍以上且经统计检验其$p<0.05$的蛋白质定义为差异表达蛋白。经统计，共得到56个差异表达蛋白，其中VBNC细胞中上调表达的蛋白质有28个，下调表达的蛋白质也有28个。根据差异表达蛋白的GO富集分析和KEGG Pathway富集分析，并结合每个差异表达蛋白在PubMed数据库中已报道的功能，将差异表达蛋白分为16类，分别是碳水化合物转运与代谢、氨基酸转运与代谢、核苷酸代谢、DNA复制、转录与翻译、细胞分裂、逆境响应、电子传递链、膜合成及运输、致病性、RNA降解、蛋白质降解、辅酶代谢、预测功能和未知功能（表3-3）；其中膜蛋白共有9个，上调表达的有3个，下调表达的有6个。

表3-3　　VBNC状态*E. coli* O157：H7细胞中差异表达蛋白

蛋白质名称及功能分类	蛋白质ID	基因名称	差异倍数（VBNC细胞/对数生长期细胞）
碳水化合物转运与代谢			
丙酮酸脱氢酶亚基E1	NP_285810.1	*aceE*	1.51
双功能乌头酸水合酶2	NP_285814.1	*acnB*	0.72
类型Ⅱ柠檬酸合酶	NP_286436.1	*gltA*	1.85
D-乳酸脱氢酶	NP_287766.1	*ldhA*	1.53
葡萄糖-6-磷酸-1-脱氢酶	NP_288289.1	*zwf*	1.62
6-磷酸葡萄糖酸脱氢酶	NP_288534.1	*gnd*	1.33
β-D-葡萄糖苷葡萄糖水解酶	NP_288709.1	*bglX*	0.56
D-乳酸脱氢酶	NP_288710.1	*dld*	0.21
磷酸烯醇式丙酮酸-蛋白磷酸转移酶	NP_288978.1	*ptsI*	0.61
麦芽糖ABC载体的ATP结合蛋白	NP_290669.1	*malK*	2.40
氨基酸转运与代谢			
苏氨酸合酶	NP_285696.1	*thrC*	2.23
赖氨酸/精氨酸/鸟氨酸结合周质蛋白	NP_288884.1	*argT*	2.22
D-3-磷酸甘油酸脱氢酶	NP_289481.1	*serA*	1.49
核苷酸代谢			
氨甲酰磷酸合成酶大亚基	NP_285727.1	*carB*	0.59
腺苷酸激酶	NP_286215.1	*adk*	1.34
核糖核苷二磷酸还原酶亚基α	NP_288808.1	*nrdA*	2.14
5′-单磷酸次黄嘌呤核苷酸脱氢酶	NP_289062.1	*guaB*	0.41
磷酸核糖甲酰甘氨酸合酶	NP_289113.1	*purL*	0.60
核糖激酶	NP_290391.1	*rbsK*	0.64
腺苷酸琥珀酸合酶	NP_290807.1	*purA*	1.60
DNA复制			
DNA聚合酶Ⅲ亚基α	NP_285878.1	*dnaE*	0.36
复制起始调节子SeqA	NP_286402.1	*seqA*	1.76
转录与翻译			
异亮氨酰-tRNA合成酶	NP_285720.1	*ileS*	1.48
谷氨酰胺-tRNA合成酶	NP_286394.1	*glnS*	2.12
30S核糖体蛋白S1	NP_286786.1	*rpsA*	0.79
DNA拓扑异构酶I	NP_287925.1	*topA*	1.88
转录延长因子GreA	NP_289755.2	*greA*	1.64
30S核糖体蛋白S4	NP_289857.1	*rpsD*	1.39
30S核糖体蛋白S5	NP_289864.1	*rpsE*	0.75
50S核糖体蛋白L24	NP_289870.1	*rplX*	1.55
甘氨酰-tRNA合成酶亚基α	NP_290144.1	*glyQ*	0.33

续表

蛋白质名称及功能分类	蛋白质ID	基因名称	差异倍数（VBNC细胞/对数生长期细胞）
Fic家族蛋白	NP_290168.1	*Z5009*	0.25
细胞分裂			
DamX蛋白	NP_289927.1	*damX*	1.85
逆境响应			
热休克蛋白90	NP_286214.1	*htpG*	1.51
葡聚糖合成蛋白D	NP_287736.1	*mdoD*	0.56
分子伴侣GroEL	NP_290776.1	*groEL*	1.24
电子传递链			
谷氨酸-1-半醛氨基转移酶	NP_285850.1	*hemL*	1.99
膜合成及运输			
UTP：葡糖-1-磷酸尿苷转移酶	NP_287481.1	*galU*	2.10
sn-甘油-3-磷酸脱氢酶亚基A	NP_288817.1	*glpA*	0.43
十一碳异戊烯磷酸4-脱氧-4-甲酰胺基-L-阿拉伯糖转移酶	NP_288830.1	*Z3512*	0.27
D-阿拉伯糖5-磷酸异构酶	NP_289257.2	*gutQ*	0.33
NAD（P）H依赖甘油-3-磷酸脱氢酶	NP_290191.1	*gpsA*	1.59
外膜蛋白F	NP_286804.1	*ompF*	1.71
氨基糖苷类/多药物外排系统	NP_289022.1	*acrD*	0.22
致病性			
外膜蛋白OmpA	NP_286832.1	*ompA*	0.79
酮-羟戊二酸醛缩酶	NP_288287.1	*eda*	0.67
RNA降解			
核糖核酸外切酶R	NP_290809.2	*vacB*	0.44
蛋白质降解			
异天门冬氨酰二肽酶	NP_290945.1	*iadA*	0.60
辅酶代谢			
硫胺素生物合成蛋白ThiI	NP_286165.1	*yajK*	0.38
硫辛酰合酶	NP_286354.1	*lipA*	0.68
预测功能			
噬菌体抑制、大肠杆菌素抗性和亚碲酸盐抗性蛋白	NP_286707.1	*terA*	0.31
外膜蛋白组装复合体亚基YfiO	NP_289150.1	*Z3889*	0.47
ABC载体ATP结合蛋白	NP_289900.1	*yheS*	0.28
未知功能			
假定蛋白	NP_285859.1	*yaeH*	2.26
假定蛋白	NP_288049.1	*ydgA*	0.48
假定蛋白	NP_289066.1	*Z3776*	2.34

由于这些差异表达基因和蛋白质可能与VBNC状态形成有关，因此对其与VBNC状态形成的关系分析如下。

（一）碳水化合物转运与代谢

磷酸烯醇式丙酮酸：碳水化合物磷酸转移酶（PTS）系统是细菌中主要的碳水化合物吸收系统。VBNC细胞中，与PTS系统相关的多种基因和蛋白质呈现下调表达，包括由*ptsI*编码的通用组分酶Ⅰ及编码酶ⅡCD组分的三个基因（*agaD*、*srlA_1*和*ulaA*），还有参与麦芽糖运输的*lamB*和*malM*基因也表现为下调表达。这些结果表明*E. coli* O157：H7细胞进入VBNC状态后碳水化合物的运输能力降低了。

在VBNC细胞中，参与将葡萄糖-6-磷酸转变为核酮糖-5-磷酸及还原型辅酶Ⅱ（NADPH，细胞内生物合成的还原力）的6-磷酸葡萄糖脱氢酶（Zwf）和6-磷酸葡萄糖酸脱氢酶（Gnd）分别上调表达1.62倍和1.33倍。NADPH的产生是*E. coli*应对氧化逆境的一种应激反应[161]。因此，Zwf和Gnd的上调表达可能是*E. coli* O157：H7应对HPCD引起的氧化逆境的适应性反应[162，163]。

在VBNC细胞中，参与将丙酮酸还原为乳酸的D-乳酸脱氢酶（由*ldhA*基因编码）上调表达1.53倍，而催化D-乳酸氧化为丙酮酸的另一个D-乳酸脱氢酶（由*dld*基因编码）则下调表达至原来的21%。*ldhA*和*dld*的差异表达表明，在VBNC状态形成中D-乳酸过量表达了。另外，在VBNC细胞中催化丙酮酸生成柠檬酸的丙酮酸脱氢酶复合体E1（AceE）和柠檬酸合酶（GltA）分别上调表达1.51倍和1.85倍。但是，在VBNC细胞中催化硫辛酰基辅因子形成的LipA含量却降低了，而硫辛酰基辅因子是丙酮酸脱氢酶复合体发挥活性必需的组分[164]，因此，LipA含量的降低会抑制VBNC细胞中丙酮酸脱氢酶复合体的活性。同时，GltA的活性也会因VBNC细胞中过量的NADPH而受到抑制[165]。而且，在VBNC细胞中催化柠檬酸异构化为异柠檬酸的AcnB含量也为下调表达。这些结果表明，通过三羧酸循环的碳流在VBNC状态形成过程中降低了，这将导致ATP和CO_2含量降低。Serpaggi等使用双向电泳技术同样发现，SO_2诱导形成的*Brettanomyces* VBNC细胞中的糖酵解能力下降了[166]。在VBNC状态形成过程中，丙酮酸分解代谢以糖酵解途径为主而非TCA循环途径，这会导致*E. coli* O157：H7细胞的生长被抑制。

（二）氨基酸转运与代谢

在VBNC细胞中，参与精氨酸转运与合成的三个基因（*artJ*、*argC*和*argI*）以及参与甲硫氨酸转运与合成的三个基因（*metN*、*metA*和*metF*）均下调表达。

*metR*编码一种转录调节子，作用是激活甲硫氨酸生物合成最后两步酶的转录，在VBNC细胞中*metR*的表达也下调了。这些结果表明，VBNC状态形成过程中精氨酸和甲硫氨酸的转运和生物合成能力下降，从而引起蛋白质合成速率的降低。

值得注意的是，与L-丝氨酸和L-苏氨酸合成及降解相关的一些蛋白质和基因在VBNC细胞中上调表达（SerA，1.49倍；*z4464*，2.30倍；ThrC，2.23倍；*tdcB*，2.00倍；*yhaR*，2.16倍）。L-丝氨酸和L-苏氨酸的分解代谢可为在厌氧条件下的*E. coli*提供能量[167]。因此，在VBNC细胞中L-丝氨酸和L-苏氨酸合成及降解的增强是*E. coli* O157：H7面对HPCD厌氧环境的能量生成方式；同时，L-丝氨酸和L-苏氨酸在降解过程中产生的氨能够帮助*E. coli* O157：H7抵抗HPCD的酸逆境。

（三）核苷酸代谢

核苷酸是细胞生长必需的材料，也是DNA和RNA合成所必需的。在VBNC细胞中，催化磷酸核糖焦磷酸（PRPP）生成肌苷酸（IMP）的三个酶PurF、PurD和PurL对应的基因表达水平分别下调表达至原来的23%、67%和60%，尽管*purF*和*purD*的表达量降低是不显著的，这表明在VBNC细胞中IMP含量下降了。IMP属于一种分支点代谢物，可被转化为腺嘌呤核苷酸和鸟嘌呤核苷酸[168]。在VBNC细胞中，由*guaB*基因编码的IMP脱氢酶下调表达，该酶催化由IMP合成鸟苷酸（GMP）的第一步反应；而由*purA*基因编码的腺苷酸琥珀酸合酶上调表达，该酶参与由IMP合成AMP的第一步反应。这些结果表明，VBNC状态形成过程中IMP主要参与AMP而非GMP的合成，AMP含量提高可能会增加细胞内ATP水平。Parry和Shain报道，ATP水平的提高是*E. coli*抵抗细胞内反应速率下降的一种全局响应，因此ATP水平的提高可能是VBNC细胞应对低代谢活性的一种生理响应[169]。Su等也发现，与ATP合成相关的基因在嗜联苯红球菌VBNC细胞中上调表达[158]。因为在*E. coli*中氨甲酰磷酸合成酶参与起始嘧啶核苷酸的从头合成途径，因此在VBNC细胞中由*carB*基因编码的氨甲酰磷酸合成酶大亚基的下调表达可能会引起嘧啶核苷酸合成量的下降。根据这些结果，推测在VBNC细胞中嘌呤核苷酸和嘧啶核苷酸的含量都降低了，从而抑制DNA和RNA的合成，可能是引起VBNC细胞失去可培养性的一个原因。

总之，通过对VBNC细胞中碳水化合物转运与代谢、氨基酸转运与代谢及核苷酸代谢情况的分析，发现在VBNC状态形成过程中*E. coli* O157：H7细胞的中央代谢活性降低了。HPCD诱导的VBNC细胞的酶活力均低于对数生长期细胞的酶活力[70]，细胞层面的结果很显然也支持了转录质组及蛋白质组的这一结论。

（四）电子传递链

*E. coli*属于兼性厌氧菌，在厌氧条件下会利用氧气以外的物质（如硝酸盐、亚硝酸盐、延胡索酸等）作为电子传递链的最终受体，通过偶联磷酸化形成ATP为细菌的各种生理活动提供能量。在VBNC细胞中，参与电子传递的基因和蛋白质均上调表达，包括由*hemL*基因编码的谷氨酸-1-半醛氨基转移酶、编码亚铁血红素外运蛋白D的*ccmD*基因、编码细胞色素*b561*的*yodB*基因和编码铁氧化还原蛋白类似蛋白YdhY的*Z2702*基因。HemL的功能是催化谷氨酸-1-半醛的转氨作用而生成5-氨基酮戊酸，5-氨基酮戊酸是四吡咯生物合成的通用前体物质，亚铁血红素就属于四吡咯化合物。因此，HemL的上调表达有利于提高VBNC细胞中亚铁血红素含量。而且，编码亚铁血红素外运蛋白D的*ccmD*基因在VBNC细胞中上调表达2.21倍，它的功能是参与细胞色素C的成熟过程。因此，HemL及*ccmD*基因的上调表达可能会提高VBNC细胞中细胞色素C的含量，从而提高细胞的电子传递能力。细胞色素*b561*作为呼吸链中间电子传递组分发挥功能[170]。YdhY是铁氧化还原蛋白类似蛋白，可能参与呼吸链的电子传递过程[171]。因此，这些参与电子传递的基因和蛋白质的上调表达会提高VBNC细胞的电子传递能力，这将增加细胞内ATP含量，为细胞生存提供能量。

（五）DNA 复制与重组

DNA复制是细菌分裂的基础，需要一系列酶的催化。在VBNC细胞中，DNA聚合酶Ⅲ（DnaE）下调表达至原来的36%。DnaE具有5′-3′DNA聚合酶活性，它的下调表达会抑制VBNC细胞中DNA复制的延长。另外，SeqA是DNA复制起始的负调节子，在VBNC细胞中上调表达1.76倍，从而抑制细胞中DNA复制的起始。因此，在VBNC细胞中DNA的复制被抑制。研究发现，SeqA突变体中染色体的负超螺旋会增加，形成过度浓缩和超螺旋的拟核，并且SeqA蛋白在体外实验中能够产生正向DNA超螺旋[172, 173]。Zhao等通过透射电镜（TEM）观察到VBNC细胞中的拟核结构是松散的[70]，这与VBNC细胞中SeqA的超表达结果一致。

在VBNC细胞中，参与转座重组的两个基因（*Z2981*和*Z5490*）下调表达，表明在VBNC状态形成过程中*E. coli* O157：H7的转座重组活性降低。

（六）转录与翻译

在VBNC细胞中，DNA拓扑异构酶Ⅰ（TopA）上调表达。TopA能够消除转录延长过程中在DNA模板上形成的超负超螺旋[174]，DNA超螺旋是环境变化和基因表达的纽带[175]，因此TopA表达水平的变化会影响细菌对逆境的适应能力。研究发现，*E. coli*在氧化逆境下会激活*topA*的转录，从而影响DNA超螺旋水平，引起DNA松弛而进行选择性基因表达，使*E. coli*能够应对氧化逆境[175]。因此，TopA的上调表达可能会使VBNC细胞进行选择性基因表达，从而有利于细胞在HPCD逆境下的存活。另外，在VBNC细胞中转录延长因子GreA也上调表达。GreA可参与逆境下转录的调控[176]。综上，TopA和GreA的上调表达能够保证转录过程顺利进行，有助于提高VBNC状态形成过程中*E. coli* O157：H7在HPCD逆境下的存活率。

在VBNC细胞中，参与翻译起始及保证翻译忠实度的30S核糖体蛋白S1（RpsA）和30S核糖体蛋白S5（RpsE）均下调表达，表明*E. coli* O157：H7在进入VBNC状态的过程中翻译能力有所下降。除此之外，甘氨酰-tRNA合成酶α亚基（GlyQ）呈现下调表达，而异亮氨酰-tRNA合成酶（IleS）和谷氨酰胺酰-tRNA合成酶（GlnS）均上调表达，表明在VBNC状态形成过程中*E. coli* O157：H7进行的是选择性蛋白质翻译，这有利于快速生成抵抗HPCD逆境的蛋白质，从而有助于维持细胞活性。但是参与核糖体组装的50S核糖体蛋白L24（RplX）和30S核糖体蛋白S4（RpsD）在VBNC细胞中分别上调表达1.55倍和1.39倍，这将促进VBNC状态形成过程中核糖体的组装。通过TEM分析，Zhao等发现VBNC细胞中核糖体解体[70]，这与蛋白质组学分析的翻译能力下降一致；同时核糖体组装蛋白质上调表达将促进这些解体核糖体的再组装，有助于*E. coli* O157：H7在进入VBNC状态过程中维持一定的翻译活性。

通过分析VBNC细胞中DNA复制与重组及转录与翻译情况，可以发现在VBNC状态形成过程中*E. coli* O157：H7的基因复制与表达活性整体下降；但为了维持细胞活性，细胞仍保留选择性转录与翻译能力。

（七）细胞分裂

在VBNC细胞中，编码溶菌酶的*Z*1876基因和*Z*2371基因分别下调表达至原来的37%和15%，这将降低细胞自溶速率，从而最大限度地保证VBNC状态形成过程中的细胞活性。DamX参与细胞分裂，它在VBNC细胞中上调表达1.85倍。当DamX超表达时可抑制细胞分裂[177]，因此DamX的上调表达将抑制VBNC状态形成过程中*E. coli* O157：H7的细胞分裂能力。此外，在VBNC细胞中，编码DicC的*Z*2046基因下调表达至原来的5%。因为*Z2046*基因在VBNC细胞的所有差异表达基因和蛋白质中具有最高的差异表达量，因此推测其在VBNC状态形成中一定发挥重要作用。*E. coli*的Dic家族包括*dicA*、*dicB*和*dicC*三个编码蛋白质的基因，主要功能是调控细胞分裂速率，其中*dicA*与*dicC*都能够调控*dicB*基因的表达[178]。因此，Pan等通过对两种细胞分裂调节蛋白DicA和DicC的研究来阐明它们在HPCD诱导的*E. coli* O157：H7 VBNC状态形成中的作用[179]。

首先构建了Δ*dicC*突变体菌株和DicC以及DicA超表达菌株（由于DicA调控细胞分裂，所以无法获得Δ*dicA*突变株）。经过IPTG诱导，超表达菌株中DicA和DicC蛋白质表达水平都显著提高，如图3-18（1）所示；同时荧光定量PCR检测发现DicA和DicC超表达菌株中*dicA*和*dicC*的mRNA水平显著升高，如图3-18（2）所示；而Δ*dicC*突变株中几乎没有*dicC*的表达，如图3-18（3）所示。这些结果表明突变株和超表达菌株构建成功。

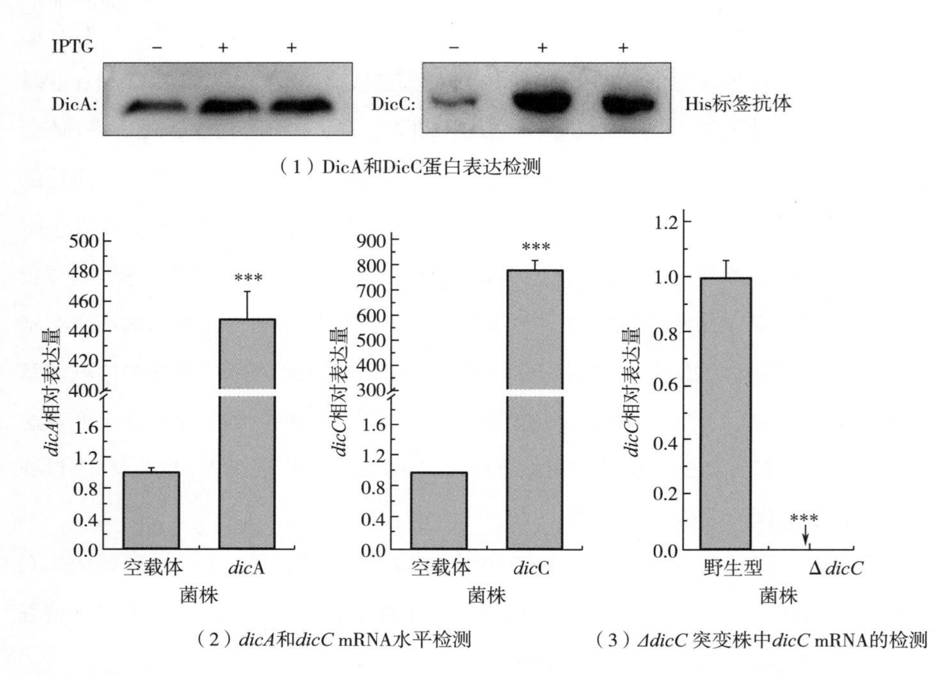

◀ 图3-18 DicA和DicC超表达菌株和Δ*dicC*突变体菌株的检测

进一步利用Live/Dead *Bac*light Kit对野生型（WT）、Δ*dicC*突变株、DicA和DicC超表达菌株在HPCD诱导下形成VBNC状态的能力进行分析。与WT相比，Δ*dicC*突变株形成VBNC细胞的数量增多，而DicC超表达回补菌株形成VBNC细胞的数量显著下降，如图3-19（1）所示；而与空载体菌株相比，DicC超表达菌株进入VBNC状态的细胞数量减少，如图3-19（2）所示，这些结果表明DicC在HPCD诱导的VBNC细胞形成中起负调控作用。该结果与转录组分析结果相一致。此外，研究发现，VBNC细胞的数量在DicA超表达菌株中明显增多，如图3-19（2）所示，这表明DicA具有促进VBNC细胞形成的作用。荧光共聚焦显微镜的观察结果如图3-19（3）所示，也支持这一结论。

图3-19　DicA和DicC对HPCD诱导的VBNC细胞数量的影响 ▸

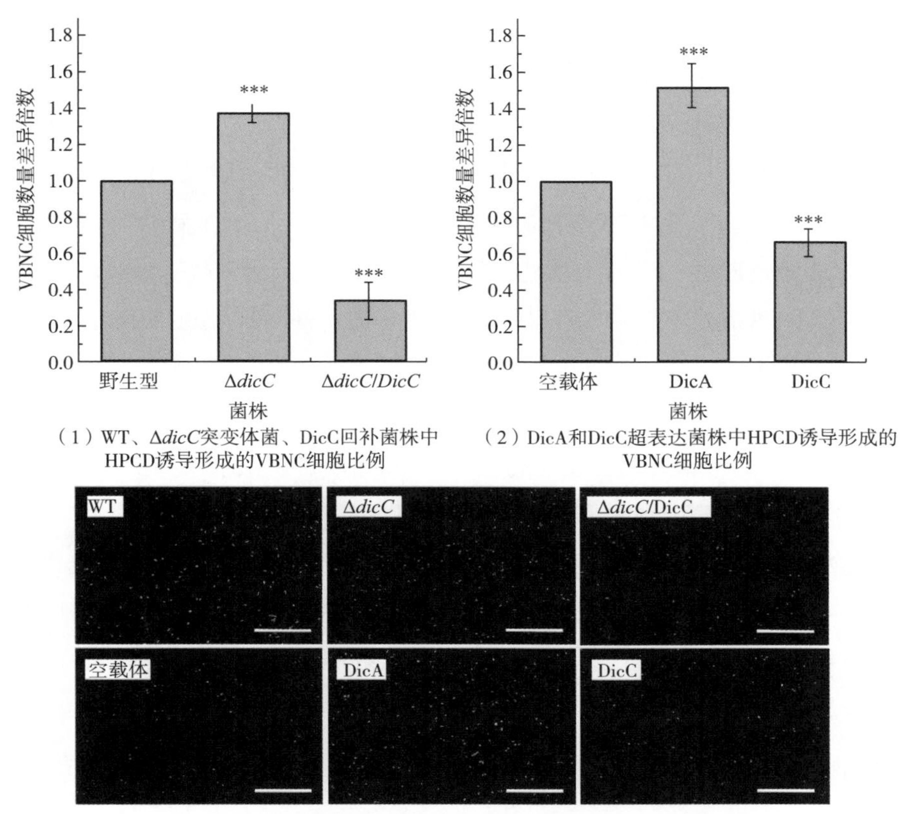

（1）WT、Δ*dicC*突变体菌、DicC回补菌株中HPCD诱导形成的VBNC细胞比例

（2）DicA和DicC超表达菌株中HPCD诱导形成的VBNC细胞比例

（3）荧光显微镜观察不同菌株在HPCD处理下形成的VBNC细胞比例

综上，DamX和*Z2046*的差异表达是导致HPCD处理下*E. coli* O157：H7丧失可培养性的重要原因。

（八）膜的生物合成

在VBNC细胞中，UTP：葡糖-1-磷酸尿苷基转移酶（GalU）上调表达。GalU催化尿苷二磷酸葡萄糖（UDP-Glc）的生成，而UDP-Glc是脂多糖生物合成所需的糖基供体[180]。因此，在VBNC状态形成过程中GalU的上调表达有助于维持*E. coli* O157：H7外膜的完整性。此外，在VBNC细胞中，参与磷脂代谢的*sn*-甘油-3-磷酸脱氢酶（GpsA）上调表达1.59倍，而*sn*-甘油-3-磷酸脱氢酶大亚基A（GlpA）下调表达至原来的43%。在*E. coli*中，GpsA参与*sn*-甘油-3-磷酸的合成代谢[181]，而GlpA催化*sn*-甘油-3-磷酸氧化为磷酸二羟丙酮[182]。因为*sn*-甘油-3-磷酸是磷脂生物合成的直接前体物质[183]，因此GpsA和GlpA的差异表达会增加细胞内磷脂含量，从而用于维持VBNC状态形成过程中细胞膜的完整性。HPCD处理可引起*E. coli*细胞膜中磷脂的损失[184]，因此磷脂含量的提高也有助于*E. coli* O157：H7在HPCD逆境下的存活。

在VBNC细胞中，大多数膜蛋白的表达被抑制，但仍有一些膜蛋白是上调表达的，其中包括外膜蛋白F（OmpF），它是*E. coli*外膜中含量最高的蛋白质之一[3]。Asakura等也发现OmpW在VBNC状态*E. coli* O157：H7中上调表达[25]。在*E. coli*中，OmpF的表达受到EnvZ-OmpR双组分系统的调控。Darcan等发现，EnvZ在起始*E. coli* VBNC状态形成中发挥重要作用[185]，因此推测OmpF可能参与到VBNC状态的形成中。为了证实此推测，构建了超表达*ompF*的*E. coli* O157：H7菌株。经过HPCD处理，IPTG诱导的超表达菌株进入VBNC状态的细胞数量与未诱导组比高了4.13倍，表明OmpF的超表达会促进VBNC状态的形成，该结果与蛋白质组分析结果相一致。但OmpF促进VBNC状态形成的具体分子机制仍不清楚。在*E. coli*中，OmpF的超表达会激活RpoE，RpoE可控制被膜逆境响应系统[186，187]，因此可能是由OmpF引起的被膜逆境响应诱导了VBNC状态的形成。

虽然VBNC细胞中的磷脂和膜蛋白含量发生改变，但荧光光度计分析结果显示*E. coli* O157：H7进入VBNC状态后细胞膜的流动性没有发生变化[70]。VBNC细胞膜流动性的维持从一定程度上表明膜是完整的，这符合VBNC细菌的膜特征[25]。而且膜流动性的保持有利于膜功能的发挥，从而有助于VBNC细胞维持活性。

（九）逆境响应

微生物细胞通过复杂的基因和生理变化来尽量减少、适应和修复由于极端环境干扰所带来的损伤，这些调控称为逆境响应。在VBNC细胞中，一些参与通用逆境响应的蛋白质上调表达，包括分子伴侣GroEL、热休克蛋白90（Hsp90）、HdeA和HdeB。在*E. coli*中，GroEL的功能是通过对新生多肽或变性多肽的结合和封装而帮助新生多肽或变性多肽折叠[188]，Hsp90的作用是促进客户蛋白质的折叠及稳定[189]，HdeA和HdeB能够阻止低pH条件（pH<3）下周质空间蛋白的聚集[190，191]。因此，这些上调表达的分子伴侣有助于VBNC状态形成过程中细胞的存活。

在VBNC细胞中，除上述伴侣分子外，编码Cu/Zn超氧化物歧化酶的基因*Z3312*下调表达。Cu/Zn超氧化物歧化酶位于*E. coli*的周质空间，催化氧自由基（O_2^-）转变为过氧化氢和氧，因此在VBNC状态形成过程中*Z3312*的下调表达将降低细胞对氧化逆境的抗性。实验发现，经过10~20mol/L的H_2O_2处理，VBNC细胞的存活率低于对数生长期细胞，表明VBNC细胞对氧化逆境的抗性降低了，这与转录组的分析结果相一致。Serpaggi等指出，氧化逆境是VBNC状态形成的驱动因素[166]，因此HPCD引起的氧化逆境可能是*E. coli* O157：H7形成VBNC状态的诱因。

（十）致病性

在VBNC细胞中，编码SpaO的*Z4190*基因及编码EivA的*Z4195*基因均上调表达。SpaO参与三型分泌系统（T3SS）中针状复合物的分泌[192]，EivA可能是构成T3SS基体的一种蛋白质[193]，因此这两个基因的上调表达可能会提高VBNC细胞中T3SS的合成。然而，在VBNC细胞中，编码T3SS中ATP合酶的*Z4194*基因下调表达。*Z4194*的主要功能是参与T3SS底物的识别并为T3SS的运输提供能量，因此*Z4194*的下调表达会降低T3SS运送底物的能力，从而使T3SS分泌的致病因子减少，这会降低VBNC细胞对宿主细胞造成黏附/擦拭损伤（A/E损伤）的能力。以上结果表明在VBNC状态形成过程中由T3SS引起的致病能力降低了。但因为T3SS仍然存在于VBNC细胞中，因此VBNC细胞复苏后致病性可能会快速恢复。

在VBNC细胞中，参与菌毛合成的*Z3596*和*fimC*基因分别下调表达至原来的40%和42%，表明菌毛合成能力在VBNC状态形成过程中有所下降，从而降低了其对宿主的黏附能力。此外，四个致病因子也下调了表达，包括编码致病性相关蛋白PagC的*lomK*基因、编码麦芽糖孔蛋白的*lamB*基因、外膜蛋白A（OmpA）和酮-羟戊二酸醛缩酶（Eda）。这四个致病因子均参与对宿主细胞的黏附[194-197]，它们的下调表达同样会降低VBNC细胞对宿主的黏附能力。

VBNC细胞的致病性是人们非常关注的问题，因此进一步通过细胞黏附试验对VBNC细胞的致病性进行分析。通过SEM观察，可以看到有大量对数生长期细胞黏附于HeLa细胞表面，如图3-20（1）所示，而且细胞通过直径为113nm的纤维状结构与HeLa细胞表面进行连接，如图3-20（2）箭头所示。这种纤维状结构由T3SS分泌的结构蛋白组成，它仅提供与宿主之间弱的连接[198]。虽然仅有少量VBNC细胞黏附于HeLa细胞表面，如图3-20（3）箭头所示，但在HeLa细胞表面同样遍布着纤维状结构，如图3-20（3）所示，而且这种纤维状结构也存在于VBNC细胞表面，如图3-20（4）箭头所示。这些结果表明，虽然仍有T3SS的合成，但VBNC细胞对宿主的黏附能力下降了，这与转录组及蛋白质组分析结果相一致。为了了解VBNC细胞对宿主的A/E损伤能力，分析了*E. coli* O157：H7黏附后HeLa细胞中F-肌动蛋白的聚集情况。被对数生长期细胞感染的HeLa细胞表面分布着荧光强度很高的点，如图3-21（1）所示，并且这些荧光点的大小和位置与相应相差图中黏附的细菌相对应，如图3-21（2）所示；但被VBNC细胞感染的HeLa细胞表面没有荧光强度很高的点，如图3-21（3）所示，虽然相应相差图中有少数黏附的细菌，如图3-21（4）所示。TEM观察结果也证实了这一现象。如图3-22所示，感染对数生长期细胞后，HeLa细胞质中在黏附的细菌下面形成了F-肌动蛋白基座，如

图3-22（1）所示，而感染HeLa细胞的VBNC细胞下面却没有F-肌动蛋白基座的形成，如图3-22（2）所示，表明在VBNC状态形成过程中*E. coli* O157：H7使宿主细胞形成A/E损伤的能力受到抑制。此结果与转录组和蛋白质组分析结果相一致。致病性的降低可能是VBNC状态形成过程中细菌应对低代谢活性及低产能的一种适应机制。但值得注意的是，降低致病性的VBNC细菌在复苏后可能会恢复致病能力[199]，因此HPCD诱导形成的VBNC状态 *E. coli* O157：H7同样会对人类健康构成威胁。

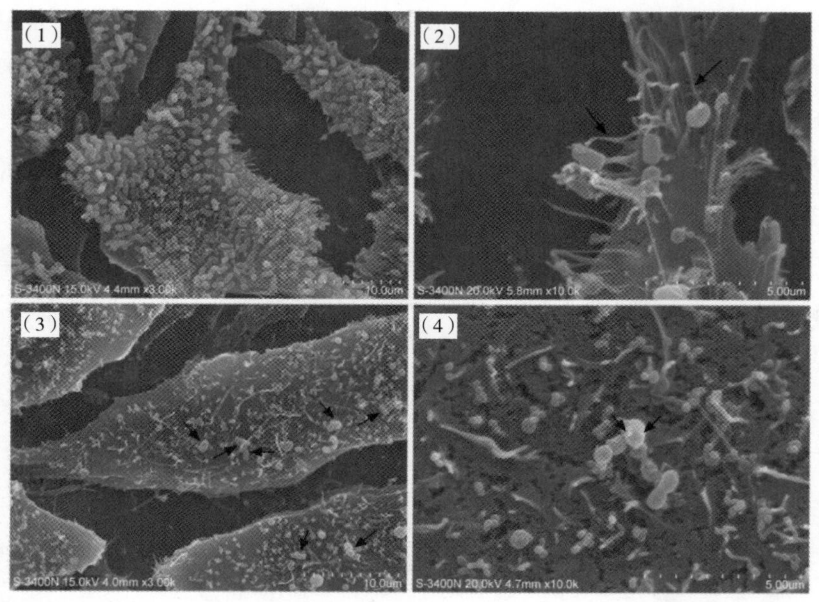

图3-20 *E. coli* O157：H7对HeLa细胞黏附的SEM图

（1）和（2）对数生长期细胞黏附的HeLa细胞；（3）和（4）VBNC状态细胞黏附的HeLa细胞
左图的放大倍数为3000×；右图的放大倍数为10000×

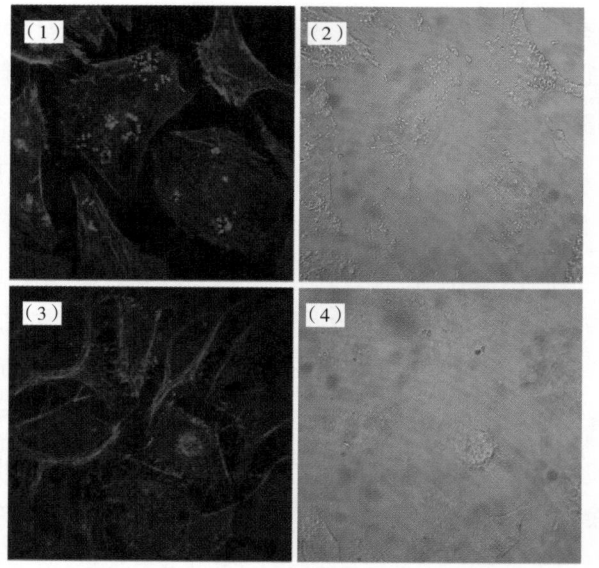

图3-21 *E. coli* O157：H7对HeLa细胞F-肌动蛋白的影响

（1）和（2）对数生长期*E.coli* O157：H7感染的HeLa细胞；（3）和（4）VBNC状态*E.coli* O157：H7感染的HeLa细胞；左图为荧光图，右图为相差图

图3-22　*E. coli* O157：H7对HeLa细胞黏附的TEM图

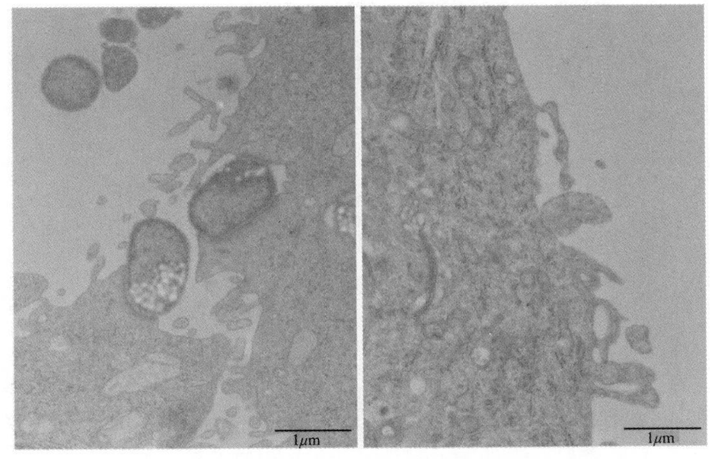

（1）对数生长期细胞黏附的HeLa细胞　（2）VBNC状态细胞黏附的HeLa细胞
放大倍数为30000×

三、HPCD诱导*E. coli* O157：H7 VBNC状态形成的机制

将HPCD诱导形成的VBNC状态*E. coli* O157：H7细胞的代谢变化情况总结为图3-23。可以看出HPCD诱导*E. coli* O157：H7形成VBNC状态的机制是非常复杂的，主要包括以下五个方面：第一，VBNC细胞维持了膜流动性及完整性，它作为一个屏障保护处于逆境的细胞；第二，在VBNC状态形成过程中，核糖体减少、核酸物质结构变得松散、酶活降低、中央代谢和基因表达活性下降、DNA复制和细胞分裂能力受到抑制，这些变化使细胞进入一种低代谢活性及分裂抑制状态，即VBNC状态；第三，丙酮酸分解代谢由TCA循环转向发酵途径，降低了VBNC细胞的产能水平；但为了存活，VBNC细胞通过L-丝氨酸和L-苏氨酸的分解代谢、提高AMP含量及增强电子传递来部分补充能量；第四，在VBNC状态形成过程中，细胞通过提高氨和NADPH含量及降低CO_2产生量来帮助其抵抗HPCD引起的酸逆境、氧化逆境和高CO_2浓度逆境；第五，细胞通过降低致病性来适应VBNC状态的低代谢活性及低产能情况。总之，细胞代谢活性的下降、细胞分裂的抑制以及细胞存活能力的提高可能是HPCD诱导*E. coli* O157：H7形成VBNC状态的机制。

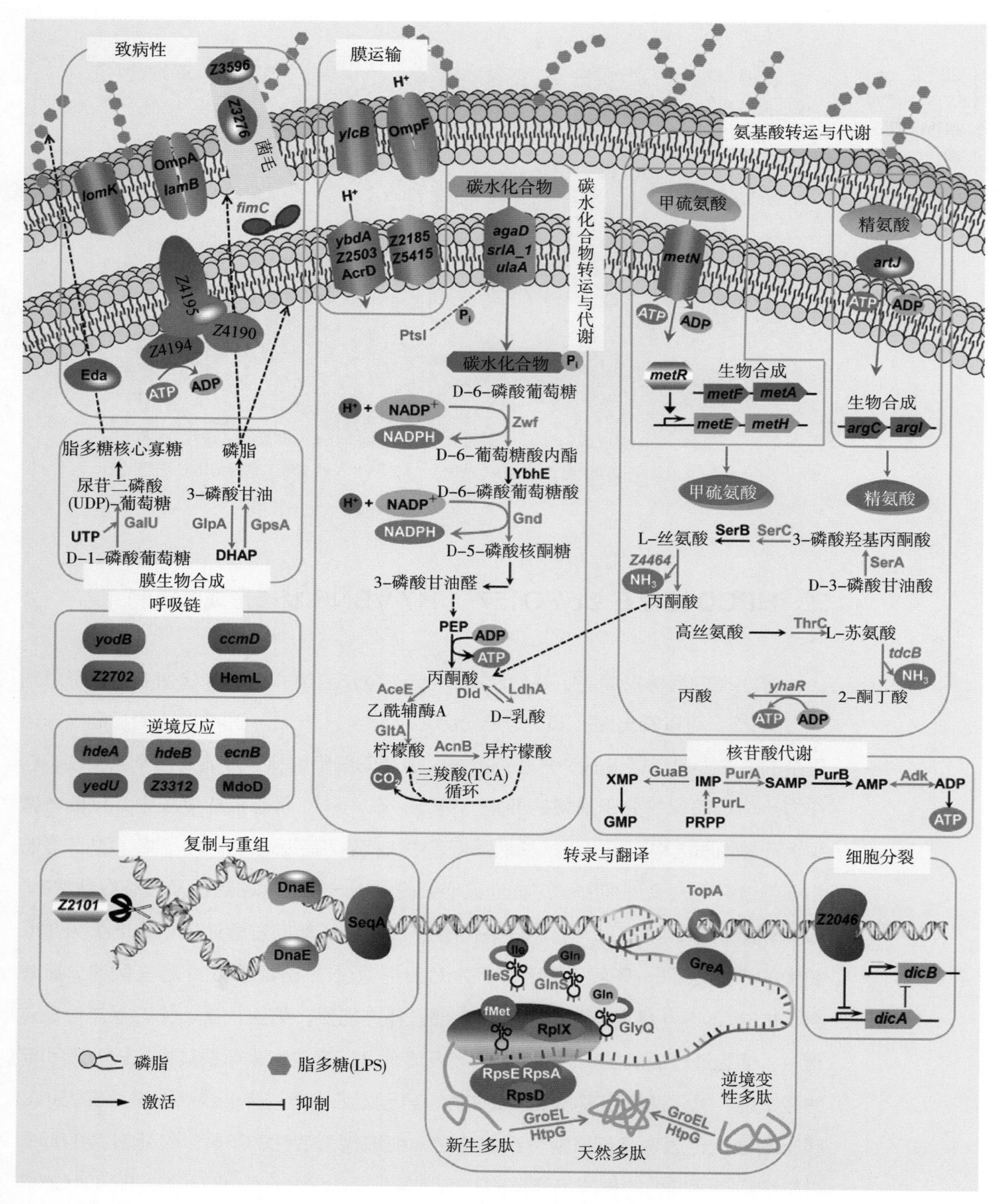

红色背景或红色字—上调表达基因或蛋白质　蓝色背景或蓝色字—下调表达基因或蛋白质

▲ 图3-23　HPCD诱导形成的VBNC状态*E. coli* O157：H7细胞的代谢情况

参考文献

[1] Yamamoto H. Viable but nonculturable state as a general phenomenon of non-spore-forming bacteria, and its modeling [J]. Journal of Infection and Chemotherapy: Official Journal of the Japan Society of Chemotherapy, 2000, 6 (2): 112-114.

[2] Xu H, Roberts N, Singleton F L, et al. Survival and viability of nonculturable *Escherichia coli* and *Vibrio cholerae* in the estuarine and marine environment [J]. Microbial Ecology, 1982, 8 (4): 313-323.

[3] Colwell R R, Brayton P R, Grimes D J, et al. Viable but non-culturable *Vibrio cholerae* and related pathogens in the environment: implications for release of genetically engineered microorganisms [J]. Nature biotechnology, 1985, 3 (9): 817.

[4] Oliver J D. The viable but nonculturable state and cellular resuscitation [C]. Microbial biosystems: new frontiers.Atlantic Canada Society for Microbial Ecology, Halifax, Canada, 2000: 723-730.

[5] Oliver J D. The viable but nonculturable state in bacteria [J]. Journal of Microbiology, 2005, 43 (spec 1): 93-100.

[6] Asai Y, Murase T, Osawa R, et al. Isolation of Shiga toxin-producing *Escherichia coli* O157:H7 from processed salmon roe associated with the outbreaks in Japan, 1998, and a molecular typing of the isolates by pulsed-field gel electrophoresis [J]. Kansenshogaku zasshi The Journal of the Japanese Association for Infectious Diseases, 1999, 73 (1): 20-24.

[7] Makino S I, Kii T, Asakura H, et al. Does enterohemorrhagic *Escherichia coli* O157:H7 enter the viable but nonculturable state in salted salmon roe? [J]. Applied adn Environmental Microbiology, 2000, 66 (12): 5536-5539.

[8] Dong K, Pan H, Yang D, et al. Induction, detection, formation, and resuscitation of viable but non-culturable state microorganisms [J]. Comprehensive Reviews in Food Science and Food Safety, 2020, 19 (1): 149-183.

[9] Li L, Mendis N, Trigui H, et al. The importance of the viable but non-culturable state in human bacterial pathogens [J]. Frontiers in Microbiology, 2014, 5.

[10] Pinto D, Santos M A, Chambel L. Thirty years of viable but nonculturable state research: unsolved molecular mechanisms [J]. Critical Reviews in Microbiology, 2013, 41 (1): 61-76.

[11] Zhao X, Zhong J, Wei C, et al. Current perspectives on viable but non-culturable state in foodborne pathogens [J]. Frontiers in Microbiology, 2017, 8.

[12] Ayrapetyan M，Oliver J D. The viable but non-culturable state and its relevance in food safety [J]. Current Opinion in Food Science，2016，8：127-133.

[13] Oliver J D. Recent findings on the viable but nonculturable state in pathogenic bacteria [J]. FEMS Microbiology Reviews，2010，34 (4)：415-425.

[14] Lin H，Ye C，Chen S，et al. Viable but non-culturable *E. coli* induced by low level chlorination have higher persistence to antibiotics than their culturable counterparts [J]. Environmental Pollution，2017，230：242-249.

[15] Chen S-Y，Jane W-N，Chen Y-S，et al. Morphological changes of *Vibrio parahaemolyticus* under cold and starvation stresses [J]. International Journal of Food Microbiology，2009，129 (2)：157-165.

[16] Giotis E S，Blair I S，Mcdowell D A. Morphological changes in *Listeria monocytogenes* subjected to sublethal alkaline stress [J]. Internal Journal of Food Microbiology，2007，120 (3)：250-258.

[17] 徐怀恕，黄备，祁自忠，等. 霍乱弧菌 (*Vibrio cholerae*) 的细胞形态研究——活的非可培养状态细胞 [J]. 中国海洋大学学报 (自然科学版)，1997，2：187-365.

[18] Gupte A R，De Rezende C L E，Joseph S W. Induction and resuscitation of viable but nonculturable *Salmonella enterica* serovar *typhimurium* DT104 [J]. Applied and Environmental Microbiology，2003，69 (11)：6669-6675.

[19] Wong H C，Wang P. Induction of viable but nonculturable state in *Vibrio parahaemolyticus* and its susceptibility to environmental stresses [J]. Journal of Applied Microbiology，2004，96 (2)：359-366.

[20] Signoretto C. Lleo M M，Tafi M C，et al. Cell wall chemical composition of *Enterococcus faecalis* in the viable but nonculturable state [J]. Applied and Environmental Microbiology，2000，66 (5)：1953-1959.

[21] Ordax M，Marco-Noales E，Lopez M M，et al. Survival strategy of *Erwinia amylovora* against copper：Induction of the viable-but-nonculturable state [J]. Applied and Environmental Microbiology，2006，72 (5)：3482-3488.

[22] Signoretto C，Lleò M D M，Canepari P. Modification of the peptidoglycan of *Escherichia coli* in the viable but nonculturable state [J]. Current Microbiology，2002，44 (2)：125-131.

[23] Lleo M M，Pierobon S，Tafi M C，et al. mRNA detection by reverse transcription-PCR for monitoring viability over time in an *Enterococcus faecalis* viable but nonculturable population maintained in a laboratory microcosm [J]. Applied and Environmental Microbiology，2000，66 (10)：4564-4567.

[24] Moynihan P J，Clarke A J. O-Acetylated peptidoglycan：controlling the activity of bacterial autolysins and lytic enzymes of innate immune systems [J]. International Journal of Biochemistry & Cell Biology，2011，43 (12)：1655-

1659.

[25] Asakura H, Kawamoto K, Haishima Y, et al. Differential expression of the outer membrane protein W (OmpW) stress response in enterohemorrhagic *Escherichia coli* O157：H7 corresponds to the viable but non-culturable state [J]. Research in Microbiology, 2008, 159 (9-10): 709-717.

[26] Trudeau K, Vu K D, Shareck F, et al. Capillary electrophoresis separation of protein composition of gamma-irradiated food pathogens *Listeria monocytogenes* and *Staphylococcus aureus* [J]. PLoS One, 2012, 7 (3): e32488.

[27] Linder K, Oliver J D. Membrane fatty acid and virulence changes in the viable but nonculturable state of *Vibrio vulnificus* [J]. Applied and Environmental Microbiology, 1989, 55 (11): 2837-2842.

[28] Day A P, Oliver J D. Changes in membrane fatty acid composition during entry of *Vibrio vulnificus* into the viable but nonculturable state [J]. Journal of microbiology (Seoul, Korea), 2004, 42 (2): 69-73.

[29] Besnard V, Federighi M, Cappelier J M. Evidence of viable but non-culturable state in *Listeria monocytogenes* by direct viable count and CTC-DAPI double staining [J]. Food Microbiology, 2000, 17 (6): 697-704.

[30] Lindback T, Rottenberg M E, Roche S M, et al. The ability to enter into an avirulent viable but non-culturable (VBNC) form is widespread among *Listeria monocytogenesisolates* from salmon, patients and environment [J]. Veterinary Research, 2009, 41 (1): 8.

[31] Maalej S, Gdoura R, Dukan S, et al. Maintenance of pathogenicity during entry into and resuscitation from viable but nonculturable state in *Aeromonas hydrophila* exposed to natural seawater at low temperature [J]. Journal of Applied Microbiology, 2004, 97 (3): 557-565.

[32] Baffone W, Citterio B, Vittoria E, et al. Retention of virulence in viable but non-culturable halophilic *Vibrio* spp. [J]. International Journal of Food Microbiology, 2003, 89 (1): 31-39.

[33] Du M, Chen J, Zhang X, et al. Retention of virulence in a viable but nonculturable *Edwardsiella tarda* Isolate [J]. Applied and Environmental Microbiology, 2006, 73 (4): 1349-1354.

[34] Duffy L L, Dykes G A. The ability of *Campylobacter jejuni* cells to attach to stainless steel does not change as they become nonculturable [J]. Foodborne Pathog Dis, 2009, 6 (5): 631-634.

[35] Lleo M, Bonato B, Tafi M C, et al. Adhesion to medical device materials and biofilm formation capability of some species of enterococci in different physiological states [J]. FEMS Microbiol Lett, 2007, 274 (2): 232-237.

[36] Pruzzo C, Tarsi R, Del Mar Lleo M, et al. Persistence of adhesive properties in *Vibrio cholerae* after long-term exposure to sea water [J]. Environmental Microbiology, 2003, 5 (10): 850-885.

[37] Asakura H, Makino S, Takagi T, et al. Passage in mice causes

a change in the ability of *Salmonella enterica* serovar *Oranienburg* to survive NaCl osmotic stress: resuscitation from the viable but non-culturable state [J]. FEMS Microbiol Lett, 2002, 212 (1): 87-93.

[38] Nowakowska J, Oliver J D. Resistance to environmental stresses by *Vibrio vulnificus* in the viable but nonculturable state [J]. FEMS Microbiology Ecology, 2013, 84 (1): 213-222.

[39] Su C-P, Jane W-N, Wong H-C. Changes of ultrastructure and stress tolerance of *Vibrio parahaemolyticus* upon entering viable but nonculturable state [J]. International Journal of Food Microbiology, 2013, 160 (3): 360-366.

[40] Ramamurthy T, Ghosh A, Pazhani G P, et al. Current perspectives on viable but non-culturable (VBNC) pathogenic bacteria [J]. Frontiers in Public Health, 2014, 2: 103.

[41] Asakura H, Ishiwa A, Arakawa E, et al. Gene expression profile of *Vibrio cholerae* in the cold stress-induced viable but non-culturable state [J]. Environmental Microbiology, 2007, 9 (4): 869-879.

[42] Gonzalez-Escalona N, Fey A, Hofle M G, et al. Quantitative reverse transcription polymerase chain reaction analysis of *Vibrio cholerae* cells entering the viable but non-culturable state and starvation in response to cold shock [J]. Environmental Microbiology, 2006, 8 (4): 658-666.

[43] Yaron S, Matthews K R. A reverse transcriptase-polymerase chain reaction assay for detection of viable *Escherichia coli* O157∶H7: investigation of specific target genes [J]. Journal of Applied Microbiology, 2002, 92 (4): 633-640.

[44] Heim S, Del Mar Lleo M, Bonato B, et al. The viable but nonculturable state and starvation are different stress responses of *Enterococcus faecalis*, as determined by proteome analysis [J]. Journal of Bacteriology, 2002, 184 (23): 6739-6745.

[45] Lai C-J, Chen S-Y, Lin I H, et al. Change of protein profiles in the induction of the viable but nonculturable state of *Vibrio parahaemolyticus* [J]. International Journal of Food Microbiology, 2009, 135 (2): 118-124.

[46] Roszak D B, Grimes D J, Colwell R R. Viable but nonrecoverable stage of *Salmonella enteritidis* in aquatic systems [J]. Canadian Journal of Microbiology, 1984, 30 (3): 334-338.

[47] Baffone W, Casaroli A, Citterio B, et al. *Campylobacter jejuni* loss of culturability in aqueous microcosms and ability to resuscitate in a mouse model [J]. International Journal of Food Microbiology, 2006, 107 (1): 83-91.

[48] Wong H C, Wang P, Chen S Y, et al. Resuscitation of viable but non-culturable *Vibrio parahaemolyticus* in aminimum salt medium [J]. FEMS Microbiology Letters, 2004, 233 (2): 269-275.

[49] García M T, Jones S, Pelaz C, et al. *Acanthamoeba polyphaga* resuscitates viable non-culturable *Legionella pneumophila* after disinfection [J].

Environmental Microbiology, 2007, 9 (5): 1267-1277.

[50] Cappelier J M, Minet J, Magras C, et al. Recovery in embryonated eggs of viable but nonculturable *Campylobacter jejuni* cells and maintenance of ability to adhere to HeLa cells after resuscitation [J]. Applied and Environmental Microbiology, 1999, 65 (11): 5154-5157.

[51] Senoh M, Ghosh-Banerjee J, Ramamurthy T, et al. Conversion of viable but nonculturable *Vibrio cholerae* to the culturable state by co-culture with eukaryotic cells [J]. Microbiology and Immunology, 2010, 54 (9): 502-507.

[52] Chaveerach P, Ter Huurne A a H M, Lipman L J A, et al. Survival and resuscitation of ten strains of *Campylobacter jejuni* and *Campylobacter coli* under acid conditions [J]. Applied and Environmental Microbiology, 2003, 69 (1): 711-714.

[53] Del Mar Lleo M, Tafi M C, Canepari P. Nonculturable *Enterococcus faecalis* cells are metabolically active and capable of resuming active growth [J]. Systematic and Applied Microbiology, 1998, 21 (3): 333-339.

[54] Mukamolova G V, Yanopolskaya N D, Kell D B, et al. On resuscitation from the dormant state of *Micrococcus luteus* [J]. Antonie Van Leeuwenhoek, 1998, 73 (3): 237-243.

[55] Pinto D, Almeida V, Almeida Santos M, et al. Resuscitation of *Escherichia coli* VBNC cells depends on a variety of environmental or chemical stimuli [J]. Journal of Applied Microbiology, 2011, 110 (6): 1601-1611.

[56] Reissbrodt R, Rienaecker I, Romanova J M, et al. Resuscitation of *Salmonella enterica* serovar *typhimurium* and enterohemorrhagic *Escherichia coli* from the viable but nonculturable state by heat-stable enterobacterial autoinducer [J]. Applied and Environmental Microbiology, 2002, 68 (10): 4788-4794.

[57] Mukamolova G V, Turapov O A, Kazarian K, et al. The *rpf* gene of *Micrococcus luteus* encodes an essential secreted growth factor [J]. Molecular Microbiology, 2002, 46 (3): 611-621.

[58] Cohen-Gonsaud M, Barthe P, Bagneris C, et al. The structure of a resuscitation-promoting factor domain from *Mycobacterium tuberculosis* shows homology to lysozymes [J]. Nature Structural & Molecular Biology, 2005, 12 (3): 270-273.

[59] Mukamolova G V, Murzin A G, Salina E G, et al. Muralytic activity of *Micrococcus luteus* Rpf and its relationship to physiological activity in promoting bacterial growth and resuscitation [J]. Molecular Microbiology, 2006, 59 (1): 84-98.

[60] Telkov M V, Demina G R, Voloshin S A, et al. Proteins of the Rpf (resuscitation promoting factor) family are peptidoglycan hydrolases [J]. Biochemistry Biokhimiia, 2006, 71 (4): 414-422.

[61] Koltunov V, Greenblatt C L, Goncharenko A V, et al. Structural changes and cellular localization of resuscitation-promoting factor in environmen-

tal isolates of *Micrococcus luteus* [J] . Microbiology Ecology，2010，59 (2): 296-310.

[62] Nikitushkin V D，Demina G R，Shleeva M O，et al. Peptidoglycan fragments stimulate resuscitation of "non-culturable" mycobacteria [J] . Antonie Van Leeuwenhoek，2013，103 (1): 37-46.

[63] Weichart D H，Kell D B. Characterization of an autostimulatory substance produced by *Escherichia coli* [J] . Microbiology，2001，147 (7): 1875-1885.

[64] Sperandio V，Torres A G，Jarvis B，et al. Bacteria-host communication: the language of hormones [J] . Proceedings of the National Academy of Sciences，2003，100 (15): 8951-8956.

[65] Ayrapetyan M，Williams T C，Oliver J D. Interspecific quorum sensing mediates the resuscitation of viable but nonculturable *Vibrios* [J] . Applied and Environmental Microbiology，2014，80 (8): 2478-2483.

[66] Freestone P P，Haigh R D，Williams P H，et al. Stimulation of bacterial growth by heat-stable，norepinephrine-induced autoinducers [J] . FEMS Microbiology Letters，1999，172 (1): 53-60.

[67] Liu J，Li L，Peters B M，et al. The viable but nonculturable state induction and genomic analyses of *Lactobacillus casei* BM-LC14617，a beer-spoilage bacterium [J] . Microbiology Open，2017，6 (5): e00506.

[68] Boehnke K F，Eaton K A，Fontaine C，et al. Reduced infectivity of waterborne viable but nonculturable *Helicobacter pylori* strain SS1 in mice [J] . Helicobacter，2017，22 (4): e12391.

[69] Zhao F，Wang Y，An H，et al. New insights into the formation of viable but nonculturable *Escherichia coli* O157：H7 induced by high-pressure CO_2 [J] . mBio，2016，7 (4): e00961-16.

[70] Zhao F，Bi X，Hao Y，et al. Induction of viable but nonculturable *Escherichia coli* O157：H7 by high-pressure CO_2 and its characteristics [J] . PLoS ONE，2013，8 (4): e62388.

[71] Cunningham E，O'byrne C，Oliver J D. Effect of weak acids on *Listeria monocytogenes* survival: evidence for a viable but nonculturable state in response to low pH [J] . Food Control，2009，20 (12): 1141-1144.

[72] Chang C W，Lin M H. Optimization of PMA-qPCR for *Staphylococcus aureus* and determination of viable bacteria in indoor air [J] . Indoor Air，2018，28 (1): 64-72.

[73] Overney A，Jacques-Andre-Coquin J，Ng P，et al. Impact of environmental factors on the culturability and viability of *Listeria monocytogenes* under conditions encountered in food processing plants [J] . Internal Journal of Food Microbiology，2017，244: 74-81.

[74] Kibbee R J，Ormeci B. Development of a sensitive and false-positive free PMA-qPCR viability assay to quantify VBNC *Escherichia coli* and evaluate

disinfection performance in wastewater effluent [J] . Journal of Microbiology Methods，2017，132：139-47.

[75] Lv X-C，Li Y，Qiu W-W，et al. Development of propidium monoazide combined with real-time quantitative PCR (PMA-qPCR) assays to quantify viable dominant microorganisms responsible for the traditional brewing of Hong Qu glutinous rice wine [J] . Food Control，2016，66：69-78.

[76] Hindson B J，Ness K D，Masqeelier D A，et al. High-throughput droplet digital PCR system for absolute quantitation of DNA copy number [J] . Analytical Chemistry，2011，83 (22)：8604-8610.

[77] Deshmukh R A，Joshi K，Bhand S，et al. Recent developments in detection and enumeration of waterborne bacteria：a retrospective minireview [J]. Microbiologyopen，2016，5 (6)：901-922.

[78] Bian X，Jing F，Li G，et al. A microfluidic droplet digital PCR for simultaneous detection of pathogenic *Escherichia coli* O157 and *Listeria monocytogenes* [J] . Biosensors & bioelectronics，2015，74：770-777.

[79] Pan H，Dong K，Rao L，et al. Quantitative detection of viable but nonculturable state *Escherichia coli* O157：H7 by ddPCR combined with propidium monoazide [J] . Food Control，2020，112：107140.

[80] Kogure K，Simidu U，Taga N. A tentative direct microscopic method for counting living marine bacteria [J] . Canadian Journal of Microbiology，1979，25 (3)：415-420.

[81] Besnard V，Federighi M，Cappelier J M. Development of a direct viable count procedure for the investigation of VBNC state in *Listeria monocytogenes* [J] . Letters in Applied Microbiology，2000，31 (1)：77-81.

[82] Mishra A，Taneja N，Sharma M. Demonstration of viable but nonculturable *Vibrio cholerae* O1 in fresh water environment of India using ciprofloxacin DFA-DVC method [J] . Letters in Applied Microbiology，2011，53 (1)：124-126.

[83] Ravel J，Knight I T，Monahan C E，et al. Temperature-induced recovery of *Vibrio cholerae* from the viable but nonculturable state：growth or resuscitation? [J] . Microbiology，1995，141 (Pt 2)：377-383.

[84] Oliver J D，Wanucha D. Sirvival of *Vibrio vulnificus* at reduced temperatures and elevated nutrient [J] . Journal of Food Safety，1989，10 (2)：79-86.

[85] Li J，Kolling G L，Matthews K R，et al. Cold and carbon dioxide used as multi-hurdle preservation do not induce appearance of viable but non-culturable *Listeria monocytogenes* [J]. Journal of Applied Microbiology，2003，94 (1)：48-53.

[86] Conway T，Schoolnik G K. Microarray expression profiling：capturing a genome-wide portrait of the transcriptome [J] . Molecular Microbiology，2003，47 (4)：879-889.

[87] Fischer-Le Saux M, Hervio-Heath D, Loaec S, et al. Detection of cytotoxin-hemolysin mRNA in nonculturable populations of environmental and clinical *Vibrio vulnificus* strains in artificial seawater [J]. Applied and Environmental Microbiology, 2002, 68 (11): 5641-5646.

[88] Coutard F, Pommepuy M, Loaec S, et al. mRNA detection by reverse transcription-PCR for monitoring viability and potential virulence in a pathogenic strain of *Vibrio parahaemolyticus* in viable but nonculturable state [J]. Journal of Applied Microbiology, 2005, 98 (4): 951-961.

[89] Fernandes E, Martins V C, Nobrega C, et al. A bacteriophage detection tool for viability assessment of *Salmonella* cells [J]. Biosensors and Bioelectronics, 2014, 52: 239-246.

[90] Ben Said M, Masahiro O, Hassen A. Detection of viable but non cultivable *Escherichia coli* after UV irradiation using a lytic Qβ phage [J]. Annals of Microbiology, 2010, 60 (1): 121-127.

[91] Cheng M S, Lau S H, Chow V T, et al. Membrane-based electrochemical nanobiosensor for *Escherichia coli* detection and analysis of cells viability [J]. Environmental science & technology, 2011, 45 (15): 6453-6459.

[92] Labib M, Zamay A S, Kolovskaya O S, et al. Aptamer-based viability impedimetric sensor for bacteria [J]. Analytical Chemistry, 2012, 84 (21): 8966-8969.

[93] Desnues B, Cuny C, Gregori G, et al. Differential oxidative damage and expression of stress defence regulons in culturable and non-culturable *Escherichia coli* cells [J]. EMBO Reports, 2003, 4 (4): 400-404.

[94] Ravel J, Hill R T, Colwell R R. Isolation of a *Vibrio cholerae* transposon-mutant with an altered viable but nonculturable response [J]. FEMS Microbiology Letters, 1994, 120 (1-2): 57-61.

[95] Romanova IU M, Kirillov M, Terekhov A A, et al. Identification of genes controlling the transition of *Salmonella typhimurium* bacteria to a non-culturable state [J]. Genetika, 1996, 32 (9): 1184-1190.

[96] Colwell R R. Viable but nonculturable bacteria: a survival strategy [J]. Journal of Infection and Chemotherapy, 2000, 6 (2): 121-125.

[97] Bhagwat A A, Tan J, Sharma M, et al. Functional heterogeneity of RpoS in stress tolerance of enterohemorrhagic *Escherichia coli* strains [J]. Applied and Environmental Microbiology, 2006, 72 (7): 4978-4986.

[98] Boaretti M, Del Mar Lleo M, Bonato B, et al. Involvement of *rpoS* in the survival of *Escherichia coli* in the viable but non-culturable state [J]. Environmental Microbiology, 2003, 5 (10): 986-996.

[99] Jameelah M, Dewanti-Hariyadi R, Nurjanah S. Expression of *rpoS, ompA* and *hfq* genes of *Cronobacter sakazakii* strain Yrt2a during stress and viable but nonculturable state [J]. Food Science and Biotechnology, 2018, 27 (3): 915-920.

[100] Kusumoto A，Asakura H，Kawamoto K. General stress sigma factor RpoS influences time required to enter the viable but non-culturable state in *Salmonella enterica* [J] . Microbiology and Immunology，2012，56 (4): 228-237.

[101] Smith B，Oliver J D. In Situ Gene Expression by *Vibrio vulnificus* [J] . Applied and Environmental Microbiology，2006，72 (3): 2244-2246.

[102] Ayrapetyan M，Williams T C，Oliver J D. Bridging the gap between viable but non-culturable and antibiotic persistent bacteria [J] . Trends in Microbiology，2015，23 (1): 7-13.

[103] Mishra A，Taneja N，Sharma M. Viability kinetics，induction，resuscitation and quantitative real-time polymerase chain reaction analyses of viable but nonculturable *Vibrio cholerae* O1 in freshwater microcosm [J] . Journal of Applied Microbiology，2012，112 (5): 945-953.

[104] James B，Jun Z，Michelle D，et al. ToxR regulon of *Vibrio cholerae* and its expression in vibrios shed by cholera patients [J] . Proceedings of the National Academy of Sciences of the United States of America，2003，100 (5): 2801-2806.

[105] Casades S J，Almagro-Moreno S，Kim T K，et al. Proteolysis of virulence regulator ToxR is associated with entry of *Vibrio cholerae* into a dormant state [J] . PLOS Genetics，2015，11 (4): e1005145.

[106] Imazaki I，Nakaho K. Temperature-upshift-mediated revival from the sodium-pyruvate-recoverable viable but nonculturable state induced by low temperature in *Ralstonia solanacearum*: linear regression analysis [J] . Journal of General Plant Pathology，2009，75 (3): 213-226.

[107] Morishige Y，Fujimori K，Amano F. Differential resuscitative effect of pyruvate and its analogues on VBNC (viable but non-culturable) *salmonella* [J] . Microbes and Environments，2013，28 (2): 180-186.

[108] Alexander E，Pham D，Steck T R. The Viable-but-nonculturable condition is induced by copper in *Agrobacterium tumefaciens* and *Rhizobium leguminosarum* [J] . Applied and Environmental Microbiology，1999，65 (8): 3754-3756.

[109] Bogosian G，Aardema N D，Bourneuf E V，et al. Recovery of hydrogen peroxide-sensitive culturable cells of *Vibrio vulnificus* gives the appearance of resuscitation from a viable but nonculturable state [J] . Journalof Bacteriology，2000，182 (18): 5070-5075.

[110] Lemke M J，Leff L G. Culturability of stream bacteria assessed at the assemblage and population levels [J] . Microbial Ecology，2006，51 (3): 365-374.

[111] Wai S N，Mizunoe Y，Takade A，et al. A comparison of solid and liquid media for resuscitation of starvation- and low-temperature-induced nonculturable cells of *Aeromonas hydrophila* [J] . Archives of Microbiology，2000，173 (4): 307-310.

[112] Kong I-S, Bates T C, Hulsmann A, et al. Role of catalase and *oxyR* in the viable but nonculturable state of *Vibrio vulnificus* [J] . FEMS Microbiology Ecology, 2004, 50 (3): 133-142.

[113] Wang H W, Chung C H, Ma T Y, et al. Roles of Alkyl Hydroperoxide Reductase Subunit C (AhpC) in Viable but Nonculturable *Vibrio parahaemolyticus* [J] . Applied and Environmental Microbiology, 2013, 79 (12): 3734-3743.

[114] Abe A, Ohashi E, Ren H, et al. Isolation and characterization of a cold-induced nonculturable suppression mutant of *Vibrio vulnificus* [J] . Microbiological Research, 2007, 162 (2): 130-138.

[115] Marcel Z, Furtm Ller P G, Christian O. Evolution of catalases from bacteria to humans [J] . Antioxidants & Redox Signaling, 2008, 10 (9): 1527-1548.

[116] Masmoudi S, Denis M, Maalej S. Inactivation of the gene *katA* or *sodA* affects the transient entry into the viable but non-culturable response of *Staphylococcus aureus* in natural seawater at low temperature [J] . Marine Pollution Bulletin, 2010, 60 (12): 2209-2214.

[117] Santander R D, Figas-Segura A, Biosca E G. *Erwinia amylovora* catalases KatA and KatG are virulence factors and delay the starvation-induced viable but non-culturable (VBNC) response [J] . Molecular Plant Pathology, 2018, 19 (4): 922-934.

[118] Chen S, Li X, Wang Y, et al. Induction of *Escherichia coli* into a VBNC state through chlorination/chloramination and differences in characteristics of the bacterium between states [J] . Water Research, 2018, 142: 279-288.

[119] Christman M F, Morgan R W, Jacobson F S, et al. Positive control of a regulon for defenses against oxidative stress and some heat-shock proteins in *Salmonella typhimurium* [J] . Cell, 1985, 41 (3): 753-762.

[120] Mongkolsuk S, Helmann J D. Regulation of inducible peroxide stress responses [J] . Molecular Microbiology, 2002, 45 (1): 9-15.

[121] Charoenlap N, Eiamphungporn W, Chauvatcharin N, et al. OxyR mediated compensatory expression between *ahpC* and *katA* and the significance of *ahpC* in protection from hydrogen peroxide in Xanthomonas campestris [J] . FEMS Microbiology Letters, 2005, 249 (1): 73-78.

[122] Hishinuma S, Yuki M, Fujimura M, et al. OxyR regulated the expression of two major catalases, KatA and KatB, along with peroxiredoxin, AhpC in Pseudomonas putida [J] . Environmental Microbiology, 2006, 8 (12): 2115-2124.

[123] Koebnik R, Locher K P, Gelder P, Van. Structure and function of bacterial outer membrane proteins: barrels in a nutshell [J] . Molecular Microbiology, 2010, 37 (2): 239-253.

[124] Darcan C, Ozkanca R, Idil O, et al. Viable but non-culturable state (VBNC) of *Escherichia coli* related to EnvZ under the effect of pH, starvation

and osmotic stress in sea water [J]. Polish Journal of Microbiology, 2009, 58 (4): 307-317.

[125] Muela A, Seco C, Camafeita E, et al. Changes in *Escherichia coli* outer membrane subproteome under environmental conditions inducing the viable but nonculturable state [J] . FEMS Microbiology Ecology, 2008, 64 (1): 28-36.

[126] Ozkanca R, Flint K P. The effect of starvation stress on the porin protein expression of *Escherichia coli* in lake water [J] . Letters in Applied Microbiology, 2002, 35 (6): 533-537.

[127] Ozkanca R, Sahin N, Isik K, et al. The effect of toluidine blue on the survival, dormancy and outer membrane porin proteins (OmpC and OmpF) of *Salmonella typhimurium* LT2 in seawater [J] . Journal of Applied Microbiology, 2002, 92 (6): 1097-1104.

[128] Kassem I I, Rajashekara G. An ancient molecule in a recalcitrant pathogen: the contributions of poly-P to the pathogenesis and stress responses of *Campylobacter jejuni* [J] . Future microbiology, 2011, 6 (10): 1117-1120.

[129] Brown M R W, Kornberg A. The long and short of it - polyphosphate, PPK and bacterial survival [J] . Trends in Biochemical Sciences, 2008, 33 (6): 284-290.

[130] Kornberg A, Rao N N, Ault-Riche D. Inorganic polyphosphate: a molecule of many functions [J] . Annual Review of Biochemistry, 1999, 68: 89-125.

[131] Gangaiah D, Kassem I I, Liu Z, et al. Importance of polyphosphate kinase 1 for *Campylobacter jejuni* viable-but-nonculturable cell formation, natural transformation, and antimicrobial resistance [J] . Applied and Environmental Microbiology, 2009, 75 (24): 7838-7849.

[132] Kassem I I, Chandrashekhar K, Rajashekara G. Of energy and survival incognito: a relationship between viable but non-culturable cells formation and inorganic polyphosphate and formate metabolism in *Campylobacter jejuni* [J]. Frontiers in Microbiology, 2013, 4: 183.

[133] Jurenas D, Garcia-Pino A, Van Melderen L. Novel toxins from type II toxin-antitoxin systems with acetyltransferase activity [J] . Plasmid, 2017, 93: 30-35.

[134] Yamaguchi Y, Park J H, Inouye M. Toxin-antitoxin systems in bacteria and archaea [J] . Annual Review of Genetics, 2011, 45 (1): 61-79.

[135] Maisonneuve E, Gerdes K. Molecular Mechanisms underlying bacterial persisters [J] . Cell, 2014, 157 (3): 539-548.

[136] Pedersen K, Christensen S K, Gerdes K. Rapid induction and reversal of a bacteriostatic condition by controlled expression of toxins and antitoxins [J] . Molecular Microbiology, 2002, 45 (2): 501-510.

[137] Christensen-Dalsgaard M, Gerdes K. Two *higBA* loci in the *Vibrio*

cholerae superintegron encode mRNA cleaving enzymes and can stabilize plasmids [J] . Molecular Microbiology，2006，62 (2): 397-411.

[138] Demidenok O I，Kaprelyants A S，Goncharenko A V. Toxin-antitoxin *vapBC* locus participates in formation of the dormant state in *Mycobacterium smegmatis* [J] . FEMS Microbiology Letters，2014，352 (1): 69-77.

[139] Ayrapetyan M，Williams T，Oliver J D. Relationship between the viable but nonculturable state and antibiotic persister cells [J] . Journal of Bacteriology，2018，200 (20): e00249-18.

[140] Baker T A，Sauer R T. Clpxp，an ATP-powered unfolding and protein-degradation machine [J]. BBA - Molecular Cell Research，2012，1823 (1): 15-28.

[141] Kusumoto A，Miyashita M，Kawamoto K. Deletion in the C-terminal domain of ClpX delayed entry of *Salmonella enterica* into a viable but non-culturable state [J] . Research in Microbiology，2013，164 (4): 335-341.

[142] Nosho K，Fukushima H，Asai T，et al. cAMP-CRP acts as a key regulator for the viable but non-culturable state in *Escherichia coli* [J] . Microbiology，2018，164 (3): 410-419.

[143]Hung W C，Jane W N，Wong H C. Association of a D-alanyl-D-alanine carboxypeptidase gene with the formation of aberrantly shaped cells during the induction of viable but nonculturable *Vibrio parahaemolyticus* [J] . Applied and Environmental Microbiology，2013，79 (23): 7305-7312.

[144] Pu Y，Li Y，Jin X，et al. ATP-dependent dynamic protein aggregation regulates bacterial dormancy depth critical for antibiotic tolerance [J] . Mol Cell，2019，73 (1): 143-156.

[145] Casasola-Rodríguez B，Ruiz-Palacios G M，Pilar R C，et al. Detection of VBNC *Vibrio cholerae* by RT-Real Time PCR based on differential gene expression analysis [J] . FEMS Microbiology Letters，2018，365 (15): fny156.

[146] Xu T，Cao H，Zhu W，et al. RNA-seq-based monitoring of gene expression changes of viable but non-culturable state of *Vibrio cholerae* induced by cold seawater [J] . Environmental microbiology reports，2018，10 (5): 594-604.

[147] Brenzinger S，Van Der Aart L T，Van Wezel G P，et al. Structural and proteomic changes in viable but non-culturable *Vibrio cholerae* [J] . Frontiers in Microbiology，2019，10: 793.

[148] Debnath A，Mizuno T，Miyoshi S I. Comparative proteomic analysis to characterize temperature-induced viable but non-culturable and resuscitation states in *Vibrio cholerae* [J] . Microbiology，2019，165 (7): 737-746.

[149] Ding T，Suo Y，Xiang Q，et al. Significance of viable but nonculturable *Escherichia coli*: Induction，detection，and control [J] . Journal of Microbiology and Biotechnology，2017，27 (3): 417-428.

[150] Rozen Y，Larossa R A，Templeton L J，et al. gene expression anal-

ysis of the response by *Escherichia coli* to seawater [J] . Antonie Van Leeuwenhoek，2002，81 (1-4): 15-25.

[151] Trevors J T. Viable but non-culturable (VBNC) bacteria: gene expression in planktonic and biofilm cells [J] . Journal of Microbiological Methods，2011，86 (2): 266-273.

[152] Meng L，Alter T，Aho T，et al. Gene expression profiles of *Vibrio parahaemolyticus* in viable but non-culturable state [J] . FEMS Microbiology Ecology，2015，91 (5) .

[153] Zhong Q，Tian J，Wang J，et al. iTRAQ-based proteomic analysis of the viable but nonculturable state of *Vibrio parahaemolyticus* ATCC 17802 induced by food preservative and low temperature [J] . Food Control，2018，85: 369-375.

[154] Tang J，Jia J，Chen Y，et al. Proteomic analysis of *Vibrio parahaemolyticus* under cold stress [J] . Current Microbiology，2018，75 (1): 20-26.

[155] Jia J，Li Z，Cao J，et al. Proteomic analysis of protein expression in the induction of the viable but nonculturable state of *Vibrio harveyi* SF1 [J] . Current Microbiology，2013，67 (4): 442-447.

[156] Parada C，Orru O M，Kaberdin V，et al. Changes in the *Vibrio harveyi* cell envelope subproteome during permanence in cold seawater [J] . Microbial Ecology，2016，72 (3): 1-10.

[157] Postnikova O A，Shao J，Mock N M，et al. Gene Expression profiling in viable but nonculturable (VBNC) cells of *Pseudomonas syringae* pv. syringae [J] . Frontiers in Microbiology，2015，6: 1419.

[158] Su X，Sun F，Wang Y，et al. Identification，characterization and molecular analysis of the viable but nonculturable *Rhodococcus biphenylivorans* [J] . Scientific Reports，2015，5: 18590.

[159] Hommel B，Sturny-Leclère A，Volant S，et al. *Cryptococcus neoformans* resists to drastic conditions by switching to viable but non-culturable cell phenotype [J] . PLoS Pathogens，2019，15 (7): e1007945.

[160] Ganesan B，Stuart M R，Weimer B C. Carbohydrate starvation causes a metabolically active but nonculturable state in *Lactococcus lactis* [J] . Applied and Environmental Microbiology，2007，73 (8): 2498-2512.

[161] Pomposiello P J，Bennik M H，Demple B. Genome-wide transcriptional profiling of the *Escherichia coli* responses to superoxide stress and sodium salicylate [J] . Journal of Bacteriology，2001，183 (13): 3890-3902.

[162] Kohanski M A，Dwyer D J，Hayete B，et al. A common mechanism of cellular death induced by bactericidal antibiotics [J] . Cell，2007，130 (5): 797-810.

[163] Aertsen A，De Spiegeleer P，Vanoirbeek K，et al. Induction of oxidative stress by high hydrostatic pressure in *Escherichia coli* [J] . Applied and Environmental Microbiology，2005，71 (5): 2226-2231.

[164] Reche P，Perham R N. Structure and selectivity in post-translational modification：attaching the biotinyl-lysine and lipoyl-lysine swinging arms in multifunctional enzymes [J] . The EMBO Journal，1999，18 (10)：2673-2682.

[165] Lim S J，Jung Y M，Shin H D，et al. Amplification of the NADPH-related genes *zwf* and gnd for the oddball biosynthesis of PHB in an *E. coli* transformant harboring a cloned *phbCAB* operon [J] . Journal of Bioscience and Bioengineering，2002，93 (6)：543-549.

[166] Serpaggi V，Remize F，Recorbet G，et al. Characterization of the "viable but nonculturable" (VBNC) state in the wine spoilage yeast *Brettanomyces* [J] . Food Microbiology，2012，30 (2)：438-447.

[167] Hesslinger C，Fairhurst S A，SAWERS G. Novel keto acid formate-lyase and propionate kinase enzymes are components of an anaerobic pathway in *Escherichia coli* that degrades L-threonine to propionate [J] . Molecular Microbiology，1998，27 (2)：477-492.

[168] He B，Shiau A，Choi K Y，et al. Genes of the *Escherichia coli* pur regulon are negatively controlled by a repressor-operator interaction [J] . Journal of Bacteriology，1990，172 (8)：4555-4562.

[169] Parry B R，Shain D H. Manipulations of AMP metabolic genes increase growth rate and cold tolerance in *Escherichia coli*：implications for psychrophilic evolution [J] . Molecular biology and evolution，2011，28 (7)：2139-2145.

[170] Murakami H，Kita K，Anraku Y. Purification and properties of a diheme cytochrome b561 of the *Escherichia coli* respiratory chain [J] . The Journal of Biological Chemistry，1986，261 (2)：548-551.

[171] Partridge J D，Browning D F，Xu M，et al. Characterization of the *Escherichia coli* K-12 ydhYVWXUT operon：regulation by FNR，NarL and NarP [J] . Microbiology，2008，154 (2)：608-618.

[172] Klungsoyr H K，Skarstad K. Positive supercoiling is generated in the presence of *Escherichia coli* SeqA protein [J] . Molecular Microbiology，2004，54 (1)：123-131.

[173] Weitao T，Nordstrom K，Dasgupta S. Mutual suppression of *mukB* and *seqA* phenotypes might arise from their opposing influences on the *Escherichia coli* nucleoid structure [J] . Molecular Microbiology，1999，34 (1)：157-168.

[174] Baaklini I，Hraiky C，Rallu F，et al. RNase HI overproduction is required for efficient full-length RNA synthesis in the absence of topoisomerase Ⅰ in *Escherichia coli* [J] . Molecular Microbiology，2004，54 (1)：198-211.

[175] Weinstein-Fischer D，Elgrably-Weiss M，Altuvia S. *Escherichia coli* response to hydrogen peroxide：a role for DNA supercoiling，topoisomerase Ⅰ and Fis [J] . Molecular Microbiology，2000，35 (6)：1413-1420.

[176] Stepanova E，Lee J，Ozerova M，et al. Analysis of promoter targets

for *Escherichia coli* transcription elongation factor GreA *in vivo* and *in vitro* [J] . Journal of Bacteriology，2007，189 (24): 8772-8785.

[177] Lyngstadaas A，Lobner-Olesen A，Boye E. Characterization of three genes in the dam-containing operon of *Escherichia coli* [J] . Molecular & General Genetics：MGG，1995，247 (5): 546-554.

[178] Yun S H，Ji S C，Jeon H J，et al. The CnuK9E H-NS complex antagonizes DNA binding of DicA and leads to temperature-dependent filamentous growth in *E. coli* [J] . PLoS One，2012，7 (9): e45236.

[179] Pan H，Dong K，Rao L，et al. The association of cell division regulated by DicC with the formation of viable but non-culturable *Escherichia coli* O157：H7 [J] . Frontiers in Microbiology，2019，10：2850.

[180] Pandey R P，Malla S，Simkhada D，et al. Production of 3-O-xylosyl quercetin in *Escherichia coli* [J]. Appl Microbiol Biotechnol，2013，97 (5): 1889-1901.

[181] Kito M，Pizer L I. Purification and regulatory properties of the biosynthetic L-glycerol 3-phosphate dehydrogenase from *Escherichia coli* [J] . The Journal of Biological Chemistry，1969，244 (12): 3316-3323.

[182] Iuchi S，Cole S T，Lin E C. Multiple regulatory elements for the *glpA* operon encoding anaerobic glycerol-3-phosphate dehydrogenase and the *glpD* operon encoding aerobic glycerol-3-phosphate dehydrogenase in *Escherichia coli:* further characterization of respiratory control [J] . Journal of Bacteriology，1990，172 (1): 179-184.

[183] Raetz C R，Dowhan W. Biosynthesis and function of phospholipids in *Escherichia coli* [J] . The Journal of Biological Chemistry，1990，265 (3): 1235-1238.

[184] Garcia-Gonzalez L，Geeraerd A H，Spilimbergo S，et al. High pressure carbon dioxide inactivation of microorganisms in foods：the past，the present and the future [J]. International Journal of Food Microbiology，2007，117 (1): 1-28.

[185] Darcan C，Ozkanca R，Flint K P. Survival of nonspecific porin-deficient mutants of *Escherichia coli* in black sea water [J] . Letters in Applied Microbiology，2003，37 (5): 380-385.

[186] Mecsas J，Rouviere P E，Erickson J W，et al. The activity of sigma E，an *Escherichia coli* heat-inducible sigma-factor，is modulated by expression of outer membrane proteins [J] . Genes & Development，1993，7 (12b): 2618-2628.

[187] Ades S E. Control of the alternative sigma factor sigmaE in *Escherichia coli* [J] . Current Opinion in Microbiology，2004，7 (2): 157-162.

[188] Fujiwara K，Taguchi H. Mechanism of methionine synthase overexpression in chaperonin-depleted *Escherichia coli* [J]. Microbiology，2012，158 (Pt 4): 917-924.

[189] Seifert C，Grater F. Force distribution reveals signal transduction in *E. coli* Hsp90 [J]. Biophysical Journal，2012，103 (10)：2195-2202.

[190] Tucker D L，Tucker N，Conway T. Gene expression profiling of the pH response in *Escherichia coli* [J]. Journal of Bacteriology，2002，184 (23)：6551-6558.

[191] Malki A，Le H T，Milles S，et al. Solubilization of protein aggregates by the acid stress chaperones HdeA and HdeB [J]. The Journal of Biological Chemistry，2008，283 (20)：13679-13687.

[192] Sukhan A，Kubori T，Wilson J，et al. Genetic analysis of assembly of the *Salmonella enterica* serovar *typhimurium* type Ⅲ secretion-associated needle complex [J]. Journal of Bacteriology，2001，183 (4)：1159-1167.

[193] Lilic M，Quezada C M，Stebbins C E. A conserved domain in type Ⅲ secretion links the cytoplasmic domain of InvA to elements of the basal body [J]. Acta Crystallographica Section D，Biological Crystallography，2010，66 (Pt 6)：709-713.

[194] Chang D E，Smalley D J，Tucker D L，et al. Carbon nutrition of *Escherichia coli* in the mouse intestine [J]. Proceedings of the National Academy of Sciences of the United States of America，2004，101 (19)：7427-7432.

[195] Vica S，Garica O，Paniagua G L. The *lom* gene of bacteriophage lambda is involved in *Escherichia coli* K12 adhesion to human buccal epithelial cells [J]. FEMS Microbiology Letters，1997，156 (1)：129-132.

[196] Suberamanian K，Shankar R B，Meenakshisundaram S，et al. LamB-mediated adherence of enteropathogenic *Escherichia coli* to HEp-2 cells [J]. Journal of Applied Microbiology，2008，105 (3)：715-722.

[197] Torres A G，Kaper J B. Multiple elements controlling adherence of enterohemorrhagic *Escherichia coli* O157：H7 to HeLa cells [J]. Infection and Immunity，2003，71 (9)：4985-4995.

[198] Knutton S，Rosenshine I，Pallen M J，et al. A novel EspA-associated surface organelle of enteropathogenic *Escherichia coli* involved in protein translocation into epithelial cells [J]. The EMBO Journal，1998，17 (8)：2166-2176.

[199] Pruzzo C，Tarsi R，Llem D M，et al. *In vitro* adhesion to human cells by viable but nonculturable *Enterococcus faecalis* [J]. Current Microbiology，2002，45 (2)：105-110.

第四章

HPCD 诱导细菌形成亚致死细胞的机制

第一节 亚致死细胞的定义与检测
第二节 亚致死细胞的诱导因素
第三节 亚致死细胞的控制
第四节 HPCD诱导*E. coli*形成亚致死细胞

第一节

亚致死细胞的定义与检测

目前，微生物的“死活”状态具有不同的定义方式：①按照培养情况：可分为在平板上生长的“活的状态”和不能生长的“死亡状态”；②按照代谢活性：可分为“正常代谢”（活的状态）、“异常代谢”（损伤状态）和“无代谢”（死亡状态）；③按照细胞膜的完整性：可以分为“膜完整状态”（活的状态）和“膜损伤”（死亡状态）[1]。亚致死状态是指微生物受到一种或多种外界处理后所处的一种损伤状态，这种状态处于正常状态与死亡状态之间[2]。Hartsell（1951）是最早使用选择性培养基来检测亚致死细胞的研究者之一，并将亚致死状态的细胞定义为可以在非选择性培养基上形成菌落而不能在选择性培养基上形成菌落的一类细胞[3]。不同细胞在非选择培养基和选择培养基上的生长差异见表4-1。

表4-1　细菌活细胞、亚致死细胞、VBNC细胞及死细胞的比较

	活细胞	亚致死细胞	VBNC细胞	死细胞
非选择性培养基	生长	生长	不生长	不生长
选择性培养基	生长	不生长	不生长	不生长
碘化丙啶（PI）染料	阴性	阴性	阴性	阳性

亚致死细胞的数量可以通过比较非选择性培养基和选择性培养基上菌落数量的差别来确定[4]。如图4-1所示，在非选择性培养基上完整细胞和亚致死细胞均能生长，而在选择性培养基上只有完整细胞能够生长，两种培养基上的菌落数差值即为亚致死细胞数量。

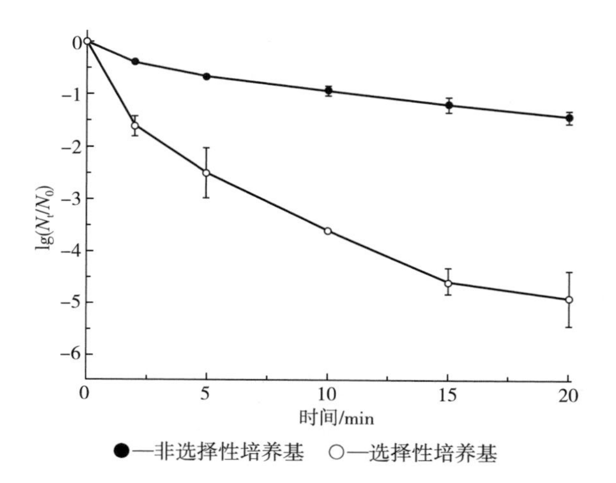

图4-1　亚致死细胞的检测[5]

第二节
亚致死细胞的诱导因素

微生物进入亚致死状态的现象是广泛存在的。低温、温和热、酸、高压脉冲电场、超高压、辐照（radiation）、超声（ultrasound，US）、HPCD等食品加工因素均能诱导微生物进入亚致死状态。

一、低温

低温诱导亚致死细胞形成的报道最早可见于1948年Gunderson & Rose的报道[6]。Straka & Stokes（1959）发现经过冷冻和解冻后的*E. coli*和*Pseudomonas* spp.受到了一定程度的代谢损伤，但这些损伤是可逆的，在添加了多肽的缓冲液中损伤即可修复[7]，该研究为食品微生物领域开辟了一个全新的研究方向。此后，低温诱导的亚致死细胞得到广泛研究[8~12]。Ray & Speck（1972）发现冷冻处理（-78℃、10min）能诱导水中的*E. coli*形成亚致死细胞，亚致死率高达90%，亚致死细胞出现了内溶物泄漏的现象[11]。Bollman、Ismond & Blank（2001）报道-20℃冷冻贮藏0~28d会诱导牛肉糜、牛乳、香肠等食品体系中的*E. coli*形成亚致死细胞，亚致死率随贮藏时间的延长而增大[12]。

二、温和热处理

温和热处理诱导的亚致死细胞形成的现象被广泛研究[10，13，14]。Noriega等（2013）发现，*E. coli*、*S. typhimurium*和*Listeria innocua*在54℃温和热处理下均形成了一定量的亚致死细胞，且亚致死细胞的数量在较短的处理时间下较多，随着处理时间延长迅速减少，表明细胞的死亡可能是损伤的积累引起的[14]。Czechowicz、Santos & Zottola（1996）发现57℃、50~60min处理后的*E. coli*菌液（PBS，pH 7.2）在添加了1%的丙酮酸的平板计数琼脂（PCA）、胰蛋白胨大豆琼脂（TSA）和酚红山梨醇琼脂（PhRSA）上生长情况不尽相同，在PCA上菌落数最多，而在TSA和PhRSA上的菌落数是PCA上的16.3%和0.55%，说明处理后的菌液中有大量的亚致死细胞[15]。温和热处理引起的亚致死率与处理温度、菌株和介质有关[16-18]。Semanchek & Golden（1998）研究了温和热处理（52~56℃，0~60min）对来源于牛肉、苹果酒和腊肠的三株*E. coli*形成亚致死细胞的情况，发现来源于腊肠的菌株对温和热处理的耐受性最强，产生的亚致死细胞比例最高；而来源于牛肉的菌株的敏感性最强，细胞易被直接杀灭[16]。Miller等（2006）发现*L. innocua*细胞的损伤程度随着处理温度（52.5~65℃）的升高而增大[17]。Suo、Shi & Shi（2012）发现在55℃处理下，*S. typhimurium*形成亚致死细胞的比例随着菌液浓度增加而降低，这可能与高浓度菌液的保护作用有关[18]。

温和热诱导微生物进入亚致死状态的机制研究较少。Palumbo（1984）发现，46℃、45min处理后的曲状杆菌（*C. jejuni*）菌液中约有2个对数值的亚致死细胞，处理后的菌液上清液测出在260nm处有吸收，说明亚致死细胞中有内溶物泄漏到胞外[19]。Andrews & Martin（1979）发现52℃、20min处理诱导的*S. aureus*亚致死细胞中的过氧化氢酶活性下降了约30%，而过氧化物酶活性的下降可能与亚致死细胞的形成及敏感性变化有关[20]。Boziaris & Adams（2001）发现55℃处理后的*S. enteritidis*和*Pseudomonas aeruginosa*对nisin的敏感性增强，表明温和热处理诱导的亚致死细胞的膜通透性发生了显著改变[21]。Chiang、Yu & Chou（2005）发现42℃、处理45min后的*Vibrio parahaemolyticus*亚致死细胞中饱和脂肪酸与不饱和脂肪酸的比例显著增加，但对醋酸、乳酸、柠檬酸和酒石酸的耐受性显著减弱，这可能与细胞膜损伤、膜脂组分改变和膜渗透性改变有关[22]。此外，温和热诱导的亚致死细胞形成还与rRNA和DNA降解等因素有关[23]。

三、酸处理

酸能诱导*E. coli*[24, 25]、巴雷利沙门氏菌（*Salmonella bareilly*）[26]、*S. aureus*[27]和*L. monocytogenes*[28]等细胞进入亚致死状态。Roth & Keenan（1971）发现由酸诱导的*E. coli*亚致死细胞不能在紫红胆汁琼脂上生长，而正常细胞可以在该培养基上生长，亚致死率与环境中酸的种类和浓度相关[24]。Przybylski & Witter（1979）发现*E. coli*细胞在0.3mol/L醋酸钠缓冲液（pH 4.2）中孵育60min后，99%的细胞只能在TSA上生长，而不能在紫红胆汁琼脂上生长，表明酸诱导产生了大量的亚致死细胞[25]。Zayaitz & Ledford（1985）发现在37℃下，5mmol/L的醋酸、盐酸或乳酸中孵育30min，可以导致26.2%~96.8% *S. aureus*进入亚致死状态[27]。Besse等（2000）使用含乳酸的脑心浸液（BHI，pH 4.7）对*L. monocytogenes*进行培养，经室温培养14d后，在非选择性培养基上的菌落数量为5.24个对数值，而在选择性培养基上的菌落数量为4.57个对数值，亚致死率达80%，说明该酸性环境能够诱导*L. monocytogenes*进入亚致死状态[28]。

酸诱导的亚致死细胞形成可能与蛋白质的变化有关[27, 29]。Reynolds（1975）发现由醋酸诱导的亚致死*E. coli*细胞中出现了乳酸脱氢酶活性下降及部分蛋白质变性的现象[29]。Zayaitz & Ledford（1985）发现醋酸、盐酸或乳酸诱导的亚致死细胞中凝固酶和热核酸酶活性下降[27]。酸处理后的菌液中未检测出260nm和280nm吸收物[25, 27]，说明细胞未发生内溶物外泄，表明由酸诱导的亚致死不涉及细胞原生质膜的损伤。

四、PEF 处理

PEF是指将静止或流动的食品置于两端加压为20~80kV/cm高压脉冲电场的处理室中，采用极短的处理时间（一般为毫秒或微秒级别）来达到杀菌和钝酶的效果。与其他的非热加工手段相比，PEF诱导微生物进入亚致死状态的研究最多且最深入（表4-2）。

表4-2 PEF诱导细胞进入亚致死状态的研究总结

微生物	处理体系	处理条件					参考文献
		电场强度/（kV/cm）	处理时间/μs	进样温度/℃	场宽/μs	频率/Hz	
Saccharomyces cerevisiae	0.024%NaCl（pH6.5~6.8，电导率0.50±0.02mS/cm）	0~40	1200~4800	—	16，40	—	[30]
	磷酸盐缓冲液（pH7.2，电导率2000μS/cm）	20	0~500	15	2	200	[52]
	磷酸盐缓冲液（pH7.2，电导率2000μS/cm）	20	0~500	15	2	200	[53]
Escherichia coli, Listeria monocytogenes, Staphylococcus aureus	牛乳（电导率4.8mS/cm）	15~30	0~600	15	2	200	[31]
Escherichia coli	10%甘油溶液	15~30	0~9000	7~38	20	—	[39]
Salmonella typhimurium, Escherichia coli	柠檬酸磷酸缓冲液（pH3.5、5.25、7.0，电导率1mS/cm）	30	99	4~50	3	0.5	[40]
Escherichia coli	磷酸缓冲液（10mmol/L，pH7.0）	15~35	200	15~55	2	200	[32]
Enterobacter sakazakii	柠檬酸磷酸缓冲液（pH3.5~7.0，电导率2mS/cm）	19~37	—	—	4	1	[41]
Escherichia coli, Salmonella typhimurium	柠檬酸磷酸缓冲液（pH3.5、4.5、5.5、7.0，电导率1mS/cm）	15~35	15~501	—	3	1	[33]

续表

微生物	处理体系	处理条件					参考文献
		电场强度/（kV/cm）	处理时间/μs	进样温度/℃	场宽/μs	频率/Hz	
Enterobacter sakazakii	柠檬酸磷酸缓冲液（pH3.5、4.0、5.0、7.0，电导率2mS/cm）	25	—	—	—	1	[42]
Lb. rhamnosus	牛乳组分或生理盐水	10~30	25~114	—	1~3	—	[54]
Enterobacter sakazakii	复水婴儿配方乳粉（pH6.4~6.6，电导率2.58~2.78mS/cm）	15~33	60~3000	—	2.5	—	[34]
Escherichia coli, *Salmonella typhimurium*, *Listeria monocytogenes*, *Staphylococcus aureus*	柠檬酸磷酸缓冲液（pH4.0、7.0，电导率2mS/cm）	20~30	—	—	—	1	[35]
Escherichia coli	柠檬酸磷酸缓冲液（pH4.0，电导率2mS/cm），含2000mg/L山梨酸 或50%（质量分数）蔗糖	10~35	—	—	—	1	[46]
Saccharomyces cerevisiae	柠檬酸磷酸缓冲液（pH4.0、7.0，电导率2mS/cm）	12	—	—	—	1	[43]
	柠檬酸磷酸缓冲液（pH4.0、7.0，电导率2mS/cm）	12	—	—	—	1	[55]
Dekkera bruxellensis, *Saccharomyces cerevisiae*	柠檬酸磷酸缓冲液（pH4.0、7.0，电导率2mS/cm）含20~2000mg/L山梨酸	9.5，12.0，16.5，19.5	—	—	—	1	[36]
Escherichia coli, *Salmonella typhimurium*	磷酸盐缓冲液	100	3×10^8	—	—	—	[56]
Escherichia coli	柠檬酸磷酸缓冲液（pH4.0，电导率2mS/cm）	25	—	—	—	1	[57]
Bacillus subtilis, *Listeria monocytogenes*, *Escherichia coli*, *Pseudomonas aeruginosa*, *Salmonella serotype Senftenberg*, *Salmonella* serotype *typhimurium*, *Yersinia enterocolitica*	柠檬酸磷酸缓冲液（pH3.0~7.0，电导率2mS/cm）	12~25	—	—	—	1~2	[37]
Escherichia coli	苹果汁（pH3.8，电导率2mS/cm）	12~25	0~400	—	2	2	[48]
Lactobacillus plantarum, *Escherichia coli*	蛋白胨水（pH3.8~4.2，电导率4.35mS/cm）	22~40	40~115	—	—	—	[58]
Escherichia coli	柠檬酸磷酸缓冲液（pH4.0、7.0，电导率2mS/cm）	19	100~400	—	2	2	[45]
Salmonella enterica	HEPES（pH7）	15~30	—	—	2	1	[50]

续表

微生物	处理体系	处理条件					参考文献
		电场强度/（kV/cm）	处理时间/μs	进样温度/℃	场宽/μs	频率/Hz	
Listeria innocua	磷酸盐缓冲液（pH6.6、7.0），牛乳（pH6.6），脱脂牛乳（pH6.6），液体奶油（pH6.7）	17，46	0~200	—	—	1.1，100	[38]
	磷酸盐缓冲液（pH5.0，电导率7.9mS/cm）	20~25	—	40	3.9	—	[51]

PEF处理过程中电场强度[30~38]、处理时间[30，31，33，34，36，37]、介质pH[33，35~37，39~45]、处理温度[32]、菌株类型[31，35]和菌株所处的生长阶段[46]等因素会影响亚致死细胞的形成。

研究发现，在低的电场强度和短的处理时间下，亚致死状态细胞数量较多[30~32，34，36]。Wang等（2015）发现，低电场强度和短的处理时间下产生的大量亚致死细胞可能有一些潜在利用价值，因为这部分亚致死细胞有一定的渗透性和逆境胁迫响应，可能导致某些功能物质的高表达[30]。Zhao等（2013）发现亚致死细胞数量在某特定条件下PEF处理后达到最大值，然后保持不变或者随着处理场强和时间的增加而减少[31]。然而，也有研究发现亚致死细胞数量随着处理场强和时间的增加而增加[33，37，38]。Saldaña等（2010）发现在30kV/cm处理条件下，可导致4.2和2.7个对数值的*E. coli* 和 *S. typhimurium*亚致死细胞，而在低场强处理下亚致死细胞数量较少[33]。这些结果的不同可能是由于实验处理条件的不同，也可能是由于实验中采用的菌株对于PEF的耐受性不同。一般而言，亚致死现象在对PEF耐受性更强的菌株中更易发生[37]。

微生物所处的介质pH也会影响PEF处理中亚致死细胞的产生。研究发现，对于革兰阴性菌而言，介质pH较低时，PEF处理能导致更多的亚致死细胞[33，37，39，41，42，45]。Arroyo等（2010a）使用25kV/cm的PEF处理*Enterobacter sakazakii*细胞，当介质pH为4.0时，99.9%的存活细胞均为亚致死细胞，而介质pH为7.0时，亚致死细胞数量小于1个对数值[41]。这可能是由于革兰阴性菌在低pH时对PEF有更强的耐受性，从而更易形成亚致死细胞[42，45]。然而对于革兰阳性菌而言，亚致死细胞的比例会随着pH增大而增大[37]。García等（2005a）发现PEF处理*L. monocytogenes* 和 *Bacillus subtilis*时，在pH 7.0时有大量的亚致死细胞产生，而在pH 4.0时没有亚致死细胞[37]。PEF诱导酵母菌形成亚致死细胞的数量与介质pH无关[36，43]。Somolinos等（2008b）

发现PEF处理*Saccharomyces cerevisiae*时，亚致死细胞的比例在pH4.0和pH7.0的介质中相差不大[43]。这些结果表明，由于微生物的结构差异，PEF导致不同种类的微生物产生亚致死细胞的机制可能不同，从而对环境pH的敏感性不同[37]。

此外，处理温度、菌种等因素也会影响PEF处理中亚致死细胞的产生。Saldaña等（2012）发现，在PEF处理过程中，亚致死细胞的产生与处理温度无关[40]。然而，Zhao等（2011）发现在处理温度高于50℃时，细胞更容易直接死亡而不是进入亚致死状态，说明PEF与一定的温度结合能有效地防止亚致死细胞的形成[32]。Saldaña等（2009）发现PEF处理过程中，不同菌种生成亚致死细胞的比例各不相同[35]。Somolinos等（2008a）发现在相同PEF处理条件下，稳定期的*E. coli*比对数生长期的菌更易形成亚致死细胞[46]。

研究发现，PEF诱导产生的亚致死细胞对低温[34，47]和酸[36，42，46，48~51]的敏感性增强。Pina-Pérez、Rodrigo & López（2009）发现PEF诱导产生的亚致死细胞在8℃条件下贮藏，随着贮藏时间的延长而逐渐死亡[34]。Somolinos等（2008a）发现PEF处理中产生的大部分亚致死*E. coli*细胞（3~4个对数值）在酸环境（pH4.0或者含山梨酸溶液）中贮藏时，24h内均缓慢死亡[46]。这些结果表明PEF处理产生的亚致死细胞对于低温或酸的耐受性较低，这也为PEF同其他手段结合使用，产生栅栏效果提供了可能。

五、HHP 处理

HHP诱导产生的亚致死细胞早在20世纪90年代即有报道。HHP诱导的微生物亚致死状态的研究总结如表4-3所示。HHP处理过程中压强、温度[59，63]、时间[64]及介质组分或pH[5，60，63~65]和菌株[66]会影响亚致死细胞的产生。Muñoz等（2007）发现*E. coli*亚致死细胞数量随着压强或温度升高而增加，在350MPa、20℃、15min的处理条件下，几乎所有的细胞均处于亚致死状态[59]。Opstal、Vanmuysen & Michiels（2003）发现亚致死细胞数量的多少与压强大小呈现正相关[60]。Kilimann等（2006）发现HHP处理*Lactococcus lactis*过程中，亚致死细胞的产生与处理温度有关[63]。可能是由于原生质膜的流动性与环境温度有关，随着环境温度增加，膜流动性增加，一方面会影响HHP处理过程中膜上孔洞的形成，另一方面也能够影响细胞的修复能力，从而诱导细胞进入亚致死或死亡状态[63]。

表4-3　HHP诱导细胞进入亚致死状态的研究总结

微生物	处理体系	处理条件			参考文献
		压强/MPa	温度/℃	时间/min	
Escherichia coli, *Listeria innocua*	磷酸盐缓冲液（PBS，pH7.20）、酸化红菜汁（pH4.18）	400	20	0~10	[65]
Escherichia coli, *Listeria monocytogenes*	柠檬酸磷酸缓冲液（pH4.0或7.0）	175~400	—	20	[70]
Listeria monocytogenes, *Escherichia coli*, *Saccharomyces cerevisiae*	磷酸盐缓冲液（PBS，pH7.2）、柠檬酸磷酸缓冲液（pH4.0或7.0）	200~400	—	0.5~20	[5]
Escherichia coli	橙汁（pH3.22）、苹果汁（pH3.83）、蔬菜汤（pH4.09）	150~350	20~60	5，15	[59]
Lactococcus lactis	牛乳（pH6.50）或牛乳含1.5mol/L蔗糖或4mol/L氯化钠	0.1~500	5~50	0~120	[63]
Listeria monocytogenes, *Staphylococcus aureus*, *Escherichia coli*, *Salmonella enteritidis*	牛乳（pH6.65）	350，450，550	45	10	[71]
Salmonella typhimurium	0.1% 蛋白胨水（pH7.4）	100~900	20	1，5	[66]
Salmonella enterica	HEPES（pH7）	300	25	2~24	[50]
Escherichia coli	磷酸钾溶液（pH6.7），含0~50%蔗糖	250~550	20	15	[60]
Lactobacillus plantarum	啤酒	200	15，37	0~120	[72]
Escherichia coli, *Listeria monocytogenes*	苹果汁（pH3.5），番茄汁含0.7%NaCl（pH4.1），橙汁（pH3.8）	100~500	20	5	[61]
Escherichia coli	0.1mol/LTris-HCl缓冲液，含0.05mol/L $MgCl_2$（pH7.6）	400	20	2	[73]
Listeria monocytogenes	巴氏杀菌乳	345	50	5	[74]
Escherichia coli, *Listeria monocytogenes*, *Staphylococcus aureus*, *Salmonella enteritidis*, *Salmonella typhimurium*	0.1%蛋白胨水，含100mmol/L柠檬酸或乳酸（pH4.5~6.5）	207，276或345	25~50	5~10	[64]
Salmonella enteritidis	液态蛋（pH8.0）	350~450	2~50	5~15	[75]
Escherichia coli	橙汁（pH3.8）、苹果汁（pH3.3）、芒果汁（pH4.0）	300~500	20	15	[69]
Staphylococcus aureus, *Listeria monocytogenes*, *Escherichia coli*, *Salmonella typhimurium*	0.1%蛋白胨水	138~483	25~45	5~30	[76]
Escherichia coli	PBS（pH7.0）	180~320	22~25	15	[77]

续表

微生物	处理体系	处理条件			参考文献
		压强/MPa	温度/℃	时间/min	
Salmonella typhimurium, Escherichia coli, Yersinia enterocolitica, Salmonella enteritidis	PBS（pH7.0），牛乳，猪肉	350~700	20	5~30	[78]
Saccharomyces cerevisiae, Zygosaccharomyces bailii	柠檬酸缓冲液（pH3.0~5.0）	150~300	25~45	10~30	[62]

Opstal、Vanmuysen & Michiels（2003）发现HHP处理过程中亚致死细胞的数量与介质中蔗糖的含量呈现负相关[60]。Sokołowska等（2014）发现400MPa、20℃处理1min可以诱导PBS和红菜汁中*E. coli*分别形成0.8和2.9个对数值的亚致死细胞[65]。Somolinos等（2008）发现，在HHP处理柠檬酸磷酸缓冲液中的*E. coli*和*L. monocytogenes*时，亚致死损伤在pH4.0介质中比在pH7.0介质中严重；当处理条件和介质pH相同时，在PBS中的细胞其受损程度要高于在柠檬酸磷酸缓冲液中[5]。这可能是由于PBS中含有一定浓度的氯化钠，这些氯化钠可能会导致细胞敏感性提高，更易形成亚致死细胞。这些结果都表明HHP处理过程中介质的组分或者pH对于亚致死细胞的形成有显著影响。

Yuste等（2004）检测了HHP处理7种致病菌形成亚致死细胞的情况，发现只有*S. typhimurium*产生了大量的亚致死细胞，而其他6种菌均未形成亚致死细胞[66]。这可能与不同菌的耐受性相关，对HHP耐受性较低的菌容易被直接杀灭而不是形成亚致死细胞。

HHP诱导的亚致死细胞对于贮藏环境很敏感[60, 61, 67~69]。Opstal、Vanmuysen & Michiels（2003）发现将HHP处理后的*E. coli*细胞在20℃下贮藏24h，亚致死细胞发生死亡现象[60]。此外，一些研究发现HHP诱导的亚致死细胞在高酸条件下贮藏发生死亡[67~69]。这可能是由于HHP改变了细胞的膜结构，导致细胞对于外界环境更为敏感造成的。

六、HPCD 处理

有关HPCD诱导微生物产生亚致死细胞的研究较少（表4-4）。不同条件的HPCD处理可以诱导*E. faecalis*[79]、*L. monocytogenes*[80]、*S. typhimurium*[81]、*L. plantarum*[82, 83]、*S. aureus*[84]和*E. coli*[85, 86]产生亚致死细胞。Erkmen（2000a）发现，经6.05MPa、25℃、80min 处理后，65.3%的*E. faecalis*细胞处

于亚致死状态[79]。Erkmen（2000c）发现，经过6MPa、45℃、80min和6MPa、35℃、120min处理后，在非选择性培养基上分别有1.18和1.26个对数值的*S. typhimurium*生长，而在选择性培养基上却没有菌落生长[81]。Hong & Pyun（2001）发现，经过7MPa、30℃、10min处理后的*L. plantarum*，在选择性培养基上的菌落数量比在非选择性培养基上少1~2个对数值[82]。Yuk & Geveke（2011）发现HPCD处理后的*L. plantarum*亚致死细胞数量随着二氧化碳浓度和处理温度的增加而增加[83]。Bi等（2015）发现HPCD诱导的*E. coli*亚致死细胞数量在延滞期后急剧上升，并随着处理时间延长而缓慢增加[86]。

表4-4　　HPCD诱导细胞进入亚致死状态的研究总结

微生物	处理体系	处理条件				设备类型	参考文献
		压强/MPa	时间/min	CO_2:样品（质量比）	温度/℃		
Escherichia coli O157：H7	磷酸盐缓冲液（PBS，pH7.0）	5	0~60	—	25~45	间歇式	[86]
Lactobacillus plantarum	苹果酒（pH3.8）	7.6	—	5%，8%，10%	34，38，42	间歇式	[83]
Escherichia coli K12	苹果酒（pH3.8）	7.6	—	3%，5%，8%	34，38，42	连续式	[85]
Lactobacillus plantarum	MRS培养基	5，7	0~120	—	30	间歇式	[82]
Enterococcus faecalis	生理盐水，含1%脑心浸液肉汤（pH6.25）	6.05	2.5~140	—	25，35，45	间歇式	[79]
Listeria monocytogenes	生理盐水，含1%脑心浸液肉汤（pH6.25）	6.0	5~120	—	25，35，45	间歇式	[81]
Salmonella typhimurium	生理盐水，含1%脑心浸液肉汤（pH6.25）	6.0	2.5~140	—	25，35，45	间歇式	[80]
Escherichia coli，*Staphylococcus aureus*	磷酸盐缓冲液（pH7.2）	31.03	10	—	42.5	间歇式	[84]

七、辐照及其他处理

辐照作为一种有效杀灭微生物、延长货架期的保藏方法，被广泛用于食品或饲料的加工[87]。辐照也会诱导微生物产生亚致死细胞[88~90]。El-Zawahry & Rowley（1979）发现，辐照后的*Y. enterocolitica*细胞在选择性培养基上生长的菌落数要低于在非选择性培养基上的菌落数，并且辐照后的细胞形成菌落的速度要慢于完整细胞[88]。Tarté、Murano & Olson（1996）发现高能离子束处理过程中亚致死细胞的数量随着辐照剂量增加而增加[89]。超声波[91~94]、高压均质[50]、脉冲白光[50]等其他非热处理方法也能诱导微生物产生亚致死细胞。Arroyo等（2012）发现将超声波（20Hz，200kPa，54℃，1min）处理后的苹果汁在4℃下贮藏96h，约有5个对数值细菌失去活性，说明大量亚致死细胞在贮藏期间发生了死亡现象[91]。Arroyo等（2011b）发现超声波仅在处理温度高于53℃的条件下造成*C. sakazakii*亚致死损伤，这种损伤也可能是由于温度造成的[93]。Wuytack等（2003）发现脉冲白光和高压均质均能使*S. enterica*细胞发生一定程度的亚致死损伤[50]。这些研究表明，食品加工过程中产生微生物亚致死细胞的现象是广泛存在的。

第三节
亚致死细胞的控制

一、亚致死细胞的复苏

亚致死细胞在条件适宜时，可以复苏恢复成正常细胞。小部分亚致死细胞由于损伤程度较轻，其复苏速度较快[42，43，57，95]。Somolinos等（2008b）发现小部分PEF诱导的亚致死细胞（10%~20%）在几分之内就能完成复苏，但绝大部分亚致死细胞要几个小时才能完成复苏[43]。Arroyo等（2010b）发现PEF诱导的亚致死细胞约有3个对数值在TSBYE中孵育5min即完成了复苏，而部分细胞外膜发生损伤的亚致死细胞复苏速度较慢，需要4h才能完成[42]。García等（2006）发现＜5%的*E. coli*亚致死细胞在2min内完成了复苏，而95%的亚致死细胞需要在蛋白胨水中孵育2h才能完成复苏[57]。Zhang等（2013）发现辐照剂量小于600Gy诱导的*S. cerevisiae*亚致死细胞可以通过光修复损伤完成复苏，该过程是通过DNA的自我修复途径完成的[95]。

此外，亚致死细胞的复苏速度与培养基营养的丰富程度有关[9，25，43，86]。Ray & Speck（1972a）发现冷冻处理（−78℃、10min）诱导的亚致死细胞可以在胰蛋白胨大豆酵母提取物肉汤（TSBYE）和磷酸盐缓冲液中复苏，但在TSBYE中复苏速度较快[9]。Przybylski & Witter（1979）发现酸诱导的*E. coli*亚致死细胞在磷酸盐缓冲液（pH8.0）中的复苏速度低于在TSB（pH7.2）中[25]。Somolinos等（2008b）发现PEF诱导产生的*S. cerevisiae*亚致死细胞在营养最丰富的肉汤培养基中复苏速度最快而在柠檬酸磷酸缓冲液（pH7.0）中的无法复苏[43]。Bi 等

（2015）发现HPCD诱导的*E. coli*亚致死细胞复苏速度与培养基营养丰富程度正相关，在营养丰富的TSB培养基中复苏速度最快，而在PBS中复苏速度缓慢[86]。上述结果表明亚致死细胞的复苏可能需要一定的营养物质代谢。此外，Andrews & Martin（1979）发现温和热处理（52℃、20min）诱导的*S. aureus*亚致死细胞在37℃下的TSB中约6h完成复苏，而在含有10% NaCl的TSB中12h不能完成复苏[20]。Palumbo（1984）发现46℃、45min诱导的*C. jejuni*亚致死细胞在37℃下的布氏肉汤中4h完成复苏，添加1.25% NaCl可以抑制亚致死细胞复苏，而添加2% NaCl可以导致亚致死细胞死亡[19]。因此，NaCl可以抑制亚致死细胞复苏。

环境温度对亚致死细胞复苏有显著影响[28, 74, 96]。Meyer & Donnelly（1992）发现55℃、20min诱导的*L. innocua*亚致死细胞在全乳中孵育时，完成复苏的时间随着温度升高而缩短，4、10、26和37℃下分别需要16~19d、4d、13h和9h完成复苏[96]。Besse等（2000）发现酸诱导的*L. monocytogenes*亚致死细胞在复苏时，30℃培养温度的复苏速度大于37℃或41.5℃的复苏速度，可能是由于酸诱导亚致死细胞的环境温度为室温，当复苏温度接近该温度时，可以避免因温度波动引起的额外压力，从而有利于复苏[28]。Alpas & Bozoglu（2000）发现375MPa、50℃、5min处理牛乳中*L. monocytogenes*后，没有菌落生长，在4℃下贮藏24h仍没有菌落生长，而在37℃下贮藏24~48h后菌落大量生长，表明由HHP诱导的亚致死细胞在较高的贮藏温度下才能发生复苏现象[74]。

通过在复苏培养基里添加代谢合成抑制物可以判断复苏过程中涉及的代谢过程[73]。Ray & Speck（1972b）发现冷冻诱导的*E. coli*亚致死细胞复苏过程不涉及蛋白质、核酸和肽聚糖的合成，但涉及能量合成，向复苏培养基中添加ATP可以促进复苏[8]。Restaino、Jeter & Hill（1980）发现由温和热处理诱导的*Yersinia enterocolitica*亚致死细胞在复苏过程中需要RNA合成，而不需要DNA合成、细胞壁合成和蛋白质合成[97]。酸诱导的*S. bareilly*和*S. aureus*亚致死细胞复苏过程中需要RNA和蛋白质合成[26, 27]。García等（2006）发现PEF诱导的*E. coli*亚致死细胞复苏过程需要能量和脂质代谢[57]。Chilton等（2001）发现HHP诱导的*E. coli*亚致死细胞原生质膜的修复需要能量代谢、RNA代谢和蛋白质合成代谢，而外膜修复是自发的，不需要任何代谢[73]。Bi等（2015）发现HPCD诱导的*E. coli*亚致死细胞的修复需要能量代谢、蛋白质代谢和RNA代谢，且复苏过程中需要Mg^{2+}和Ca^{2+}[86]。不同因素诱导的亚致死细胞复苏过程中涉及的代谢类型不同，这可能与引起的细胞损伤类型和程度不同有关。

综上，在环境条件适宜时，亚致死细胞可以复苏，恢复正常生理状态[9, 73, 74]。亚致死细胞在食品贮藏过程中的复苏可能引起食品的腐烂与变质，致病菌的复苏可对人类健康造成危害。因此，加强对亚致死细胞的控制对于食品安全有重大意义。

二、亚致死细胞的控制

与正常细胞相比，亚致死细胞对抑菌剂的敏感性显著增强，这就为杀菌技术与抑菌剂结合使用来杀灭微生物，产生栅栏效果提供了可能[42, 70, 76, 77, 98]。Arroyo等（2010b）发现PEF和柠檬醛（200 μL/L）同时处理对*E. sakazakii*菌液有协同杀灭效果（>2个对数值），疏水性的柠檬醛对具有外膜结构的革兰阴性菌抑菌作用有限，因而该协同杀菌作用可能是由于PEF诱导的亚致死细胞外膜受损，从而被柠檬醛杀灭[42]。Espina等（2013）发现HHP和精油或精油有效成分对于*E. coli* 和*L. monocytogenes*有增强杀灭效果，并将该效果归因于亚致死细胞对精油敏感性增强[70]。Kalchayanand等（1998）发现当HHP压强高于276MPa、处理温度高于35℃时，能诱导*S. aureus*和*S. typhimurium*细胞产生1~5个对数值的亚致死细胞，这些细胞在HHP与片球菌素（AcH）和乳酸链球菌素（nisin）结合处理时全部死亡[76]。Hauben et al.（1996）发现经过180~320MPa、25℃处理15min后，*E. coli*亚致死细胞可占存活细胞的53.23%~99.58%，而相同条件下HHP与nisin或溶菌酶（lysozyme）共同作用时，亚致死细胞所占比例显著下降，说明这些亚致死细胞被部分杀灭[77]。Bi等（2014）发现HPCD与nisin对*E. coli*的增强杀灭作用可能与HPCD诱导的*E. coli*亚致死细胞对nisin的敏感性增强有关[98]。因此，亚致死细胞的敏感性对于利用栅栏技术控制亚致死细胞具有重要作用。

第四节
HPCD 诱导 *E. coli* 形成亚致死细胞

一、*E. coli* 亚致死细胞的产生条件

将*E. coli*接种（10^7~10^8CFU/mL）于磷酸盐缓冲体系（PBS，pH 7.0）中，采用非选择性培养基（TSA）和选择性培养基（TSA-SC），研究HPCD诱导的亚致死细胞情况。如图4-2所示，经5MPa、25~45℃、0~70min处理后，部分*E. coli*细胞只能在TSA上生长，不能在TSA-SC上生长，该部分细胞可认为是亚致死细胞。具体来说，*E. coli*经过5MPa、25℃、50min处理后，在TSA上能生长成6.09

个对数值的菌落，而在TSA-SC上只有2.12个对数值的菌落[图4-2（1）]，说明HPCD诱导产生了3.97个对数值的亚致死细胞。同样，在5MPa、37℃、30min和5MPa、45℃、20min的处理条件下也观察到亚致死细胞的产生，如图4-2（2）~（3）[86]所示。Erkmen（2000a）报道*E. faecalis*经6.05MPa、25℃、80min处理后，65.3%细胞处于亚致死状态[79]。Erkmen（2000b）发现*L. monocytogenes*经6MPa、25~45℃处理后，在非选择性培养基上的菌落数量要远远大于在选择性培养基上的菌落数[81]。此外，*S. typhimurium*经过6MPa、45℃、80min和6MPa、35℃、120min处理后，在非选择性培养基上分别有1.18和1.26个对数值的菌落生长，而在选择性培养基上却没有菌落生长[80]。Hong & Pyun（2001）发现*L. plantarum*经过7MPa、30℃、10min处理后，在选择性培养基上的菌落数量比在非选择性培养基上少1~2个对数值[82]。Yuk & Geveke（2011）发现HPCD处理后的*L. plantarum*亚致死细胞数量随着二氧化碳浓度和处理温度提高而增加[83]。因此，HPCD处理后微生物存在“亚致死状态”。

图4-2　HPCD处理对磷酸盐缓冲体系（pH 7.00）中*E. coli*的杀菌效果▼

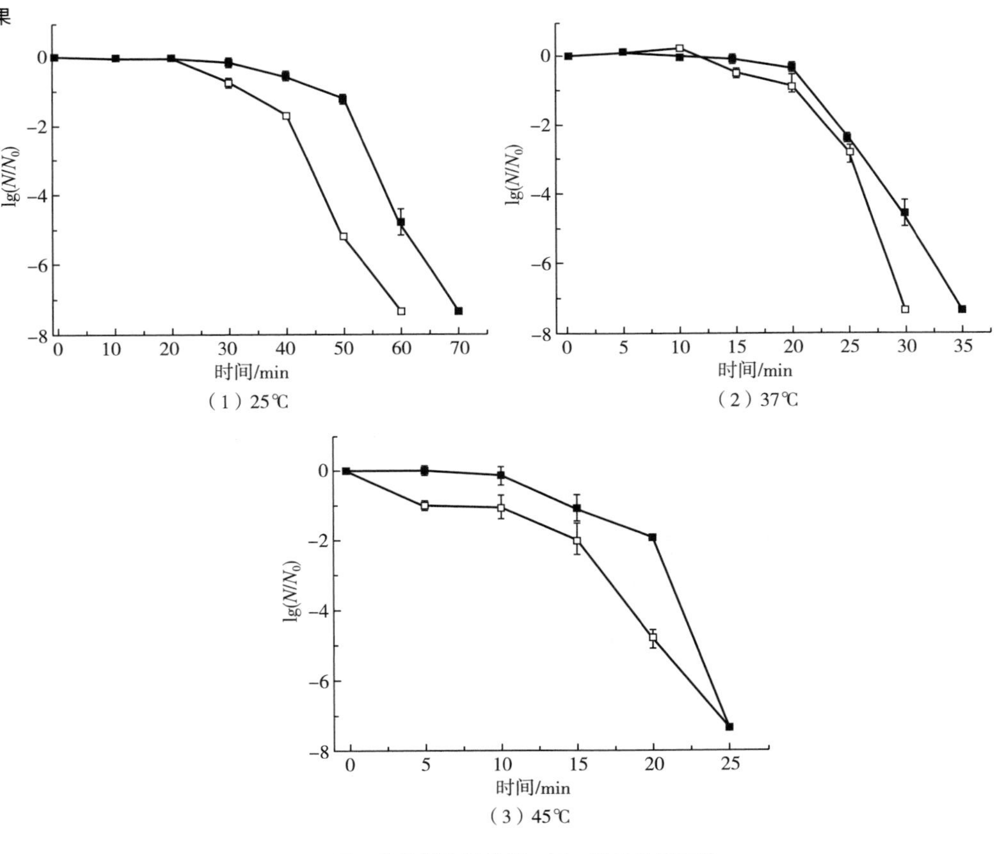

亚致死率是指亚致死细胞占存活细胞（完整细胞+亚致死细胞）的比例。

HPCD处理后的*E. coli*亚致死率如图4-3所示。5MPa、25℃处理条件下，处理时间0~20min为延滞期，*E. coli*细胞亚致死率为0%；处理时间从20min延长至30min时，*E. coli*细胞亚致死率从0%提高至72.4%；之后随着处理时间的继续延长，亚致死率缓慢升高，并于60min时达到100%。5MPa、37℃和5MPa、45℃处理条件下，*E. coli*细胞亚致死率的变化呈现相同的趋势。由于5MPa、25℃、30min，5MPa、37℃、15min，5MPa、45℃、10min这三个条件处理后，*E. coli*菌悬液中的亚致死细胞、完整细胞、死细胞的数量相当，便于流式观察，因此选择这三个条件处理的*E. coli*细胞进行流式分析。

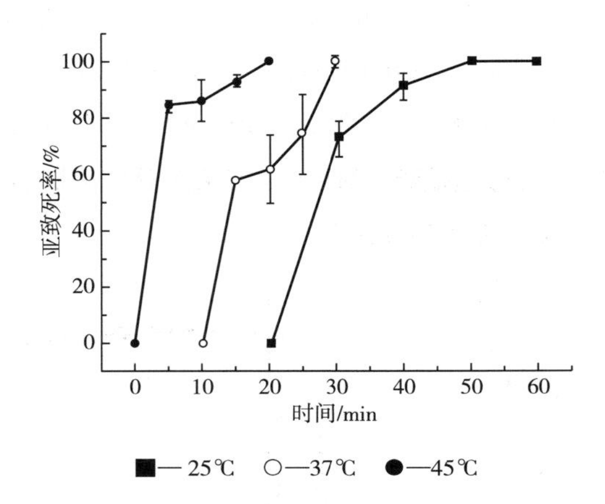

◀ 图4-3 HPCD处理后*E. coli*亚致死率

为了量化HPCD对*E. coli*细胞膜的损伤情况，采用流式细胞仪分析HPCD处理后*E. coli*的细胞膜完整性。采用SYTO 9和PI的混合染料对*E. coli*细胞进行双染标记。如图4-4所示，结果以二维点图显示，全图分为四个象限，以区分阴性细胞、单阳性细胞、双阴性细胞和双阳性细胞。左下象限（LL）为双阴性细胞，左上象限（UL）为Y轴阳性细胞，左下象限（LR）为X轴阳性细胞，右上象限（UR）为双阳性细胞。在PI/SYTO 9双染的点图中，FL1通道代表SYTO 9的绿色荧光通道，FL3通道代表PI的红色荧光通道。未染色的活细胞有99.97%集中在LL象限，如图4-4（1）所示；SYTO 9/PI双染的未处理的活细胞有96.7%集中在LR象限，如图4-4（2）所示;SYTO 9/PI双染的经75%异丙醇致死的死细胞有96.59%集中在UR象限如图4-4（3）所示。SYTO 9/PI双染的HPCD处理细胞主要集中在LL、LR和UR三个象限，如图4-4（4）~（6）所示。UR象限中的细胞为双阳性细胞，即细胞DNA同时结合了两种染料，说明细胞膜受到一定程度的损伤。

为了分析细胞膜损伤情况与杀菌效果之间的关系，将平板计数法得到的死亡率（%）与流式细胞仪二维点图中PI^+比例进行比较（表4-5）。PI^+比例与由TSA获得的死亡率无显著差异，而显著低于由TSA-SC所获得的死亡率，说明HPCD诱导产生的*E. coli*亚致死细胞在流式分析中表现为活细胞（PI阴性）。选择性培养基使用NaCl作为检测细胞膜完整性的指示物，而流式分析使用PI（668.4u）作为指示物，二者分子大小相差很大，相应表征细胞膜通透性程度不同，因此，亚致死细胞的膜损伤程度较轻，是可逆变化，而由流式分析得到的膜受损细胞（PI^+）受损程度较重，是不可逆变化。

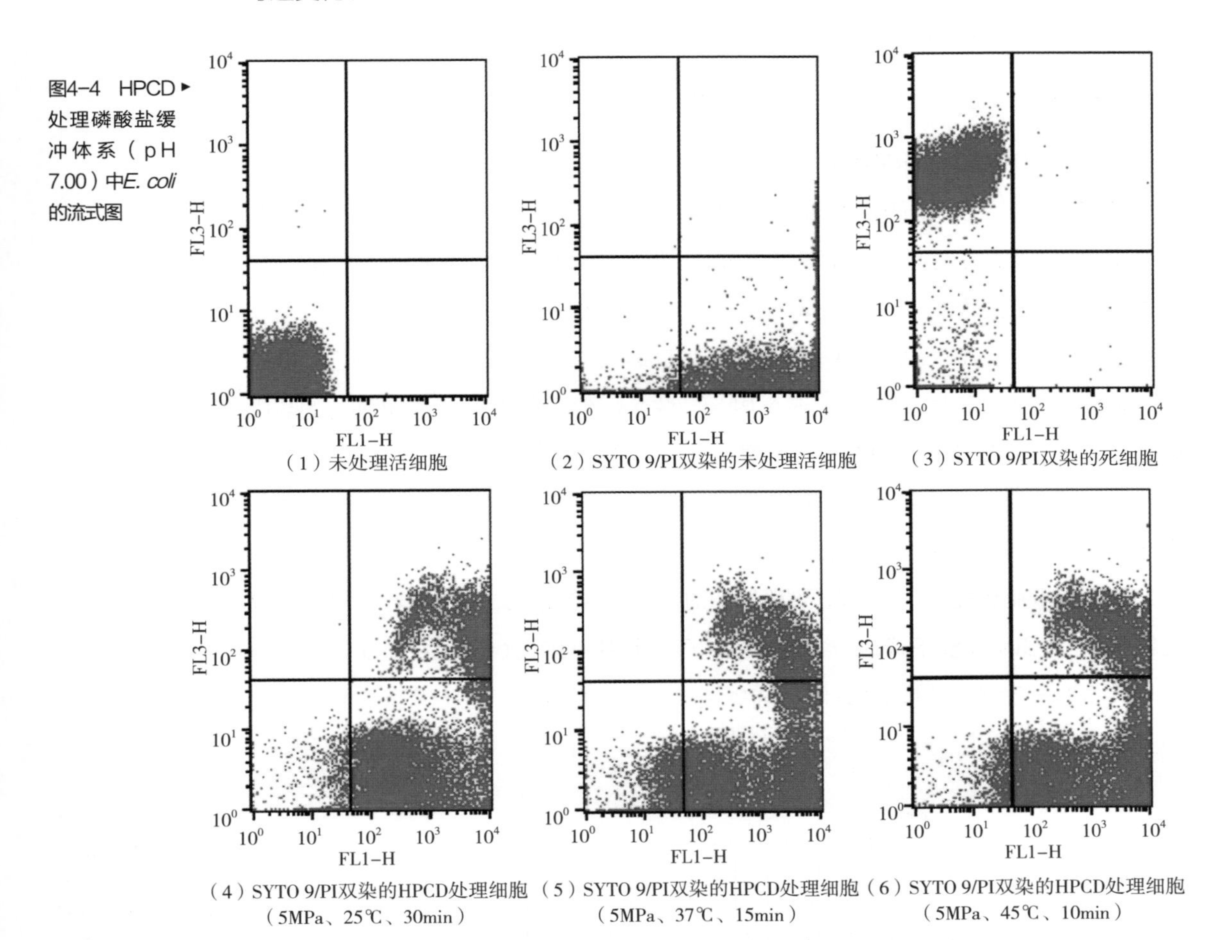

图4-4 HPCD处理磷酸盐缓冲体系（pH 7.00）中*E. coli*的流式图

（1）未处理活细胞　（2）SYTO 9/PI双染的未处理活细胞　（3）SYTO 9/PI双染的死细胞

（4）SYTO 9/PI双染的HPCD处理细胞（5MPa、25℃、30min）　（5）SYTO 9/PI双染的HPCD处理细胞（5MPa、37℃、15min）　（6）SYTO 9/PI双染的HPCD处理细胞（5MPa、45℃、10min）

表4-5　HPCD处理*E. coli*死亡率（平板计数法）与PI^+比例的关系

处理条件	PI^+/%	死亡率^1/%	死亡率^2/%
5MPa、25℃、30min	24.0±1.7^{b}	25.2±7.0^{b}	79.52±3.4^{a}
5MPa、37℃、15min	22.2±2.7^{b}	21.4±5.1^{b}	67.3±2.2^{a}
5MPa、45℃、10min	26.2±0.9^{b}	28.8±4.5^{b}	90.4±4.8^{a}

注：（1）所有数据表示为平均值±标准差，n=3。

（2）同一行中标有相同字母表示无显著差异，不同字母则表示有显著差异（$P<0.05$）。

（3）死亡率^1：非选择性培养基平板计数；死亡率^2：选择性培养基平板计数。

二、*E. coli* 亚致死细胞的环境敏感性

通过对亚致死细胞敏感性进行研究，为有效控制亚致死细胞提供了新思路。因此，下文将详细介绍HPCD诱导的*E. coli*亚致死细胞对NaCl、低温、热、nisin、酸等环境的敏感性（Bi et al.，2018）。

（一）*E. coli* 亚致死细胞对 NaCl 的敏感性

向TSA培养基中加入不同浓度的NaCl制成TSA-SC，分析未处理和*E. coli*亚致死细胞在TSA-SC上的生长情况。如图4-5所示，未处理*E. coli*细胞的数量在含有0~3%NaCl的TSA-SC上无著性变化，当TSA中NaCl浓度提高至3.5%时，未处理*E. coli*细胞的数量发生显著下降，表明正常完整*E. coli*细胞最高可耐受3% NaCl。然而，*E. coli*细胞经HPCD处理后在TSA-SC上生长时，随着NaCl浓度提高，其数量发生显著性下降，当TSA中NaCl浓度提高至3%时，*E. coli*细胞的数量降低了2.87个对数值，表明由HPCD诱导的*E. coli*亚致死细胞被该盐浓度引起的渗透压所杀灭。同样，Yuk等（2010）发现正常*E. coli* K12细胞可以耐受3% NaCl而HPCD诱导的*E. coli* K12亚致死细胞则被该盐浓度杀灭[85]。上述结果表明，与未处理正常细胞相比，*E. coli*亚致死细胞对NaCl的耐受性发生了显著下降。亚致死细胞对NaCl耐受性下降这一特性被应用于亚致死细胞的检测上，即在非选择培养基中添加一定浓度的NaCl来制备选择性培养基，两种培养基上菌落数量的差值即亚致死细胞[99]。

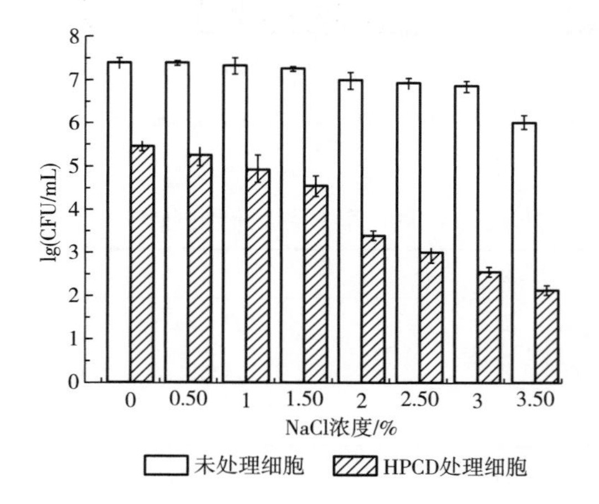

图4-5 未处理和5MPa、45℃、20min处理的*E. coli* 在不同含盐量的TSA中的生长情况

（二）*E. coli* 亚致死细胞对温度的敏感性

将未处理活细胞和经HPCD（5MPa、45℃、20min）处理后的*E. coli*细胞在

4℃或45℃下孵育，进行细胞温度敏感性研究，结果如图4-6所示。未处理*E. coli*细胞在4℃下孵育5h 或在45℃孵育40min，菌落数量均未发生显著变化，说明未处理*E. coli*细胞对这两个温度均具有耐受性。HPCD处理后的*E. coli*细胞在4℃下孵育5h，菌落数量未发生显著变化，而在45℃孵育时菌落数量随着时间延长而显著降低。HPCD处理后细胞在45℃下孵育5min时菌落数量下降0.76个对数值，当延至40min时菌落数量下降1.75个对数值。这些结果表明，*E. coli*亚致死细胞对4℃耐受性未发生显著改变，而对45℃耐受性显著降低。亚致死细胞的膜结构发生了一定损伤，细胞膜透性增加，而较高环境温度会影响膜的自我修复能力和加速亚致死细胞内溶物的渗出，从而引起亚致死细胞的死亡。

图4-6　未处理细胞和HPCD（5MPa、45℃、20min）处理细胞对温度的敏感性

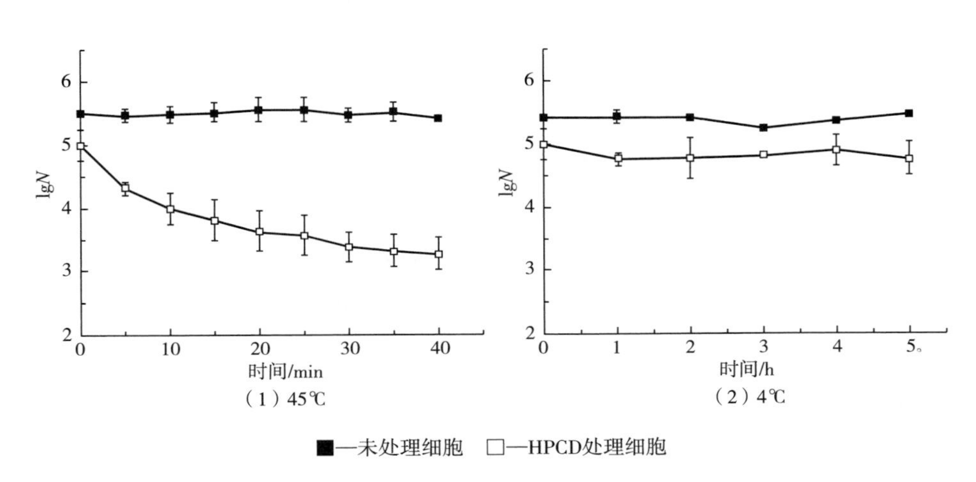

（三）*E. coli* 亚致死细胞对 nisin 的敏感性

nisin对革兰阳性菌（G^+）的抑菌效果显著，而对革兰阴性菌（G^-）没有抑菌效果，这是由于G^-拥有外膜结构，阻碍了nisin对原生质膜的作用，只有当G^-的外膜结构受到破坏时，nisin才能顺利进入细胞并产生杀灭作用[100]。将200μL 20000IU/mL nisin加入*E. coli*菌液中，并进行5MPa、25℃、40~60min处理（HPCD + nisin），发现两者对*E. coli*有增强杀灭效果（图4-7）。由于HPCD会破坏*E. coli*外膜，有利于nisin作用于原生质膜，进而HPCD和nisin可以共同作用，导致细胞死亡，起到协同杀灭效果[101]。将200μL nisin 加入HPCD处理过的*E. coli*菌液中（HPCD → nisin），并在室温下孵育5min，菌落数量发生了显著下降，说明HPCD处理后的菌液中亚致死细胞对nisin的作用是敏感的（图4-7）。HPCD+nisin 导致0.7~2.47个对数值的亚致死细胞死亡，而HPCD → nisin导致0.25~1.0个对数值的亚致死细胞死亡，因为两种处理中nisin作用时间不同，HP-CD+nisin处理时，nisin作用时间为40~60min，而HPCD→nisin处理时nisin作用

时间仅为5min。HPCD诱导的亚致死细胞对nisin敏感性的增加为二者结合使用产生栅栏效果提供了可能性，而HPCD和nisin两者同时处理是更加省时和高效控制亚致死细胞的方式。

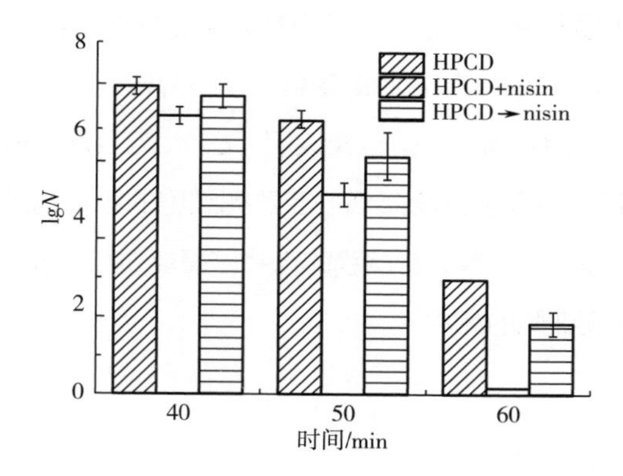

图4-7 HPCD（5MPa、25℃）与nisin共同作用对PBS中*E. coli*的杀灭效果

（四）*E. coli* 亚致死细胞对酸的敏感性

将未处理和经HPCD（5MPa、45℃、20min）处理后的*E. coli*菌液离心后用生理盐水重悬，向菌液中加入200 μL 0.02mol/L的柠檬酸、苹果酸、酒石酸、草酸、乳酸、醋酸、盐酸。生理盐水的初始pH为5.60，加入200 μL 0.02mol/L的酸后，其pH变化如图4-8所示。加入酸后，生理盐水的pH发生了显著下降，加入柠檬酸或酒石酸后pH最低（3.61），加入醋酸后pH最高（4.26）。

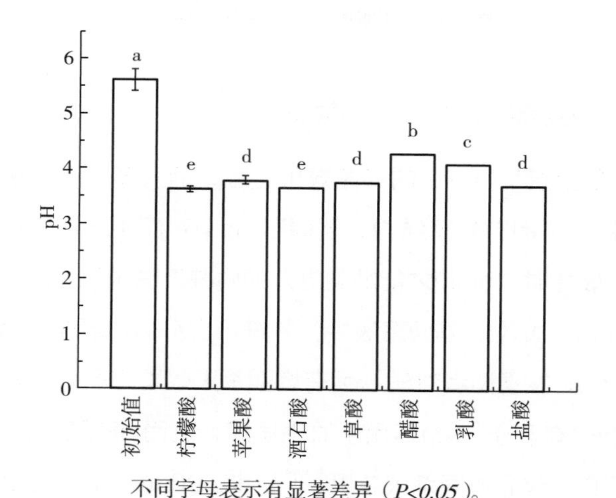

不同字母表示有显著差异（$P<0.05$）。

图4-8 生理盐水体系中添加不同酸后的pH

未处理和经HPCD处理的*E. coli*细胞中加入7种不同酸后，在37℃下孵育5min，菌落数量如图4-9所示。未处理*E. coli*细胞对草酸较为敏感，菌落数量下降0.74个对数值，而柠檬酸等其他六种酸处理后菌落数未发生显著变化。这些结果说明，未处理活细胞对pH的耐受性较强，且对不同酸的敏感性与酸所引起的pH下降并无对应关系。HPCD处理后，7种酸均显著降低了*E. coli*菌落数量，其中HCl降低的菌落数量最小，为0.74个对数值，草酸降低的菌落数量最大，为1.53个对数值。这些结果表明，与未处理细胞相比，亚致死*E. coli*细胞对7种酸的敏感性均增大。

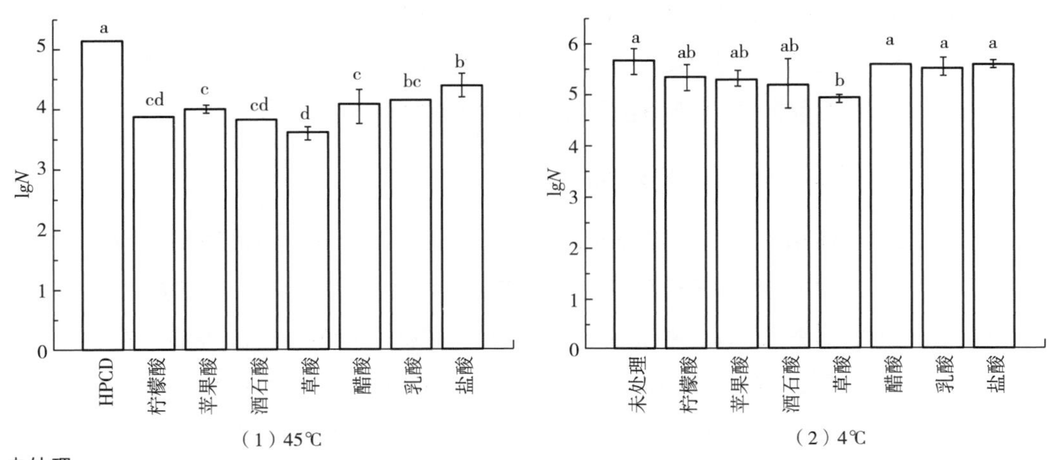

图4-9　未处理细胞和HPCD（5MPa、45℃、20min）处理细胞对不同酸的敏感性

不同字母表示有显著差异。

因此，HPCD诱导的*E. coli*亚致死细胞对酸的敏感性顺序从小到大依次为：HCl＜乳酸＜醋酸＜苹果酸＜柠檬酸、酒石酸＜草酸。酸的种类、pH降低作用以及酸的螯合性对亚致死细胞的酸敏感性均有一定影响。7种酸均能引起细胞外环境pH的下降，这可能是亚致死细胞对7种酸敏感性均增强的原因。正常细胞对外环境的pH耐受性较强，但亚致死细胞由于膜受到损伤，外环境的质子进入细胞，可能引起细胞内环境改变，从而引起细胞死亡。此外，亚致死细胞对HCl的敏感性低于其他六种酸，这可能与不同酸的解离状态有关，HCl为无机强酸，在生理盐水中处于完全解离状态，而其他六种酸均为有机酸，在生理盐水中只能部分解离，极性较低的未解离酸或部分解离的酸根可以穿透原生质膜，进入细胞内环境，并解离成阴离子和质子[102]。完整的细胞膜可以通过质子泵将质子排出胞外，并维持细胞内环境的pH[103]，因而对有机酸有较强耐受性，而亚致死细胞的质子泵系统可能受到一定损伤，因而对有机酸的敏感性增强。亚致死细胞对不同有机酸的耐受性不同与该酸的解离程度有关，乳酸和醋酸是一元弱酸，草酸、酒石酸和苹果酸是二元酸，柠檬酸是三元酸，与一元酸相比多元酸能发生多级解离，部分解离的多元酸进入细胞可以继续发生解离，因此多元酸比一元酸对亚致死细胞的伤害大。最后，酸的螯合性也可能影响亚致死细胞的酸敏感性[104]。研究发现，未处理细胞和亚致死细胞均对草酸敏感，这可能与草酸对金属离子的螯合性最强有关，草酸可与外膜上的Ca^{2+}、Mg^{2+}等结合，影响脂多糖之间的连接，从而削弱外膜对细胞的保护作用，使得细胞对环境敏感性增强[104]。因此，亚致死细胞对有机酸的敏感性不同可能是pH下降作用和金属螯合能力的共同影响。

三、*E. coli* 亚致死细胞复苏过程

亚致死细胞在环境适宜时，发生复苏，恢复成正常细胞，引起食品的腐败变质，甚至导致食品安全问题。因此，对HPCD诱导的亚致死细胞复苏过程进行系统研究，找出影响复苏的关键因素十分必要。下面对环境温度、pH、复苏体系、代谢抑制物和金属离子对HPCD引起的亚致死细胞复苏过程的影响进行介绍[86，105]。

（一）*E. coli* 亚致死细胞在 TSB 中的复苏

将HPCD（5MPa、37℃、30min和5MPa、45℃、20min）处理后的*E. coli*在TSB（pH 7.0）中重悬，并于37℃下液体培养5h。如图4-10所示，开始培养时，两个HPCD条件处理的*E. coli*细胞亚致死率分别为100.00%和99.86%。因此，在处理后的菌液中只有少于0.3%的细胞是完整细胞，这些细胞可以在选择性培养基上生长。由图4-10可知，完整细胞在TSB中进行培养时，快速开始分裂繁殖，呈现线性增长趋势，而亚致死细胞在TSB中的生长情况可以分为复苏和繁殖阶段：培养1h后分别有1.37和2.53个对数值的亚致死细胞完成损伤修复并恢复在选择性培养基上生长的能力；分别经过3h［图4-10（1）］和2h［图4-10（2）］培养后，在两种培养基上的菌落数量达到相同，表明所有亚致死细胞完成复苏。Sirisee、Hsieh & Huff（1998）也发现HPCD处理后的亚致死*S. cerevisiae*细胞在37℃下在TSB中孵育约2h后，亚致死细胞开始复苏[84]。结果表明，HPCD诱导的亚致死细胞可在TSB中培养时复苏。

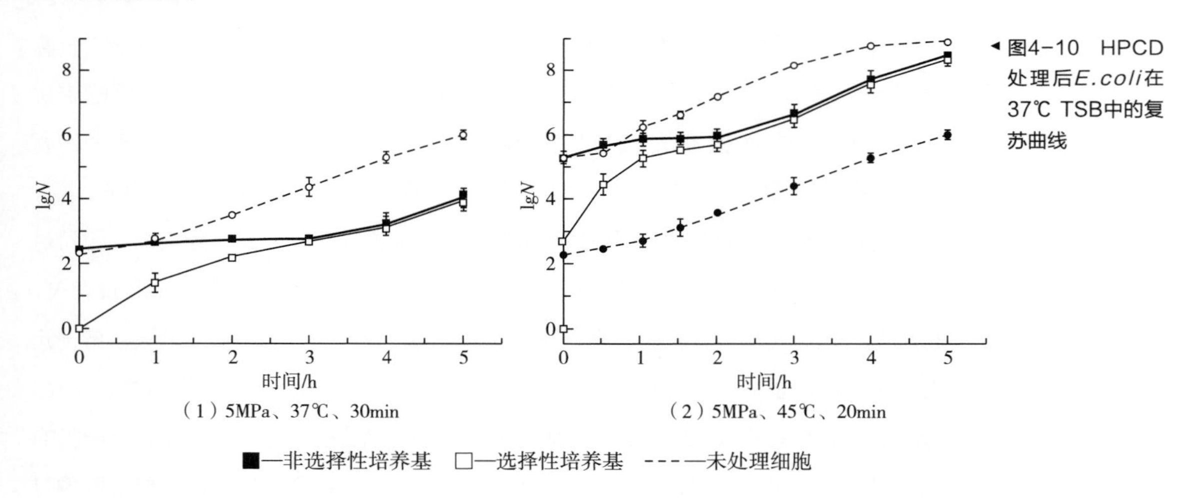

图4-10 HPCD处理后*E.coli*在37℃ TSB中的复苏曲线

（二）*E. coli* 亚致死细胞在不同体系中的复苏

采用PBS（pH 7.0）、0.1%蛋白胨水（pH 7.0）、TSB（pH 7.0）和胡萝

卜汁（pH6.8）作为复苏基质，分析HPCD（5MPa、45℃、20min）处理后*E. coli*细胞在不同基质体系中的复苏情况。如图4-11所示，开始复苏时，HPCD处理后的细胞在非选择培养基和选择性培养基上生长的菌落数分别为5.40和2.21个对数值。复苏1h后，在PBS、0.1%蛋白胨水、TSB和胡萝卜汁中分别有0.60、1.37、2.53和1.80个对数值的亚致死细胞完成了修复。复苏2h后，在0.1%蛋白胨水、TSB和胡萝卜汁中培养的菌在非选择性培养基和选择性培养基上的菌落数基本达到相同，说明所有亚致死细胞完成了修复过程。但是，在PBS中即使复苏时间长达5h，亚致死细胞也没有彻底完成复苏，如图4-11（1）所示。因此，HPCD处理后的细胞在不同生长基质中的复苏速度不同，顺序为：TSB>胡萝卜汁>0.1%蛋白胨水>PBS，表明亚致死细胞的复苏需要营养丰富的基质。

图4-11　HPCD处理后（5MPa、45℃、20min）*E.coli*在37℃的不同体系中的复苏曲线

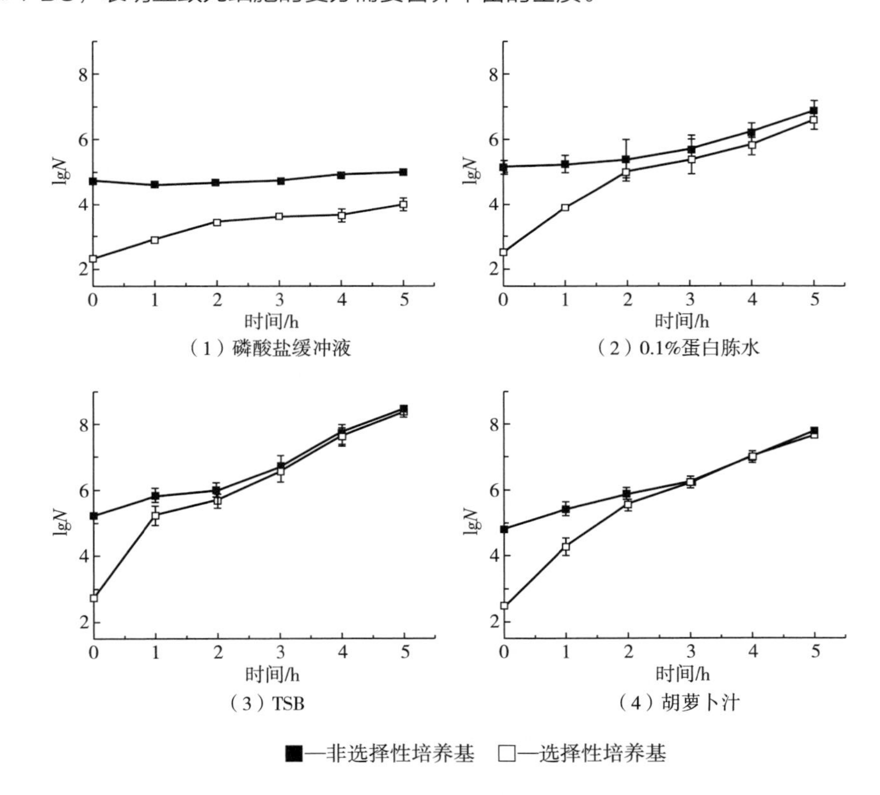

（三）pH 对亚致死 *E. coli* 细胞复苏的影响

将HPCD（5MPa、45℃、20min）处理后的*E. coli*用pH 3.0~7.0的TSB重悬，并于37℃下复苏2h，分析pH对复苏过程的影响。如图4-12所示，开始复苏时，HPCD处理后的细胞在非选择培养基和选择性培养基上生长的菌落数分别为5.17和2.30个对数值。HPCD处理后的*E. coli*在不同pH的TSB中复苏曲线具有显著差异，亚致死细胞在pH为3和4的TSB基质中均未能复苏。在pH为3的TSB中复苏时，非选

择性培养基和选择性培养基上的菌落数均随着复苏时间发生了明显下降，复苏2h后两种培养基上的菌落数分别为1.01和0个对数值，说明正常细胞和亚致死细胞均不能耐受该pH；在pH4的TSB中复苏时，非选择性培养基上的菌落数在最初的0.5h发生了明显下降，之后随着复苏时间未发生变化，而选择性培养基上的菌落数一直未随着复苏时间发生改变，复苏2h后两种培养基上的菌落数分别为4.30 和2.60个对数值，说明部分亚致死细胞无法耐受该pH而发生死亡现象。在pH5、pH6和pH7时，亚致死细胞均发生了复苏，且在pH6和pH7的TSB基质中复苏速度大于pH5的TSB基质。这些结果表明，HPCD诱导的*E. coli*亚致死细胞在pH低于4的酸性条件下无法复苏，而在pH5~7的条件下可以复苏。

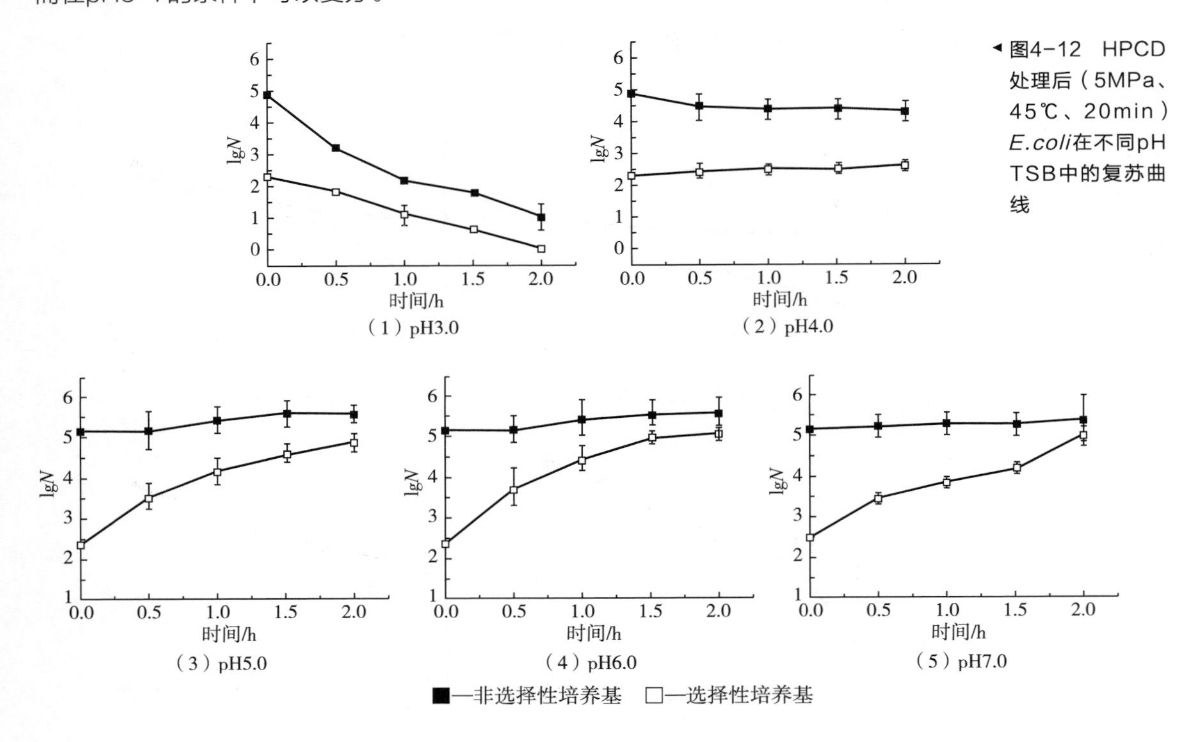

图4-12　HPCD处理后（5MPa、45℃、20min）*E.coli*在不同pH TSB中的复苏曲线

（四）温度对 *E. coli* 亚致死细胞复苏的影响

将HPCD（5MPa、45℃、20min）处理后的*E .coli*用TSB（pH 7.0）重悬，并在4、25、37℃下复苏5h。如图4-13所示，亚致死细胞在三个温度下均发生了复苏现象，且复苏的速度随着温度升高而加快。在4、25和37℃下完成完全复苏的时间分别为4h、3h和2h。复苏速度随着温度升高而加快的现象可能是由于参与复苏过程的酶活性大小与温度有关导致的。完成复苏后，*E .coli*在25和37℃下进行快速分裂繁殖，而在4℃下生长被抑制。结果表明，相比于正常细胞的分裂繁殖，亚致死细胞的复苏过程仅需要较低的代谢强度即可完成。

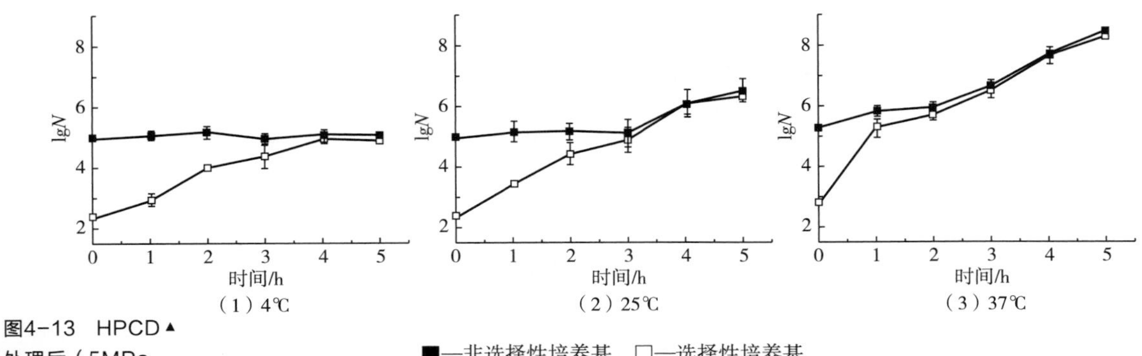

图4-13　HPCD处理后（5MPa、45℃、20min）*E.coli*在TSB中不同温度下的复苏曲线

（五）代谢抑制物对*E. coli*亚致死细胞复苏的影响

将叠氮化钠、氯霉素、利福平、青霉素和浅蓝菌素等代谢抑制物加入TSB（pH 7.0）中，分析HPCD（5MPa、45℃、20min）处理后*E. coli*细胞在含有抑制物的TSB基质中的复苏情况。开始复苏时，HPCD处理后的细胞在非选择培养基和选择性培养基上生长的菌落数分别为5.12和2.44个对数值。亚致死细胞的复苏被叠氮化钠和氯霉素完全抑制，如图4-14（1）和（2）所示，说明该复苏过程需要能量和蛋白质合成。在含有利福平的TSB基质中，亚致死细胞完成复苏的时间由2h延长至3h，说明复苏过程也需要一定的RNA合成，如图4-14（3）所示。青霉素和浅蓝菌

图4-14　代谢抑制剂对HPCD处理（5MPa、45℃、20min）*E.coli*在37℃ TSB中复苏的影响

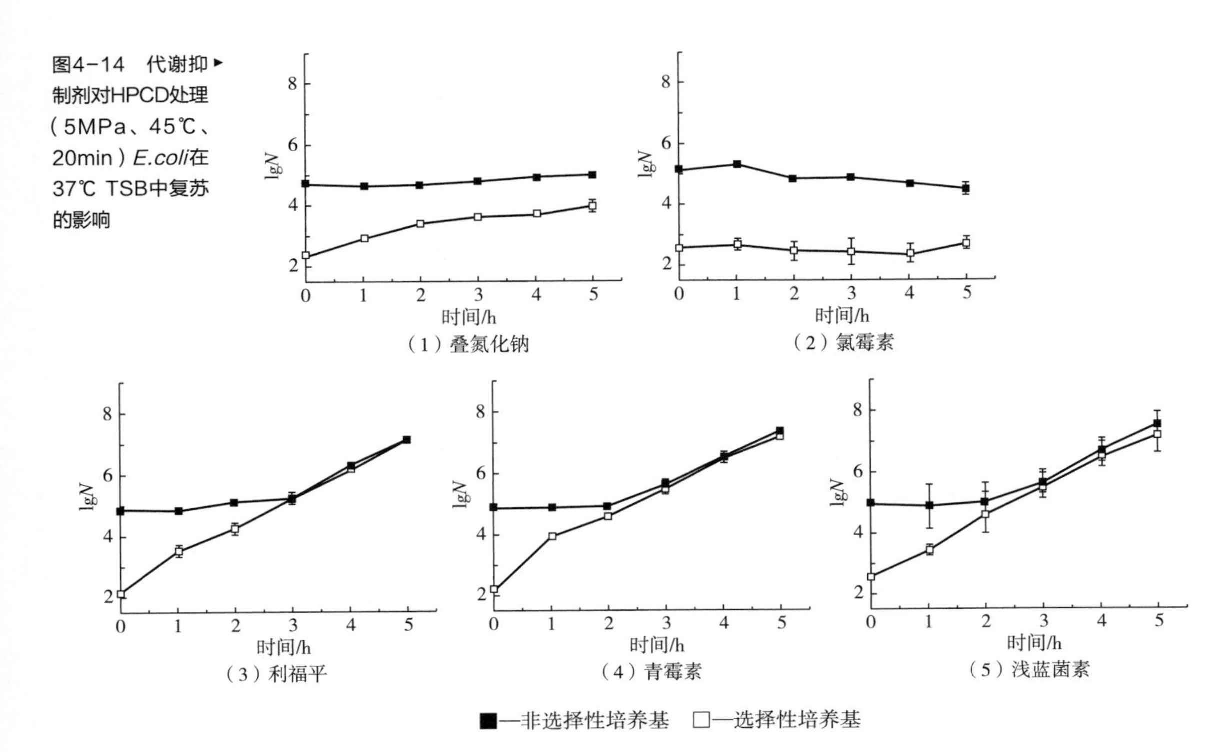

素对复苏过程没有影响，如图4-14（4）和（5）所示，说明复苏过程与肽聚糖及脂质合成代谢无关。结果表明，亚致死细胞修复过程需要能量合成、蛋白质合成和RNA合成。

有小部分*E. coli*亚致死细胞在含有叠氮化钠的TSB基质中也完成了复苏（图4-14（1））。原因可能有：①叠氮化钠并不能完全抑制细胞中的所有能量合成。叠氮化钠可以抑制细胞色素C氧化酶的活性[106]。细胞色素C氧化酶是细菌电子呼吸传递链中最后一个酶，可以帮助建立跨膜电势差，从而使得ATP合成酶合成ATP[107]。因此，叠氮化钠只能抑制氧化磷酸化过程合成ATP，而不能抑制糖酵解过程合成ATP。亚致死细胞可能利用了糖酵解过程产生的少量ATP完成了复苏。②HPCD诱导的亚致死细胞可能具有异质性，其中一些损伤程度较轻的细胞可自发完成修复，该过程不需要消耗能量。

（六）金属离子对*E. coli*亚致死细胞复苏的影响

采用TSB、脱离子TSB、脱离子TSB+$MgCl_2$和脱离子TSB+$CaCl_2$作为复苏基质，分析HPCD（5MPa、45℃、20min）处理后*E. coli*细胞的复苏情况。如图4-15所示，开始复苏时，HPCD处理后的细胞在非选择性培养基和选择性培养基上生长的菌落数分别为5.21和2.50个对数值。在TSB和脱离子TSB+$MgCl_2$基质中复苏2h，非选择性培养基上生长的菌落数未发生改变，然而在脱离子TSB和脱离子TS-B+$CaCl_2$中培养0.5h后，非选择性培养基上生长的菌落数分别降低了1.44和0.99个对数值，表明部分亚致死细胞在这两种复苏基质中死亡。亚致死细胞在TSB、脱离子TSB+$MgCl_2$和脱离子TSB+$CaCl_2$这三种基质中均能在2h完成复苏，但在脱离子TSB基质中复苏速度较慢，2h内没有完成完全复苏。这些结果表明，大部分亚致死细胞的修复需要Mg^{2+}或者Ca^{2+}，只有小部分亚致死细胞的修复不需要这两种离子。

HPCD诱导的亚致死细胞的复苏需要Mg^{2+}这一结果与复苏过程需要能量合成的结果相一致。Mg^{2+}是细胞中多种酶催化作用所必需的，如利用和合成ATP的酶类，并且ATP在细胞中一般也以ATP-Mg复合物的形式存在[108]。虽然Ca^{2+}对于亚致死损伤修复的作用未见报道，但是Ca^{2+}对于人体细胞和植物细胞的膜修复机制被广泛报道[109, 110]。在人体细胞和植物细胞的损伤修复过程中，膜受损导致外源Ca^{2+}进入胞内，激活膜上的一些蛋白质，并引发修复反应[109, 110]。虽然真核细胞和原核细胞的结构差异大，然而二者的膜结构却有一定的相似性，因此Ca^{2+}在原核细胞膜修复过程中可能起着类似的作用。

图4-15　Ca^{2+}、Mg^{2+}对HPCD处理（5MPa、45℃、20min）*E.coli*在TSB中复苏的影响

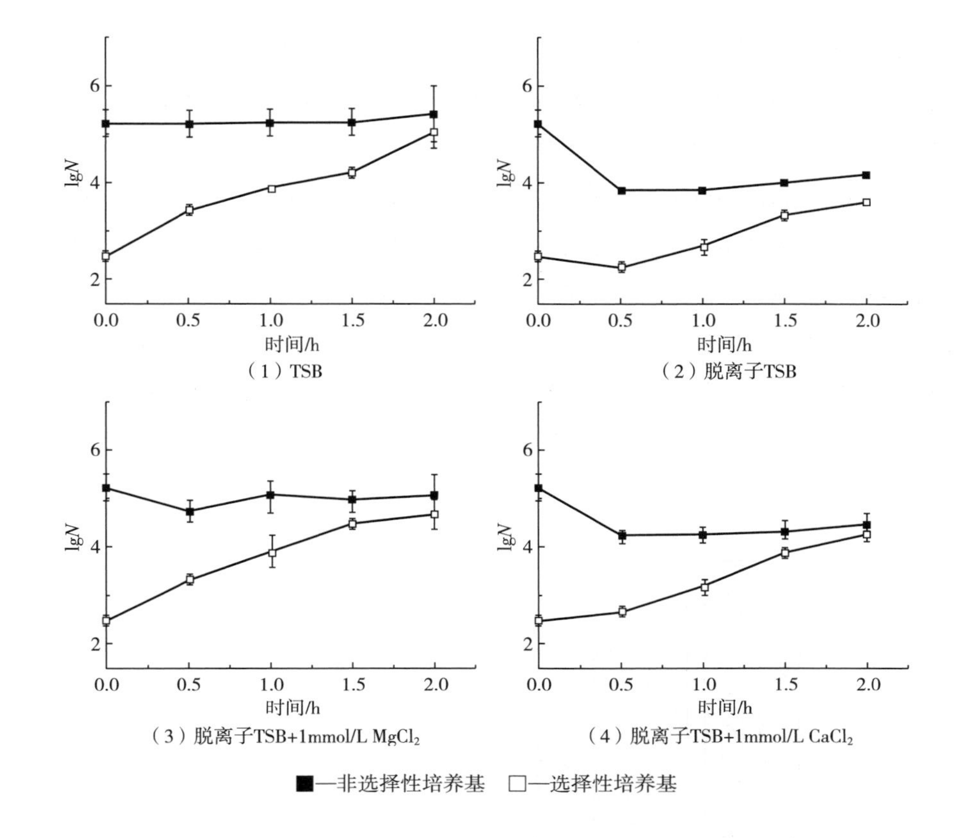

四、HPCD诱导亚致死细胞形成的机制

基于蛋白质组学方法，对未处理菌液（活细胞对照，CK_L）、HPCD（5MPa、37℃、15min）处理菌液（亚致死细胞组，SICs）、5MPa、37℃、40min处理菌液（死细胞对照，CK_D）进行全蛋白提取、酶解、iTRAQ标记、定性定量分析，将差异倍数在1.5倍以上且经统计检验其p值小于0.05的蛋白质定义为差异表达蛋白；最后对差异表达蛋白进行GO分类和COG功能分析。

（一）蛋白质鉴定

对CK_L、SICs、CK_D进行蛋白质相对定量分析，共得到二级谱图342832张，通过Mascot软件进行分析后，匹配到的谱图数量是62602张，其中Unique谱图数量为60678张，17322个肽段，其中含17060个唯一性肽段（unique peptides）。通过对肽段进行蛋白质组装、分组、数据库搜索分析，最终得到鉴定蛋白质2446个。大部分蛋白质分子质量为10~60ku，如图4-16（1）所示。

对鉴定到的蛋白质进行GO分析，结果如图4-16（2）所示。按照参与的生物过

程，382个鉴定到的蛋白质可被分为16个功能分类，最主要的五个功能分类为：代谢过程（metabolic process，36.65%）、细胞过程（cellular process，27.49%）、生物调节（biological regulation，6.81%）、生物过程的调控（regulation of biological process，6.81%）、单一生物过程（single-organism process，6.28%）；按照所处的细胞位置，102个蛋白质可以被分为细胞、细胞组分、大分子复合体、膜、膜组分、包膜腔、细胞器、细胞器组分8个类别，其中细胞（31.37%）、细胞组分（31.37%）、细胞器（10.78%）及大分子复合物（9.80%）是主要分布类别；按照分子功能，280个蛋白质可以被分为抗氧化活性、结合、催化活性、分子转导活性、结构分子活性和转运活性6个类别，其中催化活性（69.29%）和结合能力

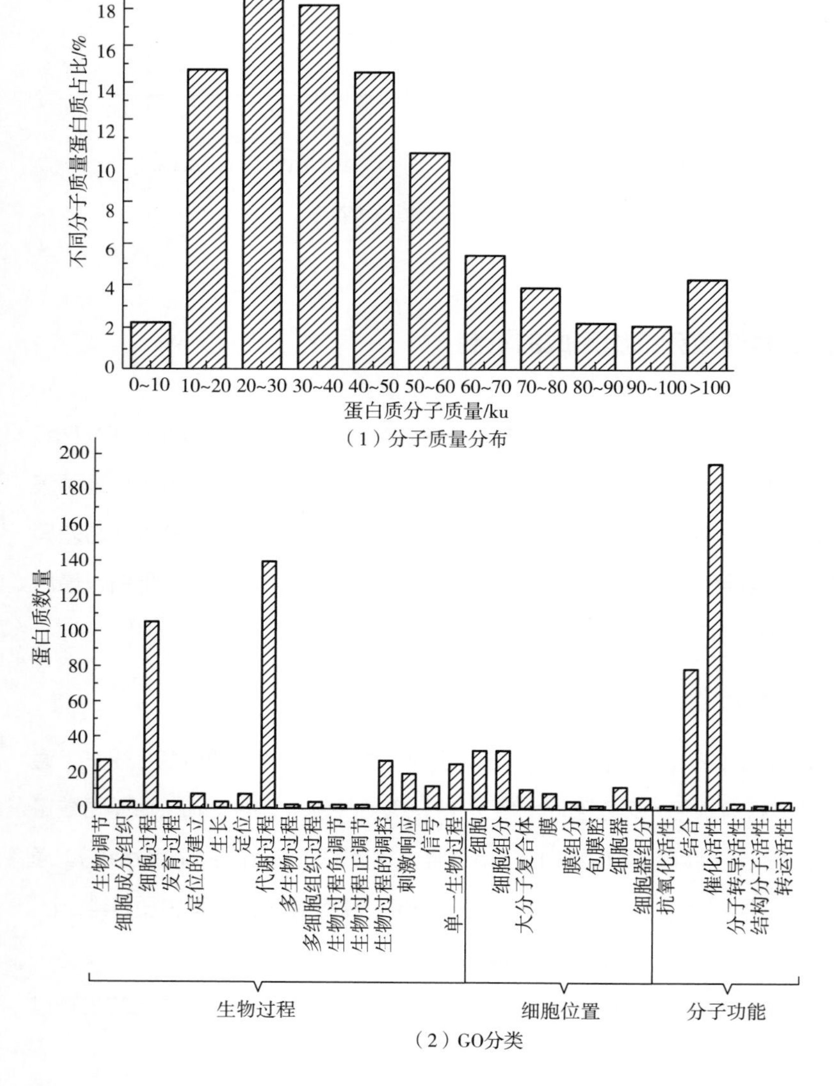

图4-16 活细胞、亚致死细胞、死细胞蛋白质鉴定结果

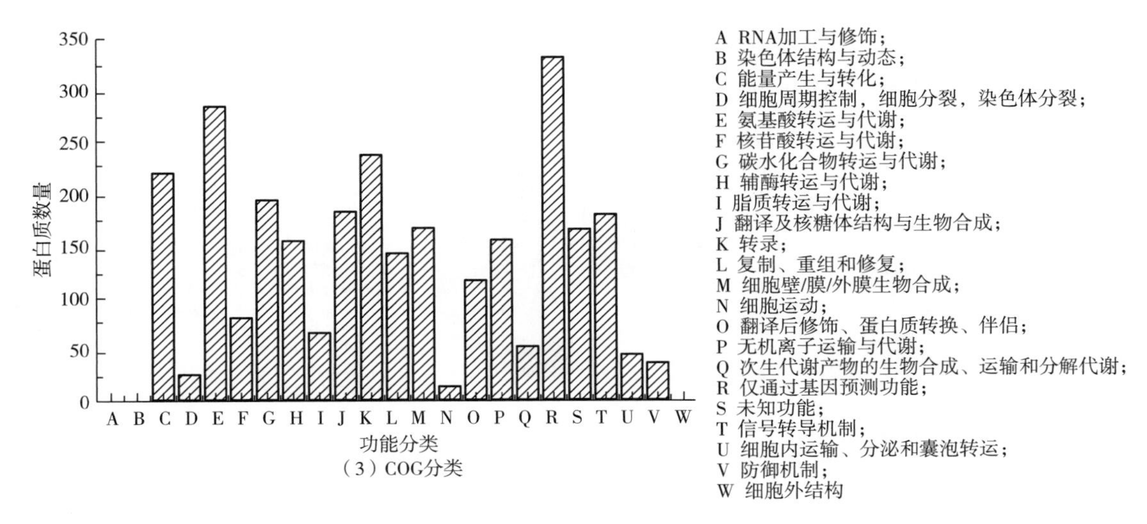

（3）COG分类

（28.21%）为最主要的功能。

对鉴定到的蛋白质进行COG分析，可以分为23个COG类别，如图4-16（3）所示，其中含量最多的10个类别为：仅通过基因预测功能（R，11.57%），氨基酸转运与代谢（E，9.93%），转录（K，8.30%），能量产生与转化（C，7.71%），碳水化合物转运与代谢（G，6.77%），翻译及核糖体结构与生物合成（J，6.39%），信号转导机制（T，6.29%），细胞壁/膜/外膜生物合成（M，5.80%），未知功能（S，5.80%），无机离子运输与代谢（P，5.42%）。

（二）差异表达蛋白功能分类

进一步采用ProteinPilot 3分析软件对鉴定到的所有蛋白质进行表达量计算，从而得到三组不同状态细胞之间的所有差异表达蛋白，将差异倍数在1.5倍以上且经统计检验p<0.05的蛋白质定义为差异表达蛋白（表达量在1.5倍以上为上调表达，0.67倍以下为下调表达）。经统计，共得到122个差异表达蛋白（表4-6）。亚致死细胞相对于活细胞的差异表达蛋白共93个［图4-17（1）］，其中上调表达蛋白28个、下调表达蛋白65个［图4-18（1）］；这些蛋白质的功能可以被分为13个类别，主要的功能类别包括碳水化合物转运与代谢（25.81%）、氨基酸转运与代谢（16.13%）、转录与翻译（15.05%）、辅酶转运与代谢（6.45%）、DNA复制与修复（5.38%）、细胞膜合成与转运（5.38%），如图4-17（2）所示。亚致死细胞相对于死细胞的差异表达蛋白共29个，如图4-17（1）所示，其中上调表达蛋白17个、下调表达蛋白12个，如图4-18（2）所示；这些蛋白质的功能可以被分为10个类别，主要的功能类别包括碳水化合物转运与代谢（27.58%）、氨基酸转运与代谢（17.24%）、转录与翻译（13.79%）、脂质转运与代谢（10.34%），如图4-17（3）所示。在三组细胞的差异蛋白中，有21个共同的差异蛋白，如图4-17（1）所示，这些蛋白质的功能可

以被分为8个类别，主要的功能类别包括碳水化合物转运与代谢（33.33%）、脂质转运与代谢（14.28%）和转录与翻译（19.05%），如图4-17（4）所示。

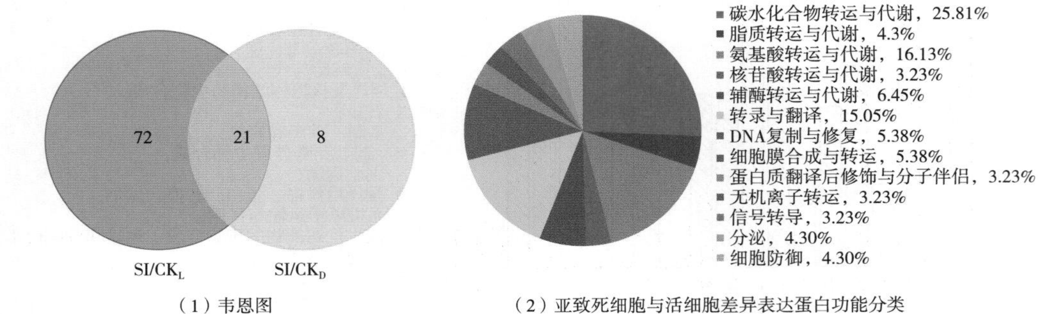

（1）韦恩图　（2）亚致死细胞与活细胞差异表达蛋白功能分类

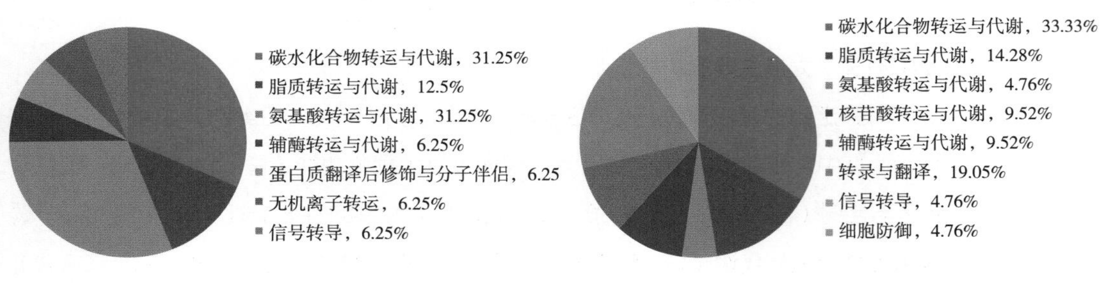

（3）亚致死细胞与死细胞差异表达蛋白功能分类　（4）共同差异蛋白质

SICs—亚致死细胞　CK_L—活细胞　CK_D—死细胞

▲图4-17　活细胞、亚致死细胞、死细胞差异表达蛋白韦恩图和功能分类

（三）差异表达蛋白功能分析

1. 碳水化合物、脂质、氨基酸转运与代谢相关的差异表达蛋白

与活细胞相比，亚致死细胞中参与糖酵解、三羧酸循环、乙醛酸循环、厌氧呼吸、二糖代谢相关的蛋白质表达下调（表4-6），表明亚致死细胞的碳水化合物代谢被抑制。然而，亚致死细胞中参与碳水化合物转运以及ATP合成的蛋白质，包括磷酸烯醇式丙酮酸-碳水化合物磷酸转移酶（PTS）、ATP合成酶c亚基、ATP合成酶epsilon亚基均表达上调。PTS系统是细菌中主要的碳水化合物吸收系统，该系统通过利用磷酸烯醇式丙酮酸（PEP）而对20多种“PTS碳水化合物”进行吸收转运及磷酸化[111]。PTS上调表达可能增强亚致死细胞的碳水化合物吸收能力，表明亚致死细胞主动积极地向胞内积累碳水化合物，而这部分碳水化合物可能在HPCD逆境下起到保护细胞的作用。ATP合成酶利用跨膜电子梯度，将ADP转化为ATP[112]。亚致死细胞中ATP合成酶的表达上调可能是HPCD处理过程中环境pH下降导致细胞膜内外形成氢离子浓度梯度造成的，ATP合成酶利用氢离子浓度梯度合成ATP，并

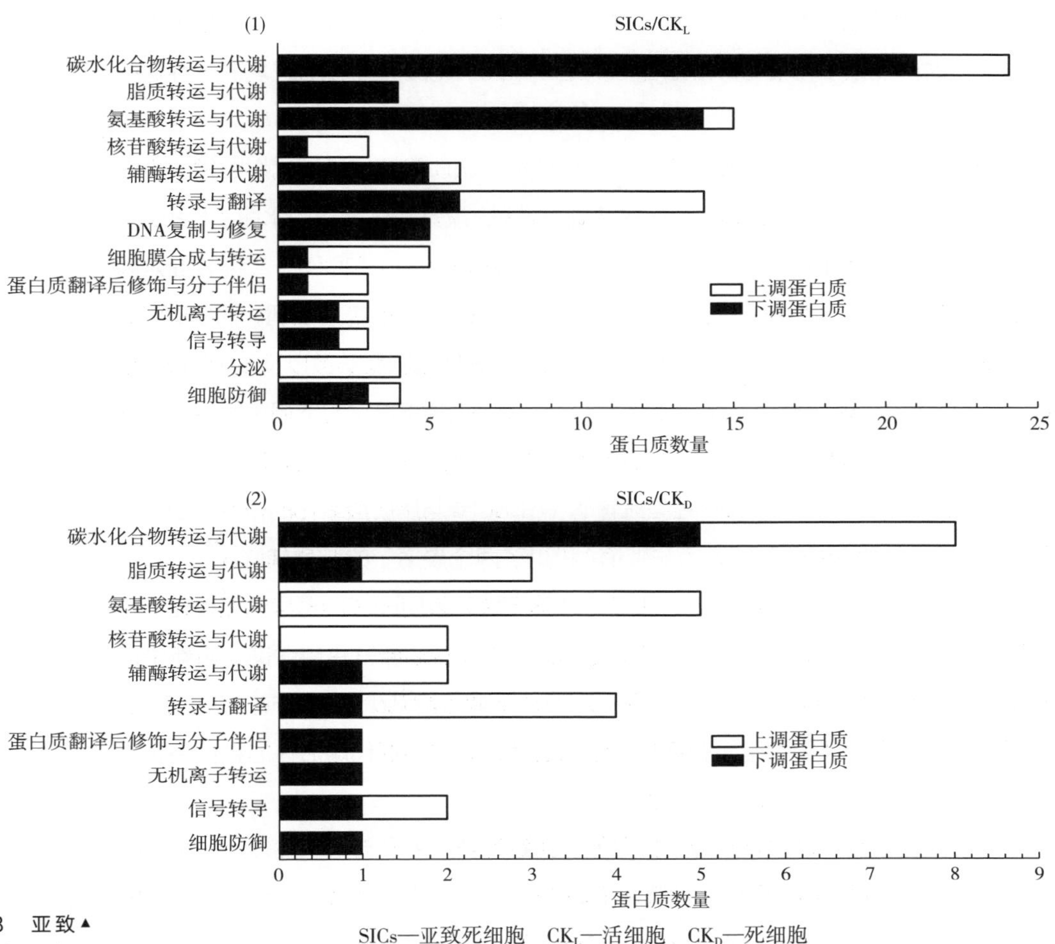

图4-18 亚致▲死细胞与活细胞（1）和死细胞（2）相比差异蛋白表达情况

将细胞膜外的氢离子放入胞内，一定程度上对细胞内外氢离子浓度进行了平衡[107]。亚致死细胞中ATP合成酶的表达上调在一定程度上可以缓解HPCD逆境引起的氢离子梯度，对细胞起到保护作用。

与死细胞相比，亚致死细胞中有5个参与碳水化合物代谢的蛋白质表达下调（表4-6）。这些蛋白质的表达下调表明细胞在进入亚致死状态的过程中碳水化合物代谢能力整体下降，主动下调代谢能力的行为降低了细胞活跃性，避免处于高速代谢中的细胞受到不利环境伤害，可以看作细胞对于HPCD逆境刺激的防御响应。亚致死细胞中异柠檬酸裂解酶（ICL）和PTS表达上调。ICL可以催化异柠檬酸裂解生成琥珀酸和乙醛酸，该反应是乙醛酸循环中重要的一步，并且琥珀酸可通过TCA循环生成草酰乙酸[113]。草酰乙酸可在磷酸烯醇丙酮酸羧激酶催化下脱羧生成磷酸烯醇式丙酮酸（PEP），逆糖酵解途径生成葡萄糖[114]。亚致死细胞中ICL的表达上调可能会增强其糖异生作用，从而增加细胞内的葡萄糖含量。此外，PTS表达上调也可能增加细胞内的糖含量。糖类在细胞中是一种有效的保护物质，这也可能是亚致死细胞在

HPCD处理中存活的原因之一。这些结果表明，细胞在进入亚致死状态过程中积累糖分、同时降低碳水化合物降解活性可能是亚致死细胞应对HPCD逆境的一种保护策略。

与活细胞相比，亚致死细胞中参与脂质合成、脂质降解、磷脂代谢的相关蛋白质表达下调（表4-6），具体包括3-羟基肉豆蔻酰-酰基载体蛋白脱水酶（FabZ）、β-酮脂酰辅酶A硫解酶（FadI）、烯酰CoA水合酶（FadJ）和CDP-二酰甘油焦磷酸酶（CDAGP）。与死细胞相比，亚致死细胞中FadJ和FadI表达上调，而CDAGP表达下调。FabZ能有效催化短链β-羟酰-ACP和长链饱和脂肪酸以及不饱和β-羟酰-ACP降解生成解离的Ⅱ型脂肪酸[115]，亚致死细胞中FabZ的下调表明亚致死细胞的脂肪酸合成可能受到抑制。FadJ和FadI均参与脂肪酸的β氧化，FadJ催化α，β-烯脂肪酰辅酶A加水生成β-羟脂酰辅酶A，FadI参与脂肪酸氧化的最后一步，即将β-酮脂酰辅酶A催化裂解为乙酰辅酶A和少了两个碳原子的脂酰辅酶A[116]。与活细胞相比，FadJ和FadI在亚致死细胞中表达下调，表明HPCD诱导的亚致死细胞中脂肪酸降解活性降低。CDAGP可催化CDP-二酰甘油断开焦磷酸键，重新生成磷脂酸，进入脂肪合成途径[117]。CDAGP表达下调可能减少磷脂合成。综上所述，HPCD诱导的亚致死细胞脂质转运和代谢活性降低，这种低代谢活性的类休眠状态可能会提高细胞在HPCD逆境下的存活率。

与活细胞相比，除组氨酸转运蛋白外，亚致死细胞中参与氨基酸转运、氨基酸合成和氨基酸降解的相关蛋白质均表达下调（表4-6），表明HPCD诱导的亚致死细胞氨基酸转运与代谢活性下降。然而，与死细胞相比，亚致死细胞中组氨酸转运蛋白、精氨酸转运蛋白、胱氨酸转运蛋白、谷氨酰胺转运蛋白、甘氨酸/甜菜碱转运蛋白均表达上调（表4-6）。ATP结合型转运系统（ATP binding cassette transporter, ABC转运蛋白）是细菌细胞膜上的一大类具有ATP酶活性的运输蛋白，负责很多细胞必需营养物质的跨膜运输，如氨基酸、糖分和必需矿物元素[118]。亚致死细胞中ABC转运蛋白的表达上调可能会导致细胞往胞内运输更多的氨基酸，氨基酸是有效的细胞保护剂，同时也是细胞修复与合成的重要原料，氨基酸转运能力的增强可能也是亚致死细胞存活的原因之一。

2. 核苷酸、辅酶转运和代谢相关的差异表达蛋白

与活细胞和死细胞相比，亚致死细胞中腺嘌呤磷酸核糖转移酶（APT）和5′核苷酸酶表达上调（表4-6）。APT可以催化游离的腺嘌呤碱基和5-磷酸核糖焦磷酸合成腺苷一磷酸（AMP），相比于重头合成，这一反应仅需消耗少量的能量和中间产物[119]。亚致死细胞中APT上调表达可以通过这种节省的代谢方式为细胞提供AMP。与活细胞相比，亚致死细胞中二氢嘧啶脱氢酶（PRE）表达下调（表4-6），

PRE参与碱基分解代谢，将尿嘧啶和胸腺嘧啶催化生成二氢尿嘧啶和二氢胸腺嘧啶[120]。PRE的表达下调可能减少亚致死细胞中的碱基分解，这与亚致死细胞在逆境条件下的低活跃度状态相一致。

与活细胞相比，亚致死细胞中参与钼蝶呤鸟嘌呤二核苷酸（Mo-MGD）辅因子合成、与叶酸合成和生物素合成相关的蛋白质表达下调（表4-6），钼蝶呤鸟嘌呤二核苷酸合成蛋白（MobA）催化钼蝶呤鸟嘌呤二核苷酸辅因子的合成，钼蝶呤在MobA催化下接受GTP的GMP基团，生成Mo-MGD辅因子和焦磷酸[121]。MobB不是Mo-MGD辅因子合成中必需的，但被认为可以提高辅因子合成效率并使辅因子更好地发挥效果[122]。相比于活细胞，MobA和MobB在亚致死细胞中表达下调可能会减少GTP向GMP的转化，从而减少能量释放，这与亚致死细胞中能量代谢需求降低相一致。与活细胞相比，亚致死细胞中7，8-二氨基壬酸经脱硫生物素合成酶（BioD）表达下调，但与死细胞相比，亚致死细胞中BioD表达上调（表4-6）。BioD催化7，8-二氨基壬酸合成脱硫生物素，进一步在生物素合成酶催化下接受腺苷甲硫氨酸的硫，合成生物素[123]。亚致死细胞中BioD的表达下调可能导致生物素合成减弱，而生物素是羧化酶的重要辅因子，其合成减弱可能会影响糖类、脂肪和蛋白质代谢，特别是糖类合成代谢。二氢叶酸还原酶（FolA）和二氢新蝶呤三磷酸焦磷酸酶（NUDB）均是叶酸代谢中的关键酶：FolA可以将7，8-二氢叶酸催化合成5，6，7，8-四氢叶酸[124]，NUDB可以催化二氢蝶呤三磷酸水解为二氢蝶呤磷酸和焦磷酸[125]。亚致死细胞中FolA和NUDB的表达下调可能会减弱细胞中叶酸的生物合成，叶酸是一碳单位转移酶的重要辅因子，其合成减弱可能会降低氨基酸、核苷酸的生物合成。

3. 转录与翻译、DNA复制和修复相关的差异表达蛋白

与活细胞相比，亚致死细胞中与rRNA结合或核糖体结构相关的蛋白质表达上调（表4-6），包括核糖体亚基蛋白L29、L34和S21。与活细胞和死细胞相比，亚致死细胞中核糖体休眠促进因子（HPF）表达上调而RNA解旋酶（DBPA）表达下调（表4-6）。DBPA在核糖体50S大亚基的装配成熟中起作用，在ATP供能情况下解开23S rRNA的双链结构[126]。亚致死细胞中DBPA表达下调可能导致细胞中核糖体50S大亚基的装配减弱。作为核糖体功能负调控，HPF与核糖体调节蛋白（RMF）可以促进并稳定核糖体在稳定期的二聚化，使核糖体二聚成为没有活性的100S复合体，以降低细胞翻译活性，也能在热胁迫等不利环境下保护细胞[127]。亚致死细胞中HPF表达上调表明亚致死细胞中核糖体活性减弱。这些结果表明，尽管核糖体蛋白表达上调，但亚致死细胞中的转录活性是降低的，这与亚致死细胞处于低代谢活性的类休眠状态这一结果相一致。

与活细胞相比，亚致死细胞中转录促进蛋白〔包括赖氨酸操纵子调控蛋白（LysR）、转录激活因子Fis、AraC家族转录调节子〕表达下调，而转录抑制蛋白（包括转录调节因子NrdR、操纵子调节蛋白IscR）表达上调（表4-6）。与死细胞相比，亚致死细胞中NrdR表达上调。LysR蛋白是一种含HTH结构域的转录调控蛋白，可以激活赖氨酸合成过程中二氨基庚二酸脱羧酶*lysA*基因的转录，LysR同时也是一种自抑制子，即抑制编码自己的基因表达[128]。Fis在核糖体RNA及其他基因转录中起激活作用，Fis直接作用于rRNA上游启动子序列，激活转录，也可以结合到DNA中增强子序列，激活相关基因表达[129]；此外，Fis还可以阻止DNA进入复制，以保障转录高效进行[130]。阿拉伯糖分解利用与运输相关的六个基因置于阿拉伯糖操作子控制之下，AraC同时调控阿拉伯糖操作子和自身编码基因的转录，且其可对阿拉伯糖操作子进行上调或下调[131]。亚致死细胞中LysR、Fis和AraC的表达下调表明*lysA*基因、rRNA和阿拉伯糖操作子的转录活性可能降低。转录调节因子NrdR是一种抑制性调节子，在好氧生长过程中通过与*nrdR* 启动子区域结合，对编码参与脱氧核苷酸合成的核苷二磷酸还原酶的*nrd*系列基因进行调控[132]。IscR蛋白是一种操纵子调节蛋白，负调控多种编码含S-Fe中心蛋白质的操纵子表达，如*iscRSUA*操纵子[133]。亚致死细胞中NrdR、IscR表达上调可能会引起nrdR boxes和*iscRSUA*操纵子转录活性下降。以上结果表明，HPCD诱导产生的亚致死细胞整体转录活性降低。转录表达的进行需要解开DNA双链，使之暴露于环境中，在逆境条件下可能会增加核酸受损。在HPCD处理后，细胞在进入亚致死状态的过程中，细胞核区活跃性降低，非活跃态的细胞具有高度压缩螺旋化的DNA，能有效避免外界环境伤害，促进细胞进入类休眠状态，从而在HPCD逆境中存活。

与活细胞相比，亚致死细胞中参与DNA复制与修复的相关蛋白质表达下调（表4-6），表明亚致死细胞的DNA复制与修复能力减弱。逆境环境中，DNA受损机会大，在亚致死细胞中，DNA修复相关蛋白质表达下调，这可能是细菌在不利情况下的种族延续策略，即降低DNA修复能力，保留更多突变，以期产生能适应逆境的变化。由于HPCD诱导产生的亚致死细胞具有较低的DNA复制与修复能力，将HPCD与一些作用位点在细菌DNA的技术（UV、辐照、等离子体）相结合，可能能起到有效杀灭亚致死细胞的作用。

4. 细胞膜合成和无机离子转运相关差异表达蛋白

与活细胞相比，亚致死细胞中参与细胞膜合成的蛋白质，除外膜蛋白W外，均表达上调（表4-6）。大电导机械敏感通道蛋白（MSCL）是一类非选择性通道蛋白，该蛋白质在致死性高压下打开，调节细胞内渗透压，保护细胞不被高压损害[134]。亚致死细胞中该蛋白质的表达上调表明在HPCD逆境刺激下，细胞在进入亚致死状态的过程中对处理过程中的压力产生了应答。大肠菌素摄入蛋白TOLR和TOLA是一种不依赖膜电势的大肠菌素运输蛋白，用于A类大肠菌素的转运，主要包括大肠菌素A、E1、E2、E3和K[135]。亚致死细胞中大肠菌素摄入蛋白TOLR和TOLA的表达上调可能会增加大肠菌素A往细胞中的转运。细胞分裂蛋白（FtsI）是一种肽聚糖糖基转移酶，催化肽聚糖分子之间的交联，在细胞分裂过程中分裂面新细胞壁的合成中起重要作用[136]。亚致死细胞中FtsI表达上调表明在HPCD逆境刺激下，细胞在进入亚致死状态的过程中壁肽聚糖的交联能力可能有所增强，这可能与HPCD处理过程中的压强变化有关。

与活细胞相比，亚致死细胞中非血红素铁蛋白（FTNA）和亚硝酸盐排出蛋白（NarK）表达下调；与死细胞相比，亚致死细胞中ABC型钼转运蛋白表达下调（表4-6）。亚致死细胞中这些蛋白质的表达下调可能会减少细胞无机离子如铁、钼和亚硝酸盐的转运。然而，与活细胞相比，亚致死细胞中周质亚铁转运蛋白B（FEOB）表达上调。FEOB是一种以GTP为能量来源的亚铁离子载体蛋白，对DNA损伤有应答表达[137]。亚致死细胞中FEOB的表达上调可能会促进细胞对于Fe^{2+}的摄入，也可能是细胞对于HPCD逆境引起DNA损伤的应答。

5. 参与其他过程的差异表达蛋白

在蛋白质翻译后修饰及分子伴侣方面的差异表达蛋白中，与死细胞相比，亚致死细胞中热激蛋白（IbpA）表达下调，而与活细胞相比，亚致死细胞中二硫键交换蛋白（DsbA）表达上调（表4-6）。热激蛋白是细胞内含量最丰富的蛋白质之一，是有机体对多种内外环境胁迫条件产生应激反应达到自我保护的物质基础，可以防止蛋白质变性，使其恢复原有的空间构象和生物活性。热激蛋白IbpA和热激蛋白IbpB是一对配合工作的分子伴侣，可以稳定并保护蛋白质不在热胁迫或氧胁迫中永久变性或被水解[138]。亚致死细胞中IbpA表达下调可能与HPCD逆境中的低温和厌氧环境有关，该环境条件不利于IbpA的诱导表达。DsbA是一种具有二硫氧化酶活力的蛋白质，对于外膜蛋白PhoA和OmpA中二硫键的形成是必需的，通过将二硫键的氧化态转移到其他蛋白质上，而自身通过该过程被还原[139]。亚致死细胞中DsbA的上调表达可能会促进细胞外膜中二硫键的形成，该行为可以提高外膜蛋白稳定性，有利于亚致死细胞在逆境中存活。

在信号转导方面的差异表达蛋白中，与活细胞和死细胞相比，亚致死细胞中普遍应激蛋白D（USPD）和碳饥饿蛋白A（CSTA）分别表达上调（表4-6）。CSTA由环磷酸腺苷及环磷酸腺苷受体蛋白调控，在碳饥饿的情况下诱导表达并利用多肽[140]。相比于死细胞，碳饥饿蛋白A在亚致死细胞中表达增加，说明在HPCD逆境下，细胞在形成亚致死状态细胞的过程中多肽的分解能力比在死亡过程中强，分解产物氨基酸可以保护逆境中的细胞，该行为与亚致死细胞氨基酸吸收能力增强相一致。USPD是属于USPA家族的应激蛋白，可提高细胞对DNA损伤的抵抗能力，可被饥饿、热休克、有毒化合物刺激等诱导表达[141]。亚致死细胞中USPD的上调表达可能会增加亚致死细胞对HPCD逆境引起DNA损伤的抵抗。

在细胞防御方面的差异表达蛋白中，与活细胞相比，亚致死细胞中超氧化物歧化酶（SOD）表达上调，而细胞色素C过氧化酶（YHJA）和DNA保护蛋白（DPS）表达下调（表4-6）。SOD主要针对超氧阴离子自由基，高毒性的超氧阴离子自由基在SOD催化下，与氢离子反应，生成氧气和低毒性的过氧化氢[142]。YHJA是一种血红素绑定的蛋白质，具有过氧化物酶和电子载体活性，催化还原态的细胞色素C与过氧化氢反应，生成水和氧化态的过氧化氢[143]。亚致死细胞中SOD表达上调而YHJA表达下调表明亚致死细胞清除SOD自由基的能力增强而清除YHJA自由基的能力减弱。DPS在细胞稳定期非特异性结合到DNA上，形成稳定的DPS-DNA共结晶，使DNA高度浓缩，避免多种类型的损伤。亚铁在细胞中容易诱导氧自由基的发生，DPS通过催化过氧化氢氧化亚铁离子为三价铁离子并储存起来，来防止细胞的氧化损伤。DPS同时还可以保护细胞不受紫外、γ辐射、重金属离子胁迫、热胁迫、酸碱胁迫等逆境的伤害[144]。DPS在亚致死细胞中都表达下调，表明在HPCD逆境刺激中，细胞在进入亚致死状态的过程中DNA针对自由基损伤的保护能力降低，这与亚致死细胞的DNA修复能力减弱这一结果相一致。DNA在逆境下的损伤可能会促进细胞产生更多的突变体，从而增强对HPCD逆境的抵抗能力并存活下来。

在分泌方面的差异表达蛋白中，与活细胞相比，亚致死细胞中相关蛋白质均表达上调（表4-6），表明亚致死细胞的蛋白质分泌能力增强。然而，这一现象的生理意义如何，还有待研究。

表4-6　　差异表达蛋白

NCBI 编号	蛋白质名称	变化倍数	
		$SICs/CK_L$	$SICs/CK_D$
碳水化合物转运与代谢			
gb|EZQ45808.1|	果糖二磷酸醛缩酶（FBA）	0.563	—
gb|EZQ54756.1|	果糖-6-磷酸醛缩酶（F6PA）	0.604	—
gb|EZQ52788.1|	琥珀酸脱氢酶（SDH）	0.497	0.503
gb|ELW07811.1|	延胡索酸酶（FH）	0.469	—

续表

NCBI 编号	蛋白质名称	变化倍数	
		SICs/CK_L	SICs/CK_D
gb|EZQ50551.1|	异柠檬酸裂合酶（ICL）	0.54	2.924
gb|EZQ50401.1|	延胡索酸还原酶（FR）	0.558	—
gb|EZQ53317.1|	甲酸脱氢酶（FDH）	0.299	—
gb|EZQ55021.1|	亚硝酸盐还原酶	0.387	—
gb|ELW31130.1|	硝酸盐还原酶辅因子	0.454	—
gb|EZQ54830.1|	二甲亚砜还原酶	0.479	—
gb|EZQ48937.1|	β-半乳糖苷酶（BG）	0.463	—
gb|EZQ54070.1|	磷酸烯醇式丙酮酸-碳水化合物磷酸转移酶（PTS）	1.55	1.783
gb|EZQ52698.1|	2-脱氢-3-脱氧-D-葡萄糖二酸醛缩酶	0.348	0.59
gb|EZQ52697.1|	乳二酸转运蛋白（GT）	0.263	0.478
gb|ELV67595.1|	乳二酸脱水酶（GD）	0.486	0.618
gb|EZQ54551.1|	厌氧3-磷酸甘油脱氢酶（ANGLPD）	0.473	—
gb|ELV65774.1|	1，4-α-葡聚糖分支酶（1，4-AGBE）	0.608	—
gb|ELV79446.1|	糖原磷酸化酶（GP）	0.574	—
gb|EZQ53784.1|	6-磷酸-*N*-乙酰甘露糖胺-2-差向异构酶（NAMAPE）	0.588	—
gb|EZQ45276.1|	乙醛脱氢酶（ALDD）	0.592	1.772
gb|ELW32384.1|	ATP合成酶c亚基	1.789	—
gb|ELW24726.1|	ATP合成酶epsilon亚基	1.74	—
gb|EZQ54587.1|	细胞色素C发生蛋白CcmA	0.402	—
gb|EZQ54591.1|	细胞色素C发生蛋白CcmE	0.561	—
gb|ELV68907.1|	细胞色素C发生蛋白CcmF	—	0.511
脂质转运与代谢			
gb|EZQ53605.1|	3-羟基肉豆蔻酰-酰基载体蛋白脱水酶（FabZ）	0.482	—
gb|EZQ55626.1|	β-酮脂酰辅酶A硫解酶（FadI）	0.599	1.623
gb|ELW32281.1|	烯酰CoA水合酶（FadJ）	0.626	1.554
gb|EZQ51542.1|	CDP-二酰甘油焦磷酸酶（CDAGP）	0.482	0.618
氨基酸转运与代谢			
gb|EZQ55115.1|	亮氨酸转运蛋白	0.648	—
gb|EZQ55595.1|	组氨酸转运蛋白	2.247	1.781
gb|EZQ54204.1|	精氨酸转运蛋白	—	1.711
gb|EZQ51932.1|	胱氨酸转运蛋白	—	1.907
gb|EZQ54744.1|	谷氨酰胺转运蛋白	—	2.079
gb|EZQ52911.1|	甘氨酸/甜菜碱转运蛋白	—	2.515

续表

NCBI 编号	蛋白质名称	变化倍数	
		$SICs/CK_L$	$SICs/CK_D$
gb|EZQ51636.1|	天冬酰胺合成酶（AsnA）	0.609	—
gb|EZQ52125.1|	天冬酰胺酶（AnsB）	0.373	—
gb|EZQ45758.1|	咪唑甘油磷酸合成酶（HisF）	0.64	—
gb|ELV71854.1|	吲哚-3-甘油磷酸合成酶（TrpCF）	0.587	—
gb|EZQ50112.1|	α-异丙基苹果酸异构酶（IPMI）	0.508	—
gb|EZQ54388.1|	磷酸-2-脱氢-3-脱氧庚糖酸醛缩酶（AroG）	0.64	—
gb|EZQ51398.1|	分支酸变位酶（CM）	0.555	—
gb|ELW25484.1|	丝氨酸脱水酶（SDH）	0.367	—
gb|EZQ52704.1|	苏氨酸脱水酶（TDH）	0.302	—
gb|EZQ50425.1|	赖氨酸脱羧酶（CadA）	0.253	—
gb|ELW30974.1|	肽酶E（PepE）	0.506	—
gb|EZQ51284.1|	肽酶T（PepT）	0.484	
gb|EZQ55313.1|	Xaa-Pro氨基肽酶（PepP）	0.607	—
核苷酸转运与代谢			
gb|EZQ48811.1|	腺嘌呤磷酸核糖转移酶（APT）	1.669	1.575
gb|EZQ54639.1|	二氢嘧啶脱氢酶（PRE）	0.4	—
gb|EZQ48800.1|	5′核苷酸酶	1.613	1.527
辅酶转运与代谢			
gb|EZQ51655.1|	钼蝶呤鸟嘌呤二核苷酸合成蛋白（MobA）	0.423	0.594
gb|EZQ54715.1|	钼蝶呤鸟嘌呤二核苷酸合成相关蛋白（MobB）	0.616	—
gb|EZQ54280.1|	7，8-二氨基壬酸经脱硫生物素合成酶（BioD）	0.519	1.626
gb|EZQ50136.1|	二氢叶酸还原酶（FolA）	0.647	
gb|ELV83997.1|	二氢新蝶呤三磷酸焦磷酸酶（NUDB）	0.659	—
gb|EZQ53652.1|	天冬氨酸脱羧酶（PanD）	1.733	—
转录与翻译			
gb|EZQ54982.1|	核糖体亚基蛋白L29	1.502	—
gb|EZQ53200.1|	核糖体亚基蛋白L34	7.874	1.626
gb|EZQ52752.1|	核糖体亚基蛋白S21	1.664	—
gb|EZQ54820.1|	翻译起始的起始因子（IF-1）	2.178	—
gb|EZQ52380.1|	RNA聚合酶ω亚基	1.515	—
gb|EZQ45319.1|	RNA解旋酶（DBPA）	0.607	0.661
gb|EZQ53798.1|	核糖体休眠促进因子（HPF）	1.518	1.796
gb|EZQ50278.1|	DNA解旋酶	0.628	—

续表

NCBI 编号	蛋白质名称	变化倍数	
		$SICs/CK_L$	$SICs/CK_D$
gb|ELW21116.1|	赖氨酸操纵子调控蛋白（LysR）	0.531	—
gb|EZQ55349.1|	转录激活因子Fis	0.456	—
gb|EZQ48867.1|	转录调节因子NrdR	1.525	1.605
gb|EZQ54772.1|	转录调节因子DeoR	0.48	—
gb|EZQ51719.1|	AraC家族转录调节子	0.509	—
gb|ELW36180.1|	操纵子调节蛋白IscR	1.852	—
DNA复制与修复			
gb|EZQ53883.1|	尿嘧啶-DNA转葡萄糖基酶（UNG）	0.644	—
gb|ELW24896.1|	DNA-3甲基腺嘌呤转葡萄糖基酶（TAG）	0.457	—
gb|ELW33519.1|	脱氧核糖核酸外切酶I	0.664	—
gb|ELW34722.1|	脱氧核糖核酸外切酶V	0.642	—
gb|ELW28536.1|	脱氧核糖核酸外切酶X	0.635	—
细胞膜合成与转运			
gb|ELV85274.1|	外膜蛋白W（OMPW）	0.414	—
gb|ELW34382.1|	大肠菌素摄入蛋白（TolA）	1.57	—
gb|ELW30265.1|	大电导机械敏感通道蛋白（MSCL）	1.61	—
gb|EZQ52814.1|	大肠菌素摄入蛋白（TolR）	1.565	—
gb|EZQ55714.1|	细胞分裂蛋白（FtsI）	2.71	—
蛋白翻译后修饰及分子伴侣			
gb|EZQ55019.1|	肽基-脯氨酰顺反异构酶（PPIA）	1.786	—
gb|EZQ53211.1|	热激蛋白（IbpA）	—	0.629
gb|ELV64283.1|	二硫键交换蛋白（DsbA）	1.739	—
gb|EZQ50339.1|	甲硫氨酸亚砜还原酶（MSRA）	0.62	—
无机离子转运			
gb|EZQ55057.1|	周质亚铁转运蛋白B（FEOB）	1.553	—
gb|EZQ51582.1|	非血红素铁蛋白（FTNA）	0.581	—
gb|EZQ52832.1|	ABC型钼转运蛋白	—	0.623
gb|ELW31127.1|	亚硝酸盐排出蛋白（NarK）	0.38	—
信号传导			
gb|EZQ54151.1|	碳饥饿蛋白A（CSTA）	—	1.502
gb|EZQ51547.1|	普遍应激蛋白D（USPD）	1.582	—
gb|ELW36511.1|	内膜蛋白YjiY	0.481	—
gb|ELW38901.1|	感受器蛋白KdpD	0.608	0.629

续表

NCBI 编号	蛋白质名称	变化倍数	
		SICs/CK_L	SICs/CK_D
分泌			
gb|EZQ53138.1|	分泌蛋白SecA	1.527	—
gb|EZQ54180.1|	分泌蛋白SecE	1.534	—
gb|EZQ53826.1|	分泌蛋白SecG	2.146	—
gb|EZQ53265.1|	Ⅲ型分泌系统EscJ	1.957	—
细胞防御			
gb|EZQ51533.1|	超氧化物歧化酶（SOD）	2.433	—
gb|EZQ55206.1|	细胞色素C过氧化酶（YHJA）	0.381	—
gb|EZQ54745.1|	DNA保护蛋白（DPS）	0.523	—
gb|EZQ51542.1|	十一异戊二烯酰二磷酸酶（UppP）	0.633	0.618

注：（1）SICs：亚致死细胞；CK_L：活细胞；CK_D：死细胞。（2）差异倍数在1.5倍以上（>1.5或<0.67）且经统计检验，$P<0.05$的蛋白质为上调或下调蛋白无显著变化。

参考文献

[1] Nebe-Von-Caron G, Stephens P J, Hewitt C J, et al. Analysis of bacterial function by multi-colour fluorescence flow cytometry and single cell sorting [J]. Journal of Microbiological Methods, 2000, 42 (1): 97-114.

[2] Hurst A. Bacterial injury: a review [J]. Canadian Journal of Microbiology, 1977, 23 (8): 935-944.

[3] Hartsell S E. The longevity and behavior of pathogenic bacteria in frozen foods; the influence of plating media [J]. American Journal of Public Health & the Nations Health, 1951, 41 (9): 1072.

[4] Jay J M, Loessner M J, Golden D A. Modern Food Microbiology [M]. Van Nostrand Reinhold Company, 2005: 167.

[5] Somolinos M, García D, Pagán R, et al. Relationship between sublethal injury and microbial inactivation by the combination of high hydrostatic pressure and citral or tert-butyl hydroquinone [J]. Applied and Environmental Microbiology, 2008, 74 (24): 7570-7577.

[6] Gunderson M F, Rose K D. Survival of Bacteria In a Precooked, Fresh-Frozen Food 1 [J]. Food Research, 1948, 13 (3): 254-263.

[7] Straka R P, Stokes J L. Metabolic injury to bacteria at low temperature [J]. Journal of Bacteriology, 1959, 78 (2): 181-185.

[8] Ray B，Speck M L. Metabolic process during the repair of freeze-injury in *Escherichia* coli1 [J]，1972，24 (4): 585-590.

[9] Ray B，Speck M. Repair of injury induced by freezing *Escherichia coli* as influenced by recovery medium [J] . Appl. Environ. Microbiol.，1972，24 (2): 258-263.

[10] Hurst，A. Bacterial injury: a review [J] . Canadian Journal of Microbiology，23 (8): 935-944.

[11] Ray B，Speck M L. Characteristics of Repair of injury induced by freezing *Escherichia* coli as influenced by recovery medium [J] . Applied Microbiology，1972，24 (2): 258-263.

[12] Bollman J，Ismond A，Blank G. Survival of *Escherichia* coli O157 : H7 in frozen foods: impact of the cold shock response [J] . International Journal of Food Microbiology，64 (1-2): 127-138.

[13] Ray B. Impact of bacterial injury and repair in food microbiology: its past，present and future [J] . Journal of Food Protection，49 (8): 651-655.

[14] Noriega E，Velliou E，Van Derlinden E，et al. Effect of cell immobilization on heat-induced sublethal injury of *Escherichia coli*，*Salmonella typhimurium* and *Listeria innocua* [J] . Food microbiology，2013，36 (2): 355-364.

[15] Czechowicz S M，Santos O，Zottola E A. Recovery of thermally-stressed *Escherichia* coli O157 : H7 by media supplemented with pyruvate [J]. *International Journal of Food* Microbiology，1996，33 (2-3): 275-284.

[16] Semanchek J J，Golden D A. Influence of growth temperature on inactivation and injury of *Escherichia* coli O157 : H7 by heat，acid，and freezing [J] . Journal of Food Protection，1998，61 (4): 395-401.

[17] Miller F A，Brandão T R，Teixeira P，et al. Recovery of heat-injured *Listeria innocua* [J] . International Journal of Food Microbiology，2006，112 (3): 261-265.

[18] Suo B，Shi C，Shi X. Inactivation and occurrence of sublethal injury of *Salmonella typhimurium* under mild heat stress in broth [J] . Journal für Verbraucherschutz und Lebensmittelsicherheit，2012，7 (2): 125-131.

[19] Palumbo S A. Heat injury and repair in *Campylobacter jejuni* [J] . Appl. Environ. Microbiol.，1984，48 (3): 477-480.

[20] Andrews G P，Martin S E. Catalase activity during the recovery of heat-stressed *Staphylococcus aureus* MF-31 [J] . Appl. Environ. Microbiol.，1979，38 (3): 390-394.

[21] Boziaris I，Adams M. Temperature shock，injury and transient sensitivity to nisin in Gram negatives [J]. Journal of Applied Microbiology，2001，91 (4): 715-724.

[22] Chiang M-L，Yu R-C，Chou C-C. Fatty acid composition，cell morphology and responses to challenge by organic acid and sodium chloride of heat-shocked *Vibrio parahaemolyticus* [J] . International Journal of Food Microbiolo-

gy，2005，104（2）：179-187.

[23] Wu V. A review of microbial injury and recovery methods in food [J]. Food microbiology，2008，25（6）：735-744.

[24] Roth L，Keenan D. Acid injury of *Escherichia coli* [J]. Canadian Journal of Microbiology，1971，17（8）：1005-1008.

[25] Przybylski K S，Witter L D. Injury and recovery of *Escherichia coli* after sublethal acidification [J]. Appl. Environ. Microbiol.，1979，37（2）：261-265.

[26] Blankenship L. Some characteristics of acid injury and recovery of *Salmonella bareilly* in a model system [J]. Journal of Food Protection，1981，44（1）：73-77.

[27] Zayaitz A E，Ledford R A. Characteristics of acid-injury and recovery of *Staphylococcus aureus* in a model system [J]. Journal of Food Protection，1985，48（7）：616-620.

[28] Gnanou Besse N，Dubois Brissonnet F，Lafarge V，et al. Effect of various environmental parameters on the recovery of sublethally salt-damaged and acid-damaged *Listeria monocytogenes* [J]. Journal of Applied Microbiology，2000，89（6）：944-950.

[29] Reynolds A. The mode of action of acetic acid on bacteria [J]，1975.

[30] Wang M S，Zeng X A，Sun D W，et al. Quantitative analysis of sublethally injured *Saccharomyces cerevisiae* cells induced by pulsed electric fields [J]. LWT-Food Science and Technology，2015，60（2）：672-677.

[31] Zhao W，Yang R，Shen X，et al. Lethal and sublethal injury and kinetics of *Escherichia coli*，*Listeria monocytogenes* and *Staphylococcus aureus* in milk by pulsed electric fields [J]. Food Control，2013，32（1）：6-12.

[32] Zhao W，Yang R，Zhang H Q，et al. Quantitative and real time detection of pulsed electric field induced damage on *Escherichia coli* cells and sublethally injured microbial cells using flow cytometry in combination with fluorescent techniques [J]. Food Control，2011，22（3-4）：566-573.

[33] Saldaña G，Puértolas E，Condón S，et al. Modeling inactivation kinetics and occurrence of sublethal injury of a pulsed electric field-resistant strain of *Escherichia coli* and *Salmonella typhimurium* in media of different pH [J]. Innovative Food Science & Emerging Technologies，2010，11（2）：290-298.

[34] Pina-Pérez M，Rodrigo D，López A M. Sub-lethal damage in *Cronobacter sakazakii* subsp. *sakazakii* cells after different pulsed electric field treatments in infant formula milk [J]. Food Control，2009，20（12）：1145-1150.

[35] Saldaña G，Puértolas E，López N，et al. Comparing the PEF resistance and occurrence of sublethal injury on different strains of *Escherichia coli*，*Salmonella typhimurium*，*Listeria monocytogenes* and *Staphylococcus aureus* in media of pH 4 and 7 [J]. Innovative Food Science & Emerging Technologies，2009，10（2）：160-165.

[36] Somolinos M, García D, Condón S, et al. Relationship between sublethal injury and inactivation of yeast cells by the combination of sorbic acid and pulsed electric fields [J]. Applied and Environmental Microbiology, 2007, 73 (12): 3814-3821.

[37] García D, Gómez N, Mañas P, et al. Occurrence of sublethal injury after pulsed electric fields depending on the micro-organism, the treatment medium pH and the intensity of the treatment investigated [J]. Journal of Applied Microbiology, 2005, 99 (1): 94-104.

[38] Picart L, Dumay E, Cheftel J C. Inactivation of *Listeria innocua* in dairy fluids by pulsed electric fields: influence of electric parameters and food composition [J]. Innovative Food Science & Emerging Technologies, 2002, 3 (4): 357-369.

[39] Rivas A, Pina-Pérez M, Rodriguez-Vargas S, et al. Sublethally damaged cells of *Escherichia coli* by pulsed electric fields: the chance of transformation and proteomic assays [J]. Food Research International, 2013, 54 (1): 1120-1127.

[40] Saldaña G, Monfort S, Condón S, et al. Effect of temperature, pH and presence of nisin on inactivation of *Salmonella typhimurium* and *Escherichia coli* O157:H7 by pulsed electric fields [J]. Food Research International, 2012, 45 (2): 1080-1086.

[41] Arroyo C, Cebrián G, Pagán R, et al. Resistance of *Enterobacter sakazakii* to pulsed electric fields [J]. Innovative Food Science & Emerging Technologies, 2010, 11 (2): 314-321.

[42] Arroyo C, Somolinos M, Cebrián G, et al. Pulsed electric fields cause sublethal injuries in the outer membrane of *Enterobacter sakazakii* facilitating the antimicrobial activity of citral [J]. Letters in Applied Microbiology, 2010, 51 (5): 525-531.

[43] Somolinos M, Mañas P, Condón S, et al. Recovery of *Saccharomyces cerevisiae* sublethally injured cells after pulsed electric fields [J]. International Journal of Food Microbiology, 2008, 125 (3): 352-356.

[44] García D, Gómez N, Mañas P, et al. Pulsed electric fields cause bacterial envelopes permeabilization depending on the treatment intensity, the treatment medium pH and the microorganism investigated [J]. International Journal of Food Microbiology, 2007, 113 (2): 219-227.

[45] García D, Gómez N, Condón S, et al. Pulsed electric fields cause sublethal injury in *Escherichia coli* [J]. Letters in Applied Microbiology, 2003, 36 (3): 140-144.

[46] Somolinos M, García D, Mañas P, et al. Effect of environmental factors and cell physiological state on pulsed electric fields resistance and repair capacity of various strains of *Escherichia coli* [J]. International Journal of Food Microbiology, 2008, 124 (3): 260-267.

[47] Zhao W, Yang R, Wang M. Cold storage temperature following pulsed electric fields treatment to inactivate sublethally injured microorganisms and extend the shelf life of green tea infusions [J]. International Journal of Food Microbiology, 2009, 129 (2): 204-208.

[48] Garcia D, Hassani M, Manas P, et al. Inactivation of *Escherichia coli* O157 : H7 during the storage under refrigeration of apple juice treated by pulsed electric fields [J]. Journal of Food Safety, 2005, 25 (1): 30-42.

[49] García D, Gómez N, Raso J, et al. Bacterial resistance after pulsed electric fields depending on the treatment medium pH [J]. Innovative Food Science & Emerging Technologies, 2005, 6 (4): 388-395.

[50] Wuytack E Y, Phuong L D T, Aertsen A, et al. Comparison of sublethal injury induced in *Salmonella enterica* serovar *typhimurium* by heat and by different nonthermal treatments [J]. Journal of Food Protection, 2003, 66 (1): 31-37.

[51] Wouters P C, Dutreux N, Smelt J P, et al. Effects of pulsed electric fields on inactivation kinetics of *Listeria innocua* [J]. Appl. Environ. Microbiol., 1999, 65 (12): 5364-5371.

[52] Zhao W, Yang R, Gu Y, et al. Effects of pulsed electric fields on cytomembrane lipids and intracellular nucleic acids of *Saccharomyces cerevisiae* [J]. Food control, 2014, 39: 204-213.

[53] Zhao W, Yang R, Gu Y-J, et al. Assessment of pulsed electric fields induced cellular damage in *Saccharomyces cerevisiae*: change in performance of mitochondria and cellular enzymes [J]. LWT-Food Science and Technology, 2014, 58 (1): 55-62.

[54] Jaeger H, Schulz A, Karapetkov N, et al. Protective effect of milk constituents and sublethal injuries limiting process effectiveness during PEF inactivation of *Lb. rhamnosus* [J]. International Journal of Food Microbiology, 2009, 134 (1-2): 154-161.

[55] Somolinos M, García D, Condón S, et al. Biosynthetic requirements for the repair of sublethally injured *Saccharomyces cerevisiae* cells after pulsed electric fields [J]. Journal of Applied Microbiology, 2008, 105 (1): 166-174.

[56] Perni S, Chalise P, Shama G, et al. Bacterial cells exposed to nanosecond pulsed electric fields show lethal and sublethal effects [J]. International Journal of Food Microbiology, 2007, 120 (3): 311-314.

[57] García D, Mañas P, Gómez N, et al. Biosynthetic requirements for the repair of sublethal membrane damage in *Escherichia coli* cells after pulsed electric fields [J]. Journal of Applied Microbiology, 2006, 100 (3): 428-435.

[58] Selma M, Fern ά ndez P, Valero M, et al. Control of *Enterobacter aerogenes* by high-intensity, pulsed electric fields in horchata, a Spanish low-acid vegetable beverage [J]. Food Microbiology, 2003, 20 (1): 105-110.

[59] Munoz M, De Ancos B, Cano M P. Effects of high pressure and mild heat on endogenous microflora and on the inactivation and sublethal injury of *Escherichia* coli inoculated into fruit juices and vegetable soup [J]. Journal of Food Protection, 2007, 70 (7): 1587-1593.

[60] Van Opstal I, Vanmuysen S C, Michiels C W. High sucrose concentration protects *E. coli* against high pressure inactivation but not against high pressure sensitization to the lactoperoxidase system [J]. International Journal of Food Microbiology, 2003, 88 (1): 1-9.

[61] Jordan S, Pascual C, Bracey E, et al. Inactivation and injury of pressure-resistant strains of *Escherichia coli* O157 and *Listeria monocytogenes* in fruit juices [J]. Journal of Applied Microbiology, 2001, 91 (3): 463-469.

[62] Pandya Y, Jewett Jr F F, Hoover D G. Concurrent effects of high hydrostatic pressure, acidity and heat on the destruction and injury of yeasts [J]. Journal of Food Protection, 1995, 58 (3): 301-304.

[63] Kilimann K V, Hartmann C, Delgado A, et al. Combined high presA-sure and temperature induced lethal and sublethal injury of *Lactococcus lactis*—application of multivariate statistical analysis [J]. International Journal of Food Microbiology, 2006, 109 (1-2): 25-33.

[64] Alpas H, Kalchayanand N, Bozoglu F, et al. Interactions of high hydrostatic pressure, pressurization temperature and pH on death and injury of pressure-resistant and pressure-sensitive strains of foodborne pathogens [J]. International Journal of Food Microbiology, 2000, 60 (1): 33-42.

[65] Sokołowska B, Skapska S, Niezgoda J, et al. Inactivation and sublethal injury of *Escherichia coli* and *Listeria innocua* by high hydrostatic pressure in model suspensions and beetroot juice [J]. High Pressure Research, 2014, 34 (1): 147-155.

[66] Yuste J, Capellas M, Fung D Y, et al. Inactivation and sublethal injury of foodborne pathogens by high pressure processing: evaluation with conventional media and thin agar layer method [J]. Food Research International, 2004, 37 (9): 861-866.

[67] Pag ά n R, Jordan S, Benito A, et al. Enhanced acid sensitivity of pressure-damaged *Escherichia coli* O157 cells [J]. Appl. Environ. Microbiol., 2001, 67 (4): 1983-1985.

[68] Linton M, Mcclements J, Patterson M. Survival of *Escherichia coli* O157∶H7 during storage in pressure-treated orange juice [J]. Journal of Food Protection, 1999, 62 (9): 1038-1040.

[69] Garcia-Graells C, Hauben K J, Michiels C W. High-pressure inactivation and sublethal injury of pressure-resistant *Escherichia coli* mutants in fruit juices [J]. Appl. Environ. Microbiol., 1998, 64 (4): 1566-1568.

[70] Espina L, García-Gonzalo D, Laglaoui A, et al. Synergistic combinations of high hydrostatic pressure and essential oils or their constituents and their

use in preservation of fruit juices [J] . International Journal of Food Microbiology, 2013, 161 (1): 23-30.

[71] Bozoglu F, Alpas H, Kaletunç G. Injury recovery of foodborne pathogens in high hydrostatic pressure treated milk during storage [J] . FEMS Immunology & Medical Microbiology, 2004, 40 (3): 243-247.

[72] Ulmer H, Herberhold H, Fahsel S, et al. Effects of pressure-induced membrane phase transitions on inactivation of HorA, an ATP-dependent multidrug resistance transporter, in *Lactobacillus plantarum* [J] . Appl. Environ. Microbiol., 2002, 68 (3): 1088-1095.

[73] Chilton P, Isaacs N, Manas P, et al. Biosynthetic requirements for the repair of membrane damage in pressure-treated *Escherichia coli* [J] . International Journal of Food Microbiology, 2001, 71 (1): 101-104.

[74] Alpas H, Bozoglu F. The combined effect of high hydrostatic pressure, heat and bacteriocins on inactivation of foodborne pathogens in milk and orange juice [J] . World Journal of Microbiology and Biotechnology, 2000, 16 (4): 387-392.

[75] Ponce E, Pla R, Sendra E, et al. Destruction of *Salmonella enteritidis* inoculated in liquid whole egg by high hydrostatic pressure: comparative study in selective and non-selective media [J] . Food Microbiology, 1999, 16 (4): 357-365.

[76] Kalchayanand N, Sikes A, Dunne C, et al. Factors influencing death and injury of foodborne pathogens by hydrostatic pressure-pasteurization [J] . Food Microbiology, 1998, 15 (2): 207-214.

[77] Hauben K J, Wuytack E Y, Soontjens C C, et al. High-pressure transient sensitization of *Escherichia coli* to lysozyme and nisin by disruption of outer-membrane permeability [J] . Journal of Food Protection, 1996, 59 (4): 350-355.

[78] Patterson M F, Quinn M, Simpson R, et al. Sensitivity of vegetative pathogens to high hydrostatic pressure treatment in phosphate-buffered saline and foods [J] . Journal of Food Protection, 1995, 58 (5): 524-529.

[79] Erkmen O. Antimicrobial effect of pressurised carbon dioxide on *Enterococcus faecalis* in physiological saline and foods [J] . Journal of the Science of Food & Agriculture, 2000, 80 (4): 465 - 470.

[80] Erkmen O. Inactivation of *Salmonella typhimurium* by high pressure carbon dioxide [J] . Food Microbiology, 2000, 17 (2): 225-232.

[81] Erkmen O. Effect of carbon dioxide pressure on *Listeria monocytogenes* in physiological saline and foods [J] . Food Microbiology, 2000, 17 (6): 589-596.

[82] Hon S I, Pyun Y R. Membrane damage and enzyme inactivation of *Lactobacillus plantarum* by high pressure CO_2 treatment [J] . International Journal of Food Microbiology, 2001, 63 (1): 19-28.

[83] Yuk H G，Geveke D J. Nonthermal inactivation and sublethal injury of *Lactobacillus plantarum* in apple cider by a pilot plant scale continuous supercritical carbon dioxide system [J]. Food Microbiology，2011，28 (3): 377-383.

[84] Sirisee U，Hsieh F，Huff H. Microbial safety of supercritical carbon dioxide processes 1 [J]. Journal of Food Processing and Preservation，1998，22 (5): 387-403.

[85] Yuk H G，Geveke D J，Zhang H Q. Efficacy of supercritical carbon dioxide for nonthermal inactivation of *Escherichia coli* K12 in apple cider [J]. International Journal of Food Microbiology，2010，138 (1): 91-99.

[86] Bi X，Wang Y，Zhao F，et al. Sublethal injury and recovery of *Escherichia coli* O157：H7 by high pressure carbon dioxide [J]. Food Control，2015，50: 705-713.

[87] Monk J D，Beuchat L R，Doyle M P. Irradiation inactivation of food-borne microorganisms [J]. Journal of Food Protection，1995，58 (2): 197-208.

[88] El-Zawahry Y A，Rowley D. Radiation resistance and injury of *Yersinia enterocolitica* [J]. Appl. Environ. Microbiol.，1979，37 (1): 50-54.

[89] Rodrigo Tarte R，Murano E A，Olson D G. Survival and injury of *Listeria monocytogenes*，*Listeria innocua* and *Listeria ivanovii* in ground pork following electron beam irradiation [J]. Journal of Food Protection，1996，59 (6): 596-600.

[90] Buchanan R L，Edelson S G，Boyd G. Effects of pH and acid resistance on the radiation resistance of enterohemorrhagic *Escherichia coli* [J]. Journal of Food Protection，1999，62 (3): 219-228.

[91] Arroyo C，Cebrián G，Pagán R，et al. Synergistic combination of heat and ultrasonic waves under pressure for *Cronobacter sakazakii* inactivation in apple juice [J]. Food Control，2012，25 (1): 342-348.

[92] Arroyo C，Cebrián G，Pagán R，et al. Inactivation of *Cronobacter sakazakii* by ultrasonic waves under pressure in buffer and foods [J]. International Journal of Food Microbiology，2011，144 (3): 446-454.

[93] Arroyo C，Cebri á n G，Pagán R，et al. Inactivation of *Cronobacter sakazakii* by manothermosonication in buffer and milk [J]. International Journal of Food Microbiology，2011，151 (1): 21-28.

[94] Li J，Ding T，Liao X，et al. Synergetic effects of ultrasound and slightly acidic electrolyzed water against *Staphylococcus aureus* evaluated by flow cytometry and electron microscopy [J]. Ultrasonics Sonochemistry，2017，38: 711-719.

[95] Zhang M，Zhu R，Zhang M，et al. High-energy pulse-electron-beam-induced molecular and cellular damage in *Saccharomyces cerevisiae* [J]. Research in Microbiology，2013，164 (2): 100-109.

[96] Meyer D H，Donnelly C W. Effect of incubation temperature on repair

of heat-injured *Listeria* in milk [J] . Journal of Food Protection, 1992, 55 (8): 579-582.

[97] Restaino L, Jeter W, Hill W. Thermal injury of *Yersinia enterocolitica* [J]. Appl. Environ. Microbiol., 1980, 40 (5): 939-949.

[98] Bi X, Wang Y, Zhao F, et al. Inactivation of *Escherichia coli* O157 : H7 by high pressure carbon dioxide combined with nisin in physiological saline, phosphate-buffered saline and carrot juice [J] . Food Control, 2014, 41: 139-146.

[99] Wesche A M, Gurtler J B, Marks B P, et al. Stress, sublethal injury, resuscitation, and virulence of bacterial foodborne pathogens [J] . Journal of Food Protection, 2009, 72 (5): 1121-1138.

[100] Helander I M, Mattila-Sandholm T. Permeability barrier of the Gram-negative bacterial outer membrane with special reference to nisin [J] . International Journal of Food Microbiology, 2000, 60 (2-3): 153-161.

[101] Li H, Xu Z, Zhao F, et al. Synergetic effects of high-pressure carbon dioxide and nisin on the inactivation of *Escherichia coli* and *Staphylococcus aureus* [J] . Innovative Food Science & Emerging Technologies, 2016, 33: 180-186.

[102] Ricke S C. Perspectives on the use of organic acids and short chain fatty acids as antimicrobials [J] . Poultry Science, 2003, 82 (4): 632.

[103] Mani-López E, García H S, López-Malo A. Organic acids as antimicrobials to control *Salmonella* in meat and poultry products [J] . Food Research International, 2012, 45 (2): 713-721.

[104] Alakomi, H, PuupponenpimiäR, AuraA, et al. Weakening of *salmonella* with selected microbial metabolites of berry-derived phenolic compounds and organic acids [J]. Journal of Agricultural & Food Chemistry, 2007, 55 (10): 3905-12.

[105] Bi X, Wang Y, Hu X, et al. Decreased resistance of sublethally injured *Escherichia coli* O157 : H7 to salt, mild heat, nisin and acids induced by high pressure carbon dioxide [J] . International Journal of Food Microbiology, 2018, 269: 137-143.

[106] Lichstein H C, Soule M H. Studies of the effect of sodium azide on microbic growth and respiration: Ⅰ. The action of sodium azide on microbic growth [J] . Journal of Bacteriology, 1944, 47 (3): 221.

[107] Khalimonchuk O, Rödel G. Biogenesis of cytochrome c oxidase [J] . Mitochondrion, 2005, 5 (6): 363-388.

[108] Mahler H R, Cordes E H. Biological chemistry [M] . Harper & Row, 1971.

[109] Draeger A, Monastyrskaya K, Babiychuk E B. Plasma membrane repair and cellular damage control: the annexin survival kit [J] . Biochemical Pharmacology, 2011, 81 (6): 703-712.

[110] Schapire A L, Valpuesta V, Botella M A. Plasma membrane repair in plants [J]. Trends in Plant Science, 2009, 14 (12): 645-652.

[111] Postma P W, Lengeler J W. Phosphoenolpyruvate: carbohydrate phosphotransferase system of bacteria [J]. Microbiological reviews, 1985, 49 (3): 232-269.

[112] Guo L, Gu Z, Jin X, et al. iTRAQ - based proteomic and physiological analyses of broccoli sprouts in response to the stresses of heat, hypoxia and heat plus hypoxia [J]. Plant & Soil, 2016: 1-23.

[113] Ornston L N, Ornston M K. Regulation of Glyoxylate Metabolism in *Escherichia coli* K-12 [J]. Journal of Bacteriology, 1969, 98 (3): 1098.

[114] Sauer U, Eikmanns B J. The PEP-pyruvate-oxaloacetate node as the switch point for carbon flux distribution in bacteria: we dedicate this paper to Rudolf K. Thauer, director of the Max-Planck-Institute for Terrestrial Microbiology in Marburg, Germany, on the occasion of his 65th birthday [J]. FEMS Microbiology Reviews, 2005, 29 (4): 765-794.

[115] Heath R J, Rock C O. Roles of the FabA and FabZ beta-hydroxyacyl-acyl carrier protein dehydratases in *Escherichia coli* fatty acid biosynthesis [J]. Journal of Biological Chemistry, 1996, 271 (44): 27795-27801.

[116] Campbell J W, Morgan Kiss R M, J E C. A new *Escherichia coli* metabolic competency: growth on fatty acids by a novel anaerobic beta-oxidation pathway [J]. Molecular Microbiology, 2010, 47 (3): 793-805.

[117] Icho T, Bulawa C E, Raetz C R. Molecular cloning and sequencing of the gene for CDP-diglyceride hydrolase of *Escherichia coli* [J]. Journal of Biological Chemistry, 1985, 260 (22): 12078-12083.

[118] Rees D C, Johnson E, Lewinson O. ABC transporters: the power to change [J]. Nature Reviews Molecular Cell Biology, 2009, 10 (3): 218-227.

[119] Sin I L, Finch L R. Adenine phosphoribosyltransferase in *Mycoplasma mycoides* and *Escherichia coli* [J]. Journal of Bacteriology, 1972, 112 (1): 439-444.

[120] Hidese R, Mihara H, Kurihara T, et al. *Escherichia coli* dihydropyrimidine dehydrogenase is a novel NAD-dependent heterotetramer essential for the production of 5, 6-dihydrouracil [J]. Journal of Bacteriology, 2011, 193 (4): 989.

[121] Palmer T, Vasishta A, Whitty P W, et al. Isolation of protein FA, a product of the mob locus required for molybdenum cofactor biosynthesis in *Escherichia coli* [J]. Febs Journal, 2010, 222 (2): 687-692.

[122] Mcluskey K, Harrison J A, Schuttelkopf A W, et al. Insight into the role of *Escherichia coli* MobB in molybdenum cofactor biosynthesis based on the high resolution crystal structure [J]. Journal of Biological Chemistry, 2003, 278 (26): 23706-23713.

[123] Krell K, Eisenberg M A. The purification and properties of dethiobiotin

synthetase [J] . Journal of Biological Chemistry, 1970, 245 (24): 6558-6566.

[124] Iwakura M, Maki K, Takahashi H, et al. Evolutional design of a hyperactive cysteine- and methionine-free mutant of *Escherichia coli* dihydrofolate reductase [J] . Journal of Biological Chemistry, 2006, 281 (19): 13234-13246.

[125] Gabelli S B, Bianchet M A, Xu W L, et al. Structure and function of the *E.coli* dihydroneopterin triphosphate pyrophosphatase: a nudix enzyme involved in folate biosynthesis [J] . Structure, 2007, 15 (8): 1014-1022.

[126] Fuller-Pace F V, Nicol S M, Reid A D, et al. DbpA: a DEAD box protein specifically activated by 23s rRNA [J] . Embo Journal, 1993, 12 (9): 3619-3626.

[127] Ueta M, Yoshida H, Wada C, et al. Ribosome binding proteins YhbH and YfiA have opposite functions during 100S formation in the stationary phase of *Escherichia coli* [J] . Genes to Cells, 2010, 10 (12): 1103-1112.

[128] Stragier P, Patte J C. Regulation of diaminopimelate decarboxylase synthesis in *Escherichia coli*. III. Nucleotide sequence and regulation of the lysR gene [J] . Journal of Molecular Biology, 1983, 168 (2): 333-350.

[129] Ross W, Thompson J F, Newlands J T, et al. *E.coli* Fis protein activates ribosomal RNA transcription *in vitro* and *in vivo* [J] . The EMBO Journal, 1990, 9 (11): 3733-3742.

[130] Wold S, Crooke E, Skarstad K. The *Escherichia Coli* Fis protein prevents initiation of DNA replication from oriC *in vitro* [J] . Nucleic Acids Research, 1996, 24 (18): 3527.

[131] Soisson S M, Macdougall-Shackleton B, Schleif R, et al. Structural basis for ligand-regulated oligomerization of AraC [J] . Science, 1997, 276 (5311): 421-425.

[132] Torrents E, Grinberg I, Gorovitzharris B, et al. NrdR controls differential expression of the *Escherichia coli* ribonucleotide reductase genes [J] . Journal of Bacteriology, 2007, 189 (14): 5012-5021.

[133] Schwartz C J, Giel J L, Patschkowski T, et al. IscR, an Fe-S cluster-containing transcription factor, represses expression of *Escherichia coli* genes encoding Fe-S cluster assembly proteins [J] . Proceedings of the National Academy of Sciences of the United States of America, 2001, 98 (26): 14895-14900.

[134] Sukharev S I, Blount P, Martinac B, et al. A large-conductance mechanosensitive channel in *E. coli* encoded by mscL alone [J] . Nature, 1994, 368 (6468): 265-268.

[135] Kampfenkel K, Braun V. Membrane topologies of the TolQ and TolR proteins of *Escherichia coli*: inactivation of TolQ by a missense mutation in the proposed first transmembrane segment [J] . Journal of Bacteriology, 1993, 175 (14): 4485-4491.

[136] Ishino F，Matsuhashi M. Peptidoglycan synthetic enzyme activities of highly purified penicillin-binding protein 3 in *Escherichia coli*：a septum-forming reaction sequence [J] . Biochemical & Biophysical Research Communications，1981，101 (3)：905-911.

[137] Marlovits T C，Haase W，Herrmann C，et al. The membrane protein FeoB contains an intramolecular G protein essential for Fe (Ⅱ) uptake in bacteria [J] . Proceedings of the National Academy of Sciences of the United States of America，2002，99 (25)：16243-16248.

[138] Kuczynskawisnik D，Kędzierska S，Matuszewska E，et al. The *Escherichia coli* small heat-shock proteins IbpA and IbpB prevent the aggregation of endogenous proteins denatured *in vivo* during extreme heat shock [J] . Microbiology，2002，148 (Pt 6)：1757.

[139] Kishigami S，Kanaya E，Kikuchi M，et al. DsbA-DsbB interaction through their active site cysteines. Evidence from an odd cysteine mutant of DsbA [J] . Journal of Biological Chemistry，1995，270 (29)：17072.

[140] Schultz J E，Matin A. Molecular and functional characterization of a carbon starvation gene of *Escherichia coli* [J] . Journal of Molecular Biology，1991，218 (1)：129-140.

[141] Bochkareva E S，Girshovich A S，Bibi E. Identification and characterization of the *Escherichia coli* stress protein UP12，a putative *in vivo* substrate of GroEL [J] .European Journal of Biochemistry，2002，269 (12)：3032-3040.

[142] Imlay K R，Imlay J A. Cloning and analysis of sodC，encoding the copper-zinc superoxide dismutase of *Escherichia coli* [J] . Journal of Bacteriology，1996，178 (9)：2564-2571.

[143] Partridge J D，Poole R K，Green J. The *Escherichia coli* yhjA gene，encoding a predicted cytochrome c peroxidase，is regulated by FNR and OxyR [J] . Microbiology，2007，153 (5)：1499-1507.

[144] Nair S，Finkel S E. Dps protects cells against multiple stresses during stationary phase [J] . Journal of Bacteriology，2004，186 (13)：4192-4198.

第五章

HPCD 对细菌芽孢的杀灭效果与机制

第一节　芽孢的性质
第二节　芽孢对食品的危害及其控制
第三节　HPCD杀灭芽孢的研究现状
第四节　影响HPCD对芽孢杀灭效果的因素
第五节　HPCD杀菌动力学
第六节　HPCD对细菌芽孢的杀灭机制

第一节
芽孢的性质

一、芽孢的结构

芽孢（spore或endospore，又称孢子或内生孢子），主要是芽孢杆菌属（*Bacillus*）和梭菌属（*Clostridium*）在外界环境营养缺乏的情况下形成的一种休眠体。1876年，Cohn 和 Koch首次在*Bacillus subtilis*和炭疽芽孢杆菌（*Bacillus anthracis*）中发现芽孢的存在，并观察到芽孢具有休眠特性和抗逆性[1]。这种特性使芽孢可以存活数年，甚至数百万年[2, 3]。芽孢的休眠特性和抗逆性是由于芽孢特殊的结构导致，因此了解芽孢的结构和特性对研究HPCD对芽孢的杀灭效果与机制具有重要意义。下文将详细介绍芽孢的各层结构及其在芽孢的休眠性和抗逆性方面所起的作用。

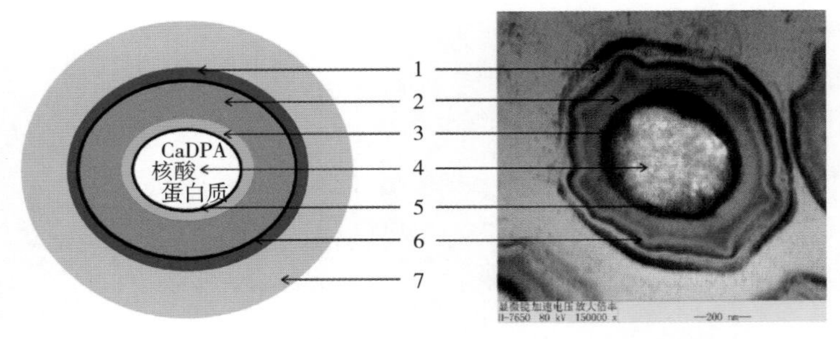

1—芽孢衣　2—皮层　3—芽孢壁　4—芽孢核　5—芽孢内膜　6—芽孢外膜　7—芽孢外壁

图5-1　芽孢结构示意图（左）和*B. subtilis*芽孢透射电镜图（右）

芽孢的结构由外到内依次主要可以分为芽孢外壁（exosporium）、芽孢衣（coat）、芽孢外膜（out membrane）、皮层（cortex）、芽孢壁（germ cell wall）、芽孢内膜（inner membrane）和芽孢核（core）（图5-1）。芽孢结构中，芽孢外壁并不是普遍存在于所有种类的芽孢中。例如，蜡样芽孢杆菌、苏云金芽孢杆菌（*Bacillus thuringiensis*）、炭疽芽孢杆菌（*Bacillus anthracis*）和艰难梭菌（*Clostridium difficile*）[4~7]芽孢存在完整的芽孢外壁结构，但枯草芽孢杆菌（*Bacillus subtilis*）芽孢却不存在芽孢外壁结构[8]。芽孢外壁主要由蛋白质（43%~52%）、糖类（20%~22%）和脂类（15%~18%）组成，同时含有少量的灰分（约4%）[9, 10]。目前芽孢外壁的具体功能并不清楚，有研究表明芽孢外壁的黏附性和疏水性可能与一些芽孢的致病性相关[11，12]，但没有研究表明芽孢外壁与芽孢的休眠和抗性相关。

位于芽孢外壁下的结构为芽孢衣。芽孢衣主要由蛋白质组成，芽孢衣中蛋白质含量占芽孢总体蛋白质含量的50%~80%，同时含有少量糖类（约6%）[13~15]。芽孢衣可以作为渗透阻隔层阻止大分子如皮层肽聚糖降解酶的渗入，从而对芽孢皮层起到保护作用[16]。但芽孢衣对小分子不具有阻隔效应，比如葡萄糖和氨基酸等芽孢萌发剂能渗透芽孢衣，到达芽孢内膜与萌发受体结合，诱导芽孢萌发[17，18]。虽然芽孢衣不能阻止小分子的渗入，但可以降低小分子的渗透速率。Knudsen等发现芽孢衣缺陷型的芽孢对水、十二烷胺（dodecylamine）和铽离子（Tb^{3+}）的渗透速率增加[19]。芽孢衣同时对多种化学物质具有抵抗作用。研究发现，芽孢衣缺陷型的芽孢对过氧化氢[20，21]、臭氧[22]、过氧亚硝酸盐[23]、二氧化氯和次氯酸盐[24，25]的抗性显著下降。芽孢衣对化学物质的抗性主要通过自身与化学物质发生化学反应，阻止化学物质进入芽孢内部造成伤害[16，20，26]。但芽孢衣对有些化学物质不具有抗性，比如烷基化的小分子可以透过芽孢衣，进入芽孢内部对芽孢造成破坏[27]。

位于芽孢衣下的结构为芽孢外膜。芽孢外膜在芽孢形成过程中起到一定作用[28]，但这种作用的本质并不清楚。另外，芽孢外膜对辐照、热和化学物质处理不具有抗性[16，29]。目前研究不能确定芽孢外膜是否在成熟的芽孢中以完整膜的形式存在。通过电镜发现成熟的芽孢不能看到完整的、清晰可见的芽孢外膜[13，30~32]。虽然形态学上不能观察到芽孢外膜，但对芽孢生理生化特性的研究表明芽孢外膜客观存在[33]。

位于芽孢外膜下的结构为皮层，皮层由肽聚糖组成。与细菌营养体细胞壁肽聚糖类似，皮层肽聚糖同样由乙酰葡萄糖胺（*N*-acetylglucosamine，NAG）和乙酰胞壁酸（*N*-acetylmuramic，NAM）聚合而成，但同时也存在一些差异：①芽孢皮层肽聚糖不含有磷壁酸[34]；②营养体细胞壁肽聚糖中与NAM连接的四肽侧链有约40%相互交联[35]，同时约2%与磷壁酸结合[36]，而芽孢皮层肽聚糖中与NAM连接的四肽侧链有约50%被胞壁酸内酰胺（muramic acid-δ-lactam，MAL）取代，约25%被L-丙氨酸（L-alanine）取代。NAM侧链结构的变化导致芽孢皮层肽聚糖交联度降低到约3%[37]，表明芽孢皮层肽聚糖处于疏松状态。同时由于皮层肽聚糖自身带有大量负电荷，在电荷相互排斥作用下，芽孢皮层会膨胀产生渗透压，对芽孢核起到压缩作用，从而维持芽孢核心的低水分含量和休眠状态[38]，使芽孢具有热抗性。由于皮层这种膨胀特性导致芽孢的热抗性称为“皮层膨胀假说”[39]。1975年，Gould等发现去除芽孢衣的巨大芽孢杆菌（*Bacillus megaterium*）和蜡样芽孢杆菌芽孢在4mol/L $CaCl_2$溶液中对70℃热处理抗性显著降低，研究者认为是由于Ca^{2+}进入到芽孢皮层，中和了负电荷，破坏了皮层肽聚糖的膨胀状态，使其对芽孢核的压缩作用消失，芽孢核吸水膨胀，芽孢失去热抗性[40]。这一研究结果验证了“皮层膨胀假说”的合理性和正确性。然而，Rao等发现悬浮于4mol/L $CaCl_2$中去除芽孢衣的*B. megaterium*、*B. cereus*和*B. subtilis*芽孢80℃处理后在含有溶菌酶的培养基上能恢复生长，表明处理后的芽孢在热作用下并没有真正死亡，只是萌发过程被阻断[41]；进一步对芽孢萌发特性研究发现，4mol/L $CaCl_2$中热处理破坏了芽孢萌发受体，导致芽孢不能正常萌发[41]。因此，以上通过改变溶液离子强度对芽孢热抗性的影响研究结果并不支持“皮层膨胀假说”。

位于芽孢皮层下面的结构为芽孢壁。芽孢壁同样由肽聚糖组成，芽孢壁肽聚糖与营养体类似，与皮层肽聚糖相比不含有MAL[18]。由于MAL是皮层降解酶识别皮层的特异性结构，因此MAL的存在确保芽孢萌发过程中皮层降解酶只会裂解芽孢皮层，而不会对芽孢壁造成破坏。芽孢壁在芽孢萌发完成后形成细菌营养体的细胞壁。目前没有研究表明芽孢壁对芽孢休眠和抗性的维持起作用。

位于芽孢壁下的结构为芽孢内膜。研究发现，芽孢内膜对小分子物质如甲胺甚至是水均具有很低的渗透性[42~44]。芽孢内膜脂类组成与营养体细胞膜类似。例如，巨大芽孢杆菌芽孢内膜和营养体细胞膜的脂类均由磷脂酰甘油、双磷脂酰甘油、磷脂酰乙醇胺和磷脂酰甘油葡萄糖胺组成[45~47]；枯草芽孢杆菌芽孢内膜和营养体细胞膜脂类均由磷脂酰甘油、双磷脂酰甘油和磷脂酰乙醇胺组成[48]。与脂类组成不同，芽孢内膜和营养体细胞膜上蛋白质的组成存在较大差异，主要体现在芽孢内膜上存在萌发受体蛋白和spoVA蛋白，而营养体细胞膜上不存在此类蛋白[18]。目前研究表明芽孢内膜的低渗透性与内膜的组成无关，而与芽孢内膜上脂类的流动性相关。Cowan等通过脂类荧光探针发现芽孢内膜上的脂类处于固定态，而当芽孢萌发后，内膜上脂类流动性提高，同时内膜对小分子的渗透性增加[49]。研究者认为芽孢内膜脂类的固定态是由于皮层压缩作用导致的，这种压缩作用使得芽孢内膜相比于芽孢萌发后的细胞膜被压缩了1.3~1.6倍[49]。同时芽孢核的低水分含量也可能会降低芽孢核内侧脂类的流动性。

芽孢内膜内部为芽孢核。芽孢核包括与芽孢生长密切相关的DNA、RNA、核糖体和大部分酶类[50，51]。芽孢核处于高度脱水状态，水分含量为25%~50%。芽孢核的低水分含量状态导致芽孢核中酶类处于休眠状态，同时使芽孢对热和化学物质具有极强的抗性[52~55]。芽孢核水分含量对芽孢湿热抗性起主要作用，水分含量越低，芽孢对湿热抗性越强[16，26]；芽孢核水分含量与芽孢形成环境温度有关，温度越高，芽孢核水分含量越低[26，56]。同时，芽孢核含有大量吡啶-2，6-二羧酸（dipicolinic acid，DPA），主要与Ca^{2+}结合以CaDPA形式存在，含量占到芽孢干重的10%~25%[57]。DPA对芽孢湿热抗性也可能起到重要作用。Mishiro和Ochi研究发现，0.05% DPA溶液对人血清具有保护作用[60]，Granger等发现DPA和Ca^{2+}或Mn^{2+}的结合物可以保护蛋白质对电离辐射的作用[61]，同时有研究发现DPA缺失的芽孢对紫外辐照抗性降低[53，62]。芽孢核矿化作用也会对芽孢湿热抗性有影响，矿化程度越高，芽孢对湿热抗性越强[16]。导致矿化作用的阳离子种类与芽孢湿热抗性相关，Ca^{2+}导致的矿化作用相比于Mg^{2+}、Mn^{2+}、K^{+}和Na^{+}使芽孢对湿热具有更强的抗性[52，58，59]。

芽孢对自身DNA的保护存在两种机制。第一种机制是直接保护DNA免受外界破坏。芽孢对DNA的直接保护是通过小分子酸溶性蛋白（small acid-soluble proteins，SASPs）与DNA的直接结合实现的。SASPs大量存在于芽孢核中，是芽孢特有的一类蛋白质。SASPs在芽孢形成的晚期合成，在芽孢萌发后降解，降解产生的氨基酸可为芽孢生长提供物质来源[63，64]。SASPs主要分为α/β型和γ型两类。γ型SASPs不存在于梭菌类芽孢中，目前没有研究表明其对芽孢的抗性起作用[65~68]。α/β型SASPs分子质量为6~9ku，含有大量疏水基团。芽孢核内α/β型SASPs与DNA结合，保护DNA免受外界化学和其他破坏作用。例如，Setlow等通过试管实验发现，α/β型SASPs可以保护DNA受到H_2O_2的破坏，主要是通过阻止DNA链受到羟基的攻击实现的[69]。他们同时发现，α/β型SASPs缺乏的芽孢对H_2O_2的抗性显著下降，进一步确定α/β型SASPs对芽孢DNA具有保护作用[29，70]。还有研究发现，α/β型SASPs缺乏的芽孢对湿热的抗性显著下降，表明α/β型SASPs可以保护芽孢受到湿热的影响[29，63，67，71]。另外，α/β型SASPs还可以保护芽孢DNA受到亚硝酸和甲醛的破坏[72~74]。然而，α/β型SASPs不能保护芽孢DNA受到其他一些烷基化化学物质的破坏，如甲磺酸乙酯和环氧乙烷[27，69，72]。此外，α/β型SASPs对芽孢γ辐照抗性影响很小，但对芽孢紫外辐照抗性有较大影响，α/β型SASPs缺乏的芽孢对紫外辐照抗性显著降低[75，76]。第二种机制是芽孢生长过程中对破坏的DNA进行修复[63]，这是芽孢对DNA的间接保护。芽孢对DNA的修复主要有三种途径：①对于“芽孢光产物”（5-胸腺嘧啶-5，6-二氢胸腺嘧啶）导致的DNA缺陷，芽孢通过一种特有的光产物裂解酶进行修复；②对破坏的DNA进行重组修复；③对破坏的DNA进行切除修复。重组和切除修复需要RecA蛋白和其他芽孢特有蛋白的共同作用[26，76，77]。RecA蛋白缺乏的芽孢对DNA破坏作用的抗性显著降低，如紫外辐照、干热处理和其他化学作用[26，27，72，73，77]。

二、芽孢的形成

细菌营养体在环境营养充足条件下，会进行二分裂正常生长，该过程受到转录因子σ^{A}的调控。当环境营养缺乏时，会引发细菌营养体形成芽孢（图5-2）。以枯草芽孢杆菌为例，芽孢形成起始于主调节蛋白Spo0A的激活，而Spo0A的激活是通过组氨酸激酶对其进行磷酸化实现的。磷酸化后的Spo0A-PO_4与DNA启动子特定区域结合，对121个基因起到直接调控作用。芽孢形成过程分为7个阶段，不同阶段由5种不同的σ因子调控[78]。7个阶段分别为：①外界环境营养缺乏情况下，Spo0A-PO_4水平升高，提高了$σ^H$的表达量，同时DNA复制，形成两条相同的染色体。②在Spo0A-PO_4和$σ^H$的共同作用下，细胞发生不对称分裂，形成大小不等的两个细胞，小的为前芽孢（forespore），大的为母细胞（mother cell），前芽孢和母细胞中各自含有一条相同的染色体。③细胞的不对称分裂激活前芽孢中$σ^F$。$σ^F$调控前芽孢中48个基因的表达，主要包括萌发受体蛋白合成、皮层前体物质的合成、DNA修复因子合成等，同时$σ^F$调控母细胞对前芽孢的吞噬效应。吞噬效应的完成会激活母细胞中的$σ^E$，$σ^E$调控260多个基因的表达，影响芽孢皮层和芽孢衣的形成[79]。④在$σ^E$调控作用下，母细胞合成大量肽聚糖，在前芽孢外层形成皮层，同时前芽孢出现大量水分子流失，前芽孢核pH从约7.8下降到约6.5。水分子流失的同时会伴随着二价阳离子（Ca^{2+}、Mg^{2+}、Mn^{2+}）和DPA进入前芽孢核，形成CaDPA。同时SASPs大量合成，并进入前芽孢核与DNA结合，对DNA起到保护作用。⑤$σ^E$进一步激活前芽孢中的$σ^G$。$σ^G$对芽孢皮层进一步修饰，使芽孢获得抗性和萌发特性，同时激活母细

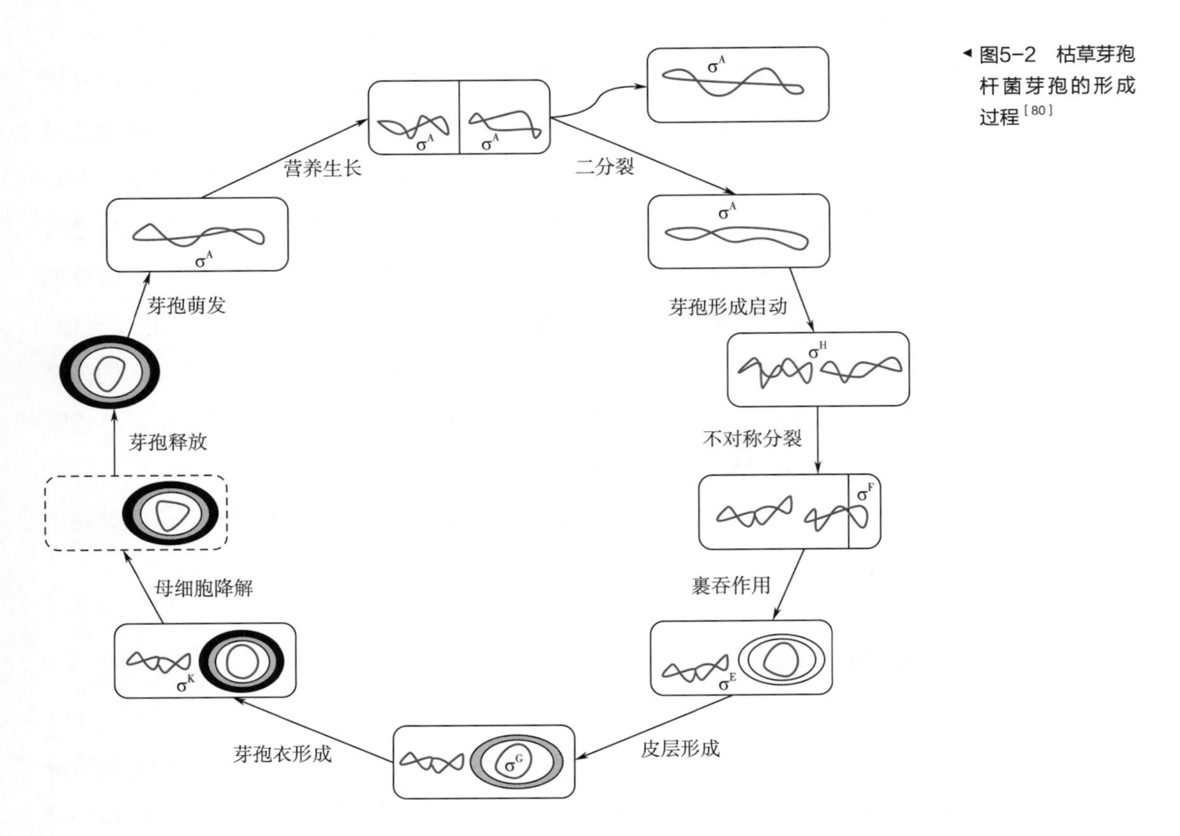

图5-2 枯草芽孢杆菌芽孢的形成过程[80]

胞中的σ^K。⑥σ^{K}主要调控芽孢衣蛋白质的合成、母细胞的裂解和芽孢的释放。芽孢衣合成后，母细胞会随之裂解，释放出成熟的芽孢。由于芽孢处于休眠状态，新陈代谢水平极低，能适应各种极端环境，可生存数年甚至数百万年。

三、芽孢的萌发

芽孢虽然处于休眠状态，但能感知外界环境变化，一旦外界环境存在合适的萌发因子或适合萌发的条件，芽孢会迅速萌发，失去休眠特性和抗性（图5-3）。

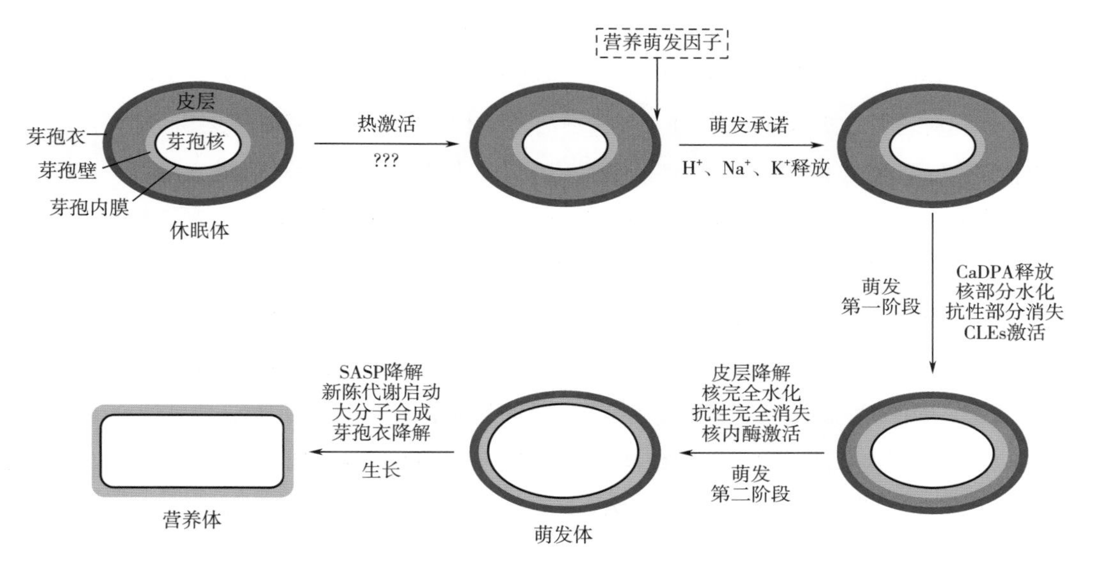

图5-3　枯草芽孢杆菌芽孢萌发过程[18]

萌发因子主要包括一些小分子化合物，同时超高压处理也会诱导芽孢萌发[18, 81]。小分子萌发因子主要分为营养和非营养萌发因子两类。营养萌发因子主要包括氨基酸、糖类和嘌呤核苷酸，不同菌株芽孢对营养萌发因子的需求具有特异性[82]，这种特异性与萌发受体（germinant receptors，GRs）有关。非营养萌发因子主要包括CaDPA和阳离子表面活性剂十二烷胺（dodecylamine，DDA），这两类物质对芽孢萌发的诱导机制目前最清楚。此外其他一些非营养萌发因子包括：①肽聚糖片段，主要通过激活芽孢中一种蛋白激酶PrkC诱导芽孢萌发[83]；②胆汁盐类物质，诱导艰难芽孢杆菌（*C. difficile*）芽孢萌发[84]；③溶菌酶或其他肽聚糖降解酶，通过降解芽孢皮层诱导芽孢萌发；④超高压处理，100~200MPa通过激活芽孢萌发受体诱导芽孢萌发，＞400MPa通过激活CaDPA通道诱导芽孢萌发[85, 86]。

目前关于营养萌发因子诱导的萌发研究得最为清楚。芽孢萌发起始于芽孢与萌发因子的混合。萌发因子首先经过芽孢衣进入到皮层和芽孢内膜，芽孢衣中的GerP蛋白可以加快萌发因子的进入。一旦萌发因子进入到芽孢内膜与萌发受体结合，芽孢将会不可逆地开始萌发，这个过程称为萌发承诺（commitment），虽然研究表明这种承诺过程的客观存在，但这种承诺机制却不清楚[87]。在萌发承诺发生的同时，芽孢核中大量单价阳离子被释放，主要包括Na^+、K^+、H^+[18，88]，然而这类阳离子释放的机制却不清楚。H^+的释放导致芽孢核中pH由约6.5上升到约7.7。在萌发承诺和单价阳离子释放发生后，芽孢核中大量的CaDPA迅速释放，单个芽孢的芽孢核CaDPA的释放仅仅需要约2min[89]。CaDPA释放的同时，水分子进入芽孢核替代CaDPA。芽孢核中CaDPA是通过SpoVA蛋白通道释放的，然而水分子进入芽孢核的机制却不清楚[90~93]。芽孢核中CaDPA的释放和水分子的进入为芽孢萌发的第一阶段。相同种类芽孢不同个体完成萌发第一阶段需要的时间存在很大差异。有些芽孢完成萌发第一阶段仅仅需要≤10min，而有些芽孢则需要几小时甚至几天的时间[94]。这种差异主要体现在萌发承诺发生所需时间上的不同[87]。完成萌发第一阶段的芽孢其芽孢核水分含量由约25%升高到约45%，同时热抗性会有一定程度地下降，但该阶段的芽孢没有积累ATP，原因可能是芽孢核中的水分含量不足以激活酶的活性。芽孢萌发第一阶段CaDPA的释放会诱导芽孢进入萌发第二阶段。萌发第二阶段的主要事件是皮层的降解。由于皮层中含有特殊的结构MAL，可以被皮层降解酶（cortex lytic enzymes，CLEs）特异性识别，所以萌发过程中皮层降解酶只降解皮层，而保留的芽孢壁用于形成后续营养体的芽孢壁。杆菌类芽孢存在CwlJ和SleB两类皮层降解酶[18，95~97]，梭菌类芽孢仅存在一种皮层降解酶SleC[98]。对于杆菌芽孢，萌发第一阶段释放的CaDPA会激活CwlJ，而CaDPA的释放和芽孢核水分含量升高会引起芽孢核一定程度地膨胀，这种膨胀可能会改变皮层的性质，从而激活SleB[99，100]。对于梭菌芽孢，CaDPA的释放不会直接激活SleC，而是由于CaDPA的释放引起芽孢的变化激活了丝氨酸蛋白酶（CspB），CspB进一步激活了SleC[98]。皮层的降解导致芽孢核进一步膨胀，水分含量升高到约80%，芽孢内膜体积膨胀，表面积增加1.5~2倍，但该过程中没有新的内膜合成[49]。水分含量的升高导致芽孢核内酶类恢复活性，与DNA结合的SASPs被降解，同时伴随着大分子的合成和新陈代谢的开始[101]，芽孢衣随之降解，萌发的芽孢开始营养生长[102，103]。非营养萌发因子通过激活营养萌发过程中的某一个步骤促进芽孢完成萌发（图5-4），具体如下：①CaDPA通过激活芽孢皮层降解酶CwlJ导致芽孢萌发[104]；②DDA通过打开CaDPA释放的SpoVA蛋白通道导致芽孢萌发[99，100，105]；③高静压（high hydrostatic pressure，HHP）在100~200MPa时激活萌发受体导致芽孢萌发，在>400MPa时打开SpoVA蛋白通道使CaDPA释放导致芽孢萌发[85]。

图5-4　营养和非营养萌发因子诱导枯草芽孢杆菌芽孢发生萌发的途径[18]

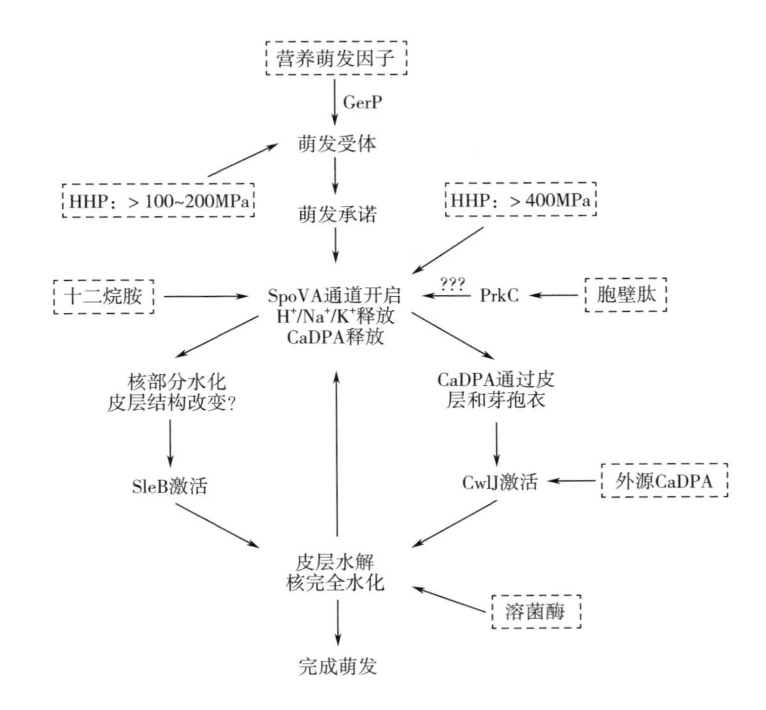

第二节
芽孢对食品的危害及其控制

一、芽孢导致的食品腐败和食源性疾病

芽孢菌广泛存在于自然界中，如空气、土壤甚至动物肠道[106~109]。在环境营养缺乏条件下，芽孢菌形成休眠的芽孢。芽孢由于其特殊的结构，对外界逆境如热、酸、碱、盐、辐照、氧化、水分和营养缺失都具有极强的抗性[26，110，111]。由于芽孢的广泛存在，因此会不可避免地进入到食品加工链中，同时芽孢具有极强的抗逆性，使其能在食品杀菌过程中存活[112，113]。食品中的芽孢能感知外界环境的变化，一旦条件合适，芽孢会开始萌发生长，引起食品腐败变质或导致食源性疾病[99]。通常食品中芽孢的萌发生长会消耗食品营养成分，产生代谢产物，导致食品的腐败变质。而引起食源性疾病的方式有两种：①芽孢在食品中萌发生长产生致病毒素，食用含有毒素的食品导致食源性疾病；②食用含有芽孢的食品后，芽孢进入肠道萌发生长，产生毒素，导致食源性疾病[113~116]。其中两种主要导致食源性疾病的芽孢菌为*B. cereus*和产气荚膜芽孢杆菌（*C. perfringens*），分别占食源性疾病的1.3%和4.0%[114，117]。另一种重要的导致食物中毒的芽孢菌为肉毒芽孢杆菌（*C. botuli-*

num）[118]。此外，环境中还存在大量的芽孢菌可导致食品腐败变质，造成大量食物浪费和经济损失[112, 113]（表5-1）。

表5-1　　芽孢菌引起的食品腐败或食源性疾病

芽孢种类	食品腐败或食源性疾病	参考文献
Clostridium botulinum	肉毒食物中毒	[119，120]
Clostridium perfringens	急性腹泻和腹痛	[119]
Bacillus licheniformis	恶心、呕吐、腹泻、腹痛	[116]
Bacillus cereus	腹泻和呕吐；奶油凝固	[114，119]
Bacillus subtilis	腹泻和呕吐；巴氏杀菌乳腐败	[116，119]
Bacillus sporothermodurans	超高温灭菌乳腐败	[121]
Geobacillus stearothermophilus	平酸腐败	[119]
Bacillus coagulans	平酸腐败	[119]
Clostridium sporogenes	产腐败气味	[119]
Clostridium thermosaccharolyticum	产坏干酪味	[119]
Clostridium butyricum	产坏奶油味	[119，122]
Clostridium tyrobutyricum	产坏奶油味	[122]
Clostridium putrefaciens	熟火腿腐败	[119，123]
Alicyclobacillus acidoterrestris	果汁腐败	[119，124]

二、食品中芽孢的控制

食品保藏主要通过杀菌技术减少微生物数量，同时结合控制食品货架期间微生物生长来实现[125]。而控制微生物生长主要通过控制食品自身特性如水分活度、pH、有机酸等，以及外在环境因素如温度和氧气含量等[125]。随着生活水平的提高，消费者对新鲜、营养、健康食品的需求量显著增加。因此，在食品加工中需要更温和的食品加工手段以及使用更少的食品添加剂如盐、糖、酸等[126]。目前，最少加工食品（minimally processed food，MPF）日益受到消费者的青睐，这种食品更符合“清洁标签”（clean label）要求。

最少加工食品中会同时存在微生物营养体和芽孢，因此控制微生物生长是保持这类食品品质和安全的重要手段，可以通过低温贮藏、降低pH或添加天然防腐剂等实现。对于经过巴氏杀菌的食品，其中的微生物主要为芽孢，因此控制芽孢的萌发生长对这类食品的保藏具有重要意义。苹果汁、橙汁、酸乳等低酸性食品（$pH < 4.6$）经过巴氏杀菌后，其低pH可以有效抑制芽孢的萌发生长。这类食品的腐败主要

是由于霉菌、酵母以及耐热性乳酸菌的生长导致[127]。然而，需要注意的是，耐酸性的芽孢菌仍然能够在这类食品中生长，这种菌主要包括凝结芽孢杆菌（*B. coagulans*）和酸土脂环酸芽孢杆菌（*Alicyclobacillus acidoterrestris*）[128~131]。对于巴氏杀菌的高pH食品（pH > 4.6），包括一些巴氏杀菌的牛乳和乳制品，低温贮藏可以有效抑制芽孢的萌发生长。导致这类食品腐败变质的芽孢菌主要有韦氏芽孢杆菌（*B. weihenstephanensis*）[132]、*C. botulinum*[118]和*C. perfringens*[133]。然而即使在低温贮藏条件下，这类食品仍然可能会发生腐败变质，引起这种腐败的主要芽孢包括真空包装肉制品中的芽孢梭菌[134，135]、干酪中的酪丁酸梭菌（*C. tyrobutyricum*）[136]以及大量冷藏食品和巴氏杀菌牛乳中存在的芽孢杆菌。

高温热杀菌可以实现食品的商业无菌，主要应用于罐头食品如肉类、鱼肉类以及蔬菜类罐头，以及一些液体食品如超高温处理的果汁和牛乳。对于真空包装的高pH罐头食品，如果pH足够高以至于肉毒芽孢杆菌能生长，则热杀菌条件必须保证产品中心温度达到121℃处理3min以上，以确保能完全杀灭肉毒芽孢杆菌的芽孢[137]。然而，即使达到上述杀菌条件，仍然有芽孢能存活下来并可能导致食品腐败变质[116]。这类芽孢菌主要包括芽孢杆菌和类芽孢杆菌[138~140]。目前发现的最耐热的芽孢是属于梭菌类的热乙酸菌（*Moorella thermoacetica*）[141]，这种芽孢在高温灭菌条件下极难被杀灭，121℃条件下降低1个对数值需要时间为111min[141]。

三、芽孢的杀灭方法与机制

目前，芽孢被杀灭的机制可以归纳为五类（表5-2）：①破坏DNA；②芽孢内膜结构受损；③破坏芽孢核内与芽孢生长相关的蛋白质；④芽孢内膜破裂；⑤破坏芽孢萌发相关蛋白质（表5-2）。需要注意的是，对于仅仅只是破坏了萌发相关蛋白质的芽孢，芽孢并没有真正死亡，仅仅只是萌发过程被阻断。通过添加溶菌酶可以破坏芽孢皮层，促进芽孢萌发，使芽孢恢复生长[98，144~146]。因此，在杀灭芽孢的过程中，必须检测处理后芽孢是真正地死亡，还是仅仅只是萌发过程被阻断[143]。

表5-2 不同杀菌方式杀灭芽孢的机制

杀菌方式	杀灭机制	参考文献
湿热	破坏与芽孢生长相关蛋白质	[147，148]
干热	破坏DNA	[26]
干燥	破坏DNA	[63]
OCl^-，ClO_2，O_3	破坏内膜	[57，149]
H_2O_2	破坏核内蛋白质	[57]

续表

杀菌方式	杀灭机制	参考文献
OH^-	破坏芽孢萌发蛋白	[150]
强酸（无机酸）	内膜破损	[150]
UV/γ-辐照、亚硝酸盐、甲醛	破坏DNA	[26]
等离子体	破坏蛋白质或DNA	[151]
超高压	诱导萌发后杀灭	[85]

芽孢由于其特殊的结构，使其对各种食品杀菌手段都具有很强的抗性。目前热杀菌技术仍然是最重要的食品杀菌技术。热杀菌技术中的巴氏杀菌仅能杀灭微生物营养体，而高温或超高温杀菌技术才能有效杀灭食品中的芽孢。然而，仍然有一类芽孢能在这种高温灭菌条件下存活，这类菌包括耐热芽孢杆菌（*B. sporothermodurans*）、产乙酸菌（*M. thermoacetica*）和嗜热脂肪土芽孢杆菌（*Geobacillus stearothermophilus*）[140，141，152]。

目前关于芽孢热杀菌的机制仍不清楚。有研究表明87~90℃处理后的芽孢仍然能够萌发，但不能正常生长，进一步研究发现，处理后的芽孢核内蛋白质被破坏，这类被破坏的蛋白质很可能与芽孢的生长相关，但这类蛋白质的种类和结构目前还不清楚[147，148，153]。近年来，研究发现其他杀菌方法结合热杀菌同样可以达到杀灭芽孢的目的。例如，HHP与中低温热杀菌结合可以有效杀灭芽孢，其作用原理如下：温和的压强处理（100~350MPa、37℃）可通过激活萌发受体诱导芽孢萌发；而较高的压强处理（400~900MPa、≥50℃）通过直接打开CaDPA蛋白通道，促使CaDPA释放，导致芽孢萌发[85，154，155]。由于萌发后芽孢的抗性会大大降低，因此HHP与巴氏杀菌结合的间歇式杀菌技术可以有效杀灭芽孢[156]。但是，超高压并不能完全诱导芽孢萌发，导致这种间歇式杀菌技术不能完全杀灭芽孢，因此并不能商业化应用。Balasubramaniam等发现，超高压（500~600MPa）结合较高的温度（90~120℃）可有效地杀灭芽孢，这种杀菌技术被称为压力辅助热杀菌技术（pressure-assisted thermal processing，PATP或pressure-assisted thermal sterilization，PATS）[157]，目前美国FDA已经批准应用于商业化无菌。其可能机制如下：①芽孢在高压诱导下萌发，抗性消失被杀灭；②芽孢内膜上与萌发相关的蛋白质被破坏，导致芽孢不能正常萌发生长而被杀灭；③芽孢内膜的结构被破坏，导致芽孢萌发后不能正常生长而被杀灭[85，86]。虽然PATP杀菌技术能有效杀灭芽孢，但研究发现PATP杀灭芽孢的动力学曲线中存在拖尾现象，表明仍有一部分芽孢对PATP杀菌技术具有很强的抗性[156，158]。除了高压结合热杀菌技术外，低温等离子体和紫外辐射杀菌技术也用于食品中芽孢的杀灭。紫外辐射或低温等离子体处理后芽孢的DNA修复能力大大下降，并出现大量突变体，表明这两种杀菌方式通过破坏芽孢DNA杀灭芽孢[26, 151, 159]。但它们仅限于食品表面芽孢的杀灭。

除了以上食品中常用的杀菌技术外，大量研究表明，强酸、强碱、强氧化剂均能有效杀灭细菌芽孢，利用这类化学物质杀灭芽孢的手段通常被应用于公共卫生和医学器械的消毒。上述化学物质杀灭芽孢的机制中，通过直接破坏芽孢内膜结构导致芽孢死亡的机制并不常见，只有高浓度HCl或HNO_3才能直接破坏芽孢内膜结构[26, 144]。强碱（OH^-）处理后的芽孢能在含溶菌酶的培养基上恢复生长，表明OH^-主要是通过破坏芽孢内膜上与萌发相关的蛋白质，导致芽孢萌发过程被阻断，芽孢不能正常生长而表现出死亡[143]。利用一些对DPA有破坏作用的化学试剂，如亚硝酸和甲醛处理芽孢后，芽孢DNA脱碱基位点显著增加，表明这两种试剂也是通过破坏芽孢DNA杀灭芽孢[26]。然而，H_2O_2虽然理论上对DNA有破坏作用，但H_2O_2却是通过破坏芽孢核内的蛋白质导致芽孢死亡[160]，原因可能是与DNA结合的α/β型SASP对H_2O_2的破坏具有极强的保护作用。另外一些化学物质，如ClO_2、OCl^-、O_3，通过改变芽孢内膜的结构导致芽孢死亡[26]，以上试剂处理后的芽孢内膜结构发生变化，具体表现为：①芽孢维持CaDPA的能力下降，较低的温度（85℃）处理可导致CaDPA的大量释放；②萌发后芽孢内膜的透性显著增加；③芽孢对高渗环境的耐受能力显著下降。

第三节

HPCD 杀灭芽孢的研究现状

如第二章所述，HPCD对微生物的营养体具有很好的杀菌效果[161~166]。但是，在20~40℃时，HPCD对芽孢没有杀灭效果[163~167]，而HPCD结合其他杀菌手段如温和的温度、杀菌剂等可有效杀灭芽孢（表5-3）[168]。如图5-5所示，近年来关于HPCD杀灭芽孢的论文和专利数量呈逐渐增加的趋势，截至2018年8月，论文数量达到56篇，专利数量达到11项。在上述文献中，有17种不同的细菌芽孢被研究，发现HPCD结合其他杀菌技术能够有效杀灭细菌芽孢。

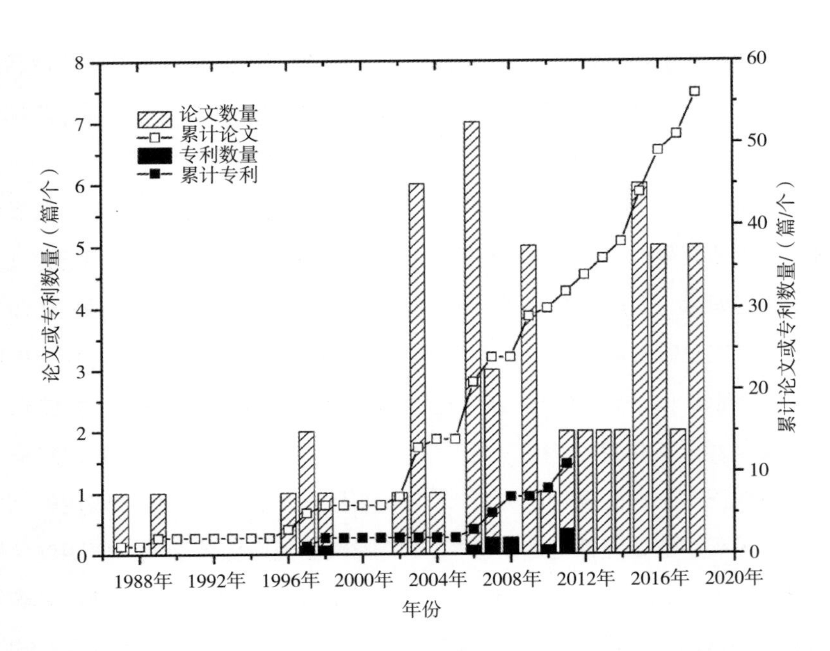

◄图5-5 HPCD杀灭芽孢的文献和专利统计

表5-3 HPCD结合不同杀菌方式对芽孢的杀灭效果

处理条件	芽孢种类	悬浮介质	介质或CO_2夹带剂	HPCD处理条件			杀灭对数值	参考文献
				压强/MPa	温度/℃	时间/min		
HPCD结合热处理	*Geobacillus stearothermophilus*, *Bacillus subtilis*	生理盐水		20	35	120	0	[169]
							0.3	[169]
	Bacillus subtilis	生理盐水		7.4~20	40~54	30~90	0.9~1.1	[170]
				7.5	36	1440	0.5	[170]
				12	54	1440	0.9	[170]
				7	75	1440	> 7	[170]
	Bacillus subtilis	蛋白胨溶液		20	60~90	120	0.5~6	[171]
	Bacillus subtilis	林格液		5	80	60	3.5	[172]
	Bacillus megaterium	无菌水		5.9	60	1440	5.8	[173]
				5.7	60	1800	7	
	Bacillus subtilis	生理盐水		7.5~12	36~50	1440~2880	0.5~1	[174]
				7	75	120	7	[174]
				9	60	360	7	[174]
	Bacillus subtilis	聚乙二醇凝胶		7.5	70	360	7	[175]
				15	70	240	7	[175]
				5	80	60	7	[175]
	Bacillus coagulans, *Bacillus cereus*, *Bacillus licheniformis*,	无菌水		30	35	30~120	0.7~1.5	[176]
	Bacillus subtilis,						0.5	[176]
	Geobacillus stearothermophilus				35~95	20~120	0.5~5.0	[176]

续表

处理条件	芽孢种类	悬浮介质	介质或CO_2夹带剂	HPCD处理条件			杀灭对数值	参考文献
				压强/MPa	温度/℃	时间/min		
	Bacillus cereus	无菌水		10.5	35	20	1	[177]
	Bacillus subtilis	无菌水		6.5~25	44~91	60	0~7	[178]
	Alicyclobacillus acidoterrestris	苹果汁		60	75	40	3.4	[179]
HPCD结合压力循环处理	*Bacillus subtilis*	生理盐水		15	36~54	30~60	0.8~3.5	[170]
	Bacillus subtilis	生理盐水		15	36~50	30~60	0.8~2	[174]
	Bacillus subtilis	金属板		30	60	120	1.02~1.52	[180]
	Geobacillus stearothermophilus	金属板		30	60	120	0.63	[180]
HPCD结合微气泡法处理	*Bacillus polymyxa*, *Bacillus coagulans*, *Bacillus cereus*, *Bacillus subtilis*, *Bacillus megaterium*	生理盐水		30	45 40 50 55 40	60 30 60 60 30	6 6 6 6 6	[181] [181] [181] [181] [181]
HPCD结合脉冲电场处理	*Bacillus cereus*	无菌水		20 30	40 40	900 1440	1.5 3	[182]
HPCD结合酸处理	*Clostridium sporogenes*	生长培养基	pH 2.5 pH 3.0 pH 4.0	5.4 5.4 5.4	70 70 70	120 120 120	7.8 7.5 0.8	[183] [183] [183]
	Alicyclobacillus acidoterrestris	苹果汁	pH 3.47	10 8	65 70	40 30	> 6 > 6	[184] [184]
	Alicyclobacillus acidoterrestris	苹果酱 苹果酱 无菌水 柠檬酸溶液	pH 3.61 pH 3.68 pH 5.81 pH 3.60	10 10 10 10	60 30 30 30	30 30 30 30	4 4 5 6	[185] [185] [185] [185]
HPCD结合杀菌剂处理	*Geobacillus*, *stearothermophilus*	无菌水	2%乙醇 0.5%乙酸	20	35	120	0.3	[169]
	Geobacillus, *stearothermophilus*	芽孢试纸条	乙醇 50%柠檬酸 琥珀酸 磷酸 50%过氧化氢 甲酸 乙酸 丙二酸 三氟乙酸 5%过氧乙酸	10.34 10.34 10.34 10.34 10.34 10.34 10.34 10.34 10.34 10.34	50~60 60 50 50 50 50 50 50 60 60	180 120 120 180 60 120 120 120 60 60	1.2~4 0.03~0.62 0.25~0.29 0.18~0.25 0.13~1.57 0 0.12~0.85 0~0.12 > 6.4 > 6.4	[186] [186] [186] [186] [186] [186] [186] [186] [186] [186]

续表

处理条件	芽孢种类	悬浮介质	介质或CO_2夹带剂	HPCD处理条件			杀灭对数值	参考文献
				压强/MPa	温度/℃	时间/min		
	Bacillus pumilus	芽孢试纸条	水	27.5	50~80	240	0.6~3	[187]
			70%乙醇	27.5	40	240	0.3	[187]
			70%异丙醇	27.5	40	240	0.2	[187]
			0.007%~0.02%过氧化氢	27.5	40~60	240	4~6.3	[187]
	Bacillus anthracis	芽孢试纸条	0.02%过氧化氢	27.5	40	240	5.74~6.14	[188]
	Bacillus atrophaeus	芽孢试纸条	0.02%过氧化氢	27.5	40	240	> 6.25	[189]
	Geobacillus stearothermophilus, *Bacillus atrophaeus*	芽孢试纸条	<0.01%过氧化氢	30	40	60	> 6	[190]
	Bacillus atrophaeus	猪非细胞真皮基质	0.0055%过氧乙酸	10	35~41	27	> 6	[191]
	Bacillus pumilus	芽孢试纸条	30%过氧化氢	27.5	60	120~240	4.45~6.28	[192]
	Bacillus pumilus	生理盐水	过氧化氢/叔丁基过氧化氢	10	50	45	4	[193]
	Bacillus pumilus	无菌水	3.3%水/0.1%过氧化氢	8	50	30	> 6	[194]
	Bacillus subtilis	超纯水	0.0035%~0.0055%过氧乙酸	9.9	35	25	> 6	[195]
	Bacillus subtilis	无菌水	0.02% nisin	20	84~86	30	> 4	[168]
	Bacillus subtilis	金属板	0.01% nisin	30	60	30	> 7	[180]
	Geobacillus, *stearothermophilus*	金属板	0.1% nisin	30	60	30	> 5	[180]

第四节
影响 HPCD 对芽孢杀灭效果的因素

一、压强

升高处理压强可以有效提高HPCD对芽孢的杀灭效果。Furukawa等发现HPCD（6.5MPa、35℃）处理120min，凝结芽孢杆菌和地衣芽孢杆菌芽孢只能被杀灭10%和20%。当压强升高到30MPa时，其死亡率分别提高到90%和80%[196]。Zhang等发现HPCD在60℃条件下对短小芽孢杆菌芽孢处理4h，当芽孢从10.3MPa升高到27.5MPa时，杀灭效果从1.91个对数值升高到3.06个对数值[187]。Chiho等研究发现，在HPCD对枯草芽孢杆菌芽孢的杀灭曲线中，杀灭速率常数*k*随着压强的升高增加，表明提高压强可以显著提高HPCD对芽孢的杀灭效果（图5-6）[171]。Bae等在对HPCD杀灭酸土脂环酸芽孢杆菌芽孢的动力学研究中发现，12MPa压强条件下HPCD对芽孢的杀灭效率比10MPa和8MPa更高[184]。Rao等研究发现，在相同处理温度和时间下，随着处理压强的升高（0.1~15MPa范围内），HPCD对枯草芽孢杆菌芽孢的杀灭效果逐渐增强[178]。压强对HPCD杀灭芽孢的促进作用主要是由于其增大了CO_2的溶解度所致。CO_2溶解会产生酸效应和分子效应。酸效应是指CO_2溶解时与水分子反应产生碳酸，碳酸解离产生H^+，导致体系pH降低形成低酸性环境，对微生物起到杀灭效果。分子效应是指CO_2溶解时大量游离态CO_2分子会与细胞膜磷脂双分子层作用，对膜结构造成破坏。HPCD处理时随着压强增大，CO_2溶解度逐渐升高，溶解于芽孢悬浮液中的CO_2分子数量逐渐增加，导致更强的酸效应和分子效应，从而促进了对芽孢的杀灭效果。

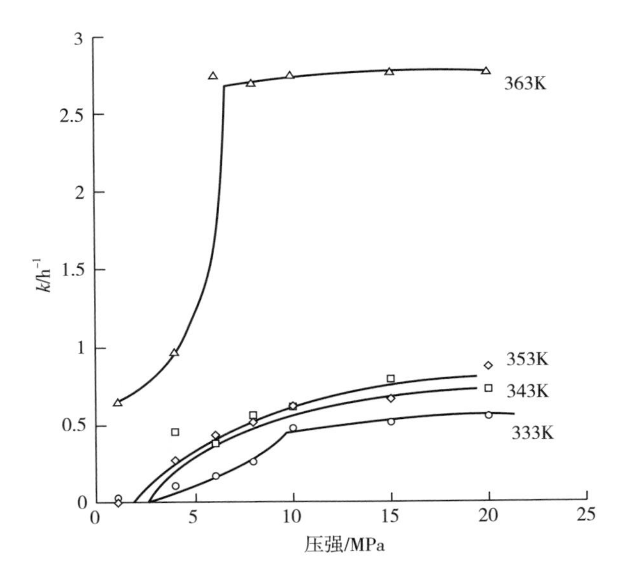

图5-6　压强和温度对HPCD杀灭*B. subtilis*芽孢杀灭常数*k*的影响[171]

二、温度

升高处理温度可以有效提高HPCD对芽孢的杀灭效果。研究表明，HPCD在温度低于60℃条件下不能有效杀灭芽孢，当温度升高时，HPCD对芽孢的杀灭效果显著增强。Kamihira等发现HPCD在20MPa、35℃条件下处理120min对嗜热脂肪土芽孢杆菌芽孢没有杀灭效果，对枯草芽孢杆菌芽孢仅仅有53%的杀灭效果[169]。Enomoto等发现HPCD在温度低于50℃对巨大芽孢杆菌芽孢没有杀灭效果，而当温度升高到60℃时，杀灭效果显著增加，在5.8MPa、60℃条件下处理30h，可以对芽孢起到7个对数值的杀灭效果[173]。Watanabe等发现，HPCD在30MPa、35℃条件下处理30~120min，对凝结芽孢杆菌、蜡样芽孢杆菌和地衣芽孢杆菌芽孢没有杀灭效果；当温度低于85℃时对嗜热脂肪土芽孢杆菌芽孢没有杀灭效果；当温度提高到95℃时在30MPa条件下处理120min对嗜热脂肪土芽孢杆菌芽孢杀灭效果可达到5个对数值[176]。Spilimbergo等发现，HPCD在7.5~12MPa、36~54℃条件下处理24h，对枯草芽孢杆菌芽孢的杀灭效果低于1个对数值，当温度升高到75℃时杀灭效果可达到7个对数值[170]。Spilimbergo等发现HPCD在12MPa、50℃条件下处理48h，对枯草芽孢杆菌芽孢的杀灭效果低于1个对数值；当温度分别增加到60℃和75℃时，在9MPa处理6h或7MPa处理2h，对芽孢的杀灭效果大于7个对数值[174]。Rao等研究发现，温度低于77℃时，在0.1~20MPa处理60min对枯草芽孢杆菌芽孢的杀灭效果不超过1个对数值，当温度高于82℃时，相同条件下杀灭效果显著增高，最大杀灭效果达到7个对数值（图5-7）[178]。

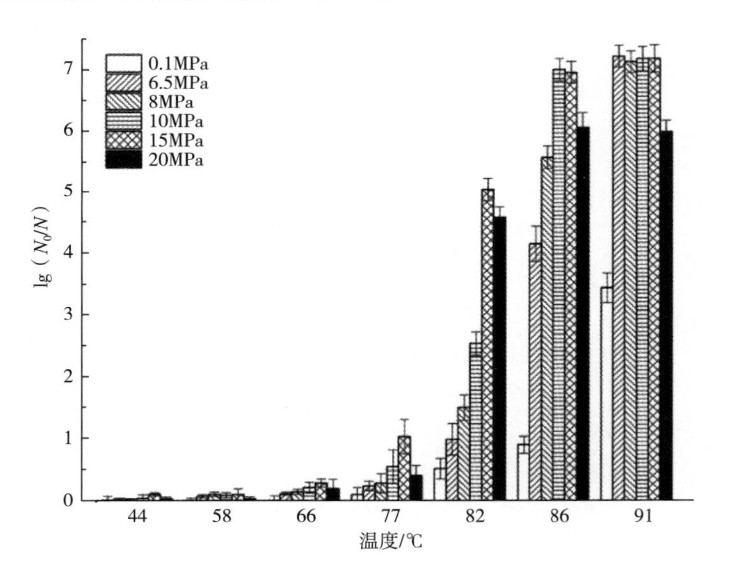

图5-7　HPCD结合温度处理60min对*B. subtilis*芽孢的杀灭效果[178]

三、时间

延长处理时间可以有效提高HPCD对芽孢的杀灭效果。Chiho等发现，HPCD在20MPa、70℃条件下处理10h，对枯草芽孢杆菌芽孢杀灭效果可以达到6个对数值[171]。Enomoto等发现，HPCD在7.8MPa、60℃条件下处理50h，对巨大芽孢杆菌芽孢杀灭效果可以达到7个对数值（图5-8）[173]。Spilimbergo等发现，HPCD在7MPa、75℃条件下处理24h，对枯草芽孢杆菌芽孢可达到大于7个对数值的杀灭效果[170]。由于传统热杀菌时间一般不超过30min[197]，因此过长的处理时间会降低杀菌效率，阻碍HPCD的产业化应用。

图5-8　时间对HPCD杀灭 *B. megaterium*芽孢的影响[173]

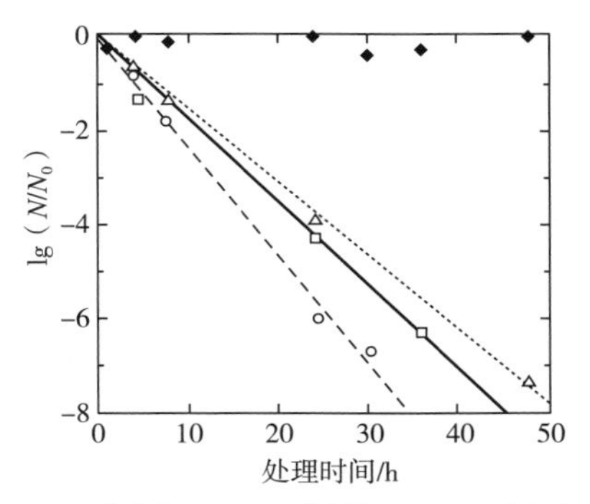

四、CO_2状态

超临界CO_2（supercritical CO_2 treatment，$SCCO_2$）比高压气态CO_2（pressurized gaseous CO_2 treatment，$PGCO_2$）对芽孢具有更好的杀灭效果（图5-9）。Furukawa等分别利用$PGCO_2$（6.5MPa、35℃）和 $SCCO_2$（30MPa、35℃）对凝结芽孢杆菌和地衣芽孢杆菌芽孢进行处理，发现$PGCO_2$处理120min可以对这两种芽孢分别起到10%和20%的杀灭效果，而$SCCO_2$处理120min则可以对这两种芽孢分别起到90%和80%的杀灭效果[196]。Chiho等对HPCD杀灭芽孢的动力学曲线进行研究发现，杀灭速率常数*k*值在CO_2超临界压强（7.38MPa）附近迅速增加，压强大于7.38MPa后，增加速率迅速减小，随着压强的继续升高*k*几乎保持不变（图5-6），这表明 $SCCO_2$ 比 $PGCO_2$对芽孢具有更好的杀灭效果[171]。

图5-9　不同状态HPCD对*B. coagulans*芽孢的杀灭效果[198]

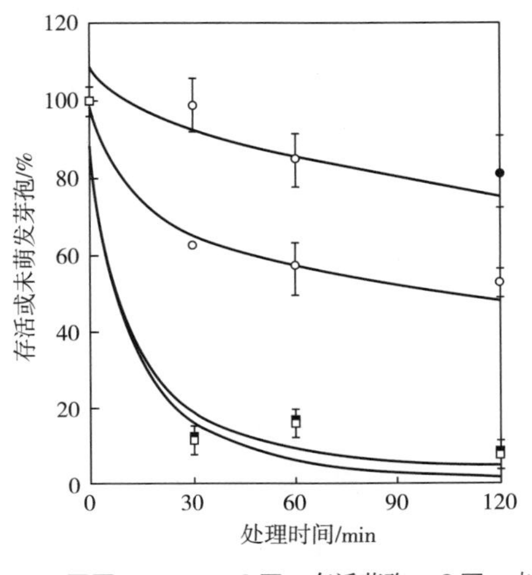

五、处理介质

HPCD对芽孢的杀灭效果与处理介质的pH和水分活度以及芽孢含水量有关。HPCD对芽孢的杀灭效果随着介质pH的降低、水分活度的升高以及芽孢水分含量的升高而增强。Haas等发现，在5.4MPa、70℃处理120min条件下，当悬浮液介质pH为2.5和3.0时，生孢梭菌芽孢被完全杀灭，而当pH为4.0时芽孢仅仅被杀灭0.8个对数值[183]。Bae等发现，在10MPa、65℃处理40min或8MPa、70℃处理30min条件下，可以完全杀灭悬浮于苹果汁（pH3.47）中的酸土脂环酸芽孢杆菌芽孢[184]。Casas等发现，在10MPa、30℃处理30min条件下，可以对悬浮于柠檬汁（pH 3.6）中的酸土脂环酸芽孢杆菌芽孢起到6个对数值的杀灭效果[185]。Kamihira等研究发现，在20MPa、35℃处理2h条件下，对水分含量为2%~10%的枯草芽孢杆菌芽孢杀灭效果仅为1%，当芽孢水分含量升高到70%~90%时，杀灭效果增加到53%[169]。结果表明，只有在水的条件下HPCD对芽孢才会有杀灭效果。Zhang等研究发现，在27.5MPa、60℃处理4h条件下，往CO_2体系中加入水可以使HPCD对短小芽孢杆菌芽孢的杀灭效果增加3个对数值以上[187]。Furukawa等研究发现，在30MPa、95℃处理120min条件下，对悬浮于NaCl或葡萄糖溶液中的嗜热脂肪土芽孢杆菌芽孢的杀灭效果随着NaCl或葡萄糖浓度的增加而降低，这可能是由于NaCl和葡萄糖浓度的增加降低了悬浮液中的水分活度造成的[199]。

添加杀菌剂可以有效提高HPCD对芽孢的杀灭效果。添加强氧化剂如过氧化氢、叔丁基过氧化氢、过氧乙酸、三氟乙酸，可以在较低温度（35~60℃）下显著提高HPCD对芽孢的消灭效果[186~190，192~194]。Zhang等研究发现，在27.5MPa、40~60℃处理240min条件下，添加0.007%~0.02%的过氧化氢对短小芽孢杆菌芽孢的杀灭效果可达到4~6.3个对数值[187]，相同条件下添加0.02%的过氧化氢对萎缩芽孢杆菌芽孢杀灭效果可达到6.25个对数值[189]，对炭疽芽孢杆菌芽孢的杀灭效果可达到5.74~6.14个对数值[188]。Hemmer等研究发现，在30MPa、40℃处理60min条件下，添加0.01%的过氧化氢可对嗜热脂肪土芽孢杆菌芽孢和萎缩芽孢杆菌芽孢杀灭效果达到6个对数值以上[190]。Tarafa等研究发现，在27.5MPa、60℃处理240min条件下，添加30%的过氧化氢对短小芽孢杆菌芽孢的杀灭效果可达到4.45~6.28个对数值[192]。Shieh等研究发现，在10MPa、50℃处理45min条件下，添加10%甲醇、12%过氧化氢或叔丁基过氧化氢混合液，或者添加6%过氧化氢和6%叔丁基过氧化氢混合液，对短小芽孢杆菌芽孢的杀灭效果可达到4个对数值[193]；相同HPCD条件下，添加3.3%的水和3%的过氧化氢，或3.3%的水、10%的甲醇和0.5%的甲酸，或3.3%的水、10%的甲醇、1%的甲酸和2%的过氧化氢，对短小芽孢杆菌芽孢的杀灭效果均可达到4~5个对数值[193]。Checinska等研究发现，在8~10MPa、50℃处理15min条件下，添加3.3%的水和0.1%的过氧化氢对短小芽孢杆菌芽孢的杀灭效果可达到6个对数值以上[194]。White等研究发现，在10.34MPa、60℃处理60min条件下，添加5%的过氧乙酸或三氟乙酸对酸土脂环酸芽孢杆菌芽孢的杀灭效果可达到6个对数值以上[186]。Qiu等研究发现，在10MPa、35~41℃处理27min条件下，添加0.0055%的过氧乙酸对萎缩芽孢杆菌芽孢的杀灭效果可达到6个对数值以上[191]。除了添加以上物质外，研究表明，添加甲醇、乙醇、异丙醇、甲酸、乙酸、丙二酸、丁二酸、柠檬酸和磷酸对HPCD杀灭芽孢没有影响[169，186，187，199]。Setlow等研究发现，在9.9MPa、35℃处理25min条件下，添加0.0035%~0.0055%的过氧乙酸对枯草芽孢杆菌芽孢的杀灭效果可达到6个对数值以上[195]。除强氧化剂外，细菌素nisin同样可以提高HPCD对芽孢的杀灭效果[180，200]。Rao等研究发现，在20MPa、84~86℃处理30min条件下，添加0.02%的nisin对枯草芽孢杆菌芽孢的杀灭效果可以达到4个对数值（图5-10）[200]。da Silva等发现，在30MPa、60℃处理30min条件下，添加0.01%和0.1%的nisin可以对枯草芽孢杆菌芽孢和嗜热脂肪土芽孢杆菌芽孢分别起到大于7个对数值和5个对数值的杀灭效果[180]。

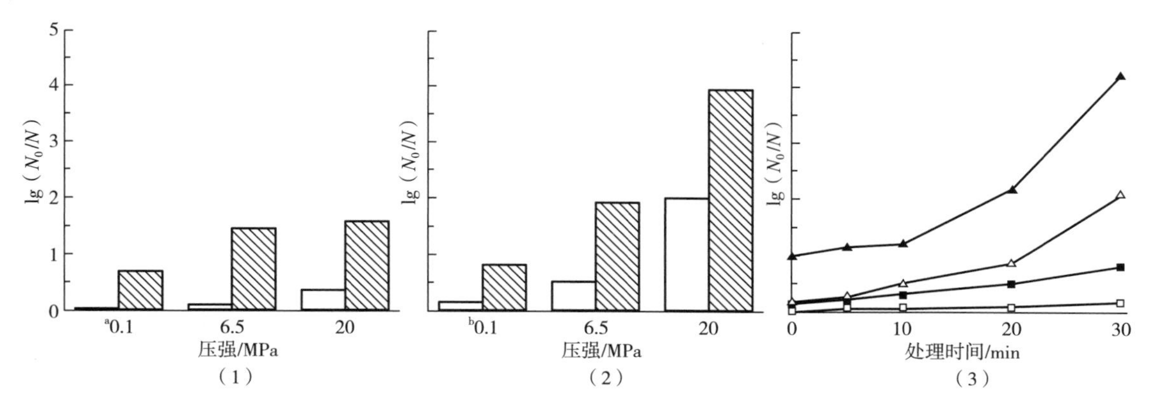

图5-10　HPCD在不同温度、压强和时间下结合nisin对*B. subtilis*芽孢的杀灭效果[200]

（1）HPCD处理条件为6.5MPa或20MPa，64~66℃，30min，a单独热处理条件为0.1MPa，66℃，30min　□—不加nisin　▧—加0.02% nisin

（2）HPCD处理条件为6.5MPa或20MPa，84~86℃，30min，b单独热处理条件为0.1MPa，86℃，30min　□—不加nisin　▧—加0.02% nisin

（3）△▲—HPCD处理条件为20MPa，84~86℃，30min　□■—单独热处理条件为0.1MPa，86℃，30min　□△—不加nisin　■▲—加0.02% nisin

六、处理方式

循环压力处理或微气泡法可以有效提高HPCD对芽孢的杀灭效果。Spilimbergo等发现，HPCD在7.5MPa、36℃条件下处理24h，对枯草芽孢杆菌芽孢仅仅只有0.5个对数值的杀灭效果；而在15MPa、54℃以及循环压力（2~6循环/h）条件下处理60min，杀灭效果提高到0.8~1.1个对数值；在15MPa、36℃以及循环压力（30循环/h）

条件下处理30min，杀灭效果进一步提高到3.5个对数值[170]。总之，HPCD处理过程中通过循环压力处理可有效提高对芽孢的杀灭效果，同时循环次数越高，杀灭效果越强。Ishikawa等发现，在CO_2进入芽孢悬液体系前，使其先经过微孔滤膜，形成大量微气泡，可以显著提高HPCD对芽孢的杀灭效果[181]。在30MPa、40℃处理30min条件下，HPCD通过微气泡法处理比非微气泡法处理对蜡样芽孢杆菌、枯草芽孢杆菌、巨大芽孢杆菌、多黏芽孢杆菌、凝结芽孢杆菌芽孢的杀灭效果提高约3个对数值；在30MPa、45~55℃处理60min条件下，微气泡法对以上芽孢的杀灭效果达到6个对数值[181]。Kumugai等认为，微气泡法可以提高CO_2与溶液的接触面积，增加CO_2的溶解度，从而提高HPCD的杀菌效果[201]。

研究表明，HPCD和脉冲电场结合可以有效提高对芽孢的杀灭效果。Spilimbergo等研究发现，HPCD在20MPa、40℃处理24h条件下，经过脉冲电场（25kV/cm，20 个脉冲）预处理后蜡样芽孢杆菌芽孢的杀灭效果可达到3个对数值，而单独HPCD处理对芽孢没有杀灭效果（图5-11）[182]。但相关的研究少，相关机制仍需要进一步研究。

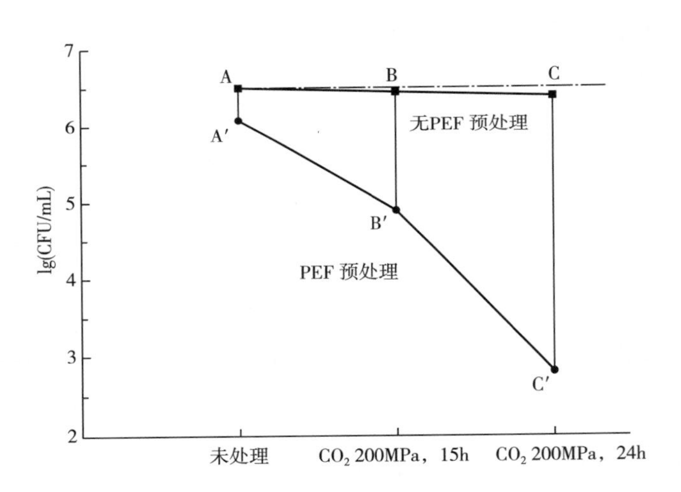

图5-11 PEF预处理对HPCD杀灭*B. cereus*芽孢的影响[182]

七、微生物种类和聚集效应

不同种类的芽孢对HPCD具有不同的抗性。Watanabe等研究了HPCD在30MPa、35℃条件下对凝结芽孢杆菌、枯草芽孢杆菌、蜡样芽孢杆菌、地衣芽孢杆菌、嗜热脂肪土芽孢杆菌芽孢的杀灭动力学，发现上述五种芽孢的数量降低1个对数值所需时间分别为164min、1667min、133min、182min、385min，因此五种芽孢对HPCD的抗性依次为：枯草芽孢杆菌 > 嗜热脂肪土芽孢杆菌 > 地衣芽孢杆菌 > 凝结芽孢杆菌 > 蜡样芽孢杆菌[176]。

芽孢的聚集效应会降低HPCD对芽孢的杀灭效果，对芽孢起到保护作用。Enomoto研究发现，HPCD在相同的温度和处理时间条件下，随着压强的升高，在5.8MPa时对巨大芽孢杆菌芽孢具有最大的杀灭效果，随着压强的继续升高，杀灭效果逐渐降低（图5-12），猜测在5.8MPa时芽孢开始发生聚集现象，芽孢的聚集降低了HPCD对芽孢的杀灭效果[173]。之后，Furukawa等研究发现，在6.5MPa或30MPa、35℃条件下，芽孢随着处理时间的延长发生了聚集，通过添加表面活性剂可有效降低芽孢的聚集，提高芽孢的杀灭效果[202]。Rao等进一步研究发现，HPCD处理过程中芽孢悬浮液体系粒度逐渐增大，表明HPCD导致芽孢发生了聚集，同时这种聚集效应随着压强、温度和时间的增加而增加（图5-13）[178]。HPCD引起的芽孢的这种聚集效应可能是由于HPCD作用于芽孢外层结构（芽孢衣和芽孢外壁等）导致相关蛋白质疏水基团暴露导致。

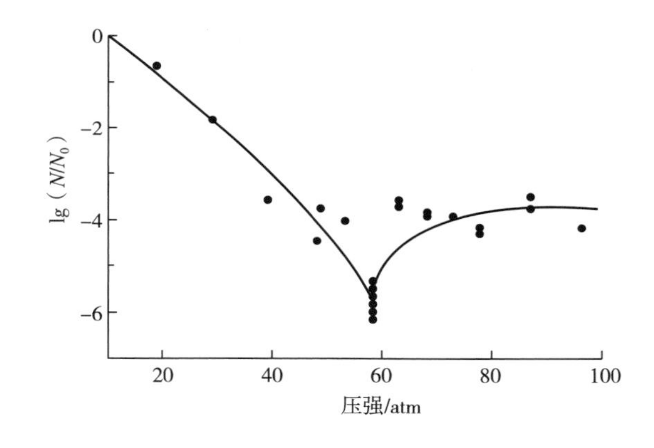

图5-12　不同压强下HPCD杀灭*B. megaterium*芽孢的效果[173]（1atm=0.101325MPa）

图5-13　不同因素对HPCD处理条件下*B. subtilis*芽孢形成聚集体粒度分布的影响[178]

那么，HPCD处理过程中芽孢的聚集效应是否对芽孢有保护作用？对此，Rao等深入研究了芽孢聚集效应与HPCD杀灭芽孢效果之间的关系。研究结果发现，通过添加表面活性剂吐温80能有效降低芽孢的聚集（图5-14），同时提高HPCD对芽孢的杀灭效果（图5-15）[178]。因此，该研究证实HPCD处理过程中芽孢的聚集效

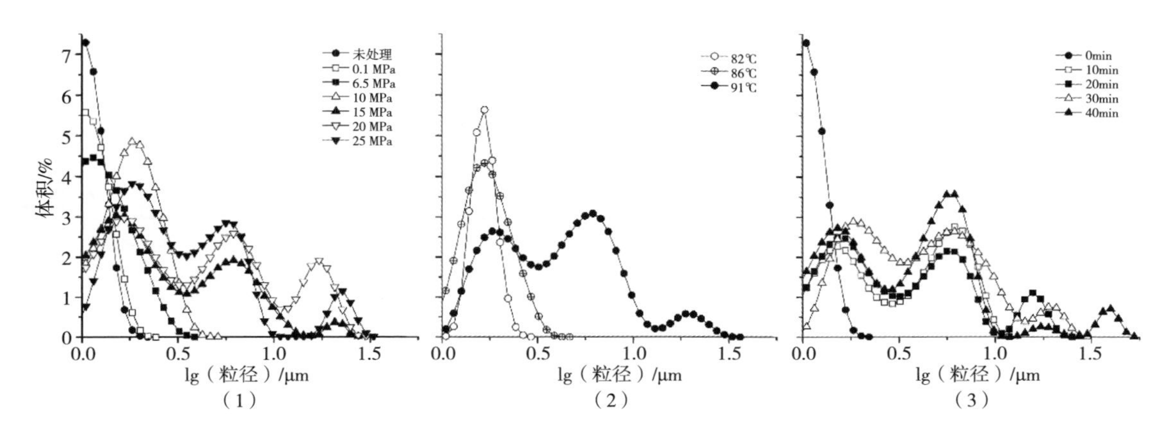

应对芽孢起到了保护作用。

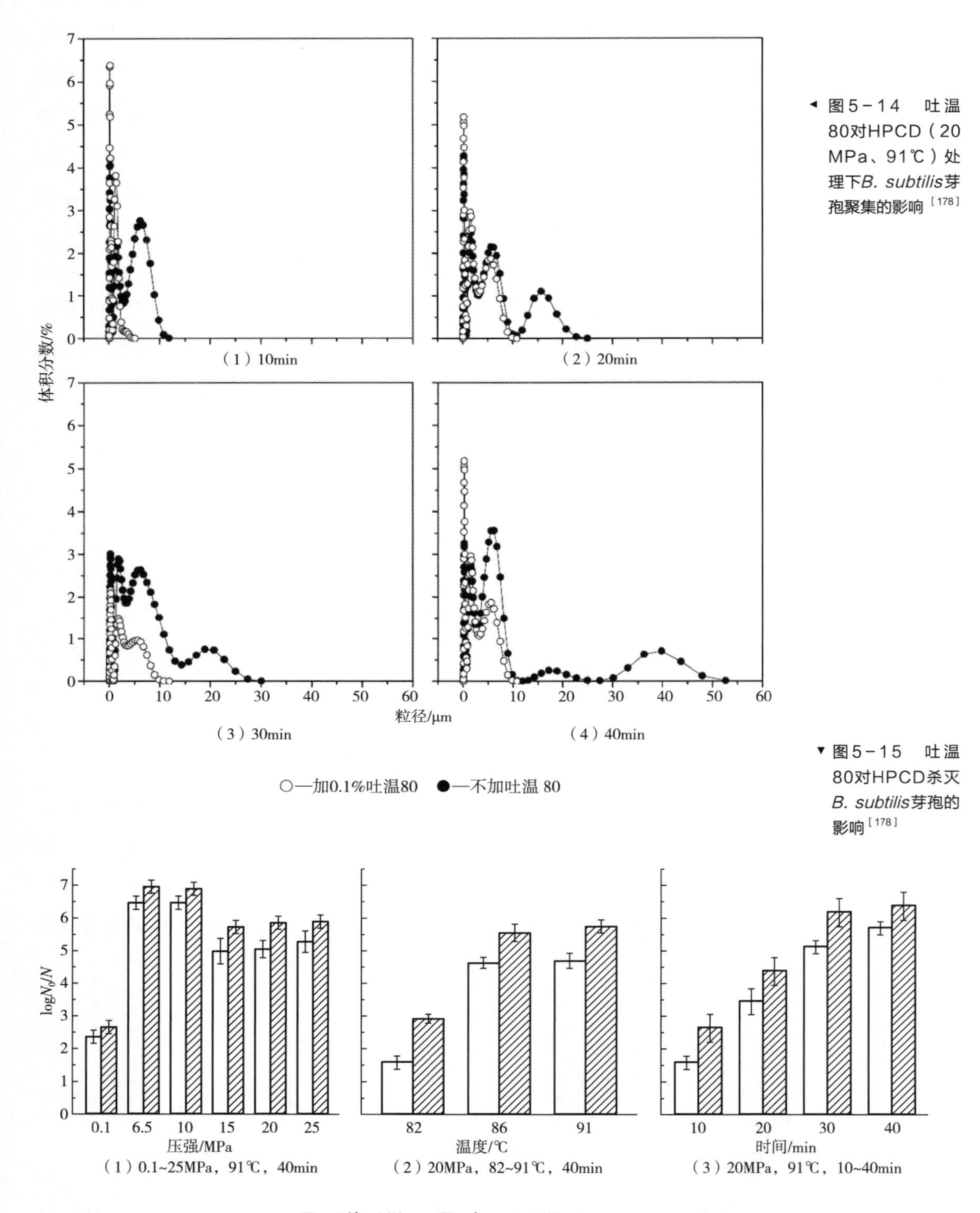

◄ 图5-14　吐温80对HPCD（20 MPa、91℃）处理下*B. subtilis*芽孢聚集的影响[178]

▼ 图5-15　吐温80对HPCD杀灭*B. subtilis*芽孢的影响[178]

第五节
HPCD 杀菌动力学

HPCD杀灭芽孢的动力学曲线主要表现为线性和两段式（图5-16）。Chiho等研究了不同压强和温度条件下HPCD对枯草芽孢杆菌芽孢的杀灭动力学，结果显示不同温度和压强条件下杀菌动力学曲线均表现为线性，进一步分析发现，杀菌速率常数随压强和温度的升高而增大[171]。与Chiho等研究结果类似，HPCD对巨大芽孢杆菌、凝结芽孢杆菌、蜡样芽孢杆菌、地衣芽孢杆菌、嗜热脂肪土芽孢杆菌芽孢的杀灭动力学曲线同样表现为线性[173，176，186，191]。但是，Ballestra等研究发现，HPCD在5MPa、80℃条件下对枯草芽孢杆菌芽孢的杀灭动力学曲线表现为两段式，杀灭速率呈现先慢后快的趋势[172]。虽然上述研究中HPCD对芽孢的杀灭动力学表现为线性或两段式，但由于用于描述以上动力学曲线的数据点非常有限，因此得到的结果需要进一步证实。

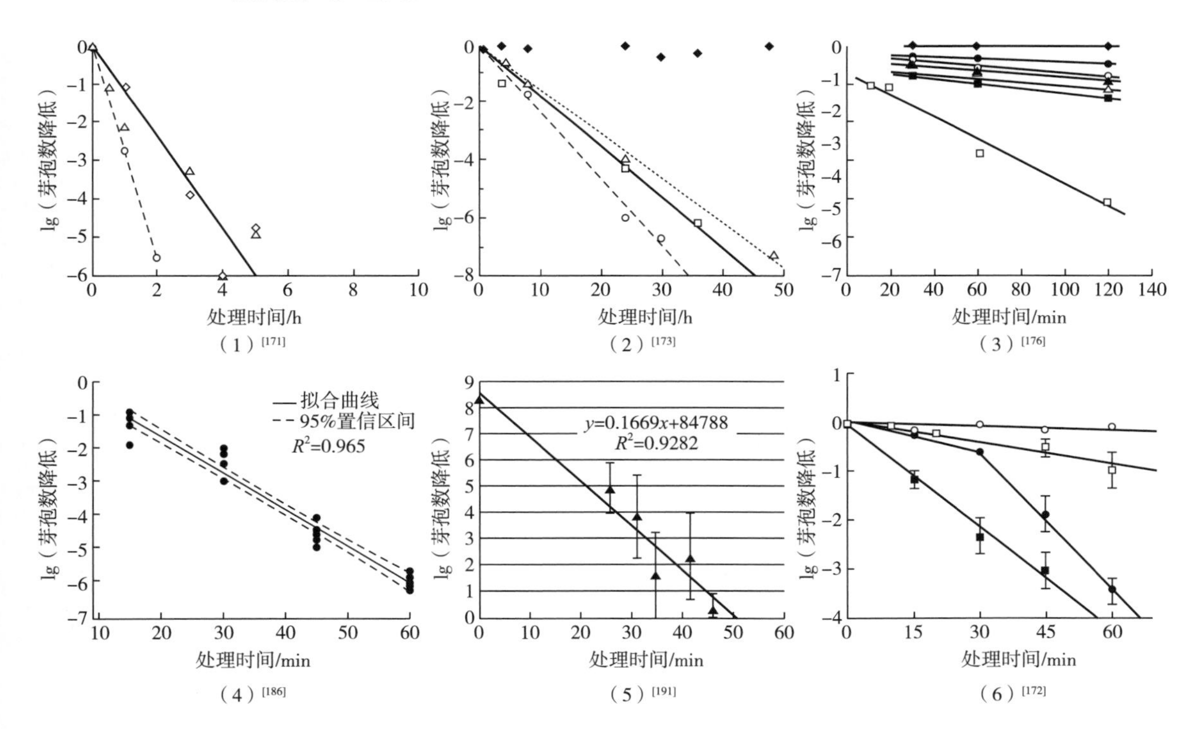

图5-16　HPCD杀灭芽孢的动力学曲线

在动力学研究中，Rao等增加了时间点，获取更多的数据描述了HPCD杀灭枯草芽孢杆菌芽孢的动力学曲线，并通过Geeraerd模型进行拟合，结果表明在82℃、86℃、91℃条件下，6.5MPa和10MPa的HPCD处理对芽孢的杀灭曲线表现为两段式，包括延滞期和快速杀菌期；而15MPa、20MPa和25MPa的HPCD处理对芽孢的杀灭曲线表现为三段式，包括延滞期、快速杀菌期和拖尾期（图5-17）[178]。对动力学曲线进一步分析发现，延滞期HPCD对芽孢杀灭速率很小，而快速杀菌期杀灭速率迅速增加，表明延滞期芽孢在HPCD作用下结构发生了变化，抗性降低，当延滞期结束时芽孢抗性降低到能够被HPCD杀灭，从而导致大量芽孢迅速被杀灭。HPCD杀灭芽孢的动力学曲线除了延滞期和快速杀菌期外，在一些压强范围（15MPa，20MPa，25MPa）还出现了拖尾期（图5-17）。拖尾期的出现表明HPCD处理过程中芽孢抗性增强，即芽孢自身发生了某种事件对芽孢起到了保护效应。这种保护效应在前人的研究中也有发现[173, 202]，研究者认为芽孢的聚集效应导致了保护作用。Rao等进一步考察了HPCD处理过程中芽孢的聚集情况，发现HPCD处理过程中芽孢发生了聚集，聚集程度随压强、温度和时间的增加而增加（图5-13）[178]。通过添加Tween 80降低芽孢在HPCD处理过程中的聚集程度后（图5-14），HPCD对芽孢的杀灭效果增加（图5-15），表明保护作用是由于芽孢的聚集效应导致[178]。

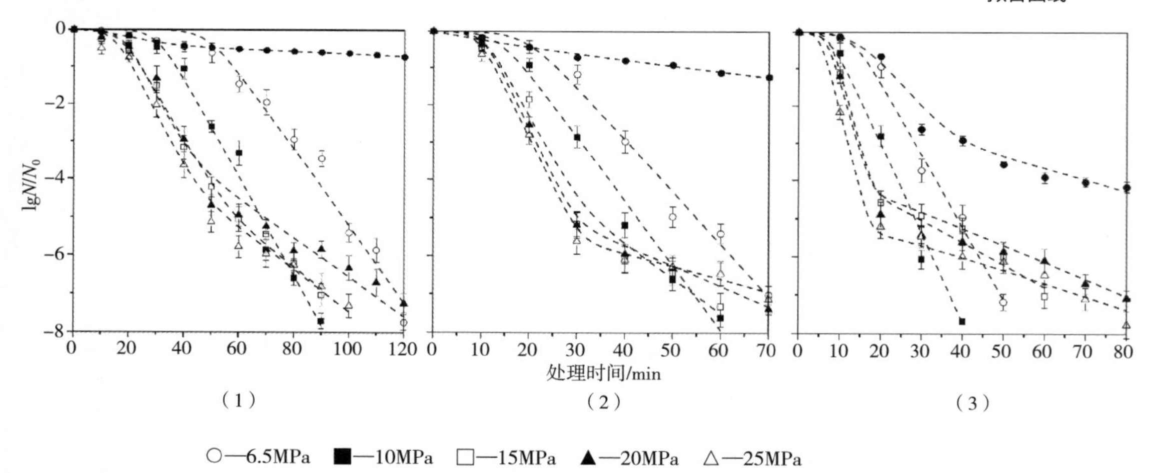

▼图5-17 温度为82℃（1）、86℃（2）、91℃（3）条件下，HPCD对*B. subtilis*芽孢的杀灭动力学，相同温度条件下压强为0.1MPa时的单独热处理（●）作为对照，虚线为将实验数据通过Geeraerd模型拟合得到的拟合曲线[178]

第六节

HPCD 对细菌芽孢的杀灭机制

根据HPCD杀灭枯草芽孢杆菌芽孢的两段式动力学曲线，有研究认为HPCD处理过程中热作用使芽孢结构发生变化，核内酶类被激活[203]，芽孢抗性降低，大量CO_2进入芽孢内部对芽孢生长过程中的新陈代谢系统起到破坏作用，导致芽孢死亡[172]。Furukawa等研究发现，HPCD处理后的芽孢对热处理抗性下降，他们认为HPCD处理诱导芽孢发生萌发，芽孢的抗性下降[196]。Spilimbergo等认为，HPCD结合60℃以上的温度可以对芽孢起到激活作用，激活后的芽孢在HPCD的作用下会进一步萌发，萌发后的芽孢抗性消失而被杀灭[163，174]。Spilimbergo等观察到HPCD结合压力循环处理可以有效杀灭芽孢，认为在压力循环处理过程中第一次HPCD处理会使芽孢发生萌发，在下一次HPCD处理时萌发的芽孢因抗性下降被杀灭[170]。Spilimbergo等还发现脉冲电场预处理可以有效提高HPCD对芽孢的杀灭效果，认为脉冲电场可以激活芽孢，激活的芽孢在HPCD处理时发生萌发，抗性下降而被杀灭[182]。Zhang通过透射电镜观察和吡啶二羧酸（DPA）检测研究了HPCD杀灭芽孢的机制，发现HPCD处理后的芽孢外层和内部结构均发生了变化，同时DPA大量释放，认为HPCD处理破坏了芽孢的结构，导致芽孢死亡[189]。Rao等和Bae等通过扫描电镜和透射电镜研究了HPCD杀灭芽孢的机制，发现处理后的芽孢表面出现褶皱、凹陷、破损，内部结构被破坏，细胞质出现流失，也认为HPCD处理直接破坏了芽孢结构，导致了芽孢死亡（图5-18，图5-19）[184，204]。总结这些研究报道，目前HPCD杀灭芽孢的可能机制是HPCD处理激活或诱导了芽孢发生萌发，使芽孢结构发生变化失去抗性而被杀灭；或者，HPCD直接破坏了芽孢的结构，导致芽孢死亡。但是，HPCD处理过程中芽孢是否发生萌发，或芽孢自身哪些结构被破坏导致其死亡尚不清楚。

图5-18 HPCD（10MPa、70℃、30min）处理前后 *A. cidoterrestris* 芽孢的扫描电镜图[184]

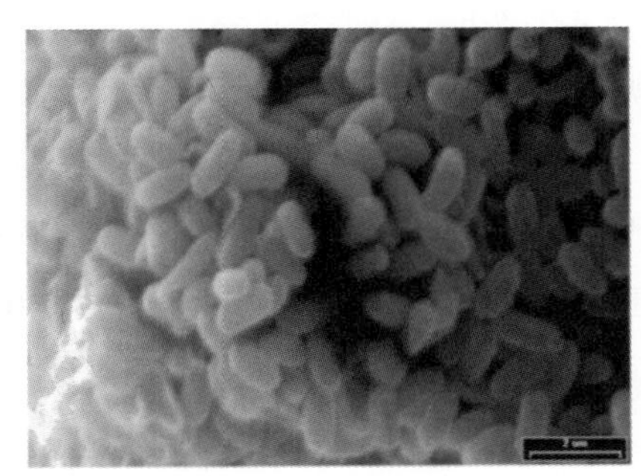

（1）处理前

（2）处理后

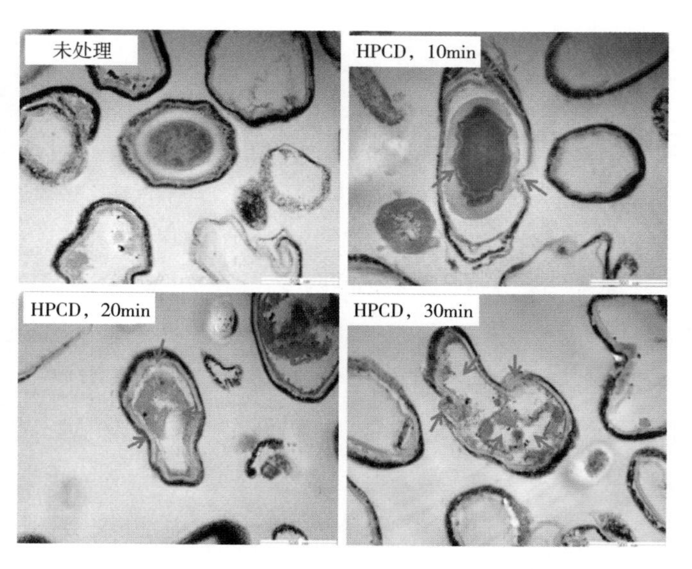

图5-19 HPCD处理*B. subtilis*芽孢的透射电镜图像[204]

Setlow等对HPCD结合过氧乙酸（Peracetic acid，PAA）（HPCD-PAA）杀灭芽孢机制进行研究，发现HPCD-PAA处理后的芽孢没有释放DPA，在萌发剂诱导下能够正常萌发，但后续生长过程受阻，并且HPCD-PAA处理的芽孢萌发后内膜透性增大，认为是HPCD-PAA通过破坏芽孢内膜，导致芽孢萌发后生长过程受阻而死亡[195]。Rao等研究了HPCD结合nisin对芽孢的杀灭机制，发现HPCD破坏了芽孢的芽孢衣和皮层等结构，促进了nisin进入芽孢内膜，提高了杀灭效果[200]。然而，上述研究主要针对HPCD结合其他杀菌剂处理，而没有对单独HPCD杀灭芽孢机制进行研究。因此，单独HPCD处理过程中芽孢是否发生萌发，以及芽孢如何死亡仍需进一步研究阐明。

一、HPCD 处理过程中芽孢的萌发

根据前文对芽孢萌发的描述可知，芽孢萌发过程中两个主要生理过程为DPA释放和皮层的降解。DPA释放表明芽孢完成萌发第一阶段，此时芽孢核部分水化、抗性部分消失；皮层降解标志着芽孢萌发完成，此时芽孢核完全水化、抗性完全消失，在相差显微镜下芽孢由明变暗。如图5-20所示，HPCD处理后芽孢没有变暗，表明HPCD处理过程中芽孢皮层没有降解，即芽孢萌发的第二阶段没有发生。那么芽孢萌发的第一阶段，即DPA的释放过程是否发生？对此通过分析HPCD处理过程中芽孢DPA释放和死亡情况（图5-21），发现HPCD处理过程中尽管存在DPA释放，但DPA的释放速率总是低于芽孢的死亡率，表明DPA的释放发生在芽孢死

亡之后，同时HPCD处理后不存在热抗性消失的芽孢。因此，HPCD杀灭芽孢的过程中芽孢没有发生萌发，应该是HPCD直接破坏了芽孢的结构，导致芽孢死亡。事实上，HPCD处理过程中，芽孢悬浮液pH由于CO_2酸化效应会降低到3左右，在高酸性环境下芽孢的萌发会受到抑制，这也进一步证明HPCD处理不会诱导芽孢萌发。

图5-20　HPCD处理*B. subtilis*芽孢的相差和荧光图像

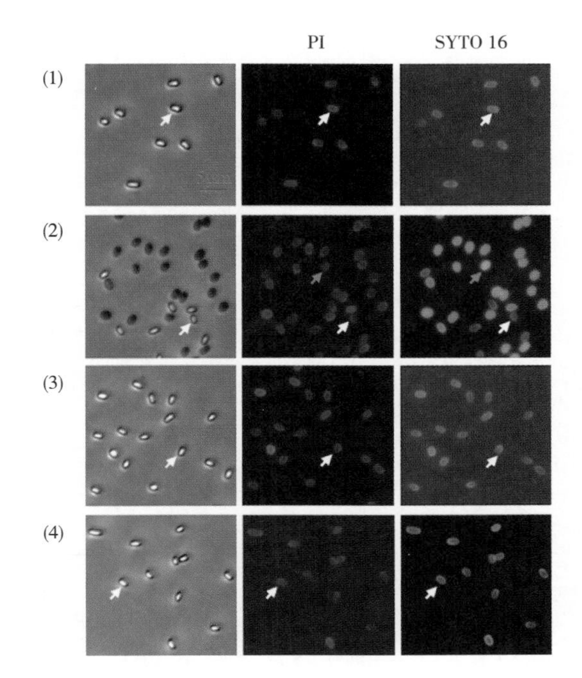

使用荧光染料为PI和SYTO 16

（1）未处理　（2）L-valine诱导萌发的芽孢　（3）6.5MPa/30℃ HPCD处理30min后的芽孢　（4）6.5MPa/75℃ HPCD处理30min后的芽孢

二、HPCD 处理对芽孢结构的破坏

由于单独HPCD处理并不能有效杀灭芽孢，而结合一定温度可以有效杀灭芽孢，因此后文重点叙述HPCD结合温度（HPCD + MT）对芽孢的杀灭机制。枯草芽孢杆菌作为模式菌，易于进行基因操作，因此广泛应用于芽孢杀灭机制研究。后文如无特殊说明，芽孢指枯草芽孢杆菌芽孢。

（一）HPCD + MT 对 PS533 及其突变株芽孢的杀灭效果

芽孢由于其特殊的结构，使其对外界环境具有极强的抗逆性，芽孢不同结构对芽孢抗逆性具有不同的影响[205]。比如，芽孢衣可以阻止肽聚糖降解酶或一些强氧化剂进入芽孢内部，对芽孢皮层或内部结构造成破坏；芽孢核内与DNA结合的α/β型SASP可以提高芽孢的热抗性，同时可以保护芽孢DNA

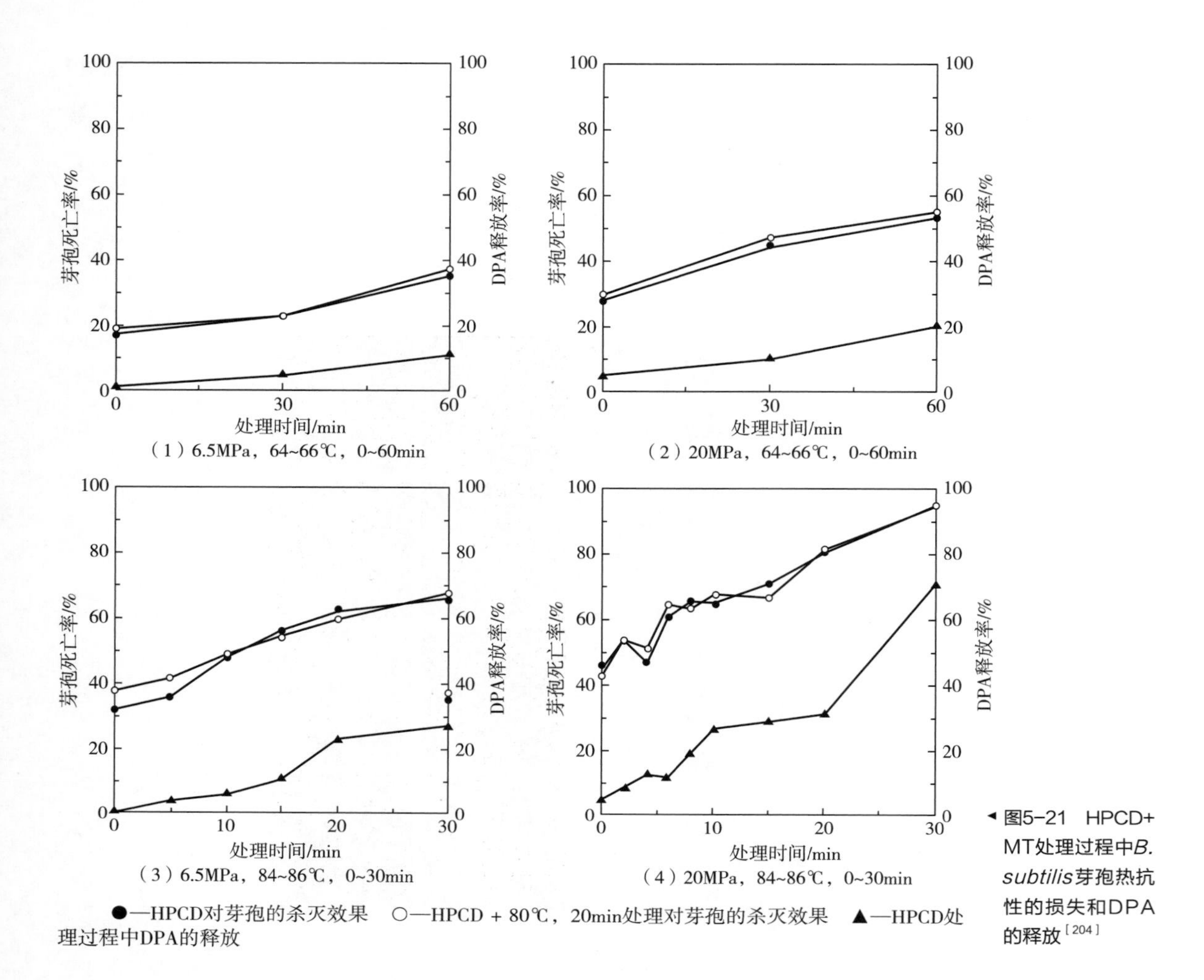

图5-21 HPCD+MT处理过程中*B. subtilis*芽孢热抗性的损失和DPA的释放[204]

免受外界有毒有害化学物质的攻击；RecA蛋白可以修复芽孢受损DNA，维持DNA受损芽孢的活性。此外，芽孢核内还存在大量与芽孢生长代谢相关的酶类和蛋白质，一旦受到破坏，将影响芽孢的正常萌发生长。为考察芽孢的芽孢衣、*α*/*β*型SASP、RecA蛋白在HPCD杀灭芽孢中的作用，研究了HPCD（20MPa）+ MT（84~86℃）处理0~60min对野生型芽孢 PS533及芽孢衣缺陷型PS3328、*α*/*β*型SASP缺陷型PS578、RecA缺陷型PS2318芽孢的杀灭效果。同时，选取PS3518作为研究对象研究了HPCD+MT处理对芽孢核中蛋白质的影响。PS3518是通过PS533转导*gfp*基因得到，菌体生长形成芽孢后，芽孢核内含有大量的绿色荧光蛋白（green fluorescence proteins，GFP）。由于GFP性质极其稳定，对高pH、热处理以及蛋白酶类、尿素、十二烷基磺酸钠（sodium dodecyl sulfate，SDS）等化学试剂处理均具有极强的抗性[206~208]，因此可以用于指示HPCD+MT处理对芽孢核内蛋白质的破坏[206]。需要注意的是，如果要选取PS3518芽孢研究芽孢核内蛋白质的变化，需要证明PS3518和PS533

芽孢对HPCD+MT具有相同的抗性，对此研究了HPCD+MT在20MPa和84~86℃处理0~60min对PS3518和PS533芽孢的杀灭效果。此外，结构缺陷型突变菌株芽孢对热处理的抗性可能会发生变化[209]，因此，也同时研究了单独热处理对PS533和突变菌株芽孢的抗性。

如图5-22所示，HPCD + MT对PS533、PS3518、PS2318芽孢具有类似的杀灭效果，而对PS578和PS3328芽孢具有更显著的杀灭效果，表明不同菌株对HPCD + MT处理具有不同的抗性，抗性强弱顺序依次为PS533 ≈ PS3518 ≈ PS2318 > PS578 [图5-22（1），（2）]。因此，转导GFP蛋白不影响芽孢对HPCD + MT的抗性，即PS3518芽孢可用于后续HPCD + MT对芽孢核内蛋白质的影响的研究；RecA蛋白缺陷不影响芽孢对HPCD + MT的抗性，即HPCD + MT处理对DNA没有损伤；α/β型SASP和芽孢衣缺陷型芽孢对HPCD + MT的抗性降低。为了考察温度对HPCD杀灭不同菌株效果的影响，进一步研究了相同温度下单独热处理和HPCD + MT处理对不同菌株芽孢的杀灭效果。如图5-22（2）所示，单独热处理对PS533、PS3518、PS2318芽孢的杀灭效果分别为0.15、0.43、0.72个对数值，而对PS578芽孢的杀灭效果为3.41个对数值，即不同菌株对单独热处理的抗性强弱顺序依次为：PS533 ≈ PS3518 ≈ PS2318 > PS578，表明α/β型SASP缺陷降低了芽孢的热抗性。因此，图5-22 [（1），（2）]中PS578芽孢对HPCD + MT抗性的降低是由于其热抗性的降低导致的。

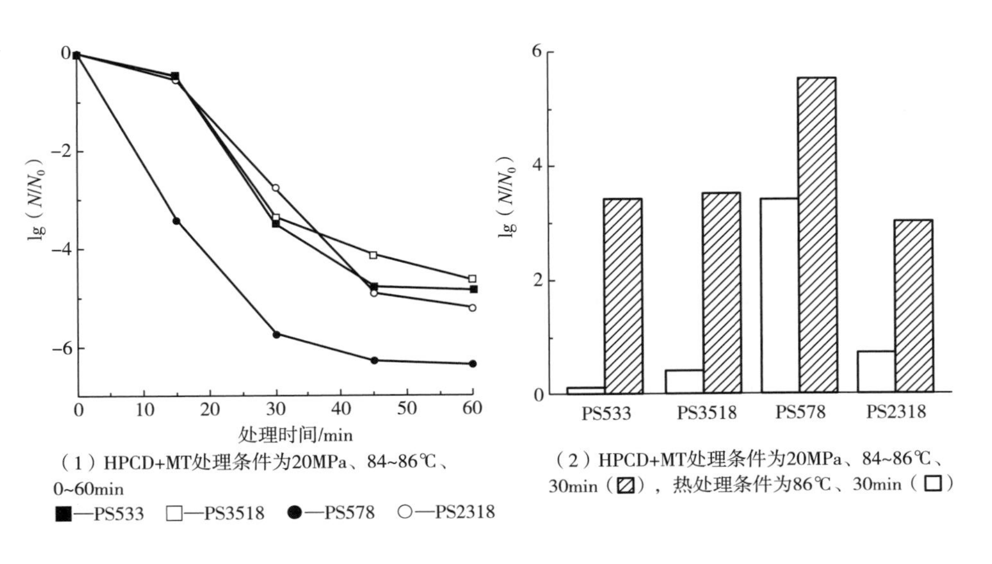

图5-22　HPCD+MT处理或热处理对*B. subtilis*不同菌株的杀灭效果

（1）HPCD+MT处理条件为20MPa、84~86℃、0~60min
■—PS533　□—PS3518　●—PS578　○—PS2318

（2）HPCD+MT处理条件为20MPa、84~86℃、30min（▨），热处理条件为86℃、30min（□）

（二）HPCD + MT 处理后芽孢的分离

图5-21显示，HPCD+MT处理过程中芽孢DPA的释放始终低于芽孢的死亡

率。然而，单个芽孢的DPA释放是一个要么发生要么不发生的过程[147，148]，因此可以认为HPCD+MT杀灭的芽孢中只有一部分释放了DPA，另有一部分保留了DPA。为了验证这个结果，对HPCD+MT在20MPa和84~86℃处理30min后的PS533和PS3518芽孢进行平衡密度梯度离心，得到位于离心管底部的芽孢，分别测定该部分芽孢的存活率和DPA含量，如表5-4所示。离心分离后得到PS533和PS3518两种芽孢的DPA含量分别为97.9%和96.6%，而其存活率则分别为0.17%和0.20%，表明离心后得到的芽孢大部分处于死亡的状态，但同时几乎保留了全部DPA。将这部分死亡同时保留了DPA的PS533和PS3518芽孢分别用T_{C1}和T_{C2}表示，继续重点研究T_{C1}和T_{C2}的特性。

表5-4　　HPCD处理后芽孢分离后的存活率和DPA含量

芽孢种类	处理方式	存活率/%	DPA含量/%
PS533	未处理	100^{a}	100^{a}
	*HPCD+MT	0.03 ± 0.01^{b}	—
	**HPCD+MT+离心	0.17 ± 0.12^{c}	97.9 ± 1.9^{a}
PS3518	未处理	100^{a}	100^{a}
	*HPCD+MT	0.05 ± 0.03^{b}	—
	**HPCD+MT+离心	0.20 ± 0.11^{c}	96.6 ± 3.1^{a}

注：（1）*HPCD处理条件为20MPa、84~86℃、30min；**HPCD处理后的芽孢平衡梯度离心后得到的芽孢。
（2）"—" 表示未测定。
（3）数字后不同字母表示有显著差异（$P<0.05$）。

（三）HPCD+MT 处理对芽孢萌发和生长影响

HPCD+MT处理后死亡但保留了DPA的芽孢，其死亡的原因可能是萌发或生长过程受阻[41，195，209]。如图5-23所示，HPCD + MT处理后芽孢在L-缬氨酸、AGFK、十二烷胺（dodecylamine，DDA）诱导下均能发生萌发，但不同萌发因子诱导的萌发效率不同。对于L-缬氨酸诱导的萌发，HPCD+MT处理的芽孢萌发速率显著低于未处理芽孢，在37℃下萌发90min后未处理和HPCD+MT处理的芽孢萌发比例分别达到最大值99.4%和19.7%；对于AGFK诱导的萌发，HPCD+MT处理的芽孢萌发速率同样显著低于未处理芽孢，在37℃下萌发140min后未处理和HPCD+MT处理的芽孢萌发比例分别达到最大值98.4%和36.7%。由于L-缬氨酸通过萌发受体GerA诱导芽孢萌发，而AGFK通过GerB和GerK诱导芽孢萌发[18]，因此，图5-23（1）和（2）中结果表明，HPCD+MT处理破坏了萌发受体GerA、GerB和GerK，降低了芽孢的萌发效率。但需要注意的是，HPCD + MT处理后芽孢的萌发率仍显著高于芽孢的存活率（0.17%）（表5-5），表明大量被HPCD+MT杀灭但保留了DPA的芽孢能正常萌发，即具有正常功能的GerA、GerB和GerK萌发受体蛋白。

对于DDA诱导的萌发，HPCD + MT处理的芽孢萌发率显著高于未处理芽孢，在50℃下萌发80min后未处理和HPCD + MT处理的芽孢萌发率分别达到100%和93%[图5-23（3）]。而DDA通过直接与SpoVA蛋白作用，打开CaDPA释放的蛋白通道，使CaDPA释放诱导芽孢萌发[210]。因此，图5-23（3）中结果表明HPCD + MT处理对SpoVA蛋白通道没有破坏作用，同时提高了DDA与SpoVA蛋白的作用效率，但HPCD + MT怎样提高了DDA诱导的芽孢的萌发效率仍不清楚，需要进一步研究。

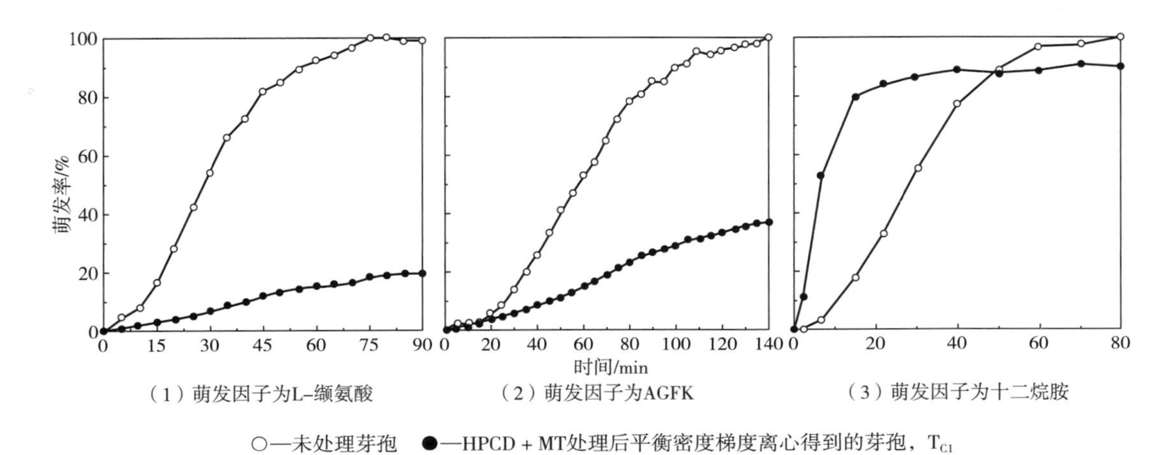

（1）萌发因子为L-缬氨酸　（2）萌发因子为AGFK　（3）萌发因子为十二烷胺

图5-23　HPCD+MT处理后PS533芽孢的萌发

图5-23中结果表明，虽然HPCD+MT处理降低了芽孢的萌发效率，但芽孢仍然能够萌发，但萌发芽孢是否能正常生长？对此通过测定生长曲线以及观察芽孢生长状态研究HPCD+MT处理对芽孢生长的影响。由于芽孢萌发过程中伴随着DPA的释放和皮层的降解，而上述事件会大大降低芽孢的折光性[18]，因此，芽孢生长曲线初始阶段，OD_{600}会逐渐下降，萌发完成后OD_{600}会达到最低，同时相差显微镜可观察到芽孢会从明亮状态变为黑色，随后萌发的芽孢开始生长形成营养体，并继续进行二分裂生长，菌体数量增加导致OD_{600}开始升高。

如图5-24（1）所示，未处理的芽孢OD_{600}先下降后上升，表明芽孢先发生了萌发导致OD_{600}下降，然后萌发的芽孢开始生长导致OD_{600}增加；HPCD+MT处理的芽孢OD_{600}先略微下降，然后维持不变，表明HPCD+MT处理后的芽孢先有少部分萌发，但萌发的芽孢并未继续生长。上述结果通过相差图像进一步证实。如图5-24（2）所示，未处理和HPCD+MT处理的芽孢在生长曲线时间为零时，均表现为明亮的椭圆形球体，当生长时间逐渐增加时，未处理芽孢开始萌发并正常生长，形成大量杆状营养体。而对于HPCD+MT处理的芽孢，随着生长时间的增加，有部分芽孢发生萌发，萌发的芽孢大部分之后不能正常生长，仍表现为椭圆形球体，仅有极少量芽孢发生生长，这部分可以正常生长的芽孢可以认为是HPCD+MT处理后存活的少部分芽孢（0.17%，见表5-4）。前人研究表明，导致萌发后芽孢不能正常生长的原因有多种，比如萌发后芽孢结构破坏或芽孢核内与生长相关的蛋白质和酶类被破坏[147，148，153]。对此，需要对萌发后的芽孢结构特性以及芽孢核内蛋白质和DNA特性进行研究。

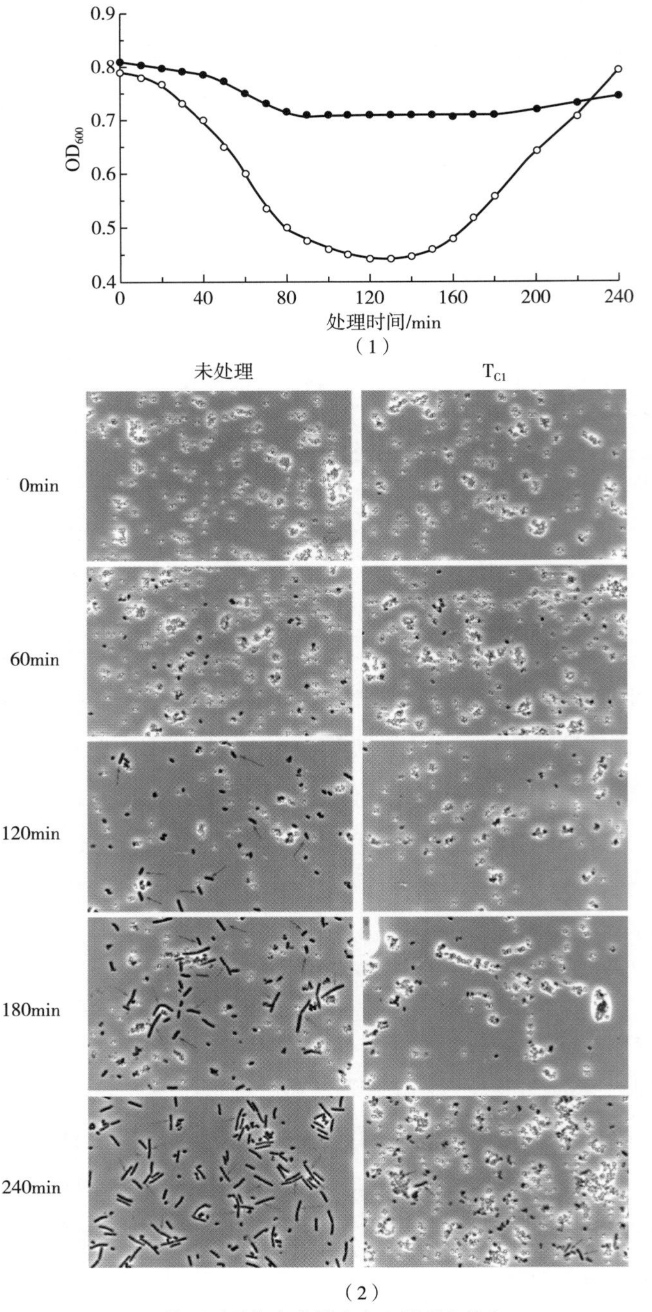

图5-24　HPCD+MT处理后PS533芽孢的生长曲线（1）和相差图像（2）

○—未处理，●—HPCD＋MT处理后平衡密度梯度离心得到的芽孢，T_{C1}

（2）中的T_{C1}与（1）中一致；绿色箭头指向萌发的芽孢；蓝色箭头指向正在生长的芽孢；红色箭头指向芽孢生长后形成的营养体。

（四）HPCD+MT 处理对芽孢 DNA 的影响

DNA作为遗传物质，在芽孢萌发生长为营养体后进行二分裂生长过程中具有重要作用[78]。因此，一旦DNA受到破坏，芽孢萌发后的生长过程将会受阻，导致芽孢死亡。研究表明，干热、干燥和辐照处理通过破坏DNA杀灭芽孢，并且经处理后存活的芽孢中会出现大量突变体[26, 63]。比如，Setlow等研究发现，紫外辐照通过破坏芽孢DNA杀灭芽孢，被紫外辐照处理后的芽孢中会出现5%~10%的营养缺陷或产芽孢缺陷菌落[26]。因此，研究者认为通过杀菌技术处理后存活的芽孢中营养缺陷或产芽孢缺陷的突变体比例达到5%~10%时，可以认为芽孢是通过DNA破坏被杀灭的[195, 209]。

通过研究HPCD+MT处理后芽孢中的营养缺陷或产芽孢缺陷菌体比例来考察HPCD+MT对芽孢DNA的损伤。如表5-5所示，HPCD+MT处理后的芽孢中没有出现营养缺陷型菌体，同时产芽孢缺陷型菌体数量比例仅为0.25%，远低于5%~10%，表明HPCD+MT处理对芽孢DNA没有破坏作用。

表5-5　　HPCD + MT处理后PS533芽孢产生突变菌落的数量

芽孢种类	处理方式	杀灭效果/%	突变菌落数量		
			营养缺陷型	产芽孢缺陷型	营养缺陷和产芽孢缺陷型
PS533	未处理	100	0	0	0
	HPCD①+MT	99.97	0	1	0
	HPCD②+MT+离心	99.83	0	0	0

注：①HPCD处理条件为20MPa，84~86℃，30min。
②HPCD处理后平衡梯度离心（见表5-4）后得到的芽孢；突变菌落的数量为每500个菌落中突变菌落的数量。

（五）HPCD + MT 处理对芽孢核内蛋白质的影响

芽孢核中含有大量的蛋白质和酶类，在芽孢萌发后生长成为营养体过程中对DNA的复制、蛋白质等大分子的合成以及新陈代谢各种生化反应的进行都具有重要作用[99, 100]。因此，一旦芽孢核中蛋白质和酶类受到破坏，芽孢萌发后的生长过程将会受阻，从而导致芽孢死亡。

PS3518芽孢与PS533芽孢对HPCD+MT具有相同的抗性，同时PS3518芽孢中核含有大量的GFP绿色荧光蛋白，当GFP蛋白结构被破坏时荧光强度显著降低[211]。因此，可以通过研究HPCD+MT处理过程中PS3158芽孢荧光强度的变化考察HPCD+MT对芽孢核蛋白的破坏。如图5-25（1）A~（6）A所示，单独热处理对GFP蛋白没有显著影响[图5-25（2）]，HPCD+MT处理后芽孢GFP蛋白荧光强度随时间延长显著降低[图5-25（3），（4），（5）]，HPCD+MT处理后保留了DPA的芽孢T_{C1} 的GFP蛋白荧光强度同样显著降低[图5-25（6）]。通过流式分析得到类似的结果[图5-25（1）B~（6）B]。通过对比芽孢存活率和GFP蛋白荧光值发现，芽孢存活率的降低伴随着GFP蛋白荧光值的降低，但存活率总是低于GFP蛋白荧光强度（表5-6）。

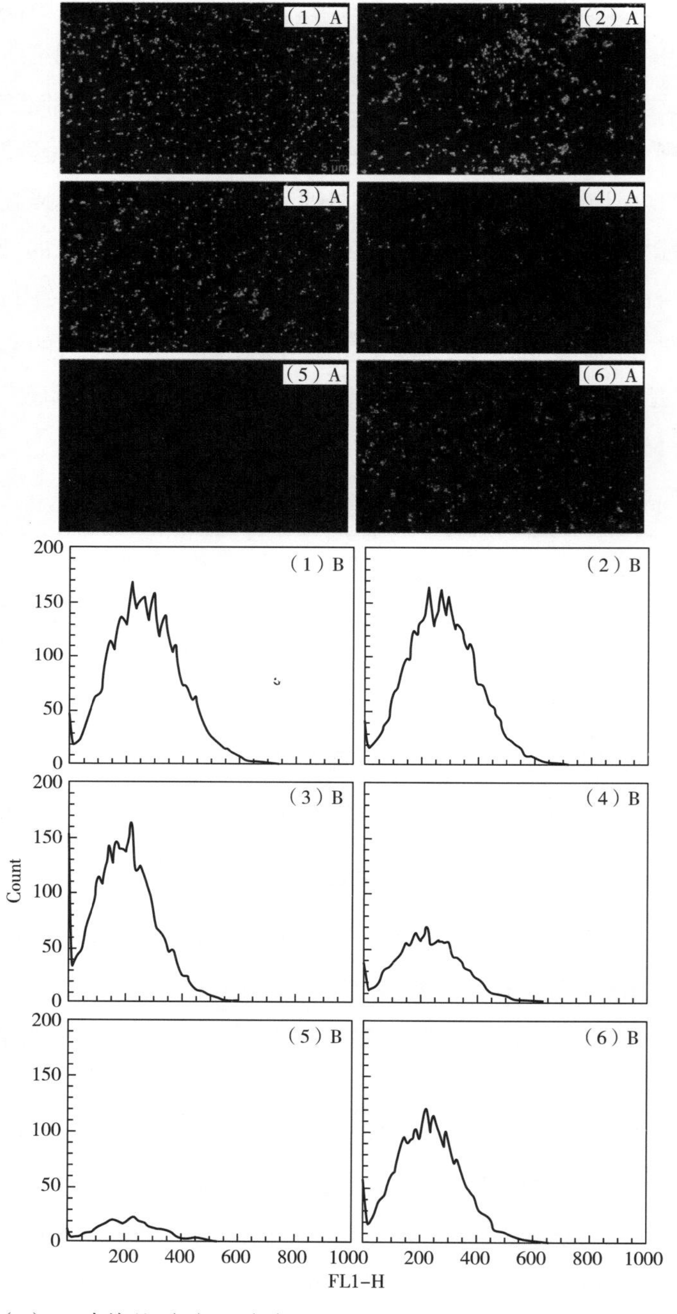

图5-25 HPCD+MT或热处理后PS3518芽孢的荧光显微图像[（1）A~（6）A]和流式分析直方图[（1）B~（6）B]

（1）A、（1）B：未处理；（2）A、（2）B：86℃处理30min；HPCD+MT在20MPa、84~86℃分别处理15min［（3）A、（3）B］、30min［（4）A、4（B）］、45min［（5）A、（5）B］；（6）A、（6）B为HPCD+MT处理30min后，平衡梯度离心得到的芽孢T_{C2}，同表5-4。

表5-6 HPCD+MT或热处理后PS3518芽孢的存活率和荧光强度

处理方式	未处理	热处理	HPCD+MT处理（20MPa、84~86℃）			
		86℃、30min	15min	30min	45min	T_{C2}
存活率①/%	100	70.37	33.53	0.034	0.0026	0.17
荧光强度②/%	100	96.3	81.1	37.2	11.0	64.4

注：①存活率数据来源于图5-22和表5-4。
②荧光强度数据来源于图5-25（1）B~（6）B。

（六）HPCD+MT 处理对芽孢内膜的影响

芽孢内膜上的脂类和蛋白质均处于静止状态[49, 54]，对包括水分子在内的小分子物质均有极低的渗透性，因此可以维持芽孢核中高DPA含量和低水分含量，从而使芽孢处于休眠状态并具有抗性[99, 100]。如果芽孢内膜结构受到损伤，那么萌发后芽孢内膜渗透性会发生变化，导致芽孢核内物质泄漏或芽孢内膜不能行使其生物学功能，导致芽孢死亡。因此，通过不同方法对HPCD+MT处理后的芽孢内膜性质进行研究。

表5-7 HPCD+MT处理后芽孢对高渗环境的抗性和对DPA的维持能力

处理方式	杀灭效果①/%	芽孢在不同培养基中的存活率/%			DPA含量/%	DPA的释放④/%
		LB	LB② + NaCl	LB③+NaCl+葡萄糖		
未处理	0	100^{a}	102.4 ± 5.1^{a}	97.6 ± 7.5^{a}	100^{a}	2.6 ± 0.8^{d}
T_{C1}⑤	99.83	100^{a}	8 ± 3.2^{b}	25 ± 4.3^{c}	97.9 ± 1.9^{a}	71.4 ± 5.5^{e}

注：①杀灭效果数据来源于图5-22和表5-4。
②LB中添加1mol/L NaCl。
③LB中添加1mol/L NaCl和50mmol/L 葡萄糖。
④在85℃下处理45min时DPA的释放比例。
⑤T_{C1}同表5-4；数字后不同字母表示有显著差异（$P<0.05$）。

首先，通过考察芽孢在高渗培养基中的生长情况研究芽孢内膜的透性变化。Cortezzo等发现，氧化剂可以通过改变芽孢内膜结构，使其透性增加杀灭芽孢，同时强氧化剂处理后的芽孢在高渗培养基中存活率下降，同时添加glucose可以使芽孢存活率有所恢复[212]。将未处理和HPCD+MT处理的芽孢分别在LB或含有1mol/L NaCl或1mol/L NaCl+50mmol/L glucose的LB培养基上培养，结果表明未处理的芽孢在三种培养基上均能正常生长，而HPCD+MT处理的芽孢在含NaCl的培养基上存活率显著下降，但在添加glucose后芽孢存活率有所恢复（表5-7）。这与Cortezzo等的研究结果类似，表明HPCD+MT处理芽孢萌发后，在高渗培养基中生长受到抑制，其原因为芽孢内膜受损，萌发后芽孢在高渗培养基中存活率下降。其次，通过考察亚致死温度下芽孢DPA的释放研究芽孢内膜透性变化。Setlow等发现，芽孢内膜受损的芽孢在85℃下对DPA的维持能力显著下降[195]。将未处理和HPCD+MT处理的芽孢置于85℃处理45min，测定芽孢DPA的释放比例。如表5-7所示，未处理芽孢DPA释放量仅为2.6%，而HPCD+MT处理芽孢的DPA释放量高达71.4%，表明HPCD+MT处理后芽孢内膜受损、透性增加，对DPA的维持能力下降。

为了验证HPCD+MT处理破坏了芽孢内膜结构、增大了芽孢内膜透性（表5-7），对未处理和HPCD+MT处理后的芽孢T_{C1}在L-缬氨酸或AGFK诱导下萌发140min后进行PI染色，观察染色后芽孢的荧光图像并进行流式分析（图5-26，表5-8）。如图5-26B1~B4所示，HPCD+MT处理的芽孢萌发后被PI染色的比例明显高于未处理芽孢。进一步定量分析芽孢萌发比例和萌发后被PI染色的比例发现，未处理的芽孢在L-缬氨酸或AGFK诱导下萌发比例分别为94.8%和96.3%（图5-26A1~A4），萌发后被PI染色的比例分别为4.29%和3.15%（表5-8），表明未处理的芽孢萌发后大部分具有正常功能的芽孢内膜，PI不能透过芽孢萌发后的芽孢内膜对芽孢核染色；HPCD+MT处理的芽孢在L-缬氨酸或AGFK诱导下萌发的比例分别为34.4%和41.1%，萌发后被PI染色的比例分别为33.8%和39.4%（表5-8），表明HPCD+MT处理芽孢萌发后，所有芽孢的芽孢内膜结构均受到破坏，透性增加，PI可以透过芽孢萌发后的芽孢内膜对芽孢核染色。因此，可以认为HPCD + MT处理后芽孢T_{C1}的芽孢内膜受到了损伤，导致芽孢萌发后生长过程受阻而死亡。

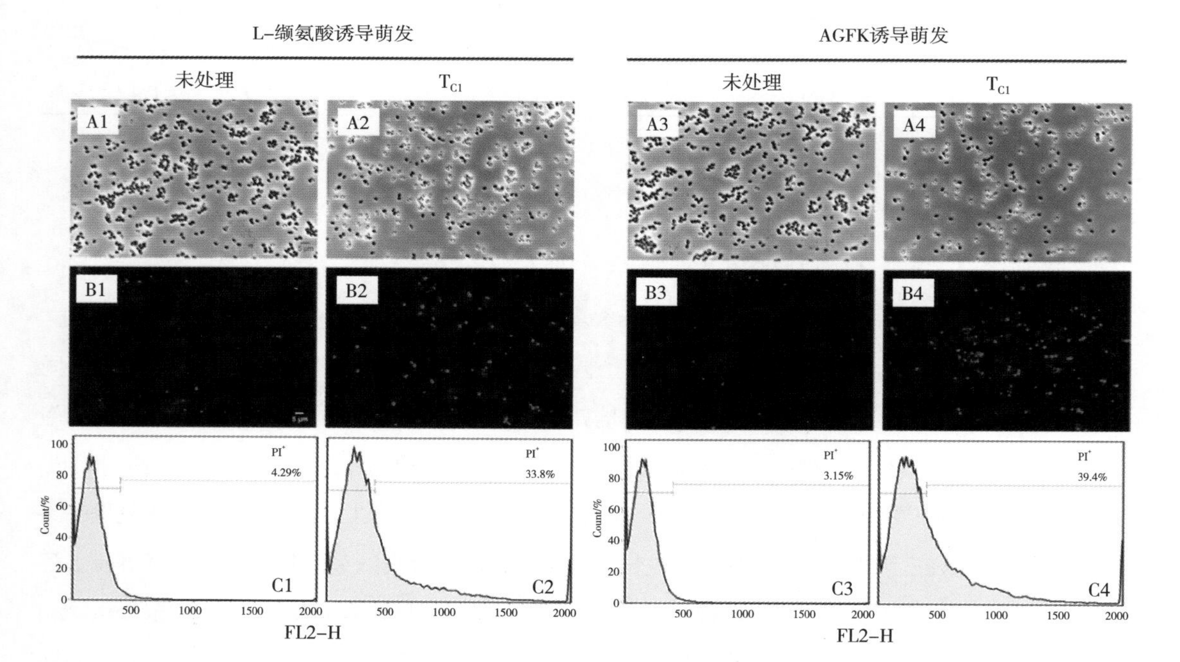

▼图5-26 HPCD+MT处理PS533芽孢萌发后相差图像（A1~A4），PI染色后的荧光图像（B1~B4）和流式直方图（C1~C4），T_{C1}来源于表5-4

表5-8　HPCD+MT处理芽孢萌发比例和萌发后PI染色比例

处理方式	死亡率/%	L-缬氨酸诱导萌发		AGFK诱导萌发	
		萌发率/%	PI 染色率①/%	萌发率/%	PI 染色率①/%
未处理	0	94.8	4.29	96.3	3.15
T_{C1}②	99.83	34.4	33.8	41.1	39.4

注：①PI染色芽孢数据来源于图5-26C1~C4。
②T_{C1}来源于表5-4。

综上，HPCD处理过程中芽孢没有发生萌发。因此，HPCD不是通过先诱导芽孢萌发而杀灭芽孢。对芽孢结构的研究发现，HPCD处理破坏了芽孢的芽孢衣、萌发受体、核内蛋白质以及芽孢内膜等，但芽孢内膜的破坏是导致芽孢死亡的直接原因，而其他结构的破坏可能是在芽孢死亡后发生。因此，HPCD杀灭芽孢机制可以总结如图5-27所示，HPCD作用于芽孢内膜并破坏其功能特性，导致芽孢萌发后不能正常生长而死亡。

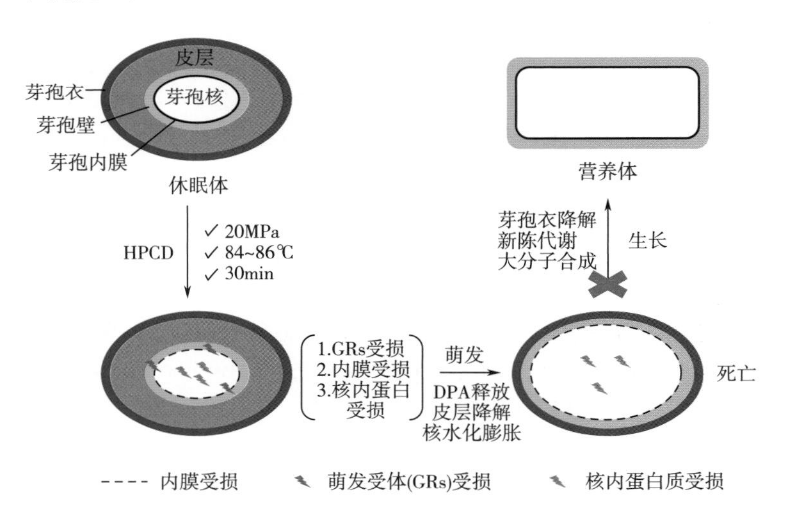

图5-27　HPCD结合温度杀灭芽孢机制

参考文献

[1] Koch R. The etiology of anthrax，based on the life history of *Bacillus anthracis* [J]. Beiträge zur Biologie der Pflanzen，1876，2：277-310.

[2] Kennedy M J，Reader S L，Swierczynski L M. Preservation records of micro-organisms：evidence of the tenacity of life [J]. Microbiology，1994，140 (10)：2513-2529.

[3] Cano R J，Borucki M K. Revival and identification of bacterial-spores in 25-million-year-old to 40-million-year-old dominican amber (VOL 268，PG 1060，1995) [J]. Science，1995，268 (5215)：1265.

[4] Todd S J，Moir A J，Johnson M J，et al. Genes of *Bacillus cereus* and

Bacillus anthracis encoding proteins of the exosporium [J] . Journal of Bacteriology, 2003, 185 (11): 3373-3378.

[5] Redmond C, Baillie L W, Hibbs S, et al. Identification of proteins in the exosporium of *Bacillus anthracis* [J] . Microbiology, 2004, 150 (2): 355-363.

[6] Lawley T D, Croucher N J, Yu L, et al. Proteomic and genomic characterization of highly infectious *Clostridium* difficile 630 spores [J] . Journal of Bacteriology, 2009, 191 (17): 5377-5386.

[7] Permpoonpattana P, Tolls E H, Nadem R, et al. Surface layers of *Clostridium* difficile endospores [J] . Journal of Bacteriology, 2011, 193 (23): 6461-6470.

[8] Waller L N, Fox N, Fox K F, et al. Ruthenium red staining for ultrastructural visualization of a glycoprotein layer surrounding the spore of *Bacillus anthracis* and *Bacillus subtilis* [J] . Journal of Microbiological Methods, 2004, 58 (1): 23-30.

[9] Matz L L, Beaman T C, Gerhardt P. Chemical composition of exosporium from spores of *Bacillus cereus* [J]. Journal of Bacteriology, 1970, 101 (1): 196-201.

[10] Beaman T C, Pankratz H S, Gerhardt P. Paracrystalline sheets reaggregated from solubilized exosporium of *Bacillus cereus* [J] . Journal of Bacteriology, 1971, 107 (1): 320-324.

[11] Koshikawa T, Yamazaki M, Yoshimi M, et al. Surface hydiophobicity of spores of *Bacillus* spp. [J] . Microbiology, 1989, 135 (10): 2717-2722.

[12] Bowen W R, Fenton A S, Lovitt R W, et al. The measurement of *Bacillus mycoides* spore adhesion using atomic force microscopy, simple counting methods, and a spinning disk technique [J] . Biotechnology and Bioengineering, 2002, 79 (2): 170-179.

[13] Aronson A I, Fitz-James P. Structure and morphogenesis of the bacterial spore coat. [J] . Bacteriological Reviews, 1976, 40 (2): 360.

[14] Pandey N K, Aronson A I. Properties of the *Bacillus subtilis* spore coat. [J] . Journal of Bacteriology, 1979, 137 (3): 1208-1218.

[15] Jenkinson H F, Sawyer W D, Mandelstam J. Synthesis and order of assembly of spore coat proteins in *Bacillus subtilis* [J] . Microbiology, 1981, 123 (1): 1-16.

[16] Nicholson W L, Munakata N, Horneck G, et al. Resistance of *Bacillus* endospores to extreme terrestrial and extraterrestrial environments [J] . Microbiology and molecular biology reviews, 2000, 64 (3): 548-572.

[17] Driks A. *Bacillus subtilis* spore coat [J] . Microbiology and Molecular Biology Reviews, 1999, 63 (1): 1-20.

[18] Setlow P. Spore germination [J] . Current Opinion in Microbiology, 2003, 6 (6): 550-556.

[19] Knudsen S M, Cermak N, Delgado F F, et al. Water and small-mol-

ecule permeation of dormant *Bacillus subtilis* spores [J] . Journal of Bacteriology，2016，198 (1): 168-177.

[20] Riesenman P J，Nicholson W L. Role of the spore coat layers in *Bacillus subtilis* spore resistance to hydrogen peroxide，artificial UV-C，UV-B，and solar UV radiation [J] . Applied and Environmental Microbiology，2000，66 (2): 620-626.

[21] Young S B，Setlow P. Mechanisms of *Bacillus subtilis* spore resistance to and killing by aqueous ozone [J] . Journal of Applied Microbiology，2004，96 (5): 1133-1142.

[22] Young S B，Setlow P. Mechanisms of killing of *Bacillus subtilis* spores by Decon and OxoneTM，two general decontaminants for biological agents [J] . Journal of Applied Microbiology，2004，96 (2): 289-301.

[23] Genest P C，Setlow B，Melly E，et al. Killing of spores of *Bacillus subtilis* by peroxynitrite appears to be caused by membrane damage [J] . Microbiology，2002，148 (1): 307-314.

[24] Young S B，Setlow P. Mechanisms of killing of *Bacillus subtilis* spores by hypochlorite and chlorine dioxide [J] . Journal of Applied Microbiology，2003，95 (1): 54-67.

[25] Ghosh S，Setlow B，Wahome P G，et al. Characterization of spores of *Bacillus subtilis* that lack most coat layers [J] . Journal of Bacteriology，2008，190 (20): 6741-6748.

[26] Setlow P. Spores of *Bacillus subtilis*: their resistance to and killing by radiation，heat and chemicals [J] . Journal of Applied Microbiology，2006，101 (3): 514-525.

[27] Setlow B，Tautvydas K J，Setlow P. Small，acid-soluble spore proteins of the α/β type do not protect the DNA in *Bacillus subtilis* spores against base alkylation [J] . Applied and Environmental Microbiology，1998，64 (5): 1958-1962.

[28] Piggot P J，Hilbert D W. Sporulation of *Bacillus subtilis* [J] . Current Opinion in Microbiology，2004，7 (6): 579-586.

[29] Setlow B，McGinnis K A，Ragkousi K，et al. Effects of major spore-specific DNA binding proteins on *Bacillus subtilis* sporulation and spore properties [J] . Journal of Bacteriology，2000，182 (24): 6906-6912.

[30] Freer J H，Levinson H S. Fine structure of *Bacillus megaterium* during microcycle sporogenesis [J] . Journal of Bacteriology，1967，94 (2): 441-457.

[31] Fitz-James P C. Formation of protoplasts from resting spores [J] . Journal of Bacteriology，1971，105 (3): 1119-1136.

[32] Holt S C，Gauther J J，Tipper D J. Ultrastructural studies of sporulation in *Bacillus sphaericus*. [J] . Journal of Bacteriology，1975，122 (3): 1322-1338.

[33] Crafts L A，Ellar D J. The structure and function of the spore outer membrane in dormant and germinating spores of *Bacillus megaterium* [J] . Journal of Applied Bacteriology，1980，48 (1): 135-143.

[34] Atrih A，Zöllner P，Allmaier G，et al. Structural analysis of *Bacillus subtilis* 168 endospore peptidoglycan and its role during differentiation. [J] . Journal of Bacteriology，1996，178 (21): 6173-6183.

[35] Popham D L，Setlow P. The cortical peptidoglycan from spores of *Bacillus megaterium* and *Bacillus subtilis* is not highly cross-linked. [J] . Journal of Bacteriology，1993，175 (9): 2767-2769.

[36] Atrih A，Bacher G，Allmaier G，et al. Analysis of peptidoglycan structure from vegetative cells of *Bacillus subtilis* 168 and role of PBP 5 in peptidoglycan maturation [J] . Journal of Bacteriology，1999，181 (13): 3956-3966.

[37] Popham D L，Helin J，Costello C E，et al. Muramic lactam in peptidoglycan of *Bacillus subtilis* spores is required for spore outgrowth but not for spore dehydration or heat resistance [J] . Proceedings of the National Academy of Sciences，1996，93 (26): 15405-15410.

[38] Lewis J C，Snell N S，Burr H K. Water permeability of bacterial spores and the concept of a contractile cortex [J] . Science，1960，132 (3426): 544-545.

[39] Gould G W，Dring G J. Mechanisms of spore heat resistance [J] . Advances in Microbial Physiology，1974，11: 137-164.

[40] Gould G W，Dring G J. Heat resistance of bacterial endospores and concept of an expanded osmoregulatory cortex [J] . Nature，1975，258: 402-405.

[41] Rao L，Liao X，Setlow P. *Bacillus* spore wet heat resistance and evidence for the role of an expanded osmoregulatory spore cortex [J] . Letters in Applied Microbiology，2016，63 (4): 247-253.

[42] Setlow B，Setlow P. Measurements of the pH within dormant and germinated bacterial spores [J] . Proceedings of the National Academy of Sciences，1980，77 (5): 2474-2476.

[43] Swerdlow B M，Setlow B，Setlow P. Levels of H^+ and other monovalent cations in dormant and germinating spores of *Bacillus megaterium*. [J] . Journal of Bacteriology，1981，148 (1): 20-29.

[44] Sunde E P，Setlow P，Hederstedt L，et al. The physical state of water in bacterial spores [J] . Proceedings of the National Academy of Sciences，2009，106 (46): 19334-19339.

[45] Bertsch L L，Bonsen P P，Kornberg A. Biochemical studies of bacterial sporulation and germination XIV. Phospholipids in *Bacillus megaterium* [J] . Journal of Bacteriology，1969，98 (1): 75-81.

[46] Scandella C J，Kornberg A. Biochemical studies of bacterial sporulation and germination XV. fatty acids in growth，sporulation，and germination of

Bacillus megaterium [J] . Journal of Bacteriology，1969，98 (1): 82-86.

[47] Racine F M，Vary J C. Isolation and properties of membranes from *Bacillus megaterium* spores. [J] . Journal of Bacteriology，1980，143 (3): 1208-1214.

[48] Griffiths K K，Setlow P. Effects of modification of membrane lipid composition on *Bacillus subtilis* sporulation and spore properties [J] . Journal of Applied Microbiology，2009，106 (6): 2064-2078.

[49] Cowan A E，Olivastro E M，Koppel D E，et al. Lipids in the inner membrane of dormant spores of *Bacillus* species are largely immobile [J] . Proceedings of the National Academy of Sciences of the United States of America，2004，101 (20): 7733-7738.

[50] Setlow P. Spores of *Bacillus subtilis*: their resistance to and killing by radiation，heat and chemicals [J] . Journal of Applied Microbiology，2006，101 (3): 514-525.

[51] Setlow P. I will survive: DNA protection in bacterial spores [J] . Trends in Microbiology，2007，15 (4): 172-180.

[52] Beaman T C，Gerhardt P. Heat resistance of bacterial spores correlated with protoplast dehydration，mineralization and thermal adaptation. [J] . Applied and Environmental Microbiology，1986，52 (6): 1242-1246.

[53] Paidhungat M，Setlow B，Driks A，et al. Characterization of spores of *Bacillus subtilis* which lack dipicolinic acid [J] . Journal of Bacteriology，2000，182 (19): 5505-5512.

[54] Cowan A E，Koppel D E，Setlow B，et al. A soluble protein is immobile in dormant spores of *Bacillus subtilis* but is mobile in germinated spores: implications for spore dormancy [J] . Proceedings of the National Academy of Sciences，2003，100 (7): 4209-4214.

[55] Sunde E P，Setlow P，Hederstedt L，et al. The physical state of water in bacterial spores [J] . Proceedings of the National Academy of Sciences，2009，106 (46): 19334-19339.

[56] Melly E，Genest P C，Gilmore M E，et al. Analysis of the properties of spores of *Bacillus subtilis* prepared at different temperatures [J] . Journal of Applied Microbiology，2002，92 (6): 1105-1115.

[57] Huang S，Chen D，Pelczar P L，et al. Levels of Ca^{2+}-dipicolinic acid in individual *Bacillus* spores determined using microfluidic Raman tweezers [J] . Journal of Bacteriology，2007，189 (13): 4681-4687.

[58] Slepecky R，Foster J W. Alterations in metal content of spores of *Bacillus megaterium* and the effect on some spore properties [J] . Journal of Bacteriology，1959，78 (1): 117.

[59] Bender G R，Marquis R E. Spore heat resistance and specificmineralization. [J] . Applied and Environmental Microbiology，1985，50 (6): 1414-1421.

[60] Mishiro Y，Ochi M. Effect of dipicolinate on the heat denaturation of proteins [J]. Nature，1966，211 (5054)：1190.

[61] Granger A C，Gaidamakova E K，Matrosova V Y，et al. Effects of Mn and Fe levels on *Bacillus subtilis* spore resistance and effects of Mn^{2+}，other divalent cations，orthophosphate，and dipicolinic acid on protein resistance to ionizing radiation [J]. Applied and Environmental Microbiology，2011，77 (1)：32-40.

[62] Setlow B，Setlow P. Dipicolinic acid greatly enhances production of spore photoproduct in bacterial spores upon UV irradiation [J]. Applied and Environmental Microbiology，1993，59 (2)：640-643.

[63] Setlow P. Mechanisms for the prevention of damage to DNA in spores of *Bacillus* species [J]. Annual Reviews in Microbiology，1995，49 (1)：29-54.

[64] Setlow P. Small，acid-soluble spore proteins of *Bacillus* species：structure，synthesis，genetics，function and degradation [J]. Annual Reviews in Microbiology，1988，42 (1)：319-338.

[65] Setlow P，Waites W M. Identification of several unique，low-molecular-weight basic proteins in dormant spores of *Clostridium bifermentans* and their degradation during spore germination [J]. Journal of Bacteriology，1976，127 (2)：1015.

[66] Granum P E，Richardson M，Blom H. Isolation and amino acid sequence of an acid soluble protein from *Clostridium perfringens* spores [J]. FEMS Microbiology Letters，1987，42 (2-3)：225-230.

[67] Raju D，Waters M，Setlow P，et al. Investigating the role of small，acid-soluble spore proteins (SASPs) in the resistance of *Clostridium perfringens* spores to heat [J]. BMC Microbiology，2006，6 (1)：50.

[68] Vyas J，Cox J，Setlow B，et al. Extremely variable conservation of γ-type small，acid-soluble proteins from spores of some species in the bacterial order *Bacillales* [J]. Journal of Bacteriology，2011，193 (8)：1884-1892.

[69] Setlow B，Sun D，Setlow P. Interaction between DNA and alpha/beta-type small，acid-soluble spore proteins：a new class of DNA-binding protein. [J]. Journal of Bacteriology，1992，174 (7)：2312-2322.

[70] Setlow B，Setlow P. Binding of small，acid-soluble spore proteins to DNA plays a significant role in the resistance of *Bacillus subtilis* spores to hydrogen peroxide. [J]. Applied and Environmental Microbiology，1993，59 (10)：3418-3423.

[71] Leyva-Illades J F，Setlow B，Sarker M R，et al. Effect of a small，acid-soluble spore protein from *Clostridium perfringens* on the resistance properties of *Bacillus subtilis* spores [J]. Journal of Bacteriology，2007，189 (21)：7927-7931.

[72] Loshon C A，Genest P C，Setlow B，et al. Formaldehyde kills spores

of *Bacillus subtilis* by DNA damage and small, acid-soluble spore proteins of the α/β -type protect spores against this DNA damage [J] . Journal of Applied Microbiology, 1999, 87 (1): 8-14.

[73] Tennen R, Setlow B, Davis K L, et al. Mechanisms of killing of spores of *Bacillus subtilis* by iodine, glutaraldehyde and nitrous acid [J] . Journal of Applied Microbiology, 2000, 89 (2): 330-338.

[74] Paredes-Sabja D, Raju D, Torres J A, et al. Role of small, acid-soluble spore proteins in the resistance of *Clostridium perfringens* spores to chemicals [J] . International Journal of Food Microbiology, 2008, 122 (3): 333-335.

[75] Hackett R H, Setlow P. Properties of spores of *Bacillus subtilis* strains which lack the major small, acid-soluble protein. [J] . Journal of Bacteriology, 1988, 170 (3): 1403-1404.

[76] Moeller R, Setlow P, Horneck G, et al. Roles of the major, small, acid-soluble spore proteins and spore-specific and universal DNA repair mechanisms in resistance of *Bacillus subtilis* spores to ionizing radiation from X rays and high-energy charged-particle bombardment [J] . Journal of Bacteriology, 2008, 190 (3): 1134-1140.

[77] Salas-Pacheco J M, Setlow B, Setlow P, et al. Role of the Nfo (YqfS) and ExoA apurinic/apyrimidinic endonucleases in protecting *Bacillus subtilis* spores from DNA damage [J] . Journal of Bacteriology, 2005, 187 (21): 7374-7381.

[78] De Hoon M J, Eichenberger P, Vitkup D. Hierarchical evolution of the bacterial sporulation network [J] . Current Biology, 2010, 20 (17): R735-R745.

[79] Robleto E A, Martin H A, Pepper A M, et al. Gene regulations of sporulation in *Bacillus subtilis* [J] . Bacterial Spores, 2012: 9-18.

[80] de Hoon M J L, Eichenberger P, Vitkup D. Hierarchical evolution of the bacterial sporulation network [J] . Current Biology, 2010, 20 (17): R735-R745.

[81] Setlow P, Johnson E A. Spores and their significance [J] .Food Microbiology: Fundamentals and Frontiers, 2012: 45-79.

[82] Gould G W. Germination [J] . The Bacterial Spore, 1969, 1: 397-444.

[83] Shah I M, Laaberki M H, Popham D L, et al. A eukaryotic-like Ser/Thr kinase signals bacteria to exit dormancy in response to peptidoglycan fragments [J] . Cell, 2008, 135 (3): 486-496.

[84] Burns D A, Heap J T, Minton N P. *Clostridium difficile* spore germination: an update [J] . Research in Microbiology, 2010, 161 (9): 730-734.

[85] Reineke K, Mathys A, Heinz V, et al. Mechanisms of endospore inactivation under high pressure [J] . Trends Microbiol, 2013, 21 (6): 296-304.

[86] Sarker M R, Akhtar S, Torres J A, et al. High hydrostatic pres-

sure-induced inactivation of bacterial spores [J] . Critical reviews in microbiology, 2015, 41 (1): 18-26.

[87] Yi X, Setlow P. Studies of the commitment step in the germination of spores of *Bacillus* species [J] . Journal of Bacteriology, 2010, 192 (13): 3424-3433.

[88] Swerdlow B M, Setlow B, Setlow P. Levels of H+ and other monovalent cations in dormant and germinating spores of *Bacillus megaterium*. [J] . Journal of Bacteriology, 1981, 148 (1): 20-29.

[89] Kong L, Zhang P, Wang G, et al. Phase contrast microscopy, fluorescence microscopy, Raman spectroscopy and optical tweezers to characterize the germination of individual bacterial spores [J] . Nature Protocols, 2011, 6: 625-639.

[90] Wahome P G, Setlow P. The synthesis and role of the mechanosensitive channel of large conductance in growth and differentiation of *Bacillus subtilis* [J] . Archives of Microbiology, 2006, 186 (5): 377-383.

[91] Vepachedu V R, Hirneisen K, Hoover D G, et al. Studies of the release of small molecules during pressure germination of spores of *Bacillus subtilis* [J] . Letters in Applied Microbiology, 2007, 45 (3): 342-348.

[92] Vepachedu V R, Setlow P. Role of SpoVA proteins in release of dipicolinic acid during germination of *Bacillus subtilis* spores triggered by dodecylamine or lysozyme [J] . Journal of Bacteriology, 2007, 189 (5): 1565-1572.

[93] Setlow B, Wahome P G, Setlow P. Release of small molecules during germination of spores of *Bacillus* species [J] . Journal of Bacteriology, 2008, 190 (13): 4759-4763.

[94] Setlow P, Liu J, Faeder J R. Heterogeneity in bacterial spore populations [J] . Bacterial Spores: Current Research and Applications, 2012: 201-216.

[95] Giebel J D, Carr K A, Anderson E C, et al. The germination-specific lytic enzymes SleB, CwlJ1 and CwlJ2 each contribute to *Bacillus anthracis* spore germination and virulence [J] . Journal of Bacteriology, 2009, 191 (18): 5569-5576.

[96] Setlow B, Peng L, Loshon C A, et al. Characterization of the germination of *Bacillus megaterium* spores lacking enzymes that degrade the spore cortex [J] . Journal of Applied Microbiology, 2009, 107 (1): 318-328.

[97] Heffron J D, Lambert E A, Sherry N, et al. Contributions of four cortex lytic enzymes to germination of *Bacillus anthracis* spores [J] . Journal of Bacteriology, 2010, 192 (3): 763-770.

[98] Paredes-Sabja D, Setlow P, Sarker M R. SleC is essential for cortex peptidoglycan hydrolysis during germination of spores of the pathogenic bacterium *Clostridium perfringens* [J] . Journal of Bacteriology, 2009, 191 (8): 2711-2720.

[99] Setlow P. Summer meeting 2013 – when the sleepers wake: the germination of spores of *Bacillus* species [J] . Journal of applied microbiology, 2013, 115 (6): 1251-1268.

[100] Setlow P. Germination of spores of Bacillus species: what we know and do not know [J] . Journal of Bacteriology, 2014, 196 (7): 1297-1305.

[101] Paidhungat M, Setlow P. Spore germination and outgrowth [J] . *Bacillus subtilis* and Closest its Relatives: from Genes to Cells, 2001: 537-548.

[102] Plomp M, Leighton T J, Wheeler K E, et al. *In vitro* high-resolution structural dynamics of single germinating bacterial spores [J] . Proceedings of the National Academy of Sciences, 2007, 104 (23): 9644-9649.

[103] Steichen C T, Kearney J F, Turnbough C L. Non-uniform assembly of the *Bacillus anthracis* exosporium and a bottle cap model for spore germination and outgrowth [J] . Molecular Microbiology, 2007, 64 (2): 359-367.

[104] Paidhungat M, Setlow P. Localization of a Germinant Receptor Protein (GerBA) to the inner membrane of *Bacillus subtilis* spores [J] . Journal of Bacteriology, 2001, 183 (13): 3982-3990.

[105] Velásquez J, Schuurman Wolters G, Birkner J P, et al. *Bacillus subtilis* spore protein SpoVAC functions as a mechanosensitive channel [J] . Molecular Microbiology, 2014, 92 (4): 813-823.

[106] Carlin F. Origin of bacterial spores contaminating foods [J] . Food Microbiology, 2011, 28 (2): 177-182.

[107] Heyndrickx M. The importance of endospore-forming bacteria originating from soil for contamination of industrial food processing [J] . Applied and Environmental Soil Science, 2011, 2011.

[108] Markland S M, Farkas D F, Kniel K E, et al. Pathogenic psychrotolerant sporeformers: an emerging challenge for low-temperature storage ofminimally processed foods [J] . Foodborne pathogens and disease, 2013, 10 (5): 413-419.

[109] Nicholson W L. Roles of *Bacillus* endospores in the environment [J] . Cellular and Molecular Life Sciences, 2002, 59 (3): 410-416.

[110] Nicholson W L, Munakata N, Horneck G, et al. Resistance of *Bacillus* endospores to extreme terrestrial and extraterrestrial environments [J] . Microbiology and Molecular Biology Reviews, 2000, 64 (3): 548-572.

[111] McKenney P T, Driks A, Eichenberger P. The *Bacillus subtilis* endospore: assembly and functions of the multilayered coat [J] . Nature Reviews Microbiology, 2013, 11 (1): 33-44.

[112] Checinska A, Paszczynski A, Burbank M. *Bacillus* and other spore-forming genera: variations in responses and mechanisms for survival [J]. Annual Review of Food Science and Technology, 2015, 6: 351-369.

[113] Stecchini M L, Torre M D, Polese P. Survival strategies of *Bacillus* spores in food [J] . Indian Journal of Experimental Biology, 2013, 51: 905-909.

[114] Andersson A，Rönner U，Granum P E. What problems does the food industry have with the spore-forming pathogens *Bacillus cereus* and *Clostridium perfringens*? [J] . International Journal of Food Microbiology，1995，28 (2): 145-155.

[115] Eijlander R T，Abee T，Kuipers O P. Bacterial spores in food：how phenotypic variability complicates prediction of spore properties and bacterial behavior [J] . Current Opinion in Biotechnology，2011，22 (2): 180-186.

[116] Logan N A. *Bacillus* and relatives in foodborne illness [J] . Journal of Applied Microbiology，2012，112 (3): 417-429.

[117] Budka H，Buncic S，Colin P. Opinion of the scientific panel on biological hazards on *Bacillus cereus* and other *Bacillus* spp. in foodstuffs [J] . Eur Food Saf Auth J，2005，175：1-48.

[118] Carter A T，Peck M W. Genomes，neurotoxins and biology of *Clostridium botulinum* group I and group II [J] . Research in Microbiology，2015，166 (4): 303-317.

[119] Brown K L. Control of bacterial spores [J] . British Medical Bulletin，2000，56 (1): 158-171.

[120] Lund B M. Foodborne disease due to *Bacillus* and *Clostridium* species [J] . The Lancet，1990，336 (8721): 982-986.

[121] Westhoff D C，Dougherty S L. Characterization of *Bacillus* species Isolated from spoiled ultrahigh temperature processed milk1 [J] . Journal of Dairy Science，1981，64 (4): 572-580.

[122] Dasgupta A P，Hull R R. Late blowing of Swiss cheese：incidence of *Clostridium tyrobutyricum* in manufacturing milk [J] . Australian Journal of Dairy Technology (Australia)，1989.

[123] Roberts T A，DERRICK C M. Sporulation of *Clostridium putrefaciens* and the resistance of the spores to heat，γ-radiation and curing salts [J] . Journal of Applied Bacteriology，1975，38 (1): 33-37.

[124] SPLITTSTOESSER D F，Churey J J，Lee C Y. Growth characteristics of aciduric sporeforming bacilli isolated from fruit juices [J] . Journal of Food Protection，1994，57 (12): 1080-1083.

[125] Gould G W. Methods for preservation and extension of shelf life [J] . International Journal of Food Microbiology，1996，33 (1): 51-64.

[126] Pasha I，Saeed F，Sultan M T，et al. Recent developments inminimal processing：a tool to retain nutritional quality of food [J] . Critical Reviews in Food Science and Nutrition，2014，54 (3): 340-351.

[127] Shearer A E，Mazzotta A S，Chuyate R，et al. Heat resistance of juice spoilage microorganisms [J] . Journal of Food Protection，2002，65 (8): 1271-1275.

[128] Chang S，Kang D. *Alicyclobacillus* spp. in the fruit juice industry：history，characteristics and current isolation/detection procedures [J] . Critical Re-

views in Microbiology，2004，30（2）：55-74.

[129] Silva F V，Gibbs P. Target selection in designing pasteurization processes for shelf-stable high-acid fruit products [J]. Critical Reviews in Food Science and Nutrition，2004，44（5）：353-360.

[130] Oomes S，Van Zuijlen A，Hehenkamp J O，et al. The characterisation of *Bacillus* spores occurring in the manufacturing of (low acid) canned products [J]. International Journal of Food Microbiology，2007，120（1）：85-94.

[131] Steyn C E，Cameron M，Witthuhn R C. Occurrence of *Alicyclobacillus* in the fruit processing environment—a review [J]. International Journal of Food Microbiology，2011，147（1）：1-11.

[132] Borge G I A，Skeie M，Sørhaug T，et al. Growth and toxin profiles of *Bacillus cereus* isolated from different food sources [J]. International Journal of Food Microbiology，2001，69（3）：237-246.

[133] Xiao Y，Wagendorp A，Abee T，et al. Differential outgrowth potential of *Clostridium perfringens* food-borne isolates with various cpe-genotypes in vacuum-packed ground beef during storage at 12℃ [J]. International Journal of Food Microbiology，2015，194：40-45.

[134] Kalinowski R M，Tompkin R B. Psychrotrophic Clostridia causing spoilage in cooked meat and poultry products [J]. Journal of Food Protection，1999，62（7）：766-772.

[135] Moschonas G，Bolton D J，McDowell D A，et al. Diversity of culturable psychrophilic and psychrotrophic anaerobic bacteria isolated from beef abattoirs and their environments [J]. Applied and Environmental Microbiology，2011，77（13）：4280-4284.

[136] Doyle C J，Gleeson D，Jordan K，et al. Anaerobic sporeformers and their significance with respect to milk and dairy products [J]. International Journal of Food Microbiology，2015，197：77-87.

[137] Anderson N M，Larkin J W，Cole M B，et al. Food safety objective approach for controlling *Clostridium botulinum* growth and toxin production in commercially sterile foods [J]. Journal of Food Protection，2011，74（11）：1956-1989.

[138] Scheldeman P，Goossens K，Rodriguez-Diaz M，et al. *Paenibacillus lactis* sp. nov.，isolated from raw and heat-treated milk [J]. International Journal of Systematic and Evolutionary Microbiology，2004，54（3）：885-891.

[139] Burgess S A，Lindsay D，Flint S H. Thermophilic bacilli and their importance in dairy processing [J]. International Journal of Food Microbiology，2010，144（2）：215-225.

[140] Scheldeman P，Herman L，Foster S，et al. *Bacillus sporothermodurans* and other highly heat-resistant spore formers in milk [J]. Journal of Applied Microbiology，2006，101（3）：542-555.

[141] Byrer D E，Rainey F A，Wiegel J. Novel strains of *Moorella ther-*

moacetica form unusually heat-resistant spores [J] . Archives of Microbiology，2000，174 (5): 334-339.

[142] Doona C J，Feeherry F E，Kustin K，et al. Fighting Ebola with novel spore decontamination technologies for the military [J] . Frontiers in Microbiology，2015，6.

[143] Setlow B，Parish S，Zhang P，et al. Mechanism of killing of spores of Bacillus anthracis in a high-temperature gas environment，and analysis of DNA damage generated by various decontamination treatments of spores of *Bacillus anthracis*，*Bacillus subtilis* and *Bacillus thuringiensis* [J] . Journal of Applied Microbiology，2014，116 (4): 805-814.

[144] Setlow B，Loshon C A，Genest P C，et al. Mechanisms of killing spores of *Bacillus subtilis* by acid，alkali and ethanol [J] . Journal of Applied Microbiology，2002，92 (2): 362-375.

[145] Paredes-Sabja D，Setlow P，Sarker M R. The protease CspB is essential for initiation of cortex hydrolysis and dipicolinic acid (DPA) release during germination of spores of *Clostridium perfringens* type A food poisoning isolates [J] . Microbiology，2009，155 (10): 3464-3472.

[146] Burns D A，Heap J T，Minton N P. SleC is essential for germination of *Clostridium difficile* spores in nutrient-rich medium supplemented with the bile salt taurocholate [J] . Journal of Bacteriology，2010，192 (3): 657-664.

[147] Coleman W H，Chen D，Li Y Q，et al. How moist heat kills spores of *Bacillus subtilis* [J] . Journal of Bacteriology，2007，189 (23): 8458-8466.

[148] Coleman W H，Zhang P，Li Y Q，et al. Mechanism of killing of spores of *Bacillus cereus* and *Bacillus megaterium* by wet heat [J] . Letters in Applied Microbiology，2010，50 (5): 507-514.

[149] Setlow P. Spores of *Bacillus subtilis*: their resistance to and killing by radiation，heat and chemicals [J]. Journal of Applied Microbiology，2006，101 (3): 514-525.

[150] Setlow B，Loshon C A，Genest P C，et al. Mechanisms of killing spores of *Bacillus subtilis* by acid，alkali and ethanol [J] . Journal of Applied Microbiology，2002，92 (2): 362-375.

[151] Moeller R，Raguse M，Reitz G，et al. Resistance of *Bacillus subtilis* spore DNA to lethal ionizing radiation damage relies primarily on spore core components and DNA repair，with minor effects of oxygen radical detoxification [J] . Applied and Environmental Microbiology，2014，80 (1): 104-109.

[152] Durand L，Planchon S，Guinebretiere M，et al. Genotypic and phenotypic characterization of foodborne *Geobacillus stearothermophilus* [J] . Food Microbiology，2015，45: 103-110.

[153] Wang G，Zhang P，Setlow P，et al. Kinetics of germination of wet-heat-treated individual spores of *Bacillus* species，monitored by Raman spectroscopy and differential interference contrast microscopy [J] . Applied and En-

vironmental Microbiology, 2011, 77 (10): 3368-3379.

[154] Setlow P. Germination of spores of *Bacillus subtilis* by high pressure [J]. High Pressure Processing of Foods, 2007: 15-40.

[155] Reineke K, Schlumbach K, Baier D, et al. The release of dipicolinic acid—the rate-limiting step of *Bacillus* endospore inactivation during the high pressure thermal sterilization process [J]. International Journal of Food Microbiology, 2013, 162 (1): 55-63.

[156] Ahn J, Balasubramaniam V M, Yousef A E. Inactivation kinetics of selected aerobic and anaerobic bacterial spores by pressure-assisted thermal processing [J]. International Journal of Food Microbiology, 2007, 113 (3): 321-329.

[157] Balasubramaniam V M, Martínez-Monteagudo S I, Gupta R. Principles and application of high pressure-based technologies in the food industry [J]. Annual Review of Food Science and Technology, 2015, 6: 435-462.

[158] Margosch D, Ehrmann M A, Buckow R, et al. High-pressure-mediated survival of *Clostridium botulinum* and *Bacillus amyloliquefaciens* endospores at high temperature [J]. Applied and Environmental Microbiology, 2006, 72 (5): 3476-3481.

[159] Van Bokhorst-van De Veen H, Xie H, Esveld E, et al. Inactivation of chemical and heat-resistant spores of *Bacillus* and *Geobacillus* by nitrogen cold atmospheric plasma evokes distinct changes in morphology and integrity of spores [J]. Food Microbiology, 2015, 45: 26-33.

[160] Melly E, Cowan A E, Setlow P. Studies on the mechanism of killing of *Bacillus subtilis* spores by hydrogen peroxide [J]. Journal of Applied Microbiology, 2002, 93 (2): 316-325.

[161] Spilimbergo S, Matthews M A, Cinquemani C. Supercritical fluid pasteurization and food safety [J].Alternatives to Conventional Food Processing, 2018: 153-195.

[162] Fraser D. Bursting bacteria by release of gas pressure [J]. Nature, 1951, 167 (4236): 33-34.

[163] Spilimbergo S, Bertucco A. Non-thermal bacteria inactivation with dense CO_2 [J]. Biotechnology and Bioengineering, 2003, 84 (6): 627-638.

[164] Damar S, Balaban M O. Review of dense phase CO_2 technology: microbial and enzyme inactivation, and effects on food quality [J]. Journal of Food Science, 2006, 71 (1): R1-R11.

[165] Zhang J, Davis T A, Matthews M A, et al. Sterilization using high-pressure carbon dioxide [J]. The Journal of Supercritical Fluids, 2006, 38 (3): 354-372.

[166] Perrut M. Sterilization and virus inactivation by supercritical fluids (a review) [J]. The Journal of Supercritical Fluids, 2012, 66: 359-371.

[167] Garcia-Gonzalez L, Geeraerd A H, Spilimbergo S, et al. High pres-

sure carbon dioxide inactivation of microorganisms in foods: the past, the present and the future [J]. International Journal of Food Microbiology, 2007, 117 (1): 1-28.

[168] Rao L, Bi X, Zhao F, et al. Effect of high-pressure CO_2 processing on bacterial spores [J] . Critical Reviews in Food Science and Nutrition, 2016, 56 (11): 1808-1825.

[169] Kamihira M, Taniguchi M, Kobayashi T. Sterilization of Microorganisms with Supercritical Carbon-dioxide [J] . Agricultural and Biological Chemistry, 1987, 51 (2): 407-412.

[170] Spilimbergo S, Elvassore N, Bertucco A. Microbial inactivation by high-pressure [J] . The Journal of Supercritical Fluids, 2002, 22 (1): 55-63.

[171] Chiho HATA H K A K. Rate analysis of the sterilization of microbial cells in high pressure carbon dioxide [J] .Food Science and Technology International, Int., 1996.

[172] Ballestra P, Cuq J. Influence of pressurized carbon dioxide on the thermal inactivation of bacterial and fungal spores [J] . LWT - Food Science and Technology, 1998, 31 (1): 84-88.

[173] Enomoto A, Nakamura K, Hakoda M, et al. Lethal effect of high-pressure carbon dioxide on a bacterial spore [J] . Journal of Fermentation and Bioengineering, 1997, 83 (3): 305-307.

[174] Spilimbergo S, Bertucco A, Lauro F M, et al. Inactivation of *Bacillus subtilis* spores by supercritical CO2 treatment [J] . Innovative Food Science & Emerging Technologies, 2003, 4 (2): 161-165.

[175] Karajanagi S S, Yoganathan R, Mammucari R, et al. Application of a dense gas technique for sterilizing soft biomaterials [J] . Biotechnol Bioeng, 2011, 108 (7): 1716-1725.

[176] Watanabe T, Furukawa S, Hirata J, et al. Inactivation of *Geobacillus stearothermophilus* spores by high-pressure carbon dioxide treatment [J] . Appl Environ Microbiol, 2003, 69 (12): 7124-7129.

[177] Garcia-Gonzalez L, Geeraerd A H, Elst K, et al. Influence of type of microorganism, food ingredients and food properties on high-pressure carbon dioxide inactivation of microorganisms [J] . International Journal of Food Microbiology, 2009, 129 (3): 253-263.

[178] Rao L, Xu Z, Wang Y, et al. Inactivation of *Bacillus subtilis* spores by high pressure CO_2 with high temperature [J] . International Journal of Food Microbiology, 2015, 205: 73-80.

[179] Porębska I, Sokołowska B, Skąpska S, et al. Treatment with high hydrostatic pressure and supercritical carbon dioxide to control *Alicyclobacillus acidoterrestris* spores in apple juice [J] . Food Control, 2017, 73: 24-30.

[180] Da Silva M A, de Araujo A P, de Souza Ferreira J, et al. Inactivation of *Bacillus subtilis* and *Geobacillus stearothermophilus* inoculated over metal sur-

faces using supercritical CO_2 process and nisin [J] . The Journal of Supercritical Fluids, 2016, 109: 87-94.

[181] Ishikawa H, Shimoda M, Tamaya K, et al. Inactivation of *Bacillus* spores by the supercritical carbon dioxide micro-bubble method [J] . Biosci Biotechnol Biochem, 1997, 61 (6): 1022-1023.

[182] Spilimbergo S, Dehghani F, Bertucco A, et al. Inactivation of bacteria and spores by pulse electric field and high pressure CO_2 at low temperature [J]. Biotechnol Bioeng, 2003, 82 (1): 118-125.

[183] HAAS G J, PRESCOTT H E, DUDLEY E, et al. Inactivation of microorganisms by carbon dioxide under pressure [J] . Journal of Food Safety, 1989, 9 (4): 253-265.

[184] Bae Y Y, Lee H J, Kim S A, et al. Inactivation of *Alicyclobacillus acidoterrestris* spores in apple juice by supercritical carbon dioxide [J] . International Journal of Food Microbiology, 2009, 136 (1): 95-100.

[185] Casas J, Valverde M T, Marin-Iniesta F, et al. Inactivation of *Alicyclobacillus acidoterrestris* spores by high pressure CO_2 in apple cream [J] . International Journal of Food Microbiology, 2012, 156 (1): 18-24.

[186] White A, Burns D, Christensen T W. Effective terminal sterilization using supercritical carbon dioxide [J]. Journal of Biotechnology, 2006, 123 (4): 504-515.

[187] Zhang J, Burrows S, Gleason C, et al. Sterilizing *Bacillus pumilus* spores using supercritical carbon dioxide [J] . Journal of Microbiological Methods, 2006, 66 (3): 479-485.

[188] Zhang J, Dalal N, Matthews M A, et al. Supercritical carbon dioxide and hydrogen peroxide cause mild changes in spore structures associated with high killing rate of *Bacillus anthracis* [J] . Journal of Microbiological Methods, 2007, 70 (3): 442-451.

[189] Zhang J, Dalal N, Gleason C, et al. On the mechanisms of deactivation of *Bacillus atrophaeus* spores using supercritical carbon dioxide [EB/OL] . [2] . http: //www.sciencedirect.com/science/article/pii/S0896844606000994.

[190] Hemmer J D, Drews M J, LaBerge M, et al. Sterilization of bacterial spores by using supercritical carbon dioxide and hydrogen peroxide [J] . Journal of Biomedical Materials Research, 2007, 80 (2): 511-518.

[191] Qiu Q Q, Leamy P, Brittingham J, et al. Inactivation of bacterial spores and viruses in biological material using supercritical carbon dioxide with sterilant [J] . Journal of Biomedical Materials Research, 2009, 91 (2): 572-578.

[192] Tarafa P J, Jiménez A, Zhang J, et al. Compressed carbon dioxide (CO_2) for decontamination of biomaterials and tissue scaffolds [J] . The Journal of Supercritical Fluids, 2010, 53 (1 - 3): 192-199.

[193] Shieh E, Paszczynski A, Wai C M, et al. Sterilization of *Bacillus*

pumilus spores using supercritical fluid carbon dioxide containing various modifier solutions [J] . Journal of Microbiological Methods, 2009, 76 (3): 247-252.

[194] Checinska A, Fruth I A, Green T L, et al. Sterilization of biological pathogens using supercritical fluid carbon dioxide containing water and hydrogen peroxide [J] . Journal of Microbiological Methods, 2011, 87 (1): 70-75.

[195] Setlow B, Korza G, Blatt K M, et al. Mechanism of *Bacillus subtilis* spore inactivation by and resistance to supercritical CO_2 plus peracetic acid [J] . J Appl Microbiol, 2016, 120 (1): 57-69.

[196] Furukawa S, Watanabe T, Tai T, et al. Effect of high pressure gaseous carbon dioxide on the germination of bacterial spores [J] . Int J Food Microbiol, 2004, 91 (2): 209-213.

[197] Killeen S, McCourt M. Decontamination and sterilization [J] . Surgery(Oxford), 2012, 30 (12): 687-692.

[198] Furukawa S, Watanabe T, Tai T, et al. Effect of high pressure gaseous and supercritical carbon dioxide treatments on bacterial spores. [J] . Biocontrol Science, 2003, 8 (2): 97-100.

[199] Furukawa S, Watanabe T, Koyama T, et al. Inactivation of food poisoning bacteria and *Geobacillus stearothermophilus* spores by high pressure carbon dioxide treatment [J] . Food Control, 2009, 20 (1): 53-58.

[200] Rao L, Wang Y, Chen F, et al. The synergistic effect of high pressure CO_2 and nisin on inactivation of *Bacillus subtilis* spores in aqueous solutions [J] . Frontiers in Microbiology, 2016, 07.

[201] Kumagai H, Hata C, Nakamura K. CO_2 sorption by microbial cells and sterilization by high-pressure CO_2 [J] . Bioscience, Biotechnology and biochemistry, 1997, 61 (6): 931-935.

[202] Furukawa S, Watanabe T, Koyama T, et al. Effect of high pressure carbon dioxide on the clumping of the bacterial spores [J] . Int J Food Microbiol, 2006, 106 (1): 95-98.

[203] Sapru V, Teixeira A A, Smerage G H, et al. Predicting thermophilic spore population dynamics for UHT sterilization processes [J] . Journal of Food Science, 1992, 57 (5): 1248-1257.

[204] Rao L, Zhao F, Wang Y, et al. Investigating the inactivation mechanism of *Bacillus subtilis* spores by high pressure CO_2 [J] . Frontiers in Microbiology, 2016, 7.

[205] Leggett M J, McDonnell G, Denyer S P, et al. Bacterial spore structures and their protective role in biocide resistance [J] . J Appl Microbiol, 2012, 113 (3): 485-498.

[206] Alkaabi K M, Yafea A, Ashraf S S. Effect of pH on thermal-and chemical-induced denaturation of GFP [J] . Applied Biochemistry and Biotechnology, 2005, 126 (2): 149-156.

[207] Alnuami A A, Zeedi B, Qadri S M, et al. Oxyradical-induced GFP

damage and loss of fluorescence [J] . International Journal of Biological Macromolecules, 2008, 43 (2): 182-186.

[208] Nagy A, Málnási-Csizmadia A, Somogyi B, et al. Thermal stability of chemically denatured green fluorescent protein (GFP): a preliminary study [J]. Thermochimica Acta, 2004, 410 (1): 161-163.

[209] Li Q, Korza G, Setlow P. Killing the spores of *Bacillus* species by molecular iodine [J] . Journal of Applied Microbiology, 2017, 122 (1): 54-64.

[210] Setlow B, Cowan A E, Setlow P. Germination of spores of *Bacillus subtilis* with dodecylamine [J] . Journal of Applied Microbiology, 2003, 95 (3): 637-648.

[211] Alnuami A A, Zeedi B, Qadri S M, et al. Oxyradical-induced GFP damage and loss of fluorescence [J] . International Journal of Biological Macromolecules, 2008, 43 (2): 182-186.

[212] Cortezzo D E, Koziol Dube K, Setlow B, et al. Treatment with oxidizing agents damages the inner membrane of spores of *Bacillus subtilis* and sensitizes spores to subsequent stress [J] . Journal of Applied Microbiology, 2004, 97 (4): 838-852.

第六章

HPCD 钝酶效应与机制

第一节　HPCD技术对酶活力的钝化及其影响因素
第二节　HPCD诱导的酶结构变化
第三节　HPCD钝化酶的动力学分析
第四节　HPCD技术钝化酶的可能机制

农产品原料或食品中存在多种内源酶，这些酶能改变食品的色泽、风味、质构及营养价值，是导致食品加工和贮藏过程中品质劣变的主要因素。例如，食品中的多酚氧化酶能催化氧化多酚类物质从而引起食品的褐变；果胶甲基酯酶（pectin-methylesterase，PME）分解果胶成分破坏果蔬制品的质构（果汁澄清、组织软化）；脂肪氧合酶（lipoxygenase，LOX）能催化不饱和脂肪酸的氧化而改变食品风味等。因此，食品加工过程中钝化酶是保持食品原有品质的重要途径。目前，钝化酶的技术主要是采用热水或蒸汽进行热烫方式为主。HPCD技术作为一种非热加工技术，其对酶活性的影响也是该技术研究中的重要内容之一。大量研究表明，HPCD能有效钝化多种酶的活性，但其钝化效果受到压强、温度、时间、初始pH、CO_2状态、食品组分、介质等很多因素的影响。表6-1概括了HPCD技术对不同酶的钝化情况。

表6-1　　HPCD技术对酶的钝化效果

酶	种类	压强/MPa	时间/min	温度/℃	系统	处理介质	残留酶活力/%	参考文献
碱性蛋白酶	*Bacillus subtilis*	15	30	35	微泡HPCD	去离子水	0	[1]
葡糖糖化酶	戴尔根霉（*Rhizopus delemar*）	25	30	50	微泡HPCD	去离子水	0~10	[1]
	日本米汤（namazake）	25	30	35	微泡HPCD	醋酸缓冲液	15.7	[2]
酸性蛋白酶	*Bacillus subtilis*	25	30	50	微泡HPCD	去离子水	0~10	[1]
	日本米汤	25	30	35	微泡HPCD	醋酸缓冲液	8.9	[2]
	Aspergillus niger	30	13.9	50	微泡HPCD	去离子水	13.9	[3]
α-淀粉酶	*Bacillus subtilis*	30	7.3	35	微泡HPCD	去离子水	0	
酸性羧肽酶	日本米汤	25	30	35	微泡HPCD	醋酸缓冲液	0	[2]
脂肪酶	日本根霉（*Rhizopus japonicus*）	15	30	35	微泡HPCD	缓冲液	0	[1]
	橙子	600	5	20	HPCD	橙汁	14.8	[4]
PME	苹果	30	60	55	HPCD	Tris-HCl缓冲液	5.43	[5]
	胡萝卜	15	45	55	HPCD	胡萝卜汁	4.5	[6]
	桃	22	300	55	HPCD	桃汁	10.3	[6]
	胡萝卜	12	30	22	HPCD	胡萝卜汁	47.1	[7]
	苹果	20	20	65	HPCD	苹果汁	18	[8，9]
		20	60	45	HPCD	苹果汁	60	[9]
	西瓜	30	60	50	HPCD	西瓜汁	14.5	[10]
	红甜菜	22.5	60	55	HPCD	甜菜汁	5	[11]
	橙子	30	20-60	40	HPCD	橙汁	10~8	[12]

续表

酶	种类	压强/MPa	时间/min	温度/℃	系统	处理介质	残留酶活力/%	参考文献
PPO	龙虾	5.8	1	43	HPCD	缓冲液	5	[13]
	马铃薯	5.8	30	43	HPCD	缓冲液	9	[13]
	棕色对虾	5.8	1	43	HPCD	缓冲液	22	[13]
	苹果	30	60	55	HPCD	苹果汁	40	[9, 10, 14]
		20	20	55	HPCD	苹果汁	0	[8]
		10	30	45	SCCD	苹果汁	32.0	[15]
		30	30	45	SCCD	苹果汁	22.4	[15]
		60	30	45	SCCD	苹果汁	20.8	[15]
		72	10	24	HPCD	橙汁	44	[16]
	橙子	26.9	145	56	HPCD	橙汁	0	[17]
	西瓜	30	60	50	HPCD	西瓜汁	4.2	[10]
	草莓	500	15	50	HHP	草莓果泥	28	[18]
PE	橙子	29	240	50	HPCD	橙汁	0	[19]
	大豆	10.3	15	50	HPCD	磷酸缓冲液	0.8	[20]
LOX	辣根	30	15	55	HPCD	醋酸缓冲液	10	[21]
POD	红甜菜	37.5	60	55	HPCD	红甜菜汁	14	[10, 11]
	西瓜	30	60	50	HPCD	西瓜汁	42.1	[10]
	苹果	10	30	45	SCCD	苹果汁	57.2	[15]
		30	30	45	SCCD	苹果汁	53.1	[15]
		60	30	45	SCCD	苹果汁	46.6	[15]
	草莓	60	30	35	SCCD	草莓汁	35	[22]

注：PME：pectinmethylesterase，果胶甲酯酶；PPO：polyphenol oxidase，多酚氧化酶；PE：pectinesterase，果胶酶；LOX：lipoxygenase，脂肪氧合酶；POD：peroxidase，过氧化物酶。

第一节

HPCD 技术对酶活力的钝化及其影响因素

一、压强对酶活力的影响

研究表明，HPCD技术钝化酶的过程中，压强是重要的因素之一，酶活力一般随着压强升高而降低[10, 12, 16, 17, 20, 22-25]。碱性蛋白酶和脂肪酶经HPCD处理（8MPa、35℃、30min）后，只保留了20%的活力，而在相同温度和时间条件下经过15MPa

处理，两种酶都被完全钝化，无残存活力[2]。同样，大豆LOX经HPCD技术处理（30℃、15min），在10.3MPa下保留75%的活力，而在62.1MPa下该酶仅剩约5%的活力[20]。在5℃的温度下，将胡萝卜汁分别在0.98MPa、2.94MPa、4.90MPa下进行5min的HPCD处理，其多酚氧化酶（polyphenol oxidase，PPO）、LOX和PME的活力均随着HPCD压强增大而降低[24，27]。当HPCD压强从8MPa增加到30MPa（55℃、60min），苹果汁中PPO活力从57.3%降至38.5%[14]。当压强由10MPa升高到30MPa（2℃、20min）时，橙汁中PME残留活力由85%降低到60%[12]。具有PPO活力的TLP（thaumatin-like protein，索马甜类蛋白）经HPCD（55℃、15min）处理，当压强从10MPa升至30MPa时，其活力下降45%[28]。HPCD压强为8MPa、15MPa、22MPa和30MPa，时间为0.5min，温度为55℃时，苹果汁中PME残留活力分别为97.86 %、84.38 %、78.09 %和69.61 % [5]。黑芥子酶经HPCD处理（55℃，60min）后，当压强从8MPa增加到20MPa时，其酶活力从37.04%下降到18.18%[29]。这些结果表明，当时间和温度为固定值时，压强对酶活力有着直接的影响。然而，有研究表明，在200MPa下压强本身并不能对酶的活力产生直接的作用，如HHP[30]。因此，HPCD和HHP对酶活力有着不同影响，影响机制也不相同。

二、温度对酶活力的影响

HPCD应用时温度一般不超过60℃，因为60℃以上温度对食品品质有不利的影响。HPCD技术钝化酶的过程中，温度高对酶活力影响更为显著，且随着温度升高，酶钝化时间缩短，但不影响酶对压力变化的敏感性[7，8，22，25，29，31，32]。除了温度对酶钝化的直接影响外，还可能是由于高温能促进CO_2扩散，同时加快了CO_2分子和酶分子间的碰撞[2，8，9，12，14，20，23，29]。当HPCD过程中压强为25MPa、时间为30min，温度从30℃升至50℃时，葡糖糖化酶和酸性蛋白酶的活性显著降低，经处理后残存活力分别下降到0和0~10% [1]。当HPCD 过程中压强为10.3MPa、时间为15min、温度为35℃时，POD和LOX的残存活力分别为85%和70%，但温度为55℃时POD活力损失70%，LOX完全丧失活性[20]。辣根POD和苹果汁中PPO经HPCD（30MPa、30min）处理，随着温度从35℃升至55℃，其活力逐步降低[14，23]。经HPCD（22MPa、60min）处理后，45℃时辣根黑芥子酶残存活力为84.14%，而65℃时残存酶活力仅为1%[29]。苹果浊汁中PME经HPCD（30MPa、60min）处理后，随着温度从25℃升至55℃，其活力损失了60%[5]。当温度从35℃升至55℃时，经HPCD（10MPa、15min）处理后苹果中TLP活力损失了61%[28]。

三、时间对酶活力的影响

HPCD技术钝化酶的过程中，时间也是对钝化效果有重要影响的因素。通常而言，延长时间能增加酶活力的损失[5，7，9，13，17，22，23，33，34]。当HPCD（31MPa、40℃）处理时间从15min延至240min，聚胶酶（pectinesterase，PE）活力降低了88.6%[17]。龙虾和褐虾的PPO经过HPCD（5.8MPa、43℃）处理 1min后，其活力分别降低98%和78%，而延长时间至1min以上时，两种PPO活力能被完全破坏[13]。α-淀粉酶经微泡HPCD（10MPa、35℃）处理，5min后其残存活力只有9.5%，而7.3min后其活力完全丧失[33]。苹果PME经HPCD（30MPa、45℃）处理15min后残存活力为50%，当时间延长至45min后，其残存活力仅为30%[5]。当时间从10min延长至60min时，橙汁（20MPa、21℃）中PME残存活力由40%降至30%[12]。

四、介质初始 pH 对酶活力的影响

酶有最适pH范围，并且对pH的变化十分敏感。pH能影响盐桥的存在，并加强蛋白质的三级结构[36]。通常而言，酶对酸性环境比对碱性环境更为敏感[12，20]。研究报道，由于蔬菜pH比水果高，因此草莓中PPO、POD、PE和PG的钝化比胡萝卜和芹菜汁中的相同酶要容易[37]。当初始pH分别为5.0和6.0，经HPCD处理后，溶解在磷酸缓冲液中的LOX（35.2MPa、40℃、15min）和POD（62.3MPa、55℃、15min）活性会完全丧失；然而当pH升高，酶的抗性会显著提高，pH为8时，两种酶的残存活力分别高达78%和50%[20]。

HPCD技术处理过程中会促使碳酸形成并解离出氢离子，这与CO_2的状态和密度有关[7，12，15，18，29，32]，因此，会造成体系中pH降低，而酸性环境易导致酶活力的丧失。这个机制将会在后文HPCD钝化酶活力的机制中详细讨论。

五、CO_2 状态及密度对酶活力的影响

CO_2临界温度和临界压强（临界温度=31.1℃，临界压强=7.38MPa）较低[3，13]。因此，基于这一物理性质可有效利用CO_2亚临界或者超临界状态，在可控的温度和压强下进行HPCD技术的应用。

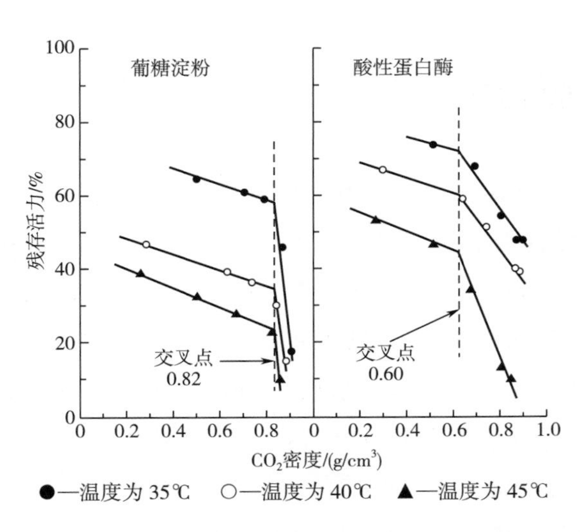

图6-1 CO_2密度对酶活力的影响[1]

研究最多的是超临界CO_2，其介于气态和液态的物理化学特性决定了其广泛的应用价值[1, 2, 5, 6, 14, 17, 37, 38]。在临界点以上CO_2处于流态，其密度和溶解性能和液态相似，而其传质和扩散能力则和气态相当[2]。超临界CO_2这些特性能显著影响其与酶分子的相互作用，因此影响酶分子的变性速率[14, 32]。在CO_2的临界温度下，且在其临界压强附近，溶剂的密度及其溶解能力会快速升高[2, 11, 19]。在葡糖淀粉酶（糖化酶）和酸性蛋白酶的活性与CO_2密度的曲线中（图6-1），分别包含两条直线交叉于密度0.82g/cm³和0.60g/cm³处，两种酶的活性在交叉点上方会突然降低[1]。同时经HPCD处理后样品pH降低也与CO_2的状态和密度有关。

大气压下的CO_2也引起学者的注意，尤其是在钝化脂肪酶方面。当把CO_2以200mL/min的流速通过脂肪酶，30min后其残存活力降至16%，而没有CO_2存在时其残存活力为62%[39]。原因可能是由于CO_2通过微泡进入样品，加大了CO_2与样品的接触面积[12]。

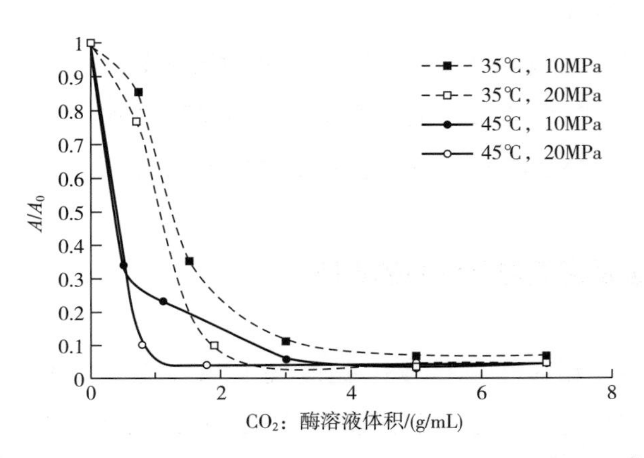

图6-2 在不同CO_2/酶溶液体积的比率下，HPCD（9min）处理后蘑菇中酪氨酸酶的残留活力[77]

同时，CO_2的使用量极大地影响了HPCD对酶活力的钝化作用[6, 12, 29, 37]。以红甜菜汁中的PPO为原料，将10mL小瓶中的5mL样品装入300mL反应釜中，经

HPCD处理（7.5MPa、55℃、29.5min）后，PPO的残存活力为7.12%[109]。将10mL酶溶液装入150mL反应釜中（根据所选择的压强和温度，其比率范围为9.8~12.6g/mL），经HPCD处理（6MPa、20℃、30min）后，苹果PPO的残存活力为55.3%[110]。有研究表明，反应釜中负载的CO_2：酶溶液体积（g/mL）对酶的钝化有重要的影响[77，111，112]。经HPCD处理（10~20MPa、35~45℃、9min）时，当CO_2：酶溶液体积>3g/mL时，无论选择何种实验条件，都不会提高对蘑菇中酪氨酸酶的钝化效率；然而，当比率<3g/mL时，选定的压强和温度条件对蘑菇中酪氨酸酶的钝化起着重要作用（图6-2）[77]。因此可以推断出，存在着控制酶钝化的CO_2临界量，高于该值时，进一步添加CO_2并不能改善酶的钝化效果，低于该值时，酶的钝化作用很大程度上取决于压强和温度，从经济学角度来看，有利于降低能源的消耗和运营成本。

六、食品组分及介质对酶活力的影响

糖、盐、多价离子及醇类能保护蛋白质，防止其变性[15，40，41]。这种抗变性的稳定化作用可能归因于这些物质之间的疏水相互作用[37，42]。蔗糖和甘油能强化成对的疏水基团相互作用，同时，降低疏水基团从水相转移至非极性环境中的转化趋势[42，43]。对于模型溶液中的标品酶，不含蔗糖的LOX溶液经HPCD处理后（35.2MPa、40℃、15min），其活性完全丧失；然而，含有40%蔗糖的LOX溶液，经HPCD处理后（35.2MPa、40℃、15min）其残存活性仍高达80%[20]。而POD经HPCD处理时（62.1MPa、55℃、15min），10%蔗糖对其活力没有保护作用，而40%蔗糖能保留55%酶活力。这种保护作用可能归因于蔗糖能够对HPCD导致的pH降低有缓冲作用。HPCD（62.1MPa、35℃）处理后能使浓度为40%蔗糖溶液pH降至3.5，而浓度为60%蔗糖溶液pH只降至4.0。50%以上蔗糖浓度能提高溶液黏度，从而降低CO_2的溶解性，能抑制CO_2导致的酸化程度，从而保护酶活力[20，32]。经HPCD（22MPa、180min）处理后，桃汁中PME残存活力明显高于标品PME，表明果汁中PME被HPCD钝化得更少。因此推断果汁中其他稳定组分对PME活性有一定的保护作用，同时PME与细胞壁组分可能存在相互作用，使得HPCD处理后果汁中PME的活力高于缓冲液中PME的活力。

水分活度对HPCD钝化酶活力也有显著影响[44~51]。当水分含量增高，脂肪酶的催化活力降低[47]。这种现象很可能是由于增加的水分有利于增加碳酸的形成，从而降低环境pH，钝化酶活力[52，53]。假单胞菌（*Pseudomonas capacia*）、假丝酵母（*Candida rugosa*）和根霉（*Rhizopus niveus*）的脂肪酶在高水分含量下经

HPCD处理后其活力会急剧降低[54]。

微生物结构和组分的保护能降低HPCD对其内源酶的钝化作用[27]，内源酶在体内和体外的钝化情况明显不同。HPCD直接处理纯化后的微生物酶，可将其完全钝化。比如，以微泡HPCD技术直接处理微生物体外酶，如葡糖糖化酶和酸性蛋白酶（25MPa、50℃、30min）、碱性蛋白酶和脂肪酶（15MPa、35℃、30min）的去离子水溶液，发现其酶活力完全丧失[1]。然而，仅以HPCD技术进行微生物杀菌后，微生物体内的酶并未完全钝化。HPCD（25MPa、35℃、30min）处理后，未经灭菌的日本米酒（namazake）中葡糖糖化酶、酸性蛋白酶的活力仍分别有15.7%、8.9%的残存[2]。另一方面，酸性蛋白酶和碱性蛋白酶对HPCD处理的耐受力不同。酸性蛋白酶易在HPCD处理下失去活性。经HPCD（7MPa、30℃、10min）处理后的植物乳杆菌（*Lactobacillus plantarum*），其细胞内的胱氨酸芳基酰胺酶、α-半乳糖苷酶、α-葡萄糖苷酶和β-葡萄糖苷酶、*N*-乙酰-β-氨基葡糖苷酶等酸性蛋白酶能被显著钝化，而碱性蛋白酶，如脂肪酶、亮氨酸芳基酰胺酶、β-半乳糖苷酶、酸性和碱性磷酸酶、萘酚-AS-BI-磷酸水解酶等的活性受HPCD影响较小[55]。这可能是由于HPCD处理后，微生物内环境pH的降低导致酸性蛋白酶在等电点附近沉淀，而碱性等电点蛋白质则不易在低pH下沉淀聚集[55, 56]

七、HPCD 系统对酶活力的影响

如前所述，HPCD装置包括间歇式、半连续式和连续式装置三类[57]。间隙式装置中，HPCD处理时容器中的CO_2和处理溶液是静止的；半连续式装置中，CO_2流动经过处理腔；而连续式装置中，CO_2和液体物料同时流过处理系统[57]。HPCD连续式装置中微泡CO_2已经被证实能够有效钝化酶活力[2, 3]。经过HPCD处理（25MPa、35℃）时，采用微孔膜的葡糖糖化酶活力比没有采用微孔膜降低60% [1]。微泡能提高CO_2在水溶液中的溶解度，同时能增加吸附于酶分子表面的CO_2量[1]，表明增加CO_2吸附量有利于酶钝化。微泡CO_2能显著降低酶钝化所需的温度和能量[3]。目前，关于不同装置对HPCD钝化酶的比较研究尚未见报道。

八、与其他技术结合对酶活力的影响

食品中有些酶具有较强的耐压或耐温能力，因此，需要采用与超高压等其他技术相结合的方式（表6-2）。结合处理比使用单一处理更温和，可降低HPCD钝化酶所需采用的剧烈处理条件，因此可以实现在较为温和的操作条件下有效钝化酶[24, 31, 58]。

表6-2 结合处理对酶活力钝化的影响

结合处理	来源	酶	处理参数	残留酶活力/%	处理介质	参考文献
HPCD+HHP	胡萝卜	PPO	HPCD（4.9MPa，5℃，5min）和 HHP（400MPa，25℃，5min）	19	胡萝卜汁	[24]
			HPCD（4.9MPa，5℃，10min）	39	胡萝卜汁	[24]
			HHP（400MPa，25℃，10min）	61	胡萝卜汁	[24]
		LOX	200~400（HHP）和2.9~4.9（HPCD）	<25	胡萝卜汁	[24]
			HPCD（2.94MPa，5℃，10min）	<30	胡萝卜汁	[24]
			HHP（600MPa，25℃，10min）	<30	胡萝卜汁	[24]
HHP+$CO_2$①	橙子	PME	HHP（800MPa，25℃，1min）和 CO_2（1MPa）	6.8	橙汁	[31]
			HHP（800MPa，25℃，1min）	7.8	橙汁	[31]
	蘑菇	PPO	HHP（800MPa，50℃，1min）和 CO_2（1MPa）	21.7	磷酸缓冲液	[31]
			HHP（800MPa，50℃，1min）	73.1	磷酸缓冲液	[31]
HHP+$CO_2$①	橙子	PME	HHP（600MPa，25℃，130s）和CO_2（0.8MPa）	27.4	橙汁	[58]
			HHP（600MPa，25℃，346s）	20.2	橙汁	[58]

注：① CO_2 为非高压 CO_2。

目前，以超高压技术（high hydrostatic Processing，HHP）与HPCD结合处理的研究为主（表6-2）。HPCD（4.90MPa）结合HHP（400MPa）可以导致PPO活力钝化81%，而HPCD（4.9MPa）或者HHP（400MPa）单独处理仅能使PPO活性分别钝化61%和39% [24]。同样，单独采用HHP（600MPa）或HPCD（2.94MPa）仅能将LOX活性钝化70%，而采用二者结合处理（2.94 ~ 4.90MPa HPCD和200 ~ 400MPa HHP）则能钝化75%。HHP和CO_2结合处理对PME也有显著的钝化作用，单独CO_2或HHP（500MPa、25℃、3min）处理后PME残存活力分别为90.3%和86.8%，而采用HHP和CO_2结合处理后橙汁中PME活力仅为56.5% [31, 58]。当橙汁pH为3.8时，其PME经高功率超声波（high power ultrasound，HPU）（40W）-HPCD处理（23MPa、41℃、10min）钝化率可达到89%[12]。

九、循环处理对酶活力的影响

循环HPCD处理也能提高酶钝化效果。很多研究者报道了升压与卸压的循环处理对酶活力的影响，随压强、温度、时间以及酶的种类而有所不同[52, 59, 60]。

对番木瓜蛋白酶进行HPCD（30MPa、50℃、1h）处理，经30次升压与卸压循环，其残存活力为50%[52]。固定化脂肪酶经5次升压与卸压循环的HPCD（25MPa、75℃、1h）处理后损失了10%的活力[61]。巴拉圭茶叶中POD经HPCD（7.05MPa、30℃、1h）处理后，当增加升压与卸压的循环次数，其活力逐步降低，9次循环后其残存活力为50% [59]；而PPO经相同处理条件，9次循环后残存活力为5% [59]。然而，对于黑曲霉中的脂肪酶（体内），经HPCD循环处理15次（15MPa、35℃）后，其活力几乎没有任何损失[62]。这种不同结果可能归因于酶的稳定性不同或者微生物结构的保护作用。

十、HPCD 处理后贮藏时间对酶活力的影响

葡糖糖化酶和羧肽酶经HPCD（25MPa、30℃、30min）处理后，在20℃下贮藏60d，其活力几乎不变，但酸性蛋白酶活力则降低了83% [1]。经HPCD（107MPa、10min）处理的橙汁在1.7℃下贮藏4周，其PE活力降低了57% [16]。苹果PME经HPCD处理（30MPa、55℃、60min）后在4℃下贮藏4周，期间其残存活力保持不变[5, 43]。经HPCD（6MPa、45℃、0.2min）处理后蘑菇中PPO的活力被完全钝化，在4℃贮藏7d后活力没有恢复[32]。

但是，有些酶经HPCD处理后其活力在贮藏期内会出现不同程度的恢复[13~15, 19, 23, 59]，而活力恢复的程度与压强等参数有关。橙汁中PE经HPCD（29MPa、50℃、4h）处理后被完全钝化，4.4℃经过15d冷藏后其活力有所恢复[19]。马铃薯PPO经HPCD（5.8MPa、43℃、30min）处理后冷冻贮藏（-20℃）的前两周，其活力恢复了28% [13]。巴拉圭茶叶中POD经HPCD（7.05MPa、30℃、1h）处理后，-4℃冷藏5d后活力恢复了20%，然而之后100d贮藏期内，其活力继续降低了30% [59]。辣根POD经HPCD处理（15MPa、55℃、1h）后，4℃冷藏21d后其活力恢复了18%，但经30MPa HPCD处理后，贮藏过程中其活力并没有恢复[12, 38]。苹果浊汁PPO经HPCD（8MPa、15MPa和 22MPa）处理后，在最初的两周贮藏期内活力显著恢复了10%，而经30MPa 处理后其活力只恢复了5% [14]。橙汁中PME经HPCD（30MPa、40℃、40min）处理后，在4℃下冷藏12d后其活力恢复了12%；但是将PME冻干粉（提取自巴仑西亚橙皮）溶解在磷酸缓冲液中，经HPCD（8~30MPa、55℃、10min）处理后，在4℃下冷藏7d活力不变，这是由于缓冲液体系中的提取酶与原始果汁中的酶有不同的钝化效果[12]。

综上所述，HPCD对酶的钝化不仅受酶的种类和来源的影响，同时压强、温度和时间等处理参数都对其活力变化有影响[57]。而且，CO_2的物理状态和密度、食品组分、结合处理以及循环处理也同样对酶活力的变化有显著影响[1, 2, 20, 24, 52]。

第二节

HPCD 诱导的酶结构变化

一、圆二色谱图变化

作为一种有效的光谱学技术，圆二色谱（Circular dichroism，CD）能提供酶的二级结构信息。球蛋白的远紫外（178~250nm）CD谱包含一个正峰和一个负峰，其形状与蛋白质肽链构象密切相关[63, 64]。因此，这些结果能被用于表征蛋白质的二级结构。

酶经过HPCD处理后CD光谱图会发生变化，表明HPCD能导致酶的二级结构发生变化[23, 65, 66]。例如，经微泡HPCD（25MPa、35℃、30min）处理后，脂肪酶、碱性蛋白酶、酸性蛋白酶和葡糖糖苷酶的α-螺旋含量分别降低了37.1%、68.7%、62.4%和87.6% [66]。同时，α-螺旋含量与残存活力密切相关，且HPCD处理会导致α-螺旋构象不可逆转地破坏，而热处理对α-螺旋构象的破坏则是可逆转的。龙虾PPO磷酸缓冲液经HPCD（5.8MPa、43℃、1min）处理后，α-螺旋相对含量由24.4%减至19.7%，无规则卷曲含量由29.9%增至39.3%[13, 29]。苹果汁中PPO经亚临界（25℃、10MPa）、临界（31.1℃、7.38MPa）和超临界（55℃、25MPa）三种状态CO_2处理20min后，CD图谱（图6-3）表明PPO的二级结构发生了明显的变化，其α-螺旋含量从23.56%分别降至20.42%、12.21%和10.50%[73]。苹果中TLP随着HPCD处理温度由35℃升高到55℃，其α-螺旋含量由8.5%降低至7.8%，β-折叠含量由30.3%增加至34.1%；随着处理压强由10MPa

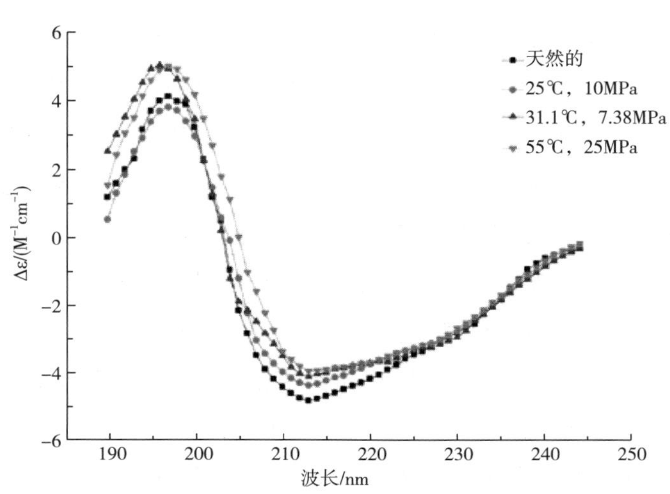

图6-3　HPCD处理后苹果PPO的圆二色光谱[73]

升高到30MPa，其α-螺旋含量由8.5%降低至7.6%，β-折叠含量由30.3%增加至33.5%；随着处理时间由15min延长至60min，其α-螺旋含量由8.5%降低至7.5%，β-折叠含量由30.3%增加至35.4%；随着循环次数由1次增加至7次，其α-螺旋含量由8.5%降低至6.8%，β-折叠含量由30.3%增加至37.1%（图6-4）[28]。

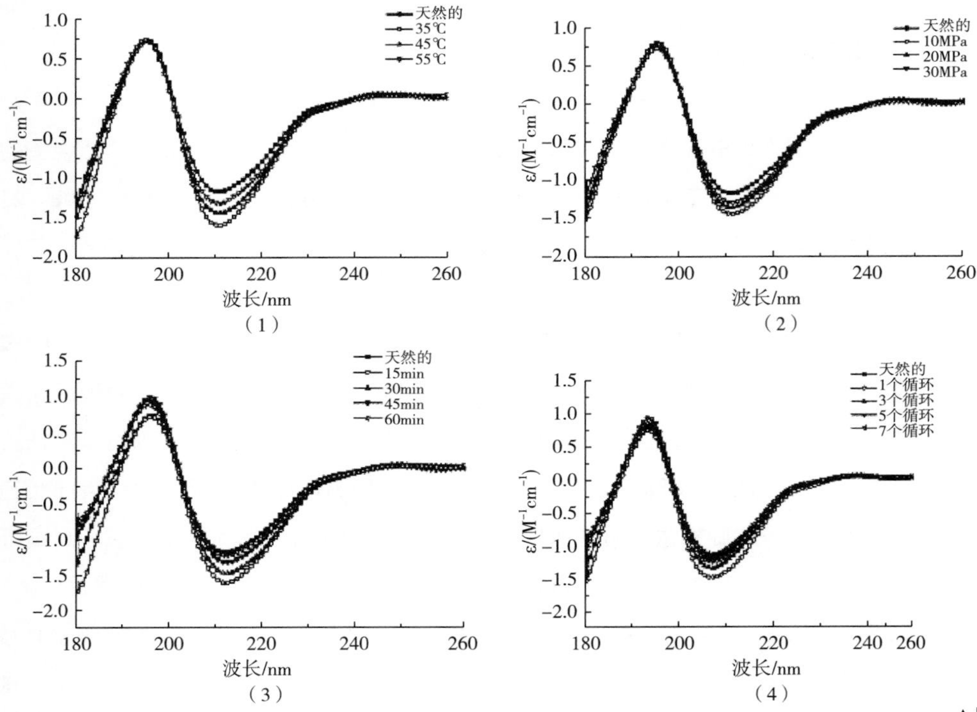

（1）10MPa、35~55℃、15min　（2）10~30MPa、35℃、15min　（3）10MPa、35℃、15~60min　（4）10MPa、35℃、15min、1~7个循环

▲图6-4　HPCD处理前后苹果中TLP的圆二色光谱[28]

辣根POD经8MPa、15MPa、22MPa 和30MPa HPCD（15min、55℃）处理后，其CD图谱表明对应的α-螺旋相对含量分别降至91.23%、85.96%、84.21%和82.46%（图6-5）。因此，辣根POD活力降低可能与其二级结构破坏密切相关[23]。经HPCD（22MPa、55℃、60min）处理后，袋装黑芥子酶水溶液的CD图谱显示在195nm、208nm和222nm的强度降低，表明HPCD处理降低了其α-螺旋含量，同时由于袋装处理阻碍了CO_2的溶解，因此表明了压强和温度对二级结构的影响（图6-6）[29]。当HPCD压强从30MPa升至50MPa（55℃、30min），LOX的α-螺旋含量从9.5%降至6.0%，而其活力也相应降低（图6-7）[65]。对于PME而言，其活性中心位于β-折叠构象中，HPCD处理后PME β-折叠含量和酶活力也随着压强升高而降低，经4℃贮藏7d后β-折叠的含量保持稳定（图6-8）[6, 29, 70]。当热处理温度由35℃升高至55℃时，经热处理、HPCD（8MPa、20min）处理后的蘑菇酪氨酸酶中α-螺旋含量分别降低了7%、10%（图6-9）[69]。

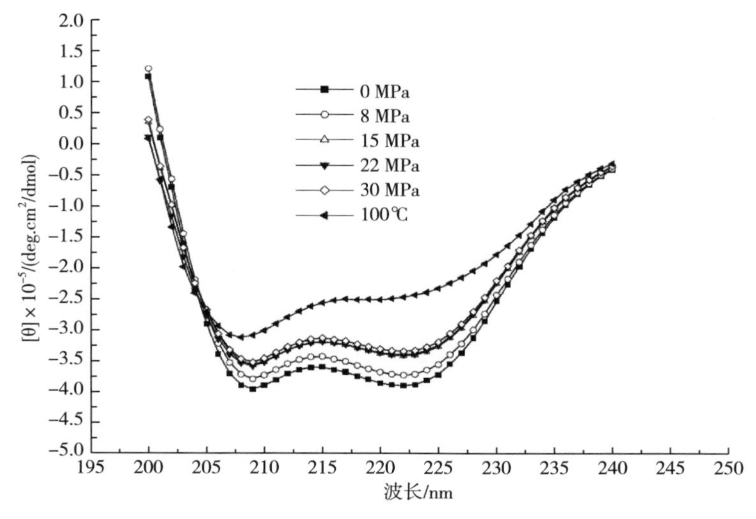

图6-5　热处理、HPCD处理前后辣根POD的远紫外圆二色光谱[23]

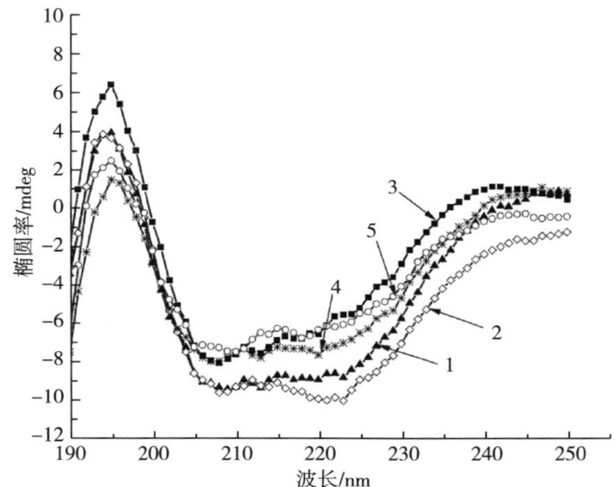

图6-6　HPCD（22MPa、55℃、60min）处理后的黑芥子酶（MRY）的远紫外圆二色谱[29]

1—未处理MYR水溶液　2—未处理MYR缓冲液（pH=3.0）　3—管装MYR水溶液　4—袋装MYR水溶液　5—袋装MYR缓冲液（pH 3.0）

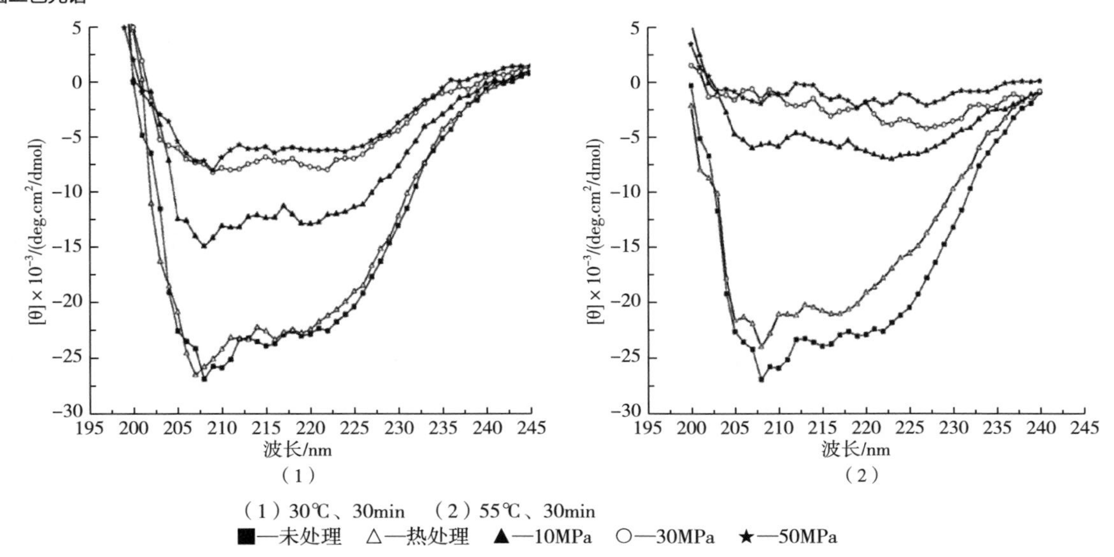

图6-7　热处理、HPCD处理前后大豆LOX的远紫外圆二色光谱[65]

（1）30℃、30min　（2）55℃、30min

■—未处理　△—热处理　▲—10MPa　○—30MPa　★—50MPa

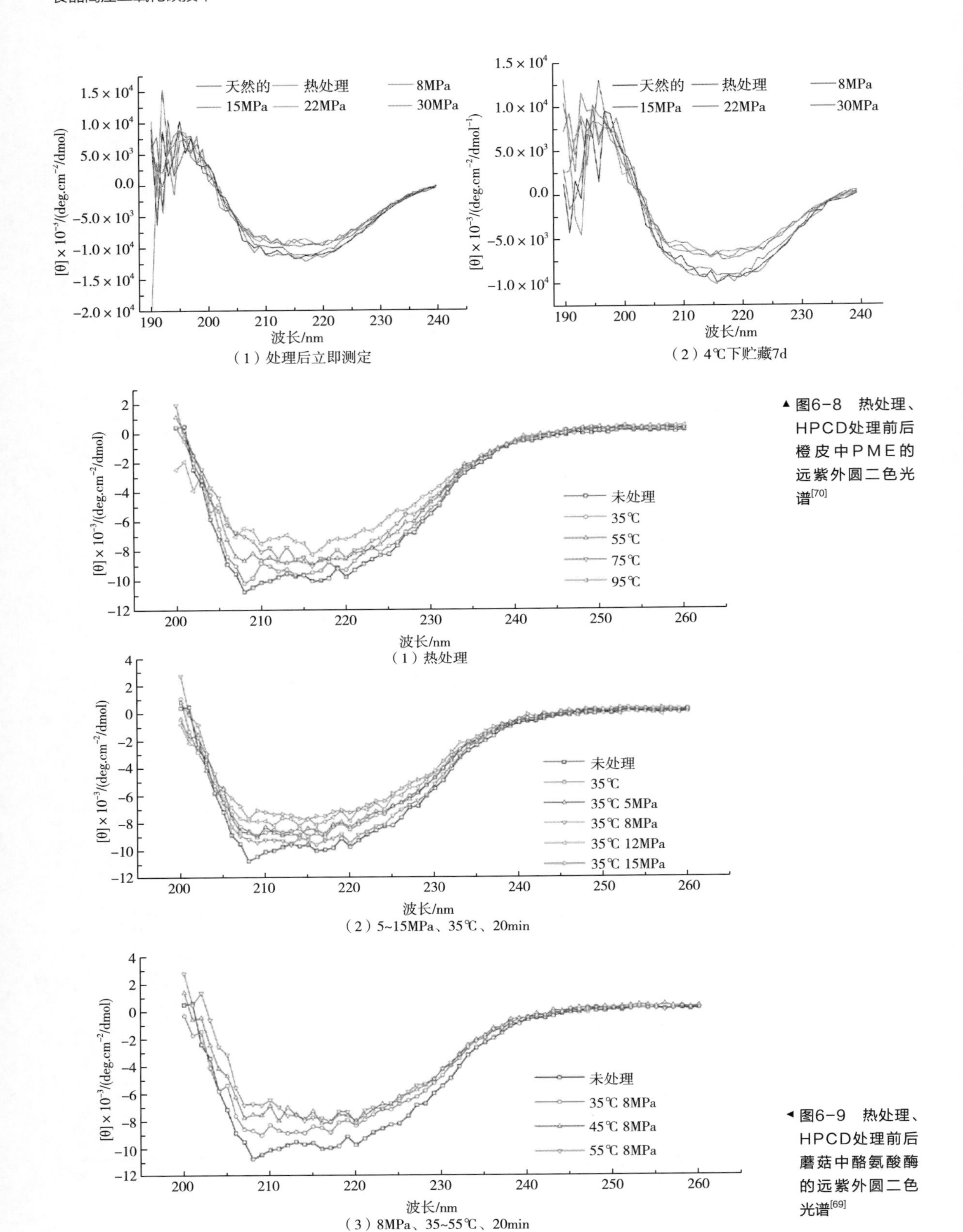

（1）处理后立即测定

（2）4℃下贮藏7d

▲图6-8 热处理、HPCD处理前后橙皮中PME的远紫外圆二色光谱[70]

（1）热处理

（2）5~15MPa、35℃、20min

（3）8MPa、35~55℃、20min

◀图6-9 热处理、HPCD处理前后蘑菇中酪氨酸酶的远紫外圆二色光谱[69]

对于酶来说，结构的改变决定催化行为的改变。因此，HPCD处理后酶结构的变化可以从分子水平解释酶活力的变化，这为后续HPCD钝化酶的可能机制提供了有用的信息。

二、荧光光谱变化

蛋白质微环境的变化会导致蛋白质三级结构的改变，这种变化可以用荧光光谱仪进行检测[67]。Tyr和Trp残基作为内源荧光探针，其对荧光基团周围的微环境变化十分敏感[68]。HPCD可以通过改变酶构象而影响Tyr和Trp残基所处的微环境[21, 35, 65]。因此，HPCD处理后酶三级结构的变化可以通过荧光光谱进行分析。

经HPCD（20MPa、45℃、15min）处理后，PPO的最大发射波长由324nm红移至336nm，表明Trp残基暴露至更为极性的环境中（图6-10）[26]。随着HPCD压强的增大，辣根POD的内源相对荧光强度增大（图6-11）[23]。经HPCD（22MPa、55℃、1h）处理后，最大发射波长λ_{max}红移了21nm，表明Trp残基转移到更为极性的环境中。HPCD增加了Trp残基和POD酶中铁卟啉辅基之间的距离，使二者之间的能量转移降低，导致荧光淬灭。与之相反，经HPCD（10MPa、30MPa和50MPa，30℃和50℃，30min）处理后大豆LOX的荧光强度随着压强增大而降低（图6-12）[65]，荧光强度的降低可能与LOX分子的去折叠有关，从而导致Trp残基暴露于溶剂环境中而发生荧光淬灭。经过HPCD（35℃、20min）处理的蘑菇中酪氨酸酶也会产生相反的现象，当压强从5MPa增加到12MPa时，酪氨酸酶的荧光强度降低，λ_{max}从338nm红移到341nm，但是当压强从12MPa增加到15MPa时，其荧光强度则会略有增加，λ_{max}从341nm蓝移到339nm，如图6-13（2）所

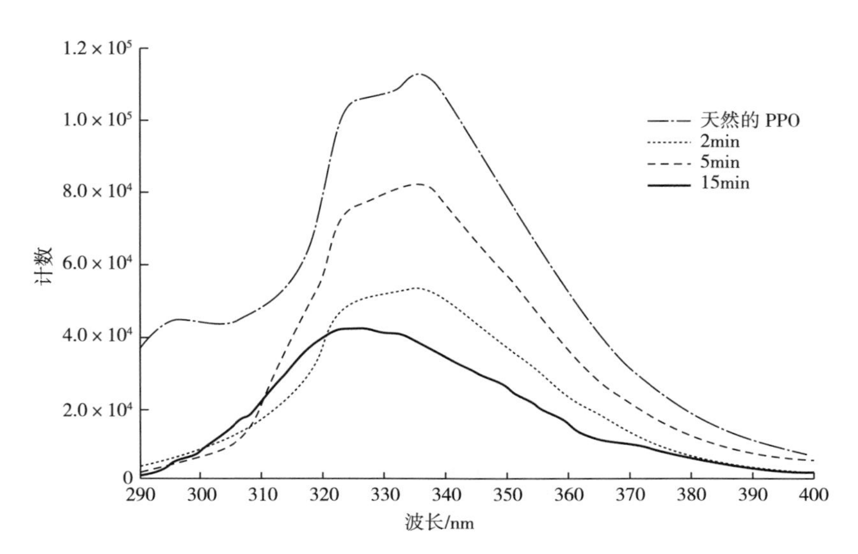

图6-10　HPCD处理后（20MPa、45℃）苹果PPO的荧光光谱[26]

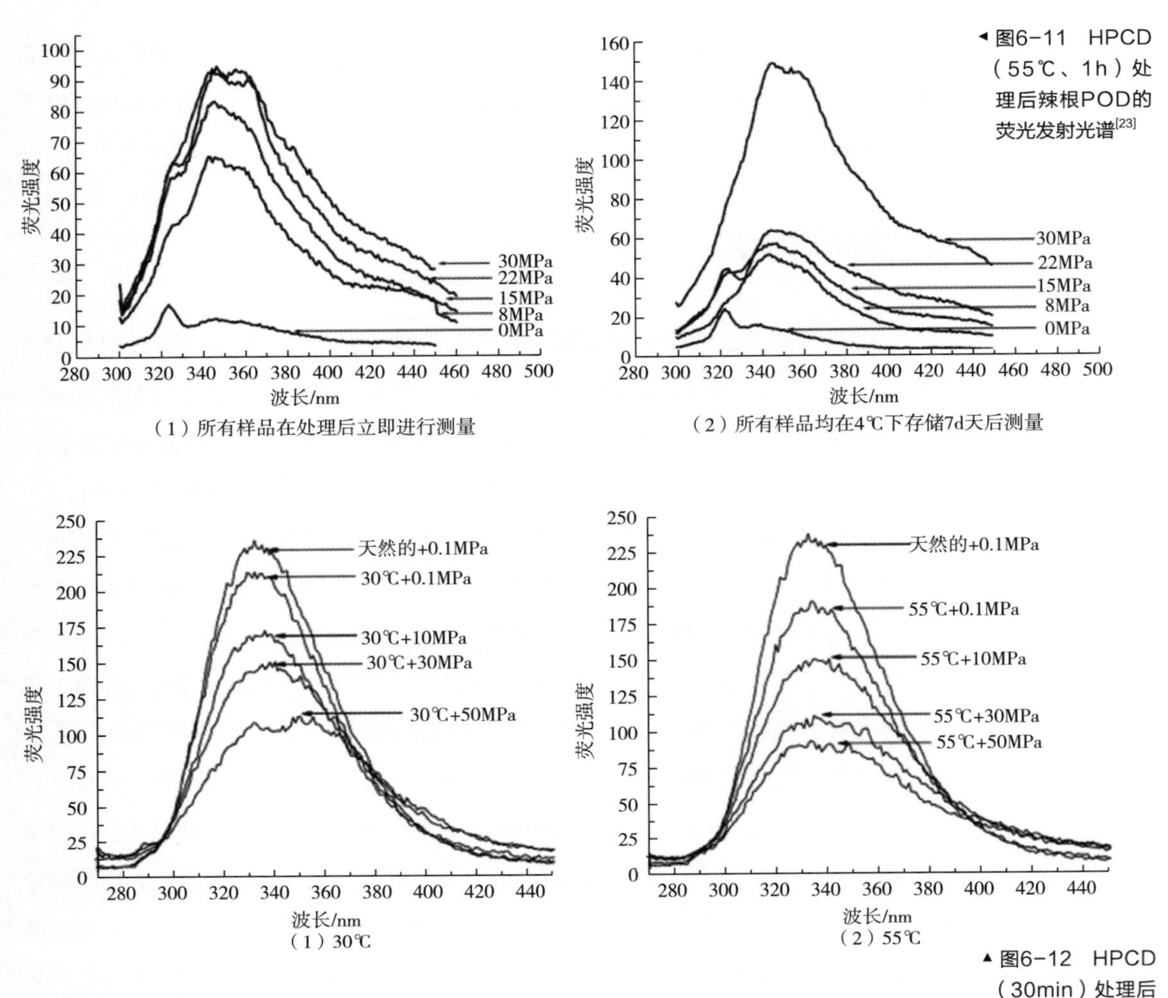

▲图6-11 HPCD（55℃、1h）处理后辣根POD的荧光发射光谱[23]

▲图6-12 HPCD（30min）处理后大豆LOX的荧光发射光谱[65]

示[69]。这两种相反的研究结果表明，经HPCD处理后，酶荧光强度的增大或者减少与其结构的变化密切相关。

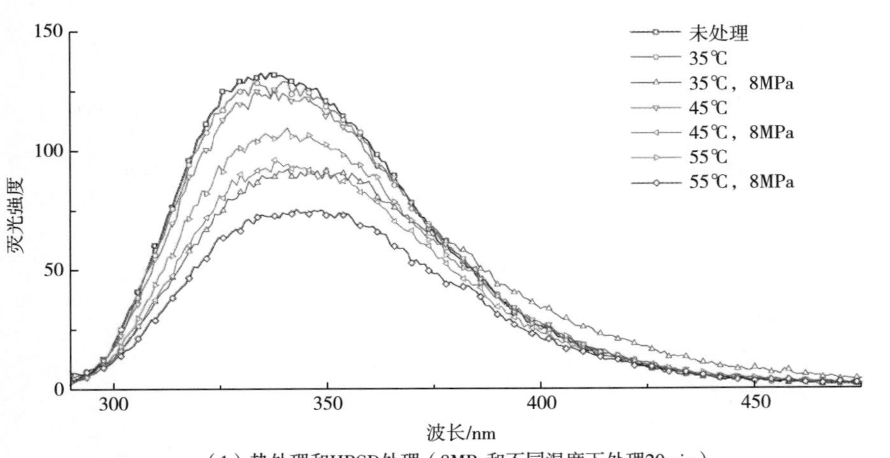

（1）热处理和HPCD处理（8MPa和不同温度下处理20min）

▲图6-13 热处理、HPCD处理前后蘑菇中酪氨酸酶的荧光发射光谱[69]

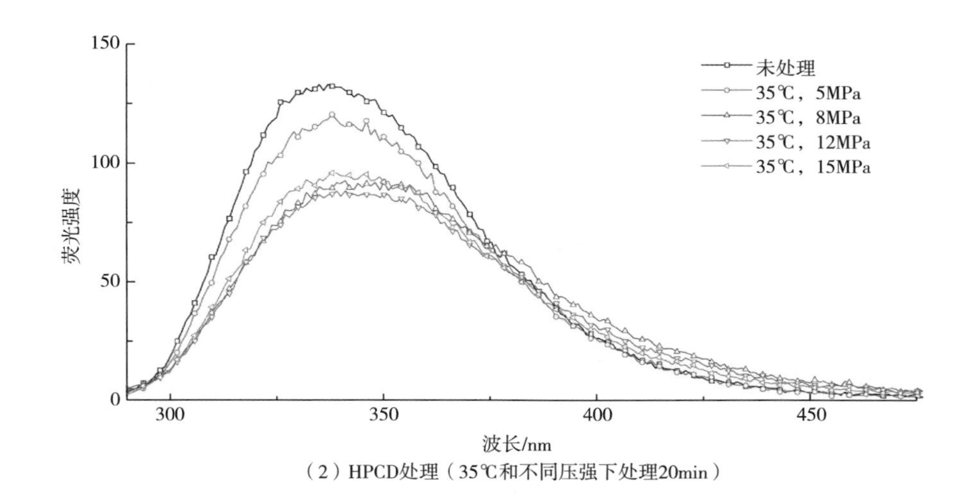

（2）HPCD处理（35℃和不同压强下处理20min）

HPCD（55℃、10min）处理后PME的荧光光谱图相对复杂，当压强为8MPa时荧光强度降低，然后荧光强度随着压强增大而增加（图6-14）[70]。因此，HPCD能导致PME三级结构的改变。荧光强度的增加很可能是由于Trp残基在PME三维结构中的重新分布，导致Trp残基和淬灭基团中的相互作用减弱；或者在新的结构中Trp残基之间的距离增加，导致其能量转移率降低[6]。在HPCD处理后，TLP的 λ_{max}发生了红移并且荧光强度降低，表明其Trp残基暴露于极性更大的环境中，从而改变了TLP的三级结构（图6-15）[28]。经HPCD（22MPa、55℃、60min）处理后，与CO_2直接接触的黑芥子酶 λ_{max}红移了15nm，并且荧光强度显著增加，表明HPCD的处理会使色氨酸周围环境变为极性更强的环境（图6-16）[29]。随着酶种类的差异，HPCD 处理前后荧光光谱的变化不同，这可能是由于不同的酶经HPCD处理后，其氨基酸残基所处微环境不同，因而有着不同的构象变化。

图6-14　经HPCD▼和热处理（55℃、10min）后橙皮PME的荧光发射光谱[70]

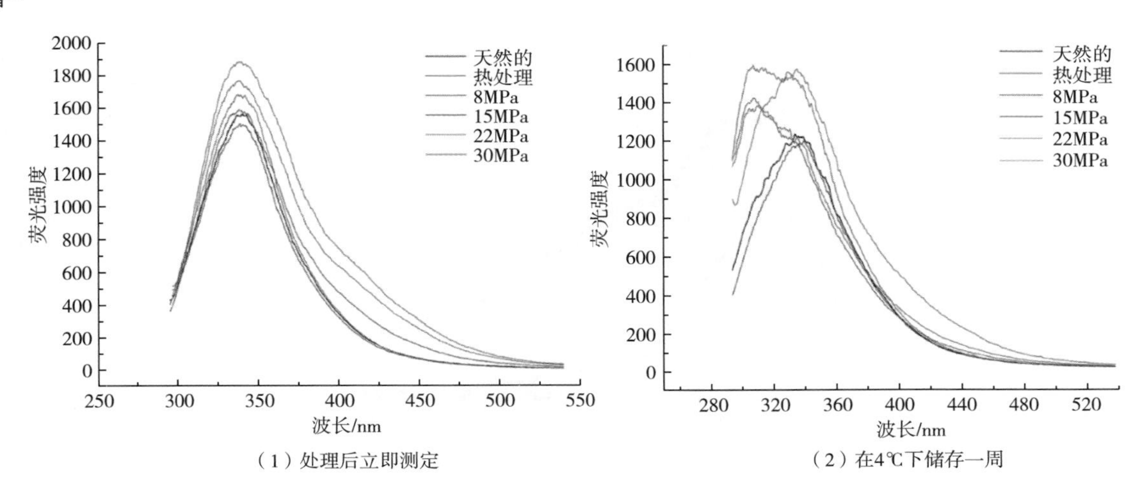

（1）处理后立即测定　　（2）在4℃下储存一周

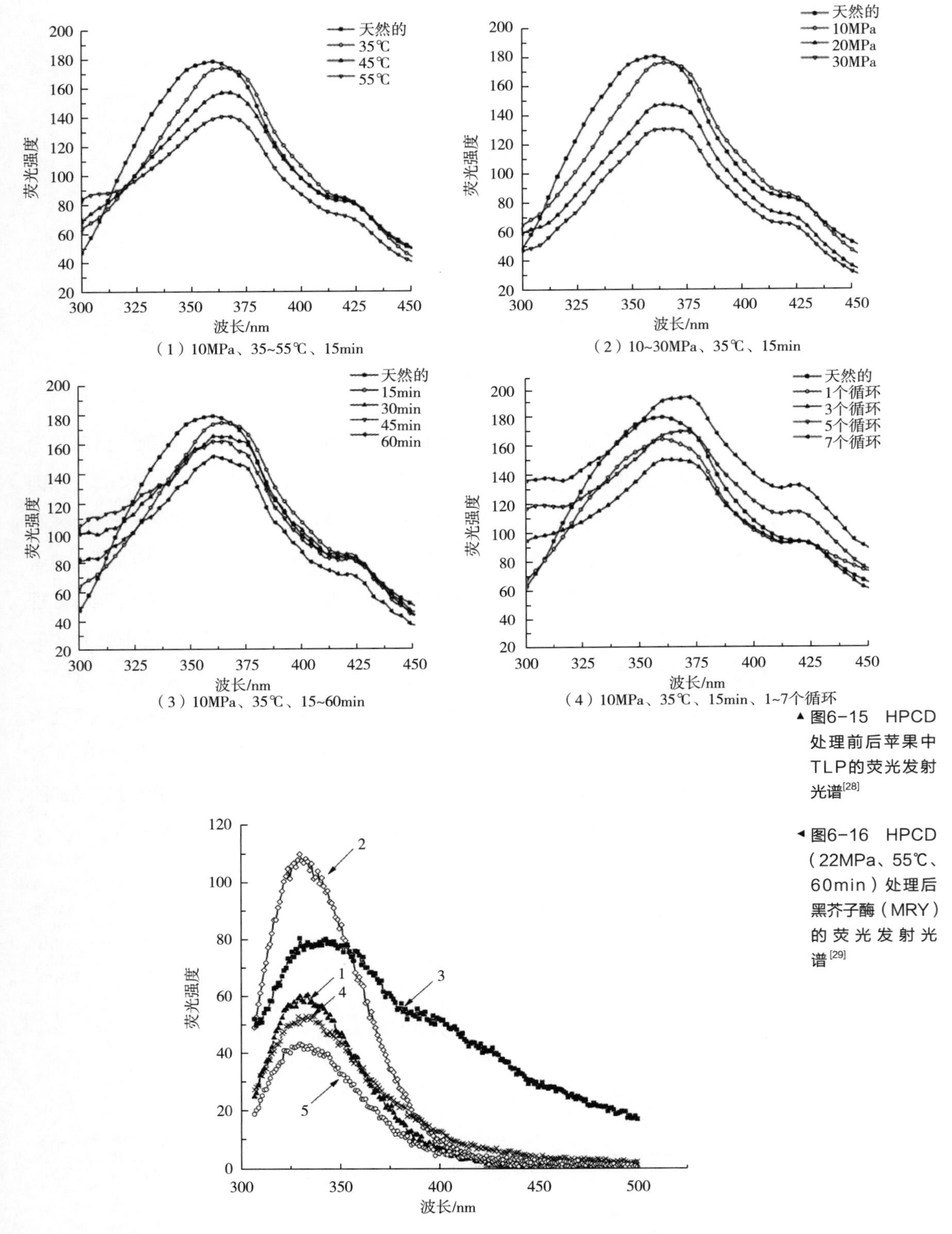

▲图6-15 HPCD处理前后苹果中TLP的荧光发射光谱[28]

◀图6-16 HPCD（22MPa、55℃、60min）处理后黑芥子酶（MRY）的荧光发射光谱[29]

1—未处理 MYR 水溶液 2—未处理 MYR 缓冲液（pH=3.0） 3—管装 MYR 水溶液 4—袋装 MYR 水溶液 5—袋装 MYR 缓冲液（pH 3.0）

三、形态变化

HPCD处理前后酶的形态也发生变化。采用扫描电镜（scanning electronic microscopy，SEM）可以观察到HPCD（25MPa、75℃、6h）处理能导致脂肪酶（Novozym 435）从一个带有光滑表面的圆形转变成残缺的形状（图6-17）[60，61]。经HPCD处理后，酶的表面变得粗糙且有裂缝，有一些明显的小孔和裂纹。这是HPCD对酶形态影响的可信证据[61]。

图6-17　HPCD处理前后脂肪酶（Novozym 435）的SEM图片[61]，由上至下放大倍数依次为×50，×200，×2000，×10000，右列为处理组，左列为对照组

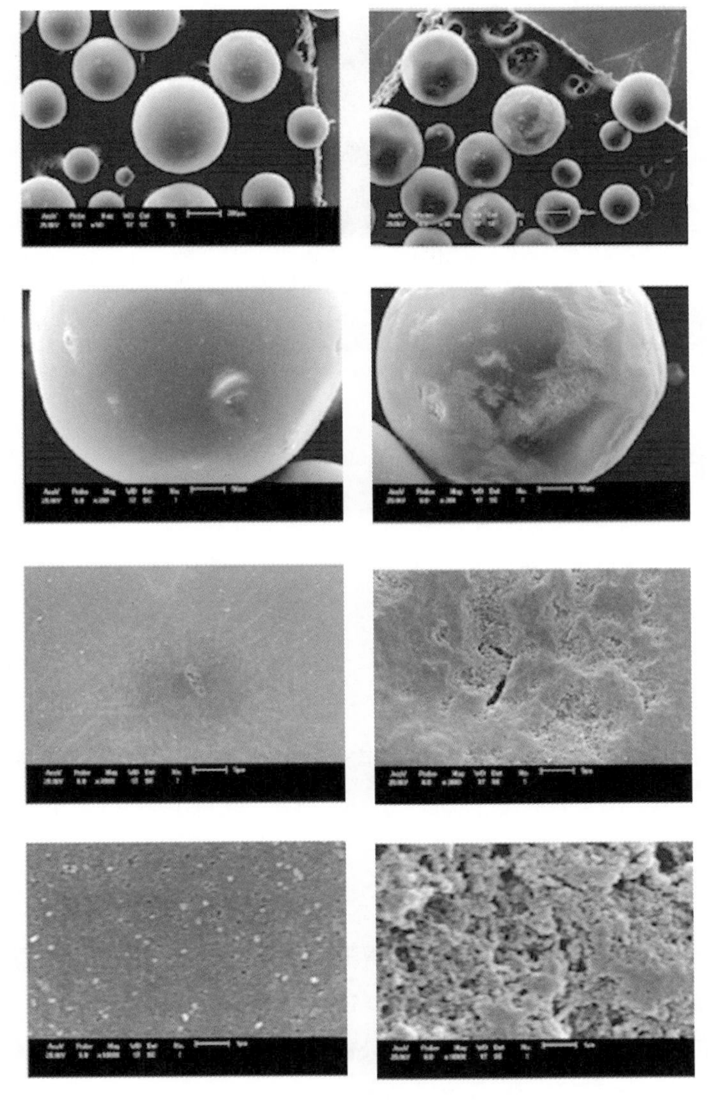

采用原子力显微镜（atomic force microscopy，AFM）可以观察到天然的TLP颗粒呈密集聚集的椭圆形球蛋白，表面光滑，边缘明显；这些粒子长1000nm，宽

700nm，高100nm，如图6-18（1）所示（注：与天然TLP的DLS分析相比，由于在AFM分析之前需要准备样品，导致了TLP的部分聚集，因此AFM得到的颗粒大小是天然TLP的2~3倍）。经HPCD（20MPa、35℃、15min）处理后，规则的、密集聚集的球蛋白塌陷，同时离解形成更小的、不规则的粒子，长300nm，宽400nm，高50nm，如图6-18（2）所示，因此可以看出HPCD可以诱导TLP聚集物的解离。经HPCD（30MPa、35℃、15min）处理后，呈现出形状不规则、边缘不明显的较大的团聚体颗粒，长约600nm，宽约1200nm，高约50nm[图6-18（3）]，因此可以看出HPCD诱导小团聚体的聚集，使许多小颗粒形成较大的团聚体[28]。

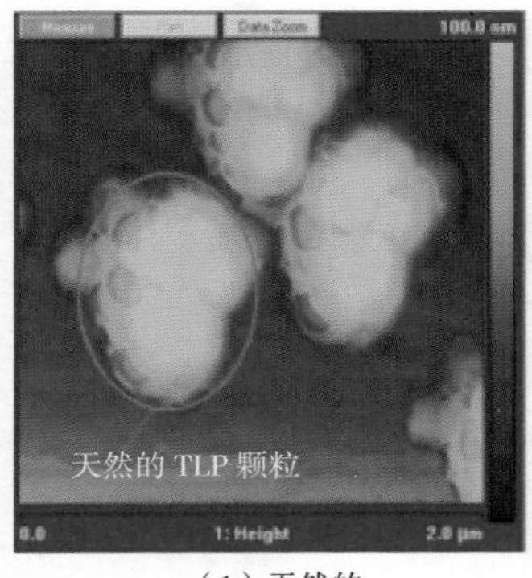

（1）天然的

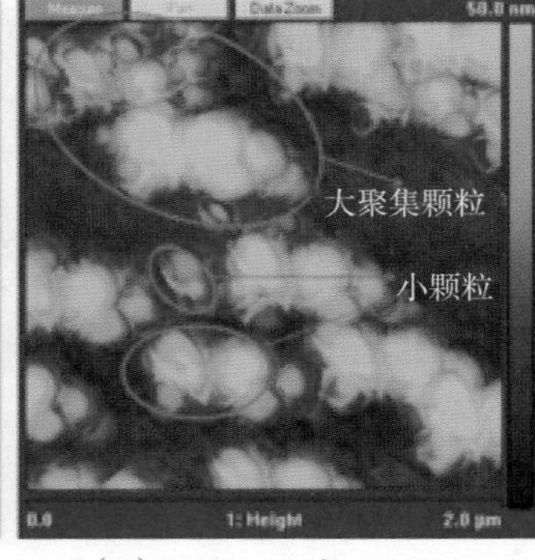

（2）20MPa、35℃、15min

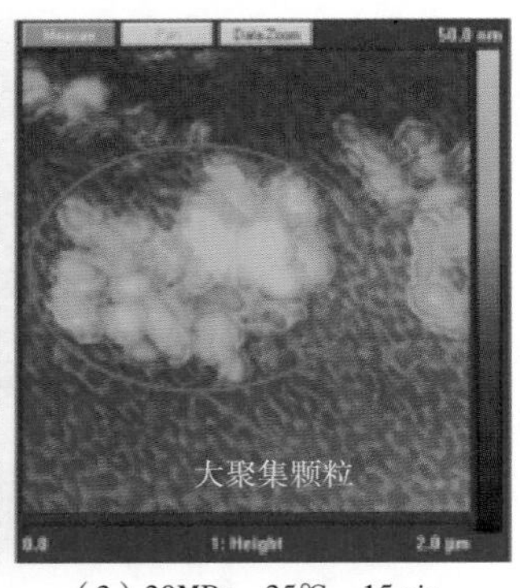

（3）30MPa、35℃、15min

▼图6-18 HPCD处理前后苹果中TLP的原子力显微镜图[28]

四、电泳行为变化

电泳通常被用以测定蛋白质的分子质量。聚集或解聚的酶可以通过分子质量变化的信息得出。HPCD（5.8MPa、43℃、1min）处理龙虾PPO，PPO电泳图谱显示酶蛋白发生解聚，分子质量降低（图6-19）[13]。未经过HPCD处理的龙虾、褐虾、马铃薯PPO在等电聚焦（isoelectric focus，IEF）电泳上只有一条蛋白带，其等电点$pI = 6.0$，而经HPCD（5.8MPa、43℃、1min）处理后的PPO有多条蛋白带，其中有一条等电点$pI = 6.2$ [13]。因此，HPCD很可能引发PPO蛋白质中可解离的基团离子化。

未经处理和HPCD（10MPa、55℃、30min）处理后的大豆LOX，经SDS-PAGE检测都只显示出一条54ku亚基的单带，表明HPCD未造成LOX亚基分子质量的改变和亚基肽链的分解（图6-20）[65]。在不同压强（8MPa、15MPa、22MPa、30MPa）下，HPCD（55℃、10min）处理前后，橘皮PME的SDS-PAGE图谱也同样没有变化（图6-21）[70]。然而，HPCD（10MPa、55℃、30min）处理后的LOX，经Native-PAGE图谱检测其条带消失[65]，LOX条带的消失可能是分子聚集所致，因条带过大而不能进入Native-PAGE的电泳胶中，这种分子聚集的情况也在TEM中得到证实[65]。

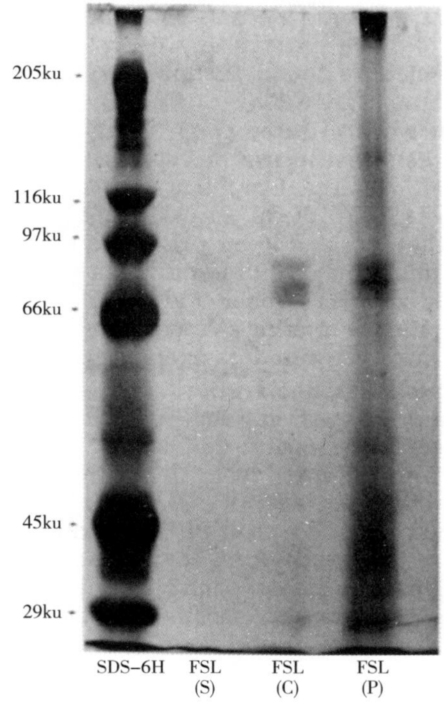

图6-19　佛罗里达多刺龙虾（FSL）PPO的SDS-PAGE分析

FSL（C）—未处理的 PPO　FSL（S）—HPCD 处理后 PPO 上清液　ESL（P）—HPCD 处理后 PPO 沉淀[13]

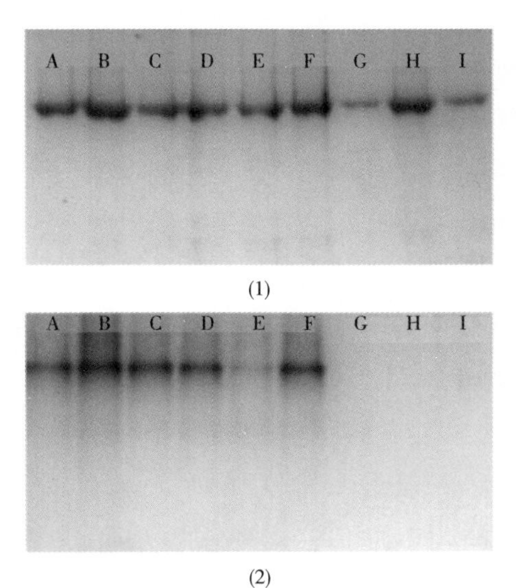

图6-20　HPCD（30min）处理后大豆LOX的SDS-PAGE（1）和天然的-PAGE（2）[65]

A—天然的　B—30℃　C—55℃　D—30℃，10MPa　E—30℃，30MPa　F—30℃，50MPa　G—55℃，10MPa　H—55℃，30MPa　I—55℃，50MPa

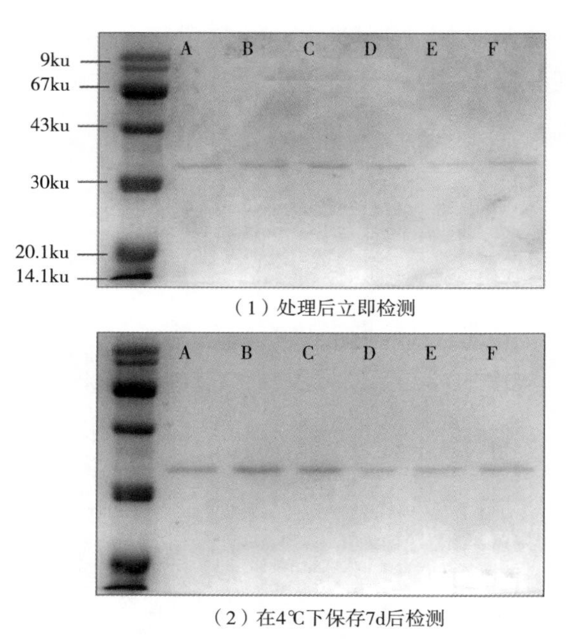

（1）处理后立即检测

（2）在4℃下保存7d后检测

A—天然的　B—温和的热处理（MT）　C—8MPa　D—15MPa　E—22MPa　F—30MPa

图6-21　HPCD（55℃、10min）和MT处理后橙皮PME的SDS-PAGE[70]

五、酶的粒度变化

HPCD会使酶溶液产生不同程度的均质和聚集效应，因此会导致酶的粒度变化[9，69]。采用透射电镜（transmission electron microscopy，TEM）和浊度分析发现，经HPCD（50MPa、55℃、30min）处理后的大豆LOX，其粒径由20nm增加至100nm，并且粒径随着压强升高而增大，这表明HPCD会导致LOX分子的聚集，同时酶分子的聚集程度与HPCD条件密切相关（图6-22）[65]。因此，研究人员利用超临界CO_2技术沉淀大豆蛋白，以期达到纯化的目的[71]。同时，HPCD处理过程中CO_2与水结合形成碳酸，从而造成溶液中局部pH降低，也可能会造成酶分子的聚集[24，72]。当pH降至蛋白质等电点p*I*附近时，蛋白质分子表面电荷减少，蛋白质分子侧链静电吸引和排斥作用减弱，从而导致肽链的折叠和展开，最终导致聚集效应的产生[74，75]。

然而，聚集效应的产生并非完全由pH下降所致。有研究发现，HPCD（5MPa、35℃、20min）处理后酪氨酸酶峰值粒径由119nm增加至564nm，产生了明显的聚集效应（图6-23），但是溶液pH并没有降至酪氨酸酶等电点p*I*附近，其聚集效应的产生可能是卸压过程导致的蛋白质分子聚集[69]。HPCD会导致酶分子肽链的局部折叠和亚基的解聚，从而导致内埋基团的外露，并与其他暴露的基团结合，最终引起酶分子聚集以及酶活性丧失[65，76]。HPCD压强较大时，卸压过程有可能导致聚集颗

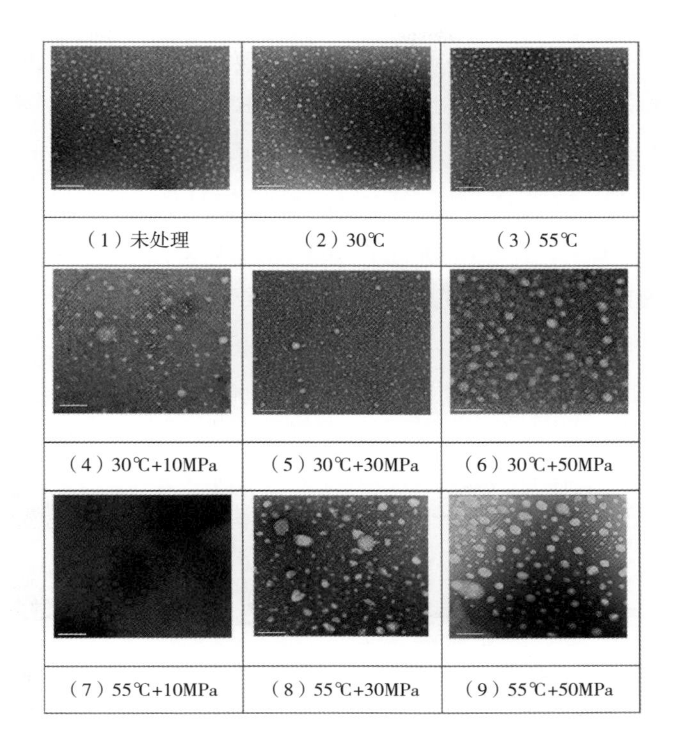

图6-22 热处理、HPCD处理30min后大豆LOX的SEM图[65]，标尺为200nm

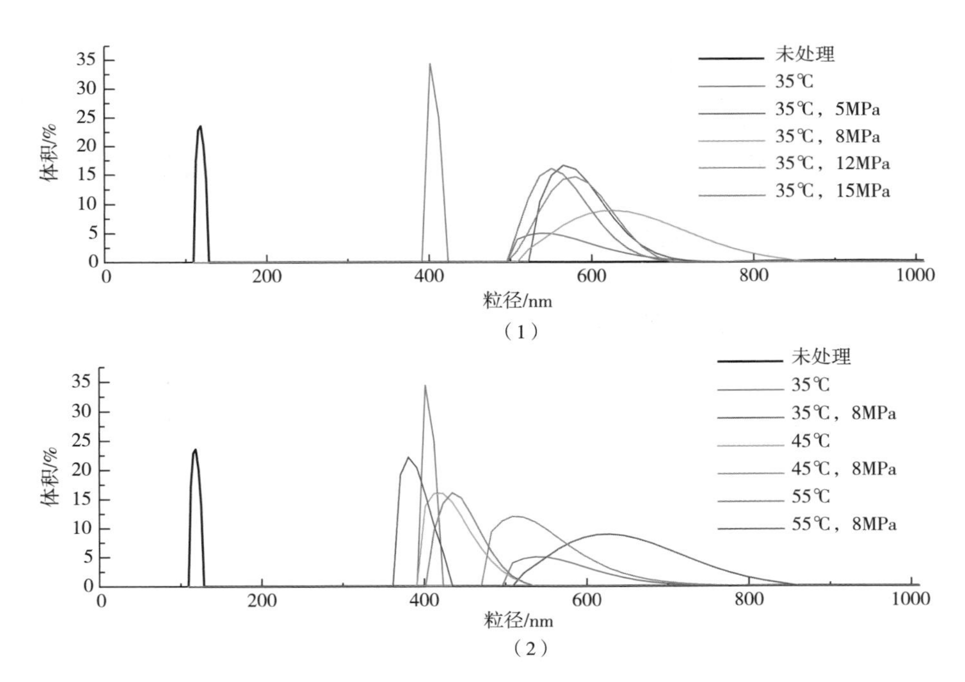

图6-23 HPCD处理（20min）后蘑菇中酪氨酸酶的PSD[69]

粒的解聚（图6-22），当压强从12MPa增至15MPa时，其峰值粒径由580nm减少至550nm，跨距由172nm增加到190nm[69]。经HPCD（35℃、15min）处理后的TLP，随着处理压强由10MPa增加至30MPa，其峰值粒径由391nm减小至315nm（图6-24）[28]，这表明HPCD对酶颗粒的均质效应。有研究表明，增加HPCD处理的循环次数能极大程度地促进对酶颗粒的均质效应，经HPCD（10MPa、35℃、15min）处理后的TLP，随着处理的循环次数由1次增加至7次，其峰值粒径由391nm降至152nm（图6-24）[28]。适当的升高处理温度也能促进HPCD对酶颗粒的均质效应，经HPCD（10MPa、15min）处理后的TLP，随着处理温度由35℃升高至45℃，其峰值粒径由391nm减少至337nm（图6-24）[28]。这种聚集和均质效应的产生可能是由于卸压过程造成的，下文会有详细的介绍。

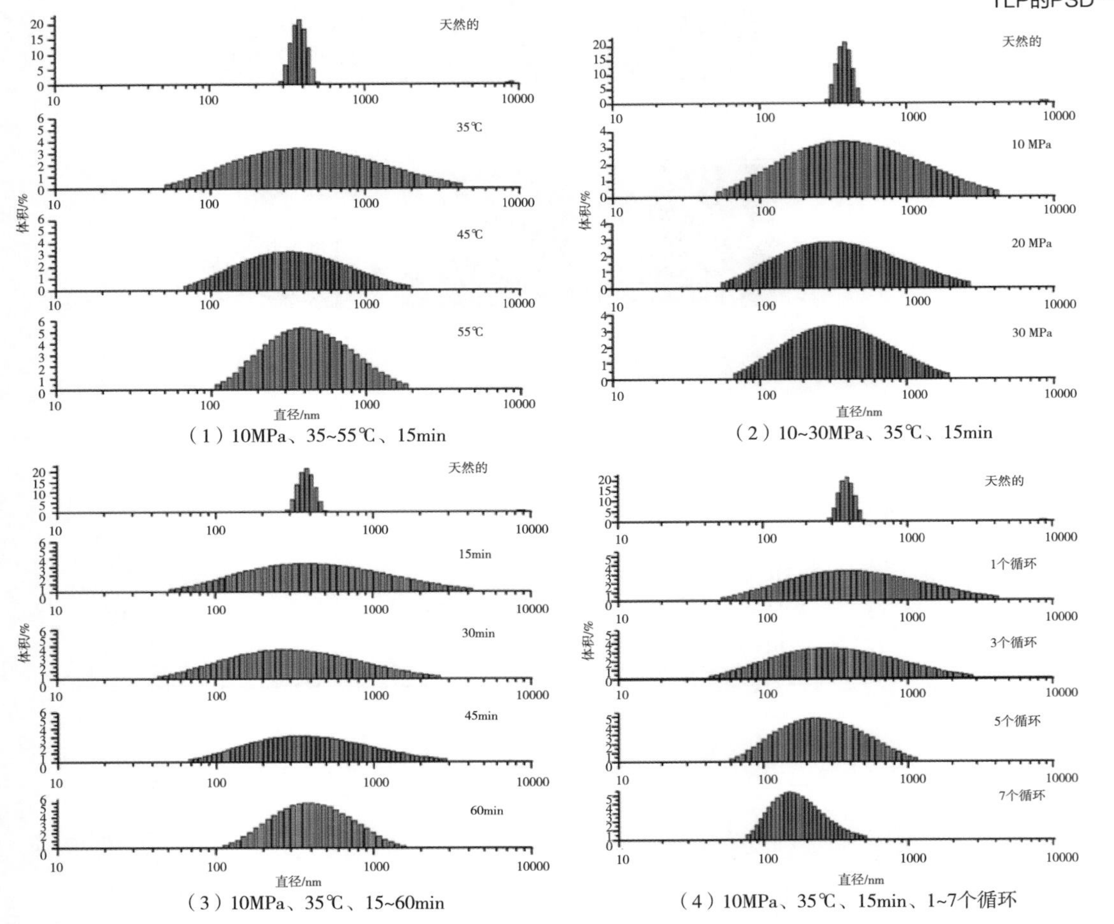

▼图6-24 HPCD处理后苹果中TLP的PSD[28]

第三节

HPCD 钝化酶的动力学分析

酶经HPCD处理后残存活力随时间变化的函数，随食品和酶种类的不同而变化[5, 35, 38]。等温等压状态下，随着温度或压强不同，酶残存活力随时间变化的函数通常被描述为一段式动力学、分段式动力学、部分转化式的动力学模型以及Weibull模型[77，108]。动力学参数用于描述钝化速率常数依赖压强和温度改变的过程，对设计和优化食品加工处理至关重要。经HPCD处理后，酶的钝化动力学模型如表6-3所示。

表6-3　酶的钝化动力学模型

动力学模型	酶	来源	温度/℃	压强/MPa	k/min^{-1}	D/min	残留活性（A）/%	r^2（p<0.05）
一级动力学模型	POD	辣根	35	30	0.014	166.67	—	0.815
			45	30	0.030	77.52	—	0.921
			55	30	0.036	64.52	—	0.973
			55	22	0.032	71.94	—	0.990
			55	15	0.027	84.03	—	0.991
			55	8	0.023	100.0	—	0.992
		红甜菜	35	37.5	0.0060	384.62	—	0.843
			45	37.5	0.0104	222.22	—	0.955
			55	37.5	0.0309	74.63	—	0.975
			55	7.5	0.0207	111.11	—	0.985
			55	22.5	0.0256	90.09	—	0.968
			55	30.0	0.0283	81.30	—	0.981
	PPO	红甜菜	35	37.5	0.0166	138.89	—	0.887
			45	37.5	0.0304	75.76	—	0.955
			55	37.5	0.0594	38.76	—	0.975
			55	7.5	0.0456	50.51	—	0.917
			55	22.5	0.0601	38.31	—	0.912
			55	30.0	0.0608	37.88	—	0.990
		苹果汁	35	30	0.0045	222.22	—	0.959
			45	30	0.0060	166.67	—	0.992
			55	30	0.0159	144.93	—	0.994
			55	22	0.0134	172.41	—	0.985
			55	15	0.0106	217.39	—	0.982
			55	8	0.0074	312.50	—	0.966
		苹果汁	35	10	0.0044	227	—	0.9891
			40	10	0.0060	167	—	0.992
			45	10	0.0096	104	—	0.992
			45	12.5	0.015	67	—	0.966
			45	15	0.019	53	—	0.953
			45	20	0.026	38	—	0.965

续表

动力学模型	酶	来源	温度/℃	压强/MPa	k/ min^{-1}	D/min	残留活性（A）/%	r^2（p<0.05）
一级动力学模型	PME	橙汁	40	31	0.0956	104.6	—	—
			55	31	0.0479	20.9	—	—
			60	31	0.0945	10.6	—	—
		苹果汁	45	10	0.0015	667	—	0.9424
			45	20	0.0037	270	—	0.9181
	酸性蛋白酶	*Aspergillus niger*	40	10	—	32.1	—	—
			45	10	—	30	—	—
			50	10	—	15.1	—	—
	α-淀粉酶	*Bacillus subtilis*	35	10	—	72.8	—	—
			40	10	—	40.7	—	—
			45	10	—	18.6	—	—
	PPO	桃	35	8	0.0152	151.39	—	0.9816
			45	8	0.3043	75.67	—	0.9462
			55	8	0.1164	19.78	—	0.9489
			35	5	0.0070	330.03	—	0.9402
			35	8	0.0152	151.39	—	0.9462
			35	12	0.0161	142.65	—	0.9050
			35	15	0.0126	183.49	—	0.9467
			35	8	2.2150	1.0419	0.1196	0.9992
			35	12	5.8621	0.3929	0.1576	0.9970
			35	15	5.9668	0.3857	0.1351	0.9996
	PPO	马铃薯	43	5.8	—	—	—	—
		龙虾	43	5.8	—	—	—	—
二段式模型	PME	苹果	35	30	k_L：0.082 k_S：0.002	D_L：28.08 D_S：1151.50	A_L：24.63 A_S：5.37	0.940
			45	30	k_L：0.340 k_S：0.015	D_L：6.77 D_S：153.53	A_L：38.94 A_S：61.04	0.997
			55	30	k_L：0.890 k_S：0.039	D_L：2.59 D_S：58.70	A_L：72.81 A_S：25.90	0.993
			55	22	k_L：0.551 k_S：0.037	D_L：4.18 D_S：61.45	A_L：62.09 A_S：35.36	0.991
			55	15	k_L：0.323 k_S：0.034	D_L：7.12 D_S：67.62	A_L：56.51 A_S：40.81	0.996
			55	8	k_L：0.079 k_S：0.063	D_L：29.06 D_S：43.31	A_L：39.51 A_S：63.69	0.984
		橙子	40	30	k_L：0.74 k_S：0.010	D_L：3.3 D_S：230	A_L：0.85 A_S：0.15	0.999

续表

动力学模型	酶	来源	温度/℃	压强/MPa	k/ min^{-1}	D/min	残留活性（A）/%	r^2（p<0.05）
二段式模型	PME	橙子	21	20	k_L：0.24 k_S：0.0048	D_L：9.6 D_S：480	A_L：0.652 A_S：0.348	0.999
			21	10	k_L：0.123 k_S：0.0020	D_L：18.7 D_S：1152	A_L：0.628 A_S：0.372	0.999
部分转化式模型	PME	胡萝卜	55	8	0.334	6.89	6.53	0.992
			55	12	2.972	0.78	6.95	0.999
			55	15	4.982	0.46	6.48	0.998
		桃	55	8	0.022	104.68	6.37	0.963
			55	15	0.037	61.74	6.83	0.980
			55	22	0.043	53.56	7.06	0.969
	PPO	胡萝卜	35	8	2.2432	1.0265	0.1242	0.9988
			45	8	3.1318	0.7352	0.1248	0.9874
			55	8	5.8037	0.3967	0.1016	0.9993
			35	5	0.9787	2.3496	0.1828	0.9316
Weibull模型	PPO	蘑菇	25	10	—	1721.6	—	—
			35	10	—	863.6	—	—
			45	10	—	136.9	—	—
			25	20	—	8.1	—	—
			35	20	—	8.6	—	—
			45	20	—	0.7	—	—
		凡纳滨对虾	35	20	—	392	—	0.984
			40	20	—	145	—	0.982
			50	20	—	98	—	0.984
	PME	番茄汁	35	20	—	24795	—	0.9830
			45	20	—	714	—	0.9830
			55	20	—	77	—	0.9822
			45	8.5	—	869	—	0.9894
			45	10	—	1116	—	0.9878
			45	15	—	934	—	0.9611

注：—无数据。k：给定温度 / 压强下的钝化速率常数，min^{-1}；D：在给定条件下用于钝化 90% 的酶活所需要的处理时间，min；A：残留活性，%；k_L 和 k_S：不稳定和稳定组分的钝化速率常数；D_L 和 D_S：不稳定和稳定组分的指数递减时间；A_L 和 A_S：不稳定和稳定组分的残留活性。

一、一段式动力学模型

一段式模型通常用于描述酶的钝化，是酶活力随时间线性降低的函数，如式（6-1）所示[34, 78]。

$$\ln(A/A_0) = -kt \qquad (6-1)$$

式中　A_0——初始酶活力的平均值；

A——处理后残存酶活力的平均值；

k——给定温度或压强下的钝化速率常数，min^{-1}；

t——持续时间，min。

指数递减时间（D值）定义为给定条件下，钝化初始酶活力的90%所需的处理时间，如式（6-2）所示。

$$D = \ln(10)/k \qquad (6-2)$$

经 HPCD（31MPa、55℃）处理后，橙汁中 PME活性遵循一段式动力学[12, 17]。辣根中黑芥子酶经HPCD处理后其活性也遵循一段式动力学（图6-25），并且随着压强从8MPa增加到22MPa，k值由0.0146/min 增加到 0.0240/min，D值由157.2min降至96.1min[29]。苹果浊汁中PPO（8~30MPa、55℃）、PME（10~20MPa、45℃）及辣根中POD（8~30MPa、55℃）的HPCD钝化过程也遵循一段式反应动力学[9, 14, 21]。经HPCD（60MPa、10min）处理后，甜菜中POD、PPO、PE和PG活力随时间的变化也遵循一段式反应动力学[11, 29, 37]。k 值和D值与HPCD处理的温度和压强密切相关。

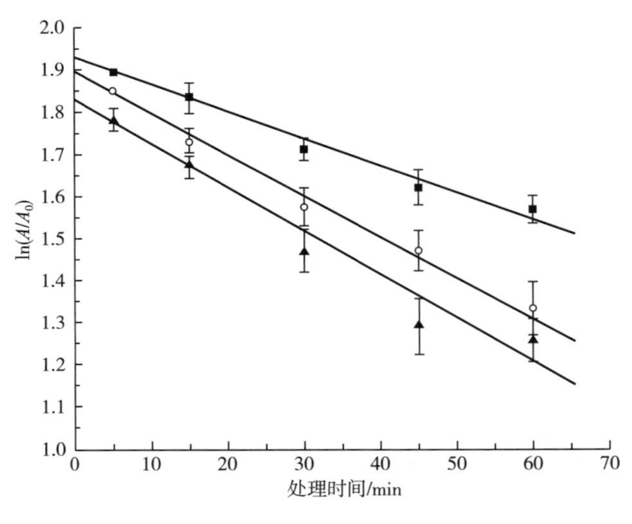

◂图6-25　不同压强处理下的黑芥子酶钝化动力学模型符合一段式动力学（55℃）[29]

二、二段式动力学模型

苹果汁中PME的钝化过程遵循二段式动力学模型，苹果汁中PME有两种同工酶存在，且稳定性存在差异，因此两者会出现二相的钝化图形[5, 76]（图6-26）。

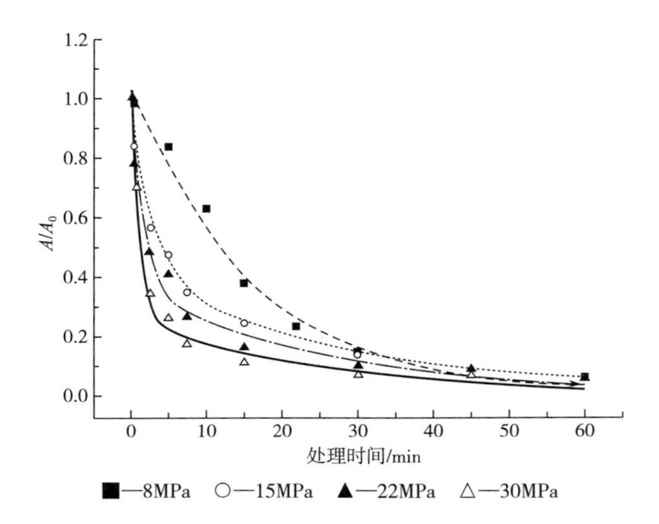

图6-26　经HPCD处理的苹果PME的钝化模型[5]

因此，当二相性钝化模型出现，可引入二段式模型，试验数据也采用二段式模型分析[5, 79~83]。该模型考虑到同工酶的存在，可以归为稳定部分和不稳定部分两个部分，其中一种同工酶对温度或压强更具抗性。这两种酶的钝化都遵循一段式动力学，且互相独立。钝化初期，钝化速率高，随后减速降低，整个活性降低过程如式（6-3）所示[80~83]：

$$A = A_L \exp(-k_L t) + A_S \exp(-k_S t) \tag{6-3}$$

式中　A_L 和 A_S——分别表示相对于完全钝酶的稳定和不稳定的酶活力。

k_L 和 k_S ——分别表示相对于完全钝酶的稳定和不稳定酶的钝化速率常数，min^{-1}。

达到90%钝化的D值所需压强和温度的增加分别由Z_P（MPa）和 Z_T（℃）表示，并精确遵循式（6-4）和式（6-5）：

$$\log(D_1/D_2) = (P_2 - P_1)/Z_P \tag{6-4}$$

$$\log(D_1/D_2) = (T_2 - T_1)/Z_T \tag{6-5}$$

压强和温度依赖的k值可以分别由活化容量（V_a, cm^3/mol）和活化能（E_a, kJ/mol）表示，如式（6-6）Eyring等式和式（6-7）Arrhenius等式所示[17, 21, 82, 83]。

$$\ln(k_1/k_2) = \frac{V_a}{R_P T}(P_2 - P_1) \tag{6-6}$$

$$\ln(k_1/k_2)=\frac{E_a}{RT}\left(\frac{1}{T_2}-\frac{1}{T_1}\right) \tag{6-7}$$

其中，P_1 和 P_2，T_1 和 T_2 ——指数递减时间 D_1 和 D_2 或常数 k_1 和 k_2 分别对应的压强和温度；

R——通用气体常数，R=8.314J/（mol·K）；

T——绝对温度，K；

Z_P 和 Z_T——由 log D 线性回归的负倒数斜率分别除以 P 和 T 获得。Z 值代表 D 值的压力或温度敏感性[84]。

V_a 和 E_a ——分别由线性回归的ln k 除以 P 或（1/T）获得。

三、部分转化式模型

在温和热处理和高压处理下，只有不稳定部分被钝化，而随着时间推移，稳定部分的活性依然不变，因此称之为部分转化式的动力学模型。部分转化式模型可用于分析等温-等压钝化数据，当温度或压强条件较为剧烈时可导致快速钝化，之后是减速下降。经HPCD（8MPa、15MPa 和 22MPa，55℃）处理后，溶于20mmol/L Tris-HCl缓冲液（pH 7.5）的桃汁和胡萝卜汁PME，其钝化动力学遵循部分转化式模型（图6-27）[6, 35]。

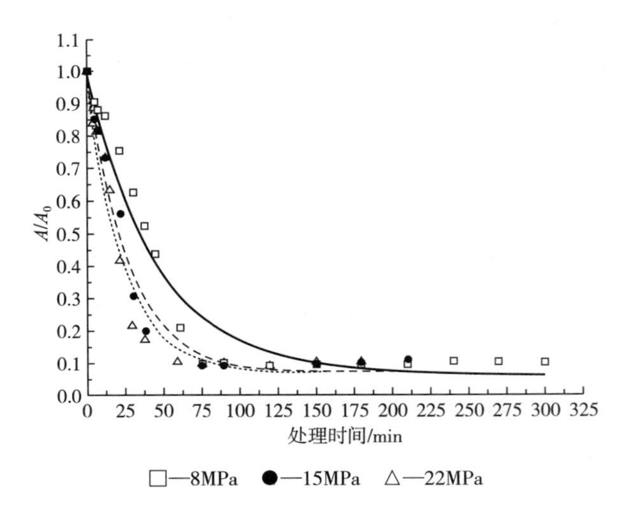

图6-27 桃PME的钝化动力学模型（pH=7.5，55℃）[6]

式（6-1）对于大多数等温等压条件来说都是适用的，因此，钝化速率常数k可以由ln（A/A_0）对时间的线性回归分析得出，部分转化式模型是一级动力学模型的特例[85, 86]。部分转化ƒ考虑了延长的温度和压强处理下活性为非零值（A_∞）的情况，并且可以由式（6-8）表达。

$$f=(A_0-A_t)/(A_0-A_\infty) \quad (6-8)$$

对于大多数不可逆的一级动力学模型而言，A_∞趋近于零，式（6-8）可以简化为：

$$f=(A_0-A_t)/A_0 \quad (6-9)$$

（$1-f$）的对数值对时间的函数图为一条直线，其负斜率值表示速率常数k，如式（6-10）所示。

$$\ln(A_t/A_0)=\ln(1-f)=-kt \quad (6-10)$$

因此，当A_∞接近于零时，式（6-10）接近于式（6-1）。为了计算延长的温度/压强处理下非零值的活性，我们采用部分转化式，如式（6-11）所示。

$$\ln(1-f)=\ln(A_t-A_\infty)/(A_0-A_\infty)=-kt \quad (6-11)$$

将式（6-11）整理可得式（6-12）。在恒定的压强或温度条件下，用A_t对时间作图，采用非线性回归分析可得到钝化速率常数k以及残存活性A_∞。

$$A=A_\infty+(A_0-A_\infty)exp(-kt) \quad (6-12)$$

必须指出的是，部分转化式模型通常用于一种组分被钝化而另一组分保持非零值的常数。

四、Weibull 模型

在研究蘑菇中酪氨酸酶（PPO）的钝化模型时，发现除了二段式模型，其数据也适合Weibull模型[77]。Weibull模型是一个灭活时间分布的统计模型，如式（6-13）所示。

$$\lg(A/A_0)=-(t/\alpha)^\beta/\ln(10) \quad (6-13)$$

其中α是比例参数（特征时间），β是形状参数。β等于1时，Weibull模型与一阶动力学模型类似。

与使用其他模型计算的指数递减时间（D）相似，对于Weibull模型，可以使用式（6-14）计算将酶活性降低90%所需的时间。

$$t_D=\alpha[\ln(10^{-1})]^{1/\beta} \quad (6-14)$$

t_D是指从零时刻开始的处理时间。

$$\log\alpha=a_1-b_1T \quad (6-15)$$

$$z'_T=1/b_1 \quad (6-16)$$

$$\log\alpha=a_2-b_2p \quad (6-17)$$

$$z'_P=1/b_2 \quad (6-18)$$

比例参数α与温度的关系可以使用式（6-15）很好地表示，该式表明α的对数与温度呈线性关系。按照Van Boekel[113]的建议定义Z_T'，如式（6-16）所示，类似于Z_T。在A.E.Illera等[114]的研究工作中，还发现了α的对数与压强的线性相关性，如式（6-17）所示。类似于Z_T'，Z_P'的定义如式（6-18）所示。需要注意的是，Z_T'、Z_P'的值有效必须要求形状参数（β）和压强、温度没有相关性。

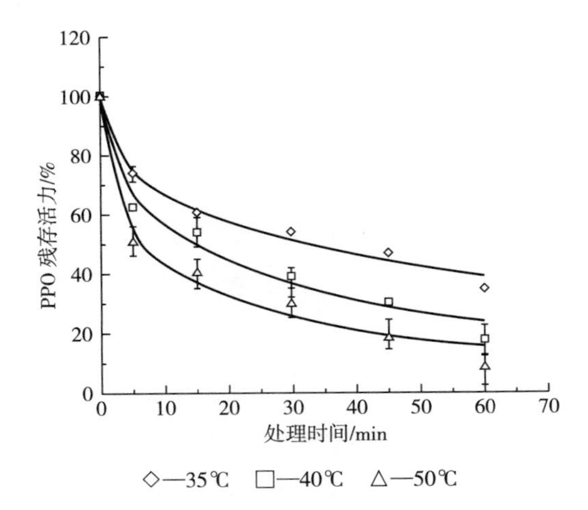

图6-28 经HPCD处理（20MPa）的凡纳滨对虾中PPO钝化模型[114]

经HPCD（20MPa、35℃-50℃）处理后，凡纳滨对虾中PPO的钝化动力学符合Weibull模型（图6-28）[115]。在不同的CO_2压强（8.5~20MPa）和温度（35~55℃）下测定番茄汁中果胶甲基酯酶（PME）和聚半乳糖醛酸酶（PG）的失活动力学，Weibull模型可以正确描述PME在HPCD处理后的钝化曲线，而部分转化式模型最适合PG[114]。

第四节

HPCD技术钝化酶的可能机制

压强、温度、CO_2分子的侵入和逸出等外部因素，可能会影响蛋白质分子内部的微平衡以及溶剂-蛋白质分子之间的相互作用，从而导致酶分子肽链的完全去折叠及蛋白质的变性，并最终造成酶活力的改变。关于HPCD的钝酶机制引起了广泛关注和探讨。

一、pH降低效应

对于酸性蛋白酶而言，HPCD通常能导致酶活力降低，这是基于CO_2溶解于水并临时降低环境pH的假设[17]。CO_2与水分子结合形成碳酸，并进一步解离出碳酸氢盐、碳酸盐以及H^+离子，如以下平衡式所示：

$$CO_2\,(gas) \rightleftharpoons CO_2\,(aq)$$

$$CO_2+H_2O \rightleftharpoons H_2CO_3$$

$$H_2CO_3 \rightleftharpoons H^+ + HCO_3^-$$

$$HCO_3^- \rightleftharpoons H^+ + CO_3^{2-}$$

上述反应的平衡常数与压强和温度有关。CO_2在溶液中的溶解速率受温度和压强的影响[29, 87, 88]，高压和高温会提高CO_2在酶溶液中的溶解度，促进酶分子外部环境的酸化，加剧CO_2和酶分子间的相互作用。因此改善的热力学模型（采用状态方程式的方法）已经用以在升压状态下准确预测溶液体系中CO_2的溶解能力（以及pH）。

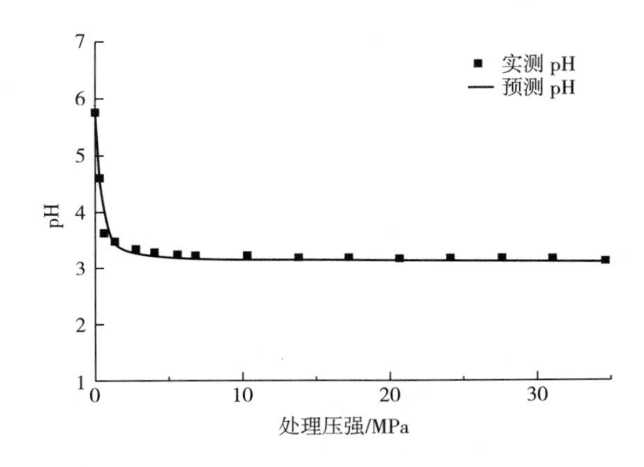

图6-29　压强最高为34.48MPa的纯水-CO_2模拟系统的实测和预测pH[89]

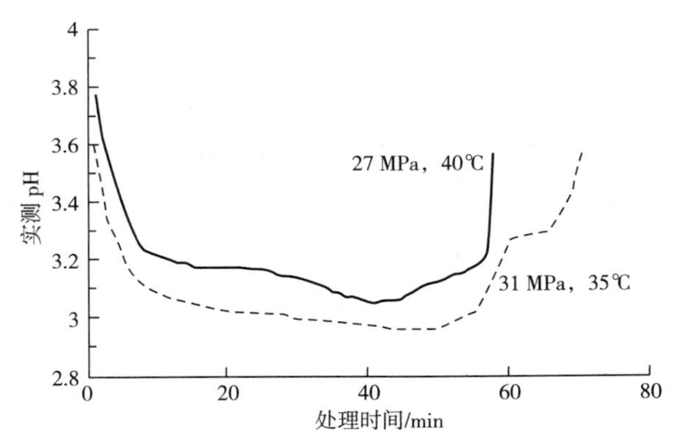

图6-30　HPCD处理前后橙汁中pH的变化[17]

纯水中当CO_2压强达到34.48MPa，即可预测水中pH，且预测值与实测值基本相符（图6-29）[89]。当压强降至大气压水平，CO_2会逸出水溶液，pH也会恢复到其初始值（图6-30）[16, 17]。研究者已经报道了HPCD诱导橙汁[17]、胡萝卜汁[24]、苹果汁[14]、桃汁[35]的pH降低效应。

大多数参与碳水化合物和氨基酸代谢的酶都有一个中性的最佳pH范围[90]，当pH改变时，其活力也会变化。在极端pH下，高电荷引起蛋白质侧链的密集静电吸引和排斥，最终导致蛋白质肽链的折叠和去折叠[91]。当pH在3~4时，蛋白质肽链转化为酸性去折叠态；当pH<2时，蛋白质肽链重新折叠，最终形成酸变性态——“类熔球态”（相对紧实、具有高水平的二级结构和极低水平的三级结构）[92]。因此，HPCD对环境pH的降低很可能是酶活力丧失的原因之一。

然而，在大气压环境下一定范围内溶液pH降低对某些碱性蛋白酶的活性影响并不大[1，5，17，21，35，93]。因此，CO_2与蛋白质之间的分子作用可能是酶钝化的另一个可能原因。

二、CO_2的分子钝化效应

CO_2与酶分子可能形成复合物，从而导致酶活力降低[94~97]。已有学者认为精氨酸能在低pH下与CO_2接触，并形成重碳酸盐复合体[97]。还有学者提出过量CO_2能与蛋白质表面的氨基酸残基形成共价的氨基甲酸盐[94]。这些氨基甲酸盐可以引起组氨酸和赖氨酸残基之间的电荷转移，从而导致酶活力丧失[95，96]。通过生物信息学和分子建模，有学者总结出碱性氨基酸，如精氨酸（pI=10.8）、赖氨酸（pI=9.5）和组氨酸（pI=7.6）通常为CO_2-蛋白质结合位点[93，98]。

同时，也有观点认为CO_2会造成酶分子离解[3，99]。微泡HPCD引起酸性蛋白酶的钝化，不仅是由于pH降低的作用，也是由于CO_2分子对蛋白质结构的不可逆转的破坏造成[3，69]。HPCD压强效应可能引起蛋白质主链结构的变化，亚基的解聚，从而钝化酶[99]。除了上述两种效应之外，CO_2与酶活力中心的疏水相互作用同样可能导致酶活力的丧失。在高压和高温条件下，CO_2的密度更高[3]，这有助于CO_2发挥其疏水溶剂的功能，改变蛋白质-水分子相互作用的平衡，导致蛋白质疏水基团暴露于亲水环境中[3，100]，从而造成酶活力的丧失。另一方面，CO_2的表面张力为零，可以轻松穿过任何比其大的分子，最终破坏酶分子的活性中心[101]。超临界CO_2还可以去除维持酶分子结构稳定的必要水分子，改变溶剂和酶分子之间水平衡效应，因此导致酶活力的丧失[44，102]。

三、卸压过程产生的效应

在卸压过程中，一方面CO_2从流体状态变成气体状态会形成气液界面，蛋白质分子具有两亲性，为了获得相对低的吉布斯自由能，蛋白质分子自发地移动到气液界面[103]。同时，由于极性残基和非极性残基在气液界面的取向不同从而使蛋白质链展开[104]，在气液交界处发生分子定向排布，产生聚集，并且聚集程度随着蛋白质浓度和气液界面面积的增加而增加[69，93]。

另一方面，卸压会导致溶液中CO_2压强的快速释放，造成气体爆炸作用[47，104，105]和极速冷冻作用，使聚集的蛋白质颗粒分解成更小的颗粒，即产生均质效应[6]。由于溶液中酶活力的高低与蛋白质链内的相互作用（由氨基酸序列决定）及其与周围溶剂分子的相互作用有关[107]，在卸压过程中随着溶解在酶蛋白结合水中的CO_2释放，蛋白质的水合作用减弱，酶活力随之降低[69，93，94]。这种聚集和均质作用会对蛋白质的构象产生不同程度的影响，从而影响酶分子的活力优势构象，表现为酶分子活力的升高或者降低。

综上所述，HPCD钝化酶的机制可以被分为以下两个阶段（图6-31）[69]。第一阶段，保压阶段：HPCD处理酶溶液过程中，CO_2分子溶于水中造成局部pH降低，从而导致酶分子聚集，同时CO_2分子与酶分子中特定氨基酸结合，改变酶分子的优势构象；第二阶段，卸压阶段：卸压过程中形成的气液界面和CO_2的突然释放会造成酶分子的聚集和均质效应。此外，加压CO_2具有较高的亲水性，它的卸除能够夺走酶分子周围微环境中的水分，从而造成酶载体和溶剂之间的水分分布不均，导致酶失活[61]，或者改变水-蛋白质相互作用的平衡，导致蛋白质的疏水基团暴露于亲水环境中[3，106]。因此，酸和界面效应造成的蛋白质聚集、CO_2快速释放的爆炸效应诱导均质化，以及加压CO_2与酶之间的分子相互作用可能联合改变酶的构象，并引起空间结构、三级结构和二级结构的变化。HPCD处理过程中以上几种效应协同作用[93]，从而扰动蛋白质的构象，使其朝着有利于活力发挥的优势构象，或者活性中心的完全去折叠等不同方向改变，从而表现为酶的激活或者钝化。

图6-31　HPCD钝化酶的可能机制[69]

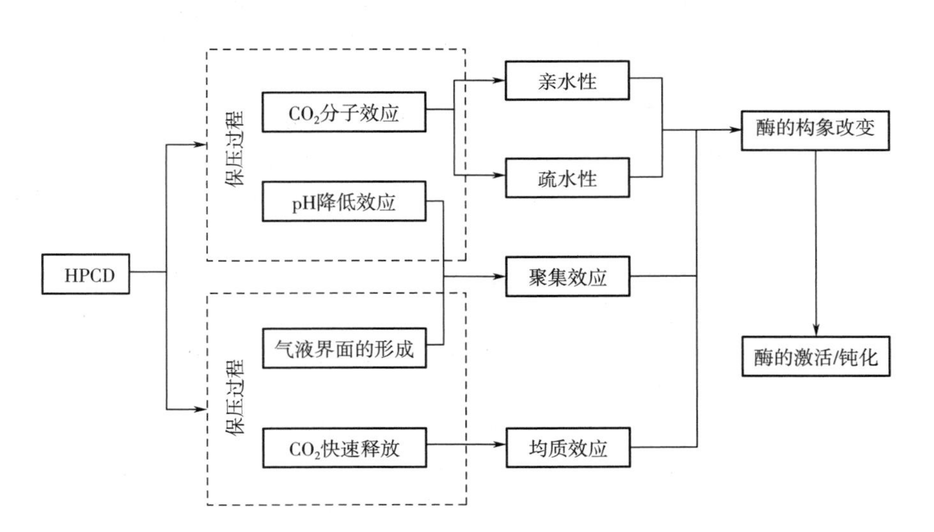

参考文献

[1] Ishikawa H，Mitsuya S，Tamotsu K，et al. Inactivation of enzymes in an aqueous solution by micro-bubbles of supercritical carbon dioxide [J]. Bioscience Biotechnology and Biochemistry，1995，59 (4)：628-631.

[2] Ishikawa H，Mitsuya S，Tamotsu K，et al. Inactivation of enzymes in namazake using micro-bubble supercritical carbon dioxide [J]. Bioscience Biotechnology and Biochemistry，1995，59 (6)：1027-1031.

[3] Yoshimura T，Shimoda M，Ishikawa H，et al. Inactivation kinetics of enzymes by using continuous treatment with microbubbles of supercritical carbon dioxide [J]. Journal of Food Science，2001，66 (5)：694-697.

[4] Truong T T，Boff J M，Min D B，et al. Effects of carbon dioxide in high-pressure processing on pectinmethylesterase in single-strength orange juice [J]. Journal of Food Science，2002，67 (8)：3058-3062.

[5] Zhi X，Zhang Y，Hu X，et al. Inactivation of apple pectin methylesterase induced by dense phase carbon dioxide [J]. Journal of Agricultural and Food Chemistry，2008，56 (13)：5394-5400.

[6] Zhou L，Zhang Y，Hu X，et al. Comparison of the inactivation kinetics of pectin methylesterases from carrot and peach by high-pressure carbon dioxide [J]. Food Chemistry，2009，115 (2)：449-455.

[7] Spilimbergo S，Komes D，Vojvodic A，et al. High pressure carbon dioxide pasteurization of fresh-cut carrot [J]. Journal of Supercritical Fluids，2013，79 (SI)：92-100.

[8] Niu S，Xu Z，Fang Y，et al. Comparative study on cloudy apple juice qualities from apple slices treated by high pressure carbon dioxide and mild heat [J]. Innovative Food Science and Emerging Technologies，2010，11 (1)：91-97.

[9] Illera A E，Sanz M T，Beltran S，et al. Evaluation of HPCD batch treatments on enzyme inactivation kinetics and selected quality characteristics of cloudy juice from Golden delicious apples [J]. Journal of Food Engineering，2018，221：141-150.

[10] Liu Y，Hu X，Zhao X，et al. Combined effect of high pressure carbon dioxide and mild heat treatment on overall quality parameters of watermelon juice [J]. Innovative Food Science & Emerging Technologies，2012，13：112-119.

[11] Liu X，Gao Y，Peng X，et al. Inactivation of peroxidase and polyphenol oxidase in red beet (*Beta vulgaris* L.) extract with high pressure carbon dioxide [J]. Innovative Food Science & Emerging Technologies，2008，9 (1)：24-31.

[12] Briongos H，Illera A E，Sanz M T，et al. Effect of high pressure carbon dioxide processing on pectin methylesterase activity and other orange juice properties [J] . LWT-Food Science and Technology，2016，74：411-419.

[13] Chen J S，Balaban M O，Wei C I，et al. Inactivation of polyphenol oxidase by high-pressure carbon dioxide [J] . Journal of Agricultural and Food Chemistry，1992，40 (12)：2345-2349.

[14] Gui F，Wu J，Chen F，et al. Inactivation of polyphenol oxidases in cloudy apple juice exposed to supercritical carbon dioxide [J] . Food Chemistry，2007，100 (4)：1678-1685.

[15] Marszalek K，Wozniak L，Barba F J，et al. Enzymatic，physicochemical，nutritional and phytochemical profile changes of apple (*Golden delicious* L.) juice under supercritical carbon dioxide and long-term cold storage [J] . Food Chemistry，2018，268：279-286.

[16] Kincal D，Hill W S，Balaban M，et al. A continuous high-pressure carbon dioxide system for cloud and quality retention in orange juice [J] . Journal of Food Science，2006，71 (6)：C338-C344.

[17] Balaban M O，Arreola A G，Marshall M，et al. Inactivation of pectinesterase in orange juice by supercritical carbon dioxide [J] . Journal of Food Science，1991，56 (3)：743-746.

[18] Marszalek K，Wozniak L，Kruszewski B，et al. The effect of high pressure techniques on the stability of anthocyanins in fruit and vegetables [J] . International Journal of Molecular Sciences，2017，18 (2772) .

[19] Arreola A G，Balaban M O，Marshall M R，et al. Supercritical carbon dioxide effects on some quality attributes of single strength orange juice [J] . Journal of Food Science，1991，56 (4)：1030-1033.

[20] Tedjo W，Eshtiaghi M N，Knorr D. Impact of supercritical carbon dioxide and high pressure on lipoxygenase and peroxidase activity [J] . Journal of Food Science，2000，65 (8)：1284-1287.

[21] Gui F，Wang Z，Wu J，et al. Inactivation and reactivation of horseradish peroxidase treated with supercritical carbon dioxide [J] . European Food Research and Technology，2006，222 (1-2)：105-111.

[22] Marszalek K，Skapska S，Wozniak L，et al. Application of supercritical carbon dioxide for the preservation of strawberry juice：microbial and physicochemical quality，enzymatic activity and the degradation kinetics of anthocyanins during storage [J] . Innovative Food Science & Emerging Technologies，2015，32：101-109.

[23] Gui F，Chen F，Wu J，et al. Inactivation and structural change of horseradish peroxidase treated with supercritical carbon dioxide [J] . Food Chemistry，2006，97 (3)：480-489.

[24] Park S J，Lee J I，Park J. Effects of a combined process of high-pressure carbon dioxide and high hydrostatic pressure on the quality of carrot juice [J].

Journal of Food Science，2002，67（5）：1827-1834.

[25] Yu Y，Xiao G，Wu J，et al. Comparing characteristic of banana juices from banana pulp treated by high pressure carbon dioxide and mild heat [J]. Innovative Food Science & Emerging Technologies，2013，18：95-100.

[26] Benito-Román Ó, Sanz M T, Illera A E, et al. Polyphenol oxidase (PPO) and pectin methylesterase (PME) inactivation by high pressure carbon dioxide (HPCD) and its applicability to liquid and solid natural products [J]. Catalysis Today，2019.

[27] Bi X，Wu J，Zhang Y，et al. High pressure carbon dioxide treatment for fresh-cut carrot slices [J]. Innovative Food Science & Emerging Technologies，2011，12（3）：298-304.

[28] Li R，Wang Y，Hu W，et al. Changes in the activity，dissociation，aggregation，and the secondary and tertiary structures of a thaumatin-like protein with a high polyphenol oxidase activity induced by high pressure CO_2 [J]. Innovative Food Science & Emerging Technologies，2014，23：68-78.

[29] Yang Y，Liao X，Hu X，et al. The contribution of high pressure carbon dioxide in the inactivation kinetics and structural alteration of myrosinase [J]. International Journal of Food Science and Technology，2011，46（8）：1545-1553.

[30] Seyderhelm I，Boguslawski S，Michaelis G，et al. Pressure induced inactivation of selected food enzymes [J]. Journal of Food Science，1996，61（2）：308-310.

[31] Corwin H，Shellhammer T H. Combined carbon dioxide and high pressure inactivation of pectin methylesterase，polyphenol oxidase，*Lactobacillus plantarum* and *Escherichia coli* [J]. Journal of Food Science，2002，67（2）：697-701.

[32] Manzocco L，Ignat A，Valoppi F，et al. Inactivation of mushroom polyphenoloxidase in model systems exposed to high-pressure carbon dioxide [J]. Journal of Supercritical Fluids，2016，107：669-675.

[33] Yoshimura T，Furutera M，Shimoda M，et al. Inactivation efficiency of enzymes in buffered system by continuous method with microbubbles of supercritical carbon dioxide [J]. Journal of Food Science，2002，67（9）：3227-3231.

[34] Manzocco L，Plazzotta S，Spilimbergo S，et al. Impact of high-pressure carbon dioxide on polyphenoloxidase activity and stability of fresh apple juice [J]. LWT-Food Science and Technology，2017，85（SIB）：363-371.

[35] Zhou L，Wang Y，Hu X，et al. Effect of high pressure carbon dioxide on the quality of carrot juice [J]. Innovative Food Science and Emerging Technologies，2009，10（3）：321-327.

[36] Clark J M，Switzer R L. Experimental biochemistry [M] //San Francisco：Freedman and Company，1977：67-85.

[37] Marszalek K, Krzyzanowska J, Wozniak L, et al. Kinetic modelling of polyphenol oxidase, peroxidase, pectin esterase, polygalacturonase, degradation of the main pigments and polyphenols in beetroot juice during high pressure carbon dioxide treatment [J]. LWT-Food Science and Technology, 2017, 85 (SIB): 412-417.

[38] Gui F, Wu J, Chen F, et al. Change of polyphenol oxidase activity, color, and browning degree during storage of cloudy apple juice treated by supercritical carbon dioxide [J]. European Food Research and Technology, 2006, 223 (3): 427-432.

[39] Fadíloğlu S, Erkmen O. Inactivation of lipase by carbon dioxide under atmospheric pressure [J]. Journal of Food Engineering, 2002, 52 (4): 331-335.

[40] Van den Broeck I, Ludikhuyze L R, Van Loey A M, et al. Thermal and combined pressure-temperature inactivation of orange pectinesterase: influence of pH and additives [J]. Journal of Agricultural and Food Chemistry, 1999, 47 (7): 2950-2958.

[41] Lakshmi T S, Nandi P K. Effects of sugar solutions on the activity coefficients of aromatic amino acids and their N-acetyl ethyl esters [J]. The Journal of Physical Chemistry, 1976, 80 (3): 249-252.

[42] Back J F, Oakenfull D, Smith M B. Increased thermal stability of proteins in the presence of sugars and polyols [J]. Biochemistry, 1979, 18 (23): 5191-5196.

[43] Fabroni S, Amenta M, Timpanaro N, et al. Supercritical carbon dioxide-treated blood orange juice as a new product in the fresh fruit juice market [J]. Innovative Food Science & Emerging Technologies, 2010, 11 (3): 477-484.

[44] Knez Ž, Habulin M. Compressed gases as alternative enzymatic-reaction solvents: a short review [J]. The Journal of Supercritical Fluids, 2002, 23 (1): 29-42.

[45] Goddard R, Bosley J, Al-Duri B. Esterification of oleic acid and ethanol in plug flow (packed bed) reactor under supercritical conditions: investigation of kinetics [J]. The Journal of Supercritical Fluids, 2000, 18 (2): 121-130.

[46] Hampson J W, Foglia T A. Effect of moisture content on immobilized lipase-catalyzed triacylglycerol hydrolysis under supercritical carbon dioxide flow in a tubular fixed-bed reactor [J]. Journal of the American Oil Chemists' Society, 1999, 76 (7): 777-781.

[47] Knez Ž, Habulin M, Krmelj V. Enzyme catalyzed reactions in dense gases [J]. The Journal of Supercritical Fluids, 1998, 14 (1): 17-29.

[48] Mensah P, Gainer J L, Carta G. Adsorptive control of water in esterification with immobilized enzymes: I. Batch reactor behavior [J]. Biotechnology and Bioengineering, 1998, 60 (4): 434-444.

[49] Marty A，Dossat V，Condoret J S. Continuous operation of lipase-catalyzed reactions in nonaqueous solvents：influence of the production of hydrophilic compounds [J] . Biotechnology and Bioengineering，1997，56 (2) .

[50] Knez Ž，Rižner V，Habulin M，et al. Enzymatic synthesis of oleyl oleate in dense fluids [J] . Journal of the American Oil Chemists Society，1995，72 (11)：1345-1349.

[51] Leitgeb M，Knez Ž. The influence of water on the synthesis of n-butyl oleate by immobilized *Mucor miehei* lipase [J] . Journal of the American Oil Chemists Society，1990，67 (11)：775-778.

[52] Habulin M，Primozic M，Knez Z. Stability of proteinase form carica papaya latex in dense gases [J]. The Journal of Supercritical Fluids，2005，33 (1)：27-34.

[53] Nakamura K，Chi Y M，Yamada Y，et al. Lipase activity and stability in supercritical carbon dioxide [J] . Chemical Engineering Communications，1986，45 (1)：207-212.

[54] Gamse T，Marr R. Investigation of influence parameters on enzyme stability during treatment with supercritical carbon dioxide (SC-CO_2) [C] //Proc. of 5th Int. Symp. Supercrit. 2000.

[55] Hong S，Pyun Y. Membrane damage and enzyme inactivation of *Lactobacillus plantarum* by high pressure CO_2 treatment [J] . International Journal of Food Microbiology，2001，63 (1-2)：19-28.

[56] Ballestra P，Da Silva A A，Cuq J L. Inactivation of *Escherichia coli* by carbon dioxide under pressure [J] . Journal of Food Science，1996，61 (4)：829-831.

[57] Damar S，Balaban M O. Review of Dense Phase CO_2 Technology：microbial and enzyme inactivation，and effects on food quality [J] . Journal of Food Science，2006，71 (1)：R1-R11.

[58] Boff J M，Truong T T，Min D B，et al. Effect of thermal processing and carbon dioxide-assisted high-pressure processing on pectinmethylesterase and chemical changes in orange juice [J] . Journal of Food Science，2003，68 (4)：1179-1184.

[59] Primo M S，Ceni G C，Marcon N S，et al. Effects of compressed carbon dioxide treatment on the specificity of oxidase enzymatic complexes from mate tea leaves [J] . The Journal of Supercritical Fluids，2007，43 (2)：283-290.

[60] Oliveira D，Feihrmann A C，Dariva C，et al. Influence of compressed fluids treatment on the activity of Yarrowia lipolytica lipase [J] . Journal of Molecular Catalysis B：Enzymatic，2006，39 (1-4)：117-123.

[61] Oliveira D，Feihrmann A C，Rubira A F，et al. Assessment of two immobilized lipases activity treated in compressed fluids [J] . The Journal of Supercritical Fluids，2006，38 (3)：373-382.

[62] Steinberger D，Gamse T，Marr R. Enzyme inactivation and prepurification effects of supercritical carbon dioxide [M] . Italy：Proceedings of Fifth Conference on Supercritical Fluids and their Applications，1999.

[63] Zhong K，Wu J，Wang Z，et al. Inactivation kinetics and secondary structural change of PEF-treated POD and PPO [J] . Food Chemistry，2007，100 (1)：115-123.

[64] Brahms S，Brahms J. Determination of protein secondary structure in solution by vacuum ultraviolet circular dichroism [J] . Journal of Molecular Biology，1980，138 (2)：149-178.

[65] Liao X，Zhang Y，Bei J，et al. Alterations of molecular properties of lipoxygenase induced by dense phase carbon dioxide [J] . Innovative Food Science and Emerging Technologies，2009，10 (1)：47-53.

[66] Ishikawa H，Shimoda M，Yonekura A，et al. Inactivation of Enzymes and Decomposition of α-Helix Structure by Supercritical Carbon Dioxide Microbubble Method [J] . Journal of Agricultural and Food Chemistry，1996，44 (9)：2646-2649.

[67] Zamorano L S，Pina D G，Gavilanes F，et al. Two-state irreversible thermal denaturation of anionic peanut (*Arachis hypogaea* L.) peroxidase [J] . Thermochimica Acta，2004，417 (1)：67-73.

[68] Amisha Kamal J K，Behere D V. steady-state and picosecond time-resolved fluorescence studies on native and apo seed coat soybean peroxidase [J] . Biochemical and Biophysical Research Communications，2001，289 (2)：427-433.

[69] Hu W，Zhang Y，Wang Y，et al. Aggregation and homogenization，surface charge and structural change，and inactivation of mushroom tyrosinase in an aqueous system by subcritical/supercritical carbon dioxide [J] . Langmuir，2011，27 (3)：909-916.

[70] Zhou L，Wu J，Hu X，et al. Alterations in the activity and structure of pectin methylesterase treated by high pressure carbon dioxide [J] . Journal of Agricultural and Food Chemistry，2009，57 (5)：1890-1895.

[71] Khorshid N，Hossain M M，Farid M M. Precipitation of food protein using high pressure carbon dioxide [J] . Journal of Food Engineering，2007，79 (4)：1214-1220.

[72] Balaban M O，Arreola A G，Marshall M，et al. Inactivation of pectinesterase in orange juice by supercritical carbon-dioxide [J] . Journal of Food Science，1991，56 (3)：743.

[73] Murtaza A，Iqbal A，Linhu Z，et al. Effect of high-pressure carbon dioxide on the aggregation and conformational changes of polyphenol oxidase from apple (*Malus domestica*) juice [J] . Innovative Food Science & Emerging Technologies，2019，54：43-50.

[74] Fink A L，Calciano L J，Goto Y，et al. Classification of acid denatur-

ation of proteins- intermediates and unfolded states [J] . Biochemistry, 1994, 33 (41): 12504-12511.

[75] Jachimska B, Wasilewska M, Adamczyk Z. Characterization of globular protein solutions by dynamic light scattering, electrophoretic mobility, and viscosity measurements [J] . Langmuir, 2008, 24 (13): 6866-6872.

[76] Deng K, Serment-Moreno V, Welti-Chanes J, et al. Inactivation model and risk-analysis design for apple juice processing by high-pressure CO_2 [J] . Journal of Food Science and Technology-Mysore, 2018, 55 (1): 258-264.

[77] Benito-Román Ó, Teresa Sanz M, Melgosa R, et al. Studies of polyphenol oxidase inactivation by means of high pressure carbon dioxide (HPCD) [J] . The Journal of Supercritical Fluids. 2019, 147: 310-321.

[78] Eagerman B A, Rouse A H. Heat inactivation temperature-time relationships for pectinesterase inactivation in citrus juices [J] . Journal of Food Science, 1976, 41: 1396-1397.

[79] Liing A C, Lund D B. Determining kinetic parameters for thermal inactivation of heat resistant and heat-labile isozymes from thermal destruction curves [J] .Journal of Food Science, 1978, 43 (4): 1307-1310.

[80] Castro S M, Van Loey A, Saraiva J A, et al. Activity and process stability of purified green pepper (*Capsicum annuum*) pectin methylesterase [J] . Journal of Agricultural and Food Chemistry, 2004, 52 (18): 5724-5729.

[81] Espachs-Barroso A, Van Loey A, Hendrickx M, et al. Inactivation of plant pectin methylesterase by thermal or high intensity pulsed electric field treatments [J] . Innovative Food Science & Emerging Technologies, 2006, 7 (1-2): 40-48.

[82] Nunes C S, Castro S M, Saraiva J A, et al. Thermal and high-pressure stability of purified pectin methylesterase from plums (*Prunus domestica*) [J] . Journal of Food Biochemistry, 2006, 30 (2): 138-154.

[83] Castro S M, Loey V A, Saraiva J A, et al. Inactivation of pepper (*Capsicum annuum*) pectin methylesterase by combined high-pressure and temperature treatments [J] . Journal of Food Engineering, 2006, 75 (1): 50-58.

[84] Riahi E, Ramaswamy H S. High-pressure processing of apple juice: Kinetics of pectin methyl esterase inactivation [J] . Biotechnology Progress, 2003, 19 (3): 908-914.

[85] Ly-Nguyen B, Van Loey A M, Smout C, et al. Effect of mild-heat and high-pressure processing on banana pectin methylesterase: a kinetic study [J] . Journal of Agricultural and Food Chemistry, 2003, 51 (27): 7974-7979.

[86] Ly-Nguyen B, Van Loey A M, Fachin D, et al. Partial purification, characterization, and thermal and high-pressure inactivation of pectin methylesterase from carrots (*Daucus carrota* L.) [J] . Journal of Agricultural and Food

Chemistry，2002，50（19）：5437-5444.

[87] Garcia-Gonzalez L，Geeraerd A H，Spilimbergo S，et al. High pressure carbon dioxide inactivation of microorganisms in foods：the past，the present and the future [J]. International Journal of Food Microbiology，2007，117（1）：1-28.

[88] Butler J N. Carbon dioxide equilibria and their applications [M] .Boca Raton，Florida：CRC Press，1982.

[89] Meyssami B，Balaban M O，Teixeira A A. Prediction of pH in model systems pressurized with carbon dioxide [J] . Biotechnology Progress，1992，8（2）：149-154.

[90] Hutkins R W，Nannen N L. pH homeostasis in lactic acid bacteria [J] . Journal of Dairy Science，1993，76（8）：2354-2365.

[91] Fennema O R. Fennema' s food chemistry [M] . 4th ed.Boca Raton，Florida：CRC Press，2007.

[92] Fink A L，Calciano L J，Goto Y，et al. Classification of acid denaturation of proteins：intermediates and unfolded states [J] . Biochemistry，1994，33（41）：12504-12511.

[93] Hu W，Zhou L，Xu Z，et al. Enzyme inactivation in food processing using high pressure carbon dioxide technology [J] . Critical Reviews in Food Science and Nutrition，2013，53（2）：145-161.

[94] Fricks A T，Souza D P B，Oestreicher E G，et al. Evaluation of radish（*Raphanus sativus* L.）peroxidase activity after high-pressure treatment with carbon dioxide [J] . The Journal of Supercritical Fluids，2006，38（3）：347-353.

[95] Kamat S V，Beckman E J，Russell a j. Enzyme activity in supercritical fluids [J] . Critical Reviews in Biotechnology，1995，15（1）：41-71.

[96] Kamat S，Critchley G，Beckman E J，et al. Biocatalytic synthesis of acrylates in organic solvents and supercritical fluids：III. Does carbon dioxide covalently modify enzymes? [J]. Biotechnology and Bioengineering，1995，46（6）：610-620.

[97] Weder J K P，Bokor M V，Hegarty M P. Effect of supercritical carbon dioxide on arginine [J] . Food Chemistry，1992，44（4）：287-290.

[98] Cundari T R，Wilson A K，Drummond M L，et al. CO_2-Formatics：how do proteins bind carbon dioxide? [J] . Journal of Chemical Information and Modeling，2009，49（9）：2111-2115.

[99] Müller K，Lüdemann H D，Jaenicke R. Pressure-dependent deactivation and reactivation of dimeric enzymes [J] . Naturwissenschaften，1981，68（10）：524-525.

[100] Tsou C. Location of the active sites of some enzymes in limited and flexible molecular regions [J] . Trends in Biochemical Sciences，1986，11（10）：427-429.

[101]Clifford A A，Williams J R. Supercritical fluid：methods and protocols [M]. Totowa，New Jersey：Humana Press.，2000：1~16.

[102] Zaks A，Klibanov A M. Enzymatic catalysis in nonaqueous solvents [J] . Journal of Biological Chemistry，1988，263：3194-3201.

[103] Maa Y F，Hsu C C. Protein denaturation by combined effect of shear and air-liquid interface [J] . Biotechnology and Bioengineering，1997，54 (6)：503-512.

[104] Giessauf A，Gamse T. A simple process for increasing the specific activity of porcine pancreatic lipase by supercritical carbon dioxide treatment [J] . Journal of Molecular Catalysis B-Enzymatic，2000，9 (1-3)：57-64.

[105] Kasche V，Schlothauer R，Brunner G. Enzyme denaturation in supercritical CO_2- stabilizing effect of S-S bonds during the depressurization step [J] . Biotechnology Letters，1988，10 (8)：569-574.

[106] Tsou C L. Location of the active-sites of some enzymes in limited and flexible molecular regions [J] . Trends in Biochemical Sciences，1986，11 (10)：427-429.

[107] Jaenicke R. Protein stability and molecular adaptation to extreme conditions [J] . European Journal of Biochemistry，1991，202 (3)：715-728.

[108] Weemaes C，Ludikhuyze L，Van den Broeck I，et al. High pressure inactivation of polyphenoloxidases [J] . Journal of Food Science，1998，63 (5)：873-877.

[109] Liu X，Gao Y，Xu H，et al. Inactivation of peroxidase and polyphenol oxidase in red beet (*Beta vulgaris* L.) extract with continuous high pressure carbon dioxide [J] . Food Chemistry. 2010，119 (1)：108-113.

[110] Manzocco L，Plazzotta S，Spilimbergo S，et al. Impact of high-pressure carbon dioxide on polyphenoloxidase activity and stability of fresh apple juice [J] . LWT- Food Science and Technology. 2017，85：363-371.

[111] Ferrentino G，Barletta D，Donsi F，et al. experimental measurements and thermodynamic modeling of CO_2 solubility at high pressure in model apple juices [J] . Industrial & Engineering Chemistry Research. 2010，49 (6)：2992-3000.

[112] Zhang L，Liu S，Ji H，et al. Inactivation of polyphenol oxidase from Pacific white shrimp by dense phase carbon dioxide [J] . Innovative Food Science & Emerging Technologies. 2011，12 (4)：635-641.

[113] Van Boekel M A J S. On the use of the Weibull model to describe thermal inactivation of microbial vegetative cells [J] . International Journal of Food Microbiology，2002，74 (1-2)：139-159.

[114] Illera A E，Sanz M T，Trigueros E，et al. Effect of high pressure carbon dioxide on tomato juice：inactivation kinetics of pectin methylesterase and polygalacturonase and determination of other quality parameters [J] . Journal of Food Engineering. 2018，239：64-71.

[115] Illera A E, Sanz M T, Beltrán S, et al. Effect of high pressure carbon dioxide on polyphenoloxidase from *Litopenaeus vannamei* [J]. LWT- Food Science and Technology. 2019, 109: 359-365.

第七章

HPCD 对食品品质的影响与机制

第一节　HPCD对食品风味的影响与机制
第二节　HPCD对食品质构的影响与机制
第三节　HPCD对食品颜色的影响与机制
第四节　HPCD对食品营养的影响与机制

食品品质是直接影响消费者选择的关键因素，其中颜色、风味和质构是构成食品品质的三个重要因素[1，2]。作为非热杀菌技术，HPCD技术不仅需要达到很好的杀菌与钝酶效果，还需要较好地保持食品品质。目前，已有HPCD对果蔬汁、乳制品、肉制品和鲜切果蔬等食品影响的报道[3]，研究表明，HPCD对食品品质的影响是多方面的。例如，HPCD处理会导致胡萝卜汁、桃汁等的沉淀，降低其外观品质[4~6]，但与传统热杀菌技术相比，HPCD技术能避免高温导致的风味、感官、质构、营养等品质方面的劣变[7]。除了作为杀菌技术外，还有研究报道HPCD技术可应用于速冻和干燥的预处理以及天然产物的提取[8~10]。以下将从风味、颜色、质构、营养等方面介绍HPCD对食品品质的影响。

第一节
HPCD 对食品风味的影响与机制

风味是食品最重要的感官品质属性，包括滋味和气味两个方面。气味是诱发人们消费食品的“第一印象”，而滋味则是保证消费者持久消费食品的关键。食品风味是通过食品中一些化合物呈现出来，组成风味物质的成分很多[11]。加工过程中呈味物质及环境的变化都会导致食品风味的改变[1]。

一、HPCD 对食品滋味的影响

食品滋味一般由酸、甜、苦、咸和鲜5种基本味觉组合。表7-1列出了有关HPCD对食品滋味的影响研究。食品pH和可滴定酸变化会改变其酸味。研究表明，HPCD处理会降低食品体系pH。HPCD处理牛乳时，压强上升到1.5MPa过程中pH迅速降至4.8[12]。胡萝卜汁经HPCD（4.90MPa）处理后pH从6.5降至4.4[4]；经HPCD（10MPa、25℃、15min）处理后pH从6.74降至5.95，同时可滴定酸从0.38mg/L增加到1.09mg/L[5]。鲜切胡萝卜经HPCD（12MPa、40℃、15min）处理后pH降低了7.6%，可滴定酸升高了100%[13]。蛋液经HPCD（13MPa、45℃、10min）处理后pH从7.4降至6.3，但贮藏一周后pH恢复到初始值[14]。HPCD处理过程中pH的降低是由于CO_2溶于液体食品，解离成为碳酸氢根离子、碳酸离子和氢离子[3]。

$$CO_2 + H_2O \rightleftharpoons H_2CO_3$$

$$H_2CO_3 \rightleftharpoons H^+ + HCO_3^- \quad pKa= 6.57$$

$$HCO_3^- \rightleftharpoons H^+ + CO_3^{2-} \quad pKa=10.62$$

但也有研究表明，HPCD处理后一些食品pH没有变化。例如，橙汁和椰子汁经HPCD处理后pH没有下降，但可滴定酸含量提高[15~18]。由于这些果汁的初始pH较低（3.3~4.2），而碳酸盐和碳酸氢盐的解离常数（p*Ka*）分别为6.57和10.62，在低pH下CO_2溶解形成的碳酸很难解离成为氢离子。还有研究表明，HPCD处理后样品pH和可滴定酸都没有发生显著变化[19~24]，可能是HPCD处理后卸压过程中CO_2从溶液中释放，导致了溶液中CO_2浓度较低。另外，HPCD对食品pH的影响也与食品的状态有关，HPCD（10MPa、32~58℃、10min）处理后梨片pH没有发生变化（初始pH4.70~4.89）[25]，而梨汁pH经HPCD（20~30MPa、20−40℃、20~60min）处理后pH则显著降低（初始pH4.48）[26]。当固体样品初始pH较高时，HPCD处理后其pH也会降低。例如，鲜切苦瓜和鲜切哈密瓜，其初始pH在6左右，HPCD处理后pH显著降低[27，28]。HPCD处理后食品pH的变化随着样品放置时间会发生变化。以苹果汁为例，多名学者研究了HPCD对苹果汁pH、可滴定酸等的影响，结果并不一致，其中多数研究表明HPCD处理后苹果汁pH没有显著变化[23，29~34]。HPCD处理后苹果汁pH的变化与指标的测定时间密切相关，Illera等[33]发现，苹果汁经HPCD（20MPa、45℃、60min）处理后pH降低了0.15，放置2h后其pH恢复到初始值。

食品甜味主要是由蔗糖、果糖、葡萄糖等糖类物质产生。研究表明，HPCD处理后椰子水、苹果汁、哈密瓜汁等中的葡萄糖、果糖、蔗糖等含量没有变化[23，30，35，36]。但也有研究报道，HPCD处理后果汁中糖类物质发生变化，甚至提高。例如，草莓汁经HPCD（10~60MPa、35~65℃、10~30min）处理后蔗糖完全降解，总糖、葡萄糖和果糖含量提高[37]，可能是草莓汁中蔗糖和纤维多糖水解引起的，因为HPCD降低pH，而酸性环境会强化水解反应。同样，HPCD（8MPa、36℃、2min）处理后荔枝汁中果糖、葡萄糖、蔗糖含量显著升高[38]。实际生产过程中不改变食品中的糖类物质对加工是非常有利的，因为消费者更偏好于接近食品原有特征的产品[23]。

食品涩味主要由酚类物质产生[39]。文献报道，HPCD不会改变果汁中的酚类物质，因而不会改变果汁的涩味。例如，橙汁、红葡萄柚汁、葡萄汁、苹果汁、荔枝汁、乳清葡萄复合汁、西瓜汁等经过HPCD处理后酚类物质没有发生显著变化[22~24，30，38，40~42]。也有研究发现，HPCD降低了椰子水、苹果汁等果汁中酚类物质含量，主要是由于酚类物质对HPCD处理过程中的温度敏感造成[18，30]，但是这种降低仍显著低于单一高温处理。总之，HPCD比热处理能更好地保持果汁的原有滋味。

二、HPCD对食品香气的影响

食品香气通常是由芳香成分产生。由于CO_2对酯类、醇类具有一定的萃取作用，因此HPCD处理后食品的挥发性成分含量通常会降低[43]。表7-2和表7-3中列出了有关HPCD对食品挥发性成分的影响研究。HPCD（10MPa、36℃、5~20min）处理后苹果汁中的挥发性成分浓度降低了35%，其中含量变化最大的是酯类成分（乙酸乙酯、乙酸戊酯、乙酸异戊酯、乙酸异丁酯、乙酸丁酯）和醛类成分（己醛、己-2-烯醛），由于这些物质的阈值都较低，因此对果汁的香气影响比较大[23]。Niu等[22]发现，HPCD（40MPa、55℃、10~60min）处理后橙汁中的挥发性成分包括正丁酸乙酯、反-2-己烯醛、2-蒎烯、β-水芹烯、柠檬烯等降低了50%~83%，但正丁酸乙酯和反-2-己烯醇含量仍高于热处理橙汁。西瓜汁经过HPCD（10~30MPa、常温、60min）处理后，其典型挥发性成分反，顺-2，6-壬二烯醇、邻苯二甲酸二乙酯含量分别损失了80.4%和92.0%，但两种物质仍显著高于热杀菌（95℃、1min）的西瓜汁；而且，HPCD处理后西瓜汁中生成的新香气化合物的种类和相对丰度显著少于热处理[44]。检测出椰子水的特征挥发性成分共有38种，主要包括14种醇类和7种醛类，采用PCA主成分分析法可以将未处理、HPCD（12MPa、40℃、30min）处理和热处理（90℃、1min）的三种椰子水完全区分开[35]。木槿饮料中醇类和醛类物质是其最主要的挥发性成分，HPCD（34.5MPa、60℃、8% CO_2、6.5min）处理后醇类物质和酮类物质降低了21%，而热处理（75℃、15min）后所有挥发性成分降低了88%[2]。Plaza等[45]研究表明，经HPCD（34.5MPa、35℃、8% CO_2、6.9min）和热处理（90℃、60s）后番石榴浆主要挥发性成分没有显著差异，而微量的挥发性成分和含硫成分有显著差异；GC-O分析表明，HPCD处理后番石榴浆香气强度与未处理样品相似，而热处理后番石榴浆香气强度降低了35%。另外，哈密瓜汁经HPCD处理（35MPa、55℃、60min）并于4℃贮藏4周后，酯类成分没有发生显著变化，而乙醇和醛类成分变化也较小[36，46]。HPCD处理（27.6MPa、21℃、10% CO_2、5min）后啤酒主要挥发性成分除了己酸乙酯外都没有发生显著变化[47]。总之，与热杀菌技术相比，HPCD对食品挥发性成分的影响相对较小，可以较好地保持果汁原有的香气[22，36，44，48]。

感官评价分析也表明HPCD处理的样品风味比热处理的样品要更接近未处理样品。对HPCD（6~18MPa、20~45℃、10min）处理的苹果汁喜好度要高于热处理（71.1℃、6s）样品，热处理样品的蒸煮味较为明显[31]。尽管HPCD（20.7~27.6MPa、21℃、10% CO_2、5min）处理后啤酒中己酸乙酯含量降低，但感官评价不能区分其和新鲜啤酒之间有差异[49]。与未处理椰汁相比较，HPCD（13.8~34.5MPa、20~40℃、7%~13% CO_2、6min）处理后椰汁香气没有发生显著变化，而热处理（74℃、15s）椰汁的香气则发生了显著变化[50]。同样，HPCD（35.5MPa、30℃、8%~16%CO_2、6.25min）处理后葡萄汁的滋味和香气没有发生显著变化，但是热处理（75℃、15s）导致了其风味发生变化。橙汁经HPCD处理（38~107MPa、0.40%~1.18% CO_2/果汁、10min）后于1.7℃贮藏2周后进行感官评价，结果表明橙汁风味没有显著变化，但贮藏3周后风味开始有显著变化[51]。感官评价可以区分HPCD处理番石榴浆与未处理石榴浆之间有显著差异，HPCD（34.5MPa、35℃、8% CO_2、6.9min）处理后石榴浆的感官接受度要高于热处理（90℃、60s）石榴浆，总体喜好度为未处理石榴浆（4.29）>HPCD处理石榴浆（4.13）>热处理石榴浆（3.79）[45]。Ramirez-Rodrigues等[2]发现，感官评价可以区分出未处理木槿饮料和HPCD（34.5MPa、60℃、8% CO_2、6.5min）样品之间有显著差异，但总体喜好度没有显著差异；贮藏第5周后，未处理样品和热处理（75℃、15min）样品间仍没有显著性差异，但HPCD处理样品的排序显著降低。图7-1为典型的感官评价结果雷达图，感官评价员使用了七种感官属性评价不同处理的椰子水，结果表明HPCD（12MPa、40℃、30min）处理后椰子水除了"纸板味"低于未处理样品，其他指标和未处理样品非常相似，而热处理（90℃、1min）样品则表现出更强的"榛子"和"烤面包片"气味[35]。感官评价中椰子水风味的变化与香气成分中2-乙酰基-1-吡咯啉的变化一致，这种成分会表现出"烘烤""爆米花"和"麦芽"的风味[35]。

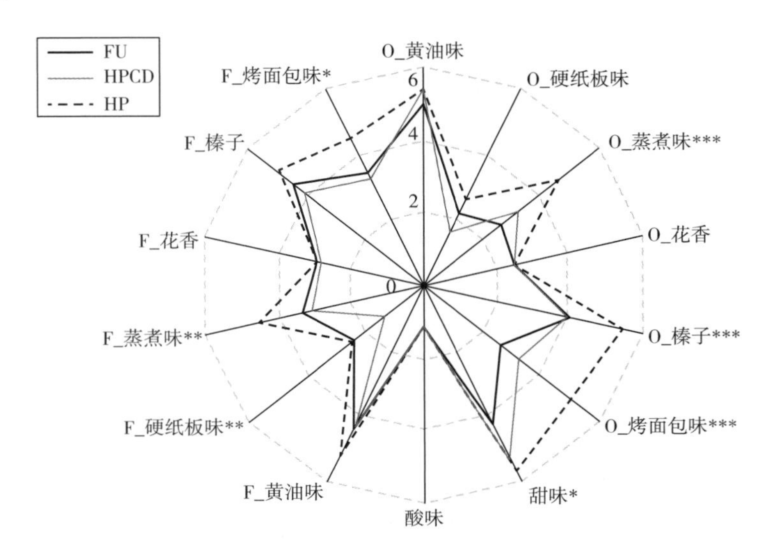

图7-1　三种不同处理椰子水的感官评价雷达图

FU—未处理样品　HPCD—HPCD 处理样品　HP—热处理样品[35]
没有 * 表示在 5% 差异不显著，*、**、*** 分别表示在 5%、1% 和 0.1% 处差异显著。

对于腊八蒜、胡萝卜泡菜、牡蛎、干腌火腿等固体食品，HPCD处理后样品风味的感官接受度与未处理组样品无显著差异，甚至获得了更高的评价[52~56]。感官评价分析还发现HPCD（3~6MPa、25℃、10min）处理后苦瓜的苦味降低，主要因为苦瓜中苦味的特征物质葫芦烷型的三萜类化合物会溶入超临界二氧化碳[28]。

总之，HPCD导致食品滋味和香气的变化途径可归为酶促反应、化学反应和物理反应。①酶促反应：食品经过HPCD处理后仍残存内源酶，贮藏期间其会催化底物而产生异味。例如，脂肪氧化酶（lipoxygenase）、脂氢过氧化物裂解酶（hydroperoxide lyase）会催化氧化不饱和脂肪酸产生酸败味[1]，图7-2所示为亚麻酸氧化为挥发性醛的途径[57]。Yang等报道了HPCD（8~22MPa，45~65℃，5~60min）处理后紫甘蓝中残存的黑介子酶会催化硫代葡萄糖苷生成乙硫氰酸酯等异味成分[58]。Chen等也发现HPCD（35MPa、55℃、60min）处理后哈密瓜在贮藏四周后，残存的脂肪氧化酶会影响风味[36]。②化学反应：HPCD处理过程中由于CO_2溶解和解离导致pH降低和总滴定酸增加，进一步引起酸味变化。同时，温度对食品中的化学反应影响大，HPCD处理过程中温度相对较低，因此可以减少热敏性化学成分的降解[18, 20, 48]。③物理反应：HPCD卸压过程和超临界二氧化碳的提取作用会导致食品中的香气成分损失，并且小分子物质比大分子物质更容易损失[22, 23]。已有研究报道，HPCD可应用于十字花科植物色素的异味脱除[10]。另外，HPCD卸压过程产生的爆炸与均质效应会使食品中的颗粒物质变小，促进食品中风味成分的释放和口感变化。

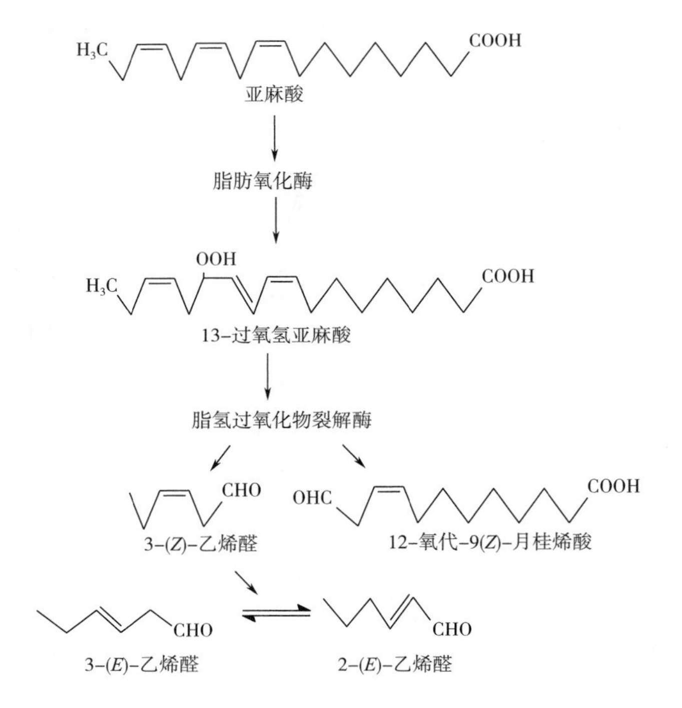

◂ 图7-2 脂肪氧化酶和脂氢过氧化物裂解酶催化氧化不饱和脂肪酸的途径[57]

表7-1　HPCD对食品相关滋味的影响

食品种类	指标	压强/MPa	时间/min	CO_2/样品	温度/℃	系统	变化	参考文献
胡萝卜汁	pH	4.9	5	—	5	间歇式	降低	[4]
胡萝卜汁	pH	10，20，30	15~60	—	25	间歇式	降低	[5]
	TA						提高	[5]
牛乳	pH	0~6	15，30	—	5，25，40，50	间歇式	降低	[12]
牛初乳	pH	20	15~75	—	37	间歇式	降低	[59]
液体全蛋	pH	13	—	—	45	间歇式	降低	[14]
血橙汁	pH、TA	23，13	15	0.770，0.385（CO_2/果汁）	36	连续式	无显著变化	[19]
橙汁	pH、TA、总酚	40	10~60	—	55	间歇式	无显著变化	[22]
橙汁	pH	7~34	15~180	—	35~60	间歇式	无显著变化	[15]
	TA						提高	[15]
橙汁	pH	38，72，107	10	0.40~1.18（CO_2/果汁）	—	连续式	无显著变化	[16]
	TA						提高	[16]
橙汁	pH、TA	30	40	—	40	间歇式	无显著变化	[17]
	抗坏血酸						降低	[17]
椰子水	pH	34.5	6	13% CO_2	25	连续式	无显著变化	[18]
	TA						提高	[18]
	可溶性酚类						降低值低于热处理样品	[18]
椰子水	pH	12	30	—	40	间歇式	降低	[35]
	葡萄糖、果糖、蔗糖						无显著变化	[35]
红葡萄柚汁	pH	34.5	7	5.7% CO_2	40	连续式	无显著变化	[40]
	TA						提高	[40]
	总酚						无显著变化	[40]
葡萄汁	pH、TA、总酚、抗坏血酸	34.5	6.25	8%，16% CO_2	30	连续式	无显著变化	[20]
葡萄汁	pH、TA	27.6	6.25	0，7.5%，15% CO_2	30	连续式	无显著变化	[21]
苹果汁	pH	7.0，13.0，16.0	40，80，150	—	35，50，60	间歇式	降低	[32]
苹果汁	TA、苹果酸、柠檬酸、抗坏血酸、果糖、葡萄糖、蔗糖、酚类	10	10	—	36	间歇式	无显著变化	[23]
苹果汁	pH	8，10，12	40	—	65，70	间歇式	无显著变化	[29]
苹果汁	pH	6，12，18	30	—	20，35，45	间歇式	无显著变化	[31]

续表

食品种类	指标	压强/MPa	时间/min	CO_2/样品	温度/℃	系统	变化	参考文献
苹果汁	pH	20	60	—	45	间歇式	泄压后立即测定，pH降低了0.15，放置2h后恢复到初始值	[33]
	总酚						无变化	[33]
苹果汁	pH	22，25	2，3，5，10	—	43，60	连续式	降低	[34]
苹果汁	pH、总糖、总酚	10，30，60	30	—	45	间歇式	无显著变化	[30]
	抗坏血酸						降低	[30]
苹果果酒	pH	6.9~48.3	—	0，70，140g/kg	25~45	连续式	无显著变化	[60]
苹果片	pH	20	20	—	45，55，65	间歇式	无显著变化	[61]
桃汁	pH	30	0.5，10，40，60	—	55	间歇式	无显著变化	[6]
	总酚						降低	[6]
桃汁	儿茶素、绿原酸、新绿原酸、阿魏酸	30	10，20，30，40	—	55	间歇式	无显著变化	[62]
哈密瓜汁	pH、蔗糖、果糖、葡萄糖、苹果酸、柠檬酸草酸	35	60	—	55	间歇式	无显著变化	[36，46]
	抗坏血酸						降低13.3%	[36，46]
树莓汁	pH	10，20，30	15，30，45，60	—	35，45，55	间歇式	无显著变化	[63]
梨片	pH	10	10	—	32，40，49，58	间歇式	无显著变化	[25]
梨汁	pH	20，25，30	20，30，40，50，60	—	20，30，40	间歇式	降低	[26]
草莓汁	pH	10，30，60	10，20，30	—	35，45，65	间歇式	无显著变化	[37]
	葡萄糖，果糖						提高	[37]
	蔗糖、抗坏血酸						降低	[37]
红甜菜汁	总酚	10，30，60	10，20，30	—	31，39，55	间歇式	降低	[64]
香蕉汁	pH	19	50	—	60	间歇式	无显著变化	[65]
荔枝汁	pH	8	2	—	36	间歇式	降低	[38]
	TA、果糖、葡萄糖、蔗糖						升高	[38]
	苹果酸、苦味酸、咖啡酸、表儿茶素、4-甲基儿茶酚、芦丁						无显著变化	[38]

续表

食品种类	指标	压强/MPa	时间/min	CO_2/样品	温度/℃	系统	变化	参考文献
桑葚汁	pH	15	10	—	55	间歇式	无显著变化	[66]
	总酚						升高	[66]
西瓜汁	pH、总酚	10，20，30	15，30，45，60	—	50	间歇式	无显著变化	[42]
	TA						升高	[42]
乳清葡萄复合汁	pH、TA、总酚	14，16，18	10	—	35	间歇式	无显著变化	[24]
木槿饮料	pH、总酚	34.5	6.5	8% CO_2	40	连续式	无显著变化	[2]
	TA						提高	[2]
野樱膳食饮料	pH	65	30	—	55	间歇式	降低	[67]
	总酚						无显著变化	[67]
鲜切苦瓜	pH	3，6	10	—	25	间歇式	降低	[28]
鲜切哈密瓜	pH	2.5，3.5，4.5	8	—	室温	间歇式	降低	[27]
鲜切胡萝卜	pH、TA	12	15	—	22，40	间歇式	pH降低，TA升高	[13]
	抗坏血酸、总酚、黄酮						抗坏血酸降低，总酚无变化，黄酮升高	[13]
苹果罐头	pH、TA	10	15	—	55	间歇式	pH降低，TA升高	[68]
	抗坏血酸						无变化	[68]
腊八蒜	pH	7，10，13	20，30，40，50，60	—	45，55，65	间歇式	无变化	[53]
韩国泡菜	pH	7	1440	—	10	间歇式	升高	[54]
	TA						降低	[54]
猪肉	pH	7.4，15.2	10	—	31.1	连续式	无变化	[69]
冷却猪肉	pH	7，14，21	30	—	50	间歇式	7MPa和14MPa时无变化，21MPa时显著降低	[70]
干腌火腿	pH	12	15，30	—	45，50	间歇式	无显著变化	[56]

表7-2　HPCD对食品风味的影响（仪器分析）

食品种类	测量方法	压强/MPa	时间/min	CO_2/样品	温度/℃	系统	变化	参考文献
苹果汁	SPME GC-MS、PTR-MS	10	5，10，20	—	36	间歇式	整体降低了35%	[23]
橙汁	SPME GC	600	2.17	—	25	间歇式	低分子质量成分显著降低	[71]

续表

食品种类	测量方法	压强/MPa	时间/min	CO_2/样品	温度/℃	系统	变化	参考文献
橙汁	SPME GC	40	10，20，30，40，50，60	—	55	间歇式	低分子成分显著降低	[22]
哈密瓜汁	SPME GC-MS	35	60	—	55	间歇式	整体发生显著变化	[36，46]
啤酒	GC-O/GC-FID/MS	27.6	5	10% CO_2	21	连续式	己酸乙酯降低了49%	[48]
西瓜汁	SPME GC-MS	10，20，30	60	—	常温	间歇式	典型风味物质含量降低，但降低量显著低于热处理	[44]
椰子水	SPME GC	12	30	—	40	间歇式	乙醇含量高于未处理样品，其他风味成分均显著降低	[35]
木槿饮料	SPME GC-MS	34.5	6.5	8% CO_2	40	连续式	醇类和酮类物质降低了21%	[2]
番石榴浆	SPME、GC-MS、GC-O、GC-PFPD	34.5	6.9	8% CO_2	35	连续式	总离子流强度降低了35%，GC-O结果与未处理样品相似	[45]

表7-3　HPCD对食品风味的影响（感官评价）

食品种类	压强/MPa	时间/min	CO_2/样品	温度/℃	系统	变化	参考文献
苹果汁	10	10	—	36	间歇式	部分有显著变化	[23]
	6，12，18	30	—	20，35，45	间歇式	感官接受度高于热处理	[31]
椰子汁	13.8，24.1，34.5	6	7%、10%、13%CO_2	20，30，40	连续式	整体没有显著变化	[18]
	12	30	—	40	间歇式	整体没有显著变化	[35]
橙汁	38，72，107	10	0.40~1.18（CO_2/果汁）	—	连续式	贮藏2个星期内没有发生显著变化，但是从第3个星期发生显著变化	[16]
血橙汁	13	—	0.385（CO_2/果汁）	36	连续式	贮藏25d后显著变化，异味显著增加	[19]
葡萄汁	35.5	6.25	8%、16% CO_2	30	连续式	整体没有显著变化	[20]
	48.3	—	17%CO_2	35	连续式	整体没有显著变化	[72]
哈密瓜汁	30	15	—	65	间歇式	感官接受度整体高于热处理样品	[73]
啤酒	27.6，20.7	5	10%CO_2	21	连续式	整体没有显著变化	[48]
番石榴浆	34.5	6.9	8%CO_2	35	连续式	总喜好度排序：未处理样品>HPCD处理样品>热处理样品	[45]

续表

食品种类	压强/MPa	时间/min	CO_2/样品	温度/℃	系统	变化	参考文献
木槿饮料	34.5	6.5	8% CO_2	40	连续式	未处理样品、HPCD样品和热处理样品的总体喜好度没有显著差异，贮藏5周后，HPCD处理样品的总体喜好度要低于未处理和热处理样品	[2]
鲜切苦瓜	3，6	10	—	25	间歇式	苦味降低	[28]
腊八蒜	7，10，13	20，30，40，50，60	—	45，55，65	间歇式	整体没有显著变化	[53]
胡萝卜泡菜	20	30	—	20	间歇式	HPCD处理组评分高于未处理和热处理样品	[52]
韩国泡菜	7	1440	—		间歇式	感官接受度高于未处理	[54]
牡蛎	10，20	20，50	—	37	间歇式	没有显著变化	[55]
干腌火腿	12	15，30	—	45，50	间歇式	没有显著变化	[56]

第二节 HPCD 对食品质构的影响与机制

食品硬度、脆度、黏弹性、凝胶强度等质构特性是食品重要的品质属性，一般采用感官评价和物性仪、流变仪、质构仪等设备进行评价和测定，感官评价方法偏重于主观因素，而仪器测定反映的主要是与力学特性有关的质构特性，结果具有更高的客观性和灵敏性。固体食品或半固体食品的质构与用手接触产品的触觉或者将产品放在口中咀嚼的口感有关[74]，而果汁、果浆液体食品的质构则与混浊稳定性、澄清、浊度、流变特性等有关。混浊稳定性、浊度、流变、黏度、颗粒分布、硬度、持水能力、吸水性和起泡性等特性都被认为与食品质构有关。表7-4中列出了HPCD对食品质构影响的已有研究。

一、HPCD 对液态食品质构的影响

（一）HPCD 对果蔬汁质构的影响

混浊稳定性是混浊果蔬汁的重要感官品质[4]，通常用浊度来表示。混浊果蔬汁中含有大量的分散果肉颗粒，其基本骨架是由纤维素、半纤维素和不溶于水的果胶物

质（原果胶、果胶酸酯和果胶酸盐）组成，经均质处理后果肉颗粒得以细化，其直径可达几个微米至几百个微米，以悬浮状态分散于果蔬汁体系，加上果蔬汁体系中蛋白质、水溶性果胶等大分子的存在，形成了果蔬汁特有的混浊稳定性[75]。加工和贮藏过程中，果蔬汁的混浊稳定性对其浊度、颜色和风味等品质起到了重要的作用，而混浊稳定性与果蔬内源酶PME、果胶含量及性质、果蔬汁中悬浮颗粒的大小与分布、果蔬汁的黏度等有密切的关系[6]。此外，果肉颗粒的带电性质和形状在一定程度上也会影响果蔬汁的混浊稳定性。由于果蔬汁所存在的混浊体系，加工过程如处理不当容易降低或破坏其混浊稳定性并导致产品沉淀。消费者通常将混浊不稳定的果蔬汁误认为是腐败或者变质产品。因此，加工过程中保持或提高果蔬汁的混浊稳定性是非常重要的，直接影响到产品品质。

研究发现，HPCD处理能够显著提高果蔬汁的浊度，如表7-4所示。Kincal等[16]发现，橙汁经过HPCD（38~107MPa，0.40%~1.18% CO_2/果汁，10min）处理后其浊度比对照样品提高了446%~846%。Xu等[34]也发现，HPCD（22MPa，60℃，3~10min）处理后苹果汁的浊度提高了10%~22%。Arreola等[15]发现，HPCD（8.3~31.7MPa、45-50℃、120-240min）处理后橙汁的浊度提高了127%~401%。Illera等[33]发现，HPCD（20MPa、45℃、60min）处理后苹果汁的浊度提高了60%。胡萝卜汁、西瓜汁、树莓汁和梨汁的浊度随着HPCD处理压强、温度和时间的延长显著提高[5, 26, 42, 63]。Zhou等[5]发现，HPCD（10~30MPa、25℃、15~60min）处理后胡萝卜汁的浊度显著提高，处理压强为10、20、30MPa，处理时间从15min延长到60min时，浊度分别提高了44%、23%和17%。李文辉等[63]则发现HPCD（10~30MPa、35~55℃、15~60min）处理温度对树莓汁的浊度影响较大，随着处理温度从23℃升高到55℃，其稳定性显著提高。HPCD处理果蔬汁的浊度在贮藏期高于未处理果蔬汁。例如，Briongos等[17]报道，橙汁经过HPCD处理（30MPa、40℃、40min）后浊度提高30%，并在贮藏期间降低，但贮藏12d后仍比未处理橙汁高18%。红葡萄柚汁经HPCD（13.8~34.5MPa、40℃、5.7% CO_2、5~9min）处理后贮藏6周，其浊度有所降低，但仍比未处理样品高1.9倍以上[40]。Boff等[71]比较了单一高压（600MPa、25℃、346s）、CO_2辅助高压（600MPa、25℃、130s）和热（91℃、30s）三种处理后橙汁在4周贮藏期内浊度稳定性的变化，发现CO_2辅助高压处理后橙汁浊度最高，并在贮藏期内保持稳定，但仍残存PME活性。HPCD对果蔬汁混浊稳定性的影响和热处理导致沉淀的机制不同，可能还与PME酶以外的因素有关[4, 6, 61, 76]。

但是，也有研究表明HPCD处理会降低一些果蔬汁的浊度。Park等[4]报道，HPCD处理（4.90MPa、5℃、10min）导致胡萝卜汁浊度降低了60%，而高压（600MPa）联合HPCD处理降低了47%浊度。Niu等[61]将苹果片经过HPCD（20MPa、25~65℃、20min）处理后榨汁，发现苹果汁浊度要显著低于热处理得到的苹果汁。

颗粒大小分布（particle size distribution，PSD）和黏度也用于评价果蔬汁质构的变化，并且PSD与黏度变化具有相关性。食品体系中由于蛋白质或者果胶聚集引起的颗粒粒度变大，会导致果蔬汁黏度提高[77]。HPCD（20MPa、45℃、60min）处理后番茄汁的粒度变小，压强为20MPa时PSD最大峰对应的粒径值从416.9μm降至182.0μm[78]。Briongos等[17]报道，HPCD（30MPa、40℃、40min）处理后橙汁中较小颗粒的体积分布变大，而较大颗粒的体积分布变小（图7-3），可以用于解释HPCD处理后浊度提高。如图7-4所示，HPCD（30MPa、25℃、15~60min）处理后胡萝卜汁的粒度随积分体积的变化，当处理时间为15、30、45min时，HPCD处理显著增加了胡萝卜汁的颗粒大小，但当处理时间达到60min时，其颗粒反而变小并接近于未处理样品[5]。D[4，3]和D[3，2]分别表示果汁的体积平均粒径和面积平均粒径，主要反映了果蔬汁的平均粒径的变化，30MPa HPCD处理60min后胡萝卜汁的D[4，3]和D[3，2]分别为3.16μm和1.57μm，颗粒大小与对照样品{D[4，3]2.85μm，D[3，2]1.44μm}接近[5]。同样，HPCD（30MPa、55℃、0.5~60min）处理后桃汁PSD也发生了类似的变化规律[6]。如图7-5所示，未处理桃汁的颗粒粒径分布范围是0.3~12μm，在0.954μm处有一个峰；HPCD处理显著改变了桃汁PSD曲线，粒径分布范围扩大到0.3~600μm；HPCD处理的样品PSD曲线中出现了三个峰，最大峰转移到了18~21μm。也就是说，相对于未处理和热处理（90℃、1min）样品，HPCD处理后桃汁的颗粒显著变大，并且小颗粒减少，大颗粒增多；但是随着HPCD处理时间延长，小颗粒又逐渐增多，大颗粒逐渐减少，同时颗粒分布的最大峰呈现向左移的趋势；同样，随着处理时间延长，大粒径处的体积百分比逐渐降低，分别是90.32%、83.2%、75.45%、75.84%；HPCD处理后桃汁D[4，3]和D[3，2]也显著大于未处理和热处理样品，但是随着处理时间延长而降低。HPCD（15~22MPa、43~60℃、2~10min）处理后苹果汁也出现了相同的变化趋势[34]。如图7-6所示，未处理苹果汁PSD曲线有两个峰，分别在1μm和8μm；当HPCD短时间处理（3min）后苹果汁粒径分布的峰逐渐向右偏移，表明颗粒变大；而随着HPCD处理时间延至8min和10min，苹果汁的平均粒径大小和颗粒分布逐渐和未处理一致[34]。基于以上研究，提出了HPCD处理果蔬汁粒度分布的动态双变机制，HPCD处理过程中存在着两种效应：一种是HPCD诱导的酸化效应，pH降低引起蛋白质的聚集，增大颗粒粒径；另一种是HPCD卸压时的爆炸效应诱导的均质作用，减小了颗粒粒径。这两种效应共同作用，影响果蔬汁粒径的动态分布。当处理时间较短时，酸化效应占主导因素，当处理时间较长时，均质作用逐渐加强[6]。

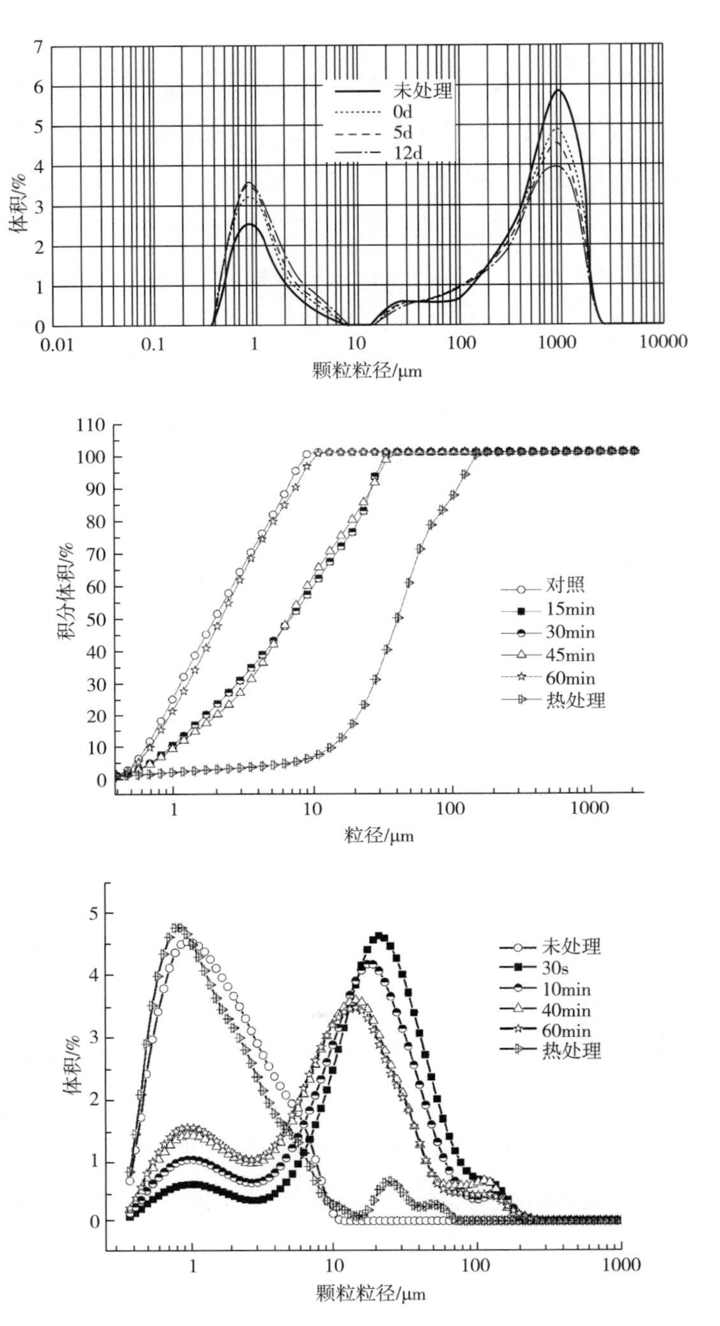

图7-3 间歇式HPCD（30MPa、40℃、40min）处理后橙汁在4℃贮藏过程中的粒度分布[17]

图7-4 间歇式HPCD（30MPa、25℃）和热处理（90℃、1min）后胡萝卜汁的粒度分布随积分体积的变化[5]

图7-5 间歇式HPCD（30MPa、55℃）和热处理（90℃、1min）对桃汁粒度分布的影响[6]

饮用果汁时人类舌头的剪切速率在30～40/s左右，在此范围内的黏度变化可用于反映果蔬汁的口感变化[79]。研究发现，HPCD处理会提高胡萝卜汁、桃汁和桑葚汁的黏度，但并没有改变这些果蔬汁的牛顿流体类型[5, 6, 66]。如图7-7所示，未处理桃汁的黏度随着剪切速率（6~252/s）增大而逐渐增大，表现出非牛顿流体中胀

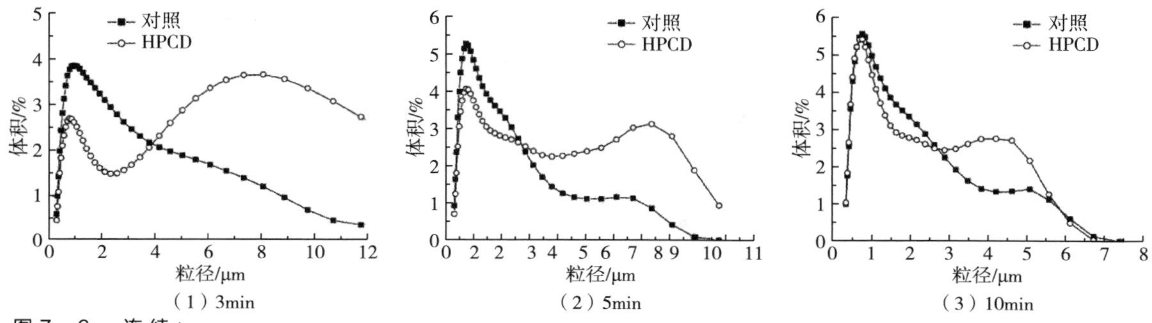

图7-6 连续式HPCD（22MPa、60℃）对苹果汁粒度分布的影响[34]

性流体的特性；热处理（90℃、1min）提高了桃汁的表观黏度，并且改变了流体类型；HPCD处理（55℃、30MPa、0.5~60min）也提高了桃汁的黏度，但保持了和未处理样品一样的流体类型[6]。当HPCD处理压强为10MPa和20MPa时，西瓜汁在21.62/s处的黏度没有显著变化，而当压强达到30MPa，其黏度显著提高；但热处理（90℃、1min）对西瓜汁黏度的影响要显著高于HPCD处理，表明HPCD对果蔬汁黏度的影响要低于热处理[42]。HPCD处理提高果蔬汁的黏度，可能是由于HPCD的均质效应使果肉细胞壁的果胶释放并溶解到果汁中[5]。另外，HPCD处理过程中压强和pH变化会使果肉颗粒粒度增大，导致黏度的提高。但Niu等[22]报道，HPCD处理（40MPa、55℃、10~60min）后橙汁的黏度降低，并且随着处理时间延长呈下降趋势。Xu等则发现，HPCD（22~25MPa、43~60℃、2~10min）处理后苹果汁的黏度没有发生显著变化，其范围在1.34~1.42cP。李思越等[26]也发现HPCD（20~30MPa，20~40℃，20~60min）处理后梨汁的黏度没有发生变化。

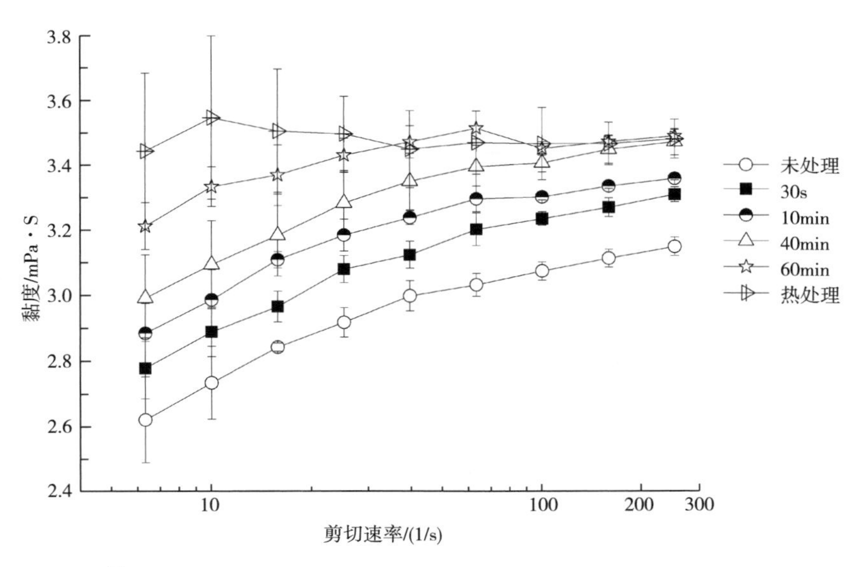

图7-7 HPCD（55℃、30MPa）和热处理（90℃、1min）对桃汁流变特性和黏度的影响[6]

Zhou等[6]发现HPCD（55 ℃、30MPa、0.5~60min）处理加速了非浓缩还原（not from concentrate，NFC）桃汁沉淀，并从酶促因素和非酶因素两个方面探讨了其机制（图7-8）。首先，酶促反应方面，NFC桃汁经HPCD处理后仍有较高的PME残存酶活性，该酶作用于果胶使其发生脱甲氧基反应，果胶酯化度和黏度随之降低，低酯果胶易和果汁中Ca^{2+}等二价金属离子结合形成絮凝，进而导致NFC桃汁的混浊稳定性下降。其次，非酶反应方面，HPCD处理过程中CO_2溶于果汁导致体系pH和ξ-电势绝对值降低，使果汁中蛋白质变性而聚集，形成大颗粒，从而改变NFC桃汁的粒度分布[80]。Zhao等[76]进一步探究了HPCD处理加速桃蛋白质沉淀的机制，与未处理样品中的桃蛋白质比较，HPCD（30MPa、55℃、60min）处理后桃蛋白质的变性和聚集温度提前出现，同时颗粒粒径显著增大，表明HPCD导致了桃蛋白质高级结构的变化。如图7-9和图7-10所示，对不同处理后桃蛋白质样品双向电泳中的差异蛋白进行分析发现，具有低α-螺旋和氢键的蛋白质在HPCD处理后更容易被沉淀，同时从蛋白质沉淀中鉴定出ATP合成酶CF1β亚基、假定6-磷酸海藻糖合成酶、AAA-型ATP酶类似蛋白[76]。

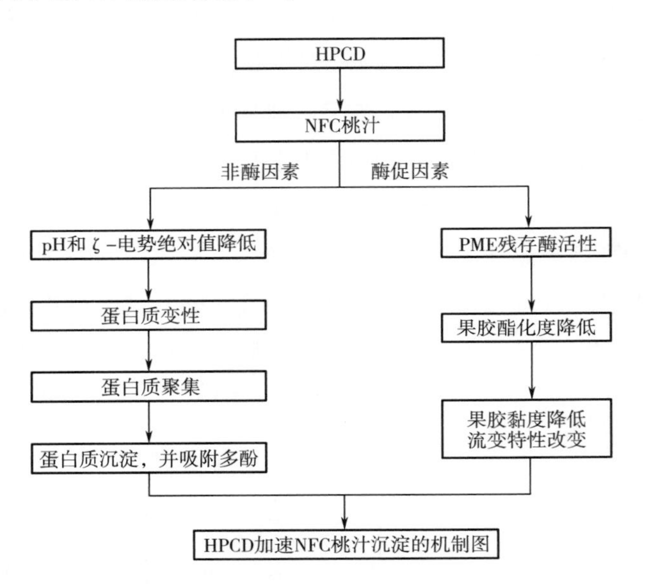

图7-8 HPCD加速NFC桃汁沉淀的可能机制图

（二）HPCD对啤酒质构的影响

Dagan等[48]研究了HPCD（20.7~27.6MPa、25~45℃、8%~12% CO_2、3~5min）处理对啤酒浊度、起泡性和稳定性等质构性质的影响，发现HPCD处理使啤酒浊度从146NTU降为95NTU，因为处理过程中pH降低影响了啤酒中蛋白质和多酚的构象，有利于蛋白质-多酚复合物的形成，但对啤酒的稳定性没有显著影响；同时，HPCD对酵母细胞膜的提取作用会影响啤酒中疏水性物质的数量，进而改变啤酒的起泡性[48]。

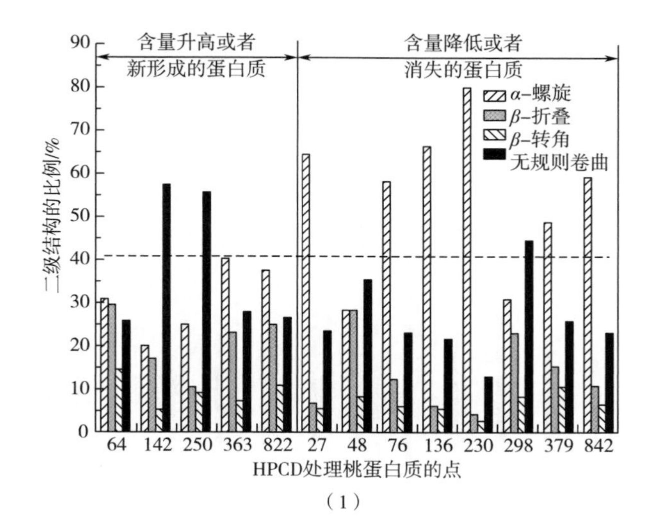

（1）

（2）

---二级结构中 α－螺旋百分比的参照线　……二级结构中无规则卷曲的参照线[76]

图7-9　HPCD（30MPa、55℃、60min）和热处理（90℃、1min）后桃蛋白二级结构的百分比

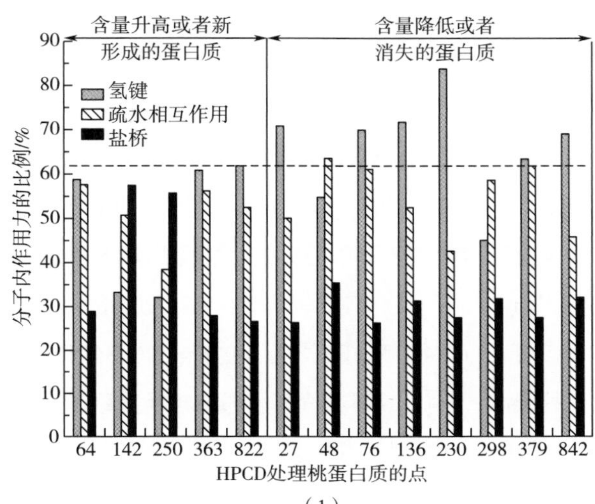

（1）

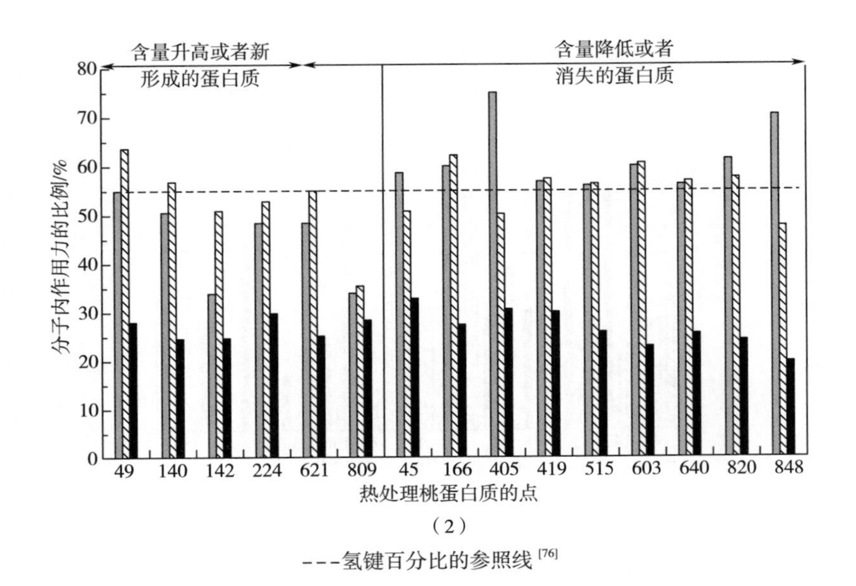

图7-10 HPCD（30MPa、55℃、60min）和热处理（90℃、1min）后桃蛋白分子内作用力的百分比

二、HPCD 对半固体和固体食品质构特性的影响

（一）HPCD 对鲜切果蔬质构的影响

鲜切果蔬产品必须具有较好的外观质量、可接受的风味、适合的质构特性和丰富的营养价值，才能吸引消费者购买[74]。如果说消费者将风味作为接受该鲜切果蔬产品最重要的品质特性之一，那么质构上的缺点则成为消费者否定这个产品的最大问题[81]。研究表明，HPCD处理容易导致鲜切果蔬质构的破坏。与热处理相比，HPCD（49MPa、32~58℃、10min）处理会造成鲜切梨片硬度降低，而且硬度随着压强提高而降低[25]。HPCD处理后菠菜叶的硬度也明显降低[82]。侯志强等[27]也发现，HPCD（2.5~4.5MPa、20℃、8min）处理后鲜切哈密瓜的组织细胞结构被破坏，汁液流出、质地变软，硬度降低了28.06%~50.13%，感官接受度也最低；在4℃贮藏8d后HPCD处理鲜切哈密瓜硬度持续降低了30.38%~48.97%，可能是由于贮藏期间微生物的生长和质构的破坏。Spilimbergo等[13]报道，HPCD（12MPa、22~40℃、15min）处理温度为22℃和40℃时，鲜切胡萝卜片的硬度分别降低了50%和90%。Bi等[83]报道，HPCD（1.5~5MPa、20℃、2~15min）处理2min后鲜切胡萝卜片的硬度提高了11.0%~25.8%，由于HPCD处理激活了PME，酶催化果胶生成低甲氧基果胶，与Ca^{2+}等二价离子通过盐桥交联形成复合物；随着处理时间延长到5min后，鲜切胡萝卜片的硬度逐渐降低，当延长到15min后，5MPa HPCD处理后硬度降低了7.9%（图7-11）。长时间HPCD处理后鲜切胡萝卜片的硬

度降低，一方面是由于果胶发生过多的脱甲氧基反应会改变果胶的构象，导致细胞壁成分变得松散[84]；另一方面HPCD处理会对胡萝卜细胞膜造成物理性损伤，使内溶物泄漏提高[83]。但是，李静等[85]采用HPCD处理双孢蘑菇，通过响应面优化得到其最佳工艺为压强0.3MPa、时间3min、温度17℃，4℃条件下贮藏8d后双孢蘑菇硬度为191.7N，比对照提高了18.85%。结果表明，HPCD能较好保持双孢蘑菇硬度，可能与低压强HPCD处理不破坏蘑菇组织与细胞的完整性有关，还与可以抑制微生物诱导的组织软化有关[86]。

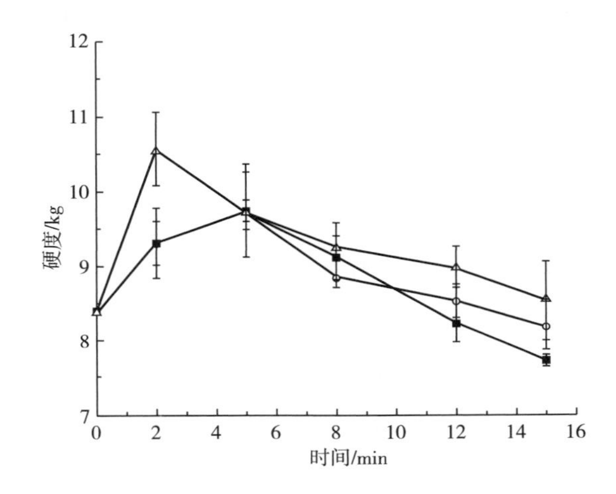

图7-11　间歇式HPCD处理（1.5~5MPa、20℃、0~15min）后胡萝卜硬度的变化[83]

（二）HPCD对乳制品和豆类蛋白质质构的影响

Tisi等[87]发现，HPCD处理会改变原料乳、全乳和脱脂乳的粒度大小分布。未处理样品中粒度分布在4μm左右有一个峰，HPCD（7~62MPa、15~40℃、0.101 CO_2/乳）处理后样品中新增了一个8μm的峰，并且对应的粒径随着处理温度提高而变大。HPCD（20MPa、37℃、15~75min）处理后牛初乳粒径变大，黏度则没有变化[59]。乳制品中颗粒粒径变大，可能是由于HPCD处理过程中pH和ξ-电势绝对值降低造成蛋白质变性，进一步导致蛋白质聚集和沉淀，从而溶解度降低。基于HPCD对蛋白质溶解度的影响，HPCD技术可以代替有机酸用于酪蛋白的沉淀[12，88~90]。当压强为3.5MPa、温度为50℃时，HPCD（3.5MPa、50℃）对脱脂乳中酪蛋白的沉淀率达到99%[91]。Tomasula等[89]报道，HPCD处理（2.76~5.52MPa、32-60℃、5min）得到了相同的酪蛋白沉淀率，沉淀效果与处理温度有关，而与处理时间无关。当HPCD处理过程达到蛋白质的等电点时，所有敏感性蛋白质都会发生沉淀，因此延长处理时间对沉淀率没有影响[91]。Tomasula等[88]比较了HPCD设备中管式反应器和喷淋反应器对蛋白质沉淀的影响，发现管式反应器的酪蛋白产出率要高于喷淋反应器，但是两种反应器得到的酪蛋白品质相同。另外，在乳制品中钙是最重要的指标之一，连续式和间歇式HPCD沉淀得到的产品中钙含量相同，占干重的1.4%[88, 89]，高于有机酸沉淀获得的酪蛋白中钙含量3倍左右[92]。Hofland等[12]也发现了HPCD（10~200MPa、25~50℃）处理沉淀得到的酪蛋白中含有较多的钙，而使用有机酸沉淀获得的酪蛋白基本不含钙。这是因为当使用CO_2沉淀酪蛋白时pH为5.8，高于使用有机酸沉淀酪蛋白时的pH4.8，因此产品中含有较多的磷酸钙[88]。Khorshid等[93]报道，利用HPCD（1~5MPa、22.1℃）沉淀大豆蛋白时，湿重得率最高能达到68.3%；3MPa 下HPCD沉淀得到的蛋白质中出现2个峰，采用PR-HPLC分析其分别为分子质量350ku的大豆球蛋白和分子质量180ku的β-伴大豆球蛋白；而4MPa下 HPCD沉淀得到的蛋白质中只发现含有β-伴大豆球蛋白。

HPCD处理可通过对底物和酶的影响来抑制全乳和脱脂乳的蛋白质水解速率[87]。在干酪成熟期间，乳制品发生蛋白质水解会产生不愉快的风味和质构[94]，如果不控制蛋白质水解会改变牛乳的凝乳性质，导致产生质量较差的凝乳块[95]，形成苦涩的风味，增加黏度和乳块的凝结[96]。研究表明，7MPa 下HPCD处理后样品的蛋白质水解速率要显著低于62MPa处理后样品，而与温度无关；7MPa处理后样品的颗粒（19.3μm）大于62MPa处理后的样品（14.6μm），因此其表面积较小，减少了被酶攻击的范围，有效地抑制了蛋白质水解[87]。

（三）HPCD 对肉制品质构的影响

肉制品的质构主要与持水力、保水性、肌原内部结构完整性等有关。当HPCD处理肉制品时，压强和温度会影响分子间的作用和蛋白质构象，从而导致蛋白质变性[97]。HPCD（7.4~15.2MPa、31.3℃、10min）处理后猪背最长肌中的肌浆蛋白质和总蛋白质的溶解度都降低，其中变性最多的蛋白质是磷酸化酶b、肌酸激酶、磷酸丙糖异构酶和一种未知蛋白质（26ku左右）[69]。在肉制品加工中，pH降低的速率和范围以及蛋白质的水解和氧化会影响样品的持水性[98]。HPCD处理不会立刻改变冷却猪肉的持水力和保水性，但高压强HPCD处理后样品在0~4℃贮藏过程中持水力降低[69, 70]。史智佳等[99]发现，HPCD（15MPa、35℃、30min）处理对冷却猪肉的嫩度没有显著影响，但导致了2%~4%的水分损失。刘书成等[100]也发现，HPCD（15MPa、55℃、26min）处理会使虾肉蛋白质发生变性，造成持水力从84.79g/100g下降至65.18g/100g；HPCD对虾肉硬度没有显著影响，热处理（100℃、2min）则造成虾肉硬度显著升高。肌原纤维小片化指数（MFI）是反映肌细胞内部肌原纤维及其骨架蛋白完整程度的指标；MFI越大，表明肌原纤维内部结构完整性受到破坏的程度越大，该指标也是预测肉嫩度的重要指标[70]。在10d贮藏期内冷却猪肉的MFI逐渐升高，说明肉中的蛋白质缓慢降解，嫩度变差，但HPCD处理组（7~21MPa、50℃、30min）和未处理MFI组没有显著差异，说明HPCD不会加速猪肉结构的破坏[70]。Ferrentino等[56]采用感官评价试验发现，HPCD（12MPa、45~50℃、15~30min）处理后干腌火腿的硬度与未处理样品没有显著差异。

（四）HPCD 对其他固体食品质构的影响

脆度是影响胡萝卜泡菜品质的重要因素，脆度越大则感官评价的评分越高。HPCD（10~25MPa、20℃、10~30min）处理后胡萝卜泡菜的硬度和脆度降低，并且随HPCD压强和时间的提高，其硬度和脆度显著降低，可能是由于压强升高破坏了细胞壁和细胞膜，导致细胞内溶物泄漏而造成[52]。但是，Hong等[54]和Meujo等[55]采用感官评价分析发现，韩国泡菜、牡蛎等食品经HPCD处理后质构没有发生显著变化。Noomhorm等[101]发现，HPCD（0.4~0.8MPa、120~840min）处理后大米吸水能力、米粉硬度和黏度等随着压强提高而降低，可能是由于CO_2占据了水结合的位点，降低了持水力。

HPCD对食品质构的影响是非常复杂的，影响因素多，但无论食品质构特性如何变化，都是各种因素共同作用和平衡的结果。HPCD导致食品质构变化的途径主要包括酶促反应、化学反应和物理反应。①酶促反应：食品经过HPCD处理后仍残存内源酶，贮藏期间其会催化底物而发生质构变化。例如，如前一章所述，HPCD很难完全钝化PME和PG，果汁中残存PME和PG活性[16]，PME攻击溶解于果汁中的果胶及包围果肉颗粒周围的果胶，生成低甲氧基果胶，低甲氧基果胶进一步被PG降解成果胶酸和半乳糖醛酸，与多价阳离子作用生成不溶性的果胶盐沉淀[102，103]，其反应过程机制如图7-12所示[104]。在干酪制作过程中，HPCD处理可通过对酶的影响来抑制全乳和脱脂乳中蛋白质水解速率[87]，避免产生较差的凝乳块。②化学反应：HPCD处理过程中CO_2溶解于样品并解离生成氢离子，降低样品pH。例如，果蔬汁在HPCD处理中，pH下降会导致蛋白质变性聚集，进一步吸附更多的悬浮颗粒而沉淀[6]。在牛乳处理中pH下降还会使蛋白质颗粒变大，表面积变小，减少了被酶攻击的范围，有效地抑制了蛋白质水解[87]。③物理反应：HPCD处理卸压产生爆炸作用，会引发剪切、湍流等效果，进一步造成对样品的均质效应。当HPCD处理时间较长时，对果蔬汁的均质作用逐渐加强，果汁中颗粒逐渐减小[6]。HPCD压强对细胞骨架的破坏作用和对组织的软化作用，会破坏鲜切果蔬的硬度[83]。

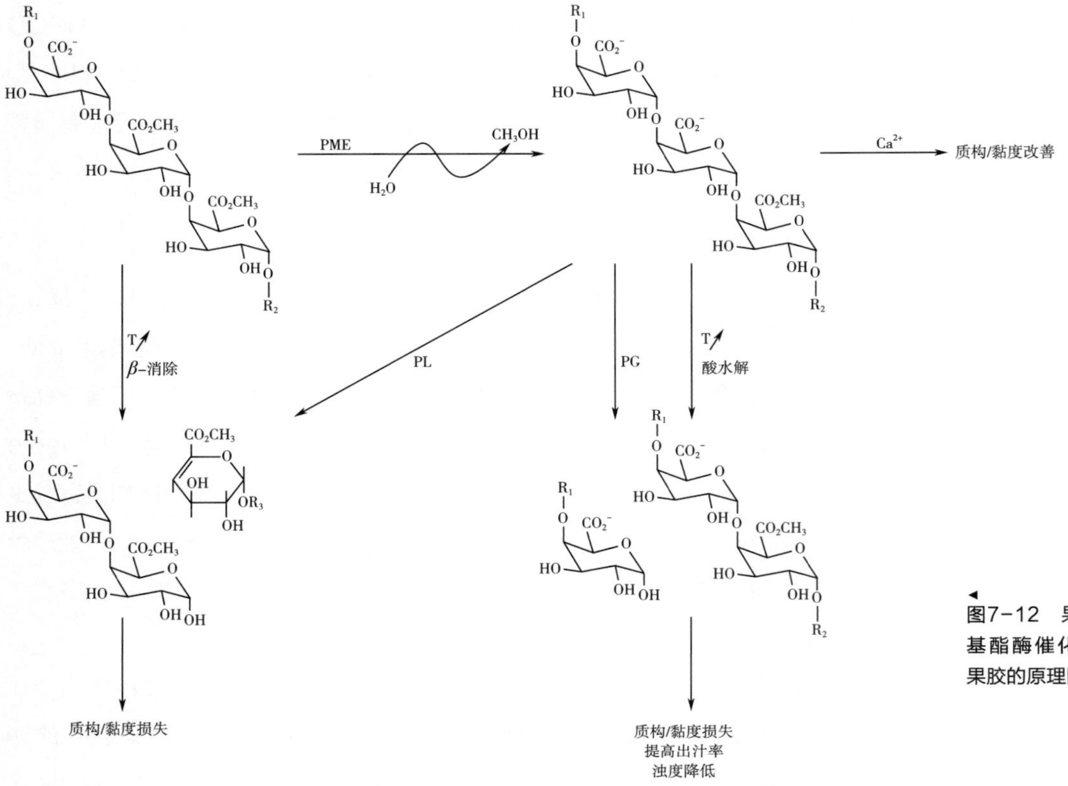

图7-12 果胶甲基酯酶催化降解果胶的原理图[104]

表7-4 HPCD处理对食品质构的影响

食品种类	质构参数	测量方法	压强/MPa	时间/min	CO_2/样品	温度/℃	系统	变化	参考文献
橙汁	浊度	660nm吸光度	8.3，13.1，20，26.9，31.7	120，240	—	45，50	间歇式	提高了127%~401%	[15]
	浊度	660nm吸光度	38，72，107	10	0.40~1.18（CO_2/果汁）	—	连续式	提高了446%~846%	[16]
	浊度	660nm吸光度	40	10，20，30，40，50，60	—	55	间歇式	提高了91%~115%	[22]
	黏度	流变仪						降低	[22]
	PSD	粒度仪						提高	[22]
	浊度	650nm透射率	600	2.17	—	25	间歇式	提高了1%~1.5%	[71]
	浊度	660nm吸光度	30	40	—	40	间歇式	提高了30%	[17]
	PSD	粒度仪						小颗粒增大，大颗粒减少	[17]

续表

食品种类	质构参数	测量方法	压强/MPa	时间/min	CO_2/样品	温度/℃	系统	变化	参考文献
胡萝卜汁	浊度	称量法	4.90	10	—	5	间歇式	降低了60%	[4]
	浊度	浊度仪	10，20，30	15，30，45，60	—	25	间歇式	提高了 8%~59%	[5]
	PSD	粒度仪						显著提高	[5]
红葡萄柚汁	浊度	660nm吸光度	13.8，24.1，34.5	5，7，9	5.7%CO_2	40	连续式	提高了 91%	[40]
血橙汁	浊度	660nm吸光度	13，23	—	0.770,0.385（CO_2/果汁）	36	连续式	最高提高了263.27%	[19]
苹果汁	浊度	浊度仪	20	20	—	25，35，45，55，65	间歇式	提高了0~37.20%	[61]
	浊度	浊度仪	15，22	2，3，5，10	—	43，60	连续式	显著提高	[34]
	PSD	粒度仪						显著变化	[34]
	黏度	黏度计						无变化	[34]
	浊度	浊度仪	20	60	—	45	间歇式	提高了60%	[33]
	PSD	粒度仪						显著降低	[33]
西瓜汁	浊度	浊度仪	10，20，30	5，15，30，45，60	—	50	间歇式	显著提高	[42]
	黏度	流变仪			—			显著提高	[42]
桑葚汁	黏度	流变仪	15	10	—	55	间歇式	显著提高	[66]
番茄汁	PSD	粒度仪	10，15，20	60	—	45	间歇式	降低	[78]
梨汁	浊度	550nm透射率	20，25，30	20，30，40，50，60	—	20，30，40	间歇式	显著增大	[26]
	PSD	粒度仪						显著变化	[26]
	黏度	流变仪						没有显著变化	[26]
树莓汁	浊度	660nm吸光值	10，20，30	15，30，45，60	—	35，45，55	间歇式	显著提高	[63]
全脂乳、脱脂乳	PSD	粒度仪	7，62	—	0.101（CO_2/乳）	15，22，42，40	连续式	显著变化	[87]
酪蛋白	PSD	筛分法	2.76，5.52	5	—	32，38，43，49，60	连续式	显著变化	[89]
	PSD	筛分法	5.52,4.13,	—	0.036，0.042（CO_2/乳）	38	连续式	提高	[88]

续表

食品种类	质构参数	测量方法	压强/MPa	时间/min	CO_2/样品	温度/℃	系统	变化	参考文献
牛初乳	PSD	粒度仪	20	15，30，40，60，75	—	37	间歇式	提高	[59]
	黏度	流变仪	20	15，30，40，60，75	—	37	间歇式	降低	[59]
菠菜叶	硬度	观察法	7.5，10	10，20，40	—	40	间歇式	降低	[82]
梨	硬度	质构仪	49	10	—	32，40，49，58	间歇式	降低	[25]
鲜切胡萝卜片	硬度	质构仪	1.5，3，5	2，5，8，12，15	—	20	间歇式	处理后2min提高，但5min后缓慢降低	[83]
	硬度	质构仪	12	15	—	22，40	间歇式	分别降低了50%和90%	[13]
鲜切哈密瓜	硬度	质构仪	2.5，3.5，4.5	8	—	室温	间歇式	分别降低了30.38%、48.17%和48.97%	[27]
	质地	感官评价						质地变软	[27]
双孢蘑菇	硬度	质构仪	0.3	3	—	17	间歇式	显著提高	[85，86]
胡萝卜泡菜	硬度、脆度	质构仪	10，15，20，25	10，20，30	—	20	间歇式	显著降低，与处理压强和时间呈负相关	[52]
韩国泡菜	硬度	感官评价	7	1440	—	10	间歇式	没有显著变化	[54]
啤酒	浊度	浊度仪	20.7，27.6，34.5	3，4，5	8%，10%，12%CO_2	25，35，45	连续式	降低	[48]
	起泡性	—						提高	[48]
大米	吸水性	称量法	0.4，0.6，0.8	120，150，180，210，240，300，360，480，600，720，840	—	—	间歇式	降低	[101]
	硬度	后侧挤出型测试法						降低	[101]
	糊黏度	黏度计						降低	[101]
冷却猪肉	持水力	离心法	7，14，21	30	—	50	间歇式	没有显著变化	[70]
	T肌原纤维小片化指数	分光光度法						显著升高	[70]

续表

食品种类	质构参数	测量方法	压强/MPa	时间/min	CO_2/样品	温度/℃	系统	变化	参考文献
	嫩度	剪切力仪	15	30	—	35	间歇式	无显著变化	[99]
	水分损失	称量法						2%~4%水分损失	[99]
猪背最长肌	嫩度	剪切力仪	7.4，15.2	10	—	31.1	间歇式	无显著变化	[69]
	质量损失	称量法						无显著变化	[69]
	蛋白质溶解度	离心法						显著降低	[69]
干腌火腿	硬度	感官评价法	12	15，30	—	45，50	间歇式	没有显著变化	[56]
牡蛎	质构	感官评价法	10，20	20，50	—	37	间歇式	没有显著变化	[55]
虾肉	持水力	离心法	15	26	—	55	间歇式	显著降低	[100]
	硬度	质构仪						没有显著变化	[100]

第三节
HPCD 对食品颜色的影响与机制

食品颜色是消费者最先感知的食品感官品质，与消费者接受度紧密相关，赋予了消费者对于食品品质优劣、新鲜程度与口感风味的联想，是产品品质检测和分级的重要参考指标[105]。食品颜色的评价主要分为主观（感官评价）和客观（仪器检测）两种评价方法。感官评价通常采用样品与标准颜色在可控制的照明条件下进行比较检验。标准颜色可以是孟塞尔（Munsell）颜色体系、自然颜色体系（NCS）、德国标准化学会（DIN）颜色体系、法国标准化协会（NF-AFNOR）颜色体系的标准颜色（色卡图册）、中国颜色体系（GB/T 15608）以及食品样品本身。仪器检测主要采用色差仪，通过CIE LAB表色系统进行量化。另外，还可采用分光光度计测定特定波长下的吸光度来反映颜色变化。例如，测定420nm的吸光度计算褐变指数来评价果蔬汁的褐变程度。CIE LAB表色系统（图7-13）也称$L^*a^*b^*$表色系统，是1976年制定的均匀色立体系统。L^*=100表示白色，L^*=0表示黑色；+a^*方向是红色增加，-a^*方向是绿色增加；+b^*方向是黄色增加，-b^*方向是蓝色增加。由L^*、a^*、b^*可进一步计算得到色调角（h^0）、色度（C^*）、总色差（ΔE）等参数，计算公式如式（7-

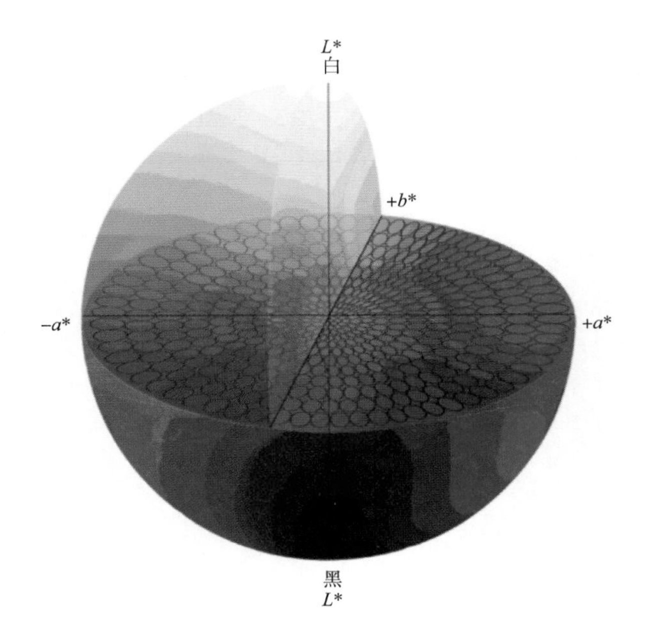

图7-13 CIE LAB的颜色空间

1)、式(7-2)和式(7-3)所示。

$$h^0 = \tan^{-1}\frac{b^*}{a^*} \quad (7-1)$$

$$C^* = [(a^*)^2 + (b^*)^2]^{1/2} \quad (7-2)$$

$$\triangle E = [(L^* - L_0^*)^2 + (a^* - a_0^*)^2 + (b^* - b_0^*)^2]^{1/2} \quad (7-3)$$

式中 h^0——色调角，表征了颜色的色调，即色调不同，颜色不同；

C^*——色度，表征了颜色的饱和度；

ΔE——总色差，当ΔE>2~3.5时，肉眼即可观察到样品间的颜色差异。

一、HPCD对果蔬汁颜色的影响

果蔬汁中由于多酚氧化酶（PPO）的存在，容易引发酶促褐变。PPO催化果蔬汁中酚类底物氧化反应后生成的邻-苯醌，进一步通过化学缩合反应形成不同的多聚共轭产物——黑色素，呈现红褐色，如图7-14所示是PPO引起的酶促褐变的途径[106]。除了由酶促褐变引起外，美拉德反应、抗坏血酸氧化和酚类物质自氧化也会导致果蔬汁褐变。HPCD一方面可以通过抑制PPO活性降低果蔬汁褐变[107]，另一方面可以通过降低环境氧气浓度、创造厌氧环境，来抑制抗坏血酸和酚类物质氧化造成的褐变（图7-14、图7-15、图7-16）。因此，对HPCD处理后的果蔬汁进行色泽评价是非常必要的。

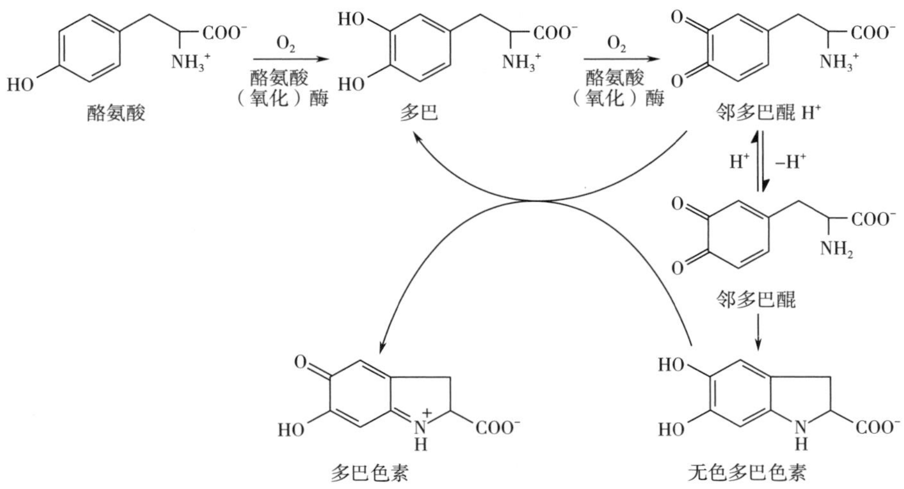

图7-14　多酚氧化酶酶促褐变途径[106]

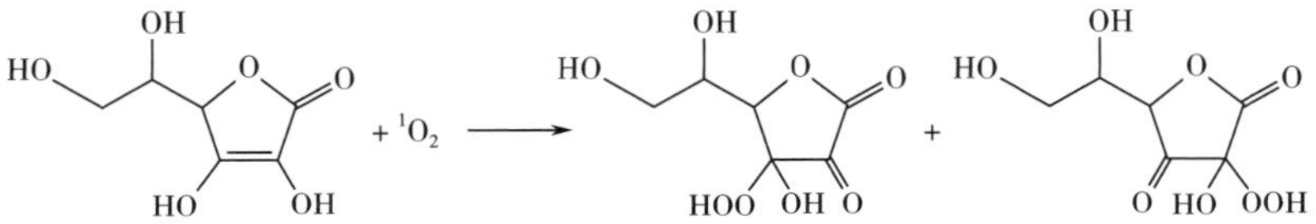

图7-15　抗坏血酸氧化途径[108]

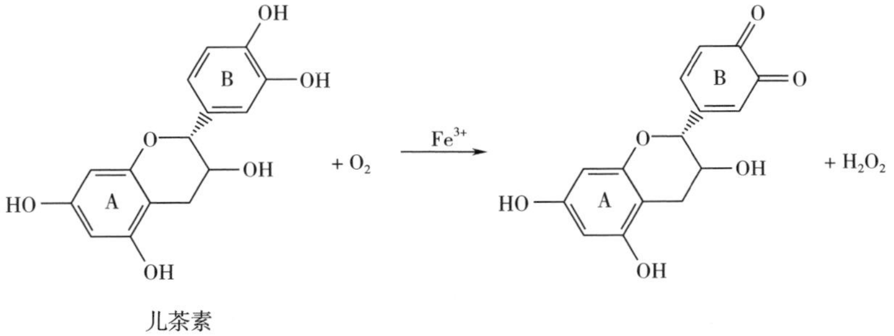

图7-16　儿茶素的非酶氧化途径[109]

表7-5中列出了关于HPCD对食品颜色变化影响的研究，多数研究采用仪器对色泽变化进行了客观评价。HPCD处理后食品的颜色变化比较复杂，即使同一原料经过HPCD处理后也表现出不同的颜色变化，这种复杂变化主要与原料品种和产地、果蔬汁的制备方式、初始色泽、HPCD设备与处理条件等有关。

橙汁和苹果汁是两种主要的果汁，有关HPCD处理对其颜色影响的研究报道较多。例如，在已知文献中共有6篇论文研究了HPCD对橙汁颜色的影响，处理后L^*、a^*、b^*及其他颜色参数的变化均表现不同[51，110~114]。Niu等[22]报道，HPCD（40MPa、55℃、10~60min）处理后，橙汁L^*和h^0没有显著变化，a^*降低了16.70%~32.29%，b^*和C^*分别升高6.14%~8.30%和5.20%~7.51%。Briongos等[17]则报道，HPCD（30MPa、40℃、40min）处理后，橙汁L^*、b^*和C^*分别降低了11.13%、18.50%和18.13%，a^*无显著变化，ΔE为5.1。同时，在已知文献中有7篇论文研究了HPCD对苹果汁色泽的影响，其中有4篇论文发现HPCD处理后苹果汁L^*降低[32~34，107]，但a^*和b^*的变化不一致。Xu等[34]报道，HPCD（22MPa、60℃、3~10min）处理后，苹果汁L^*和a^*分别降低了1.03%~1.78%和101.67%~151.43%，b^*没有显著变化，$\Delta E<2$。Illera等[33]报道，HPCD（20MPa、45℃、60min）处理后，苹果汁L^*降低了0.86%，a^*没有变化，b^*升高了4.56%，ΔE为0.51。

HPCD处理对果蔬汁L^*影响的研究结果存在较大差异。HPCD处理后胡萝卜汁[4，5]、哈密瓜汁[36]、西瓜汁[42]等的L^*提高，但HPCD处理后血橙汁[19]、草莓汁、椰子水[35]的L^*降低，而HPCD处理后葡萄汁[40]、桑葚汁[66]、荔枝汁[38]、木槿饮料[2]的L^*没有显著差异。此外，文献还报道了HPCD处理后贮藏过程中果蔬汁颜色的变化。如图7-17所示，经过4周的贮藏未处理苹果汁由最初明亮的淡黄色变成黄褐色，而HPCD（8~15MPa、55℃、60min）处理和热处理（95℃、1.5min）的样品仍然维持着较好的亮度和色泽；同时，一级反应动力学公式能较好地分析贮藏期内苹果汁L^*的变化（图7-18），HPCD处理样品的L^*下降程度比较小，并且随着压强增加样品的降解速率k_L显著下降，表明HPCD处理能抑制L^*下降，而且压强越大抑制效果越好[107]。Briongos等[17]报道了类似的结果，HPCD（30MPa、40℃、40min）处理后橙汁L^*为28.10，在4℃贮藏12d后L^*没有变化。HPCD（34.5MPa、40℃、5.7% CO_2、7min）处理后，葡萄汁初始L^*为40.13，在4℃贮藏6周后 L^*没有发生变化[40]。因此，HPCD能较好地保持果蔬汁的L^*。

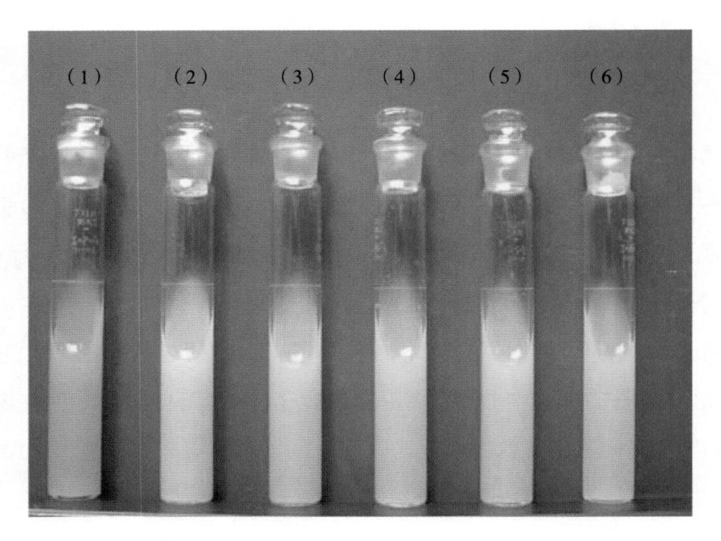

图7-17　在4℃条件下贮藏4周后HPCD处理和热处理苹果浊汁的色泽变化[107]

（1）—对照样品　（2）—热处理样品　（3）—8MPa HPCD 处理样品　（4）—15MPa HPCD 处理样品　（5）—22MPa HPCD 处理样品　（6）—8MPa HPCD 处理样品

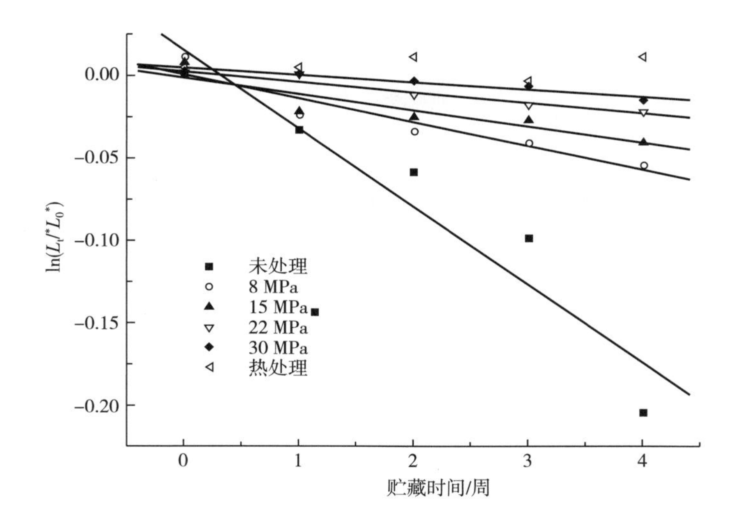

图7-18　4℃贮藏期内HPCD处理和热处理苹果浊汁L^*值变化[107]

HPCD处理对果蔬汁a^*和b^*的影响也有不同的结果报道。HPCD处理后橙汁、苹果汁等果蔬汁a^*下降。HPCD（7~16MPa、35~60℃、40~150min）处理后苹果浊汁a^*降低了4.83%~14.43%[32]；HPCD（4.9MPa、5℃、10min）处理后胡萝卜汁a^*降低了13%[4]；HPCD（10~30MPa、50℃、5~30min）处理后西瓜汁a^*降低了7%~21%[42]；HPCD处理（38~107MPa、0.4~1.18 CO_2/果汁、10min）后橙汁a^*降低了7%[16]；HPCD处理（13~23MPa、0.385~0.77 CO_2/果汁）后血橙汁a^*降低了14.09%-17.48%[19]。但也有报道发现HPCD提高了果蔬汁a^*。HPCD（10~30MPa、25℃、15-60min）处理后胡萝卜汁a^*提高了1.58%~24.67%[5]；HPCD（60MPa、45℃、30min）处理后草莓汁a^*提高了1.2%[37]；HPCD（12MPa、40℃、30min）处理后椰子汁a^*由0.003提高到0.07[35]；Niu等[61]研究了苹果片经HPCD（20MPa、25~65℃、20min）预处理后榨汁，得到的苹果浊汁a^*高于未处理样品50%左右；HPCD（34.5MPa、40℃、5.7% CO_2、7min）处理后葡萄汁a^*提高了18.56%[40]。还有研究表明，HPCD处理对苹果浊汁[107]、桑葚汁[66]、荔枝汁[38]、木槿饮料[2]的a^*没有显著影响。HPCD处理对果蔬汁b^*的影响也是不同的。有研究报道，HPCD处理后胡萝卜汁、西瓜汁等果蔬汁的a^*提高。HPCD（4.9MPa、5℃、10min）处理后胡萝卜汁b^*提高了3倍左右[4]；HPCD（10~30MPa、50℃、5~30min）处理后西瓜汁b^*提高了3.33%~33.59%[4]；HPCD（12MPa、40℃、30min）处理后，椰子汁b^*提高了96.15%[4, 35, 42]。但也有研究发现，HPCD降低了果蔬汁b^*。HPCD（60MPa、45℃、30min）处理后草莓汁b^*降低了2.60%[37]；HPCD（30MPa、40℃、40min）处理后橙汁b^*降低了18.59%[17]；HPCD（13~23MPa、0.385~0.77 CO_2/果汁）处理后血橙汁b^*降低了10.52~29.68[19]。还有研究表明,HPCD处理后橙汁[16]、苹果汁[34,107]、胡萝卜汁[5]、葡萄汁[40]、荔枝汁[38]、

木槿饮料[2]等的b^*没有显著变化。

HPCD处理对果蔬汁ΔE的影响发现了不同的结果。有研究表明，果蔬汁ΔE随着处理压强提高而降低，例如Kincal等[16]报道，当HPCD（38~107MPa、0.4~0.8 CO_2/果汁、10min）处理压强由38MPa提高到107MPa后，橙汁ΔE从5.91降低到3.19。Chen等[36]也报道了当HPCD（8~35MPa、35~65℃、5~60min）处理压强从8MPa提高到35MPa，哈密瓜汁ΔE从1.5降低到0.77。但Park等 [4]则发现了相反的结果，当HPCD（0.98~4.90MPa、5℃、10min）的处理压强从0.98MPa提高到4.90MPa，胡萝卜汁ΔE从10升高到23左右。Zhou等[5]则发现，胡萝卜汁ΔE随着HPCD（10~30MPa、25℃、15~60min）处理时间的延长而提高，当处理时间低于45min时，胡萝卜汁ΔE均低于2；当处理时间延至60min，ΔE提高到2.31~4.00。HPCD处理后果蔬汁ΔE如大于3.5，色泽则发生显著变化。HPCD（12MPa、40℃、30min）处理后椰子汁ΔE为5.1，但仍低于热处理样品ΔE（8.1）[35]。由于内源酶作用及色素聚合等原因，HPCD处理的果蔬汁的ΔE一般会随着贮藏期的延长而升高。如图7-19所示，随着贮藏时间延长，未处理苹果汁ΔE 变化十分显著，4周后增加到12.5，而HPCD（8~30MPa、55℃、60min）处理4周后ΔE为0.59，说明HPCD处理对苹果浊汁的色泽变化有较好的抑制作用，且压强越大抑制效果越好[107]。在4℃贮藏时间内，HPCD（60MPa、45℃、30min）处理后草莓汁ΔE随着贮藏时间延长，但在贮藏12周后ΔE仍在1.5左右[37]。HPCD（15MPa、55℃、10min）处理后桑葚汁ΔE在贮藏期间也表现出类似的结果[66]。未处理苹果汁在4℃贮藏15h后，ΔE就已超过40，而HPCD（10~60MPa、45℃、30min）处理后苹果汁在贮藏2h后ΔE升高至10，之后在10周的贮藏中保持稳定[30]。上述结果表明，HPCD处理能较好地保持贮藏期内草莓汁、桑葚汁、苹果汁等果蔬汁的色泽稳定。

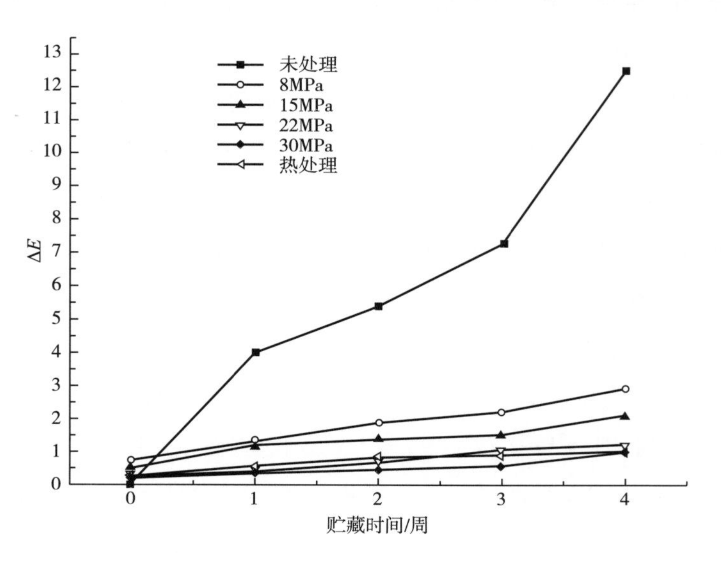

图7-19 4℃贮藏期内HPCD处理和热处理苹果汁总色差（ΔE）变化[107]

在浆果类产品中花色苷在贮藏期间会容易发生聚合，不能用总花色苷含量来表征色泽的变化，聚合色度百分比（percentage of polymeric color，PPC）在一定程度上可用来反映这类产品色泽的稳定性[66]。未处理桑葚汁的初始PPC为32%，HPCD（15MPa、55℃、10min）处理后PPC没有发生变化，但在贮藏期间显著升高，可能是由于花色苷聚合或花色苷与果汁中的蛋白质、酚类等物质结合造成的[66]。褐变指数（browning index，BI）和褐变度（browning degree，BD）也可用于表征果蔬汁的褐变程度。HPCD（15MPa、55℃、10min）处理后桑葚汁BI显著升高，由于热烫预处理后PPO和POD已完全钝化，HPCD处理过程中的热作用加速了美拉德反应[66]。如图7-20所示，未处理西瓜汁BD为1.102，随着HPCD（10~30MPa、50℃、5~30min）处理压强提高和时间延长，西瓜汁BI降低至0.444，是由于HPCD处理后PPO和POD的酶活力降低[42]。HPCD（30MPa、40℃、60min）处理后梨汁BI为0.42，低于未处理（0.47）和热处理样品（0.508）[115]。但是，HPCD（15~22MPa、43~60℃、2~10min）处理后苹果汁BI没有变化[34]。HPCD处理（34.5MPa、40℃、5.7%CO_2、7min）后红葡萄柚汁的色饱和度（C^*）由0.28提高到0.36，而色调指数（h^0）没有发生变化[40]。

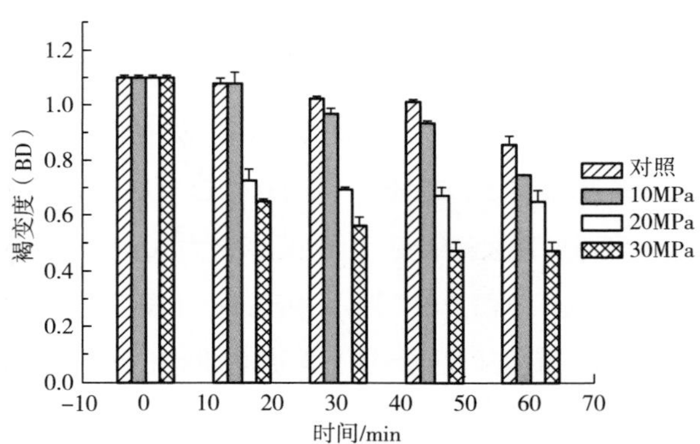

图7-20　HPCD处理对西瓜汁BI的影响[42]

二、HPCD 对固体食品颜色的影响

HPCD处理对鲜切果蔬、泡菜和肉制品等固体食品颜色的影响也有相关报道。Valverde等[25]发现HPCD（10MPa、32~58℃、10min）处理后鲜切梨L^*和b^*分别降低了30.53%~44.09%和1.57%~62.54%，a^*提高了55.38%~378.57%。HPCD（20~25MPa、20~30℃、20min）处理后胡萝卜泡菜L^*、a^*、b^*均降低，并随着压强增大、时间延长颜色变化更显著，当处理条件为压强25MPa、时间30min时，L^*、a^*、b^*均降低了10%左右[52]。感官评价发现，HPCD（7MPa、10℃、1440min）处理后韩国泡菜的颜色没有发生变化[54]，而HPCD（7.5~10MPa、40℃、10~40min）处理后菠菜叶的绿色降低[82]。辣椒色泽可

图7-21 HPCD处理后腊八蒜颜色变化

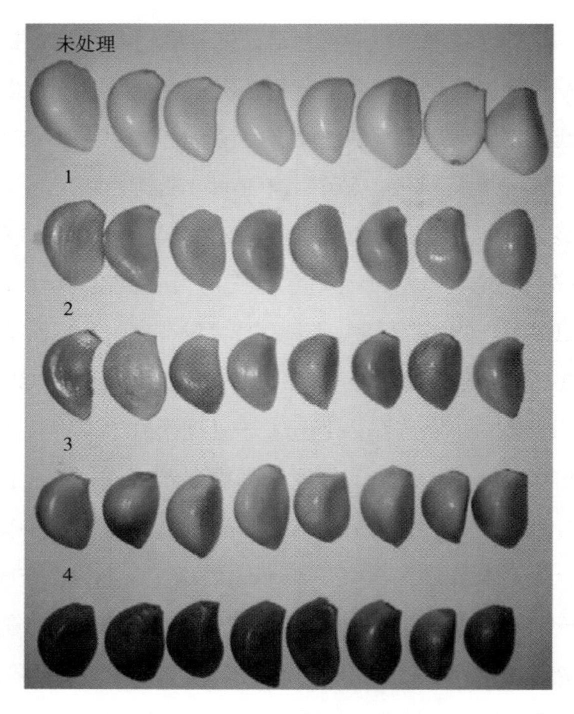

1~4 分别是 10MPa 和 55℃ HPCD 处理 5min、10min、30min 和 60min

用色价单位ASTS评价（美国香料贸易协会），该值通过样品溶解离心后上清液在460nm的吸光度计算而来，研究发现HPCD（6~30MPa、60~90℃、10~150min）处理后红辣椒粉的ASTS降低[116]。HPCD（7~13MPa、45~65℃、20~60min）作为预处理可加速大蒜绿变，当处理条件为10MPa和55℃时，随着时间延长，腊八蒜绿色逐渐变深（图7-21），是由于HPCD处理破坏了大蒜的细胞结构，使醋酸更容易进入到大蒜内部促进绿变；但提高HPCD压强（>10MPa）和温度（>55℃）后，大蒜原生质体发生了形态变化并且蒜氨酸酶活性降低；采用该法得到的腊八蒜的L^*、a^*均显著低于传统方法制得的腊八蒜[117，118]。HPCD（0.3MPa、17℃、3min）处理对双孢蘑菇具有一定的护色效果，贮藏8d后HPCD处理样品的L^*高于对照样品4%，BI低于对照17%[119]。

由于肌红蛋白的存在，具有良好品质的肉制品色泽应该是粉红色。Choi等[69]和闫文杰等[70]发现HPCD（7.4~15.2MPa、31.1℃、10min；7~21MPa、50℃、30min）处理后猪肉的L^*和b^*提高，a^*分别降低了20.62%~24.32%和12.28%~20.73%。Cappelletti等[120]采用在线和离线两种方式测定了HPCD（6~16MPa、25~40℃、5~60min）处理过程中和处理后猪肉的色泽变化，两种方式测定结果一致，HPCD处理导致猪肉a^*降低、L^*和b^*提高；当时间从5min延长到60min时，ΔE从0.8升高到4.6，表明长时间HPCD会使猪肉色泽发生显著变化。

HPCD（7~35MPa、35℃、10~50min）处理后牛通脊色泽也发生了类似的变化，HPCD处理能使肉由红色逐渐变为灰棕色，L^*显著提高、a^*显著降低，同时肉中肌红蛋白的含量降低[121]。HPCD对肉色泽的影响，一方面是由于压强使表面纤维结构疏松、汁液溶出量增加，另一方面HPCD使蛋白质变性、保水性下降，同时使猪肉呈现出“煮熟”的颜色，感官接受度降低[99，121]。Ferrentino等[56]在线监测了HPCD（12MPa、45~50℃、15~30min）处理过程中干腌火腿的色泽变化，发现其色泽比较稳定，处理后L^*、a^*、b^*均没有发生变化，但ΔE>4.4。

HPCD处理对食品颜色的影响也可以归于三个原因。①酶促原因：PPO和POD等是影响颜色的重要原因，但HPCD处理不能完全钝化这些酶[4，36，107]。残存的酶活力可以催化含有邻羟基基团的酚类氧化，形成对应的邻醌，导致褐变。HPCD处理后圆叶葡萄汁中的总花色苷含量从1275mg/L显著降到1075~1093mg/L，是由于HPCD没有完全钝化PPO，造成花色苷的降解[19]。HPCD处理后草莓汁中花色苷只降低了3%，但在贮藏过程中发生了明显的降解，贮藏到第4周时降解了50%。虽然HPCD完全钝化了草莓汁中的PPO，但POD仍有12%~17%残存酶活力，导致了花色苷降解[37]。另外，叶绿素可以赋予果蔬及其制品天然的色泽，但叶绿素在加工及贮藏过程中易受叶绿素酶和脱镁叶绿素酶的作用而发生降解（图7-22）。黄持都等[122]发现，HPCD可以通过钝化叶绿素酶保护叶绿素，进而保护果蔬及其制品的绿色。②化学反应：HPCD处理过程中会发生叶绿素、花色苷等色素降解以及抗坏血酸和酚类自氧化，这些反应会造成颜色的变化（图7-23、图7-24）。已有关于HPCD对食品中叶绿素、胡萝卜素等的影响报道。Zhong等[82]发现，延长时间和提高压强会导致菠菜叶更严重的脱色，这是由于CO_2溶解到叶片组织中后增加氢离子浓度，造成叶片酸化，叶绿素中心的镁会迅速被氢离子取代形成脱镁叶绿素，导致了叶绿素降解[123]。胡萝卜汁中总胡萝卜素在HPCD处理中比较稳定[5]；但是，HPCD处理后西瓜汁中番茄红素降低，并且随着压强提高和时间延长而显著降低，同时西瓜汁a^*变化与番茄红素含量变化一致[42]。抗坏血酸在加工过程中极易被氧化，氧化产生的中间产物和最终产物都能与氨基酸反应，导致果蔬制品褐变[124]。研究表明，HPCD处理对苹果汁和甜瓜汁中抗坏血酸和多酚没有显著影响[23，36]，但HPCD处理后草莓

▼图7-22　叶绿素酶降解途径

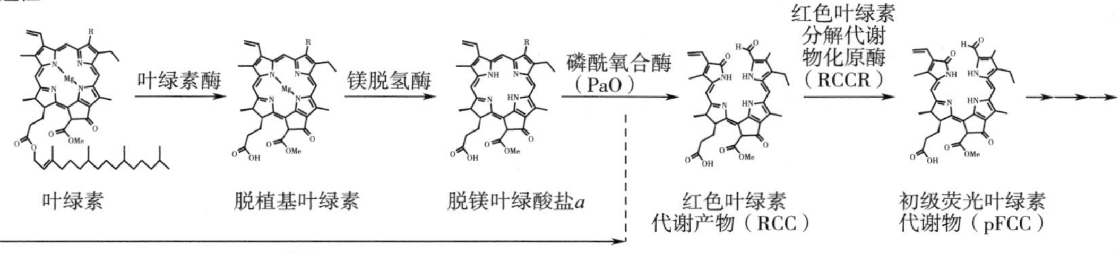

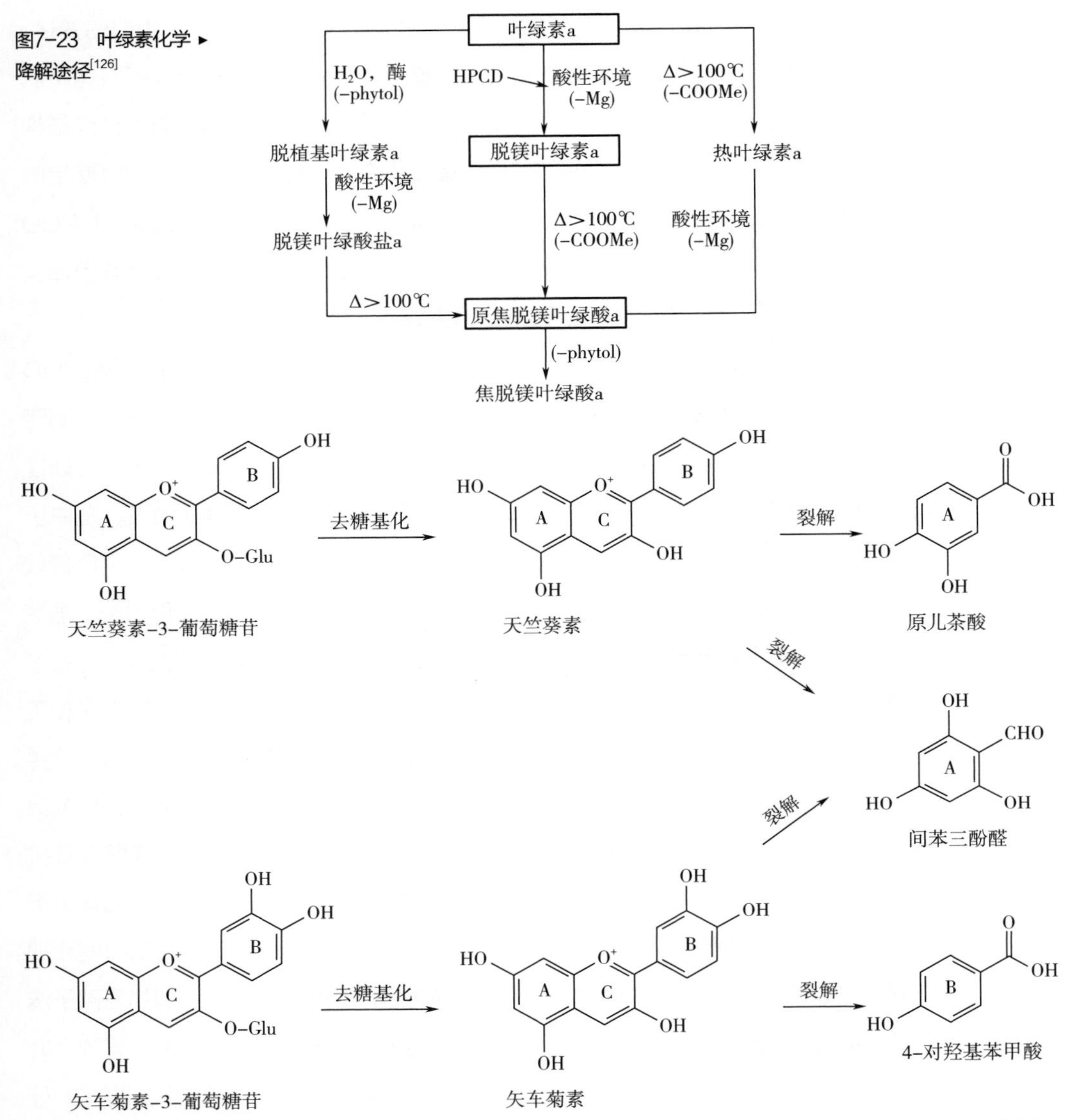

图7-23 叶绿素化学降解途径[126]

图7-24 两种典型花色苷天竺葵素-3-葡萄糖苷和矢车菊素-3-葡萄糖苷的热降解途径[108]

汁中抗坏血酸和脱氢抗坏血酸含量均显著下降，其中抗坏血酸含量降低了30%，并在贮藏4周后完全降解[37]。酚类除了作为PPO酶促褐变底物外，还可以发生氧化聚合导致非酶褐变。Ferrentino等[40]也报道了HPCD对葡萄汁总酚没有影响，总酚在贮藏期内也没有变化，这是由于HPCD处理过程中CO_2取代了O_2，有益于食品中抗氧化成分的保护[71]。③物理反应：HPCD具有提取色素的能力。如HPCD处理参数达到超临界状态，则与超临界二氧化碳萃取技术相似，可用于提取食品中脂溶性色素。HPCD处理能改变细胞膜透性、降低细胞内pH、破坏细胞内电解质平衡等，可显著提高紫甘蓝中花色苷的提取能力[10]。HPCD处理后桑葚汁总花色苷含量提高了11%[66]。HPCD导致的蛋白质变性和对质构的影响也会改变食品的结构，如肉制品加工中肌浆蛋白质的变性与产品颜色变白有关[69, 70]。

表7-5　HPCD处理对食品颜色的影响

食品种类	颜色参数	压强/MPa	时间/min	CO_2/果汁	温度/℃	系统	变化	参考文献
橙汁	L^*、a^*、b^*、ΔE	38，72，107	10	0.4~0.8（CO_2/果汁）	—	连续式	L^*升高，a^*降低，b^*没有变化，ΔE随着压强升高而降低	[16]
	L^*、a^*、b^*	7~34	15~180	—	35~60	间歇式	颜色分值高于未处理样品	[15]
	L^*、a^*、b^*、ΔE	600	2.17	—	25	间歇式	没有显著差异	[71]
	L^*、a^*、b^*	13.8，27.6，41.4	5，7，9	2%，7%，12% CO_2	25，35，45	连续式	L^*和b^*升高，a^*降低	[127]
	L^*、a^*、b^*、Hue值、色度	40	10~60	—	55	间歇式	L^*没有变化，a^*降低，b^*升高，Hue值和色度没有变化	[22]
	L^*、a^*、b^*、ΔE、色密度	30	40	—	40	间歇式	L^*、b^*和色密度降低，a^*无显著变化	[17]
	抗坏血酸						显著降低	[17]
血橙汁	L^*、a^*、b^*	23，13	—	0.77，0.385（CO_2/果汁）	—	连续式	L^*、a^*和b^*降低	[19]
	抗坏血酸、花色苷、黄烷酮、总酚						处理压强低时没有变化，处理压强高时降低	[19]
苹果汁	L^*、a^*、b^*	20	20	—	25，35，45，55，65	间歇式	处理温度35℃时L^*升高，处理温度35℃、55℃时a^*和b^*降低	[61]
	褐变指数						降低	[61]
	L^*、a^*、b^*、ΔE	8，15，22，30	60	—	55	间歇式	L^*不显著降低，a^*和b^*保持不变，ΔE随着压强升高而降低	[107]
	褐变指数						降低	[107]
	L^*、a^*、b^*、ΔE	7，13，16	40，80，150	—	35，50，60	间歇式	L^*和a^*降低，b^*有波动	[32]
	多酚	10	10	—	36	间歇式	没有显著变化	Gasperi et al.，2009
	L^*、a^*、b^*、ΔE	15，22	2，3，5，10	—	43，60	连续式	L^*和a^*降低，b^*没有变化，ΔE＜2	[34]
	褐变指数						没有显著变化	[34]

续表

食品种类	颜色参数	压强/MPa	时间/min	CO_2/果汁	温度/℃	系统	变化	参考文献
	ΔE	10，30，60	30	—	45	间歇式	处理2h后ΔE＞10，但仍显著低于热处理样品	[30]
	酚类物质						没有显著变化	[30]
	抗坏血酸						显著降低	[30]
	L^*、a^*、b^*、ΔE	20	60	—	45	间歇式	L^*降低，a^*没有变化，b^*升高，ΔE为0.51	[33]
	总酚						没有显著变化	[33]
	褐变指数	6，12，18	30		20，35，45	间歇式	显著提高	[31]
苹果果酒	感官评价法	6.9~48.3	—	0，7%，14%CO_2	25~45	连续式	没有显著变化	[60]
苹果罐头	L^*、a^*、b^*、ΔE	10	15	—	55	间歇式	没有显著变化	[68]
桃汁	L^*、a^*、b^*、ΔE	30	0.5，10，40，60	—	55	间歇式	L^*、a^*、b^*显著降低，ΔE随处理时间延长增大	[62]
胡萝卜汁	L^*、a^*、b^*、ΔE	10，20，30	15~60	—	25	间歇式	L^*和a^*升高，b^*值没有显著变化，ΔE升高	[5]
	褐变指数						显著降低	[5]
	胡萝卜						没有显著变化	[5]
	L^*、a^*、b^*、ΔE	0.98，2.94，4.90	10	—	5	间歇式	L^*和b^*升高，a^*降低，ΔE随着压强升高而升高	[4]
哈密瓜汁	L^*、a^*、b^*、ΔE	8，15，22，30，35	5，15，30，45，60	—	35，45，55，65	间歇式	ΔE 随着压强升高而降低	[36]
	褐变指数						降低	[36]
	抗坏血酸						没有变化	[36]
椰子汁	感官评价	34.5	6	13%CO_2	25	连续式	在贮藏期间变粉红	[18]
	L^*、a^*、b^*、ΔE	12	30	—	40	间歇式	L^*降低，a^*和b^*升高，ΔE为5.1	[35]
	色密度、Hue值						色密度提高，Hue值降低	[35]

圆叶葡萄汁	花青素、可溶性酚类	27.6，38.3，48.3	—	0，7.5%，15% CO_2	—	间歇式	比热处理样品损失少	[21]
	花青素	34.5	6.25	8%，16%CO_2	—	间歇式	比热处理样品含量高	[20]
	花青素、可溶性酚类	34.5	6.25	8%，16%CO_2	—	间歇式	没有显著变化	[41]
红葡萄柚汁	L^*、a^*、b^*、ΔE	13.8，24.1，34.5	5，7，9	5.7%CO_2	40	连续式	L^*和b^*没有变化，a^*升高	[40]
	色密度、Hue值						Hue值没有显著变化，色密度升高	[40]
	总酚						没有变化	[40]
草莓汁	L^*、a^*、b^*、ΔE	10，30，60	10，20，30	—	35，45，65	间歇式	L^*和b^*降低，a^*升高，ΔE随着贮藏时间增加到1.5左右	[37]
	抗坏血酸、脱氢抗坏血酸						显著降低，其中抗坏血酸在贮藏第4周完全降解	[37]
	花青素						显著降低	[37]
西瓜汁	L^*、a^*、b^*、ΔE	10，20，30	5，15，30，45，60	—	50	间歇式	L^*和b^*升高，a^*降低，ΔE大于3.5	[42，128]
	褐变指数						随着处理压强提高和处理时间延长降低	[42，128]
	番茄红素						降低	
	总酚						没有显著变化	[42，128]
桑葚汁	L^*、a^*、b^*、ΔE	15	10	—	55	间歇式	L^*、a^*、b^*没有显著变化；在贮藏期间ΔE升高，但仍低于2	[66]
	聚合物色度百分比						处理后聚合色比没有显著变化，贮藏期间显著升高	[66]
	褐变指数						显著升高，贮藏期间有波动	[66]
	总酚						显著提高了16%，贮藏期间前14d降低，之后升高	[66]
	总花青素						处理后提高了11%，贮藏期间降低	[66]

续表

食品种类	颜色参数	压强/MPa	时间/min	CO_2/果汁	温度/℃	系统	变化	参考文献
荔枝汁	L^*、a^*、b^*、ΔE	8	2	—	36	间歇式	没有显著变化，ΔE为0.32	[38]
	总酚						没有显著变化	[38]
梨汁	L^*、a^*、b^*、ΔE	30	60	—	40	间歇式	L^*降低，ΔE为1.17	[115]
	褐变指数						降低	[115]
乳清葡萄复合汁	总花青素、花色苷、聚合色素	14，16，18	10	—	35	间歇式	花色苷和聚合色素显著降低，总花青素没有显著变化	[24]
木槿饮料	色密度、Hue值	34.5	6.5	8%	40	连续式	没有显著变化	[2]
	花青素、总酚						花青素降低了3%，总酚没有显著变化	[2]
牛初乳	L^*、a^*、b^*、ΔE	20	15，30，40，60，75	—	37	间歇式	L^*、a^*、b^*和ΔE升高	[59]
鲜切梨	L^*、a^*、b^*	10	10	—	32，40，49，58	间歇式	L^*和b^*降低，a^*升高	[25]
	抗坏血酸						降低	[25]
双孢蘑菇	L^*、褐变指数	0.1，0.3，0.5	3	—	常温	间歇式	L^*提高，褐变指数降低	[119]
	抗坏血酸、总酚						提高贮藏期稳定性	[119]
胡萝卜泡菜	L^*、a^*、b^*	20，25	20，30	—	20	间歇式	L^*、a^*和b^*显著降低	[52]
	β-胡萝卜素						升高	[52]
韩国泡菜	感官评价法	7	1440	—	10	间歇式	没有显著变化	[54]
腊八蒜	L^*、a^*、b^*、ΔE	7，10，13	20，30，40，50，60	—	45，55，65	间歇式	L^*、a^*和b^*显著降低	[117]
	Hue值						显著提高	[117]

冷却猪肉	L^*、a^*、b^*、ΔE	7，14，21	30	—	50	间歇式	L^*不显著提高，a^*降低	[70]
猪肉	L^*、a^*、b^*	7.4，15.2	10	—	31.1	间歇式	L^*和b^*显著提高，a^*降低	[69]
猪肉	L^*、a^*、b^*、ΔE	6，8，12，16	5，10，20，30，56，60	—	25，35，40	间歇式	L^*和b^*显著提高，a^*降低	[120]
牛通脊	L^*、a^*、b^*	7，14，21，28，35	10，20，30，40，50	—	35	间歇式	L^*显著提高，a^*显著降低，b^*没有变化	[121]
	肌红蛋白						显著降低	
干腌火腿	L^*、a^*、b^*、ΔE	12	15，30	—	45，50	间歇式	L^*、a^*、b^*没有显著变化，ΔE>4.4	[56]
菠菜	感官评价法	7.5，10	10，20，40	—	40	间歇式	脱色	[82]
辣椒粉	色价单位ASTS	6~30	10~150	—	60~90	间歇式	下降	[116]
鸡肉、虾	感官评价法	6.18，13.7	120	—	35	间歇式	外层变白	[129]
橙汁、鸡蛋复合物	感官评价法	6.18，13.7	120	—	35	间歇式	颜色变弱	[129]

第四节

HPCD对食品营养的影响与机制

随着人们生活水平的提高，对食品营养的关注不断升温，其中果蔬等植物基食品由于富含对人体有益成分而受到消费者青睐。自由基和活性氧是引起细胞毒性过程的主要原因，会导致蛋白质和DNA氧化损伤、膜脂质氧化、酶抑制和基因突变等。而果蔬食品是酚类物质、抗坏血酸、花色苷、胡萝卜素等具有生物活性的植物化学成分的优质来源，其主要功能与清除自由基和活性氧等有关[130]。热加工技术为了保证灭菌和钝酶的要求，过高的处理温度会造成上述植物基食品中的活性成分损失，HPCD作为非热加工技术不仅处理温度低，且CO_2能置换样品中的溶解氧，能较好地保留食品中的活性成分。目前，关于HPCD对食品营养影响的研究主要集中在对果蔬食品活性成分及功能的影响。

一、HPCD对果蔬食品活性成分的影响

果蔬食品富含酚类、抗坏血酸、花色苷等活性成分，但容易受到果蔬内源酶或氧气的作用，发生氧化及降解，导致其营养价值降低。HPCD对果蔬内源酶具有较好的钝化作用，且CO_2可以置换样品中的溶解氧，减少了易氧化物质的氧化降解。上述活性成分不仅直接影响果蔬食品的营养功能，且对食品风味、颜色和质构等品质的形成也十分重要。与品质变化相关的营养物质见表7-1~表7-5，本部分对上述结果不再重复列出。

酚类物质是果蔬食品主要的活性成分之一，由一系列次生代谢产物构成，具有提高血管抗氧化能力，阻止血小板聚集，预防心血管疾病、癌症和中风等功能。酚类包含了大约8000种天然存在的化合物，主要包括黄酮类、异黄酮类、黄烷酮类、黄酮醇类和花色苷等[108]。大多数研究表明，HPCD处理对酚类物质具有保护作用，HPCD处理后总酚含量没有显著变化甚至显著提高。例如，HPCD处理后红葡萄柚汁和木槿饮料中酚类物质没有显著变化，并且在4℃贮藏5~6周后均无显著变化[2，40]。桃汁经HPCD（30MPa、55℃、0.5~60min）处理后其主要酚类物质包括新绿原酸、儿茶素、绿原酸和阿魏酸没有显著变化[62]。荔枝汁经HPCD（8MPa、36℃、2min）处理后咖啡酸、表儿茶素、4-甲基邻苯二酚、芦丁等酚类物质没有显著变化[38]。葡萄汁经HPCD（34.5MPa、8%~16%CO_2、6.25min）处理后花

色苷含量没有显著变化，而热处理（75℃、15s）后其花色苷含量降低了22%[20]。其他大量研究也表明，HPCD对苹果汁、葡萄汁、西瓜汁、乳清葡萄复合汁等果蔬汁中的酚类物质没有显著影响[20, 23, 24, 33, 42, 128]。还有研究报道，由于HPCD的提取效应，HPCD处理后果蔬食品的酚类物质含量显著提高。例如，桑椹汁中的总酚和花青素含量经HPCD（15MPa、55℃、10min）处理后分别提高了16%和11%[66]。当HPCD（12MPa、22~40℃、15min）处理温度为22℃时鲜切胡萝卜中的总酚和黄酮含量没有显著变化，当处理温度提高到40℃时总酚含量没有显著变化，黄酮含量显著升高[13]。

酚类物质在有氧和无氧条件下都会发生降解[37, 131]，热处理过程中酚类物质会和糖类、有机酸等物质的降解产物糠醛和其他碳基化合物等形成缩合产物，导致酚类物质含量显著降低[20]。HPCD处理过程中氧气的排出不足以完全抑制酚类物质的降解，另外HPCD处理不能完全钝化内源酶[21]，因此也有研究报道HPCD处理会降低果蔬汁中的酚类物质，但其含量仍高于热处理样品。木槿饮料经HPCD（34.5MPa、40℃、8% CO_2、6.5min）处理后花青素含量下降了9%，而对照和热处理（75℃、15s）样品则分别损失了11%和14%[2]。血橙汁中的花色苷、黄烷酮、总酚等酚类物质经HPCD（13~23MPa、0.385~0.77 CO_2/果汁）处理后表现出了相同的变化趋势，即13MPa HPCD处理后橙汁中的酚类物质没有显著变化，23MPa HPCD处理后分别降低了8%、7%和11%[19]。苹果汁中的主要酚类物质有黄酮醇类、二氢查尔酮类和酚酸类，经HPCD（10~60MPa、45℃、30min）处理后除了对香豆素酸外所有酚类物质及总酚含量均显著降低，同时提高处理压强会促进酚类物质降解[30]。葡萄汁经HPCD（27.6~48.3MPa、30℃、0~15% CO_2、6.25min）处理后总酚和花色苷含量分别降低了20%~40%和15%~35%[21]；红甜菜汁经HPCD（10~60MPa、31~55℃、10~30min）处理后总酚含量最高可降低30%[64]。草莓汁经HPCD（10~60MPa、35~45℃、10~30min）处理后总花青素含量最高仅降低了3%左右，但在6℃贮藏过程中迅速降解，到第12周后仅为初始值的10%左右，可能是由于HPCD不能完全钝化PPO和POD导致[37]。

抗坏血酸是典型的热敏性物质，非常容易发生有氧降解和无氧降解，有氧降解的速率要比无氧降解快[132]。HPCD处理过程中CO_2置换样品中的溶解氧，使样品pH降低，而抗坏血酸在酸性环境下更稳定[17]。因此大量研究表明虽然HPCD处理会降低样品中抗坏血酸含量，但能较好地提高其在贮藏期内的稳定性。哈密瓜汁经HPCD（35MPa、55℃、60min）处理后抗坏血酸含量降低了13%，要显著低于热处理（90℃、60s）的损失量（51%）[46]。如图7-25所示，HPCD（35MPa、55℃、60min）处理后哈密瓜汁中的抗坏血酸在贮藏期内的稳定性要显著高于未处理样品，在4℃贮藏4周后HPCD处理样品的抗坏血酸含量是未处理样品的6.4倍[36]。

Boff等[71]报道了超高压结合CO_2（600MPa、25℃、130s）处理后橙汁中的抗坏血酸含量要显著高于超高压（600MPa、25℃、346s）和热处理（91℃、30s）样品，尤其在4℃贮藏28d后超高压结合CO_2处理对抗坏血酸的保护作用更显著。Niu等[22]也报道了橙汁经HPCD（40MPa、55℃、10~60min）处理后抗坏血酸含量降低了1%~9%，并且随着处理时间延长逐渐降低，但总体上高于热处理（90℃、60s）样品。血橙汁经HPCD（13~23MPa、0.385~0.77 CO_2/果汁）处理后，当处理压强为13MPa时血橙汁中的抗坏血酸没有显著变化，当处理压强提高到23MPa后抗坏血酸含量降低了6%[19]。抗坏血酸的降解还与其来源有关，草莓汁中的抗坏血酸降解非常快，HPCD（10~60MPa、35~65℃、10~30min）处理后草莓汁中的抗坏血酸降解了30%~33%，贮藏4周后抗坏血酸仅剩8.5%[37]。HPCD处理对鲜切果蔬质构有破坏作用，因此研究发现固体食品经HPCD处理后抗坏血酸会随汁液流失，但由于其酸性环境会使贮藏期内抗坏血酸稳定性提高。鲜切哈密瓜经HPCD（2.5~4.5MPa、室温、8min）处理后抗坏血酸含量降低了22.52%~61.50%，但4℃贮藏期内抗坏血酸的降低量要低于未处理组[27]。双孢蘑菇经HPCD（0.1~0.5MPa、室温、3min）处理后抗坏血酸在4℃贮藏过程中呈下降趋势，但HPCD处理明显抑制了其含量的降低速率，贮藏8d后抗坏血酸含量比对照样品高11%~18%[86]。鲜切苦瓜经HPCD（3~6MPa、25℃、10min）处理后抗坏血酸的损失率达到85%左右[28]。鲜切梨经HPCD（10MPa、32~58℃、10min）处理后抗坏血酸含量也显著降低[25]。但也有研究报道苹果罐头经HPCD（10MPa、55℃、15min）处理后抗坏血酸没有显著变化，并且在25℃贮藏期间较稳定，可能是由于本实验测定的是苹果片和糖液中的抗坏血酸含量[68]。也有研究报道，HPCD对果蔬食品中抗坏血酸含量没有影响。苹果汁经HPCD（10MPa、36℃、10min）处理后抗坏血酸没有显著变化[23]；葡萄汁经HPCD（34.5MPa、8%~16%CO_2、6.25min）处理后抗坏血酸没有显著变化[41]。

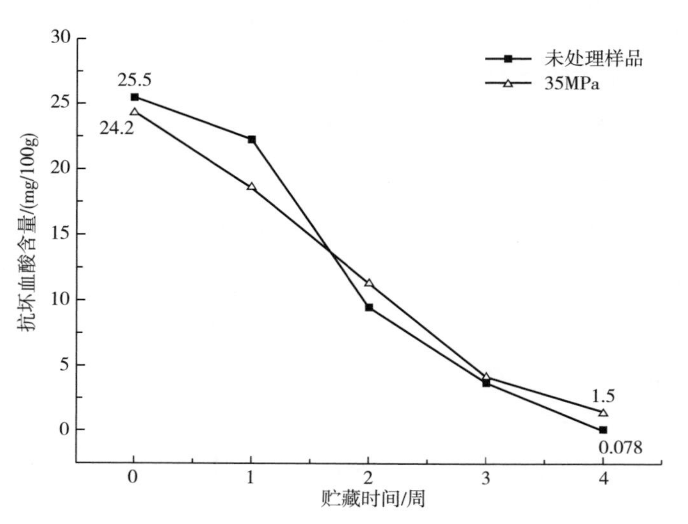

图7-25 哈密瓜汁经HPCD处理后4℃贮藏过程中对抗坏血酸含量的影响[36]

除上述活性物质外，研究者还开展了HPCD处理对果蔬食品中番茄红素、叶绿素、β-胡萝卜素、维生素等活性成分影响的研究。研究报道，HPCD对果蔬食品中的β-胡萝卜素没有显著影响，甚至提高了其含量。哈密瓜经HPCD（35MPa、55℃、60min）处理后β-胡萝卜素没有显著变化，而热处理（90℃、60s）则导致其损失了57.87%[46]。鲜切胡萝卜经HPCD（12MPa、22~40℃、15min）处理后番茄红素和β-胡萝卜素没有显著变化，且在4℃贮藏过程中较稳定[13]。胡萝卜泡菜经HPCD（10~25MPa、22℃、10~30min）处理后β-胡萝卜素最高升高了84%[52]。西瓜汁经HPCD（10~30MPa、50℃、5~60min）处理后番茄红素含量略有下降，而热处理组则没有显著变化，主要是由于HPCD处理对番茄红素具有溶解和萃取作用[42，128]。未处理椰子水中有维生素B_1、维生素B_2和维生素B_5三种水溶性维生素，经HPCD（12MPa、40℃、30min）处理后维生素B_1和维生素B_5没有显著变化，而维生素B_2降低了6%[35]。鲜切苦瓜经HPCD（3~6MPa、25℃、10min）处理后叶绿素含量最高可损失70%[28]。

二、HPCD 对果蔬食品抗氧化活性的影响

目前评价抗氧化能力的方法很多，基于的原理也不尽相同，但没有一种抗氧化方法能够代替其他所有的方法全面而正确地评价某种复杂体系的抗氧化能力，常用的方法有FRAP法、DPPH法和ORAC法。果蔬汁的抗氧化活性主要由酚类物质贡献，由于HPCD处理对酚类物质的保护作用，多数研究发现HPCD处理后果蔬汁的抗氧化活性没有显著变化，有些研究还发现了抗氧化活性升高的情况。血橙汁经HPCD（13~23MPa、0.385~0.77 CO_2/果汁）处理后抗氧化活性（ORAC法）没有显著变化，而热处理（88~91℃、30s）后其抗氧化活性降低了5%~11%[19]。葡萄汁经HPCD（34.5MPa、8%~16%CO_2、6.25min）处理后抗氧化活性（ORAC法）没有显著变化，而热处理（75℃、15s）后其抗氧化活性降低了18%[20]。红葡萄柚汁经HPCD（13.8~34.5MPa、40℃、5.7% CO_2、5~9min）处理后抗氧化活性（ORAC法）没有显著变化，虽然在4℃贮藏1周后抗氧化活性降低了10%左右，但与未处理样品仍没有显著差异[40]。其他研究也报道，乳清葡萄复合汁经HPCD（14~18MPa、35℃、10min）处理后抗氧化活性（DPPH法）没有显著变化[24]；木槿饮料经HPCD（65MPa、55℃、30min）处理后抗氧化活性（ORAC法）没有显著变化[2]；野樱膳食饮料经HPCD处理（34.5MPa、40℃、8% CO_2、6.5min）后抗氧化活性（ABTS法、ORAC法、DPPH法）没有显著变化[67]；苹果汁经HPCD（20MPa、45℃、60min）处理后抗氧化能力（ABTS法）没有显著变化[33]。如图7-26所示，采用FRAP法和DPPH法分析发现，桃汁经HPCD

（30MPa、55℃、0.5~60min）处理后抗氧化活性显著增加[62]。Zou等也报道，桑椹汁经HPCD（15MPa、55℃、10min）处理后抗氧化活性显著升高，采用相关性分析发现抗氧化活性变化与总酚含量密切相关[66]。另外，研究报道固体食品如鲜切胡萝卜片经HPCD（12MPa、22~40℃、15min）处理后抗氧化活性（ABTS法、DPPH法）没有显著变化，且在4℃贮藏过程中较稳定[13]。也有少数研究报道HPCD处理会降低果蔬汁的抗氧化活性。例如，葡萄汁经HPCD（27.6~48.3MPa、30℃、0~15% CO_2、6.25min）处理后抗氧化活性降低了20%~42%，并且在4℃下贮藏过程中由于PPO残留酶活力的作用导致抗氧化活性显著降低[21]。

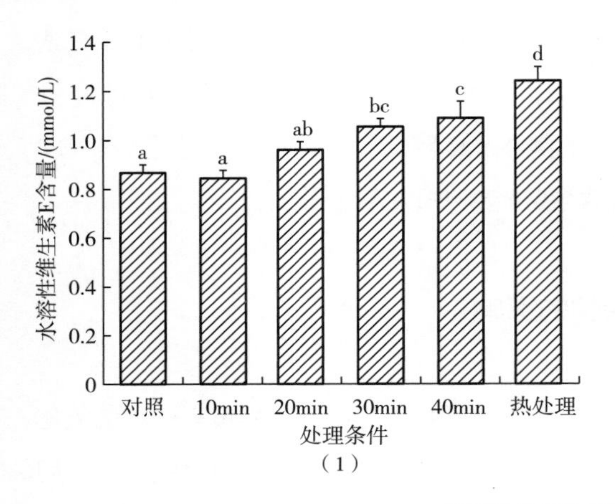

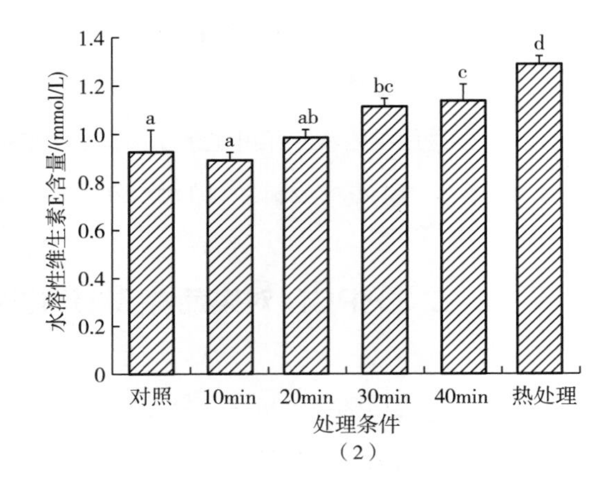

不同字母表示有显著差异。

图7-26 HPCD（55℃、30MPa）和热处理（90℃、1min）对桃汁DPPH清除能力（1）和铁还原能力（2）的影响[62]

HPCD导致食品尤其是果蔬食品营养物质及功能变化的途径同样主要包括酶促反应、化学反应和物理反应。①酶促反应：果蔬食品的内源酶如PPO、POD等很难被HPCD完全钝化，贮藏期间会催化酚类物质发生酶促反应，使酚类物质含量及抗氧化能力降低。花色苷还会被残存的内源酶如β-葡萄糖苷酶（β-glucosidase，β-GLC）直接水解糖苷键生成花色素，进而转化成无色的查尔酮，而PPO和POD的酶促褐变产物也会间接作用于花色苷，产生棕褐色聚合物，导致花色苷降低[133]。②化学反应：HPCD处理中CO_2会置换样品中的溶解氧，减少了处理过程中活性物质的氧化降解，另外贮藏过程中花色苷、抗坏血酸等活性性成分在酸性环境中更稳定[17]。③物理反应：HPCD对番茄红素、叶绿素等活性成分具有提取作用，从而提高了食品中活性成分含量及抗氧化能力[66]。

表7-6 HPCD处理对果蔬食品中活性物质的影响

食品种类	指标	压强/MPa	时间/min	CO_2/样品	温度/℃	系统	变化	参考文献
橙汁	抗坏血酸	600	2.17	—	25	间歇式	显著低于超高压处理	[71]
哈密瓜汁	β-胡萝卜素	35	60	—	55	间歇式	没有显著变化	[46]

续表

食品种类	指标	压强/MPa	时间/min	CO_2/样品	温度/℃	系统	变化	参考文献
椰子水	水溶性维生素	12	30	—	40	间歇式	维生素B_1、维生素B_5没有显著变化，维生素B_2降低	[35]
红葡萄柚汁	抗坏血酸	13.8，24.1，34.5	5，7，9	5.7%CO_2	40	连续式	没有显著变化	[20]
鲜切苦瓜	抗坏血酸、叶绿素	3，6	10	—	25	间歇式	显著降低	[28]
鲜切哈密瓜	抗坏血酸	2.5，3.5，4.5	8	—	室温	间歇式	显著降低	[27]
鲜切胡萝卜	番茄红素、β-胡萝卜素	12	15	—	22，40	间歇式	没有显著变化	[13]

表7-7　　HPCD处理对果蔬食品抗氧化活性的影响

食品种类	测定方法	压强/MPa	时间/min	CO_2/样品	温度/℃	系统	变化	参考文献
红葡萄柚汁	ORAC法	13.8，24.1，34.5	5，7，9	5.7%CO_2	40	连续式	没有显著变化	[40]
葡萄汁	ORAC法	34.5	6.25	8%，16%CO_2	—	间歇式	与未处理样品相比没有显著变化，显著高于热处理样品	[41]
葡萄汁	ORAC法	27.6，38.3，48.3	6.25	0~15%CO_2	30	间歇式	降低	[21]
血橙汁	ORAC法	23，13	—	0.77，0.385（CO_2/果汁）	—	连续式		[19]
桃汁	FRAP法、DPPH法	30	0.5，10，40，60	—	55	间歇式	显著升高	[62]
乳清葡萄复合汁	DPPH法	14，16，18	10	—	35	间歇式	没有显著变化	[24]
苹果汁	ABTS法	20	60	—	45	间歇式	没有显著变化	[33]
桑椹汁	FRAP法、DPPH法	15	10	—	55	间歇式	显著升高	[66]
木槿饮料	ORAC法	34.5	6.5	8%	40	连续式	没有显著变化	[2]
野樱膳食饮料	ABTS法、ORAC法、DPPH法	65	30	—	55	间歇式	没有显著变化	[67]
鲜切胡萝卜	ABTS法、DPPH法	12	15	—	22，40	间歇式	没有显著变化	[13]

综上所述，HPCD作为一种非热杀菌技术，在保持果蔬汁、鲜切果蔬、乳制品、肉制品等食品的风味、质构、颜色和营养方面具有一定的优势。HPCD对食品风味、质构、颜色和营养的影响机制归纳为酶促反应、化学反应和物理反应三个方面，具体机制如图7-27所示。酶促反应主要是由于HPCD处理后残存的食品酶在贮藏过程中对食品品质造成一定影响；化学反应主要是由于HPCD处理过程中CO_2在样品中溶解和解离，导致pH降低，进而使食品中蛋白质、色素等物质发生变化；物理反应主要是由于HPCD在处理和卸压过程中产生的提取作用和均质作用，对食品成分和组织具有一定的影响。

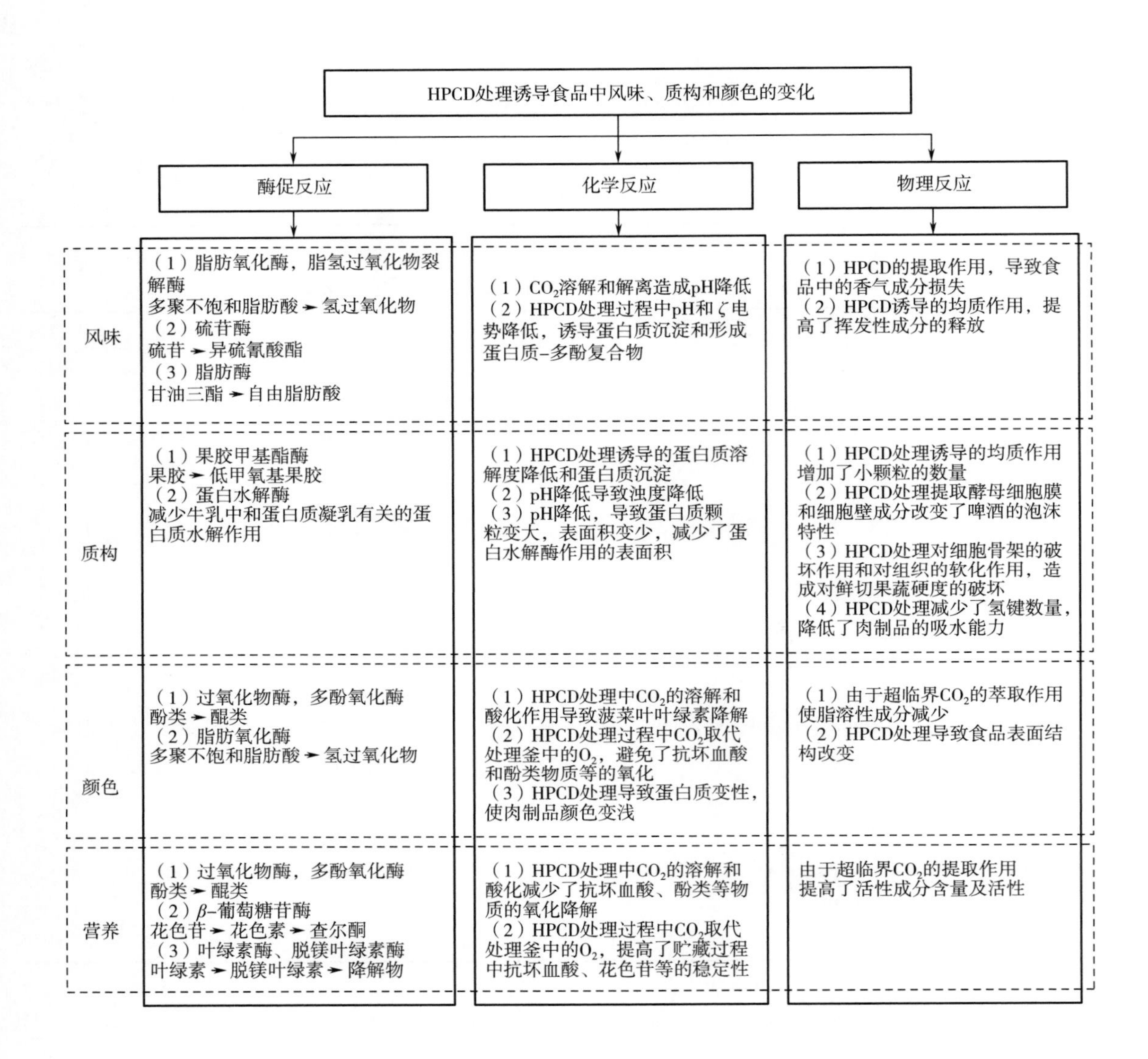

▼ 图7-27 HPCD处理对食品风味、质构、颜色和营养影响的推测机制

参考文献

[1] Oey I, van der Plancken I, van Loey A, et al. Does high pressure processing influence nutritional aspects of plant based food systems? [J]. Trends in Food Science & Technology, 2008, 19 (6): 300-308.

[2] Ramirez-Rodrigues M M, Plaza M L, Azeredo A, et al. Phytochemical, sensory attributes and aroma stability of dense phase carbon dioxide processed Hibiscus sabdariffa beverage during storage [J]. Food Chemistry, 2012, 134 (3): 1425-1431.

[3] Damar S, Balaban M O. Review of dense phase CO_2 technology: microbial and enzyme inactivation, and effects on food quality [J]. Journal of Food Science, 2006, 71 (1): R1-R11.

[4] Park S J, Lee J I, Park J. Effect of a combined process of high pressure carbon dioxide and high hydrostatic pressure on the quality of carrot juice [J]. Journal of Food Science, 2002, 67 (5): 8.

[5] Zhou L, Wang Y, Hu X, et al. Effect of high pressure carbon dioxide on the quality of carrot juice [J]. Innovative Food Science & Emerging Technologies, 2009, 10 (3): 321-327.

[6] Zhou L, Zhang Y, Leng X, et al. Acceleration of precipitation formation in peach juice induced by high-pressure carbon dioxide [J]. Journal of Agricultural and Food Chemistry, 2010, 58 (17): 9605-9610.

[7] Spilimbergo S, Bertucco A. Non-thermal bacterial inactivation with dense CO_2 [J]. Biotechnol Bioeng, 2003, 84 (6): 627-638.

[8] 龙婉蓉. 高压二氧化碳预处理对樱桃番茄干燥特性及品质的影响 [D]. 北京：中国农业大学，2011.

[9] 郭蕴涵，汪政富，赵翠萍，等. 高压二氧化碳浸渍速冻胡萝卜片工艺及产品品质的研究 [J]. 食品工业科技，2012 (16): 6.

[10] Xu Z, Wu J, Zhang Y, et al. Extraction of anthocyanins from red cabbage using high pressure CO_2 [J]. Bioresource Technology, 2010, 101 (18): 7162-7168.

[11] 夏延斌. 食品风味化学 [M]. 北京：化学工业出版社，2008.

[12] Hofland G W, Es M V, Wielen L a M V D, et al. Isoelectric precipitation of casein using highpressure CO_2 [J]. Industrial & Engineering Chemistry Research, 1999, 38: 9.

[13] Spilimbergo S, Komes D, Vojvodic A, et al. High pressure carbon dioxide pasteurization of fresh-cut carrot [J]. The Journal of Supercritical Fluids, 2013, 79: 92-100.

[14] Garcia-Gonzalez L, Geeraerd A H, Elst K, et al. Inactivation of naturally occurring microorganisms in liquid whole egg using high pressure carbon dioxide processing as an alternative to heat pasteurization [J]. The Journal of Supercritical Fluids, 2009, 51 (1): 74-82.

[15] Arreola A G, Balaban M O, Marshall M R, et al. Supercritical carbon dioxide effects on some quality attributes of single strength orange juice [J]. Journal of Food Science, 1991, 56 (4): 1030-1033.

[16] Kincal D, Hill W S, Balaban M, et al. A continuous high-pressure carbon dioxide system for cloud and quality retention in orange juice [J]. Journal of Food Science, 2006, 71 (6): C338-C344.

[17] Briongos H, Illera A E, Sanz M T, et al. Effect of high pressure carbon dioxide processing on pectin methylesterase activity and other orange juice properties [J]. LWT, 2016, 74: 411-419.

[18] Damar S, Balaban M O, Sims C A. Continuous dense-phase CO_2 processing of a coconut water beverage [J]. International Journal of Food Science & Technology, 2009, 44 (4): 666-673.

[19] Fabroni S, Amenta M, Timpanaro N, et al. Supercritical carbon dioxide-treated blood orange juice as a new product in the fresh fruit juice market [J]. Innovative Food Science & Emerging Technologies, 2010, 11 (3): 477-484.

[20] Pozo-Insfran D D, Balaban M O, Talcott S T. Microbial stability, phytochemical retention, and organoleptic attributes of dense phase CO_2 processed muscadine grape juice [J]. Journal of Agricultural and Food Chemistry, 2006, 54 (15): 5468-5473.

[21] Pozo-Insfran D D, Balaban M O, Talcott S T. Inactivation of polyphenol oxidase in muscadine grape juice by dense phase-CO_2 processing [J]. Food Research International, 2007, 40 (7): 894-899.

[22] Niu L, Hu X, Wu J, et al. Effect of dense phase carbon dioxide process on physicochemical properties and flavor compounds of orange juice [J]. Journal of Food Processing and Preservation, 2010, 34: 530-548.

[23] Gasperi F, Aprea E, Biasioli F, et al. Effects of supercritical CO_2 and N_2O pasteurisation on the quality of fresh apple juice [J]. Food Chemistry, 2009, 115 (1): 129-136.

[24] Amaral G V, Silva E K, Cavalcanti R N, et al. Whey-grape juice drink processed by supercritical carbon dioxide technology: physicochemical characteristics, bioactive compounds and volatile profile [J]. Food Chemistry, 2018, 239: 697-703.

[25] Valverde M T, Marín-Iniesta F, Calvo L. Inactivation of *Saccharomyces cerevisiae* in conference pear with high pressure carbon dioxide and effects on pear quality [J]. Journal of Food Engineering, 2010, 98 (4): 421-428.

[26] 李思越. 高密度二氧化碳技术对鲜榨梨汁主要品质影响的研究 [D]. 武汉: 华

中农业大学，2011.

[27] 侯志强，黄绪颖，王永涛，等. 高压二氧化碳处理对鲜切哈密瓜微生物与品质的影响 [J] . 食品科学，2018，39 (7): 7.

[28] 孙新，赵晓燕，马越，等. 高密度二氧化碳处理对鲜切苦瓜品质的影响 [J] . 食品工业科技，2016 (19): 5.

[29] Bae Y Y，Lee H J，Kim S A，et al. Inactivation of *Alicyclobacillus* acidoterrestris spores in apple juice by supercritical carbon dioxide [J] . International Journal of Food Microbiology，2009，136 (1): 95-100.

[30] Marszałek K，Woźniak Ł，Barba F J，et al. Enzymatic，physicochemical，nutritional and phytochemical profile changes of apple (*Golden delicious* L.) juice under supercritical carbon dioxide and long-term cold storage [J] . Food Chemistry，2018，268: 279-286.

[31] Manzocco L，Plazzotta S，Spilimbergo S，et al. Impact of high-pressure carbon dioxide on polyphenoloxidase activity and stability of fresh apple juice [J] . LWT- Food Science and Technology，2017，85: 363-371.

[32] Ferrentino G，Bruno M，Ferrari G，et al. Microbial inactivation and shelf life of apple juice treated with high pressure carbon dioxide [J] . Journal of Biological Engineering，2009，3: 3.

[33] Illera A E，Sanz M T，Beltrán S，et al. Evaluation of HPCD batch treatments on enzyme inactivation kinetics and selected quality characteristics of cloudy juice from *Golden delicious* apples [J] . Journal of Food Engineering，2018，221.

[34] Xu Z，Zhang L，Wang Y，et al. Effects of high pressure CO_2 treatments on microflora，enzymes and some quality attributes of apple juice [J] . Journal of Food Engineering，2011，104 (4): 577-584.

[35] Cappelletti M，Ferrentino G，Endrizzi I，et al. High pressure carbon dioxide pasteurization of coconut water: a sport drink with high nutritional and sensory quality [J] . Journal of Food Engineering，2015，145: 73-81.

[36] Chen J L，Zhang J，Song L，et al. Changes in microorganism，enzyme，aroma of hami melon (*Cucumis melo* L.) juice treated with dense phase carbon dioxide and stored at 4℃ [J] . Innovative Food Science & Emerging Technologies，2010，11 (4): 623-629.

[37] Marszałek K，Skąpska S，Woźniak Ł，et al. Application of supercritical carbon dioxide for the preservation of strawberry juice: microbial and physicochemical quality，enzymatic activity and the degradation kinetics of anthocyanins during storage [J] . Innovative Food Science & Emerging Technologies，2015，32: 101-109.

[38] Guo M，Wu J，Xu Y，et al. Effects on microbial inactivation and quality attributes in frozen lychee juice treated by supercritical carbon dioxide [J] . European Food Research and Technology，2011，232 (5): 803-811.

[39] Noble A C. Astringency and bitterness of flavonoid phenols [J] . Acs

National Meeting Book of Abstracts，2002，825：192-201.

[40] Ferrentino G，Plaza M L，Ramirez-Rodrigues M，et al. Effects of dense phase carbon dioxide pasteurization on the physical and quality attributes of a red grapefruit juice [J]. Journal of Food Science，2009，74 (6)：E333-41.

[41] Pozo-Insfran D D，Balaban M O，Talcott S T. Enhancing the retention of phytochemicals and organoleptic attributes in muscadine grape juice through a combined approach between dense phase CO_2 processing and copigmentation [J]. Journal of Agricultural and Food Chemistry，2006，54 (18)：6705-12.

[42] Liu Y，Hu X，Zhao X，et al. Combined effect of high pressure carbon dioxide and mild heat treatment on overall quality parameters of watermelon juice [J]. Innovative Food Science & Emerging Technologies，2012，13：112-119.

[43] Kaislikerrola. Literature review：isolation of essential oils and flavor compounds by dense carbon dioxide [J]. Food Reviews International，1995，11 (4)：547-573.

[44] 刘野，赵晓燕，邹磊，等. 高压二氧化碳对鲜榨西瓜汁杀菌效果和风味的影响 [J]. 食品科学，2012，33 (3)：7.

[45] Plaza M L，Marshall M R，Rouseff R L. Volatile composition and aroma activity of guava puree before and after thermal and dense phase carbon dioxide treatments [J]. Journal of Food Scicnce，2015，80 (2)：C218-27.

[46] Chen J，Zhang J，Feng Z，et al. Influence of thermal and dense-phase carbon dioxide pasteurization on physicochemical properties and flavor compounds in hami melon juice.pdf> [J]. Journal of Agricultural and Food Chemistry，2009，57：4.

[47] Dagan G F，Balaban M O. Pasteurization of beer by a continuous dense-phase CO_2 System [J]. Journal of Food Science，2006，71 (3)：164-169.

[48] Dagan G F，Balaban M O. Pasteurization of beer by a continuous [J]. Journal of Food Science，2006，71 (3)：6.

[49] Dagan G F，Balaban M O. Pasteurization of beer by continuous dense-phase CO_2 system [J]. Journal of Food Science，2006，71 (3)：E164-E169.

[50] Damar S，Balaban M O，Sims C A. Continuous dense-phase CO_2 processing of a coconut water beverage [J].International Journal of Food Science & Technology 2009，44 (4)：666-673.

[51] Kincal D，Hill W S，Balaban M O，et al. A continuous high-pressure carbon dioxide system for cloud and quality retention in orange juice [J]. Journal of Food Science，2006，71 (6)：C338-C344.

[52] 孙新. 高压二氧化碳处理对胡萝卜泡菜品质的影响 [D]. 辽宁沈阳：沈阳农业大学，2017.

[53] Tao D，Zhou B，Zhang L，et al. Kinetics of “Laba” garlic greening and

its physiochemical properties treated by dense phase carbon dioxide [J] . LWT-Food Science and Technology，2015，64 (2): 775-780.

[54] Hong S-I，Park W-S. High pressure carbon dioxide effect on kimchi fermentation [J] . Bioscience，Biotechnology，and Biochemistry，1999，63 (6): 1119-1121.

[55] Meujo D A，Kevin D A，Peng J，et al. Reducing oyster-associated bacteria levels using supercritical fluid CO_2 as an agent of warm pasteurization [J]. International Journal of Food Microbiology，2010，138 (1-2): 63-70.

[56] Ferrentino G，Balzan S，Spilimbergo S. Supercritical carbon dioxide processing of dry cured ham Spiked with *Listeria monocytogenes*: inactivation kinetics，color，and sensory evaluations [J] . Food and Bioprocess Technology，2013，6 (5): 1164-1174.

[57] Casey R，Domoney C，Forster C，et al. The significance of plant lipoxygenases to the agrifood industry [J] . Special Publication- royal Society of Chemistry，1996.

[58] Yang Y，Liao X，Hu X，et al. The contribution of high pressure carbon dioxide in the inactivation kinetics and structural alteration of myrosinase [J] . International Journal of Food Science & Technology，2011，46 (8): 1545 - 1553.

[59] 廖红梅，周林燕，廖小军，等. 高密度二氧化碳对牛初乳的杀菌效果及对理化性质影响 [J] . 农业工程学报，2009，25 (4): 5.

[60] Gunes G，Blum L K，Hotchkiss J H. Inactivation of *Escherichia coli* (ATCC 4157) in diluted apple cider by dense-phase carbon dioxide [J] . Journal of Food Protection，2006，69 (1): 12-16.

[61] Niu S，Xu Z，Fang Y，et al. Comparative study on cloudy apple juice qualities from apple slices treated by high pressure carbon dioxide and mild heat [J]. Innovative Food Science & Emerging Technologies，2010，11 (1): 91-97.

[62] 周林燕，王永涛，刘凤霞，等. 高压CO_2处理保持非还原桃汁的品质 [J] . 农业工程学报，2013，29 (23): 6.

[63] 李文辉，牛爽，童军茂，等. 高压CO_2对树莓汁品质的影响 [J] . 食品工业科技，2010 (4): 4.

[64] Marszałek K，Krzyżanowska J，Woźniak Ł，et al. Kinetic modelling of polyphenol oxidase，peroxidase，pectin esterase，polygalacturonase，degradation of the main pigments and polyphenols in beetroot juice during high pressure carbon dioxide treatment [J] . LWT- Food Science and Technology，2017，85: 412-417.

[65] 汪少华. HPCD处理对香蕉果肉多酚氧化酶及香蕉汁品质的影响 [D] . 湖南长沙：中南林业科技大学，2013.

[66] Zou H，Lin T，Bi X，et al. Comparison of high hydrostatic pressure，high-pressure carbon dioxide and high-temperature short-time processing on quality of mulberry juice [J] . Food and Bioprocess Technology，2016，9 (2): 217-231.

[67] Skąpska S，Marszałek K，Woźniak Ł，et al. Aronia dietary drinks fortified with selected herbal extracts preserved by thermal pasteurization and high pressure carbon dioxide [J]. LWT- Food Science and Technology，2017，85: 423-426.

[68] Ferrentino G，Spilimbergo S. Non-thermal pasteurization of apples in syrup with dense phase carbon dioxide [J]. Journal of Food Engineering，2017，207: 18-23.

[69] Choi Y M，Ryu Y C，Lee S H，et al. Effects of supercritical carbon dioxide treatment for sterilization purpose on meat quality of porcine longissimus dorsi muscle [J]. LWT- Food Science and Technology，2008，41 (2): 317-322.

[70] 闫文杰，崔建云，戴瑞彤，等. 高密度二氧化碳处理对冷却猪肉品质及理化性质的影响 [J]. 农业工程学报，2010，26 (7): 5.

[71] Boff J M，Truong T T，Min D B，et al. Effect of thermal processing and carbon dioxide assisted high pressure processing on pme and chemical chagnges in orange juice [J]. Journal of Food Science，2003，68 (4): 5.

[72] Gunes G，Blum L K，Hotchkiss J H. Inactivation of yeasts in grape juice using a continuous dense phase carbon dioxide processing system [J]. Journal of the Science of Food and Agriculture，2005，85 (14): 2362-2368.

[73] 张静. 超临界CO_2技术对哈密瓜汁风味及品质影响的研究 [D]. 新疆石河子: 石河子大学，2009.

[74] Barrett D M，Beaulieu J C，Shewfelt R. Color，flavor，texture，and nutritional quality of fresh-cut fruits and vegetables: desirable levels，instrumental and sensory measurement，and the effects of processing [J]. Critical Reviews in Food Science & Nutrition，2010，50 (5): 369-389.

[75] Zhou L，Bi X，Xu Z，et al. Effects of high-pressure CO_2 processing on flavor，texture，and color of foods [J]. Critical Reviews in Food Science and Nutrition，2015，55 (6): 750-68.

[76] Zhao F，Zhou L，Wang Y，et al. Role of peach proteins in juice precipitation induced by high pressure CO_2 [J]. Food Chemistry，2016，209: 81-89.

[77] Roeck D A，Sila D N，Duvetter T，et al. Effect of high pressure/high temperature processing on cell wall pectic substances in relation to firmness of carrot tissue [J]. Food Chemistry，2008，107 (3): 1225-1235.

[78] Illera A E，Sanz M T，Trigueros E，et al. Effect of high pressure carbon dioxide on tomato juice: inactivation kinetics of pectin methylesterase and polygalacturonase and determination of other quality parameters [J]. Journal of Food Engineering，2018，239: 64-71.

[79] Huang J Q，Fang T，Chen J Q. Sterilization process and rheological properties of canned abalone with sauce [J]. Food Science，2011，4 (2): 147-152.

[80] 周林燕. 高压CO_2加速NFC桃汁沉淀的机制研究 [D] . 北京：中国农业大学，2012.

[81] Harker F R，Gunson F A，Jaeger S R. The case for fruit quality：an interpretive review of consumer attitudes，and preferences for apples [J] . Postharvest Biology & Technology，2003，28 (3)：333-347.

[82] Zhong Q，Black D G，Davidson P M，et al. Nonthermal inactivation of *Escherichia coli* K-12 on spinach leaves，using dense phase carbon dioxide [J] . Journal of Food Protection，2008，71 (5)：1015.

[83] Bi X，Wu J，Zhang Y，et al. High pressure carbon dioxide treatment for fresh-cut carrot slices [J] . Innovative Food Science & Emerging Technologies，2011，12 (3)：298-304.

[84] Hudson J，Buescher R. Relationship between degree of pectin methylation and tissue firmness of cucumber pickles [J] . Journal of Food Science，1986，51 (1)：138-140.

[85] 李静，李顺峰，田广瑞，等. 高压二氧化碳保鲜双孢蘑菇的工艺优化 [J] . 食品工业科技，2016 (7)：6.

[86] 李静，李顺峰，田广瑞，等. 高压二氧化碳处理对双孢蘑菇贮藏品质的影响 [J] . 食品与机械，2016，32 (2)：5.

[87] Tisi D. Effect of dense phase carbon dioxide on enzyme activity and casein proteins in raw milk [D] .Ithaca，New York State：Cornell University，2004.

[88] Tomasula P M，Craig J C，Boswell R T. A continuous process for casein production using high-pressure carbon dioxide [J] . Journal of Food Engineering，1997，33 (3 - 4)：405-419.

[89] Tomasula P M，Jr C J，Boswell R T，et al. Preparation of casein using carbon dioxide [J] . Journal of Dairy Science，1995，78 (3)：506-514.

[90] Calvo M M，Balcones E. Inactivation of microorganisms and changes of proteins during treatment of milk with subcritical carbon dioxide [J] . Milchwissenschaft-milk Science International，2001，56 (7)：366-369.

[91] Jordan P J，Lay K.，Ngan N.，et al. Casein precipitation using high-pressure carbon-dioxide [J] . New Zealand Journal of Dairy Science and Technology，1987，22 (3)：247-256.

[92] Jablonka M S，Munro P A. Particle size distribution and calcium content of batch-precipitated acid casein curd：effect of precipitation temperature and pH [J] . Journal of Dairy Research，1985，52 (3)：419-428.

[93] Khorshid N，Hossain M M，Farid M M. Precipitation of food protein using high pressure carbon dioxide [J] . Journal of Food Engineering，2007，79 (4)：1214-1220.

[94] Farkye N，Fox P F. Contribution of plasmin to Cheddar cheese ripening：effect of added plasmin [J] . Journal of Dairy Research，1992，59 (2)：209-216.

[95] Srinivasan M，Lucey J A. Effects of added plasmin on the formation and rheological properties of rennet-induced skim milk gels [J] . Journal of Dairy Science，2002，85 (5): 1070-1078.

[96] Datta N，Deeth H C. Diagnosing the cause of proteolysis in UHT milk [J] . LWT- Food Science and Technology，2003，36 (2): 173-182.

[97] Messens W，Camp J V，Huyghebaert A. The use of high pressure to modify the functionality of food proteins [J] . Trends in Food Science & Technology，1997，8 (4): 107-112.

[98] Huff-Lonergan E，Lonergan S M. Mechanisms of water-holding capacity of meat: the role of postmortem biochemical and structural changes [J] . Meat Science，2005，71 (1): 194-204.

[99] 史智佳，成晓瑜，陈文华，等. 高压二氧化碳对冷却猪肉品质的影响 [J] . 肉类研究，2009 (12): 3.

[100] 刘书成，张良，吉宏武，等. 高密度CO_2与热处理对凡纳滨对虾肉品质的影响 [J] . 水产学报，2013，37 (10): 1542-1551.

[101] Noomhorm A，Sirisoontaralak P，Uraichuen J，et al. Effects of pressurized carbon dioxide on controlling *Sitophilus zeamais* (Coleoptera: Curculionidae) and the quality of milled rice [J] . Journal of Stored Products Research，2009，45 (3): 201-205.

[102] Lynguyen B，Van Loey A M，Smout C，et al. Effect of mild-heat and high-pressure processing on banana pectin methylesterase: a kinetic study [J] . Journal of Agricultural & Food Chemistry，2003，51 (27): 7974.

[103] Guiavarc'h Y，Segovia O，Hendrickx M，et al. Purification，characterization，thermal and high-pressure inactivation of a pectin methylesterase from white grapefruit (*Citrus paradisi*) [J] . Innovative Food Science & Emerging Technologies，2005，6 (4): 363-371.

[104] Van Buggenhout S，Sila D，Duvetter T，et al. Pectins in processed fruits and vegetables: part Ⅲ—texture engineering [J] . Comprehensive Reviews in Food Science and Food Safety，2009，8 (2): 105-117.

[105] Zhang B，Huang W，Li J，et al. Principles，developments and applications of computer vision for external quality inspection of fruits and vegetables: a review [J] . Food Research International，2014，62 (62): 326-343.

[106] Seo S Y，Sharma V K，Sharma N. Mushroom tyrosinase: recent prospects [J] . J Agric Food Chem，2003，51 (10): 2837-2853.

[107] Gui F，Wu J，Chen F，et al. Change of polyphenol oxidase activity，color，and browning degree during storage of cloudy apple juice treated by supercritical carbon dioxide [J] . European Food Research and Technology，2006，223 (3): 427-432.

[108] Choe E，Min D B. Mechanisms of antioxidants in the oxidation of foods [J] . Comprehensive Reviews in Food Science and Food Safety，2009，8 (4): 345-358.

[109] Li H，Guo A，Wang H. Mechanisms of oxidative browning of wine [J]. Food chemistry，2008，108 (1): 1-13.

[110] Arreola A G，Balaban M O，Marshall M R，et al. Supercritical carbon dioxide effects on some quality attributes of single strength orange juice [J] . Journal of Food Science，56 (4): 1030-1033.

[111] Boff J M，Truong T T，Min D B，et al. Effect of thermal processing and carbon dioxide-assisted high-pressure processing on pectinmethylesterase and chemical changes in orange juice [J]. Journal of Food Science，2003，68 (4): 1179-1184.

[112] Lim S，Yagiz Y，Balaban M O. Continuous high pressure carbon dioxide processing of mandarin juice [J] . Food Science & Biotechnology，2006，15 (1): 13-18.

[113] Niu L，Hu X，Wu J，et al. Effect of Dense phase carbon dioxide process on physicochemical properties and flavor compounds of orange juice [J] . Journal of Food Processing and Preservation，2010，34 (s2): 530-548.

[114] Briongos H，Illera A E，Sanz M T，et al. Effect of high pressure carbon dioxide processing on pectin methylesterase activity and other orange juice properties [J] . LWT- Food Science and Technology，74: 411-419.

[115] 廖红梅，丁占生，钟葵，等. 高压二氧化碳对鲜榨梨汁贮藏稳定性的影响研究 [J] . 食品工业科技，2013，34 (23): 4.

[116] Calvo L，Torres E. Microbial inactivation of paprika using high-pressure CO_2 [J] . The Journal of Supercritical Fluids，2010，52 (1): 134-141.

[117] Tao D，Zhou B，Zhang L，et al. 'Laba' garlic processed by dense phase carbon dioxide: the relation between green colour generation and cellular structure，alliin consumption and alliinase activity [J] . Journal of the Science of Food and Agriculture，2016，96 (9): 2969-75.

[118] 陶丹丹，周兵，孔民，等. DPCD 结合后熟处理“腊八蒜”的品质 [J] . 中国食品学报，2017，17 (6): 84-89.

[119] 李静，李顺峰，田广瑞，等. 短时高压二氧化碳对双孢蘑菇褐变和活性氧代谢的影响 [J] . 食品工业科技，2016 (14): 6.

[120] Cappelletti M，Ferrentino G，Spilimbergo S. High pressure carbon dioxide on pork raw meat: inactivation of mesophilic bacteria and effects on colour properties [J] . Journal of Food Engineering，2015，156: 55-58.

[121] 姚中峰，李兴民，刘洁洁，等. 高压二氧化碳处理对牛通脊颜色和肌红蛋白的影响 [J] . 食品工业科技，2012 (4): 4.

[122] 黄持都，胡小松，廖小军，等. 高压二氧化碳技术对叶绿素酶活性的影响研究 [J] . 中国食品学报，2010，10 (1): 55-61.

[123] Heaton J W，Marangoni A G. Chlorophyll degradation in processed foods and senescent tissues [J] . Trends in Food Science & Technology，1996，7 (1): 8-15.

[124] 阚建全. 食品化学 [M] . 北京: 中国农业大学出版社，2002: 211-212.

[125] Harpaz-Saad S，Azoulay T，Arazi T，et al. Chlorophyllase is a rate-limiting enzyme in chlorophyll catabolism and is posttranslationally regulated [J] . The Plant Cell，2007，19 (3): 1007-1022.

[126] Kov á ri K. Recent developments，new trends in seed crushing and oil refining [J] . OCL- Oleagineux Corps Gras Lipides，2004，11 (6): 381-387.

[127] Lim S，Yagiz Y，Balaban M O. Continuous high pressure carbon dioxide processing of mandarin juice [J] . Food Science and Biotechnology，2006，15 (1): 13-18.

[128] 刘野，张超，赵晓燕，等. 高压二氧化碳抑制西瓜汁褐变的试验 [J] . 农业工程学报，2010，26 (8): 6.

[129] Wei C I，Balaban M O，Fernando S Y，et al. Bacterial effect of high pressure CO_2 treatment on foods spiked with *Listeria* or *Salmonella* [J] . Journal of Food Protection®，1991，54 (3): 189-193 (5) .

[130] Eberhardt M V，Lee C Y，Liu R H. Nutrition: Antioxidant activity of fresh apples [J] . Nature，2000，405 (6789): 903-904.

[131] Garzon G A，Wrolstad R E. Comparison of the stability of pelargonidin-based anthocyanins in strawberry juice and concentrate [J] . Journal of Food Science，2002，67 (4): 1288-1299.

[132] Ahrne L M M M C，Shah E，Oliveira F a R，Oste R E.: Shelf-life prediction of aseptically packaged orange juice，In: Lee Tc Kim Hj E，editor，Chemical markers for processed and stored foods，Washington，DC: American Chemical Society，1996: 107-117.

[133] Wrolstad R E，Durst R W，Lee J. Tracking color and pigment changes in anthocyanin products [J] . Trends in Food Science and Technology，2005，16 (9): 423-428.

第八章

HPCD对花色苷的提取效果与机制

第一节　花色苷概述
第二节　花色苷的功能
第三节　花色苷提取技术
第四节　HPCD辅助提取花色苷单因素研究
第五节　HPCD辅助提取花色苷动力学分析及机制探讨
第六节　HPCD辅助提取花色苷粗提物品质比对研究

第一节
花色苷概述

花色苷（anthocyanins）结构和合成的相关研究源于20世纪初期，但早在1664年，英国著名的化学家、近代化学奠基人Robert Boyle就在一次实验意外中发现，放在实验室的紫罗兰受酸或碱作用发生变色现象，随即他在大量研究不同花朵浸提液的变色效应后发现，以石蕊地衣中提取的紫色浸液（遇酸变为红色，遇碱变为蓝色）呈现最具代表性的变色效应，利用这一特点，Robert Boyle用石蕊浸液将纸浸透，然后烤干，这就制成了实验中常用的酸碱试纸——石蕊试纸[1, 2]。1835年，德国药物化学家Ludwig Clamor Marquart根据希腊语花（anthos）和蓝色（kianos）两个单词，定义了花色苷一词[3]。除赋予植物色彩、在其授粉和传播种子方面起到重要的作用外，花色苷也被用作天然色素（欧盟食品添加剂编号E163），实现工业化生产和应用[4]。近年来，花色苷因其在改善视力、治疗心血管疾病、控制糖尿病、抗炎症、抗肿瘤及癌症化学预防等方面的生理活性受到越来越多的科学家关注[5, 6]。

作为一大类重要的类黄酮化学物，花色苷的基本结构式为2-苯基苯并吡喃阳离子，即芳香环A与含氧杂环C通过碳碳单键与芳香环B连接构成C6—C3—C6的花色素骨架，如图8-1所示[6]。基本花色素结构仅为23种[7, 8, 9, 10]（表8-1）。不同花色苷的区别在于：①连接在主环上的羟基和甲基的数量和位置不同；②葡萄糖配基的种类、数量和位置不同；③酰基化的种类和数量不同[11]。截至目前，已发现的花色苷超过600种[4]。

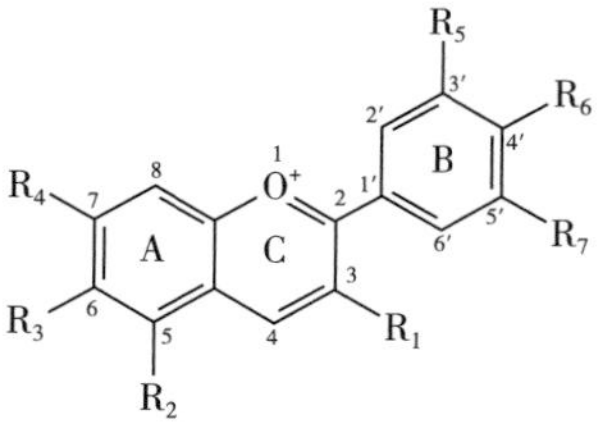

图8-1 花色苷的基本结构

表8-1 已知自然界存在的花色素结构[i]

花色素名称		缩写	取代基							颜色
英文名	中文名		R_1	R_2	R_3	R_4	R_5	R_6	R_7	
Apigeninidin	三羟花色锌	Ap	H	OH	H	OH	H	OH	H	未报道
Arrabidin	—	Ab	H	H	OH	OH	H	OH	OMe	未报道
Aurantinidin	橙苷色素	Au	OH	OH	OH	OH	H	OH	H	未报道

续表

花色素名称		缩写	取代基							颜色
英文名	中文名		R_1	R_2	R_3	R_4	R_5	R_6	R_7	
Capensinidin	—	Cp	OH	OMe	H	OH	OMe	OH	OMe	蓝－红
Carajurin	秋海棠素	Cj	H	H	OH	OH	H	Ome	OMe	未报道
Cyanidin	矢车菊花色素	Cy	OH	OH	H	OH	OH	OH	H	橘－红
Delphinidin	飞燕草花色素	Dp	OH	OH	H	OH	OH	OH	OH	蓝－红
Europinidin	欧天芥菜色素	Eu	OH	OMe	H	OH	OMe	OH	OH	蓝－红
Hirsutidin	报春花素	Hs	OH	OH	H	OMe	OMe	OH	OMe	蓝－红
3′-HydroxyAb	3′-羟基-Ab	3′OHAb	H	H	OH	OH	OH	OH	OMe	未报道
6-HydroxyCy	6-羟基-Cy	6OHCy	OH	OH	OH	OH	OH	OH	OH	红
6-HydroxyDp	6-羟基-Dp	6OHDp	OH	OH	OH	OH	OH	OH	OH	蓝－红
6-HydroxyPg	6-羟基-Pg	6OHPg	OH	OH	OH	OH	H	OH	H	未报道
Luteolin	木犀草素	Lt	H	OH	H	OH	OH	OH	H	未报道
Malvidin	锦葵花色素	Mv	OH	OH	H	OH	OMe	OH	OMe	蓝－红
5-MethylCy	5-甲基-Cy	5-MCy	OH	OMe	H	OH	OH	OH	H	橘－红
Pelargonidin	天竺葵花色素	Pg	OH	OH	H	OH	H	OH	H	未报道
Peonidin	芍药花色素	Pn	OH	OH	H	OH	OMe	OH	H	橘－红
Petunidin	牵牛花色素	Pt	OH	OH	H	OH	OMe	OH	OH	蓝－红
Pulchellidin	美丽天人菊色素	Pl	OH	OMe	H	OH	OH	OH	OH	蓝－红
Riccionidin A	—	RiA	OH	H	OH	OH	H	OH	H	未报道
Rosinidin	松香色素	Rs	OH	OH	H	OMe	OMe	OH	H	红
Trictinidin	五羟花色苷锌	Tr	H	OH	H	OH	OH	OH	OH	红

资料来源：Castañeda-Ovando A，Pacheco-Hernández M L，Páez-Hernández M E，et al. Chemical studies of anthocyanins: A review[J]. Food Chemistry，2009，113（4）：859-871.

矢车菊花色素（cyanindin，Cy）、飞燕草花色素（delphinidin，Dp）、天竺葵花色素（pelargonidin，Pg）、芍药花色素（peonidin，Pn）、牵牛花色素（petunidin，Pt）和锦葵花色素（malvidin，Mv）6种花色素（图8-2）在维管束植物中最为常见[13]。其中Cy、Dp和Pg在自然界中最为常见，几乎80%的有色植物叶片、69%的水果和50%的鲜花均含有上述三种花色素[14]。在有色水果蔬菜中，上述6种花色素的分配比例大致为Cy 50%、Dp 12%、Pg 12%、Pn 12%、Pt 7%和Mv 7%，自然界中最常见的葡萄糖衍生物即花色苷为3-单糖苷、3-双糖苷、3，5-二糖苷和3，7-二糖苷，3-单糖苷的数量为3，5-二糖苷的2.5倍之多，最常见的花色苷为矢车菊素-3-葡萄糖苷（cyanidin-3-glucosides，Cy-3-glu）[9]。

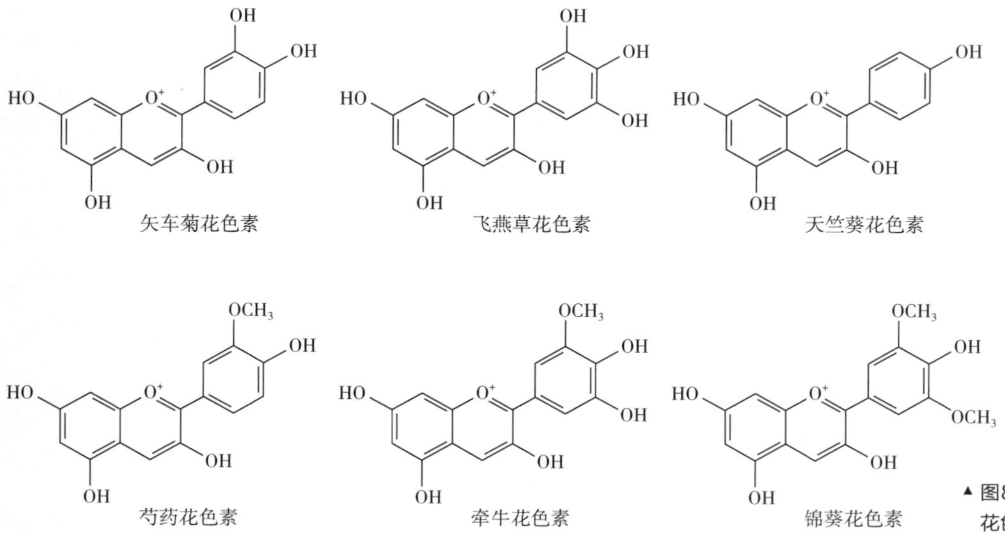

矢车菊花色素　飞燕草花色素　天竺葵花色素

芍药花色素　牵牛花色素　锦葵花色素

▲图8-2　常见6种花色素结构

已知27个科、72个属被子植物的花、果实、茎、叶、根器官的液泡中含有丰富的花色苷[7, 10, 15, 16]，具体分布见表8-2。主要食品中花色苷的含量见表8-3。

表8-2　水果、蔬菜、谷物、豆类中的花色苷分布

水果					蔬菜	谷物	豆类	其他
仁果	核果	浆果	热带水果	其他				
苹果	杏	葡萄	香蕉	橘子	紫甘蓝	大麦	豇豆	玫瑰
梨	樱桃	黑莓	芒果	石榴	花椰菜	荞麦	红豆	紫苏
山楂	橄榄	蓝莓	火龙果	血橙	芥菜	燕麦	黑豆	藏红花
花楸果	桃子	树莓	西番莲	等	红心萝卜	稻米	羽扇豆	鸡冠花
温柏果	李子	草莓	荔枝		洋葱	裸麦	四棱豆	牵牛花
等	等	桑葚	等		马铃薯	高粱	鹰嘴豆	等
		杨梅			紫甘薯	小麦	等	
		枸杞			山药	等		
		等			芦笋			
					等			

表8-3　主要食品中各类花色苷的含量[4]

食品	水分含量①/%	花色苷含量 / (mg/100g 鲜重或消费单位)							总花色苷 / 食用分量②/mg
		Dp-花色苷	Cy-花色苷	Pt-花色苷	Pg-花色苷	Pn-花色苷	Mv-花色苷	总花色苷	
富士苹果（n=4③）	84.2		1.3±0.7					1.3±0.7	1.8
嘎啦苹果（n=3）	85.8		2.3±0.8					2.3	3.2
蛇果（n=4）	85.5		12.1±1.8			0.2±0.1			17.0
黑莓（n=4）	86.9		244±68		0.7±0.1	T④		245±68	353
马里恩黑莓（n=1）	86.9		297.7		1.7	1.1		300.5	433

续表

食品	水分含量[①]/%	花色苷含量/(mg/100g 鲜重或消费单位)							总花色苷/食用分量[②]/mg
		Dp-花色苷	Cy-花色苷	Pt-花色苷	Pg-花色苷	Pn-花色苷	Mv-花色苷	总花色苷	
种植蓝莓(n=7)	85.0	120.7±27.9	28.6±19.8	71.9±14.0	—	34.2±11.9	131.3±16.5	386.6±77.7	529
野生蓝莓(n=1)	89	141.1	66.3	87.6	—	36.9	154.6	486.5	705
甜樱桃(n=4)	80.2	—	113±19.6	—	1.4±0.2	7.5±1.9	—	122±21.3	177
花楸果(n=1)	71.8	—	1478	—	2.3	—	—	148	2147[⑤]
蔓越莓(n=3)	87.1	0.1±0.1	66.1±16.7	T	0.7+0.1	72.2±13.6	0.8±0.9	140±28.5	133
黑醋栗(n=6)	77.5	333±78.1	133±38.6	7.3±5.6	1.9±0.5	1.0±0.5	—	476±115	533
红醋栗(n=1)	78.1	0.1	12.7	—	—	—	—	12.8	14.3
接木果(n=1)	82.5	—	1371	—	1.8	—	—	1375	1993[⑤]
醋栗果1组(n=2)[⑥]	88.0	—	10.2±0.1	—	—	0.2±0.1	—	10.4±0.1	15.1[⑤]
醋栗果2组(n=1)[⑥]	88.0	—	2.1	—	—	0.1	—	2.2	3.2[⑤]
醋栗果3组(n=1)[⑥]	88.0	—	0.7	—	—	—	—	0.7	1.0[⑤]
红葡萄(n=5)	80.4	1.1±0.8	3.9±1.5	1.1±0.9	—	10.1±4.5	10.5±8.4	26.7±10.9	42.7
红提(n=1)	80.4	70.7	23.8	14.9	T	4.8	5.9	120.1	192
油桃(n=7)	86.8	—	6.8±1.5	—	—	—	—	6.8±1.5	9.2
桃(n=8)	88.3	—	4.8±1.2	—	—	—	—	4.8±1.2	4.7
李子(n=8)	87.4	—	19.0±4.4	—	—	—	—	19.0±4.4	12.5
黑李子(n=2)	87.9	—	124.5±21.6	—	—	—	—	124.5±21.6	82.2
黑树莓(n=1)	85.8	—	669	—	16.7	1.1	—	687	845
红树莓(n=5)	85.8	—	90.2±19.2	—	1.9±1.0	—	—	92.1±19.7	116
草莓(n=8)	91.1	—	1.2±0.4	—	19.8±3.1	—	—	21.2±3.3	35.0
草莓OSC[⑦](n=1)	91.1	—	9.4	—	31.4	—	—	41.7	69.2
黑豆(n=1)	—	18.5	—	15.4	—	—	10.6	44.5	23.1
茄子(n=1)	91.8	85.7	—	—	—	—	—	85.7	35.1
紫甘蓝(n=4)	91.0	—	322±40.8	—	—	—	—	322±40.8	113
红叶生菜(n=8)	95．6	—	2.2±1.5	—	—	—	—	2.2±1.5	1.5
红洋葱(n=1)	87.7	—	46.4	—	—	2.1	—	48.5	38.8
红萝卜(n=9)	95.6	—	T	—	100.1±30.0	—	—	100.1±30.0	116
小红豆(n=1)	—	—	1.9	—	4.8	—	—	6.7	6.2
开心果(n=7)	—	—	7.5±1.5	—	—	—	—	7.5±1.5	2.1

注：①不同样品的均值。
②食用分量来自美国农业部国家营养数据库（www.nal.usda.eov/fnic/foodcomp）。
③每类食品的样品号。
④T，痕量。
⑤无食用分量标准数据，蓝莓食用分量估计为145（1杯）。
⑥第一组Whinham和Lancashine草莓；第二组Dan’s Mistake；第三组Careless。
⑦OSC，俄勒冈草莓协会。

第二节
花色苷的功能

一、花色苷植物的生理功能

除赋予植物丰富的色彩之外，花色苷被认为具有一定的植物生理学功能：通常认为花色苷可增强植物的抗氧化响应，使得在直接或间接生物、非生物环境应力的影响下，植物体仍可保持正常生理状态[17]。花色苷可掩盖包含叶绿素的细胞器，保护叶绿体免受由于高强光照射而引起的光抑制作用[18]；同时由于花色苷与叶绿素b具有相同的吸收波长，当植物体进入衰老期，其体内叶绿素开始降解时，花色苷辅助保护植物组织[19]。花色苷在植物体内具有三种功能：①可吸收有害辐射；②可作为单糖载体；③在干旱和低温条件下具有渗透调节作用。后两种功能主要适用于地下根茎类作物，如黑色胡萝卜[20]。此外，也有报道花色苷可作为秋季病虫害警示信号[21]；含花色苷的植物组织较少受到真菌和食草动物的危害[22]；也有研究发现蔬菜组织内，花色苷在植物生殖方面有一定的贡献[23]。

二、花色苷的生理活性

除具有一定的植物生理学功能之外，花色苷也具有诸多有益于人类生理健康的功能。近年来，针对花色苷生理活性的研究旨在阐明其作用的分子机制，花色苷的抗氧化功能之前被认为是其具有生理活性的主要原因，但近年研究表明，花色苷其他未知的化学特性更有可能是其具有各类生理活性的机制所在[5]。

（一）改善视觉功能

在有关改善视觉功能（improvement of visual functions，IVF）的相关研究中，花色苷被报道具有缓解眼疲劳、抑制近视眼、改善暗光适应、增加青光眼的视网膜血液流等作用[5]。在对21名近视患者的研究中发现，服用黑醋栗花色苷（50mg）果汁组在电脑前连续工作2h后，和对照相比，屈光度值显著降低，表明黑醋栗花色苷可以预防持续电脑工作引发的近视[24]；在缓解视疲劳方面的研究发现，花色苷（10^{-8} ~ 10^{-7}mol/L）可使睫状平滑肌得到放松，从而降低睫状肌收缩产生的内皮素-1含量[25]；在改善暗光适应的研究中发现，在20mmol/L 矢车菊素-3-芸香苷

（cyanidin-3-rutinoside，Cy-3-rut）和Cy-3-glu存在下，视紫红质再生能力显著增强，Cy-3-glu可与光敏性、非光敏性视蛋白上的视紫红质结合，从而改变其结构，此理论已经被其核磁共振（NMR）光谱数据证实，进一步分子对接学研究证实Cy-3-glu的结合点位于视蛋白的胞浆结构区域，结合能力可能受pH影响[26，27，28，29]；青光眼通常是由于眼内压强或间断或持续升高而造成的一种眼病，持续的高眼压可给眼球各部分组织和视功能带来损害，造成视力下降和视野缩小，临床实验发现，对30位青光眼患者给药（黑醋栗花色苷，50mg/d）6个月，视网膜血液流量显著增加，周血内皮素-1浓度显著增加[30]。截至目前，花色苷IVF的研究已得到证实，但具体的机理尚不明确[5]。

（二）改善大脑功能

老龄化脑功能下降一直是有关人类健康研究的一个非常重要的课题，许多研究表明，摄入富含花色苷的水果蔬菜具有改善大脑功能的功效（improvement of brain functions，IBF）：有研究发现，蓝莓汁[31]和葡萄汁[32]均可显著改善老龄化脑功能下降；动物实验也证实摄入李子和黑莓花色苷可推迟神经系统衰退、改善认知和运动能力[33]。其可能机制如图8-3所示：有研究表明花色苷可上调核因子-κB（Nuclear factor-κB，NF-κB）的表达，下调海马体白细胞介素-1β（interleukin-1β，IL-1β）、肿瘤坏死因子-α（tumor necrosis factor-α，TNF-α）和NF-κB的表达，同时抑制NO的生成；在海马体内，环磷酸腺苷反应元件结合蛋白（cyclic AMP-response element-binding protein，CREB）的活化可通过胞外信号调节激酶1/2（extracellular signal-related kinase1/2，ERK1/2）实现，基于上述理论，花色苷改善大脑功能的机制可能涉及其对神经炎症的抑制作用和对神经信号的调节作用[5]。

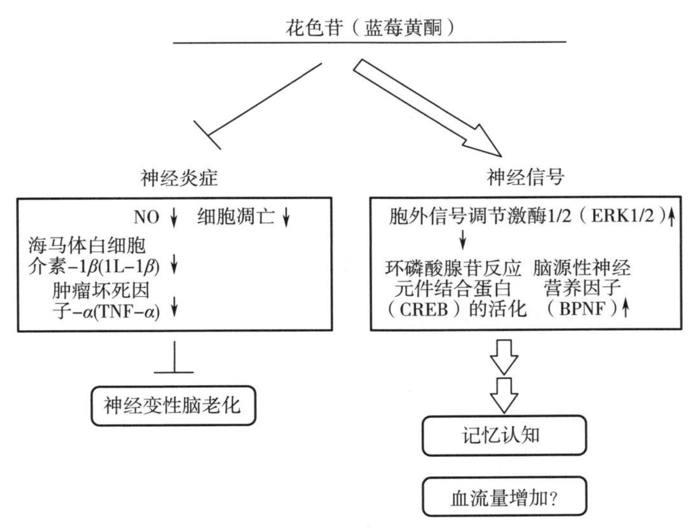

图8-3　花色苷预防神经退化和老龄化脑功能下降、强化记忆和认知能力的可能机制图[5]

阿尔茨海默病（Alzheimer's Disease，AD）是一种最为常见的老年痴呆病，在工业发达国家病发率高达2%，是一种中枢神经系统变性病，起病隐袭，病程呈慢性进行性，主要表现为渐进性记忆障碍、认知功能障碍、人格改变及语言障碍等神经精神症状，严重影响社交、职业与生活功能。AD特征性病理改变为β-淀粉样蛋白（β-amyloid protein，β-AP）沉积形成的细胞外老年斑、tau蛋白过度磷酸化形成的神经细胞内神经原纤维缠结、神经元丢失伴胶质细胞增生和病人脑内氧化物质增多直接导致神经系统衰退等，目前已发现至少4种基因突变与AD有关，即淀粉样蛋白前体（amyloid proteinprecursor，APP）基因、早老素1基因（*ps*-1）、早老素2基因（*ps*-2）和载脂蛋白基因（*apoE*）[34]。从4月龄开始添加含2%蓝莓的膳食至12月龄，可使APP/PS1转基因小鼠恢复同非转基因小鼠相当的认知能力[35]，但β-AP沉淀并无显著改善[36]。

（三）抗肥胖症

花色苷抗肥胖（anti-obesity）功能的研究大部分采用富含花色苷的植物全粉、果汁或其花色苷提取物，使用高脂膳食动物或肥胖动物模型开展。

一系列食用浆果全粉或其花色苷提取物的研究如下。采用蓝莓花色苷提取物和蓝莓全粉添加至C57BL/6小鼠的高脂膳食中（45%的能量），花色苷提取物组显著抑制小鼠体重增加，而全粉组对小鼠体重的增加有促进作用[37]。另有研究表明，蓝莓汁的摄入对高脂膳食（45%的能量）的体重无显著影响[38]；蓝莓全粉对C57BL/6小鼠高脂膳食（60%的能量）引起的体重增加无任何抑制效果[39]。另有采用黑树莓的相关研究表明，黑树莓汁和黑树莓全粉对C57BL/6小鼠高脂膳食（60%的能量）引起的体重增加无任何抑制效果[40]，但是桑葚提取物水溶液可显著抑制小鼠体重增加[41]。但是在一些非浆果源花色苷的研究中，结果又完全相反，如血橙可抑制小鼠体重，但其花色苷提取物却对小鼠体重增加无贡献[42]。同植物全粉和果汁的实验结果不同，花色苷标品喂食的研究所有结果均表现为抗肥胖症效果：Tsuda等首次使用Cy-3-glu膳食（2g/kg）对C57BL/6J小鼠进行喂食，发现和对照组（高脂膳食）相比，Cy-3-glu组小鼠体重显著降低，其可能原因是花色苷对肝脏和白色脂肪组织内脂肪合成的抑制，同时Cy-3-glu也可显著降低由高脂膳食引起的小鼠高血糖，花色苷可能以调节脂肪细胞因子表达的方式作用于脂肪细胞[43, 44, 45]。Cy-3-glu也被报道可降低脂联素的表达，从而增强人脂肪细胞内胰岛素的敏感度，但在所考查的动物模型中未发现相似结果[44]。

基于上述研究结果，尽管植物全粉和果汁的实验结果大多对对应的动物模型中动物的过度肥胖无效果，但其花色苷提取物和花色苷标准品的结果表明，摄入花色苷可能具有一定的抗肥胖效果，但相关机制尚不明确。

（四）抗糖尿病

关于花色苷摄入可以降低高脂膳食动物模型血糖浓度的报道较多[45，37，39]。此外也有研究表明，抗糖尿病食品因子通常可抑制α-葡萄糖苷酶活力，而抑制能力的强弱因食品因子结构的不同而不同[46]。Matsui等发现，酰基化的紫薯花色苷对α-葡萄糖苷酶具有较好的抑制效果[47，48]，而Cy-3-glu对其没有显著的抑制效果[46]，而在大鼠血糖实验中也发现，酰基化的花色苷可以显著抑制大鼠血糖升高[49]。进一步研究发现，有效分子基团不是花色素本身，而是其酰基基团咖啡酰氧基槐糖（caffeoylsophorose）[50，51]。有体外实验结果表明，咖啡酰氧基槐糖可在体内吸收之后产生咖啡酸（Caffeic acid）[52]，因此酰基化花色苷及其代谢产物可能可作为抗糖尿病药物。在2型糖尿病小鼠模型（KK-A_y）中，高纯度Cy-3-glu也被报道可抑制小鼠血糖升高，通过上调葡萄糖载体4（glucose transporter 4，Glut4）的表达，从而下调视黄醇结合蛋白4（retinol-binding protein 4，RBP4）而增强其周围组织的胰岛素敏感度[53]。近来有研究表明，磷酸单腺苷激活的蛋白激酶（adenosine monophosphate-activated protein kinase，AMPK）在调节细胞能量状态的蛋白激酶级联反应中起到关键因素。在2型糖尿病的治疗中，AMPK可被二甲双胍（metformin）和噻唑烷二酮类（thiazolidinediones）等一些小分子药物激活[54，55]，临床经验表明，AMPK激活是对2型糖尿病人最为有效的干预疗法[56]。采用覆盆子提取物（bilberry extract，BBE）可激活白色脂肪组织（white adipose tissue，WAT）、骨骼肌和肝脏中的AMPK，AMPK的激活可上调Glut4，从而提高WAT和骨骼肌肉组织内葡萄糖的吸收利用率，同时AMPK的激活也可降低肝脏中葡萄糖的生成，这些作用均可改善2型糖尿病小鼠模型的高血糖症[54]。

（五）抗心血管疾病

抗心血管疾病（anti-cardiovascular disease，Anti-CVD）流行病学研究表明，摄入富含花色苷的食物（红酒和部分浆果）可大大降低CVD的病发风险：绝经妇女（n= 34489）参加了为期16年的美国艾奥瓦州妇女健康研究，结果表明花色苷的摄入显著降低CVD死亡率[57]。世界卫生组织（World Health Organization，WHO）的针对CVD死亡率的群体研究数据显示，和其他17个西方国家（含美国和英国）相比，在人均较高饱和脂肪酸摄入量的前提下，来自法国的研究对象群体CVD的致死率显著低于其他国家[58]。同时大量关于人体健康的研究报告发现，红葡萄酒比白葡萄酒更有益于脂质代谢[59]。

研究表明，花色苷及其提取物具有防止DNA损伤、抗炎症、抗脂质过氧化、降低毛细血管通透性和强化血管等效果[60~64]。在长期喂食花色苷的猪动物模型中发现，花色苷在动物组织内比在其血管内具有更长的停留时间[65]，虽然花色苷是否会在长期喂食实验后在心脏和血管组织中大量存在还尚不明确，但动物实验数据确已证明花色苷影响血管收缩反应[66]。CVD患者低剂量的花色苷临床数据显示，患者的局部缺血[67]、血压[68]、血脂[69，70]等病变指标显著降低。商业葡萄汁（10mL/kg）的体内实验表明，其可显著抑制血小板活力和冠状动脉血栓形成[71]。紫玉米花色苷可保护心肌免受脑缺血再灌注损伤[72]。花楸果和覆盆子花色苷提取物可防止猪体内内皮依赖性降低[73]。接木果中分离出的4种花色苷可直接进入血管内皮细胞，显著提高其氧化应激保护能力[74]。Cy-3-glu可上调牛血管内皮细胞内皮一氧化氮合成酶（endothelial NO synthase，eNOS）的表达，增强一氧化氮合成酶（NO synthase，NOS）的活力[75]。葡萄汁和红葡萄酒对心脏病的保护作用被证明和花色苷抗炎症、抑制血小板生产和加强NO释放相关[76]。

（六）抗癌症

癌症（cancer），亦称恶性肿瘤（malignant neoplasm），为由控制细胞生长增殖机制失常而引起的疾病。美国癌症学会（National Cancer Institute，NCI）统计数据（http：//seer.cancer.gov/statfacts/html/all.html）指出：2012年有1638910人（848170男性和790740女性）被诊断为癌症，其中577190人死于癌症；2005—2009年，癌症病发的年龄中位数为66岁，其中21岁病发率为1.1%，20~34岁为2.6%，35~44岁为5.5%，45~54岁为14.2%，55~64岁为23.4%，65~74岁为24.9%，75~84岁为20.6%，85岁以上为7.7%。近十年来，人类对癌症的临床治疗取得了突破性进展，NCI的癌症死亡率数据如图8-4所示。

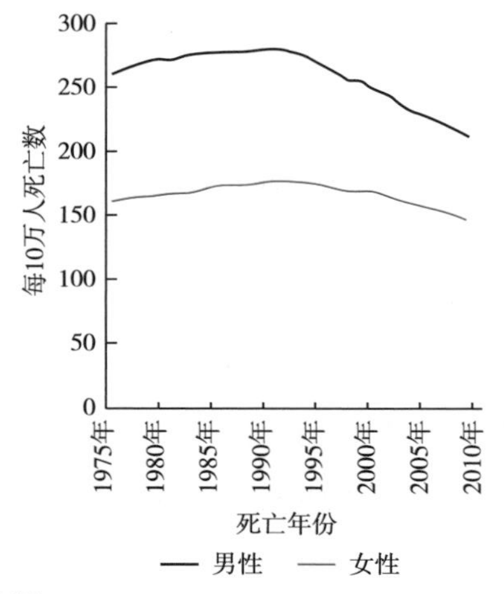

资料来源：http：//seer.cancer.gov/statfacts/html/all.html。

图8-4　1975—2009年癌症死亡率

同时，人类对于癌症机制的研究也取得了全新的进展。2011年，著名癌症研究科学家Hanahan和 Weinberg在《细胞》(*Cell*)发表了题目为“*Hallmarks of cancer*: *the next generation*”的综述，简述了最近10年肿瘤学中的热点和进展（如细胞自噬、肿瘤干细胞、肿瘤微环境等），并且概括了癌症的10个特征（图8-5）：抵抗细胞死亡（resisting cell death）、细胞能量异常（deregulating cellular energetics）、保持促生长信号（sustaining proliferative signaling）、逃避抑生长因子（evading growth suppressors）、避免免疫摧毁（avoiding immune destruction）、无限复制（enabling replicative immorality）、促进肿瘤的炎症（tumor promotion inflammation）、激活侵蚀和转移（activating invasion & metastasis）、促进新生血管生成（inducing angiogenesis）、基因组不稳定和突变（genome instability and mutation）[77]。

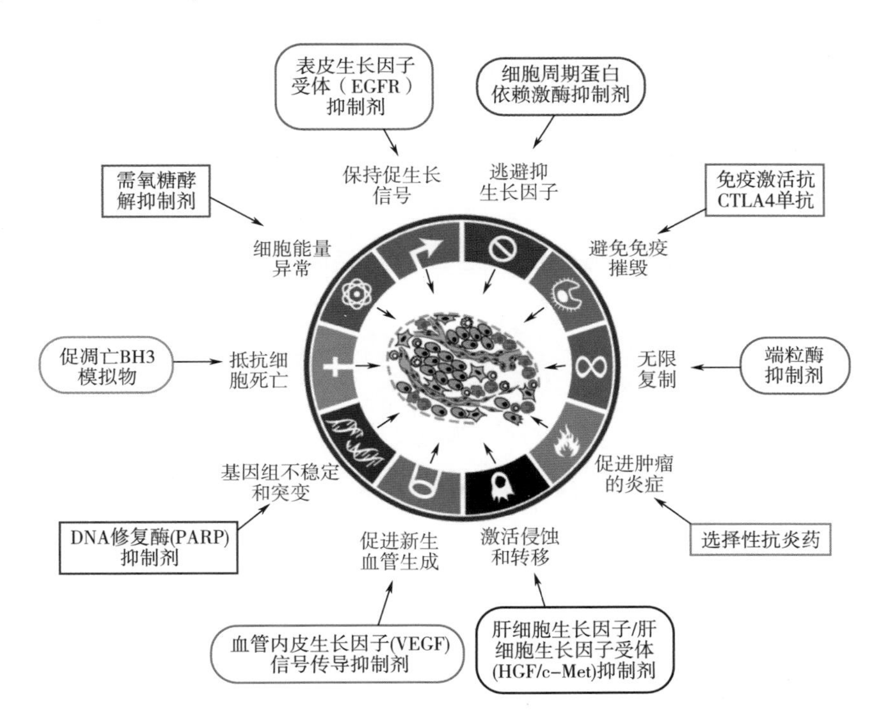

图8-5　靶向治疗癌症的特征[77]

美国NCI的科学家Sporn于1976年首次提出癌症化学预防的概念，使用天然的、合成的或者生物化学药剂阻止、减缓或者逆转癌症发生发展过程[78]。Wang和Stoner总结了有关花色苷在癌症化学预防中的各类研究，指出花色苷的癌症化学预防作用可通过其抗氧化（antioxidant effects）、Phase Ⅱ酶激活（Phase Ⅱ enzyme activation）、抑制癌细胞增殖（anti-cell proliferation）、诱发癌细胞凋亡（induction of apoptosis）、抗炎症（anti-inflammatory effects）、抗血管生成（anti-angiogenesis）、抗侵蚀（anti-invasiveness）和诱发分化（induction of differentiation）等作用在各类癌症体外研究模型中得到证实，也总结了花色苷喂食在食管癌、直肠癌、皮肤癌、肺癌动物模型中的实验结果，并报道了花色苷在癌症患者临床实验中的相关研究[79]。

三、其他功能

（一）天然色素

使用花色苷类物质作为天然色素的主要局限在于其稳定颜色仅存在于高酸介质，目前商业化的花色苷类天然色素有紫甘蓝、红心萝卜、紫甘薯、黑胡萝卜、野樱莓、接木果、葡萄皮和黑莓花色苷等，红心萝卜、紫甘薯、紫甘蓝等蔬菜源的花色苷因其酰基化结构，使得其在相对较宽的食物基质的pH范围内表现出更好的着色力[80]。

不同国家对于花色苷类天然色素的使用规定有所不同，大多数国家对其加以限制，部分定义为食品原料，不允许其在如牛乳、果汁中使用，如欧盟、澳大利亚、加拿大、塞浦路斯、芬兰、日本、新西兰、挪威、南非、瑞典、瑞士和美国；而智利、哥伦比亚、伊朗、以色列、日本、韩国、马耳他、秘鲁、沙特阿拉伯和阿联酋则认定花色苷作为一种天然色素。在欧盟的规定里，所有用作天然色素的花色苷类着色剂被统称为E163[81]。

（二）pH 指示剂

部分花色苷如紫甘蓝，因其酰基化的较稳定结构，可在一定pH范围内稳定存在，且呈现出不同的色彩，因此可被用作pH指示剂[82]。

第三节 花色苷提取技术

一、生物法提取法

生物法一般即为酶法提取（enzyme-assisted extraction，EAE），常作为化学溶剂提取法的前处理操作。纤维素酶、果胶酶、半纤维素酶等均可破坏细胞壁结构的完整性，增加细胞壁的通透性，加快胞内活性物质的溶出，且酶可从细菌、真菌动物器官或蔬菜/水果提取物中分离得到，因此酶法作为一种提取前处理，可显著提高活性物质得率[83]。紫甘薯[84]、蓝莓果[85]、葡萄皮[86]等花色苷采用EAE的研究均有报道。上述提取方法具有各自的优点和缺点，但是生物活性物质的各类提取方法均面临以下问题：①提取前必须对原料做预处理；②化学溶剂大多不可循环使用，因此提取成本和有机溶剂带来的环境成本较高；③提取特异性不强，且存在批处理差异；④提取过程导致生物活性物质活性下降；⑤安全的纯水体系，因为水的穿透性差，而造成低效[83]。

二、化学提取法

化学法即为化学溶剂提取（conventional solvent extractions，CSE）法，提取本身主要依靠溶剂极性、能量输入和搅拌来提高目标分离物的化学溶解性和传质效率[83]。花色苷是存在高度分子共轭体系的弱极性化合物，通常使用有机溶剂甲醇、乙醇或醇+水的酸性混合液作为提取溶剂，乙酸乙酯、丙酮、二氯甲烷较少使用。花色苷CSE法因操作过程简单、成本较低，被广泛应用，同时具有提取时间过长、有机溶剂残留存在安全隐患和目标分离物生物活性降低等缺点[87]。国内外花色苷的定性研究多采用酸化甲醇（0.5%~1%盐酸、三氟乙酸）溶液体系，4~8℃过夜避光浸提20~24h完成提取过程[88]；而探讨其生产工艺则主要使用酸化乙醇+水溶液体系，提取温度为50 ~85℃，0.5~2h完成提取[7][89]。前者提取时间长，生产效率低、残留有机溶剂甲醇毒性较高；后者虽提取效率有效提高，但0.5~2h的高温提取仍然会造成花色苷的热降解，降低其生理活性。

三、物理提取法

物理提取法通常基于化学溶剂提取法，采用其他物理手段辅助完成提取过程，提高提取效率。如微波提取法（microwave assisted extraction，MAE）、超声波提辅助取法（ultrasound assisted extraction，UAE）、加压热水提取法（pressurized hot water extraction，PHWE）、脉冲电场提取法（pulsed electric-field assisted extraction，PEFE）、高静压提取法（high hydrostatic pressure extraction，HHPE）、超临界二氧化碳提取法（supercritical carbon dioxide extraction，SCE）等。

MAE的原理是在微波提取过程中，微波加热导致植物细胞内的极性物质，尤其是水分子吸收微波能，产生大量热量，使细胞内温度迅速上升，液态水汽化产生的压强将细胞膜和细胞壁冲破，形成微小的孔洞。进一步加热，导致细胞内部和细胞壁水分减少，细胞收缩，表面出现裂纹。孔洞和裂纹的存在使胞外溶剂容易进入细胞内，溶解并解放出细胞内的产物[7]。MAE技术在植物源活性物质的提取分离中应用最为广泛，近年来许多新型微波提取技术也应运而生，如真空微波提取（vacuum microwave-assisted extraction，VMAE）、氮气保护微波提取（nitrogen protected microwave-assisted extraction，NPMAE）、超声波微波协同提取（ultrasonic microwave-assisted extraction，UMAE）、动态微波提取（dynamic microwave-assisted extraction，DMAE）等[90]。MAE已被应用在葡萄皮[7，91]、紫玉米[92]、红树莓[93]等花色苷的提取分离中，研究大多针对微波功率、处理时间、提取料液比和提取溶剂这些因素对MAE工艺进行优化，并分析提取物中花色苷的组成和抗氧化活性等指标变化。

超声波是指频率为20kHz ～50MHz的电磁波，它是一种机械波，需要能量载体——介质来进行传播。UAE技术可在提取体系内在溶剂和样品之间产生机械效应、空泡效应和热效应，特别是空泡效应导致溶液内气泡的形成、增长和爆破压缩，从而使固体样品分散，增大样品与萃取溶剂之间的接触面积，提高目标物从固相转移到液相的传质速率[93]。花色苷提取方面，UAE也得到了广泛应用，在“中国知网”数据库以“花色苷”和“超声波提取”为关键词检索发现近五年相关研究文章近1300篇，大多集中在对各类花色苷超声波提取工艺的研究。

传统水浴（conventional water extraction，CWE）通常在室温条件下对于中低极性或者非极性物质的提取效果并不理想，当水的温度升高时，它的穿透力、黏度和表面张力都会增大，但是其扩散能力却有所下降，通过压强使得水在高于其蒸发温度（100~374℃）的条件下仍然保持液态，就可以使水的介电常数介于甲醇（ε =33）和乙醇（ε =24）之间，从而使水具有有机溶剂的特性，对中低极性的物质具有很好的溶解性[94]，这样的提取方式即为PHWE，又被称为过热水提取法（super heated water extraction，SHWE）、近临界水法（near critical water extraction，NCAW）和亚临界水法（subcritical water extraction，SWE）等，也是一种快速、高效和环保的提取技术。PHWE技术对于食品中功能成分的提取主要针对酚类物质，对花色苷的提取方面也有报道[95]。但是由于花色苷的热敏性，虽然采用PHWE技术进行花色苷提取可得到较高的得率，但是提取过程中的短时高温处理是否会对提取产物的后续稳定性和生物活性产生影响还需要进一步探讨。同时，由于花色苷在酸性条件下的稳定性，其水浴提取中常加入酸，采用传统酸水提法（conventional acidified water extraction，CAW）完成。

脉冲电场（pulsed electric-field，PEF）可以对细胞膜产生不可逆的损失，于是可应用于植物细胞中有效成分的分离提取，现有PEFE的研究主要集中在提取效果、提取物传质过程、细胞膜透性变化和提取物活性保留程度四个方面[15]。PEFE技术已被报道应用在葡萄花色苷[96]、紫甘蓝花色苷[97]和紫甘薯花色苷[98]提取方面，研究结果表明，PEFE前处理可提高紫甘薯花色苷得率，同时降低提取温度和花色苷提取物中的有机溶剂残留量。

HHPE技术不同于高压均质和超临界提取，是指使用100~800MPa的高压，在室温下从植物材料内提取生物活性成分。高静压可使细胞变形、细胞膜破坏、蛋白质变性，从而强化目标提取物的固液传质效果；压强越高，可进入胞内的溶剂量越多，从而使更多活性物质溶出；同时在压强作用下，使得胞内外产生压力差，出现快速渗透现象，使得目标物浓度短时内在胞内外达到平衡浓度。HHPE提取葡萄皮花色苷的研究，发现HHPE可选择性提高花色苷得率，*p*-香豆葡萄糖苷比单糖苷和酰基化糖苷更易得到。HHPE的高提取率与目标提取物与花青素骨架上甲基和羟基的数量直接相关，因此提取效率从高到低依次为Mv > Pn > Pt > Dp > Cy[99]。

由于CO_2流体的非极性特质，SCE多应用在脂溶性色素的提取领域，而对水溶性花色苷的研究报道较少。近年来，部分学者提出将SCE作为一种对植物原料预处理的技术结合CSE技术可应用在花色苷提取中，如采用SCE技术提取接木果花色苷，提取溶剂为CO_2（0~90%）、乙醇（0~95%）和水（0.5%~100%）的混合物（体积比），提取温度39.85℃，提取压力 21MPa，最大得率为24.2%，其中总酚含量 15.8%，总黄酮含量 8.9%，总花色苷含量15.0%[100]。

HPCD是用压强高于大气压、低于100MPa，即密度不大于1.97×10^3kg/cm^{3}的二氧化碳形式处理的技术[101，102，103，104，105]。1951，Fraser首次发现HPCD能够杀灭细菌细胞的现象，并将结果发表在《自然》（*Nature*）上：通过突然释放加压的Ar、N_2、N_2O和CO_2等气体（1.7~6.2MPa），Fraser对液体介质中的*E. coli*细胞进行爆破，并收集其成分后，发现CO_2在压强为3.45MPa、温度为37~38 ℃时*E. coli*数量降低了95%~99 %（Fraser，1951）。近半个世纪以来，不少学者陆续开展了在该领域的研究，详见本书第一章和第二章。鉴于固液分离提取和微生物杀灭具有“破坏细胞结构、使细胞内物质溢出”的相似本质，且酸性环境有利于花色苷稳定，CO_2的存在又可保护花色苷不被氧化，同时，有研究发现HPCD处理不改变果汁中花色苷的品质[106]和含量[107]，因此，理论上HPCD可作为一种理想的花色苷提取技术。Xu等[108]（2010）首次采用HPCD提取花色苷，考察了提取温度、压强、时间及固液提取混合物和压力二氧化碳的体积比对紫甘蓝花色苷提取的影响；采用总传质模型（the general mass transfer kinetic model，GMTM）和费克第二扩散模型

（Fick's second law diffusion model，FSDM）对HPCD和CAW提取过程进行动力学分析，进一步对HPCD提取机制进行初步探讨。Lao等（2020）在上述研究基础之上，进一步考察了HPCD提取花色苷产品的品质及稳定性，并与传统水提法和醇提法进行了比较[109]。

第四节

HPCD 辅助提取花色苷单因素研究

一、酸的种类对花色苷得率的影响

徐贞贞（2013）采用pH2.0±0.2的盐酸、硫酸、三氟乙酸、甲酸、柠檬酸水溶液，于7.4MPa、40℃下HPCD处理30min。结果如图8-6所示，使用柠檬酸提取的紫甘蓝花色苷得率最高，盐酸、硫酸两种无机酸和三氟乙酸、甲酸两种有机酸差异不显著。且上述研究采用pH=2.0±0.2柠檬酸水溶液作为提取溶剂，有机酸+水的提取体系使得此法具有更好的食品安全性[110]。

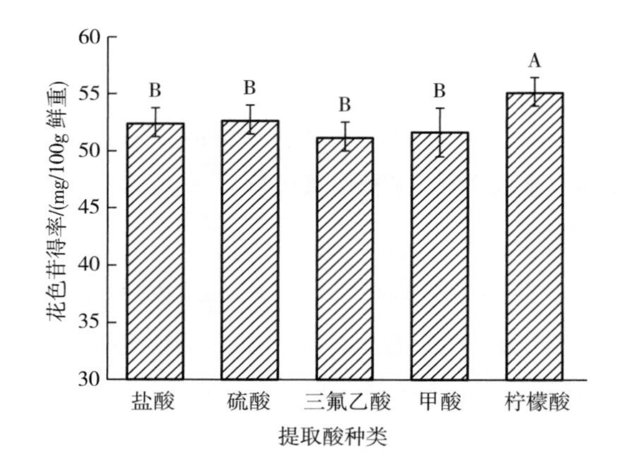

图8-6 不同酸种类对花色苷得率的影响

二、提取压强对花色苷得率的影响

Luque-Rodríguez等（2007）报道了动态PHE法提取花色苷，采用水:乙醇:盐酸=49.6：49.6：0.80（体积比）的过热溶剂在120℃、30min、1.2mL/min和8MPa 干燥氮气下所得花色苷得率为动态CSF提取得率的3倍[111]；Arapitsas和Turner 采用PHE法提取紫甘蓝花色苷：2.5g紫甘蓝、25mL 水：乙醇：甲酸=

94：5：1（体积比）、99℃、7min和5MPa干燥氮气下花色苷得率为662μg/g，而CSF提取得率仅为242 和 302μg/g（3.0g样品、25mL 水：乙醇：甲酸=94：5：1（体积比）、60min、10℃）[112]；Corrales[96]（2009）采用HHPE法从葡萄皮中提取花色苷，传压介质为水:乙二醇=20：80（体积比），采用100%乙醇为溶剂，在50℃、固液比为1：4.5、600MPa压强下花色苷得率高于对照组23%，对照组处理条件为100%乙醇为溶剂、50℃、固液比1：4.5，常压处理。徐贞贞（2013）研发发现，使用pH=2.0±0.2的柠檬酸溶液于0.1、5、7.5、10、12.5、15MPa，40℃下HPCD处理紫甘蓝碎片30min，结果如图8-7所示，5~15MPa加压处理组的得率均显著高于常压CAW对照组，表明高压可提高紫甘蓝花色苷得率。但是，与已有压力提取法的报道不同，花色苷得率并未随压强升高而升高，而在HPCD压强为10MPa时出现峰值，同时，和对照CAW组相比，在压强为5、7.5、10、12.5和15MPa时，得率分别提高8.64%、26.22%、36.75%、22.31%和12.77%，从得率提高率可看出5MPa得率显著低于7.5、10和12.5MPa，明显低于15MPa，此结果表明在HPCD体系内，除去压强对得率的影响外，二氧化碳本身也可能对提取过程产生影响[110]。

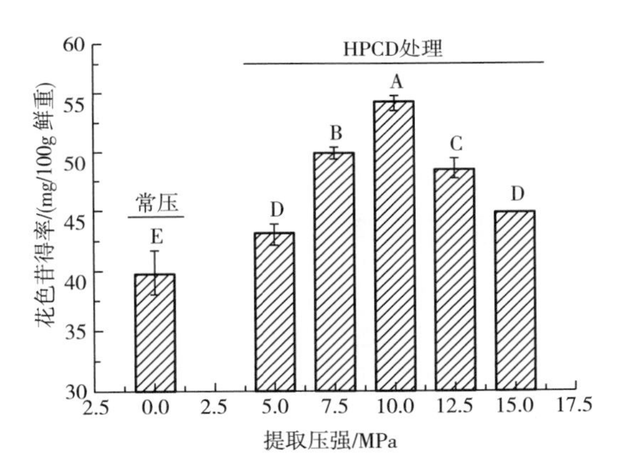

图8-7 HPCD▸不同提取压强对花色苷得率的影响

三、提取温度对花色苷得率的影响

Cacace 和 Mazza[113]（2003）在研究黑醋栗花色苷CSE提取时指出：黑醋栗花色苷提取的最佳温度为 35℃，高于45℃可导致花色苷热降解，显著降低得率；Chen 等[93]（2007）采用响应曲面法优化红树莓UAE提取工艺，得到其最佳提取温度为40℃。两者提出的最佳温度均低于徐贞贞的试验结果[110]，这是因为，由于花色苷植物来源不同，其化学结构存在差异，从而导致其稳定性质也大不相同。徐贞贞（2013）使用pH=2.0±0.2的柠檬酸溶液于10MPa下，分别在40、50、60、70、

80、90℃下HPCD处理30min，结果如图8-8所示，高温有利于紫甘蓝花色苷提取，但过高温度（大于80℃）可能引起紫甘蓝花色苷降解，从而降低花色苷得率[110]。紫甘蓝花色苷主要是酰基化的Cy-3，5-diglu和Cy-3-soph-5-glu[112]，而酰基化结构会显著提高花色苷的热稳定性[114]。Chigurupati 等[82]（2002）研究表明，紫甘蓝花色苷在pH = 3的缓冲液中可以在50 ℃下存在10d，其含量仅降低15%。Jing 和Giusti[115]（2007）研究紫玉米花色苷CSF提取时发现，其最佳提取温度为50℃，而紫玉米中也大量存在酰基化花色苷，因此，可认为徐贞贞的试验结果同前人一致。该试验紫甘蓝花色苷得率最高时的提取温度为70℃，但其与60℃的结果差异不显著，故其采用60℃作为提取温度进行后续试验。

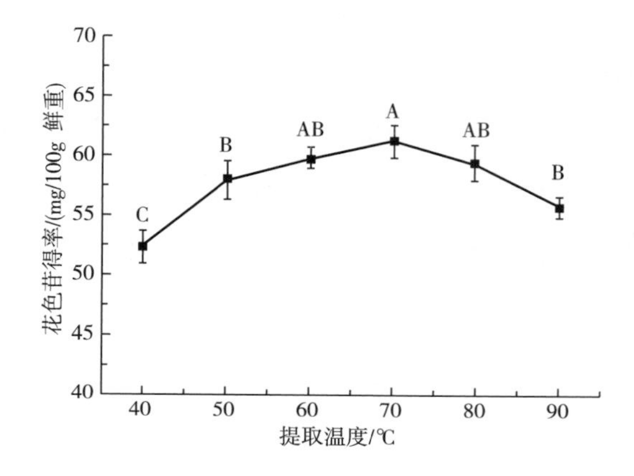

图8-8 HPCD不同提取温度对花色苷得率的影响

四、提取时间对花色苷得率的影响

徐贞贞（2013）使用pH=2.0±0.2的柠檬酸溶液于10MPa下，在60℃下HPCD处理，提取时间为 3、6、10、15、21、28、36、45min，结果如图8-9示，提取时间对得率的影响为“两段式”。0~15min时，花色苷得率随提取时间的升高，表明花色苷从固态植物基质中快速溶解至未饱和的液态提取液中；15~45min时，固液表面浓度达到平衡，紫甘蓝花色苷在液态中的浓度达到饱和，此阶段试验结果表明提取液中的紫甘蓝花色苷浓度不再增加，试验达到终点。本试验1min处理时花色苷浓度较高，其原因可能为试验原料使用的是冷冻紫甘蓝叶片，冷冻过程均会对紫甘蓝叶片组织结构造成一定破坏，且紫甘蓝花色苷具有较好的水溶性。因此，提取初期（t=1min）花色苷较部分使用新鲜原料进行提取试验的研究，得率较高[110]。

图8-9　HPCD不同提取时间对花色苷得率的影响

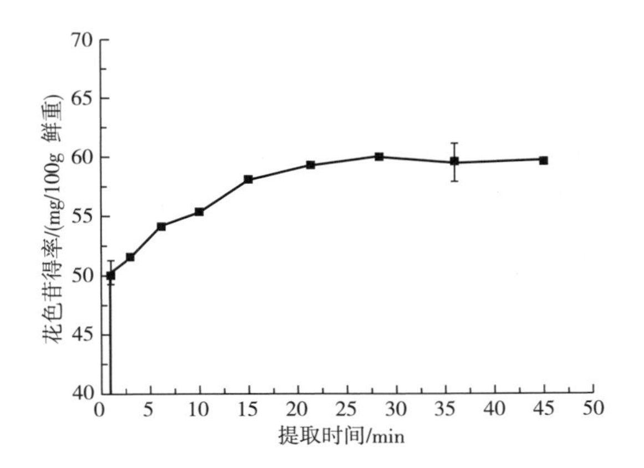

五、固液提取混合物与压力二氧化碳体积比 $R_{(S+L)/G}$ 对花色苷得率的影响

徐贞贞（2013）称取10、30、50g破碎的紫甘蓝叶片，分别加入100、300、500mL提取液，即V_G等于 710、440、160mL，使用pH=2.0±0.2的柠檬酸溶液于10MPa下，在60℃下HPCD处理10min，结果如图8-10所示，紫甘蓝花色苷得率随$R_{(S+L)/G}$的增加而减小。$R_{(S+L)/G}$是HPCD提取花色苷的重要参数。该研究首次将HPCD作为花色苷提取的手段，并发现和提取温度、压强、时间一样，固液提取混合物和压力二氧化碳的体积比$R_{(S+L)/G}$也是影响HPCD提取得率的主要因素[110]。

图8-10　HPCD不同固液提取混合物与二氧化碳体积比对花色苷得率的影响

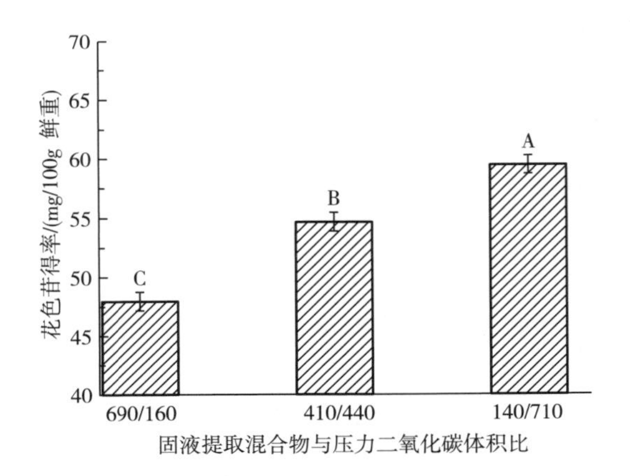

第五节 HPCD 辅助提取花色苷动力学分析及机制探讨

徐贞贞（2013）采用总传质模型（the general mass transfer kinetic model，GMTM）和扩散模型（the Fick's second law diffusion model，FSDM）对HPCD和CAW两种方式的动力学参数进行了比对研究。对提取过程的动力学研究表明，HPCD提取紫甘蓝花色苷的动力学过程符合总传质模型（$R^2>0.97$）；与CAW相比，HPCD提取的传质系数增大一倍，加速了紫甘蓝花色苷提取过程，提高了花色苷得率，显著提高了其提取效率[110]。

一、模型概述

（一）总传质模型

Richardson等提出基于GMTM的固液提取理论：由于植物细胞壁独特的刚性结构，和其相比，细胞膜和其他胞内细胞器外膜结构在固液提取中体现的阻力可忽略不计[116]。植物体内，花色苷分布在细胞液泡内，合成并存在于胞内细胞器花色苷体（anthocyanoplast）内[117]，每一个花色苷体存在于每一个色素细胞的液泡[118]。徐贞贞（2013）基于此理论[110]，假设紫甘蓝细胞细胞膜、液泡膜和花色苷体外膜的传质阻力为零，基于此假设使用GMTM模型研究HPCD的提取过程[119]，如式（8-1）所示。

$$y=y^{*}\left[1-\exp(-k_{L}\times a\times t)\right] \tag{8-1}$$

式中 y——每次花色苷试验的提取得率，mg/（100g 鲜重）；

y^{*}——平衡得率，mg/（100g 鲜重）；

$k_{L}\times a$——总传质系数，s^{-1}；

t——提取时间，min。

（二）扩散模型

Fick（1855）提出费克第二扩散模型，如式（8-2）所示：

$$\frac{\partial C}{\partial t}=D\frac{\partial^{2}C}{\partial x^{2}} \tag{8-2}$$

式中 C——目标物浓度，mg/g；

t——扩散时间，s；

D——扩散系数，m^2/s；

x——扩散距离，m。

在本研究中，假设经过榨汁机破碎的紫甘蓝叶片碎片为对称的圆柱体，其半径为不变常量，考虑到紫甘蓝叶片碎片圆柱体的几何形式，其实际扩散系数D_{eff}（m^2/s）也可认为是不变常量，同时认为在每个圆柱体内的初始花色苷浓度一致，溶解过程中花色苷在溶液中分布均匀，花色苷在固液分离界面的浓度一致。因此，提取过程中花色苷在固液界面的扩散速度决定整个提取效率。使用基于圆柱体模型的FSDM[120]来计算本试验的D_{eff}，方程表达如式（8-3）所示[121]。

$$\ln\left(\frac{C_{s,i}-C_s^*}{C_{s,0}-C_s^*}\right)=-D_{eff}\lambda^2 t \tag{8-3}$$

式中　C_s——花色苷在每个给定时间点对应的固相浓度，mg/g，由上述方程以及T_{Acy}计算得到；

$C_{s,0}$——0分钟时花色苷的固相浓度，mg/g；

$C_{s,i}$——在任意时刻花色苷的固相浓度（$t=i$），mg/g；

C^*_s——平衡后花色苷的固相浓度（$t \geqslant t^*$），mg/g；

t——提取时间，s；

D_{eff}——实际扩散系数，m^2/s；

λ——和圆柱半径相关的一个函数，m^2。

二、动力学拟合结果

徐贞贞（2013）称取10、30、50g破碎的紫甘蓝叶片，分别加入100、300、500mL提取液，即$R_{(S+L)/G}$为140/710、410/440和690/160，固液比 1:10（g/mL），pH 为2.0±0.2的柠檬酸水溶液，提取温度为40℃和60℃，HPCD提取压强为10MPa，提取时间为3、6、10、15、21、28、36、45min，并对所有处理做CAW提取对照，采用前述GMTM和FSDM两个公式对所得试验结果进行拟合，对HPCD和CAW两种方式的动力学参数进行比对分析。FSDM和GMTM动力学拟合参数见表8-4，GMTM拟合的回归系数（R^2）均大于0.97，而FSDM拟合的回归系数均小于0.89，试验结果的GMTM拟合图如图8-11（CAW，40℃）、图8-12（CAW，60℃）、图8-13（HPCD，40℃）和图8-14（HPCD，60℃）所示，说明GMTM模型可以更好地描述HPCD提取紫甘蓝花色苷的动力学过程[110]。

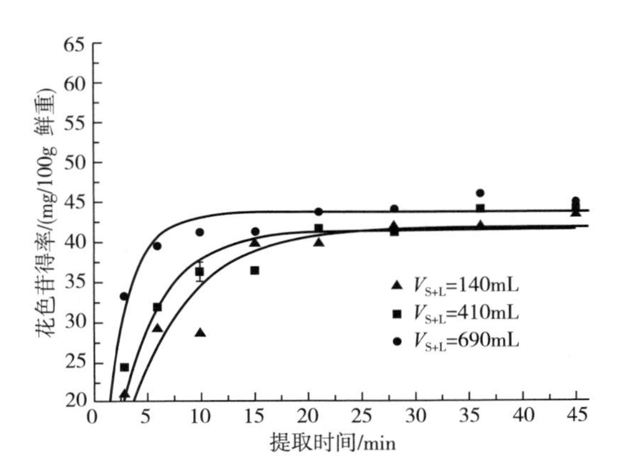

图8-11　40℃下花色苷CAW提取动力学试验及GMTM拟合结果

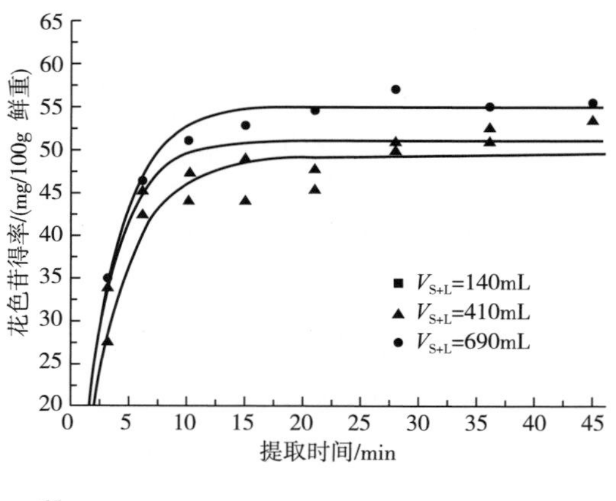

图8-12　60℃下花色苷CAW提取动力学试验及GMTM拟合结果

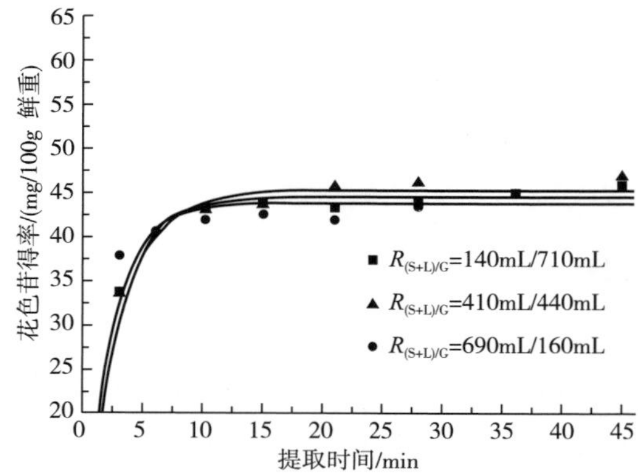

图8-13　40℃下花色苷HPCD提取动力学试验及GMTM拟合结果

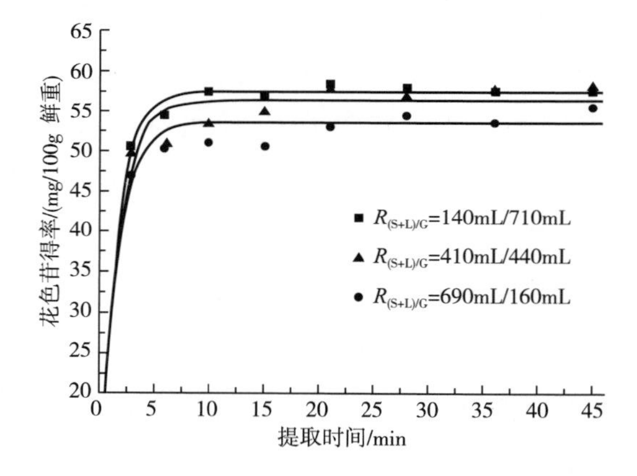

图8-14　60℃下花色苷HPCD提取动力学试验及GMTM拟合结果

表8-4　HPCD和CAW提取动力学试验平衡得率、平衡时间试验值及拟合参数表

试验方法		HPCD					
试验编号		1	2	3	4	5	6
平衡得率（y^*）/（mg/100g 鲜重）		58.3±0.6	57.1±0.8	55.8±0.4	46.2±0.8	46.3±0.5	45.9±0.5
平衡时间（t^*）/min		13	15	17	25	24	21
GMTM	$K_L \times a$/s^{-1}	0.680	0.651	0.660	0.387	0.362	0.451
	R^2	0.9972	0.9856	0.9835	0.9783	0.9723	0.9825
FSDM	D_{eff}（$\times 10^{-10}m^2/s$）	8.65	5.01	1.39	4.12	4.37	1.57
	R^2	0.8769	0.8750	0.8307	0.8680	0.8698	0.8886

续表

试验方法		CAW					
试验编号		7	8	9	10	11	12
平衡得率（y^*）/（mg/100g 鲜重）		51.0±0.4	53.6±0.4	55.6±0.4	43.4±0.4	44.2±0.7	44.9±0.3
平衡时间（t^*）/min		30	28	27	36	32	31
FSDM	$k_L \times a/s^{-1}$	0.274	0.349	0.316	0.178	0.249	0.250
	R^2	0.9764	0.9710	0.9958	0.9630	0.9716	0.9745
GMTM	D_{eff}/（$\times 10^{-10}m^2/s$）	2.10	1.66	2.41	2.56	2.65	1.80
	R^2	0.9200	0.8790	0.8902	0.9113	0.9647	0.8794

在同等温度条件下，HPCD提取过程的传质系数是CAW提取过程的2倍，此动力学结果再次证明，HPCD可以加速紫甘蓝花色苷提取过程，显著提高其提取效率。同时，在表8-4中，CAW处理花色苷得率随固液混合物的体积升高而有升高趋势，而HPCD提取中则完全相反，花色苷得率随固液混合物的体积升高有降低趋势。通常来说，热量在液相介质中比其在气相介质中更容易传递，当固液混合物体积为140、410和690mL时，对应的反应釜内上空体积为710、440和160mL，多余上空体积会影响反应釜的传热效率，而在HPCD提取中，反应釜上空体积内充满压力二氧化碳。因此，我们有理由认为，在HPCD提取中$R_{(S+L)/G}$，即固液提取混合物和压力二氧化碳的体积比，显著影响HPCD提取的得率。

同时，HPCD处理时卸压时产生的爆炸效应可对细胞结构，特别是细胞壁、细胞膜产生不可逆的破坏效应[122]，且本试验结果说明HPCD提取动力学更好地符合GMTM模型，则进一步证实细胞壁可能是紫甘蓝花色苷提取过程的主要传质阻力这一理论。因此，爆炸效应可能是破坏紫甘蓝细胞、加速紫甘蓝花色苷从固态植物基质向液态提取溶剂传质的主要因素。在同等压强下，同等卸压速率下，爆炸效应的强弱通常由压力二氧化碳和固液提取混合物的质量比（R_M）决定，比值越高，爆炸效应越强烈，传质效率越高。在此假设CO_2在被提取溶剂中的溶解度等同于其在对应条件下纯水中的溶解度，因此R_M可通过二氧化碳的密度、溶解度计算得出（表8-5）。Calix 等（2008）[123]曾报道由于溶质的存在，CO_2在橙汁和苹果汁中的溶解度显著低于其在纯水中的溶解度，因此体系的真实 R_M应该低于按照纯水体系计算所得到的R_M，但R_M仍随着$R_{(S+L)/G}$的降低而升高，即增加$R_{(S+L)/G}$意味着更多压力二氧化碳和更少的被提取固液混合物。因此，$R_{(S+L)/G}$是HPCD提取紫甘蓝花色苷的决定因素之一，其显著影响花色苷得率。

表8-5　　压力二氧化碳和固液混合被提取物的质量比估算表①

试验编号	V_L /mL	V_G /mL	$R_{(S+L)/G}$	D_{CO_2} /(g/mL)②	S_{CO_2} /(g/100g)③	$D_水$/(g/mL)④	M_{L+S} /g⑤	M_G /g⑥	R_M
1	100	750	140/710	0.28	4.5	0.9875	98.75	203.2	1.87
2	300	550	410/440	0.28	4.5	0.9875	296.25	136.5	0.42
3	500	350	690/160	0.28	4.5	0.9875	493.75	67.0	0.12
4	100	750	140/710	0.59	5.4	0.9965	99.65	424.2	3.87
5	300	550	410/440	0.59	5.4	0.9965	298.95	275.7	0.84
6	500	350	690/160	0.59	5.4	0.9965	498.25	121.3	0.22

注：①此表基于 CO_2 的密度及其在纯水中的溶解度。
②CO_2 的密度[124]。
③CO_2 的溶解度[125]。
④水的密度（http：//webbook.nist.gov/chemistry/fluid/）。
⑤固液提取混合物质量。
⑥压强二氧化碳质量，$M_G=M_{G1}+M_{G2}$。

$M_{G1}=V_G\times D_{CO_2}$(g)，代表不溶于固液提取混合物内的压强二氧化碳质量；

$M_{G2}=\dfrac{D_水\times V_L\times S_{CO_2}}{100}$(g)，代表溶于固液提取混合物内的压强二氧化碳质量。

三、机制探讨

鉴于固液分离提取和微生物杀灭具有破坏细胞结构、使细胞内溶物渗出的相似本质，通过对HPCD提取紫甘蓝花色苷的单因素和动力学分析，徐贞贞（2013）提出，HPCD提取可能的机制是（图8-15）：①HPCD提取体系内5种形式的CO_2对被提取植物基质的细胞膜、细胞器外膜的破坏性更大，从而增大了传质通道；②胞内高酸环境和全程无氧环境有利于提高目标活性成分花色苷的稳定性；③HPCD卸压时的爆炸效应可加速紫甘蓝花色苷从固态植物基质向液态提取溶剂的传质过程。在10MPa的HPCD提取体系内，存在和二氧化碳相关的5种形式，分别是超临界CO_2、碳酸H_2CO_3、碳酸的解离态产物氢离子H^+、HCO_3^-碳酸氢根离子和CO_3^{2-}碳酸根离子。它们在HPCD提取过程中可能起到重要作用。首先，超临界二氧化碳作为一种同时具备气态良好扩散性和液态良好溶解性的非极性超临界流体，可很好地溶解紫甘蓝叶片外层的蜡质层，进入蜡质层后，又可以继续溶解细胞膜的磷脂双分子层，破坏细胞结构的完整性，有利于细胞内溶物溶出；其次，Cacace & Mazza（2003）[113]曾报道增加提取溶剂中酸性气体如SO_2的含量，可增大花色苷从固态植物基质向液态提取溶剂扩散的有效扩散系数 D_{eff}，在本研究中CO_2可能起到同等作用，本文FSDM拟合结果也可佐证此理论；第三，HPCD处理时卸压时产生的爆炸效应是破坏紫甘蓝细胞结构、加速紫甘蓝花色苷从固态植物基质向液态提取溶剂传质的主要因素。这些步骤同样具有复杂性和极强的关联性，可能分步或同时进行[110]。

图8-15　HPCD提取花色苷可能的机制

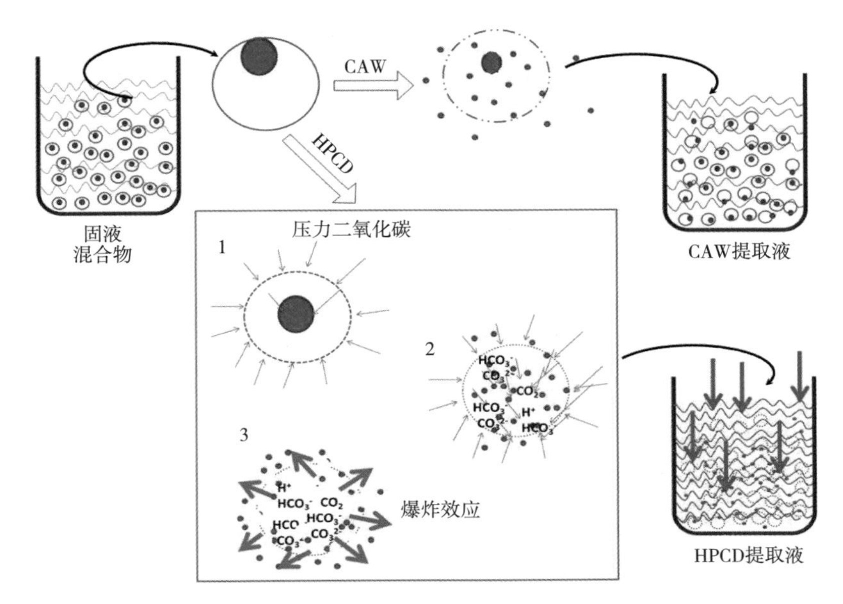

1—细胞结构破坏　2—CO_2 溶解　3—爆炸效应

综上，基于HPCD的提取技术主要是以CO_2为传压介质，构建了"CO_2-水-物料"气液固三相提取体系，提取的机制为：①无氧保护：CO_2置换体系中的氧气，保护花色苷避免氧化降解；②酸化稳定：高压作用下CO_2溶解于水，降低介质pH，利于花色苷稳定；③高压破壁：物料细胞壁和细胞膜被高压破坏，促进花色苷溶出；④爆炸强化：卸压过程产生爆炸效应，增强花色苷溶出。其中，无氧保护和酸化稳定，有利于花色苷的稳定，高压提取和爆破强化可加速紫甘蓝花色苷的传质过程。采用的HPCD无醇柠檬酸水体系提取技术安全、高效、环保，可用作一种新型的生物活性成分提取手段。

第六节
HPCD 辅助提取花色苷粗提物品质比对研究

一、提取得率比对研究

Lao等（2020）比较了传统CAW（柠檬酸酸化水，柠檬酸浓度2%）、CSE

（柠檬酸酸化的70%乙醇，柠檬酸浓度2%）和HPCD（（柠檬酸酸化水，柠檬酸浓度2%）辅助提取花色苷的产品得率，如图8-16所示，CAW、CSE和HPCD一次提取可得到紫甘薯中（45.58±5.44）%~（83.26±4.11）%的花色苷，其中HPCD提取的得率最高，而酸化的水则最低；与Xu[108]等2010年的研究结果一致，HPCD在提取花色苷效率方面显示出优于传统水性溶剂的巨大优势[109]。

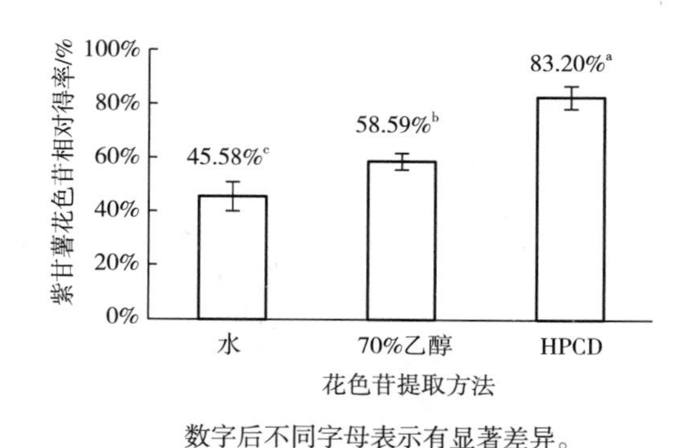

数字后不同字母表示有显著差异。

◂图8-16 CAW、CSE和HPCD提取花色苷的得率

二、花色苷提取物品质比较分析

Lao等（2020）发现[109]，HPCD组提取的花色苷总量为5.78±0.25（mg C3G/L），高于CAW和CES组，同时，对提取体系总酚含量测定的结果表明，HPCD和CSE提取所得水提物的总酚化合物量高于CAW（表8-6）。颜色分析表明，HPCD提取的紫甘薯花色苷呈现最饱和的颜色，CSE提取物的阴影比其他提取物略深（图8-17）；颜色指标（L^*，C^*，h^* 和 ΔE）指标与观察一致，HPCD提取物具有最暗的色度和最低的亮度（L^*=36.51±0.26）；CAW提取物的花色苷得率约为HPCD组的一半，其颜色强度指示色度（6.63±0.09）也约是HPCD的一半（12.29±0.11）。进一步的稳定性实验（25±2℃、4周）表明，HPCD提取花色苷的半衰期长达315d，远高于CAW和CSE组；具体而言，和CAW相比，HPCD辅助提取可将紫甘薯花色苷提取物的半衰期延长近3倍，在这项研究中使用的一阶反应模型是评估花色苷降解动力学的经典模型，并且已经证明可以很好地拟合色素降解现象[126][127][128][129]。Rodríguez-Saona等[130]在pH3.5的饮料模型系统中，在25℃的条件下追踪了红马铃薯色素的颜色存储稳定性超过30周，发现色素的半衰期为10周，这与上述研究CAW的79d一致。研究表明：①HPCD可以有效地对大多数食物病原体进行杀菌，破坏植物细胞和孢子的生长[131]，这可能有助于保护花色苷不被微生物代谢；②HPCD可有效抑制超过80%的酶活性，包括脂氧合酶、多酚氧化酶（PPO）、过氧化物酶、果胶甲基酯酶和果胶酯酶[132]，HPCD对PPO的灭活可以避免花色苷水提物的褐变；③HPCD创造了一个厌氧环境，为花色苷提供了额外的保

护，使其免受氧化降解。综上，HPCD提取花色苷提取物的色素稳定性较好，其可能的原因为，HPCD处理可对提取物中的微生物产生灭菌，对酶产生钝化，并通过隔绝氧气实现提取过程的氧化抑制。值得注意的是，在70%乙醇中，室温下花色苷提取物的半衰期甚至小于在水中的半衰期，其可能与乙醇浓度升高、花色苷降解加速相关[133，134]。有研究表明，花色苷在醇体系内表现出较低稳定性的原因可以解释为，随着乙醇含量的增加，花色苷的自缔合程度降低[134]，或乙醇可能会降低花色苷的最低未占用分子轨道能量，并加速水的亲核攻击，从而导致花色苷反应活性更高[133]。

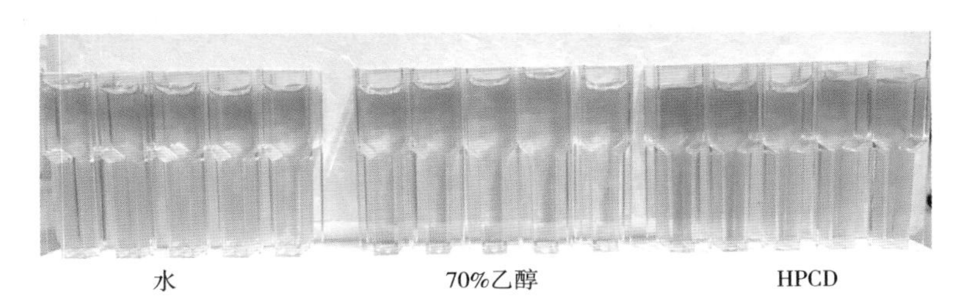

图8-17　三种不同方式提取的花色苷（柠檬酸2%、提取时间20min、温度60℃）

表8-6　三种不同提取方式目标物得率及花色苷粗提物品质

		CAW（柠檬酸酸化水，柠檬酸浓度 2%）	CSE（柠檬酸酸化的 70% 乙醇，柠檬酸浓度 2%）	HPCD（柠檬酸酸化水，柠檬酸浓度 2%）
总酚 /（mgGAE/L）		22.39±1.55[b]	57.24±2.27[a]	56.33±4.54[a]
花色苷单体 /（mgC3G/L）		3.13±0.22[c]	3.88±0.21[b]	5.78±0.25[a]
颜色指数	L^*	37.53±0.55[b]	43.19±0.72[a]	36.51±0.26[c]
	C^*	6.63±0.09[c]	8.54±0.28[b]	12.29±0.11[a]
	h^*	351.56±2.06[a]	325.51±3.07[b]	353.20±0.69[a]
pH		2.26±0.11[b]	3.09±0.12[a]	2.34±0.10[b]
聚合色素 /%		12.38±2.50[b]	22.45±3.25[a]	10.50±1.89[b]
半衰期（25°C，暗）/d		79（R^2=0.88）	27（R^2=0.93）	315（R^2=0.89）

注：数字后不同字母表示有显著差异，相同字母表示无显著差异。

三、花色苷单体种类及含量解析

基于上述品质差异，Lao等（2020）继续比较了三种不同提取方式下提取液的花色苷种类及含量差异[109]。根据MS/MS信息（表8-7）并与已发表数据（[6]，[9]，[56]）进行比较，紫甘薯花色苷提物中共发现13种花色苷单体（图8-18），分别为1个非酰化花色苷（峰1）、4个单酰化花色苷（峰2-峰5）和8个二酰基花色苷（峰6~峰13）。

与大多数紫甘薯花色苷提取研究一致，该研究中约90%的花色苷单位为对羟基苯甲酸、阿魏酸和/或咖啡酸酰化的花色苷单体[135]。尽管3种不同提取方式所得花色苷提取物中花色苷的种类非常相似，但是在CSE提取液中未发现在水性基质中发现的两种痕量双酰化花色苷（峰6和峰11）。为了进一步研究HPCD对花色苷单体得率的影响，表8-7中详细列出了每种花色苷的相对含量，结果表明，不同提取方法中的酰基化花色苷占比存在显著差异。具体地说，CAW倾向于提取出更高比例的非酰化形式的花色苷，HPCD有利于单酰基化花色苷提取，而CSE的乙醇体系更有利于二酰化花色苷单体。花色苷单体的酰基化差异分布表明，HPCD可能会对酸化水体系产生极性修饰，从而有助于提取更多非极性组分。上述研究是首次从花色苷单体的角度进行目标提取物提取效果评价的研究。

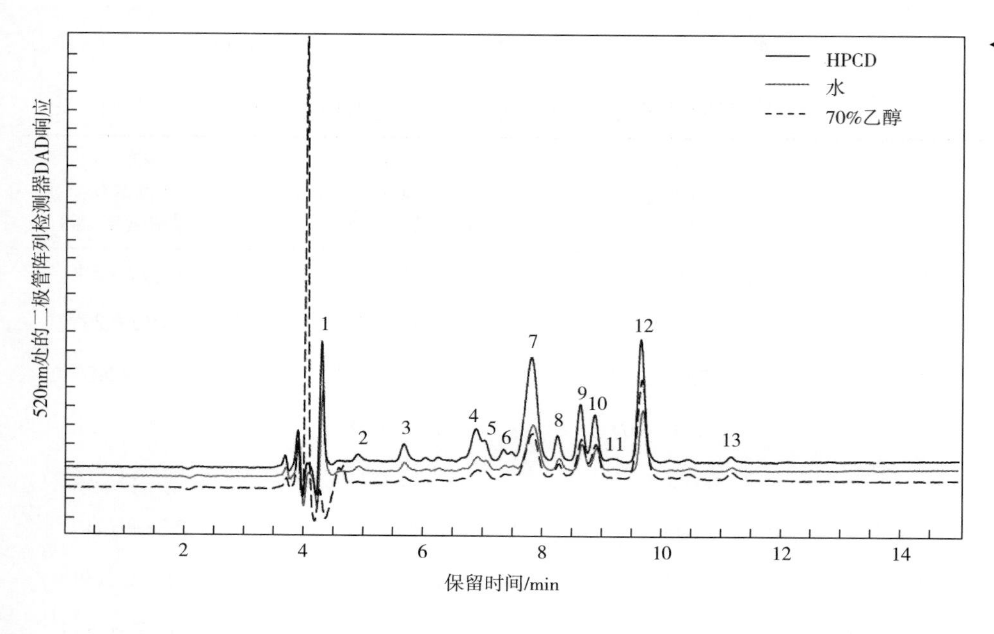

图8-18 CAW、CSE及HPCD提取液的花色苷色谱图（520nm）

四、多酚单体种类及含量解析

由于在上述关于总酚含量的研究结果中，不同提取方式表现出了较大差异，Lao等（2020）继续比较了三种不同提取方式下提取液的多酚种类及含量差异。表8-8列出了14种检测到的酚类在不同提取方式提取液中的分布，极性最弱的CSE乙醇体系中，提取物中酚类化合物多样性最高，HPCD提取物中未检测到根皮苷，CAW提取物中未检测到对羟基苯甲酸和根皮苷。通过对花色苷及多酚单体的解析，证明HPCD提取可能具有潜在、温和的非极性修饰作用[109]。

表8-7　CAW、CSE及HPCD提取液的花色苷单体种类及相对含量解析

花色苷	保留时间 /min	m/z			去簇电压（DP）/V	碰撞电压（CE）/eV	不同提取方式的相对峰面积		
		[M]+	[M]+ 碎片				CAW（柠檬酸酸化水，柠檬酸浓度 2%）	CSE（柠檬酸酸化的 70% 乙醇，柠檬酸浓度 2%）	HPCD（柠檬酸酸化水，柠檬酸浓度 2%）
芍药苷 3-槐苷-5-葡萄糖苷	4.4	787	301	625	262	15/20	12.25 ± 0.27[a]	1.24 ± 0.04[c]	9.76 ± 0.20[b]
氰胺 3-对羟基苯甲酰槐苷-5-葡萄糖苷	4.9	893	287	731	298	15/20	1.92 ± 0.09[a]	1.85 ± 0.04[a]	1.15 ± 0.04[b]
芍药苷 3-对羟基苯甲酰槐苷 5-葡萄糖苷	5.7	907	301	745	300	15/22	3.60 ± 0.05[a]	1.48 ± 0.09[c]	3.37 ± 0.03[b]
花青素 3-(6″-咖啡酰槐苷)-5-葡萄糖苷	7.1	935	287	773	312	15/24	2.70 ± 0.13[b]	4.65 ± 0.38[a]	5.12 ± 0.15[a]
芍药苷 3-(6″-阿魏酰槐苷)-5-葡萄糖苷	7.4	963	301	801	320	15/20	0.83 ± 0.03[a]	0.57 ± 0.02[b]	0.79 ± 0.03[a]
花青素 3-（6″，6″-二咖啡酰槐苷）-5-葡萄糖苷	7.5	1097	287	935	365	15/20	0.43 ± 0.02[a]	ND	0.35 ± 0.01[b]
氰胺 3-咖啡酰-p-羟基苯甲酰槐苷-5-葡萄糖苷	7.9	1055	287	893	350	15/20	29.78 ± 0.05[b]	21.34 ± 0.29[c]	32.24 ± 0.09[a]
花青素 3-（6″-咖啡酰-6″-阿魏酰）	8.3	1111	287	949	370	15/22	4.28 ± 0.11[a]	3.45 ± 0.02[c]	4.02 ± 0.09[b]
芍药苷 3-（6″，6″-二咖啡酰槐苷）-5-葡萄糖苷	8.7	1111	301	949	370	15/20	8.41 ± 0.05[b]	11.31 ± 0.51[a]	8.44 ± 0.04[b]
芍药苷 3-(阿魏酰-p-香豆素-槐苷)-5-葡萄糖苷	8.9	1109	301	947	370	15/20	7.18 ± 0.01[b]	9.81 ± 0.45[a]	6.68 ± 0.11[b]
芍药苷 3-咖啡酰对羟基苯甲酰	9.1	1069	301	907	355	15/24	0.33 ± 0.02[b]	ND	0.46 ± 0.03[a]
芍药苷 3-咖啡酰-阿魏酰槐苷-5-葡萄糖苷	9.7	1125	301	963	375	15/22	25.64 ± 0.48[b]	38.71 ± 0.63[a]	24.03 ± 0.23[c]

续表

花色苷	保留时间 /min	*m/z* [M]+	[M]+ 碎片	去簇电压（DP）/V	碰撞电压（CE）/eV	不同提取方式的相对峰面积 CAW（柠檬酸酸化水，柠檬酸浓度 2%）	CSE（柠檬酸酸化的 70% 乙醇，柠檬酸浓度 2%）	HPCD（柠檬酸酸化水，柠檬酸浓度 2%）
芍药苷 3- 槐苷 -5- 葡萄糖苷衍生物	11.7	1139	301 977	375	15/22	2.91 ± 0.08[c]	5.60 ± 0.21[a]	3.60 ± 0.25[b]
				非酰化		12.25 ± 0.27[a]	1.24 ± 0.04[c]	9.76 ± 0.20[b]
				单酰化		9.05 ± 0.11[b]	8.54 ± 0.46[b]	10.42 ± 0.17[a]
				二酰化		78.70 ± 0.17[c]	90.21 ± 0.45[a]	79.82 ± 0.12[b]

注：（1）a、b、c 代表统计学的不同差异水平。
（2）ND：未检测到。

表8-8　　CAW、CSE及HPCD提取液的多酚单体种类解析

化合物	保留时间/min	*m/z*			提取方式		
		[M]+	[M]+ 碎片离子		CAW	HPCD	CSE
对羟基苯甲酸	3.69	138.87	64.90	76.95	—	√	√
2,4- 二羟基苯甲酸	3.72	152.87	64.91	109.00	√	√	√
4- 氨基苯甲酸	3.95	137.95	76.98	94.37	√	√	√
根皮苷	4.06	435.04	166.98	273.03	—	—	√
对香豆酸	4.16	164.95	91.02	119.03	√	√	√
肉桂酸	4.84	149.00	103.00	131.00	√	√	√
松柏醇	5.03	163.03	103.03	131.03	√	√	√
山柰酚 3- 葡萄糖苷	5.86	449.13	152.98	287.01	√	√	√
异鼠李素 3- 葡萄糖苷	5.91	479.14	302.02	317.04	√	√	√
香兰酸	5.98	168.95	64.98	92.99	√	√	√
白蜡树苷	6.47	369.06	191.79	206.94	√	√	√
香草醛	6.85	152.89	92.99	124.98	√	√	√
阿魏酸	6.85	194.96	116.96	144.97	√	√	√
东莨菪碱	6.94	193.01	133.02	161.08	√	√	√

参考文献

[1] Huntress，E H. The chemistry of the red and blue pigments of flowers and fruits. Part II [J]. Journal of Chemical Education，1928a，5 (12)：1392-1398.

[2] Huntress，E H. The chemistry of the red and blue pigments of flowers and fruits. Part II [J]. Journal of Chemical Education，1928b，5 (12)：1615.

[3] Shibata K，Shibata Y，Kasiwagi I. Studies on anthocyanins：color variation in anthocyanins [J]. Journal of the American Chemical Society，1919，41 (2)：208-220.

[4] Wu X，Beecher G R，Holden J M，et al. Concentrations of anthocyanins in common foods in the United States and estimation of normal consumption [J]. Journal of Agricultural and Food Chemistry，2006，54 (11)：4069-4075.

[5] Tsuda T. Dietary anthocyanin-rich plants：biochemical basis and recent progress in health benefits studies [J]. Molecular Nutrition & Food Research，2012，56：159-170.

[6] Konczak I，Zhang W. Anthocyanins—more than nature's colours [J]. J Biomed Biotechnol，2004，5：239-240.

[7] 李媛. 葡萄皮中花色苷的微波提取及降解机制研究 [D]. 北京：中国农业大学，

2012.

[8] 孙建霞. 高压脉冲电场对矢车菊素-3-葡萄糖苷和矢车菊素-3-槐糖苷的稳定性影响研究：[D] . 北京：中国农业大学，2010.

[9] Kong J M，Chia L S，Goh N K，et al. Analysis and biological activities of anthocyanins [J] . Phytochemistry，2003，64 (5)：923-933.

[10] Rein M. Copigmentation reactions and color stability of berry anthocyanins [D] . Helsinki：University of Helsinki，2005：10-14.

[11] Prior R L，Meskin M S，Bidlack W R，et al. Absorption and metabolism of anthocyanins：potential health effects [J] . Phytochemicals：Mechanisms of Action，2004：1-19.

[12] Castañeda-Ovando A，Pacheco-Hernández M L，Páez-Hernández M E，et al. Chemical studies of anthocyanins：a review [J] . Food Chemistry，2009，113 (4)：859-871.

[13]Clifford M N. Anthocyanins-nature，occurrence and dietary burden [J]. Journal of the Science of Food and Agriculture，2000，80 (7)：1063-1072.

[14] Cooke D，Schwarz M，Boocock D，et al. Effect of cyanidin-3-glucoside and an anthocyanin mixture from bilberry on adenoma development in the ApcMin mouse model of intestinal carcinogenesis—relationship with tissue anthocyanin levels [J] . International Journal of Cancer，2006，119 (9)：2213-2220.

[15] 张燕. 高压脉冲电场技术提取树莓花青素研究 [D] . 北京：中国农业大学，2007.

[16] Davies A J，Mazza G. Copigmentation of simple and acylated anthocyanins with colorless phenolic compounds [J] . Journal of Agricultural and Food Chemistry，1993，41 (5)：716-720.

[17] Neill S O，Gould K S，Kilmartin P A，et al. Antioxidant activities of red versus green leaves in elatostema rugosum [J] . Plant，Cell & Environment，2002，25 (4)：539-547.

[18] Pietrini F，Iannelli M A，Massacci A. Anthocyanin accumulation in the illuminated surface of maize leaves enhances protection from photo-inhibitory risks at low temperature，without further limitation to photosynthesis [J] . Plant，Cell & Environment，2002，25 (10)：1251-1259.

[19] Feild T S，Lee D W，Holbrook N M. Why leaves turn red in autumn. The role of anthocyanins in senescing leaves of red-osier dogwood [J] . Plant Physiology，2001，127 (2)：566-574.

[20] Chalker-Scott L. Environmental significance of anthocyanins in plant stress responses [J] . Photochemistry and Photobiology，1999，70 (1)：1-9.

[21] Hamilton W D，Brown S P. Autumn tree colours as a handicap signal [J] . Proceedings of the Royal Society of London. Series B：Biological Sciences，2001，268 (1475)：1489-1493.

[22] Costa-Arbulú C，Gianoli E，Gonzáles W L，et al. Feeding by the aphid Sipha flava produces a reddish spot on leaves of Sorghum halep-

ense: an induced defense [J] . Journal of Chemical Ecology, 2001, 27 (2): 273-283.

[23] Steyn W J, Wand S J E, Holcroft D M, et al. Anthocyanins in vegetative tissues: a proposed unified function in photoprotection [J] . New Phytologist, 2002, 155 (3): 349-361.

[24] Nakaishi H, Matsumoto H, Tominaga S, et al. Effects of black currant anthocyanoside intake on dark adaptation and VDT work-induced transient refractive alteration in healthy humans [J] . Alternative Medicine Review, 2000, 5 (6): 553-562.

[25] Matsumoto H, Kamm K E, Stull J T, et al. Delphinidin-3-rutinoside relaxes the bovine ciliary smooth muscle through activation of ETB receptor and NO/cGMP pathway [J] . Experimental Eye Research, 2005, 80 (3): 313-322.

[26] Kalt W, Hanneken A, Milbury P, et al. Recent research on polyphenolics in vision and eye health† [j] . journal of Agricultural and Food Chemistry, 2010, 58 (7): 4001-4007.

[27] Yanamala N, Tirupula K C, Balem F, et al. pH-dependent interaction of rhodopsin with cyanidin-3-glucoside. 1. structural aspects [J] . Photo Chemistry and Photobiology, 2009, 85 (2): 454-462.

[28] Tirupula K C, Balem F, Yanamala N, et al. pH-dependent interaction of rhodopsin with cyanidin-3-glucoside. 2. functional aspects† [J] . Photo Chemistry and Photobiology, 2009, 85 (2): 463-470.

[29] Matsumoto H, Nakamura Y, Tachibanaki S, et al. Stimulatory effect of cyanidin 3-glycosides on the regeneration of rhodopsin [J] . Journal of Agricultural and Food Chemistry, 2003, 51 (12): 3560-3563.

[30] Ohguro I, Ohguro H, Nakazawa M. Effects of anthocyanins in black currant on retinal blood flow circulation of patients with normal tension glaucoma: a pilot study [J] . Hirosaki Medical Journal, 2007, 59: 23-32.

[31] Krikorian R, Shidler M D, Nash T A, et al. Blueberry supplementation Improves memory in older adults† [J] . Journal of Agricultural and Food Chemistry, 2010, 58 (7): 3996-4000.

[32] Shukitt-Hale et al., 2006Kuang T Y, Liao X M, Wang K Y, et al. Study on the frequency distribution of debrisoquine hydroxylation deficiency in Chinese healthy Zang and Wei volunteers [J] . Yao Hsueh Hsueh Pao, 1991, 26: 250-254.

[33] Shukitt-Hale B, Carey A, Simon L, et al. Effects of Concord grape juice on cognitive and motor deficits in aging [J] . Nutrition, 2006, 22 (3): 295-302.

[34] Choi D Y, Lee Y J, Hong J T. Antioxidant properties of natural polyphenols and their therapeutic potentials for Alzheimer' s disease [J] . Brain Research Bulletin, 2011, 87: 144-153.

[35] Joseph J A, Arendash G, Gordon M, et al. Blueberry supplementation enhances signaling and prevents behavioral deficits in an Alzheimer disease model [J]. Nutritional neuroscience, 2003, 6 (3): 153-162.

[36] Guo J P, Yu S, McGeer P L. Simple *in vitro* assays to identify amyloid-β aggregation blockers for Alzheimer' s disease therapy [J]. Journal of Alzheimer' s Disease, 2010, 19 (4): 1359-1370.

[37] Prior, R. L., Wu, X., Gu, L., Hager, T. J. et al., Whole berries versus berry anthocyanins: interactions with dietary fat levels in the C57BL/6J mouse model of obesity. Journal of Agricultural and Food Chemistry, 2008, 56, 647-653.

[38] Prior, R. L., Wilkes, S. E., Rogers, T. R., Khanal, R. C. et al., Purified blueberry anthocyanins and blueberry juice alter development of obesity in mice fed an obesogenic high-fat diet [J]. Journal of Agricultural and Food Chemistry, 2010, 58, 3970-3976.

[39] DeFuria J, Bennett G, Strissel K J, et al. Dietary blueberry attenuates whole-body insulin resistance in high fat-fed mice by reducing adipocyte death and its inflammatory sequelae [J]. The Journal of Nutrition, 2009, 139 (8): 1510-1516.

[40] Prior, R. L., Wu, X., Gu, L., Hager, T. et al., Purified berry anthocyanins but not whole berries normalize lipid parameters in mice fed an obesogenic high fat diet [J]. Molecular Nutrition & Food Research, 2009, 53, 1406-1418.

[41] Peng C H, Liu L K, Chuang C M, et al. Mulberry water extracts possess an anti-obesity effect and ability to inhibit hepatic lipogenesis and promote lipolysis [J]. Journal of Agricultural and Food Chemistry, 2011, 59 (6): 2663-2671.

[42] Titta L, Trinei M, Stendardo M, et al. Blood orange juice inhibits fat accumulation in mice [J]. International Journal of Obesity, 2009, 34 (3): 578-588.

[43] Tsuda, T., Horio, F., Uchida, K., Aoki, H. et al., Dietary cyanidin 3-O-b-D-glucoside-rich purple corn color prevents obesity and ameliorates hyperglycemia in mice [J]. Journal of Nutrition, 2003, 133, 2125-2130.

[44] Tsuda, T., Ueno, Y., Yoshikawa, T., Kojo, H. et al., Microarray profiling of gene expression in human adipocytes in response to anthocyanins. Biochemical Pharmacology, 2006, 71, 1184-1197.

[45] Tsuda, T., Regulation of adipocyte function by anthocyanins; possibility of preventing the metabolic syndrome [J]. Journal of Agricultural and Food Chemistry, 2008, 56, 642-646.

[46] Iwai K, Kim M Y, Onodera A, et al. α-Glucosidase inhibitory and antihyperglycemic effects of polyphenols in the fruit of viburnum dilatatum Thunb [J]. Journal of Agricultural and Food Chemistry, 2006, 54 (13): 4588-4592.

[47] Matsui T, Ueda T, Oki T, et al. α-Glucosidase inhibitory action of natural acylated anthocyanins. 1. Survey of natural pigments with potent inhibitory activity [J]. Journal of Agricultural and Food Chemistry, 2001, 49 (4): 1948-1951.

[48] Matsui, T., Ueda, T., Oki, T., Sugita, K. et al., α-Glucosidase inhibitory action of natural acylated anthocyanins. 2. α-Glucosidase inhibition by isolated acylated anthocyanins [J]. Journal of Agricultural and Food Chemistry 2001, 49, 1952-1956.

[49] Matsui T, Ebuchi S, Kobayashi M, et al. Anti-hyperglycemic effect of diacylated anthocyanin derived from ipomoea batatas cultivar Ayamurasaki can be achieved through the α-glucosidase inhibitory action [J]. Journal of Agricultural and Food Chemistry, 2002, 50 (25): 7244-7248.

[50] Matsui T, Ebuchi S, Fukui K, et al. Caffeoylsophorose, a new natural. α-glucosidase Inhibitor, from red vinegar by fermented purple-fleshed sweet potato [J]. Bioscience, Biotechnology, and Biochemistry, 2004, 68 (11): 2239-2246.

[51] Terahara N, Matsui T, Fukui K, et al. Caffeoylsophorose in a red vinegar produced through fermentation with purple sweetpotato [J]. Journal of Agricultural and Food Chemistry, 2003, 51 (9): 2539-2543.

[52] Qiu J, Saito N, Noguchi M, et al. Absorption of 6-O-caffeoylsophorose and its metabolites in sprague-dawley rats detected by electrochemical detector-high-performance liquid chromatography and electrospray ionization-time-of-flight-mass spectrometry methods [J]. Journal of Agricultural and Food Chemistry, 2011, 59 (11): 6299-6304.

[53] Seymour E M, Lewis S K, Urcuyo-Llanes D E, et al. Regular tart cherry intake alters abdominal adiposity, adipose gene transcription, and inflammation in obesity-prone rats fed a high fat diet [J]. Journal of Medicinal Food, 2009, 12 (5): 935-942.

[54] Lehrke M, Lazar M A. The many faces of PPARγ [J]. Cell, 2005, 123 (6): 993-999.

[55] Zhou G, Myers R, Li Y, et al. Role of AMP-activated protein kinase in mechanism of metformin action [J]. Journal of Clinical Investigation, 2001, 108 (8): 1167.

[56] Sriwijitkamol A, Coletta D K, Wajcberg E, et al. Effect of acute exercise on ampk signaling in skeletal muscle of subjects with type 2 diabetes a time-course and dose-response study [J]. Diabetes, 2007, 56 (3): 836-848.

[57] Mink P J, Scrafford C G, Barraj L M, et al. Flavonoid intake and cardiovascular disease mortality: a prospective study in postmenopausal women [J]. The American Journal of Clinical Nutrition, 2007, 85 (3): 895-909.

[58] Renaud S, de Lorgeril M. Wine, alcohol, platelets, and the French

paradox for coronary heart disease [J] . The Lancet, 1992, 339 (8808): 1523-1526.

[59] Van Velden D, Mansvelt E, Troup G. Red wines good, white wines bad? [J] . Redox Report, 2002, 7 (5): 315-316.

[60] Lefevre M, Howard L, Most M, et al. Microarray analysis of the effects of grape anthocyanins on hepatic gene expression in mice [J] . The FASEB Journal, 2004, 18: A851.

[61] Acquaviva R, Russo A, Galvano F, et al. Cyanidin and cyanidin 3-O-β-D-glucoside as DNA cleavage protectors and antioxidants [J] . Cell Biology and Toxicology, 2003, 19 (4): 243-252.

[62] Lazze M C, Pizzala R, Savio M, et al. Anthocyanins protect against DNA damage induced by tert-butyl-hydroperoxide in rat smooth muscle and hepatoma cells [J] . Mutation Research/Genetic Toxicology and Environmental Mutagenesis, 2003, 535 (1): 103-115.

[63] Rossi A, Serraino I, Dugo P, et al. Protective effects of anthocyanins from blackberry in a rat model of acute lung inflammation [J] . Free Radical Research, 2003, 37 (8): 891-900.

[64] Ramirez-Tortosa C, Andersen Ø M, Gardner P T, et al. Anthocyanin-rich extract decreases indices of lipid peroxidation and DNA damage in vitamin E-depleted rats [J] . Free Radical Biology and Medicine, 2001, 31 (9): 1033-1037.

[65] Kalt W, Blumberg J B, McDonald J E, et al. Identification of anthocyanins in the liver, eye, and brain of blueberry-fed pigs [J] . Journal of Agricultural and Food Chemistry, 2008, 56 (3): 705-712.

[66] Kalea A Z, Clark K, Schuschke D A, et al. Vascular reactivity is affected by dietary consumption of wild blueberries in the Sprague-Dawley rat [J] . Journal of Medicinal Food, 2009, 12 (1): 21-28.

[67] Sumner M D, Elliott-Eller M, Weidner G, et al. Effects of pomegranate juice consumption on myocardial perfusion in patients with coronary heart disease [J] . The American Journal of Cardiology, 2005, 96 (6): 810-814.

[68] Aviram M, Rosenblat M, Gaitini D, et al. Pomegranate juice consumption for 3 years by patients with carotid artery stenosis reduces common carotid intima-media thickness, blood pressure and LDL oxidation [J] . Clinical Nutrition, 2004, 23 (3): 423-33.

[69] Naruszewicz M, Laniewska I, Millo B, D1uzniewski M. Combination therapy of statin with flavonoids rich extract from chokeberry fruits enhanced reduction in cardiovascular risk markers in patients after myocardial infarction (MI) . Atherosclerosis. 2007; 194: e179-184.

[70] Gorinstein S, Caspi A, Libman I, et al. Red grapefruit positively influences serum triglyceride level in patients suffering from coronary atherosclerosis: studies *in vitro* and in humans [J] . Journal of Agricultural and Food Chemistry,

2006，54（5）：1887-1892.

［71］Demrow H S，Slane P R，Folts J D. Administration of wine and grape juice inhibits *in vivo* platelet activity and thrombosis in stenosed canine coronary arteries［J］. Circulation，1995，91（4）：1182-1188.

［72］Toufektsian M C，de Lorgeril M，Nagy N，et al. Chronic dietary intake of plant-derived anthocyanins protects the rat heart against ischemia-reperfusion injury［J］. The Journal of Nutrition，2008，138（4）：747-752.

［73］Bell D R，Gochenaur K. Direct vasoactive and vasoprotective properties of anthocyanin-rich extracts［J］. Journal of Applied Physiology，2006，100（4）：1164-1170.

［74］Youdim K A，McDonald J，Kalt W，et al. Potential role of dietary flavonoids in reducing microvascular endothelium vulnerability to oxidative and inflammatory insults［J］. The Journal of Nutritional Biochemistry，2002，13（5）：282-288.

［75］Xu J W，Ikeda K，Yamori Y. Upregulation of endothelial nitric oxide synthase by cyanidin-3-glucoside，a typical anthocyanin pigment［J］. Hypertension，2004，44（2）：217-222.

［76］Schewe T，Steffen Y，Sies H. How do dietary flavanols improve vascular function? a position paper［J］. Archives of Biochemistry and Biophysics，2008，476（2）：102-106.

［77］Hanahan D，Weinberg R A. Hallmarks of cancer：the next generation［J］. Cell，2011，144（5）：646-674.

［78］Sporn M B. Approaches to prevention of epithelial cancer during the preneoplastic period［J］. Cancer Research，1976，36（7 Part 2）：2699-2702.

［79］Stoner G D，Wang L S，Zikri N，et al. Cancer prevention with freeze-dried berries and berry components［C］.Seminars in Cancer Biology. Academic Press，2007b，17（5）：403-410.

［80］Stintzing F C，Carle R . Functional properties of anthocyanins and betalains in plants，food，and in human nutrition［J］. Trends in Food Science & Technology，2004，15（1）：0-38.

［81］Shipp J，Abdel-Aal E S M. Food applications and physiological effects of anthocyanins as functional food ingredients［J］. The Open Food Science Journal，2010，4：7-22.

［82］Chigurupati N，Saiki L，Gayser C，et al. Evaluation of red cabbage dye as a potential natural color for pharmaceutical use［J］. International Journal of Pharmaceutics，2002，241（2）：293-299.

［83］Puri M，Sharma D，Barrow C J. Enzyme-assisted extraction of bioactives from plants［J］. Trends in Biotechnology，2012，30（1）：37-44.

［84］李金林，刘林勇，涂宗财，等. 生物酶法提取紫甘薯花色苷的研究［J］. 江西食品工业，2009，004：25-27.

［85］李颖畅，孟宪军. 酶法提取草莓果中花色苷的研究［J］. 食品工业科技，

2008，004：215-218.

[86] Muñoz O，Sepúlveda M，Schwartz M. Effects of enzymatic treatment on anthocyanic pigments from grapes skin from Chilean wine [J]. Food Chemistry，2004，87(4)：487-490.

[87] Yang B，Jiang Y，Shi J，et al. Extraction and pharmacological properties of bioactive compounds from longan (*Dimocarpus longan* Lour.) fruit—a review [J]. Food Research International，2011，44(7)：1837-1842.

[88] Byamukama R，Kiremire B T，Andersen Ø M，et al. Anthocyanins from fruits of Rubus pinnatus and Rubus rigidus [J]. Journal of Food Composition and Analysis，2005，18(6)：599-605.

[89] Escribano-Bailón M T，Santos-Buelga C，Rivas-Gonzalo J C. Anthocyanins in cereals [J]. Journal of Chromatography A，2004，1054(1)：129-141.

[90] Choi D Y，Lee Y J，Hong J T. Antioxidant properties of natural polyphenols and their therapeutic potentials for Alzheimer's disease [J]. Brain Research Bulletin，2011，87：144-153.

[91] Liazid A，Guerrero R F，Cantos E，et al. Microwave assisted extraction of anthocyanins from grape skins [J]. Food Chemistry，2011，124(3)：1238-1243.

[92] Yang Z，Zhai W. Optimization of microwave-assisted extraction of anthocyanins from purple corn (*Zea mays* L.) cob and identification with HPLC-MS [J]. Innovative Food Science & Emerging Technologies，2010，11(3)：470-476.

[93] Chen F，Sun Y，Zhao G，et al. Optimization of ultrasound-assisted extraction of anthocyanins in red raspberries and identification of anthocyanins in extract using high-performance liquid chromatography-mass spectrometry [J]. Ultrasonics Sonochemistry，2007，14(6)：767.

[94] Teo C C，Tan S N，Yong J W H，et al. Pressurized hot water extraction (PHWE) [J]. Journal of Chromatography A，2010，1217(16)：2484-2494.

[95] Ju Z，Howard L R. Subcritical water and sulfured water extraction of anthocyanins and other phenolics from dried red grape skin [J]. Journal of Food Science，2006，70(4)：S270-S276.

[96] Corrales M，García A F，Butz P，et al. Extraction of anthocyanins from grape skins assisted by high hydrostatic pressure [J]. Journal of Food Engineering，2009，90(4)：415-421.

[97] Gachovska T，Cassada D，Subbiah J，et al. Enhanced anthocyanin extraction from red cabbage using pulsed electric field processing [J]. Journal of Food Science，2010，75(6)：P.323-329.

[98] Puertolas E，Cregenzan O，Luengo E，et al. Pulsed-electric-field-as-

sisted extraction of anthocyanins from purple-fleshed potato [J] . Food Chemistry，2013，136 (3-4): 1330-1336.

[99] Ly M，Margaritis A，Jajuee B. Effect of solvent concentration on the extraction kinetics and diffusivity of cyclosporin A in the fungus *Tolypocladium inflatum* [J] . Biotechnology and bioengineering，2007，96 (1): 67-79.

[100] Seabra I J，Braga M E M，Batista M T，et al. Effect of solvent (CO_2/ethanol/H_2O) on the fractionated enhanced solvent extraction of anthocyanins from elderberry pomace [J] . The Journal of Supercritical Fluids，2010，54 (2): 145-152.

[101] 李会. 高压CO_2与nisin对荔枝汁杀菌效果及对微生物结构的影响 [D] . 北京: 中国农业大学，2012.

[102] 桂芬琦. 高密度二氧化碳技术对酶活性和苹果浊汁颜色影响分析 [D] . 北京: 中国农业大学，2006.

[103] Kincal D，Hill W S，Balaban M，et al. A continuous high-pressure carbon dioxide system for cloud and quality retention in orange juice [J] . Journal of Food Science，2006，71 (6): C338-C344.

[104] Yoshimura T，Furutera M，Shimoda M，et al. Inactivation efficiency of enzymes in buffered system by continuous method with microbubbles of supercritical carbon dioxide [J] . Journal of Food Science，2006，67 (9): 3227-3231.

[105] Balaban M O，Arreola A G，Marshall M，et al. Inactivation of pectinesterase in orange juice by supercritical carbon dioxide [J] . Journal of Food science，2006，56 (3): 743-746.

[106] Del Pozo-Insfran D，Balaban M O，Talcott S T. Enhancing the retention of phytochemicals and organoleptic attributes in muscadine grape juice through a combined approach between dense phase CO_2 processing and copigmentation [J] . Journal of Agricultural and Food Chemistry，2006，54 (18): 6705-6712.

[107] Tiwari B K，O' Donnell C P，Cullen P J. Effect of nonthermal processing technologies on the anthocyanin content of fruit juices [J] . Trends in Food Science & Technology，2009，20 (3): 137-145.

[108] Xu Z，Wu J，Zhang Y，et al. Extraction of anthocyanins from red cabbage using high pressure CO_2 [J]. Bioresource Technology，2010，101 (18): 7151-7157.

[109] Lao F，Cheng H，Wang Q，Wang X，Liao X，Xu Z. Enhanced water extraction with high-pressure carbon dioxide on purple sweet potato pigments: comparison to traditional aqueous and ethanolic extraction [J] . Journal of CO_2 Utilization，2020，40，101188.

[110] 徐贞贞. 紫甘蓝花色苷提取、分离、鉴定及体外食管鳞癌化学预防研究 [D] . 北京: 中国农业大学，2013.

[111] Luque-Rodriguez J M, Luque de Castro M D, Pérez-Juan P. Dynamic superheated liquid extraction of anthocyanins and other phenolics from red grape skins of winemaking residues [J]. Bioresource Technology, 2007, 98 (14): 2705-2713.

[112] Arapitsas P, Turner C. Pressurized solvent extraction and monolithic column-HPLC/DAD analysis of anthocyanins in red cabbage [J]. Talanta, 2008, 74 (5): 1218-1223.

[113] Cacace J E, Mazza G. Mass transfer process during extraction of phenolic compounds from milled berries [J]. Journal of Food Engineering, 2003, 59 (4): 379-389.

[114] Malien-Aubert C, Dangles O, Amiot M J. Color stability of commercial anthocyanin-based extracts in relation to the phenolic composition. Protective effects by intra-and intermolecular copigmentation [J]. Journal of Agricultural and Food Chemistry, 2001, 49 (1): 170-176.

[115] Jing P, Giusti M M. Effects of extraction conditions on improving the yield and quality of an anthocyanin-rich purple corn (*Zea mays* L.) color extract [J]. Journal of Food Science, 2007, 72 (7): C363-C368.

[116] Coulson J M, Richardson J F, Backhurst J R, et al. Particle technology and separation processes [M]. Butterworth Heinemann, 2002.

[117] Davies A J, Mazza G. Copigmentation of simple and acylated anthocyanins with colorless phenolic compounds [J]. Journal of Agricultural and Food Chemistry, 1993, 41 (5): 716-720.

[118] Pecket R C, Small C J. Occurrence, location and development of anthocyanoplasts [J]. Phytochemistry, 1980, 19 (12): 2571-2576.

[119] Handayani A D, Indraswati N, Ismadji S. Extraction of astaxanthin from giant tiger (*Panaeus monodon*) shrimp waste using palm oil: studies of extraction kinetics and thermodynamic [J]. Bioresource Technology, 2008, 99 (10): 4414-4419.

[120] Ly M, Margaritis A, Jajuee B. Effect of solvent concentration on the extraction kinetics and diffusivity of cyclosporin A in the fungus *Tolypocladium inflatum* [J]. Biotechnology and bioengineering, 2007, 96 (1): 67-79.

[121] Crank J. The mathematics of diffusion [J]. Oxford University Press, 1979.

[122] Enomoto A, Nakamura K, Nagai K, et al. Inactivation of food microorganisms by high-pressure carbon dioxide treatment with or without explosive decompression [J]. Bioscience, Biotechnology, and Biochemistry, 1997, 61 (7): 1133-1137.

[123] Calix T F, Ferrentino G, Balaban M O. Measurement of high-pressure carbon dioxide solubility in orange juice, apple juice, and model liquid foods [J]. Journal of Food Science, 2008, 73 (9): E439-E445.

[124] Dodds W S，Stutzman L F，Sollami B J. Carbon dioxide solubility in water [J] . Industrial & Engineering Chemistry Chemical & Engineering Data Series，1956，1 (1): 92-95.

[125] Clifford T. Supercritical fluid methods and protocols [M] . Berlin: Springer Science & Business Media，2000.

[126] Rodríguez-Saona L E，Giusti M M，Wrolstad R E.Color and pigment stability of red radish and red-fleshed potato anthocyanins in juice model systems [J] .Journal of Food Science，1999，64 (3) 451-456.

[127] Qian B，Liu J H，Zhao S J，et al.The effects of gallic/ferulic/caffeic acids on colour intensification and anthocyanin stability [J] . Food Chemistry，2017，228: 526-532.

[128] Wang Y，Liu F，Cao X，et al.Comparison of high hydrostatic pressure and high temperature short time processing on quality of purple sweet potato nectar [J]，Innovative Food Science & Emerging Technologies，2012，16: 326-334.

[129] Reyes L F，Cisneros-Zevallos L.Degradation kinetics and colour of anthocyanins in aqueous extracts of purple-and red-flesh potatoes (*Solanum tuberosum* L.) [J] .Food Chemistry，2007，100 (3): 885-894.

[130] Rodriguez-Saona L E，Allendorf M E.Use of FTIR for rapid authentication and detection of adulteration of food [J]，Annual Review of Food Science and Technology，2011，2: 467-483.

[131] Soares G C，Learmonth D A，Vallejo M C，et al.Supercritical CO_2 technology: the next standard sterilization technique? [J] Materials Science and Engineering: C，2019，99: 520-540.

[132] Hu W，Zhou L，Xu Z，et al.Enzyme inactivation in food processing using high pressure carbon dioxide technology [J] .Critical Reviews in Food Science and Nutrition，2013，53 (2): 145-161.

[133] Ma Y，Hou C J，Li D，et al.The effect and evidence of ethanol content on the stability of anthocyanins from purple-fleshed sweet potato [J] .Journal of Food Processing and Preservation，2018，42 (2): e13484.

[134] Tseng K C，Chang H M，Wu J S，B.Degradation kinetics of anthocyanin in ethanolic solutions [J] .Journal of Food Processing and Preservation，2006，30 (5): 503-514.

[135] Cai Z，Qu Z，Lan Y，et al，Conventional，ultrasound-assisted，and accelerated-solvent extractions of anthocyanins from purple sweet potatoes [J] . Food Chemistry，2016，197: 266-272.